eXamen.press

T0254351

Gerald Teschl • Susanne Teschl

Mathematik für Informatiker

Band 1: Diskrete Mathematik und Lineare Algebra

4. Auflage

Mit 108 Abbildungen

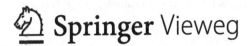 Springer Vieweg

Gerald Teschl
Universität Wien
Fakultät für Mathematik
Nordbergstraße 15
1090 Wien, Österreich
Gerald.Teschl@univie.ac.at
http://www.mat.univie.ac.at/~gerald/

Susanne Teschl
Fachhochschule Technikum Wien
Höchstädtplatz 5
1200 Wien, Österreich
Susanne.Teschl@technikum-wien.at
http://staff.technikum-wien.at/~teschl/

ISSN 1614-5216
ISBN 978-3-642-37971-0   ISBN 978-3-642-37972-7 (eBook)
DOI 10.1007/978-3-642-37972-7

Die Deutsche Nationalbibliothek verzeichnet diese Publikation in der Deutschen Nationalbibliografie;
detaillierte bibliografische Daten sind im Internet über http://dnb.d-nb.de abrufbar.

Springer Vieweg

Einbandgestaltung: KünkelLopka Werbeagentur, Heidelberg

Gedruckt auf säurefreiem und chlorfrei gebleichtem Papier

Springer Vieweg ist eine Marke von Springer DE. Springer DE ist Teil der Fachverlagsgruppe Springer
Science+Business Media.
www.springer-vieweg.de

Vorwort

Warum Mathematik?

Wenn Sie sich mit Ihrem Webbrowser ein Bild im JPEG-Format ansehen, Ihr Online-Banking über ein verschlüsseltes Formular abwickeln oder ein paar Stichworte der Suchmaschine Ihrer Wahl übergeben, dann haben alle diese Tätigkeiten eines gemeinsam: Immer ist Mathematik im Spiel! Auch wenn das für den Benutzer oft nicht unmittelbar ersichtlich ist.

Wollen Sie also Informatik verstehen und in der Lage sein, existierende Lösungen zu hinterfragen bzw. neue Probleme zu lösen, dann liefert die Mathematik die Grundlage dazu. Natürlich ist uns dabei klar, dass Sie an der Mathematik in erster Linie als „Handwerkszeug" interessiert sind. Deshalb haben wir auch versucht, wann immer möglich sofort auf Anwendungen einzugehen oder zumindest Ausblicke auf mögliche Anwendungen zu geben. Trotzdem wird aber nicht nur Wert auf reine Rechentechnik, sondern auch auf solides Verständnis gelegt.

Mathematik hat noch einen weiteren wichtigen Aspekt: Sie ist eine der besten Möglichkeiten logisches Denken, Abstraktionsvermögen und kreative Problemlösungskompetenz zu fördern. Sie verlangt präzise Formulierungen und gründliche Berücksichtigung aller möglichen Szenarien. Letzteres wurde gerade in der Programmierpraxis bis vor kurzem noch als nutzlos belächelt: Es sei Zeitverschwendung, Fälle zu berücksichtigen, die bei *normaler* Benutzung nie auftreten. Heute bedeuten diese Fälle aber genau jene Schwachstellen, die einem Hacker den Zugriff auf Ihren Computer ermöglichen.

Gebrauchsanweisung (für Studierende)

Das vorliegende Buch entstand aus einem Skriptum, das von unseren Studentinnen und Studenten bereits seit mehreren Jahren verwendet wird, teilweise auch im Selbststudium (Stichwort *blended learning*). Es wurde laufend dank vieler Rückmeldungen überarbeitet. Insbesondere haben wir uns bemüht, typische Fehler und häufige Missverständnisse zu berücksichtigen. Trotzdem wird es passieren, dass Sie etwas beim ersten Lesen nicht gleich verstehen. Das geht allen so – Mathematik braucht etwas Zeit! Die zahlreichen Musterbeispiele sollen Ihnen aber ein möglichst effizientes Lernen ermöglichen. Am Ende jedes Kapitels finden Sie Kontrollfragen mit Lösungen, mit denen Sie Ihr Verständnis testen können.

Wie es aber für eine gute Kondition nicht reicht, Fitnessvideos aus sicherer Entfernung vom Sofa aus zu betrachten, so genügt es leider auch nicht, dieses Buch passiv zu lesen. Deshalb gibt es am Ende jedes Kapitels eine große Anzahl von Aufwärmübungen und weiterführenden Aufgaben, die Ihnen helfen, das Erlernte selbständig umzusetzen. Die Aufwärmübungen trainieren Rechentechniken und es gibt vollständige Lösungen dazu. Die weiterführenden Aufgaben sollen Sie etwas herausfordern und verlangen auch, selbständig mithilfe des Gelernten neue Wege zu gehen. Zu ihnen gibt es, wenn notwendig, kurze Lösungen oder Lösungshinweise.

Einige Passagen werden Ihnen wahrscheinlich noch aus der Schule bekannt sein. Falls Sie sich dabei langweilen, überfliegen Sie sie einfach – wir haben sie vor allem für jene, deren aktive Mathematik-Jahre schon etwas länger zurückliegen (berufsbegleitend Studierende), hinzugefügt. (Untersuchungen zeigen, dass auch Studierende mit guten mathematischen Vorkenntnissen von einer kleinen Auffrischung profitieren;-)

Die zahlreichen Beispiele und Übungsmöglichkeiten erklären auch den Umfang dieses Buches: Natürlich wäre es kein Problem gewesen, den gleichen Stoff in einem schmalen Bändchen unterzubringen. Wenn Sie lieber statt zwei Seiten nur eine halbe lesen und dann zwei Stunden darüber grübeln, dann sind Sie im falschen Buch.

Während des Lesens werden Sie immer wieder auf klein gedruckte Absätze stoßen. Diese enthalten weiterführende Bemerkungen, Beweise, Historisches oder einfach nur etwas Aufmunterung.

Gebrauchsanweisung (für Dozentinnen und Dozenten)

Wir haben uns bemüht, den Stoff in möglichst gleich große Teile zu zerlegen, die unserer Erfahrung nach von den Studierenden pro Einheit verdaut werden können. Außerdem haben wir versucht, die Kapitel so weit wie möglich unabhängig voneinander zu gestalten, um Schwerpunktsetzung und Auswahl einzelner Kapitel zu erleichtern.

Einige Kapitel können im Allgemeinen sicher als bekannt vorausgesetzt bzw. im Selbststudium erarbeitet werden. Für uns war es in der Lehre hilfreich, damit einen Grundstein zu legen, den wir für alle Studierenden voraussetzen können.

Die Themenbereiche Kryptographie und Codierungstheorie haben wir bewusst kurz gehalten, da wir davon ausgehen, dass sie in eigenen Vorlesungen behandelt werden.

Der Schwerpunkt liegt im Band 1 auf der diskreten Mathematik. Analysis und Statistik werden in Band 2 behandelt.

Computereinsatz

Obwohl wir den Einsatz des Computers als wichtigen Bestandteil der Mathematikausbildung sehen, haben wir ihn nicht direkt in den Text integriert, sondern am Ende jedes Kapitels positioniert. Erstens haben die Rückmeldungen gezeigt, dass die meisten Studierenden es bevorzugen, wenn Stoff und Computeralgebra getrennt sind, um nicht zwei neue Dinge auf einmal verstehen zu müssen. Zweitens ist es so leicht möglich, das von uns verwendete System, Mathematica, durch ein beliebiges anderes Programm zu ersetzen.

Beispiele, bei denen uns der Computereinsatz sinnvoll erscheint, sind mit „→CAS" gekennzeichnet und im zugehörigen Abschnitt „Mit dem digitalen Rechenmeister" mit Mathematica gelöst. Die Befehle dazu brauchen Sie nicht abzutippen. Die zugehörigen Notebooks sind auf der Website zum Buch (URL siehe unten) zu finden.

Eine Bitte...

Druckfehler sind wie Unkraut. Soviel man auch jätet, es bleiben immer ein paar übrig und so sind auch in diesem Buch trotz aller Sorgfalt sicher noch ein paar unentdeckte Fehler. Wir bitten Sie daher, uns diese mitzuteilen (auch wenn sie noch so klein sind). Die Liste der Korrekturen werden wir im Internet (URL siehe unten) bekannt geben. Natürlich freuen wir uns auch über alle anderen Rückmeldungen und sind für Verbesserungsvorschläge und Kritik offen.

Ergänzungen

Begleitend zu diesem Buch haben wir eine Website

http://www.mat.univie.ac.at/~gerald/ftp/book-mfi/

eingerichtet, auf der Sie Ergänzungen finden können. Surfen Sie einfach vorbei.

Zur zweiten Auflage

An dieser Stelle möchten wir uns zunächst für die zahlreichen positiven Rückmeldungen zur ersten Auflage bedanken. Wir freuen uns darüber, dass aufgrund der großen Nachfrage schon nach kurzer Zeit ein (korrigierter) Nachdruck notwendig war. In die nun vorliegende zweite Auflage sind auch Verbesserungsvorschläge und Anregungen unserer Leserinnen und Leser eingeflossen. Neu hinzugekommen ist weiters ein Kapitel über „Polyomringe und endliche Körper".

Zur dritten Auflage

In dieser Auflage sind nun alle Mathematica-Teile mit der aktuellen Version 6 kompatibel. Weiters haben wir noch einige kleinere Druckfehler und Unklarheiten beseitigt.

Zur vierten Auflage

Seit der letzten Auflage sind wieder zahlreiche positive Rückmeldungen und wertvolle Hinweise bei uns eingelangt. Wir bedanken uns an dieser Stelle dafür recht herzlich! Wir haben uns bemüht alle Vorschläge in die neue Auflage einzuarbeiten und Druckfehler bzw. Ungereimtheiten auszubessern. Außerdem sind nun alle Mathematica-Teile kompatibel mit der aktuellen Version 9. Wir freuen uns weiterhin über Feedback!

Danksagungen

Unsere Studentinnen und Studenten haben uns durch die Jahre des Entstehens dieses Buches laufend mit Hinweisen auf Druckfehler und Verbesserungsvorschlägen versorgt. Hervorheben möchten wir dabei Markus Horehled, Rudolf Kunschek, Alexander-Philipp Lintenhofer, Markus Steindl und Gerhard Sztasek, die sich durch besonders lange Listen ausgezeichnet haben. Von unseren Leserinnen und Lesern die uns Feedback und Druckfehler geschickt haben, möchten wir Ulrich Kastlunger und Jan Sellner besonders erwähnen. Unsere Kolleginnen und Kollegen Kerstin Ammann, Karl Auinger, Oliver Fasching, Wolfgang Kugler, Wolfgang Timischl, Florian Wisser und insbesondere Karl Unterkofler haben immer wieder Abschnitte kritisch gelesen und mit vielen Tipps geholfen. Ihnen allen möchten wir herzlich danken!

Die Erstellung dieser Seiten wäre nicht ohne eine Reihe von Open-Source-Projekten (vor allem TeX, LaTeX, TeXShop und Vim) möglich gewesen.

Last but not least danken wir dem Springer-Verlag für die freundliche und engagierte Unterstützung.

Viel Freude und Erfolg mit diesem Buch!

Wien, im April 2013   Gerald und Susanne Teschl

Inhaltsverzeichnis

Lineare Algebra

Graphentheorie

Anhang

1

Logik und Mengen

1.1 Elementare Logik

Die Logik ist ein wichtiges Hilfsmittel in der Informatik. Sie wird beim Entwurf von Programmen gebraucht oder um die Korrektheit von Algorithmen zu verifizieren. Sie hilft bei der Beantwortung von Fragen wie „Hat die Switch-Anweisung wohl nichts übersehen?" oder „Arbeitet der Algorithmus wohl in allen Spezialfällen so, wie ich es möchte?". Die Logik ist notwendig, um Anforderungen eindeutig und widerspruchsfrei zu formulieren. Was ist zum Beispiel die Verneinung von „Jeder Benutzer hat ein Passwort"? Es gibt in der Umgangssprache verschiedene Möglichkeiten, die nach den Regeln der Logik richtige Verneinung ist aber eindeutig: „Es gibt mindestens einen Benutzer, der kein Passwort hat". (Nicht nur) für Informatiker ist logisch-analytisches Denkvermögen eine wichtige Anforderung, und daher steht die Logik auch am Anfang unseres Weges.

Definition 1.1 Eine **Aussage** (engl. *proposition*) ist ein Satz, von dem man eindeutig entscheiden kann, ob er wahr oder falsch ist.

Der Wahrheitswert „wahr" wird dabei mit „w" oder „1" abgekürzt, der Wahrheitswert „falsch" mit „f" oder „0".

Unsere Definition ist etwas optimistisch. Bei einer axiomatischen Behandlung der Mathematik stellt sich leider heraus, dass nicht jede Aussage entscheidbar ist. Genau das sagt nämlich der berühmte **Unvollständigkeitssatz** des österreichischen Mathematikers Kurt Gödel (1906–1978): In jeder formalen Theorie, die mindestens so mächtig wie die Theorie der natürlichen Zahlen (Peano-Arithmetik) ist, bleiben wahre (und falsche) arithmetische Formeln übrig, die nicht innerhalb der Theorie beweisbar (widerlegbar) sind. Wir werden aber zum Glück auf keine dieser Aussagen stoßen.

Beispiel 1.2 Aussagen
Handelt es sich um eine Aussage?
a) Wien ist die Hauptstadt von Österreich.
b) $1 + 5 = 6$.
c) 5 ist kleiner als 3.
d) Guten Abend!
e) $x + 3 = 5$.

Lösung zu 1.2 a) und b) sind wahre Aussagen, c) ist eine falsche Aussage; d) ist keine Aussage, weil nicht gesagt werden kann, dass dieser Satz wahr oder falsch ist. e) ist keine Aussage, weil x unbekannt ist. Wir können daraus aber sofort eine Aussage machen, indem wir eine Zahl für x einsetzen. Mit solchen so genannten *Aussageformen* werden wir uns etwas später genauer beschäftigen.   ■

Aussagen werden in der Umgangssprache durch Wörter wie „und", „oder", usw. zu neuen Aussagen verknüpft. Der Gebrauch dieser Wörter ist umgangssprachlich nicht immer ganz klar geregelt und kann daher zu Missverständnissen führen. In der Logik ist die Verknüpfung von gegebenen Aussagen zu neuen Aussagen aber eindeutig festgelegt. Wir bezeichnen dazu beliebige gegebene Aussagen mit $a, b, c, \ldots$

Zunächst kann man durch die Verneinung einer Aussage eine neue Aussage bilden:

Definition 1.3 Die **Verneinung** oder **Negation** einer Aussage a ist genau dann wahr, wenn a falsch ist. Die Verneinung von a wird symbolisch mit $\bar{a}$ oder $\neg a$ bezeichnet (gelesen „nicht a").

Sprachlich wird die Verneinung gebildet, indem man vor die zu verneinende Aussage das Wort „Nicht" oder den Zusatz „Es trifft nicht zu, dass" setzt und danach sinngemäß sprachlich vereinfacht.

Beispiel 1.4 Verneinung
Verneinen Sie folgende Aussagen mithilfe des Zusatzes „Nicht" oder „Es trifft nicht zu, dass" und finden Sie eine alternative, möglichst einfache sprachliche Formulierung:
a) Der Tank ist voll.
b) Alle Studenten sind anwesend.
c) Ich bin vor 1990 geboren.

Lösung zu 1.4
a) Die Verneinung ist „Es trifft nicht zu, dass der Tank voll ist" bzw., etwas einfacher, „Der Tank ist nicht voll". Achtung: Im ersten Moment möchte man als Verneinung vielleicht „Der Tank ist leer" sagen. Das ist aber nicht gleichbedeutend mit „Der Tank ist nicht voll", denn er könnte ja auch halb voll sein.
b) Die Verneinung ist „Nicht alle Studenten sind anwesend" oder, anders ausgedrückt, „Mindestens ein Student fehlt". („Kein Student ist anwesend" ist nicht die richtige Verneinung.)
c) Die Verneinung ist „Ich bin nicht vor 1990 geboren", was gleichbedeutend ist mit „Ich bin im Jahr 1990 oder nach 1990 geboren".   ■

Als Nächstes wollen wir die wichtigsten Möglichkeiten, zwei Aussagen miteinander zu verknüpfen, besprechen:

Definition 1.5   Seien a und b beliebige Aussagen (in diesem Zusammenhang auch als **Eingangsaussagen** bezeichnet.)

• Die **UND**-Verknüpfung oder **Konjunktion** von a und b wird symbolisch mit $a \wedge b$ bezeichnet (gelesen: „a und b"). Die neue Aussage $a \wedge b$ ist genau dann wahr, wenn sowohl a als auch b wahr ist. Ansonsten ist $a \wedge b$ falsch.

- Die **ODER**-Verknüpfung oder **Disjunktion** von a und b wird symbolisch mit $a \vee b$ bezeichnet (gelesen: „a oder b"). Die neue Aussage $a \vee b$ ist genau dann wahr, wenn mindestens eine der beiden Aussagen a bzw. b wahr ist; ansonsten ist $a \vee b$ falsch. Die Verknüpfung $a \vee b$ entspricht dem *nicht-ausschließenden* „oder" (denn $a \vee b$ ist auch wahr, wenn sowohl a als auch b wahr ist).
- Die **ENTWEDER ... ODER**-Verknüpfung von a und b wird symbolisch mit $a \operatorname{xor} b$ (vom englischen *eXclusive OR*) oder $a \oplus b$ bezeichnet. Die neue Aussage $a \operatorname{xor} b$ ist genau dann wahr, wenn entweder a oder b (aber nicht beide gleichzeitig) wahr sind. Die Verknüpfung $a \operatorname{xor} b$ entspricht dem *ausschließenden* „oder".

Eselsbrücke: Das Symbol $\wedge$ erinnert an den Anfangsbuchstaben des englischen AND.

Verknüpfte Aussagen lassen sich am besten durch ihre **Wahrheits(werte)tabelle** beschreiben. Dabei werden die möglichen Kombinationen von Wahrheitswerten der Eingangsaussagen a und b (bzw. im Fall der Verneinung die möglichen Wahrheitswerte der Eingangsaussage a) angegeben, und dazu der entsprechende Wahrheitswert der verknüpften Aussage:

a	$\bar{a}$
0	1
1	0

a	b	$a \wedge b$	$a \vee b$	$a \operatorname{xor} b$
0	0	0	0	0
0	1	0	1	1
1	0	0	1	1
1	1	1	1	0

Daraus kann man zum Beispiel bequem ablesen, dass die Aussage $a \wedge b$ nur dann wahr ist (d.h. Wahrheitswert 1 hat), wenn sowohl a als auch b wahr ist. Für alle anderen Kombinationen von Wahrheitswerten von a und b ist $a \wedge b$ eine falsche Aussage.

Beispiel 1.6 UND- bzw. ODER- Verknüpfung
Geben Sie jeweils die Wahrheitswerte der Aussagen $a \wedge b$, $a \vee b$ und $a \operatorname{xor} b$ an:
a) a: Wien liegt in Österreich; b: Wien liegt in Deutschland
b) a: $2 < 3$; b: $1 + 1 = 2$

Lösung zu 1.6
a) Wir stellen zunächst fest, dass a wahr ist und dass b falsch ist. Damit stehen nach den Regeln der Logik auch schon die Wahrheitswerte der verknüpften Aussagen fest (unabhängig von der inhaltlichen Bedeutung der entstehenden verknüpften Aussagen):
- $a \wedge b$ („Wien liegt in Österreich und (Wien liegt in) Deutschland") ist eine falsche Aussage, da eine der Eingangsaussagen, nämlich b, falsch ist.
- $a \vee b$ („Wien liegt in Österreich oder Deutschland") ist eine wahre Aussage, da zumindest eine der Eingangsaussagen wahr ist.
- $a \operatorname{xor} b$ („Wien liegt entweder in Österreich oder in Deutschland") ist eine wahre Aussage, da genau eine der Eingangsaussagen wahr ist (nicht aber beide).
b) Da sowohl a als auch b wahr ist, folgt: $a \wedge b$ ist wahr, $a \vee b$ ist wahr, $a \operatorname{xor} b$ ist falsch. ∎

Die Verwendung von „und" bzw. „oder" in der Aussagenlogik stimmt in den meisten Fällen mit dem überein, was wir uns erwarten würden. Manchmal gibt es aber in der Umgangssprache Formulierungen, bei denen die Bedeutung nur aus dem Zusammenhang klar ist: Wenn zum Beispiel auf einem Schild „Rauchen *und* Hantieren mit offenem Feuer verboten!" steht, dann weiß jeder, dass man hier weder Rauchen noch mit offenem Feuer hantieren darf. Vom Standpunkt der Aussagenlogik aus bedeutet das Verbot aber, dass nur *gleichzeitiges* Rauchen und Hantieren mit offenem Feuer verboten ist, es aber zum Beispiel erlaubt wäre, mit offenem Feuer zu hantieren, solange man dabei nicht raucht. Nach den Regeln der Aussagenlogik müsste das Verbot „Rauchen *oder* Hantieren mit offenen Feuer verboten!" lauten (eine Argumentation, die Ihnen aber wohl vor einem Richter nicht helfen würde, nachdem die Tankstelle abgebrannt ist).

Definition 1.7 Ersetzt man in einer Aussage a irgendeine Konstante durch eine Variable x, so entsteht eine **Aussageform** $a(x)$ (auch **Aussagefunktion** genannt).

Beispiel: $a(x)$: $x < 100$ ist eine Aussageform. Sie besteht aus zwei Teilen: aus der Variablen x und aus dem so genannten **Prädikat** „ist kleiner 100". Man spricht auch von **Prädikatenlogik**. Eine Aussageform $a(x)$ wird zu einer Aussage, wenn man für x ein konkretes Objekt einsetzt. Wenn für x zum Beispiel der Wert 3 eingesetzt wird, entsteht die wahre Aussage $a(3)$: $3 < 100$.

Beispiel 1.8 Aussageform
Gegeben sind die Aussageformen $a(x)$: $x^2 < 15$ und $b(x)$: $x^2 + 1 = 5$.
a) Ist die Aussage $a(1)$ wahr oder falsch?
b) Ist $b(1)$ wahr oder falsch?

Lösung zu 1.8
a) Wir setzen in der Aussageform $a(x)$ für x den Wert 1 und erhalten damit die Aussage $a(1)$: $1 < 15$. Sie ist wahr.
b) Die Aussage $b(1)$ lautet: $1 + 1 = 5$. Sie ist falsch. ■

Aussageformen können wie Aussagen verneint bzw. mit $\wedge$, $\vee$, xor verknüpft werden. Es entsteht dadurch eine neue Aussageform:

Beispiel 1.9 Verknüpfungen von Aussageformen
Gegeben sind wieder $a(x)$: $x^2 < 15$ und $b(x)$: $x^2 + 1 = 5$.
a) Verneinen Sie $a(x)$.   b) Verneinen Sie $b(x)$.
c) Geben Sie Beispiele für Werte von x an, für die die verknüpfte Aussageform $a(x) \wedge b(x)$ eine wahre bzw. eine falsche Aussage wird.

Lösung zu 1.9
a) Die Verneinung von $a(x)$ ist die Aussageform $\overline{a(x)}$: $x^2 \geq 15$. (Achtung: Die Verneinung ist nicht „$x^2 > 15$". Denn „nicht kleiner" ist gleichbedeutend mit „gleich oder größer".)
b) Die Verneinung ist $\overline{b(x)}$: $x^2 + 1 \neq 5$.
c) Setzen wir in $a(x) \wedge b(x)$ für x den Wert 1 ein, dann erhalten wir die Aussage: $a(1) \wedge b(1)$. Sie ist falsch, weil $b(1)$ falsch ist.
Wenn wir $x = 2$ setzen, so entsteht die Aussage: $a(2) \wedge b(2)$. Da sowohl $a(2)$: $2^2 < 15$ als auch $b(2)$: $2^2 + 1 = 5$ wahr ist, ist auch $a(2) \wedge b(2)$ wahr. ■

Eine weitere Möglichkeit, um aus Aussageformen Aussagen zu erzeugen, ist die Verwendung von Quantoren. Darunter versteht man einfach die Zusätze „Für alle" oder „Für ein":

Definition 1.10 (All-Aussagen und Existenz-Aussagen) Gegeben ist eine Aussageform $a(x)$.

- Die Aussage „Für alle x (aus einer bestimmten Menge) gilt $a(x)$" ist wahr genau dann, wenn $a(x)$ für alle in Frage kommenden x wahr ist. Abkürzend schreibt man für diese **All-Aussage**

$$\forall x\colon a(x),$$

wobei $\forall$ „für alle" gelesen wird (oder „für jedes"). Das Symbol $\forall$ heißt **All-Quantor**.

- Die Aussage „Es gibt ein x (aus einer bestimmten Menge), sodass $a(x)$" ist wahr genau dann, wenn $a(x)$ für *zumindest* eines der in Frage kommenden x wahr ist. Symbolisch schreibt man diese **Existenz-Aussage** als

$$\exists x\colon a(x),$$

wobei $\exists$ „es gibt (mindestens) ein" gelesen wird (oder auch: „es existiert (mindestens) ein" oder „für (mindestens) ein"). Das Symbol $\exists$ heißt **Existenz-Quantor**.

Bei der Verwendung mehrerer Quantoren ist ihre Reihenfolge wesentlich.

Beispiel 1.11 Für alle ...
a) Ist „Für alle natürlichen Zahlen x gilt: $x + 1 > x$" eine wahre oder eine falsche Aussage?
b) Ist die Aussage „Für alle natürlichen Zahlen x ist $x > 3$" wahr oder falsch?

Lösung zu 1.11
a) Diese Aussage hat die Form „$\forall$ natürlichen x: $a(x)$", wobei $a(x)$ die Aussageform „$x + 1 > x$" ist. Sie ist wahr, denn welche natürliche Zahl wir auch immer für x einsetzen, $a(x)$ ist immer eine wahre Aussage: $a(1)$ ist wahr und $a(2)$ ist wahr und ... ist wahr.
b) Die Aussage hat die Form „Für alle natürlichen Zahlen x gilt: $a(x)$", wobei $a(x)$ die Aussageform „$x > 3$" bedeutet. Nun können wir aber (mindestens) ein natürliches x finden, für das $a(x)$ falsch ist, z. B. $x = 1$. Damit ist die gegebene All-Aussage falsch. ∎

Wichtig ist also: Um nachzuweisen, dass eine All-Aussage „$\forall x\colon a(x)$" wahr ist, muss man für *jedes einzelne x* sichergehen, dass $a(x)$ wahr ist. Um nachzuweisen, dass eine All-Aussage „$\forall x\colon a(x)$" falsch ist, muss man *(mindestens) ein x* finden, für das $a(x)$ falsch ist.

Noch ein Beispiel: Ich möchte feststellen, ob die All-Aussage „$1 + 2 + \ldots + n = \frac{n(n+1)}{2}$ für alle natürlichen Zahlen" wahr ist. Wie gehe ich vor? Am besten bestimme ich einmal den Wahrheitswert der Aussage für eine konkrete natürliche Zahl, z. B. für $n = 5$: $1 + 2 + 3 + 4 + 5 = 15$ ist tatsächlich dasselbe wie $\frac{5 \cdot 6}{2}$. Vielleicht probiere ich die Formel auch noch für ein paar andere natürliche Zahlen. Wenn (so wie hier) auf diese Weise kein n gefunden wird, für das die Aussage falsch ist, dann spricht so weit nichts gegen die Richtigkeit der Formel. Nun muss ich aber noch beweisen, dass sie für *alle*, also *jedes beliebige*, natürliche n gilt. Wie soll das funktionieren, dazu müsste man ja unendlich viele Zahlen probieren?! – Durch Probieren kommt man hier wirklich nicht weiter. Abhilfe kommt hier zum Beispiel durch die Beweismethode der *Vollständigen Induktion*, die wir in einem späteren Kapitel kennen lernen werden.

Beispiel 1.12 Es existiert ein ...

a) Ist „Es existiert eine ganze Zahl x mit $x^2 = 4$" wahr oder falsch?

b) Ist die Aussage „Es gibt eine natürliche Zahl x mit $x^2 < 0$" wahr oder falsch?

Lösung zu 1.12

a) Wir haben es mit der Existenz-Aussage „$\exists$ ganze Zahl x mit $a(x)$" zu tun, wobei $a(x)$ die Aussageform „$x^2 = 4$" ist. Wir können eine ganze Zahl finden, z.B. $x = 2$, für die $a(2)$ wahr ist. Daher ist die gegebene Existenz-Aussage wahr. Beachten Sie, dass „Es existiert *ein*" immer im Sinn von *mindestens ein* gemeint ist (und nicht im Sinn von *genau ein*). Es ist also kein Problem, dass hier auch $a(-2)$ wahr ist.

b) Die Aussage hat die Form „$\exists$ natürliches x mit $a(x)$", wobei $a(x)$ die Aussageform „$x^2 < 0$" bedeutet. Welche natürliche Zahl x wir auch probieren, wir können keine finden, für die $a(x)$ wahr ist. Daher ist die gegebene Existenz-Aussage falsch. ∎

Wichtig ist also hier: Um nachzuweisen, dass eine Existenz-Aussage „$\exists x: a(x)$" wahr ist, muss man *mindestens ein x* finden, für das $a(x)$ wahr ist. Um nachzuweisen, dass eine Existenz-Aussage „$\exists x: a(x)$" falsch ist, muss man *jedes einzelne x* untersuchen und sichergehen, dass $a(x)$ für alle x falsch ist.

All- und Existenzaussagen werden – wie jede Aussage – sprachlich mithilfe der Worte „Nicht" bzw. „Es trifft nicht zu, dass" verneint. Aus ihrer Definition folgt:

Satz 1.13 (Verneinung von All- und Existenzaussagen) Durch die Verneinung einer All-Aussage entsteht eine Existenz-Aussage, und umgekehrt entsteht durch die Verneinung einer Existenz-Aussage eine All-Aussage:

$$\overline{\text{Für alle } x \text{ gilt } a(x)} \;=\; \text{Es existiert ein } x, \text{ sodass } \overline{a(x)}$$

$$\overline{\text{Es existiert ein } x \text{ mit } a(x)} \;=\; \text{Für alle } x \text{ gilt } \overline{a(x)}$$

oder kürzer:

$$\overline{\forall x: a(x)} \;=\; \exists x: \overline{a(x)}$$

$$\overline{\exists x: a(x)} \;=\; \forall x: \overline{a(x)}.$$

Wenn Mathematiker lange über etwas gegrübelt haben und durch Schlussfolgerungen auf eine neue wichtige Erkenntnis gestoßen sind, dann bezeichnen sie diese Erkenntnis als **Satz** oder **Theorem**, und auch wir werden an dieser Tradition festhalten. Die Schlussfolgerungen müssen dabei aber immer absolut wasserdicht sein! Einfach eine Vermutung äußern, die dann gilt, bis jemand sie widerlegt, zählt in der Mathematik nicht! Auch die Schlussfolgerung „Weil es in allen Testfällen richtig war, ist es wohl immer richtig" wird nicht akzeptiert. (Es muss in allen Fällen, nicht nur den getesteten Fällen, richtig sein.)

Beispiel 1.14 Verneinung von All- und Existenzaussagen
Verneinen Sie, indem Sie die All- in eine Existenzaussage umwandeln, bzw. umgekehrt, und sprachlich vereinfachen:
a) Alle Menschen mögen Mathematik.
b) Es gibt einen Studenten, der Spanisch spricht.
c) $\forall x: x > 3$

Lösung zu 1.14
a) Die gegebene Aussage ist „$\forall x:$ $\underline{x\ \text{mag Mathematik}}$" (wobei x ein beliebiger Mensch ist). Verneinung: „$\exists x: \overline{x\ \text{mag Mathematik}}$", also „$\exists x: x$ mag Mathematik nicht", also „Es gibt (mindestens) einen Menschen, der Mathematik nicht mag".
b) Die Aussage hat die Form „$\exists x: x\ \text{spricht Spanisch}$" (wobei x ein beliebiger Student ist). Verneinung: „$\forall x: \overline{x\ \text{spricht Spanisch}}$", in Worten: „$\forall x: x$ spricht nicht Spanisch", also „Für jeden Studenten gilt: Er/sie spricht nicht Spanisch", bzw. „Kein Student spricht Spanisch".
c) Die Verneinung ist $\exists x: \overline{x > 3}$, also $\exists x: x \leq 3$. In Worten: Die Verneinung von „Alle x sind größer als 3" ist „Nicht alle x sind größer als 3" bzw. „Es gibt (zumindest) ein x, das kleiner oder gleich 3 ist." ∎

In der Mathematik sind Schlussfolgerungen besonders wichtig. Sie werden durch die folgenden Verknüpfungen beschrieben:

Definition 1.15 Die **WENN-DANN-Verknüpfung** oder **Subjunktion** $a \to b$ (gelesen „Wenn a, dann b") und die **GENAU-DANN-Verknüpfung** oder **Bijunktion** $a \leftrightarrow b$ (gelesen „a genau dann, wenn b") von zwei Aussagen a bzw. b sind durch ihre Wahrheitstabellen folgendermaßen definiert:

a	b	$a \to b$	$a \leftrightarrow b$
0	0	1	1
0	1	1	0
1	0	0	0
1	1	1	1

Die neue Aussage $a \to b$ ist also nur dann falsch, wenn a wahr und b falsch ist; in allen anderen Fällen ist $a \to b$ wahr. Die neue Aussage $a \leftrightarrow b$ ist genau dann wahr, wenn beide Eingangsaussagen den gleichen Wahrheitswert haben, wenn also a und b beide wahr oder beide falsch sind.

Zunächst beschäftigen wir uns mit der Aussage $a \to b$:

Beispiel 1.16 WENN-DANN-Verknüpfung
„Wenn es neblig ist, dann ist die Sicht schlecht" ist wahr (davon gehen wir aus). Diese Aussage hat die Form $a \to b$, wobei a: „Es ist neblig" bzw. b: „Die Sicht ist schlecht" bedeutet. Was kann damit über die Sicht (den Wahrheitswert von b) gesagt werden, wenn es nicht neblig ist (also wenn a falsch ist)?

Lösung zu 1.16 Laut Wahrheitstabelle ist $a \to b$ für folgende Kombinationen wahr: a wahr, b wahr (also Nebel, schlechte Sicht); a falsch, b wahr (also kein Nebel, schlechte Sicht); a falsch, b falsch (also kein Nebel, gute Sicht). Wir sehen insbesondere, dass, wenn a falsch ist, b falsch oder wahr sein kann. Das heißt, wenn es nicht neblig ist (a falsch), so kann die Sicht gut oder schlecht (weil es z. B. dunkel ist oder stark regnet) sein. Wir wissen also, wenn es nicht neblig ist, nichts über die Sicht. (Wir haben hier einfachheitshalber „gute Sicht" als Verneinung von „schlechte Sicht" verwendet.) ∎

Wichtig ist nun vor allem folgende Schreibweise, der Sie immer wieder begegnen werden:

Definition 1.17 Ist die verknüpfte Aussage $a \to b$ wahr, so spricht man von einem **logischen Schluss** (oder einer **Implikation**) und schreibt

$$a \Rightarrow b.$$

Für $a \Rightarrow b$ sagt man: „**Aus a folgt b**" oder „a **impliziert** b", oder „**Wenn a, dann b**" oder „a **ist hinreichend für** b" oder „b **ist notwendig für** a".

Wenn Sie also $a \Rightarrow b$ sehen, so bedeutet das: *Wenn a wahr ist, so ist auch b wahr. Wenn a falsch ist, so kann b wahr oder falsch sein.* Für Aussageformen bedeutet $a(x) \Rightarrow b(x)$, dass $a(x) \to b(x)$ für alle x wahr ist.

Wir können insbesondere im obigen Beispiel schreiben: „Es ist neblig $\Rightarrow$ Die Sicht ist schlecht" und dazu in Worten sagen: „Aus Nebel folgt schlechte Sicht" oder „Nebel impliziert schlechte Sicht" oder „Wenn es neblig ist, ist die Sicht schlecht" oder „Nebel ist hinreichend für schlechte Sicht" oder „Schlechte Sicht ist notwendig für Nebel".

Zwei verknüpfte Aussagen werden als **gleich** (oder **logisch äquivalent**) bezeichnet, wenn sie für jede Kombination der Wahrheitswerte der Eingangsaussagen die gleichen Wahrheitswerte annehmen. Aus der folgenden Tabelle

a	b	$\bar{a}$	$\bar{b}$	$a \to b$	$\bar{b} \to \bar{a}$	$b \to a$	$a \leftrightarrow b$	$(a \to b) \wedge (b \to a)$
0	0	1	1	1	1	1	1	1
0	1	1	0	1	1	0	0	0
1	0	0	1	0	0	1	0	0
1	1	0	0	1	1	1	1	1

sehen wir zum Beispiel, dass $a \to b = \bar{b} \to \bar{a}$, da die fünfte und sechste Spalte dieselben Wahrheitswerte haben. Daraus folgt die wichtige Tatsache:

Satz 1.18 $a \Rightarrow b$ bedeutet dasselbe wie $\bar{b} \Rightarrow \bar{a}$.

Aber Achtung: Wir sehen auch, dass $a \to b \neq b \to a$. Mit anderen Worten: $a \Rightarrow b$ ist gleichbedeutend mit $\bar{b} \Rightarrow \bar{a}$, jedoch nicht gleichbedeutend mit $b \Rightarrow a$.

Beispiel 1.19 Richtige Schlussfolgerung
a) Es gilt: „Nebel $\Rightarrow$ schlechte Sicht". Gilt auch „keine schlechte Sicht $\Rightarrow$ kein Nebel"?
b) Es gilt: „Nebel $\Rightarrow$ schlechte Sicht". Gilt auch „schlechte Sicht $\Rightarrow$ Nebel"?

c) Es gilt (für jedes x): „$x > 3 \Rightarrow x > 0$". Gilt auch „$x \leq 0 \Rightarrow x \leq 3$"?

d) Es gilt (für jedes x): „$x > 3 \Rightarrow x > 0$". Gilt auch „$x > 0 \Rightarrow x > 3$"?

Lösung zu 1.19

a) Ja, denn $a \Rightarrow b$ ist gleich(bedeutend wie) $\overline{b} \Rightarrow \overline{a}$.

b) Zunächst ist uns bewusst, dass grundsätzlich $a \Rightarrow b$ etwas anderes bedeutet als $b \Rightarrow a$. Überlegen wir, ob auch $b \Rightarrow a$ gilt, also „schlechte Sicht $\Rightarrow$ Nebel"? Nein, denn: Wenn die Sicht schlecht ist, dann folgt daraus nicht notwendigerweise Nebel (es könnte ja auch kein Nebel, dafür aber Dunkelheit sein).

c) Gleichbedeutend mit „$x > 3 \Rightarrow x > 0$" ist: „$\overline{x > 0} \Rightarrow \overline{x > 3}$", also „$x \leq 0 \Rightarrow x \leq 3$".

d) Wieder ist uns bewusst, dass $a \Rightarrow b$ nicht gleichbedeutend mit $b \Rightarrow a$ ist. Gilt aber vielleicht auch „$x > 0 \Rightarrow x > 3$"? D.h., ist „$x > 0 \rightarrow x > 3$" wahr für alle x? Nein, denn für $x = 2$ ist $x > 0$ wahr, aber $x > 3$ falsch. Also haben wir $x > 0 \not\Rightarrow x > 3$ gezeigt. ∎

Durch Blick auf die letzte Wahrheitstabelle sehen wir, dass $a \leftrightarrow b$ immer dann wahr ist, wenn $(a \rightarrow b) \wedge (b \rightarrow a)$ wahr ist; wenn also sowohl $a \Rightarrow b$ als auch $b \Rightarrow a$ gilt; d.h., wenn a hinreichend und notwendig für b ist. Dafür verwendet man nahe liegend folgende Schreibweise:

Definition 1.20 Wenn $a \leftrightarrow b$ wahr ist, dann spricht man von **Äquivalenz** und schreibt

$$a \Leftrightarrow b.$$

Die Äquivalenz $a \Leftrightarrow b$ bedeutet, dass sowohl $a \Rightarrow b$ als auch $b \Rightarrow a$ gilt. Man sagt: „a **genau dann, wenn** b" oder „a **dann und nur dann, wenn** b" oder „a **ist notwendig und hinreichend für** b".

Wenn Sie also $a \Leftrightarrow b$ sehen, so bedeutet das: *Die Aussagen a und b haben denselben Wahrheitswert.*

Beispiel 1.21 Genau dann, wenn ...

a) „x ist eine gerade Zahl $\leftrightarrow x$ ist durch 2 teilbar" ist (für jedes x) eine wahre Aussage. Daher: „x gerade $\Leftrightarrow x$ durch 2 teilbar". Gelesen: „x ist gerade genau dann, wenn x durch 2 teilbar ist" oder „x ist gerade dann und nur dann, wenn x durch 2 teilbar ist".

b) Wir haben im letzten Beispiel gezeigt, dass zwar „$x > 3 \Rightarrow x > 0$", aber „$x > 0 \not\Rightarrow x > 3$" gilt. Also „$x > 3 \not\Leftrightarrow x > 0$".

In der Mathematik wird großer Wert auf richtige Schlussfolgerungen gelegt, wie auch folgende kleine Anekdote zeigt: Ein Chemiker, ein Physiker und ein Mathematiker reisen in einem Zug durch Schottland. Als sie aus dem Fenster sehen, erblicken sie ein schwarzes Schaf auf der Weide. Der Chemiker bemerkt: „Aha, in Schottland sind die Schafe also schwarz". Der Physiker bessert ihn sofort aus: „Nein, in Schottland gibt es ein schwarzes Schaf". Der Mathematiker schüttelt nur den Kopf und meint: „In Schottland gibt es ein Schaf, das auf der uns zugewandten Seite schwarz ist".

In der Logik geht es unter anderem darum, aus wahren Aussagen logisch richtige Schlussfolgerungen zu ziehen und somit zu neuen wahren Aussagen zu kommen.

Man spricht in diesem Zusammenhang von einem **Beweis**. Aus der letzten Wahrheitstabelle kann man einige mögliche Beweistechniken ablesen:

- $(a \to b) \wedge (b \to a) = a \leftrightarrow b$: Um $a \Leftrightarrow b$ zu zeigen, kann man zeigen, dass sowohl $a \Rightarrow b$ als auch $b \Rightarrow a$ gilt.
- $\bar{b} \to \bar{a} = a \to b$: Um $a \Rightarrow b$ zu zeigen, kann man auch $\bar{b} \Rightarrow \bar{a}$ zeigen. Diese Vorgehensweise wird auch **indirekter Beweis** genannt.

  Um $a \Rightarrow b$ zu zeigen, kann man aber auch den Fall „a wahr und b falsch" ausschließen (das ist ja der einzige Fall, für den $a \to b$ falsch ist). Dies macht man, indem man die Annahme „a wahr und b falsch" zu einem Widerspruch führt (**Beweis durch Widerspruch**).

Das soll an dieser Stelle einfach nur erwähnt sein, Beispiele werden folgen.

1.2 Elementare Mengenlehre

Mengentheoretische Ausdrücke sind ein wesentlicher Teil der mathematischen „Umgangssprache". Der mathematische Mengenbegriff wird oft auch im Alltag verwendet, nämlich immer dann, wenn wir mit einer Menge eine *Zusammenfassung* meinen, wie z. B. die Menge der Einwohner von Wien, alle Dateien in einem Verzeichnis, usw. Georg Cantor, der Begründer der Mengenlehre, hat im Jahr 1895 eine anschauliche Definition einer Menge gegeben:

Definition 1.22 Eine **Menge** ist eine Zusammenfassung von bestimmten und wohlunterschiedenen Objekten unserer Anschauung oder unseres Denkens zu einem Ganzen.

Streng genommen ist diese Definition etwas unbefriedigend, da z. B. der Ausdruck „Zusammenfassung von Objekten" zwar intuitiv klar, aber nicht definiert ist. Dieses Problem ist aber unumgänglich: In der axiomatischen Mengenlehre gibt es einfach undefinierte Begriffe. Aber es kommt noch schlimmer, unsere Definition kann sogar zu Widersprüchen führen (Russell'sches Paradoxon – nach dem britischen Mathematiker und Philosophen Bertrand Russell (1872–1970)): Wenn ein Barbier behauptet alle Männer eines Dorfes zu rasieren, die sich nicht selbst rasieren, rasiert er sich dann selbst (d.h., ist er in dieser Menge enthalten oder nicht)? Durch ausgefeiltere Axiomensysteme lassen sich solche einfachen Widersprüche zwar vermeiden, aber ob man damit *alle* Widersprüche ausgeräumt hat, bleibt trotzdem unklar. Kurt Gödel hat gezeigt, dass ein System nicht zum Beweis seiner eigenen Widerspruchsfreiheit verwendet werden kann. Wir werden aber einfach unserem Barbier verbieten widersprüchliche Aussagen zu machen und uns mit obiger Definition begnügen.

Die Objekte einer Menge M werden die **Elemente** von M genannt. Wir schreiben $a \in M$, wenn a ein Element von M ist. Ist a kein Element von M, so schreiben wir dafür $a \notin M$. Mengen werden üblicherweise mit Großbuchstaben wie A, B, M etc. bezeichnet. Beispiel: $M = \{1, 2, 3, 4, 5\}$ ist die Menge, die aus den Zahlen 1, 2, 3, 4, und 5 besteht. Es ist $1 \in M$, aber $7 \notin M$.

Zwei Mengen sind **gleich**, wenn sie dieselben Elemente haben. Auf die Reihenfolge der Elemente kommt es also nicht an. Auch wird jedes Element nur *einmal* gezählt (braucht also nur einmal angeschrieben zu werden). So können wir die Menge $A = \{i, n, f, o, r, m, a, t, i, k\}$ ohne weiteres auch schreiben als $A = \{a, f, i, k, m, n, o, r, t\}$.

Einige häufig auftretende Zahlenmengen werden mit eigenen Symbolen bezeichnet, z. B.

$$\mathbb{N} = \{1, 2, 3, 4, \ldots\} \qquad \text{Menge der natürlichen Zahlen}$$
$$\mathbb{Z} = \{\ldots, -2, -1, 0, 1, 2, \ldots\} \qquad \text{Menge der ganzen Zahlen}$$

Sie sind Beispiele für **unendliche Mengen**, d.h. Mengen mit unendlich vielen Elementen (im Gegensatz zu **endlichen Mengen**). Die Anzahl der Elemente einer Menge A wird als $|A|$ abgekürzt und **Mächtigkeit** genannt. Zum Beispiel ist die Anzahl der Elemente von $A = \{a, f, i, k, m, n, o, r, t\}$ gleich $|A| = 9$.

Oft ist es umständlich oder unmöglich, eine Menge durch *Aufzählung* ihrer Elemente anzugeben. Dann gibt man eine gemeinsame *Eigenschaft* der Elemente an: $M = \{x \in \mathbb{N} \mid x < 6\}$ ist eine andere Schreibweise für die Menge $M = \{1, 2, 3, 4, 5\}$. Der senkrechte Strich „|" wird dabei gelesen als „für die gilt". Anstelle von „|" kann man auch einen Doppelpunkt „:" schreiben, also $M = \{x \in \mathbb{N} : x < 6\}$. Gelesen: „$M$ ist die Menge aller natürlichen Zahlen x, für die gilt: x ist kleiner als 6". Ihnen ist vielleicht eine andere Möglichkeit eingefallen, um die Elemente von M zu beschreiben. So hätten wir natürlich auch $M = \{x \in \mathbb{N} \mid x \leq 5\}$ oder $M = \{x \in \mathbb{Z} \mid 1 \leq x \leq 5\}$ etc. schreiben können.

Beispiel 1.23 Angabe von Mengen
a) Zählen Sie die Elemente der Menge $A = \{x \in \mathbb{Z} : x^2 = 4\}$ auf.
b) Geben Sie die Menge $B = \{3, 4, 5\}$ in einer anderen Form an.

Lösung zu 1.23
a) $A = \{-2, 2\}$
b) $B = \{x \in \mathbb{N} \mid 3 \leq x \leq 5\}$ wäre eine Möglichkeit.   ∎

Es hat sich als nützlich herausgestellt eine Menge einzuführen, die *keine Elemente* enthält. Diese Menge heißt **leere Menge**. Man schreibt sie mit dem Symbol $\{\}$ oder auch mit $\emptyset$.

Beispiel 1.24 Leere Menge
$S = \{x \in \mathbb{N} \mid x = x + 1\} = \{\}$, denn es gibt keine natürliche Zahl, die gleich bleibt, wenn man zu ihr 1 addiert.

Die Einführung der leeren Menge macht den Umgang mit Mengen einfacher. Gäbe es sie nicht, so könnte man zum Beispiel nicht von der Menge aller roten Autos auf einem Parkplatz sprechen, wenn man sich nicht vorher vergewissert hätte, dass es dort auch tatsächlich solche gibt.

Definition 1.25 Eine Menge A heißt **Teilmenge** von B, wenn gilt: $x \in A \Rightarrow x \in B$. Das bedeutet also, dass jedes Element von A auch in B enthalten ist. Man schreibt in diesem Fall: $A \subseteq B$.

Die Tatsache, dass A Teilmenge von B ist, $A \subseteq B$, beinhaltet auch den Fall, dass A und B gleich sind. Wenn betont werden soll, dass A Teilmenge von B ist, aber $A \neq B$, so schreibt man $A \subset B$ oder $A \subsetneq B$.

Die Menge aller Teilmengen einer gegebenen Menge A wird als **Potenzmenge** von A bezeichnet.

Abbildung 1.1 veranschaulicht die Beziehung $A \subseteq B$. Solche grafische Darstellungen werden als **Venn-Diagramme** bezeichnet.

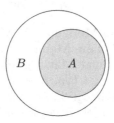

Abbildung 1.1. A ist Teilmenge von B

Beispiel 1.26 Teilmenge
a) $\{1,2,3\} \subseteq \{0,1,2,3\}$ b) $\{1,2,3\} \subseteq \mathbb{N}$ c) $\{1,2,3\} \subseteq \{1,2,3\}$
d) $A = \{0,2,4\}$ ist keine Teilmenge von $B = \{2,4,6,8\}$, weil $0 \notin B$.
e) Aus der Definition der leeren Menge folgt: $\{\} \subseteq A$ für jede Menge A.

Wenn wir zwei Mengen A und B gegeben haben, dann könnten wir uns für jene Elemente interessieren, die *sowohl* in A *als auch* in B vorkommen:

Definition 1.27 Die Menge

$$A \cap B = \{x \mid x \in A \text{ und } x \in B\}$$

nennt man den **Durchschnitt** von A und B.

Abbildung 1.2 veranschaulicht den Durchschnitt von Mengen.

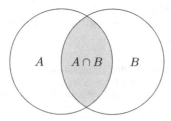

Abbildung 1.2. Durchschnitt von Mengen

Beispiel 1.28 Durchschnitt
a) $\{2,3,4\} \cap \{3,4,7\} = \{3,4\}$ b) $\{1,2,3\} \cap \mathbb{N} = \{1,2,3\}$
c) $\{u,v\} \cap \{x,y\} = \{\}$

Besitzen zwei Mengen kein gemeinsames Element, so heißen diese Mengen **disjunkt** (oder auch **elementfremd**).

Wir könnten auch alle Elemente zu einer neuen Menge zusammenfassen, die in A oder in B (oder in beiden) vorkommen:

Definition 1.29 Die Menge

$$A \cup B = \{x \mid x \in A \text{ oder } x \in B\}$$

nennt man **Vereinigung** von A und B.

Eselsbrücke: Das Symbol $\cup$ für Vereinigung erinnert an eine Schüssel – in ihr wird alles vereinigt.

Abbildung 1.3 veranschaulicht die Vereinigung von zwei Mengen.

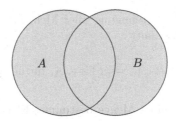

Abbildung 1.3. Vereinigung von A und B

Beispiel 1.30 Vereinigung
a) $\{1,2,3\} \cup \{3,4\} = \{1,2,3,4\}$. Die Zahl 3, die in beiden Mengen vorkommt, wird in der Vereinigungsmenge (wie bei Mengen üblich) nur einmal angeschrieben.
b) $\{u,v\} \cup \{x,y\} = \{u,v,x,y\}$
c) $\{1,2,3\} \cup \mathbb{N} = \mathbb{N}$

Die Mengenoperationen erfüllen die folgenden Gesetze:

Satz 1.31 (Rechengesetze für Mengen)
Kommutativgesetze:

$$A \cup B = B \cup A, \qquad A \cap B = B \cap A.$$

Assoziativgesetze:

$$A \cup (B \cup C) = (A \cup B) \cup C, \qquad A \cap (B \cap C) = (A \cap B) \cap C.$$

Bei der Vereinigung mehrerer Mengen kann also auf Klammern verzichtet werden. Analoges gilt für den Durchschnitt.

Distributivgesetze:

$$A \cup (B \cap C) = (A \cup B) \cap (A \cup C), \qquad A \cap (B \cup C) = (A \cap B) \cup (A \cap C).$$

Für die Vereinigung mehrerer Mengen $A_1, \ldots, A_n$ schreibt man abkürzend

$$\bigcup_{j=1}^{n} A_j = A_1 \cup \cdots \cup A_n = \{x \mid x \in A_j \text{ für mindestens ein } j, j = 1, \ldots, n\}$$

und liest diesen Ausdruck: „Vereinigung aller Mengen A_j für $j = 1$ bis $j = n$". Analoges gilt für den Durchschnitt:

$$\bigcap_{j=1}^{n} A_j = A_1 \cap \cdots \cap A_n = \{x \mid x \in A_j \text{ für alle } j = 1, \ldots, n\}.$$

Manchmal möchte man aus einer Menge bestimmte Elemente entfernen. Dazu gibt es folgende Mengenoperation:

Definition 1.32 Die **Differenz** zweier Mengen

$$A \backslash B = \{x \mid x \in A \text{ und } x \notin B\}$$

ist die Menge der Elemente von A ohne die Elemente von B. Ist speziell B eine Teilmenge von A, so nennt man $A \backslash B$ auch das **Komplement** von B in A und schreibt dafür $\overline{B}$. In diesem Zusammenhang bezeichnet man A als die **Grundmenge**.

Abbildung 1.4 veranschaulicht die Differenz von Mengen.

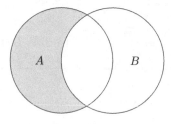

Abbildung 1.4. Differenz $A \backslash B$ von Mengen: Der grau schattierte Bereich enthält alle Elemente von A, die nicht in B liegen.

Beispiel 1.33 Differenz

a) $\{1,2,3\}\backslash\{3,4\} = \{1,2\}$. Hier haben wir aus der Menge $\{1,2,3\}$ alle Elemente entfernt, die auch in $\{3,4\}$ vorkommen. Es macht nichts, dass die Zahl 4 in der ersten Menge überhaupt nicht vorkommt.

b) $\{u,v\}\backslash\{x,y\} = \{u,v\}$

c) $\mathbb{N}\backslash\{1\} = \{x \in \mathbb{N} \mid x \geq 2\}$

Vereinigung, Durchschnitt und Differenz werden über die folgenden Rechenregeln in Bezug zueinander gesetzt:

Satz 1.34 Sind A, B Teilmengen einer Menge M (Grundmenge), so gelten für die Komplemente die **de Morgan'schen Regeln**

$$\overline{A \cup B} = \overline{A} \cap \overline{B}, \qquad \overline{A \cap B} = \overline{A} \cup \overline{B}.$$

Sie sind nach dem schottischen Mathematiker Augustus de Morgan (1806–1871) benannt.

Erinnern Sie sich daran, dass bei einer Menge die Reihenfolge, in der ihre Elemente aufgezählt werden, keine Rolle spielt. Es ist also zum Beispiel $\{1,2\} = \{2,1\}$. Oft ist aber auch die Reihenfolge von Objekten wichtig:

Wenn Sie ins Kino gehen, so könnte Ihr Sitzplatz im Kinosaal durch das Zahlenpaar $(3,7)$ eindeutig bestimmt werden: Reihe 3, Sitz 7. Das Zahlenpaar $(7,3)$ würde einen anderen Sitzplatz bezeichnen.

Definition 1.35 Man bezeichnet (a,b) als **geordnetes Paar** (auch: **Tupel**). Zwei geordnete Paare (a,b) und (a',b') sind genau dann **gleich**, wenn $a = a'$ und $b = b'$ ist.

Ein geordnetes Paar wird zum Unterschied zu einer Menge mit *runden* Klammern geschrieben. Nun ist die Reihenfolge von Bedeutung und mehrfach auftretende Elemente werden angeführt. (Es gibt ja auch Reihe 3, Sitz 3 im Kino.)

Beispiel 1.36 Geordnetes Paar

a) $(1,2) \neq (2,1)$ b) $(2,2) \neq (2)$

Definition 1.37 Die Menge aller geordneten Paare zweier Mengen A und B wird **kartesisches Produkt von A und B** genannt und als $A \times B$ geschrieben:

$$A \times B = \{(a,b) \mid a \in A \text{ und } b \in B\} \quad \text{gelesen: „}A \text{ kreuz } B\text{".}$$

$A \times B$ enthält also alle geordneten Paare (a,b), wobei das erste Element im geordneten Paar immer aus der Menge A und das zweite Element immer aus der Menge B kommt.

Beispiel 1.38 Kartesisches Produkt
a) $\{1,2\} \times \{3,4\} = \{(1,3),(1,4),(2,3),(2,4)\}$
b) $\{1\} \times \{3,4\} = \{(1,3),(1,4)\}$
c) $\{3,4\} \times \{1\} = \{(3,1),(4,1)\}$. Es ist also $A \times B$ nicht gleich $B \times A$.
d) Die Elemente von $\mathbb{N}^2$ (= abkürzende Schreibweise für $\mathbb{N} \times \mathbb{N}$) sind alle geordneten natürliche Zahlenpaare.

Wir können natürlich auch mehrere Elemente, deren Reihenfolge von Bedeutung ist, betrachten. Wenn n die Anzahl dieser Elemente ist, so spricht man von einem n-**Tupel**. So ist $(1,4,0)$ ein Beispiel für ein 3-Tupel. Das **kartesische Produkt der Mengen** $A_1, A_2, ..., A_n$ ist in diesem Sinn definiert als

$$A_1 \times A_2 \times ... \times A_n = \{(a_1,...,a_n) \mid a_1 \in A_1, ..., a_n \in A_n\}.$$

Man schreibt für das n-**fache Produkt** $A \times A \times ... \times A$ einer Menge A oft auch abkürzend A^n. Ist $\mathbb{R}$ die Menge der reellen Zahlen, so ist z. B. $\mathbb{R}^3$ die Menge aller reellen 3-Tupel (die als „Punkte" im 3-dimensionalen Raum veranschaulicht werden können).

Mengen kommen zum Beispiel als Definitions- oder Wertebereiche von *Funktionen* vor, daher an dieser Stelle schon folgende Definition:

Definition 1.39 Eine **Abbildung** oder **Funktion** f von einer Menge D in eine Menge M ist eine Vorschrift, die jedem Element $x \in D$ genau ein Element $f(x) \in M$ zuordnet. Man schreibt dafür kurz: $f : D \to M$, $x \mapsto f(x)$ und sagt: „x wird auf $f(x)$ abgebildet".

Beispiel 1.40 Abbildungen
a) Die Abbildung $f : \mathbb{N} \to \mathbb{N}$ mit $n \mapsto n^2$ ordnet jeder natürlichen Zahl ihr Quadrat zu. Also z. B. $f(1) = 1$, $f(2) = 4$, $f(3) = 9$, usw.
b) Der ASCII-Code ist eine Abbildung, die den Zahlen 0 bis 127 bestimmte Steuerzeichen, Ziffern, Buchstaben und Sonderzeichen zuordnet: z. B. $f(36) = \$$ oder $f(65) = A$.

Wir werden darauf noch im Abschnitt 5.2 über Funktionen zurückkommen.

1.3 Schaltalgebra

Außer in der Aussagenlogik gibt es noch viele andere Situationen, in denen man es mit Größen zu tun hat, die nur zwei verschiedene Werte annehmen können. Das wohl wichtigste Beispiel ist der Computer, der alles auf die beiden Werte 0 und 1 reduziert. Mithilfe der Schaltalgebra kann man logische Schaltungen beschreiben und untersuchen.

Wir gehen davon aus, dass wir zwei Werte, 0 (falsch) und 1 (wahr), zur Verfügung haben. Eine Variable a kann nur diese beiden Werte annehmen, man spricht daher auch von einer **binären Variablen** oder **Schaltvariablen**. Wie in der Aussagenlogik definieren wir die Negation $\bar{a}$, die Konjunktion $a \cdot b$ und die Disjunktion $a + b$ gemäß folgender Wertetabelle:

a	b	$\overline{a}$	$a \cdot b$	$a + b$
0	0	1	0	0
0	1	1	0	1
1	0	0	0	1
1	1	0	1	1

Man verwendet hier anstelle der Symbole $\wedge$ und $\vee$ oft $\cdot$ bzw. $+$ und spricht auch von einer Multiplikation bzw. Addition. Das hat einen einfachen Grund: Das Verknüpfungsergebnis von $a \cdot b$ laut obiger Tabelle entspricht dem jeweiligen Produkt der reellen Zahlen 0 und 1: $0 \cdot 0 = 0$, $1 \cdot 0 = 0$, $0 \cdot 1 = 0$, $1 \cdot 1 = 1$. Ebenso kann man bei $a + b$ wie gewohnt mit 0 und 1 rechnen, mit einer Ausnahme: Man muss berücksichtigen, dass per Definition $1 + 1 = 1$ gesetzt wird.

Wie schon in der Aussagenlogik sind zwei verknüpfte Ausdrücke **gleich**, wenn sie bei derselben Belegung der Eingangsvariablen gleiche Werte annehmen.

Beispiel 1.41 Gleichheit von verknüpften Ausdrücken
Zeigen Sie mithilfe einer Wertetabelle, dass $\overline{\overline{a}} = a$.

Lösung zu 1.41 Die Verneinung $\overline{\overline{a}}$ von $\overline{a}$ hat genau den entgegengesetzten Wahrheitswert von $\overline{a}$,

a	$\overline{a}$	$\overline{\overline{a}}$
0	1	0
1	0	1

also immer denselben Wahrheitswert wie a.   ■

Es ist also

$$a = \overline{\overline{a}}.$$

Auf die gleiche Weise können wir nachweisen, dass

$$a \cdot 0 = 0, \quad a \cdot 1 = a, \quad a \cdot a = a, \quad a \cdot \overline{a} = 0$$

und

$$a + 1 = 1, \quad a + 0 = a, \quad a + a = a, \quad a + \overline{a} = 1.$$

Wenn wir uns das genauer ansehen, dann erkennen wir, dass jede Formel in eine andere gültige Formel übergeht, wenn man in ihr die Symbole $\cdot$ und $+$ sowie 0 und 1 vertauscht: Zum Beispiel erhält man aus $a \cdot 0 = 0$ auf diese Weise die Formel $a + 1 = 1$ (in $a \cdot 0 = 0$ wurde $\cdot$ durch $+$ ersetzt und 0 durch 1). Man bezeichnet dies als **Dualitätsprinzip**.

Eine Begründung, warum das Dualitätsprinzip gilt, kommt etwas später.

Allgemeiner kann man auch Ausdrücke betrachten, die mehr als eine Variable enthalten. Sind a, b und c Variable, die die Werte 0 und 1 annehmen können, so können wir durch Aufstellen der zugehörigen Wertetabellen leicht folgende Regeln zeigen, die wir schon analog bei den Mengen kennen gelernt haben. (Beachten Sie, dass wieder nach dem Dualitätsprinzip je zwei Formeln einander entsprechen.)

Satz 1.42 (Logikgesetze)
Kommutativgesetze:

$$a + b = b + a, \qquad a \cdot b = b \cdot a.$$

Assoziativgesetze:

$$a + (b + c) = (a + b) + c, \qquad a \cdot (b \cdot c) = (a \cdot b) \cdot c.$$

Distributivgesetze:

$$a + (b \cdot c) = (a + b) \cdot (a + c), \qquad a \cdot (b + c) = (a \cdot b) + (a \cdot c).$$

Absorptionsgesetze:

$$a \cdot (a + b) = a, \qquad a + (a \cdot b) = a,$$
$$a \cdot (\overline{a} + b) = a \cdot b, \qquad a + \overline{a} \cdot b = a + b,$$

De Morgan'sche Regeln:

$$\overline{a \cdot b} = \overline{a} + \overline{b}, \qquad \overline{a + b} = \overline{a} \cdot \overline{b}.$$

Die Kommutativgesetze sind uns vom Rechnen mit reellen Zahlen vertraut und besagen nichts anderes, als dass zum Beispiel $0 \cdot 1$ dasselbe ist wie $1 \cdot 0$ oder $0 + 1$ dasselbe ist wie $1 + 0$.

Auch die Assoziativgesetze sind uns vertraut. Sie sagen, dass man in einem längeren Ausdruck, der nur *eine* Verknüpfungsart enthält (also nur „+" oder nur „·"), keine Klammern setzen muss, weil es auf die Reihenfolge nicht ankommt. Es ist z. B. $1 \cdot (0 \cdot 1)$ dasselbe wie $(1 \cdot 0) \cdot 1$, daher kann man die Klammern hier gleich weglassen und $1 \cdot 0 \cdot 1$ schreiben.

Wenn ein Ausdruck sowohl · also auch + enthält, dann müssen Klammern gesetzt werden, um die Reihenfolge der Auswertung klarzustellen. Gibt es keine Klammern, dann gilt die Konvention, dass zuerst die Verneinung, dann · und dann + ausgewertet wird. Der Ausdruck $\overline{a} \cdot b + b$ ist also als $((\overline{a}) \cdot b) + b$ zu verstehen.

Bei den reellen Zahlen gibt es analog die Regel „Punkt vor Strich".

Das zweite (rechte) Distributivgesetz ist uns ebenfalls vom Rechnen mit reellen Zahlen vertraut („Ausmultiplizieren" bzw., wenn es von rechts nach links gelesen wird, „Herausheben"). Das erste (linke) Distributivgesetz würde einem „Ausaddieren" entsprechen, es gibt aber kein entsprechendes Gesetz für das Rechnen mit reellen Zahlen.

Es gelten also insbesondere alle Rechenregeln, die für die Multiplikation und Addition von reellen Zahlen gelten. Da uns diese Rechenregeln vertraut sind, ist es auch sinnvoll, die gleichen Symbole · und + zu verwenden.

Dieses *Rechnen* mit 0 und 1 geht auf den englischen Mathematiker George Boole (1815–1864) zurück, dem es gelang, eine Algebra der Aussagen zu entwickeln und damit die über 2000 Jahre alte Aussagenlogik zu formalisieren. Eine **Boole'sche Algebra** ist allgemein eine Menge (die mindestens 2 Elemente, 0 und 1, enthält) mit zwei Verknüpfungen, · und +, die die obigen Gesetze erfüllen. Die grundlegenden Schaltungen in Computern folgen diesen Gesetzen, daher ist die Schaltalgebra ein wichtiges Anwendungsgebiet der Boole'schen Algebra.

Beispiel 1.43 (→CAS) De Morgan'sche Regeln
Zeigen Sie die Gültigkeit der de Morgan'schen Regeln mithilfe einer Wertetabelle.

Lösung zu 1.43 Für die erste Regel müssen wir zeigen, dass für jede Kombination der Werte der Eingangsvariablen a und b die Ausdrücke $\overline{a \cdot b}$ und $\overline{a} + \overline{b}$ die gleichen Werte haben:

a	b	$a \cdot b$	$\overline{a \cdot b}$	$a + b$	$\overline{a + b}$	$\overline{a}$	$\overline{b}$	$\overline{a} + \overline{b}$	$\overline{a} \cdot \overline{b}$
0	0	0	1	0	1	1	1	1	1
0	1	0	1	1	0	1	0	1	0
1	0	0	1	1	0	0	1	1	0
1	1	1	0	1	0	0	0	0	0

Tatsächlich sind in der vierten und der neunten Spalte dieselben Werte, daher ist $\overline{a \cdot b} = \overline{a} + \overline{b}$. Analog folgt aus Gleichheit der sechsten und zehnten Spalte $\overline{a + b} = \overline{a} \cdot \overline{b}$. Da das Aufstellen solcher Wertetabellen recht mühsam ist, bietet es sich an den Computer zu bemühen (siehe Abschnitt 1.4). ∎

Aus den de Morgan'schen Regeln folgt auch sofort das Dualitätsprinzip: Negieren wir zum Beispiel das erste Absorptionsgesetz, so folgt aus $\overline{a \cdot (a + b)} = \overline{a} + \overline{(a + b)} = \overline{a} + (\overline{a} \cdot \overline{b})$, dass $\overline{a} + (\overline{a} \cdot \overline{b}) = \overline{a}$. Da diese Gleichung für beliebige a, b gilt, gilt sie auch, wenn wir a durch $\overline{a}$ und b durch $\overline{b}$ ersetzen: $a + (a \cdot b) = a$. Das ist aber genau das zweite Absorptionsgesetz.

Natürlich hat es wenig Sinn all diese Regeln aufzustellen, wenn sie nicht auch zu etwas gut wären. In der Tat können sie in der Praxis dazu verwendet werden, um zum Beispiel komplizierte Ausdrücke zu vereinfachen und damit Schaltungen auf möglichst wenige Schaltelemente zu reduzieren.

Beispiel 1.44 (→CAS) Vereinfachung einer Schaltung
Vereinfachen Sie den Ausdruck $\overline{a} \cdot \overline{b} + \overline{a} \cdot b + a \cdot b$.

Lösung zu 1.44 Wir wenden Schritt für Schritt Rechenregeln an:

$$\overline{a} \cdot \overline{b} + \overline{a} \cdot b + a \cdot b = \overline{a} \cdot (\overline{b} + b) + a \cdot b = \overline{a} \cdot 1 + a \cdot b = \overline{a} + a \cdot b =$$
$$= (\overline{a} + a) \cdot (\overline{a} + b) = 1 \cdot (\overline{a} + b) = \overline{a} + b,$$

wobei wir im ersten Schritt das zweite Distributivgesetz (Herausheben eines Faktors), danach $b + \overline{b} = 1$, weiter $\overline{a} \cdot 1 = \overline{a}$ und zuletzt noch das erste Distributivgesetz („Ausaddieren") verwendet haben. ∎

Eine Abbildung $f : B^n \to B$, mit $B = \{0, 1\}$, wird als eine **Logikfunktion** in n Variablen bezeichnet. Speziell im Fall $n = 2$ (d.h. 2 Eingangsvariablen) spricht man auch von einer **binären Logikfunktion**. Die oben eingeführten Verknüpfungen · und + von zwei Variablen sind also Beispiele binärer Logikfunktionen. Das sind aber bei weitem nicht alle denkbaren. Bereits in der Aussagenlogik haben wir neben Dis- und Konjunktion eine Reihe weiterer Verknüpfungsmöglichkeiten kennen gelernt. Wenn man alle Kombinationen von Wahrheitswerten für a und b anführt, so kommt man insgesamt auf 16 mögliche binäre Logikfunktionen:

a	b	f_0	f_1	f_2	f_3	f_4	f_5	f_6	f_7	f_8	f_9	f_{10}	f_{11}	f_{12}	f_{13}	f_{14}	f_{15}
0	0	0	1	0	1	0	1	0	1	0	1	0	1	0	1	0	1
0	1	0	0	1	1	0	0	1	1	0	0	1	1	0	0	1	1
1	0	0	0	0	0	1	1	1	1	0	0	0	0	1	1	1	1
1	1	0	0	0	0	0	0	0	0	1	1	1	1	1	1	1	1

Natürlich finden wir hier alle bekannten Verknüpfungen wieder: $f_8(a,b) = a \cdot b$, $f_{14}(a,b) = a+b$, $f_{11}(a,b) = a \rightarrow b$. Die Logikfunktion $f_7(a,b) = \overline{a \cdot b}$ heißt **NAND**-Verknüpfung und $f_1(a,b) = \overline{a+b}$ wird als **NOR**-Verknüpfung bezeichnet.

Man kann nun zeigen, dass sich alle diese 16 Verknüpfungen mithilfe der Konjunktion, Disjunktion und Negation ausdrücken lassen. Das ist besonders bei der Umsetzung von elektronischen Schaltungen von großer Bedeutung: Es müssen dann nur diese drei Basistypen gebaut werden, und alle anderen lassen sich durch sie erzeugen. Um zu sehen, dass diese 3 Basistypen ausreichen, betrachten wir zunächst jene vier Logikfunktionen aus obiger Tabelle, die für genau eine Kombination der Eingabewerte den Wert 1 annehmen (und sonst immer 0 sind). Es sind das f_1, f_2, f_4 und f_8. Diese vier Verknüpfungen heißen **Minterme**, oder **Vollkonjunktionen** und werden auch mit m_0, m_1, m_2 und m_3 bezeichnet. Es ist also m_0 jene Logikfunktion, die nur bei der Kombination $(a,b) = (0,0)$ den Wert 1 annimmt, m_1 hat Wahrheitswert 1 nur für $(a,b) = (0,1)$, m_2 hat Wahrheitswert 1 nur für $(a,b) = (1,0)$ und m_3 hat Wahrheitswert 1 nur bei $(a,b) = (1,1)$.

Weiters ist leicht zu sehen:

Satz 1.45 Die Minterme können als Produkte dargestellt werden:

$$m_0(a,b) = \overline{a} \cdot \overline{b}, \quad m_1(a,b) = \overline{a} \cdot b, \quad m_2(a,b) = a \cdot \overline{b}, \quad m_3(a,b) = a \cdot b.$$

Das kann mithilfe der zugehörigen Wahrheitstabelle gezeigt werden:

Beispiel 1.46 Darstellung eines Minterms als Produkt
Zeigen Sie mithilfe einer Wahrheitstabelle, dass $m_0 = \overline{a} \cdot \overline{b}$.

Lösung zu 1.46

a	b	$\overline{a}$	$\overline{b}$	$\overline{a} \cdot \overline{b}$
0	0	1	1	1
0	1	1	0	0
1	0	0	1	0
1	1	0	0	0

Tatsächlich ist also $\overline{a} \cdot \overline{b} = f_1(a,b) = m_0(a,b)$.   ∎

In der Praxis ist oft die Wertetabelle einer Verknüpfung vorgegeben und man möchte sie durch möglichst wenige Schaltelemente (Disjunktion, Konjunktion oder Negation) realisieren. Gehen wir von der Wertetabelle einer Verknüpfung f (f steht hier für eine der möglichen binären Logikfunktionen $f_0, \ldots, f_{15}$) aus,

a	b	$f(a,b)$
0	0	$f(0,0)$
0	1	$f(0,1)$
1	0	$f(1,0)$
1	1	$f(1,1)$

dann kann f folgendermaßen als Summe von Mintermen geschrieben werden:

$$f = f(0,0) \cdot m_0 + f(0,1) \cdot m_1 + f(1,0) \cdot m_2 + f(1,1) \cdot m_3.$$

Das lässt sich durch Aufstellen einer Wertetabelle nachweisen (siehe Übungen).

Satz 1.47 (Normalformen) Jede Logikfunktion $f : B^2 \to B$ lässt sich in **disjunktiver Normalform** (DNF)

$$f(a,b) = f(0,0) \cdot \overline{a} \cdot \overline{b} + f(0,1) \cdot \overline{a} \cdot b + f(1,0) \cdot a \cdot \overline{b} + f(1,1) \cdot a \cdot b$$

schreiben. Alternativ kann f auch in **konjunktiver Normalform** (KNF)

$$f(a,b) = (f(0,0) + a + b) \cdot (f(0,1) + a + \overline{b}) \cdot (f(1,0) + \overline{a} + b) \cdot (f(1,1) + \overline{a} + \overline{b})$$

dargestellt werden.

Die Ausdrücke $M_0(a,b) = a+b$, $M_1(a,b) = a+\overline{b}$, $M_2(a,b) = \overline{a}+b$, $M_3(a,b) = \overline{a}+\overline{b}$, die in der KNF vorkommen, heißen **Maxterme** oder **Volldisjunktionen**. Maxterme nehmen nur für eine Kombination der Eingangsvariablen den Wert 0, sonst immer den Wert 1 an (sind also in diesem Sinn „maximal").

Beispiel 1.48 Disjunktive Normalform
Bringen Sie die Verknüpfung $f_{11}(a,b) = a \to b$ auf DNF.

Lösung zu 1.48 Wir schreiben in der Wertetabelle rechts neben den Funktionswerten von f_{11} die entsprechenden Minterme, die gerade für diese Eingangsvariablen den Wert 1 annehmen, an:

a	b	$f_{11}(a,b)$	
0	0	1	m_0
0	1	1	m_1
1	0	0	m_2
1	1	1	m_3

Nun setzen wir in die Formel für die DNF ein:

$$\begin{aligned} f_{11}(a,b) &= m_0(a,b)f_{11}(0,0) + \ldots + m_3(a,b)f_{11}(1,1) \\ &= \overline{a} \cdot \overline{b} \cdot 1 + \overline{a} \cdot b \cdot 1 + a \cdot \overline{b} \cdot 0 + a \cdot b \cdot 1. \end{aligned}$$

Es wird also genau über jene Minterme summiert, für die der zugehörige Funktionswert den Wert 1 hat:

$$f_{11}(a,b) = m_0(a,b) + m_1(a,b) + m_3(a,b) = \overline{a} \cdot \overline{b} + \overline{a} \cdot b + a \cdot b.$$

Das ist die gesuchte DNF. (Aus Beispiel 1.44 wissen wir, dass sich dieser Ausdruck noch weiter umformen lässt: $a \to b = \overline{a} + b$.) ∎

Eine beliebige Verknüpfung kann also leicht alleine durch Konjunktion, Disjunktion und Negation dargestellt werden, indem man die Summe über alle Minterme bildet, für die die Verknüpfung den Wert 1 hat. Analog wird für die KNF das Produkt aller Maxterme gebildet, für die die Verknüpfung den Wert 0 hat:

Beispiel 1.49 Konjunktive Normalform
Bringen Sie die Verknüpfung $f_{11}(a,b) = a \rightarrow b$ auf KNF.

Lösung zu 1.49 Wieder schreiben wir in der Wertetabelle rechts neben den Funktionswerten von f_{11} die entsprechenden Maxterme, die gerade für diese Eingangsvariablen den Wert 0 annehmen, an:

a	b	$f_{11}(a,b)$	
0	0	1	M_0
0	1	1	M_1
1	0	0	M_2
1	1	1	M_3

Dann setzen wir in die Formel für die KNF ein:

$$\begin{aligned}
f_{11}(a,b) &= (f_{11}(0,0) + M_0(a,b)) \cdot \ldots \cdot (f_{11}(1,1) + M_3(a,b)) \\
&= (1 + a + b) \cdot (1 + a + \bar{b}) \cdot (0 + \bar{a} + b) \cdot (1 + \bar{a} + \bar{b}) \\
&= 1 \cdot 1 \cdot (\bar{a} + b) \cdot 1 = \bar{a} + b.
\end{aligned}$$

Es werden also für die KNF genau jene Maxterme multipliziert, für die der zugehörige Funktionswert den Wert 0 hat. ∎

Zusammenfassend können wir also sagen: Hat die Verknüpfung öfter den Wert 0, so ist die DNF effektiver, hat sie öfter den Wert 1, so ist die KNF effektiver. Das sehen wir z. B. durch Vergleich der Rechenwege der Beispiele 1.48 und 1.49.

Mithilfe der de Morgan'schen Regeln $a \cdot b = \overline{\bar{a} + \bar{b}}$ bzw. $a + b = \overline{\bar{a} \cdot \bar{b}}$ kann man noch die Konjunktion durch die Negation und Disjunktion bzw. die Disjunktion durch die Negation und Konjunktion ausdrücken. Es reichen also Negation und Disjunktion bzw. Negation und Konjunktion aus, um eine beliebige Verknüpfung darzustellen. Wegen $\bar{a} = \overline{a \cdot a}$ reicht sogar die NAND-Verknüpfung $\overline{a \cdot b}$ alleine aus. Alternativ reicht wegen $\bar{a} = \overline{a + a}$ die NOR-Verknüpfung $\overline{a + b}$ alleine aus.

Analoge Überlegungen gelten natürlich auch für Logikfunktionen mit mehr als zwei Variablen. Hat man n Variable, so gibt es 2^{2^n} mögliche Logikfunktionen, die sich mithilfe der DNF (bzw. KNF) auf Negation, Disjunktion und Konjunktion zurückführen lassen.

1.3.1 Anwendung: Entwurf von Schaltkreisen

Die Überlegungen aus dem letzten Abschnitt bilden die Grundlage für den Entwurf von Schaltkreisen. Eine der wichtigsten Operationen, die ein Computer beherrschen muss, ist die Addition zweier Zahlen. Wie können wir eine zugehörige Schaltung entwerfen?

Da Schaltungen (und damit auch Computer) nur Nullen und Einsen verarbeiten können, müssen die beiden Zahlen als Dualzahlen, das heißt, als eine Folge

$(a_n \ldots a_1 a_0)_2$ von Nullen und Einsen, gegeben sein. Die einzelnen Stellen a_j können dabei nur die Werte 0 oder 1 annehmen, und die Dualzahl $(a_n \ldots a_1 a_0)_2$ entspricht der Dezimalzahl $2^n a_n + 2^{n-1} a_{n-1} + \ldots + 8a_3 + 4a_2 + 2a_1 + a_0$ (dabei haben wir die Addition von Zahlen zur Unterscheidung von der Disjunktion mit $\dotplus$ bezeichnet). Alle zweistelligen Dualzahlen sind zum Beispiel $(00)_2 = 2 \cdot 0 \dotplus 0 = 0$, $(01)_2 = 2 \cdot 0 \dotplus 1 = 1$, $(10)_2 = 2 \cdot 1 \dotplus 0 = 2$ und $(11)_2 = 2 \cdot 1 \dotplus 1 = 3$. (Mehr über Dualzahlen werden wir in Abschnitt 2.4 erfahren.)

Beginnen wir mit dem einfachsten Fall, der Addition von zwei einstelligen Dualzahlen mit Überlauf:

a	b	$s(a,b)$	$o(a,b)$
0	0	0	0
0	1	1	0
1	0	1	0
1	1	0	1

Hier ist s die Summe und o gibt an, ob ein Überlauf aufgetreten ist. Das Ergebnis ist also im Allgemeinen eine zweistellige Dualzahl und es gilt $a \dotplus b = (os)_2 = s \dotplus 2o$.

Stellen wir s und o mithilfe der DNF dar und vereinfachen das Ergebnis, so erhalten wir

$$s(a,b) = \overline{a} \cdot b + a \cdot \overline{b} = a \operatorname{xor} b \quad \text{und} \quad o(a,b) = a \cdot b.$$

Die zugehörige Schaltung wird wie folgt dargestellt:

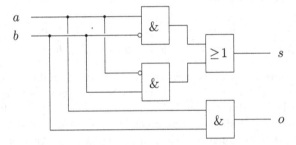

Eine Konjunktion wird dabei mit „&" und eine Disjunktion mit „≥ 1" gekennzeichnet. Die Negation wird durch einen Kreis vor dem Eingang dargestellt.

Nun kommen wir zur Addition von mehrstelligen Dualzahlen. Wie im Dezimalsystem kann die Addition im Dualsystem stellenweise durchgeführt werden. Dabei werden für jede Stelle die beiden entsprechenden Stellen der zu addierenden Zahlen plus der Überlauf (Übertrag) von der vorhergehenden Stelle addiert. Wenn also $(a_n \ldots a_1 a_0)_2$ und $(b_n \ldots b_1 b_0)_2$ die zu addierenden Zahlen sind, so ergibt sich für die j-te Stelle der Summe $(s_n \ldots s_1 s_0)_2$ und den zugehörigen Überlauf o_j:

$$(o_j s_j)_2 = s_j \dotplus 2o_j = a_j \dotplus b_j \dotplus o_{j-1},$$

wobei o_j der Überlauf in der j-ten Stelle ist. Dabei ist $o_{-1} = 0$ zu setzen (denn im nullten Schritt gibt es noch keinen Überlauf) und o_n gibt an, ob insgesamt ein Überlauf aufgetreten ist.

Wir benötigen für die Addition von zwei n-stelligen Dualzahlen also noch eine Schaltung für die Addition von drei einstelligen Dualzahlen

a	b	c	$s(a,b,c)$	$o(a,b,c)$
0	0	0	0	0
0	0	1	1	0
0	1	0	1	0
0	1	1	0	1
1	0	0	1	0
1	0	1	0	1
1	1	0	0	1
1	1	1	1	1

wobei s die Summe der drei einstelligen Dualzahlen a, b und c ist und o angibt, ob ein Überlauf aufgetreten ist. Damit lautet bei der Addition von zwei n-stelligen Dualzahlen die Formel für die j-te Stelle der Summe bzw. des Überlaufs

$$s_j = s(a_j, b_j, o_{j-1}) \quad \text{und} \quad o_j = o(a_j, b_j, o_{j-1}).$$

Hier haben wir es jeweils mit einer Verknüpfung $f = f(a, b, c)$ dreier Variablen a, b und c zu tun. Analog wie im Fall zweier Variablen kann sie mithilfe der DNF

$$\begin{aligned}
f \;=\; & \overline{a} \cdot \overline{b} \cdot \overline{c} \cdot f(0,0,0) + \overline{a} \cdot \overline{b} \cdot c \cdot f(0,0,1) + \overline{a} \cdot b \cdot \overline{c} \cdot f(0,1,0) + \\
& \overline{a} \cdot b \cdot c \cdot f(0,1,1) + a \cdot \overline{b} \cdot \overline{c} \cdot f(1,0,0) + a \cdot \overline{b} \cdot c \cdot f(1,0,1) + \\
& a \cdot b \cdot \overline{c} \cdot f(1,1,0) + a \cdot b \cdot c \cdot f(1,1,1)
\end{aligned}$$

geschrieben werden. Damit ergibt sich

$$\begin{aligned}
s(a,b,c) &= \overline{a} \cdot \overline{b} \cdot c + \overline{a} \cdot b \cdot \overline{c} + a \cdot \overline{b} \cdot \overline{c} + a \cdot b \cdot c, \\
o(a,b,c) &= \overline{a} \cdot b \cdot c + a \cdot \overline{b} \cdot c + a \cdot b \cdot \overline{c} + a \cdot b \cdot c.
\end{aligned}$$

Nun können wir die Summe zwar berechnen, wie können wir das Ergebnis aber ausgeben? Im einfachsten Fall verwenden wir für jede Stelle s_j eine Leuchtdiode. Man kann dann die Summe in Dualdarstellung ablesen und der Benutzer kann leicht selbst die zugehörige Dezimaldarstellung ausrechnen;-) Wer es doch etwas komfortabler haben möchte, kann natürlich auch das Ergebnis mittels LCD-Anzeige darstellen. Die zugehörige Schaltung können Sie in Übungsaufgabe 9 entwerfen.

Nun brauchen Sie nur noch in den nächsten Elektronikladen schlendern, um sich ein paar NAND-Gatter und Leuchtdioden zu kaufen, und schon können Sie Ihren eigenen Hochleistungstaschenrechner zusammenlöten.

Etwas fehlt unserem Computer allerdings noch: Er berechnet *statisch* aus einer Eingabe die Ausgabe, kann aber nicht mit dem Ergebnis weiterrechnen. Dazu sind noch zwei weitere Bausteine notwendig: ein Element zur Zwischenspeicherung von Ergebnissen (Flip-Flop) und ein Taktgeber zur zeitlichen Synchronisation des Ablaufes.

1.4 Mit dem digitalen Rechenmeister

Schaltalgebra

Das Aufstellen von Wertetabellen ist recht mühsam und es bietet sich daher der Einsatz eines kleinen Programms an. Mathematica verwendet False, True für $0, 1$ und kennt eine Reihe logischer Verknüpfungen: Negation Not[a] (oder !a), Und And[a, b] (oder a&&b), Oder Or[a, b] (oder a||b). Mit folgendem Programm können wir leicht Wertetabellen erstellen:

```
In[1]:= LogicTable[f_, v_List] := Module[{n = Length[v], tabl, vals, rule},
           tabl = Flatten[{v, f}];
           Do[
               vals = IntegerDigits[i, 2, n] /. {0 → False, 1 → True};
               rule = Table[Rule[v[[i]], vals[[i]]], {i, n}];
               tabl = Append[tabl, Flatten[{vals, f /. rule}]];
           , {i, 0, 2^n - 1}];
           TableForm[tabl]
           ]
```

Grübeln Sie nicht darüber, wie dieses Programm funktioniert, sondern rufen Sie es einfach mit einem logischem Ausdruck (oder einer Liste von logischen Ausdrücken) und einer Liste der Variablen auf:

```
In[2]:= LogicTable[{!(a||b), !a&&!b}, {a, b}]
```

Out[2]//TableForm=

a	b	!(a||b)	!a&&!b
False	False	True	True
False	True	False	False
True	False	False	False
True	True	False	False

Mathematica kann übrigens auch logische Ausdrücke vereinfachen:

```
In[3]:= LogicalExpand[!a&&!b||!a&&b||a&&b]
```

Out[3]= b||!a

1.5 Kontrollfragen

Fragen zu Abschnitt 1.1: Elementare Logik

Erklären Sie folgende Begriffe: Aussage, Wahrheitstabelle, Negation, AND-, OR-, XOR-Verknüpfung, Aussageform, All-Aussage, All-Quantor, Existenz-Aussage, Existenz-Quantor, Implikation, notwendig/hinreichend, Äquivalenz.

1. Liegt eine Aussage vor?
   a) Österreich liegt am Meer.   b) Wie spät ist es?   c) $4 + 3 = 7$
2. Verneinen Sie und vereinfachen Sie sprachlich:
   a) Das Glas ist voll.   b) Er ist der Älteste der Familie.
   c) 7 ist eine gerade Zahl.
3. Ist in den folgenden Sätzen vermutlich ein einschließendes oder ein ausschließendes „oder" gemeint?
   a) Du kommst vor Mitternacht nach Hause oder du hast eine Woche Fernsehverbot.
   b) Morgen oder übermorgen kann es schneien.

c) Morgen oder übermorgen ist Montag.

d) Kopf oder Zahl?

4. Wie müsste „Betreten des Rasens und Blumenpflücken verboten" nach den Regeln der Aussagenlogik formuliert werden?

5. Aussage a: „Die Erde hat zwei Monde"; Aussage b: „München liegt in Deutschland". Welche Aussagen sind wahr?   a) $a \wedge b$ b) $a \vee b$ c) a xor b

6. Angenommen, das Wetter würde sich an die Regel „Ist es an einem Tag sonnig, so auch am nächsten" halten. Wenn es heute sonnig ist, was folgt dann?

a) Es ist immer sonnig.

b) Gestern war es sonnig.

c) Morgen ist es sonnig.

d) Es wird nie mehr sonnig sein.

e) Ab heute wird es immer sonnig sein.

7. Liegt eine Aussage vor?

a) $x + 5 = 8$ b) Es gibt ein x mit $x + 5 = 8$.

c) Für alle x gilt: $x + 5 = 8$.

8. Welche Aussage ist wahr?

a) Für alle natürlichen Zahlen x ist $x < 3$.

b) Es gibt eine natürliche Zahl x mit $x < 3$.

9. Richtig oder falsch:
Die Verneinung von „Für alle x gilt $a(x)$" ist: „Es gibt ein x mit $\overline{a(x)}$".

10. Verneinen Sie:

a) Alle Tigerkatzen sind gute Mäusejäger.

b) Es gibt einen Matrosen, der schwimmen kann.

c) Für alle x gilt: $x < 3$.

d) Für alle x, y gilt: $x^2 + y^2 = 4$.

11. Aussage a: „Das Auto ist ein Golf"; Aussage b: „Das Auto ist ein VW". Was trifft zu: a) Golf $\Rightarrow$ VW   b) VW $\Rightarrow$ Golf   c) kein VW $\Rightarrow$ kein Golf
d) VW $\Leftrightarrow$ Golf

12. Sei n eine natürliche Zahl. Aussageform $a(n)$: „n ist durch 4 teilbar"; Aussageform $b(n)$: „n ist eine gerade Zahl". Was trifft für alle natürlichen Zahlen n zu?
a) $a(n) \Rightarrow b(n)$ b) $b(n) \Rightarrow a(n)$ c) $a(n) \Leftrightarrow b(n)$ d) $\overline{b(n)} \Rightarrow \overline{a(n)}$

13. Aussage a: „Der Student hat einen Notendurchschnitt < 2"; Aussage b: „Der Student erhält ein Leistungsstipendium". Die Richtlinie der Stipendienvergabestelle enthält folgenden Satz: „Ein Notendurchschnitt < 2 ist notwendig, aber nicht hinreichend für ein Leistungsstipendium".

a) Formulieren Sie diesen Satz symbolisch mit $\Rightarrow$.

b) Gilt $\overline{a} \Rightarrow \overline{b}$? Formulieren Sie in Worten.

Fragen zu Abschnitt 1.2: Elementare Mengenlehre

Erklären Sie folgende Begriffe: Menge, Element, Mächtigkeit einer Menge, leere Menge, Teilmenge, Durchschnitt, Vereinigung, Differenz, Komplement, geordnetes Paar, kartesisches Produkt, n-Tupel, Abbildung.

1. Sind die Mengen $A = \{1, 2, 3, 4\}$ und $B = \{3, 4, 1, 2\}$ gleich?

2. Zählen Sie alle Elemente der Menge auf:
   a) $A = \{x \in \mathbb{N} \mid x^2 = 16\}$ b) $B = \{x \in \mathbb{Z} \mid x^2 = 16\}$
   c) $C = \{x \in \mathbb{N} \mid x \le 4\}$ d) $D = \{x \in \mathbb{N} \mid 3x = 1\}$
3. $A = \{1, 2\}$ und $B = \{2, 3, 4\}$:
   a) $A \cup B =?$ b) $A \cap B =?$ c) Ist $2 \in A$?   d) Ist $A \subseteq B$?
4. Sei N die Menge der Nobelpreisträger, O die Menge der österreichischen Nobelpreisträger, W die Menge der weiblichen Nobelpreisträger und L die Menge der Literaturnobelpreisträger. Was bedeutet: a) $O \cup L$ b) $O \cap \overline{W}$
5. Richtig oder falsch?
   a) $\{\} = \{0\}$ b) $\{3, 5, 7\} \subseteq \{1, 3, 5, 7\}$ c) $\{1\} \cup \{1\} = \{2\}$
   d) $\{1\} \cap \{1\} = \{1\}$ e) $\{1, 3\} = \{3, 1\}$ f) $(1, 3) = (3, 1)$
   g) $\{2, 5, 7\} = (2, 5, 7)$ h) $(2, 5, 5) = (2, 5)$
6. $A = \{1, 2\}$, $B = \{2, 3, 4\}$:
   a) $A \times B =?$ b) $B \times A =?$ c) Ist $\{1, 2\} \subseteq A \times B$?
   d) Ist $(1, 2) \in A \times B$?   e) $A \backslash B =?$ f) $B \backslash A =?$

Fragen zu Abschnitt 1.3: Schaltalgebra

Erklären Sie folgende Begriffe: Schaltvariable, Dualitätsprinzip, Logikgesetze, Logikfunktion, binäre Logikfunktion, NOR-Funktion, NAND-Funktion, Minterm, Maxterm, disjunktive bzw. konjunktive Normalform.

1. Richtig oder falsch? (Überprüfen Sie mithilfe einer Wertetabelle.)
   a) $a \cdot 0 = 1$ b) $a + \overline{a} = 1$ c) $a \cdot \overline{a} = 0$ d) $\overline{\overline{a} \cdot b} = a \cdot \overline{b}$ e) $\overline{\overline{a} \cdot b} = a + \overline{b}$
2. Bilden Sie mithilfe des Dualitätsprinzips aus folgenden gültigen Regeln weitere gültige Regeln:
   a) $a \cdot 1 = a$ b) $a \cdot (b + c) = (a \cdot b) + (a \cdot c)$ c) $a \cdot (a + b) = a$
3. Richtig oder falsch: Die Assoziativgesetze $a + (b + c) = (a + b) + c$ bzw. $a \cdot (b \cdot c) = (a \cdot b) \cdot c$ bedeuten, dass man bei *beliebigen* Ausdrücken der Schaltalgebra auf Klammern verzichten kann.
4. In vielen Programmiersprachen werden UND, ODER bzw. Negation als „&&", „||" bzw. „!" geschrieben. Welche Abfragen sind äquivalent?
   a) $!(a \,\&\&\, b) == (!a) \,||\, (!b)$ b) $a \,||\, (b \,\&\&\, c) == (a \,\&\&\, b) \,||\, c$
5. Vereinfachen Sie folgende Ausdrücke: a) $a + (a + \overline{a})$ b) $a \cdot \overline{a} \cdot a$
6. Wie viele Minterme gibt es bei der Verknüpfung von 2 Schaltvariablen? Geben Sie sie an.
7. Kann eine beliebige Verknüpfung von zwei Schaltvariablen a und b alleine mithilfe von Negation und Konjunktion geschrieben werden?

Lösungen zu den Kontrollfragen

Lösungen zu Abschnitt 1.1

1. a) falsche Aussage
   b) keine Aussage (man kann nicht sagen, dass dieser Satz entweder wahr oder falsch ist)
   c) wahre Aussage

2. a) „Das Glas ist nicht voll". („Das Glas ist leer" wäre eine falsche Verneinung, denn ein Glas, das nicht voll ist, muss nicht notwendigerweise leer sein – es könnte z. B. auch halb voll sein.)

b) „Er ist nicht der Älteste der Familie". („Er ist der Jüngste der Familie" wäre eine falsche Verneinung.)

c) „7 ist keine gerade Zahl" oder gleichbedeutend: „7 ist eine ungerade Zahl".

3. a) ausschließend (der Satz ist im Sinn von „entweder – oder" gemeint)

b) einschließend (es kann morgen oder übermorgen oder auch an beiden Tagen schneien)

c) ausschließend   d) ausschließend

4. Das Verbot müsste lauten: „Betreten des Rasens oder Blumenpflücken verboten" (da bereits Betreten des Rasens allein unerwünscht ist, auch wenn man dabei nicht Blumen pflückt).

5. a) $a \wedge b$ ist falsch, weil nicht sowohl Aussage a als auch Aussage b wahr ist.

b) $a \vee b$ ist wahr, weil (zumindest) eine der beiden Aussagen a bzw. b wahr ist.

c) a xor b ist wahr, weil genau eine der beiden Aussagen a bzw. b wahr ist.

6. a) falsch (gestern könnte es geregnet haben)

b) falsch   c) richtig   d) falsch   e) richtig

7. a) nein (Aussageform)   b) wahre (Existenz-)Aussage   c) falsche (All-)Aussage

8. a) falsche Aussage; nicht alle natürlichen Zahlen sind kleiner als 3

b) wahre Aussage; es gibt (zumindest) eine natürliche Zahl, die kleiner als 3 ist

9. richtig

10. a) Nicht alle Tigerkatzen sind gute Mäusejäger (= Es gibt (mindestens) eine Tigerkatze, die kein guter Mäusejäger ist).

b) Es gibt keinen Matrosen, der schwimmen kann (= Alle Matrosen sind Nichtschwimmer).

c) Es gibt (zumindest) ein x mit $x \geq 3$.

d) Es gibt (zumindest) ein x und ein y mit $x^2 + y^2 \neq 4$.

11. a) richtig   b) falsch (es kann auch ein Passat sein)

c) richtig (denn $a \Rightarrow b$ ist gleichbedeutend wie $\bar{b} \Rightarrow \bar{a}$)

d) falsch

12. a) „n durch 4 teilbar $\Rightarrow n$ gerade" trifft zu, denn „n durch 4 teilbar $\rightarrow n$ gerade" ist für alle natürlichen n eine wahre Aussage. (Der Fall $a(n)$ wahr und $b(n)$ falsch (d.h., n durch 4 teilbar, aber n nicht gerade) ist nicht möglich.)

b) „n gerade $\Rightarrow n$ durch 4 teilbar" trifft nicht zu, denn „n gerade $\rightarrow n$ durch 4 teilbar" ist nicht für alle n richtig.

c) $a(n) \Leftrightarrow b(n)$ trifft nicht zu (weil zwar $a(n) \Rightarrow b(n)$, nicht aber $b(n) \Rightarrow a(n)$ zutrifft).

d) $\overline{b(n)} \Rightarrow \overline{a(n)}$ trifft zu (da $a(n) \Rightarrow b(n)$ zutrifft).

13. a) $b \Rightarrow a$, aber $a \not\Rightarrow b$ (Ein Notendurchschnitt < 2 ist eine notwendige Voraussetzung für ein Leistungsstipendium; um eines zu bekommen, reicht dieser Notendurchschnitt aber nicht aus. Zum Beispiel muss man zusätzlich die Prüfungen innerhalb einer bestimmten Zeit abgelegt haben.)

b) ja (da das gleichbedeutend ist zu $b \Rightarrow a$); „kein Notendurchschnitt $< 2 \Rightarrow$ kein Leistungsstipendium"

Lösungen zu Abschnitt 1.2

1. Ja, denn es kommt nicht auf die Reihenfolge der Elemente an.
2. a) $A = \{4\}$ b) $B = \{-4, 4\}$ c) $C = \{1, 2, 3, 4\}$ d) $D = \{\}$
3. a) $A \cup B = \{1, 2, 3, 4\}$ b) $A \cap B = \{2\}$ c) ja   d) nein, weil $1 \notin B$
4. a) Menge der Nobelpreisträger, die Österreicher sind oder für Literatur ausgezeichnet wurden (einschließendes „oder")
   b) Menge der männlichen österreichischen Nobelpreisträger
5. a) falsch; $\{\}$ ist die leere Menge, die Menge $\{0\}$ enthält aber die Zahl 0
   b) richtig   c) falsch; $\{1\} \cup \{1\} = \{1\}$ d) richtig   e) richtig
   f) falsch; bei Tupeln spielt die Reihenfolge der Elemente eine Rolle
   g) falsch; $\{2, 5, 7\}$ ist eine Menge und $(2, 5, 7)$ ist ein 3-Tupel
   h) falsch; bei Tupeln sind mehrfach auftretende Elemente von Bedeutung
6. a) $A \times B = \{(1, 2), (1, 3), (1, 4), (2, 2), (2, 3), (2, 4)\}$
   b) $B \times A = \{(2, 1), (2, 2), (3, 1), (3, 2), (4, 1), (4, 2)\}$
   c) nein   d) ja   e) $\{1\}$ f) $\{3, 4\}$

Lösungen zu Abschnitt 1.3

1. a) falsch   b) richtig   c) richtig   d) falsch   e) richtig
2. Durch Vertauschen von 0 und 1 bzw. von $+$ und $\cdot$ erhalten wir:
   a) $a + 0 = a$ b) $a + (b \cdot c) = (a + b) \cdot (a + c)$ c) $a + (a \cdot b) = a$
3. falsch; die Assoziativgesetze bedeuten, dass man bei Ausdrücken, die nur $+$ oder nur $\cdot$ enthalten, auf Klammern verzichten kann. Bei gemischten Ausdrücken hängt das Ergebnis sehr wohl davon ab, ob man zuerst $+$ oder $\cdot$ durchführt; man kann in diesem Fall nur deshalb auf Klammern verzichten, weil man vereinbart, dass $\cdot$ vor $+$ ausgewertet wird.
4. a) richtig (de Morgan'sche Regel)   b) falsch
5. a) $a + (a + \overline{a}) = a + 1 = 1$
   b) Wir werten zunächst $a \cdot \overline{a} = 0$ aus, und damit erhalten wir $a \cdot \overline{a} \cdot a = 0 \cdot a = 0$.
6. Es gibt in diesem Fall 4 Minterme:

a	b	$m_0(a, b) = \overline{a} \cdot \overline{b}$	$m_1(a, b) = \overline{a} \cdot b$	$m_2(a, b) = a \cdot \overline{b}$	$m_3(a, b) = a \cdot b$
0	0	1	0	0	0
0	1	0	1	0	0
1	0	0	0	1	0
1	1	0	0	0	1

7. Ja, denn jede Verknüpfung kann mithilfe der DNF nur mit Disjunktion, Konjunktion und Negation dargestellt werden; mithilfe der de Morgan'schen Regel $a + b = \overline{\overline{a} \cdot \overline{b}}$ kann dann noch jede Disjunktion durch eine Konjunktion ausgedrückt werden.

1.6 Übungen

Aufwärmübungen

1. Ist „Ein Barbier rasiert alle, die sich nicht selbst rasieren" eine Aussage? (Versuchen Sie, einen Wahrheitswert zuzuordnen.)
2. Aussage a: „Österreich gehört zur EU"; Aussage b: „Österreich grenzt an Spanien". Welche der folgenden Aussagen sind wahr:
    a) $a \wedge b$ b) $a \vee b$ c) a xor b d) $\bar{b}$
3. Verneinen Sie:
    a) Zu jedem Schloss passt ein Schlüssel.
    b) Es gibt einen Mitarbeiter, der C++ kann.
    c) Für alle x gilt: $f(x) \neq 0$.
    d) Es gibt ein $C > 0$, sodass $f(x) \leq C$ für alle x.
4. Was ist die Verneinung von „In der Nacht sind alle Katzen grau"?
    a) In der Nacht sind nicht alle Katzen grau.
    b) Am Tag ist keine Katze grau.
    c) Es gibt eine Katze, die in der Nacht nicht grau ist.
    d) In der Nacht ist keine Katze grau.
5. Gilt $\Rightarrow$ oder sogar $\Leftrightarrow$? Setzen Sie ein und formulieren Sie sprachlich:
    a) x durch 4 teilbar ... x durch 2 teilbar.
    b) x gerade Zahl ... $x + 1$ ungerade Zahl.
6. Aussage a: „Ich bestehe die Prüfung"; Aussage b: „Ich feiere." Für mich gilt: $a \Rightarrow b$, also „Wenn ich die Prüfung bestehe, dann feiere ich". Was lässt sich daraus über mein Feierverhalten sagen, wenn ich die Prüfung nicht bestehe?
7. Geben Sie die Menge in beschreibender Form an:
    a) $A = \{4, 5, 6\}$ b) $B = \{-1, 0, 1\}$
    c) $C = \{\ldots, -3, -2, -1, 0, 1\}$ d) $D = \{0, 1, 2, \ldots\}$
8. Zählen Sie jeweils die Elemente der Menge auf:
    $A = \{x \in \mathbb{N} \mid 1 < x \leq 5\}$ $B = \{x \in \mathbb{Z} \mid x^2 = 25\}$
    $C = \{x \in \mathbb{Z} \mid x < 0\}$ $D = \{x \in \mathbb{Z} \mid 3x = 0\}$
9. Geben Sie alle 8 Teilmengen von $\{0, 1, 2\}$ an.
10. Ergänzen Sie:
    a) $A \cup A =$ b) $A \cap A =$ c) $\{1\} \cup \{0\} =$ d) $\{\} \cup \{0\} =$
11. Richtig oder falsch: a) $\overline{a + b} = a + \bar{b}$ b) $\overline{a + b} = a \cdot \bar{b}$
12. Überprüfen Sie, ob $a \cdot (\bar{a} + b) = a \cdot b$ ein gültiges Gesetz der Schaltalgebra ist. Wie steht es mit $a + \bar{a} \cdot b = a + b$?
13. Geben Sie a) die DNF und b) die KNF von f_6 und von f_{14} an und vereinfachen Sie gegebenenfalls das Ergebnis.
14. Vereinfachen Sie: a) $a \cdot (\bar{a} + b)$ b) $(a \cdot \bar{b}) + b$ c) $a \cdot b + a \cdot \bar{b}$

Weiterführende Aufgaben

1. Verneinen Sie:
    a) Es gibt ein $x \in A$ mit $x < 5$.

b) Alle Pinguine schwimmen gerne.

c) Das Auto ist blau und wurde vor dem Jahr 2005 zugelassen.

d) $(x \in A)$ oder $(x \in B)$

2. Es gilt: „Wenn ich schlafe, habe ich geschlossene Augen." Was trifft zu?

a) Wenn meine Augen offen sind, bin ich wach.

b) Wenn ich nicht schlafe, sind meine Augen offen.

c) Wenn ich geschlossene Augen habe, schlafe ich.

3. Verneinen Sie: „Alle Anwesenden sprechen Deutsch oder Englisch."

4. Graf Hubert wurde in seinem Arbeitszimmer ermordet. Der Arzt hat festgestellt, dass der Tod zwischen 9:30 und 10:30 Uhr eingetreten ist. Die Haushälterin von Graf Hubert ist um 10:00 vom Garten in die Küche gegangen. Um an der Haushälterin vorbeizukommen, muss der Mörder vor 10:00 mit einem Schlüssel durch die Eingangstür oder nach 10:00 durchs Fenster eingestiegen sein.

Kommissar Berghammer vermutet einen der drei Erben A, B oder C als Mörder. A hat als einziger einen Schlüssel, kann aber wegen seines Gipsfußes nicht durchs Fenster gestiegen sein. A und B haben beide kein Alibi für die Zeit nach 10 Uhr (wohl aber für die Zeit vor 10) und C hat kein Alibi für die Zeit vor 10 (wohl aber für nach 10).

Wer von den dreien kommt als Mörder in Frage?

(Tipp: Führen Sie z. B. folgende Aussagen ein: $S = $ „X hat einen Schlüssel", $F = $ „X kann durchs Fenster klettern", $V = $ „X hat kein Alibi vor 10", $N = $ „X hat kein Alibi nach 10". Aus der Angabe geht hervor, dass für den Mörder $S \vee F$ und $V \vee N$ und $\overline{N} \to S$ und $\overline{V} \to F$ wahr sein muss. (Finden Sie noch eine andere Möglichkeit für eine logische Formel, die den Mörder entlarvt?). Stellen Sie nun eine Wahrheitstabelle für $X = A, B, C$ auf.

	S	F	$\dots$
A	$\dots$	$\dots$	$\dots$
B	$\dots$	$\dots$	$\dots$
C	$\dots$	$\dots$	$\dots$

5. Eine KFZ-Versicherung hat ihre Kunden in folgende Mengen eingeteilt:

- K ... Menge aller Kunden
- U ... Kunden, die einen Unfall verursacht haben
- G ... Kunden, die einen Strafzettel wegen überhöhter Geschwindigkeit bekommen haben
- A ... Kunden, die wegen Alkohol am Steuer verurteilt worden sind

Geben Sie folgende Mengen an (durch Bildung von Durchschnitt, Vereinigung, usw. ... von K, U, G, A):

a) alkoholisiert oder Unfall   b) weder Unfall noch alkoholisiert

c) kein Vergehen   d) kein Unfall, aber alkoholisiert

6. Gegeben seien Mengen A, B, M mit $A, B \subseteq M$. Vereinfachen Sie durch Anwendung von Rechengesetzen für Mengen: a) $A \cap (B \cup \overline{A})$ b) $(A \cap B) \cup (\overline{A} \cap B)$

7. Vereinfachen Sie: a) $(a+b) \cdot (\overline{a}+b)$ b) $a + (\overline{a \cdot b}) + (b \cdot c)$ c) $\overline{(a+b)} + (a \cdot \overline{b})$

8. Zeigen Sie mithilfe einer Wahrheitstabelle, dass die Formel für die DNF

$$f(a,b) = f(0,0) \cdot \overline{a} \cdot \overline{b} + f(0,1) \cdot \overline{a} \cdot b + f(1,0) \cdot a \cdot \overline{b} + f(1,1) \cdot a \cdot b$$

gilt. Leiten Sie daraus die KNF für $f(a,b)$ her (Tipp: Verneinung beider Seiten der DNF und dann Anwendung der de Morgan'schen Regeln).

9. Eine einstellige LCD-Anzeige kann durch die sieben Variablen

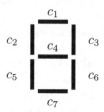

dargestellt werden. Überlegen Sie zunächst, welche Balken c_j aufleuchten müssen, um die Zahlen 0, 1, 2, 3 darzustellen (Für die Anzeige der Zahl 3 leuchten zum Beispiel alle Balken außer c_2 und c_5). Dabei bedeutet $c_j = 1$, dass der zugehörige Balken leuchtet und $c_j = 0$, dass der zugehörige Balken nicht leuchtet. Geben Sie dann $c_1, \ldots, c_7$ als Verknüpfungen von a und b (Eingangsvariable) an, wenn $(ab)_2$ die zugehörige Dualdarstellung der anzuzeigenden Zahl ist.

Tipp: Stellen Sie z. B. eine Tabelle der folgenden Form auf und geben Sie die DNF oder die KNF der c_j an:

a	b	c_1	c_2	$\ldots$
0	0	1	1	$\ldots$
0	1			
1	0			
1	1			

10. Entwerfen Sie eine Schaltung für eine IF-Abfrage if(t, a, b), die den Wert von a zurückliefert, falls $t = 1$, und den Wert von b falls $t = 0$. (Tipp: Verwenden Sie die DNF in drei Variablen. Siehe Abschnitt 1.3.1.)

11. In der **Fuzzy-Logik** (engl. *fuzzy* = unscharf, verschwommen) werden nicht nur die Wahrheitswerte 0 und 1, sondern beliebige reelle Werte im Intervall $[0, 1]$ zugelassen. Der Wahrheitswert einer Aussage kann als Wahrscheinlichkeit, mit der die Aussage wahr ist, interpretiert werden. Je kleiner der Wert ist, umso unwahrscheinlicher ist es, dass die Aussage wahr ist. Die logischen Operationen sind wie folgt definiert:

$$\bar{a} = 1 - a, \qquad a \wedge b = \min(a, b), \qquad a \vee b = \max(a, b).$$

Hier ist $\max(a, b)$ die größere der beiden Zahlen und $\min(a, b)$ die kleinere der beiden Zahlen a und b.

Diese Definition kann als Verallgemeinerung der UND- bzw. ODER-Verknüpfung in der zwei-wertigen Logik angesehen werden. Auch dort hat $a \wedge b$ immer den kleineren der beiden Werte von a und b bzw. $a \vee b$ hat den größeren der beiden Werte. Auch in der Fuzzy-Logik gelten die Logikgesetze aus Satz 1.42:

Zeigen Sie, dass die de Morgan'schen Regeln

$$\overline{a \wedge b} = \bar{a} \vee \bar{b}, \qquad \overline{a \vee b} = \bar{a} \wedge \bar{b}$$

auch für die Fuzzy Logik gültig sind. (Tipp: Betrachten Sie die Fälle $a < b$, $a = b$ und $a > b$.)

Lösungen zu den Aufwärmübungen

1. keine Aussage; es ist unmöglich, einen Wahrheitswert zuzuordenen, denn in jedem Fall führt der Satz auf einen Widerspruch.

2. a) falsche Aussage   b) wahre Aussage   c) wahre Aussage   d) wahre Aussage

3. a) „Nicht zu jedem Schloss passt ein Schlüssel" oder „Es gibt (mindestens) ein Schloss, zu dem kein Schlüssel passt". (Verneinung einer All-Aussage ergibt eine Existenz-Aussage.)

   b) „Für alle Mitarbeiter gilt: Er/sie kann C++ nicht" bzw. „Es gibt keinen Mitarbeiter, der C++ kann".

   c) „Es gibt (mindestens) ein x mit $\overline{f(x) \neq 0}$", d.h. „Es gibt (mindestens) ein x mit $f(x) = 0$".

   d) „Für alle $C > 0$ gilt: $\overline{f(x) \leq C}$ für alle x", d.h. „Für alle $C > 0$ gilt: Es gibt ein x mit $\overline{f(x) \leq C}$", also „Für alle $C > 0$ gilt: Es gibt ein x mit $f(x) > C$". Sprachlich noch etwas schöner: „Zu jedem $C > 0$ gibt es (mindestens) ein x mit: $f(x) > C$. Alternativ kann man auch sagen: „Es gibt kein C, sodass $f(x) \leq C$ für alle x".

4. a) ja   b) nein   c) ja   d) nein

5. a) x durch 4 teilbar $\Rightarrow x$ durch 2 teilbar. Die Umkehrung gilt nicht. In Worten: „Wenn x durch 4 teilbar ist, dann ist x auch durch 2 teilbar (aber nicht umgekehrt)" oder „x durch 4 teilbar ist hinreichend (aber nicht notwendig) dafür, dass x durch 2 teilbar ist".

   b) x gerade $\Leftrightarrow x + 1$ ungerade; „x ist gerade genau dann, wenn $x + 1$ ungerade ist".

6. Es lässt sich über mein „Feierverhalten" nichts sagen (meine Regel sagt nur etwas für den Fall aus, dass ich die Prüfung bestehe).

7. Zum Beispiel:

   a) $A = \{x \in \mathbb{N} \mid 4 \leq x \leq 6\}$ b) $B = \{x \in \mathbb{Z} \mid -1 \leq x \leq 1\}$

   c) $C = \{x \in \mathbb{Z} \mid x \leq 1\}$ d) $D = \mathbb{N} \cup \{0\}$

8. $A = \{2, 3, 4, 5\}$, $B = \{-5, 5\}$, $C = \{\ldots, -3, -2, -1\}$, $D = \{0\}$

9. $\{\}, \{0\}, \{1\}, \{2\}, \{0, 1\}, \{0, 2\}, \{1, 2\}, \{0, 1, 2\}$

10. a) A b) A c) $\{0, 1\}$ d) $\{0\}$

11. a) falsch (Wertetabelle)   b) richtig (Wertetabelle bzw. de Morgan'sche Regel)

12. beide richtig (Wahrheitstabelle oder Umformung mithilfe der Rechenregeln der Schaltalgebra)

13. a) DNF: $f_6(a, b) = \overline{a} \cdot b + a \cdot \overline{b}$ ($= a$ xor b) und $f_{14}(a, b) = a \cdot \overline{b} + b \cdot \overline{a} + a \cdot b$. Die Darstellung von f_{14} kann noch vereinfacht werden: $a \cdot \overline{b} + b \cdot \overline{a} + a \cdot b = a \cdot \overline{b} + b \cdot (\overline{a} + a) = a \cdot \overline{b} + b \cdot 1 = a \cdot \overline{b} + b = b + (a \cdot \overline{b}) = (b + a) \cdot (b + \overline{b}) = (b + a) \cdot 1 = a + b$.

    b) KNF: $f_6(a, b) = (a + b) \cdot (\overline{a} + \overline{b})$ (überzeugen Sie sich durch Anwendung der Rechenregeln davon, dass das gleich $\overline{a} \cdot b + a \cdot \overline{b}$ ist) und $f_{14} = a + b$.

14. a) $a \cdot (\overline{a} + b) = a \cdot \overline{a} + a \cdot b = a \cdot b$, da $a \cdot \overline{a} = 0$ ist.

    b) $(a \cdot \overline{b}) + b = b + (a \cdot \overline{b})$ (... Kommutativgesetz) $= (b + a) \cdot (b + \overline{b})$ (... Distributivgesetz) $= (b + a) \cdot 1 = b + a = a + b$.

    c) $a \cdot b + a \cdot \overline{b} = a \cdot (b + \overline{b})$ (... Distributivgesetz) $= a \cdot 1 = a$.

(Lösungen zu den weiterführenden Aufgaben finden Sie in Abschnitt B.1)

Zahlenmengen und Zahlensysteme

2.1 Die Zahlenmengen $\mathbb{N}$, $\mathbb{Z}$, $\mathbb{Q}$, $\mathbb{R}$ und $\mathbb{C}$

In diesem Abschnitt werden Ihnen einige vertraute Begriffe begegnen. Wir beginnen mit den natürlichen Zahlen. Sie haben sich historisch einerseits aus der Notwendigkeit zu *zählen* („Kardinalzahlen") und andererseits aus dem Bedürfnis zu *ordnen* („Ordinalzahlen") entwickelt:

Die natürlichen Zahlen $\mathbb{N}$

Definition 2.1 Die Menge $\mathbb{N} = \{1, 2, 3, \ldots\}$ heißt Menge der **natürlichen Zahlen**. Nehmen wir die Zahl „0" hinzu, so schreiben wir $\mathbb{N}_0 = \mathbb{N} \cup \{0\} = \{0, 1, 2, \ldots\}$.

In manchen Büchern wird auch die Zahl „0" als natürliche Zahl betrachtet.

Die natürlichen Zahlen sind **geordnet**. Das heißt, dass es zu jeder Zahl n einen eindeutigen **Nachfolger** $n + 1$ gibt. Man kann also die natürlichen Zahlen wie auf einer Kette auffädeln. Wir erhalten dadurch die *Ordnungsrelation* „m kleiner n", geschrieben

$$m < n,$$

die aussagt, dass in der „Kette" der natürlichen Zahlen m vor n kommt. Die Schreibweise $m \leq n$ bedeutet, dass m kleiner oder gleich n ist. Beispiel: $3 < 5$; eine andere Schreibweise dafür ist $5 > 3$ (die Spitze zeigt immer zur kleineren Zahl). Oder: $n \in \mathbb{N}$, $n \geq 3$ bedeutet: n ist eine natürliche Zahl größer oder gleich 3.

Die ganzen Zahlen $\mathbb{Z}$

Das „Rechnen" mit natürlichen Zahlen ist für uns kein Problem. Wenn wir zwei natürliche Zahlen addieren oder multiplizieren, so ist das Ergebnis stets wieder eine natürliche Zahl. Die Subtraktion führt uns aber aus der Menge der natürlichen Zahlen hinaus: Es gibt zum Beispiel keine natürliche Zahl x, die $x + 5 = 3$ erfüllt. Um diese Gleichung zu lösen, müssen wir den Zahlenbereich der natürlichen Zahlen auf den der ganzen Zahlen erweitern:

Definition 2.2 Die Menge $\mathbb{Z} = \{\ldots, -3, -2, -1, 0, 1, 2, 3, \ldots\}$ heißt Menge der **ganzen Zahlen**.

Jede natürliche Zahl ist auch eine ganze Zahl: $\mathbb{N} \subseteq \mathbb{Z}$. Die ganzen Zahlen sind wie die natürlichen Zahlen geordnet, können also ebenso auf einer Kette aufgereiht werden. Beachten Sie dabei, dass $m < n \Leftrightarrow -n < -m$. Beispiel: Es ist $1 < 2$, jedoch $-2 < -1$ (und nicht $-1 < -2$)!

Die rationalen Zahlen $\mathbb{Q}$

Auch wenn uns nun bereits alle ganzen Zahlen zur Verfügung stehen, so stoßen wir doch sehr bald wieder auf Probleme: Es gibt z. B. keine ganze Zahl x, die die Gleichung $3x = 2$ erfüllt. Wieder müssen wir neue Zahlen hinzunehmen und sind damit bei den rationalen Zahlen angelangt:

Definition 2.3 Die Menge

$$\mathbb{Q} = \left\{ \frac{p}{q} \mid q \neq 0 \text{ und } p, q \in \mathbb{Z} \right\}$$

heißt Menge der **rationalen Zahlen** oder auch Menge der Bruchzahlen. Man nennt p den **Zähler** und q den **Nenner** der rationalen Zahl $\frac{p}{q}$.

Der Nenner einer rationalen Zahl muss also laut Definition immer ungleich 0 sein. Es gibt unendlich viele rationale Zahlen. Die ganzen Zahlen begegnen uns dabei als Brüche mit Nenner 1: $\mathbb{Z} = \{\ldots, -\frac{2}{1}, -\frac{1}{1}, \frac{0}{1}, \frac{1}{1}, \frac{2}{1}, \ldots\} \subseteq \mathbb{Q}$.

Man vereinbart, dass zwei rationale Zahlen $\frac{p_1}{q_1}$ und $\frac{p_2}{q_2}$ gleich sind genau dann, wenn $p_1 \cdot q_2 = q_1 \cdot p_2$. Das heißt nichts anderes, als dass Zähler und Nenner mit dem gleichen Faktor multipliziert bzw. durch den gleichen Faktor dividiert (*gekürzt*) werden können. Beispiel: $\frac{8}{16} = \frac{1}{2} = \frac{-4}{-8} = \ldots$

Addition und Multiplikation von rationalen Zahlen sind folgendermaßen definiert:

$$\frac{p_1}{q_1} + \frac{p_2}{q_2} = \frac{p_1 q_2 + p_2 q_1}{q_1 q_2},$$
$$\frac{p_1}{q_1} \cdot \frac{p_2}{q_2} = \frac{p_1 p_2}{q_1 q_2}.$$

Beispiele: $\frac{3}{5} + \frac{1}{4} = \frac{3\cdot4+1\cdot5}{20} = \frac{17}{20}$; $\frac{3}{5} \cdot \frac{1}{4} = \frac{3}{20}$. Ich gehe aber davon aus, dass Ihnen das Rechnen mit rationalen Zahlen vertraut ist. Erinnern möchte ich Sie noch an die Abkürzung **Prozent** für „ein Hundertstel":

$$1\% = \frac{1}{100} = 0.01.$$

Beispiele: $0.62 = 62\%$; $0.0003 = 0.03\%$.

Für das n-fache Produkt der rationalen Zahl a mit sich selbst verwendet man die abkürzende Schreibweise

$$a^n = \underbrace{a \cdot \ldots \cdot a}_{n \text{ Faktoren}}.$$

Dabei heißt a die **Basis** und n der **Exponent** der **Potenz** a^n. Für $a \neq 0$ vereinbart man außerdem

$$a^{-n} = \frac{1}{a^n} \qquad \text{und} \qquad a^0 = 1.$$

Negative Potenzen sind also nichts anderes als die Kehrwerte von positiven Potenzen. Beispiele: $10^2 = 100$; $2^4 = 16$; $2^{-1} = \frac{1}{2}$; $(\frac{3}{4})^{-1} = \frac{4}{3}$; $2^0 = 1$. Mit dieser Definition gilt für $a, b \in \mathbb{Q}$ und $m, n \in \mathbb{Z}$ ($a, b \neq 0$, falls $m < 0$ oder $n < 0$)

$$a^n a^m = a^{n+m}, \qquad a^n b^n = (a\,b)^n, \qquad (a^m)^n = a^{m\,n},$$

wie man sich leicht überlegen kann. Beispiele: $x^4 \cdot x^2 = x^6$; $10^{-3} \cdot (\frac{1}{2})^{-3} = 5^{-3}$; $(x^4)^3 = x^{12}$.

Die Ordnung auf $\mathbb{Q}$ ist durch

$$\frac{p_1}{q_1} < \frac{p_2}{q_2} \quad \Leftrightarrow \quad p_1 q_2 < p_2 q_1, \qquad q_1, q_2 > 0,$$

erklärt. Die Voraussetzung $q_1, q_2 > 0$ ist keine Einschränkung, da wir das Vorzeichen des Nenners ja immer in den Zähler packen können. Beispiel: $\frac{1}{4} < \frac{3}{5}$, da $1 \cdot 5 < 3 \cdot 4$. Es ergeben sich folgende Regeln:

Satz 2.4 (Rechenregeln für Ungleichungen)   Für $a, b, c \in \mathbb{Q}$ gilt:

- $a < b$ und $b < c$ $\Rightarrow$ $a < c$
- $a < b$ $\Leftrightarrow$ $a + c < b + c$
- $a < b$ $\Leftrightarrow$ $ac < bc$ falls $c > 0$
- $a < b$ $\Leftrightarrow$ $ac > bc$ falls $c < 0$

Die Regeln bleiben natürlich auch gültig, wenn man $<$ durch $\leq$ ersetzt.

Beispiele:
- $2 < 4$ und $4 < 7$, daher $2 < 7$. Oder: Wenn $x < 4$ und $y > 4$, so folgt $x < y$.
- $x < y + 1$ bedeutet $x - 1 < y$ (auf beiden Seiten wurde $c = -1$ addiert).
- Wenn $x + 10 < 5y$, so ist das gleichbedeutend mit $\frac{1}{5}x + 2 < y$.
- $-2x < 8$ ist äquivalent zu $x > -4$ (auf beiden Seiten wurde mit $c = -\frac{1}{2}$ multipliziert).

Sie können also jederzeit bei einer Ungleichung auf beiden Seiten die gleiche Zahl addieren oder beide Seiten mit der gleichen *positiven* Zahl multiplizieren. Multiplizieren Sie aber beide Seiten mit einer negativen Zahl, so muss das Ungleichzeichen umgedreht werden! Insbesondere:

Satz 2.5 Für $a, b \in \mathbb{Q}$ und $n \in \mathbb{N}$ gilt:

$$a < b \quad \Leftrightarrow \quad a^n < b^n \qquad \text{falls } a, b > 0.$$

Beispiel: $5 < 7$ ist äquivalent zu $5^9 < 7^9$. Aber Achtung: Die Äquivalenz gilt nur für $a, b > 0$! Für $x \in \mathbb{Q}$ (d.h., auch negative x eingeschlossen) gilt zum Beispiel: Aus

$x^2 < 49$ folgt $x < 7$, aber die Umkehrung ist nicht zutreffend: $x < 7 \not\Rightarrow x^2 < 49$ (warum?).

Man könnte glauben, dass nun alle Zahlen „gefunden" sind. Die Anhänger von Pythagoras (ca. 570–480 v. Chr.) im antiken Griechenland waren jedenfalls dieser Ansicht. Insbesondere waren sie davon überzeugt, dass es eine rationale Zahl geben muss, deren Quadrat gleich 2 ist:

Zeichnen wir ein Quadrat mit der Seitenlänge 1. Dann gilt nach dem Satz des Pythagoras für die Länge d der Diagonale: $d^2 = 1^2 + 1^2 = 2$ (siehe Abbildung 2.1). Gibt es eine *rationale* Zahl d, deren Quadrat gleich 2 ist? Durch scharfes Hinsehen

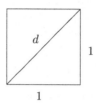

Abbildung 2.1. Quadrat mit Seitenlänge 1

lässt sich d auf jeden Fall nicht angeben. Es bleibt uns daher nichts anderes übrig, als systematisch nach Werten für p und q mit $(\frac{p}{q})^2 = 2$ zu suchen.

Beginnen wir mit $q = 2$ und probieren der Reihe nach Werte für p durch. Da $d \geq 1$ ist, kommen nur Werte $p = 2, 3, \ldots$ in Frage. Mit $p = 2$ folgt $(\frac{2}{2})^2 = 1 < 2 = d^2$ und deshalb (mit Satz 2.5) $1 < d$. Mit $p = 3$ folgt $(\frac{3}{2})^2 = \frac{9}{4} > 2 = d^2$ und deshalb $d < \frac{3}{2}$. Alle weiteren Werte $p = 4, 5, \ldots$ liefern nur noch größere Zahlen und $q = 2$ ist damit aus dem Rennen. Trotzdem können wir aber wenigstens schon den Bereich, in dem d zu suchen ist, einschränken (also eine grobe Abschätzung nach unten und oben für d geben): $1 < d < \frac{3}{2}$.

Die Wahl $q = 2$ hat zwar nicht geklappt, so leicht geben wir aber nicht auf, denn es stehen ja noch ausreichend Kandidaten zur Verfügung: $q = 3, 4, \ldots$! Da die Suche von Hand allerdings etwas mühsam ist, bietet sich ein Computerprogramm($\rightarrow$CAS) an, das für gegebenes q zwei rationale Zahlen $\frac{p-1}{q}$ und $\frac{p}{q}$ liefert, zwischen denen d liegen muss:

- Beginne die Suche bei $p = q$.
- Erhöhe p so lange um eins, wie $(\frac{p}{q})^2 < 2$ erfüllt ist.
- Gib $\frac{p-1}{q}$ und $\frac{p}{q}$ aus.

Damit können wir nun den Computer auf die Suche schicken. Sie können es gerne ausprobieren, aber leider kann ich Ihnen jetzt schon sagen, dass Ihre Suche erfolglos bleiben wird:

Satz 2.6 (Euklid) Es gibt keine rationale Zahl, deren Quadrat gleich 2 ist.

Den Beweis hat erstmals der griechische Mathematiker Euklid (ca. 300 v. Chr.) geführt, und sein Beweis gilt als Musterbeispiel der mathematischen Beweisführung. Es ist ein Beweis durch Widerspruch. Dabei wird aus der Verneinung (Negation) der Behauptung ein Widerspruch abgeleitet, weshalb die Verneinung falsch und daher die Behauptung wahr sein muss. Hier Euklids Beweis:

Angenommen $d = \frac{p}{q}$ ist eine rationale Zahl, deren Quadrat gleich 2 ist. Natürlich können wir voraussetzen, dass p und q nicht *beide* gerade sind, denn sonst könnten wir ja einfach den gemeinsamen Faktor kürzen.

Es ist also $(\frac{p}{q})^2 = 2$ oder, leicht umgeformt $p^2 = 2q^2$. Da $p^2 = 2q^2$ offensichtlich eine gerade Zahl ist (da Vielfaches von 2), muss auch p eine gerade Zahl sein (denn wenn das Produkt zweier Zahlen gerade ist (hier $p \cdot p$), dann muss mindestens eine der beiden Zahlen gerade sein). Wir können daher p in der Form $p = 2p_0$ mit einer natürlichen Zahl p_0 schreiben, und daraus ergibt sich nach Quadrieren beider Seiten: $p^2 = 4p_0^2$.

Aus $p^2 = 2q^2$ und $p^2 = 4p_0^2$ folgt nun $2q^2 = 4p_0^2$, und nachdem wir beide Seiten durch 2 dividiert haben: $q^2 = 2p_0^2$. Mit der gleichen Überlegung wie oben folgt daraus, dass q gerade ist. Also sind p und q beide gerade, was wir aber doch am Anfang ausgeschlossen haben! Unsere Annahme, d sei rational, führt also zu einem Widerspruch und muss daher falsch sein.

Etwa 200 Jahre vor Euklids Beweis hat Hippasus, ein Schüler von Pythagoras, die Vermutung geäußert, dass d keine rationale Zahl sei. Die Pythagoräer sollen darüber so erzürnt gewesen sein, dass sie Hippasus ertränken ließen. Ich hoffe, Sie wünschen mich jetzt nicht auch auf den Grund des Ozeans, weil ich Sie mit diesem Beweis gelangweilt habe.

Die reellen Zahlen $\mathbb{R}$

Die Länge der Diagonale unseres Quadrates ist also keine rationale Zahl, kann aber, wie wir gesehen haben, *beliebig genau durch rationale Zahlen approximiert (d.h. angenähert) werden*: In der Tat können wir zum Beispiel $q = 100$ wählen, und unser Programm liefert uns die Schranken $\frac{141}{100} < d < \frac{142}{100}$. Wählen wir den Wert in der Mitte $d \approx \frac{283}{200}$, so haben wir d bis auf einen Fehler von maximal $\frac{1}{200}$ approximiert, was für viele Zwecke vollkommen ausreichend ist.

Der Ausweg aus dem Dilemma ist also, die Menge der rationalen Zahlen um jene Zahlen zu erweitern, die sich durch rationale Zahlen approximieren lassen:

> **Definition 2.7** Die Menge $\mathbb{R}$ der **reellen Zahlen** besteht aus den rationalen Zahlen und aus Zahlen, die sich beliebig genau durch rationale Zahlen „approximieren" lassen.

Wir wollen hier nicht näher auf die Konstruktion der reellen Zahlen eingehen und uns damit begnügen, dass die reellen Zahlen alle Rechenregeln (inklusive der Ordnung mittels $<$) von den rationalen Zahlen erben und die rationalen Zahlen als Teilmenge enthalten. Außerdem kann jede reelle Zahl beliebig genau durch rationale Zahlen angenähert werden. Das bedeutet: Ist eine Fehlerschranke gegeben, so können wir zu jeder reellen Zahl eine rationale Zahl finden, die unsere Fehlerschranke unterbietet. Beispiel: Ist die Fehlerschranke $\frac{1}{200}$, so können wir für die reelle Zahl $\sqrt{2}$ die rationale Zahl $\frac{283}{200}$ wählen.

Eine etwas konkretere Definition mithilfe von Dezimalzahlen (Kommazahlen) wird in Abschnitt 2.4 gegeben. Die Approximation ergibt sich dann dadurch, dass man je nach gewünschter Genauigkeit nach einer bestimmten Anzahl von Nachkommastellen abbricht.

Reelle Zahlen, die nicht rational sind, nennt man **irrationale Zahlen**. Ihre Existenz hat man, wie der Name zeigt, lange nicht wahrhaben wollen. Zwei der wichtigsten und zugleich bekanntesten irrationalen Zahlen sind die **Euler'sche Zahl**

$$e = 2.7182818285\ldots$$

und die **Kreiszahl**

$$\pi = 3.1415926535\ldots$$

Der Schweizer Leonhard Euler (1707–1783) war einer der bedeutendsten und produktivsten Mathematiker aller Zeiten. Sein Werk umfasst über 800 Publikationen und ein großer Teil der heutigen mathematischen Symbolik geht auf ihn zurück (z. B. e, π, i, das Summenzeichen, die Schreibweise $f(x)$ für Funktionen).

In der Praxis, muss man eine irrationale Zahl immer durch eine rationale Zahl approximieren. Zum Beispiel ist $\pi \approx \frac{22}{7}$ eine gute Näherung, bei der der relative Fehler $\frac{22/7-\pi}{\pi}$ nur ca. 0.04% beträgt. Wie genau der Wert von π sein muss, hängt immer vom betrachteten Problem ab. Falls Sie mit $\pi \approx \frac{22}{7}$ die benötigte Farbmenge für einen runden Tisch ausrechnen, geht das sicher in Ordnung. Verwenden Sie es aber zur Berechnung der Flugbahn einer Mondsonde, so ergibt ein relativer Fehler von 0.04% bei der Entfernung zum Mond von 384 000 km einen Fehler von 155 km, und das könnte bedeuten, dass Ihre Sonde den Mond knapp, aber doch, verfehlt.

Es gilt also alles, was wir bis jetzt über rationale Zahlen gelernt haben, auch für reelle Zahlen. Außerdem können wir nun problemlos Wurzelziehen:

Definition 2.8 Wenn $b^n = a$ für $a, b \geq 0$, $n \in \mathbb{N}$, so heißt b die **n-te Wurzel** von a. Man schreibt

$$b = \sqrt[n]{a} \quad \text{oder auch} \quad b = a^{\frac{1}{n}},$$

und b ist für jede positive reelle Zahl a eindeutig bestimmt.

Beispiele: $2^4 = 16$, daher: $16^{\frac{1}{4}} = \sqrt[4]{16} = 2$. Oder: $10^3 = 1000$, daher: $\sqrt[3]{1000} = 10$. Außerdem gilt

$$\sqrt[n]{a\,b} = \sqrt[n]{a}\,\sqrt[n]{b}.$$

Beispiel: $\sqrt{4x} = \sqrt{4}\sqrt{x} = 2\sqrt{x}$. Wird n nicht angegeben, so ist $n = 2$, d.h. $\sqrt{a} = \sqrt[2]{a}$. Das Wurzelziehen führt oft auf ein irrationales Ergebnis. So ist ja, wie wir vorhin gesehen haben, $\sqrt{2}$ eine irrationale Zahl.

   Die Definition einer Potenz lässt sich nun für *beliebige rationale* Exponenten erweitern.

Definition 2.9 Für reelles $a > 0$ und $m \in \mathbb{N}, n \in \mathbb{Z}$ ist $a^{\frac{n}{m}}$ als die n-te Potenz der m-ten Wurzel von a definiert:

$$a^{\frac{n}{m}} = (a^{\frac{1}{m}})^n = (\sqrt[m]{a})^n.$$

Beispiel: $5^{\frac{2}{3}} = (5^{\frac{1}{3}})^2 = (\sqrt[3]{5})^2$. Potenzen mit *irrationalen* Exponenten definiert man, indem man die irrationale Zahl durch rationale Zahlen annähert.

Das geschieht folgendermaßen: Sei b irgendeine irrationale Zahl und b_1, b_2, b_3, ... eine Folge von Zahlen, die b approximieren. Dann approximiert man a^b durch a^{b_1}, a^{b_2}, a^{b_3}, ... In diesem Sinn kann man zum Beispiel 2^π je nach gewünschter Genauigkeit durch rationale Zahlen $2^{3.14}$, $2^{3.141}$, $2^{3.1415}$, ... annähern.

Es gelten weiterhin die bekannten Regeln

Satz 2.10 (Rechenregeln für Potenzen) Für $a, b > 0$ und $x, y \in \mathbb{R}$ gilt:

$$a^x \cdot a^y = a^{x+y}, \qquad a^x \cdot b^x = (a \cdot b)^x, \qquad (a^x)^y = a^{(x \cdot y)}, \qquad a^{-x} = \frac{1}{a^x}.$$

Beispiele: $2^3 \cdot 2^5 = 2^8$, $10^{-1} \cdot 10^3 = 10^2$, $3^4 \cdot 5^4 = 15^4$, $(a^{\frac{1}{2}})^6 = a^3$.

Die Zahlen -3 und 3 haben, wenn wir sie uns auf einer Zahlengeraden vorstellen, von 0 denselben Abstand, nämlich 3 Längeneinheiten. Diesen Abstand einer reellen Zahl von 0 nennt man den Betrag der Zahl. Er ist – als Länge – immer nichtnegativ.

Definition 2.11 Der **Absolutbetrag** oder kurz **Betrag** einer reellen Zahl a ist definiert durch

$$|a| = a \quad \text{wenn } a \geq 0 \qquad \text{und} \qquad |a| = -a \quad \text{wenn } a < 0.$$

Die Schreibweise $|a| = -a$ für $a < 0$ erscheint vielleicht etwas verwirrend, sagt aber nichts anderes als: Wenn a negativ ist, dann ist der Betrag gleich der positiven Zahl $-a$.

Beispiel: Für $a = -3$ ist $|a| = |-3| = -(-3) = 3 = -a$. Insbesondere ist $|3| = |-3| = 3$. Der Absolutbetrag $|a - b|$ wird als **Abstand** der Zahlen a und b bezeichnet. Beispiele: Der Abstand von 3 und -2 ist $|3 - (-2)| = 5$; der Abstand von -3 und 0 ist $|-3 - 0| = 3$. Eine Abschätzung, die oft verwendet wird, sagt aus, dass der Betrag einer Summe kleiner oder gleich als die Summe der Beträge ist:

Satz 2.12 (Dreiecksungleichung) Für zwei beliebige reelle Zahlen a und b gilt

$$|a + b| \leq |a| + |b|.$$

Haben beide Zahlen gleiches Vorzeichen, so gilt Gleichheit. Haben sie aber verschiedenes Vorzeichen, so hebt sich links ein Teil weg, und $|a + b|$ ist strikt kleiner als $|a| + |b|$. Beispiele: $|2 + 3| = |2| + |3|$; $|-2 - 3| = |-2| + |-3|$; $|2 - 3| = |-1| < |2| + |-3|$.

Nun werden wir noch einige Begriffe und Schreibweisen für reelle Zahlen einführen, die Ihnen aber sicher schon bekannt sind. Zunächst kommen einige Abkürzungen für bestimmte Teilmengen der reellen Zahlen:

$$
\begin{aligned}
[a, b] &= \{x \in \mathbb{R} \mid a \leq x \leq b\} \quad \text{heißt } \textbf{abgeschlossenes Intervall,} \\
[a, b) &= \{x \in \mathbb{R} \mid a \leq x < b\} \quad \text{und} \\
(a, b] &= \{x \in \mathbb{R} \mid a < x \leq b\} \quad \text{heißen } \textbf{halboffene Intervalle,} \\
(a, b) &= \{x \in \mathbb{R} \mid a < x < b\} \quad \text{heißt } \textbf{offenes Intervall.}
\end{aligned}
$$

Man nennt sie **endliche Intervalle**, im Gegensatz zu **unendlichen Intervallen**, die „unendlich lang" sind. Diese unendliche Länge drückt man mit dem Unendlich-Zeichen ∞ aus:

$$[a, \infty) = \{x \in \mathbb{R} \mid a \leq x\}$$
$$(a, \infty) = \{x \in \mathbb{R} \mid a < x\}$$
$$(-\infty, b] = \{x \in \mathbb{R} \mid x \leq b\}$$
$$(-\infty, b) = \{x \in \mathbb{R} \mid x < b\}.$$

Beispiele: $[0, 1]$ enthält alle reellen Zahlen zwischen 0 und 1 inklusive 0 und 1. Hingegen ist in $(0, 1]$ die 0 nicht enthalten. Das Intervall $(-\infty, 0)$ enthält alle negativen reellen Zahlen.

Anstelle einer runden Klammer wird auch oft eine umgedrehte eckige Klammer verwendet: $(a, b] =]a, b]$, $[a, b) = [a, b[$, $(a, b) =]a, b[$.

Definition 2.13 Eine Menge $M \subseteq \mathbb{R}$ von reellen Zahlen heißt **nach oben beschränkt**, falls es eine Zahl $K \in \mathbb{R}$ gibt mit

$$x \leq K \text{ für alle } x \in M.$$

Eine solche Zahl K wird als eine **obere Schranke** von M bezeichnet.

Eine Menge muss nicht nach oben beschränkt sein. Falls sie es ist, so nennt man die *kleinste* obere Schranke das **Supremum** von M. Man schreibt für das Supremum kurz $\sup M$. Ist M nach oben beschränkt, so ist das Supremum eine eindeutig bestimmte Zahl:

Satz 2.14 (Vollständigkeit der reellen Zahlen) Jede nach oben beschränkte Menge $M \subseteq \mathbb{R}$ besitzt ein Supremum.

Dieser Satz gilt nicht in $\mathbb{Q}$, denn zum Beispiel die Menge $\{x \in \mathbb{Q} \mid x^2 < 2\}$ hat eben kein Supremum *in* $\mathbb{Q}$. Das Supremum $\sqrt{2}$ ist eine reelle Zahl. Die reellen Zahlen sind in diesem Sinn vollständig im Vergleich zu $\mathbb{Q}$.

Ist M nicht beschränkt, so schreibt man dafür $\sup M = \infty$. Analog:

Definition 2.15 $M \subseteq \mathbb{R}$ heißt **nach unten beschränkt**, falls es eine Zahl $k \in \mathbb{R}$ mit

$$x \geq k \text{ für alle } x \in M$$

gibt. Eine solche Zahl k wird dann als eine **untere Schranke** von M bezeichnet.

Die *größte* untere Schranke heißt das **Infimum** von M, kurz $\inf M$. Es ist ebenfalls eindeutig bestimmt (wir können $\inf M = -\sup(-M)$ mit $-M = \{-x \mid x \in M\}$ setzen). Ist M nicht nach unten beschränkt, so schreibt man symbolisch $\inf M = -\infty$. Wenn M sowohl nach unten als auch nach oben beschränkt ist, so nennt man M kurz **beschränkt**.

Nicht beschränkt heißt also (Regel von de Morgan), dass M nicht nach oben oder nicht nach unten beschränkt ist (einschließendes oder).

Beispiel 2.16 Beschränkte und unbeschränkte Mengen

Finden Sie (falls vorhanden) Beispiele für obere und untere Schranken, sowie das Supremum bzw. Infimum folgender Mengen: a) $(3,4)$ b) $\mathbb{N}$ c) $\mathbb{Z}$

Lösung zu 2.16

a) Für alle Zahlen aus dem offenen Intervall $(3,4)$ gilt: $x \geq 3$ (es gilt sogar $x > 3$, aber das ist für die Bestimmung des Infimum unwichtig). Daher ist 3 eine untere Schranke von $(3,4)$. Jede reelle Zahl, die kleiner als 3 ist, ist ebenfalls eine untere Schranke von $(3,4)$, z. B. -17. Von allen unteren Schranken ist 3 aber die *größte*, also $\inf(3,4) = 3$. Analog ist 4 die kleinste obere Schranke: $\sup(3,4) = 4$. Weitere obere Schranken sind alle reelle Zahlen, die größer als 4 sind, z. B. 291.

b) Für alle natürlichen Zahlen x gilt: $x \geq 1$. Daher ist 1 eine untere Schranke von $\mathbb{N}$. Jede reelle Zahl, die kleiner als 1 ist, z. B. $-\frac{1}{2}$, ist ebenfalls eine untere Schranke. Es gibt aber keine Zahl, die größer als 1 ist, und die gleichzeitig auch untere Schranke von $\mathbb{N}$ ist. Also ist 1 die *größte* untere Schranke von $\mathbb{N}$, d.h., $1 = \inf \mathbb{N}$. Nach oben sind die natürlichen Zahlen aber nicht beschränkt (denn es gibt keine größte natürliche Zahl). Das schreibt man in der Form: $\sup \mathbb{N} = \infty$.

c) Die ganzen Zahlen sind weder nach unten noch nach oben beschränkt: $\inf \mathbb{Z} = -\infty$, $\sup \mathbb{Z} = \infty$.   ∎

Beachten Sie, dass das Supremum von M nicht unbedingt auch Element von M sein muss (z. B. $\sup(3,4) = 4 \notin (3,4)$). Wenn jedoch das Supremum auch in M liegt, dann ist es gleichzeitig auch das **größte Element** von M. Man nennt das größte Element von M das **Maximum** von M, geschrieben $\max M$. Analog muss auch das Infimum von M nicht in M liegen. Falls aber das Infimum in M liegt, so ist es das **kleinste Element** von M, genannt **Minimum** von M, kurz geschrieben $\min M$.

Beispiel 2.17 Maximum und Minimum

a) Das offene Intervall $(3,4)$ ist beschränkt, besitzt aber kein Minimum, denn 3 liegt nicht im Intervall. Ebenso besitzt es kein Maximum.

b) Das abgeschlossene Intervall $[3,4]$ besitzt das kleinste Element 3, also $\inf[3,4] = \min[3,4] = 3$ und das größte Element 4, d.h. $\sup[3,4] = \max[3,4] = 4$.

c) Das Minimum von $\mathbb{N}$ ist 1, also $\min \mathbb{N} = 1$.

Definition 2.18 Die **Abrundungsfunktion** $\lfloor x \rfloor$ ordnet jeder reellen Zahl x die größte ganze Zahl, die kleiner oder gleich x ist, zu:

$$\lfloor x \rfloor = \max\{k \in \mathbb{Z} \mid k \leq x\}.$$

Analog ordnet die **Aufrundungsfunktion** $\lceil x \rceil$ jeder reellen Zahl x die kleinste ganze Zahl, die größer oder gleich x ist zu:

$$\lceil x \rceil = \min\{k \in \mathbb{Z} \mid k \geq x\}.$$

Die Abrundungsfunktion wird auch **Gaußklammer** genannt, nach dem deutschen Mathematiker Carl Friedrich Gauß (1777–1855). Die englischen Bezeichnungen für $\lfloor x \rfloor$ und $\lceil x \rceil$ sind **floor** („Boden") bzw. **ceiling** („Zimmerdecke"). Es gilt übrigens $\lceil x \rceil = -\lfloor -x \rfloor$.

Beispiel 2.19 Es gilt $\lfloor 1.7 \rfloor = 1$, $\lceil 1.7 \rceil = 2$ und $\lfloor -1.7 \rfloor = -2$, $\lceil -1.7 \rceil = -1$.

Die komplexen Zahlen $\mathbb{C}$

Für unsere Zahlenmengen gilt bisher $\mathbb{N} \subseteq \mathbb{Z} \subseteq \mathbb{Q} \subseteq \mathbb{R}$ und man könnte wirklich glauben, dass wir nun in der Lage sind, *jede* Gleichung zu lösen. Betrachten wir aber zum Beispiel die Gleichung $x^2 + 1 = 0$, so müssen wir wohl oder übel einsehen, dass es keine reelle Zahl gibt, deren Quadrat gleich -1 ist. Um diese Gleichung lösen zu können, müssen wir weitere Zahlen einführen:

Definition 2.20 Die Menge $\mathbb{C} = \{ x + \mathrm{i} \cdot y \mid x, y \in \mathbb{R} \}$ heißt Menge der **komplexen Zahlen**. Die Zahl $\mathrm{i} \in \mathbb{C}$ wird **imaginäre Einheit** genannt. Sie ist definiert durch: $\mathrm{i}^2 = -1$. Man nennt x den **Realteil** beziehungsweise y den **Imaginärteil** der komplexen Zahl $x + \mathrm{i}\,y$ und schreibt

$$\mathrm{Re}(z) = x, \qquad \mathrm{Im}(z) = y.$$

Beispiel: $3 - 5\mathrm{i}$ ist die komplexe Zahl mit Realteil 3 und Imaginärteil -5. Achtung: Der Imaginärteil ist die reelle Zahl -5, und nicht $-5\mathrm{i}$!

In der Elektrotechnik wird die imaginäre Einheit mit j anstelle von i bezeichnet, denn das Symbol i ist dort bereits für den Strom vergeben.

Die reellen Zahlen erscheinen Ihnen vielleicht als technisches Ärgernis, mit dem man leben muss, weil die Wurzel aus 2 sich eben nicht als Bruch schreiben lässt. Wozu aber soll es gut sein, dass man für die Gleichung $x^2 + 1 = 0$ *formal* eine Lösung angeben kann?

Auch die Mathematik ist lange ohne komplexe Zahlen ausgekommen. Sie wurden zuerst nur in Zwischenrechnungen, bei denen sich am Ende alles Nicht-Reelle weggehoben hat, verwendet (z. B. zur Lösung von Gleichungen). Im Laufe der Zeit hat man aber erkannt, dass viele Berechnungen einfach und effizient werden, wenn man komplexe Zahlen verwendet (z. B. in der Elektrotechnik oder der Signalverarbeitung sind sie heute nicht mehr wegzudenken). Der französische Mathematiker Jacques Salomon Hadamard (1865–1963) hat sogar einmal gemeint: „Der kürzeste Weg zwischen zwei reellen Wahrheiten führt durch die komplexe Ebene."

Ein Vergleich: In einer zweidimensionalen Welt lebend würden Sie wahrscheinlich jeden Mathematiker belächeln, der erzählt, dass Kreis und Rechteck eigentlich ein-und dasselbe Objekt darstellen; nur einmal von der Seite, und einmal von oben betrachtet. Wenn ich Sie dann aber in die dreidimensionale Welt hole und Ihnen einen Zylinder zeige, werden Sie wohl Ihre Meinung über die Mathematiker revidieren müssen. Ähnlich, wie ein Zylinder einen Kreis und ein Rechteck verknüpft, sind in der komplexen Welt die Exponentialfunktion und die trigonometrischen Funktionen verknüpft; eine Erkenntnis, die mit einem Schlag eine Vielzahl von praktischen Resultaten liefert!

Die reellen Zahlen sind gerade die komplexen Zahlen mit Imaginärteil 0. Somit gilt: $\mathbb{N} \subseteq \mathbb{Z} \subseteq \mathbb{Q} \subseteq \mathbb{R} \subseteq \mathbb{C}$. Die komplexen Zahlen können in einer Ebene veranschaulicht werden (Abbildung 2.2), der so genannten **Gauß'schen Zahlenebene**.

Eine komplexe Zahl $x + \mathrm{i}y$ kann also als Punkt in der Gauß'schen Zahlenebene betrachtet werden. In diesem Sinn kann $x + \mathrm{i}y$ auch als geordnetes Paar von reellen Zahlen (x, y) angegeben werden.

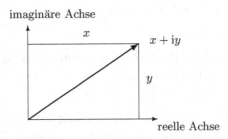

Abbildung 2.2. Gauß'sche Zahlenebene

Addition und Multiplikation von komplexen Zahlen folgen aus den entsprechenden Operationen für reelle Zahlen:

$$
\begin{aligned}
(x_1 + \mathrm{i}y_1) + (x_2 + \mathrm{i}y_2) &= (x_1 + x_2) + \mathrm{i}(y_1 + y_2) \\
(x_1 + \mathrm{i}y_1) \cdot (x_2 + \mathrm{i}y_2) &= (x_1 x_2 - y_1 y_2) + \mathrm{i}(x_1 y_2 + y_1 x_2) \\
\frac{1}{x + \mathrm{i}y} &= \frac{x}{x^2 + y^2} + \mathrm{i}\frac{-y}{x^2 + y^2}.
\end{aligned}
$$

Man kann mit komplexen Zahlen also wie mit reellen Zahlen rechnen. Die Zahl i wird dabei wie eine Variable behandelt, man muss nur berücksichtigen, dass $\mathrm{i}^2 = -1$ ist.

Aber Achtung: Im Gegensatz zu den reellen Zahlen können zwei komplexe Zahlen nicht ihrer Größe nach verglichen werden (d.h., nicht geordnet werden). Der Ausdruck $z_1 \leq z_2$ macht also für komplexe Zahlen z_1, z_2 keinen Sinn!

Für eine komplexe Zahl $z = x + \mathrm{i}y$ benötigt man oft ihre **konjugiert komplexe Zahl**

$$
\overline{z} = x - \mathrm{i}y
$$

(sie wird oft auch mit z^* bezeichnet). Real- und Imaginärteil lassen sich damit als

$$
\mathrm{Re}(z) = \frac{z + \overline{z}}{2}, \qquad \mathrm{Im}(z) = \frac{z - \overline{z}}{2\mathrm{i}}
$$

schreiben und es gelten folgende Rechenregeln:

$$
\overline{(z_1 + z_2)} = \overline{z_1} + \overline{z_2}, \qquad \overline{(z_1 \cdot z_2)} = \overline{z_1} \cdot \overline{z_2} \qquad \overline{\left(\frac{1}{z}\right)} = \frac{1}{\overline{z}}.
$$

Der **Absolutbetrag** einer komplexen Zahl ist

$$
|z| = \sqrt{z\overline{z}} = \sqrt{x^2 + y^2}.
$$

Für den Spezialfall, dass z reell ist, ergibt sich daraus der vorhin definierte Absolutbetrag für reelle Zahlen. Die **Dreiecksungleichung** gilt auch für komplexe Zahlen:

$$
|z_1 + z_2| \leq |z_1| + |z_2|.
$$

Nach dem Satz von Pythagoras entspricht $|z|$ der Länge des Pfeils, der z in der Gauß'schen Zahlenebene darstellt. Die komplexe Konjugation entspricht der Spiegelung des Pfeils an der reellen Achse.

Beispiel 2.21 ($\rightarrow$CAS) Rechnen mit komplexen Zahlen
Berechnen Sie für die komplexen Zahlen $z_1 = 1 + 2\mathrm{i}$, $z_2 = 3 - \mathrm{i}$:
a) $z_1 + z_2$ b) $z_1 z_2$ c) $\overline{z_2}$ d) $|z_2|$ e) $\frac{z_1}{z_2}$

Lösung zu 2.21 Wir rechnen wie gewohnt und betrachten dabei i zunächst als Variable. Wann immer wir möchten, spätestens jedoch im Endergebnis, verwenden wir $\mathrm{i}^2 = -1$:
a) $z_1 + z_2 = 1 + 2\mathrm{i} + 3 - \mathrm{i} = 4 + \mathrm{i}$.
b) $z_1 z_2 = 3 - \mathrm{i} + 6\mathrm{i} - 2\mathrm{i}^2 = 3 + 5\mathrm{i} - 2 \cdot (-1) = 5 + 5\mathrm{i}$.
c) $\overline{z_2} = 3 + i$, es dreht sich also das Vorzeichen des Imaginärteils um.
d) $|z_2| = \sqrt{(3-i)(3+i)} = \sqrt{3^2 + 1^2} = \sqrt{10}$.
e) Wir multiplizieren Zähler und Nenner mit der konjugiert komplexen Zahl von $3 - \mathrm{i}$. Durch diesen „Trick" wird der Nenner eine reelle Zahl:

$$\frac{1+2\mathrm{i}}{3-\mathrm{i}} = \frac{(1+2\mathrm{i})(3+\mathrm{i})}{(3-\mathrm{i})(3+\mathrm{i})} = \frac{1+7\mathrm{i}}{10} = \frac{1}{10} + \frac{7}{10}\mathrm{i}.$$ ∎

Ganzzahlige Potenzen sind analog wie für reelle Zahlen definiert und erfüllen auch die gleichen Rechenregeln. Bei gebrochenen Potenzen (z. B. Wurzelziehen) muss man aber vorsichtig sein: Wurzeln lassen sich zwar analog definieren, aber die gewohnten Rechenregeln stimmen nicht mehr! Mit $\sqrt{-1} = \mathrm{i}$ folgt zum Beispiel

$$1 = \sqrt{1} = \sqrt{(-1)(-1)} \neq \sqrt{-1}\sqrt{-1} = \mathrm{i} \cdot \mathrm{i} = -1.$$

Mehr dazu, und insbesondere wie man komplexe Wurzeln berechnet, werden Sie im Abschnitt „Polardarstellung komplexer Zahlen" in Band 2 erfahren.

2.2 Summen und Produkte

Definition 2.22 Für die Summe von reellen (oder komplexen) Zahlen $a_0, \ldots, a_n$ schreibt man abkürzend

$$\sum_{k=0}^{n} a_k = a_0 + \ldots + a_n, \quad \text{gelesen „Summe über alle } a_k \text{ für } k \text{ gleich 0 bis } n\text{".}$$

Das Summenzeichen $\sum$ ist das griechische Symbol für „S" (großes Sigma).

Die einzelnen Summanden ergeben sich dadurch, dass der „Laufindex" k alle ganzen Zahlen von 0 bis zu einer bestimmten Zahl n durchläuft. Anstelle von k kann jeder beliebige Buchstabe für den Laufindex verwendet werden. Der Laufindex muss auch nicht bei 0, sondern kann bei jeder beliebigen ganzen Zahl beginnen.

Beispiel 2.23 Summenzeichen

Berechnen Sie:

a) $\sum_{k=1}^{4} k^2$ b) $\sum_{k=0}^{4} (-1)^k 2^k$ c) $\sum_{m=1}^{5} (-1)^{m+1} (2m)$

Schreiben Sie mithilfe des Summenzeichens:

d) $1 + \frac{1}{2} + \frac{1}{3} + \frac{1}{4} + \ldots + \frac{1}{20}$ e) $1 - 3 + 5 - 7 + 9 - 11$ f) $1 + \frac{1}{2} + \frac{1}{4} + \frac{1}{8} + \frac{1}{16}$

Lösung zu 2.23

a) Wir erhalten alle Summanden, indem wir für k nacheinander $1, 2, 3$ und 4 einsetzen: $\sum_{k=1}^{4} k^2 = 1^2 + 2^2 + 3^2 + 4^2 = 30$.

b) Der Faktor $(-1)^k$ bewirkt hier, dass das Vorzeichen der Summanden abwechselt: $\sum_{k=0}^{4} (-1)^k 2^k = (-1)^0 \cdot 2^0 + (-1)^1 \cdot 2^1 + (-1)^2 \cdot 2^2 + (-1)^3 \cdot 2^3 + (-1)^4 \cdot 2^4 = 2^0 - 2^1 + 2^2 - 2^3 + 2^4 = 11$.

c) Hier haben wir den Laufindex zur Abwechslung mit m bezeichnet: $\sum_{m=1}^{5} (-1)^{m+1} (2m) = (-1)^2 \cdot (2 \cdot 1) + (-1)^3 \cdot (2 \cdot 2) + \ldots + (-1)^6 \cdot (2 \cdot 5) = 2 - 4 + 6 - 8 + 10 = 6$. Der Term $2m$ hat uns lauter gerade Zahlen erzeugt.

d) Der k-te Summand kann als $\frac{1}{k}$ geschrieben werden. Für den ersten Summanden muss $k = 1$ sein, für den letzten muss $k = 20$ sein. Daher läuft k von 1 bis 20: $\frac{1}{1} + \frac{1}{2} + \frac{1}{3} + \frac{1}{4} + \ldots + \frac{1}{20} = \sum_{k=1}^{20} \frac{1}{k}$.

e) Hier ist der k-te Summand immer eine ungerade Zahl, die wir mit $2k+1$ erzeugen können. Der Index k muss von 0 bis 5 laufen, damit der erste Summand 1 und der letzte Summand 11 ist: $1 - 3 + 5 - 7 + 9 - 11 = (-1)^0 \cdot (2 \cdot 0 + 1) + (-1)^1 \cdot (2 \cdot 1 + 1) + \ldots + (-1)^5 \cdot (2 \cdot 5 + 1) = \sum_{k=0}^{5} (-1)^k (2k + 1)$.

f) Der k-te Summand ist $\frac{1}{2^k}$ und k muss von 0 bis 4 laufen: $1 + \frac{1}{2} + \frac{1}{4} + \frac{1}{8} + \frac{1}{16} = \frac{1}{2^0} + \frac{1}{2^1} + \frac{1}{2^2} + \frac{1}{2^3} + \frac{1}{2^4} = \sum_{k=0}^{4} \frac{1}{2^k}$. ∎

Aus den Rechenregeln für reelle Zahlen folgt, dass man Summen gliedweise addieren und konstante Faktoren herausheben kann:

Satz 2.24 (Rechenregeln für Summen) Für $n \in \mathbb{N}$, reelle oder komplexe Zahlen $a_0, \ldots, a_n, b_0, \ldots, b_n$ und c gilt:

$$\sum_{k=0}^{n} (a_k + b_k) = \sum_{k=0}^{n} a_k + \sum_{k=0}^{n} b_k,$$

$$\sum_{k=0}^{n} c\, a_k = c \sum_{k=0}^{n} a_k.$$

Beispiel 2.25 Rechenregeln für Summen

a) Hier kann die Summe „auseinander gezogen" und leichter berechnet werden, weil wir auf das Ergebnis von Beispiel 2.23 a) zurückgreifen können:

$$\sum_{k=1}^{4} (k^2 + k) = \sum_{k=1}^{4} k^2 + \sum_{k=1}^{4} k = 30 + (1 + 2 + 3 + 4) = 40.$$

b) Hier kann 3 vor die Summe gezogen werden und damit wieder mithilfe unserer Vorarbeit in Beispiel 2.23 a)

$$\sum_{k=0}^{4} 3k^2 = 3\sum_{k=0}^{4} k^2 = 3 \cdot 30 = 90$$

berechnet werden.

Summenzeichen können auch verschachtelt werden:

$$\sum_{j=1}^{3}\sum_{k=1}^{j}(-1)^j 2^k = \sum_{k=1}^{1}(-1)^1 2^k + \sum_{k=1}^{2}(-1)^2 2^k + \sum_{k=1}^{3}(-1)^3 2^k =$$
$$= (-2) + (2+4) + (-2-4-8) = -10.$$

Hier wurde einfach schrittweise aufgelöst. Zuerst wurde die äußere Summe ausgeschrieben, wodurch drei Summanden (für $j = 1, 2, 3$) entstanden. Dann wurde noch das Summenzeichen jedes Summanden aufgelöst, indem für k eingesetzt wurde. Sind die Grenzen der Indizes konstant, so ist sogar die Reihenfolge, in der die Summen ausgewertet werden, egal:

Satz 2.26 (Vertauschung von Summen) Für $m, n \in \mathbb{N}$, und reelle oder komplexe Zahlen $a_{00}, \ldots, a_{mn}$ gilt:

$$\sum_{j=0}^{m}\sum_{k=0}^{n} a_{jk} = \sum_{k=0}^{n}\sum_{j=0}^{m} a_{jk}$$

Auch für Produkte von reellen (oder komplexen) Zahlen $a_0, \ldots, a_n$ gibt es eine abkürzende Schreibweise:

$$\prod_{k=0}^{n} a_k = a_0 \cdot a_1 \cdots a_n, \quad \text{gelesen „Produkt über alle } a_k \text{ für } k \text{ gleich 0 bis } n\text{“}$$

Das Produktzeichen $\prod$ ist das griechische Symbol für „P" (großes Pi).

Das Produkt der ersten n natürlichen Zahlen wird als **Fakultät** bezeichnet

$$n! = \prod_{k=1}^{n} k = 1 \cdot 2 \cdots n.$$

Beispiel: $4! = 4 \cdot 3 \cdot 2 \cdot 1 = 24$. Man vereinbart $0! = 1$. Im Gegensatz zur Summe über die ersten n natürlichen Zahlen, kann für dieses Produkt keine einfachere Formel mehr angegeben werden.

2.3 Vollständige Induktion

Es ist oft schwer, eine Summe mit variablen Grenzen zu berechnen. Zum Beispiel: Was ist die Summe der ersten n natürlichen Zahlen,

$$1 + 2 + 3 + \ldots + n = ?$$

Gibt es dafür eine einfache Formel? Manchmal ist es möglich, eine solche Formel zu *erraten*. Ich behaupte jetzt einfach, dass $1 + 2 + \ldots + n = \frac{n(n+1)}{2}$. Wie überzeuge ich Sie (und mich) davon? Wir könnten als Erstes einmal überprüfen, ob die Formel für kleine Zahlen, z. B. $n = 1$ oder $n = 2$ stimmt. Für $n = 1$ erhalten wir $1 = \frac{1 \cdot 2}{2}$, da stimmt die Formel also. Für $n = 2$ erhalten wir $1 + 2 = \frac{2 \cdot 3}{2}$, stimmt also auch. Auf diese Weise können wir die Formel für weitere Werte von n überprüfen, nie werden wir aber so die *Gewissheit* haben, dass sie für *jedes* n stimmt. Der Ausweg aus unserem Dilemma ist das **Induktionsprinzip**, mit dem man eine solche Formel für *alle* n nachweisen kann.

Satz 2.27 (Induktionsprinzip oder Vollständige Induktion) Sei $A(n)$ eine Aussage für beliebiges $n \in \mathbb{N}$, sodass gilt:

- Induktionsanfang: $A(1)$ ist richtig (Induktionsanfang)
  und
- Induktionsschluss: Aus der Richtigkeit von $A(n)$ für ein beliebiges, festes $n \in \mathbb{N}$ („Induktionsvoraussetzung") folgt die Richtigkeit von $A(n + 1)$. (Anstelle der Richtigkeit von $A(n)$ kann sogar die Richtigkeit von $A(k)$ für alle $k \leq n$ vorausgesetzt werden.)

Dann ist $A(n)$ für alle $n \in \mathbb{N}$ richtig.

Das Induktionsprinzip ist wie der Dominoeffekt. Sie möchten, dass alle Steine umfallen (dass die Aussage für alle n bewiesen wird). Dazu müssen Sie den ersten Stein anstoßen (Induktionsanfang) und es muss sichergestellt sein, dass ein beliebiger Stein den darauf folgenden umwirft (Schluss von n auf $n + 1$).

Die Induktion muss nicht bei 1 beginnen, sondern kann auch angewendet werden, wenn eine Aussage für alle ganzen Zahlen ab einer bestimmten Zahl $n_0 \in \mathbb{Z}$ (z. B. $n_0 = 0$ oder $n_0 = 2$) formuliert wird.

Beispiel 2.28 ($\rightarrow$CAS) Induktionsprinzip
Zeigen Sie, dass die Formel
$$\sum_{j=1}^{n} j = \frac{n(n + 1)}{2}$$
für alle $n \in \mathbb{N}$ gültig ist.

Lösung zu 2.28

- Induktionsanfang: Die kleinste Zahl, für die die Formel gelten soll, ist 1. Betrachten wir daher die Formel für $n = 1$: $1 = \frac{1 \cdot 2}{2}$ ist richtig.
- Induktionsschluss: Wir setzen voraus, dass wir ein $n \in \mathbb{N}$ gefunden haben, für das die Formel gilt:

$$1 + 2 + \ldots + n = \frac{n(n + 1)}{2} \qquad \text{Induktionsvoraussetzung (IV)}.$$

Nun müssen wir zeigen, dass sie unter dieser Voraussetzung auch für die nächste natürliche Zahl $n + 1$ gilt, dass also auch

$$1 + 2 + \ldots + n + (n+1) = \frac{(n+1)(n+2)}{2}.$$

Dazu verwenden wir unsere Induktionsvoraussetzung und formen dann noch etwas um:

$$\underbrace{1 + 2 + 3 + \ldots + n}_{= \frac{n(n+1)}{2} \text{ nach IV}} + (n+1) = \frac{n(n+1)}{2} + (n+1) = \frac{(n+2)(n+1)}{2}.$$

Wir haben also gezeigt, dass aus der Richtigkeit von $1 + 2 + \ldots + n = \frac{n(n+1)}{2}$ für ein beliebiges, festes n auch die Richtigkeit von $1 + 2 + \ldots + n + (n+1) = \frac{(n+1)(n+2)}{2}$ folgt. Nach dem Induktionsprinzip ist damit die Formel für *alle* natürlichen Zahlen richtig. ∎

Der Mathematiker Carl Friedrich Gauß bekam in der Volksschule die Aufgabe, die ersten hundert natürlichen Zahlen zu addieren. Sein Lehrer hoffte, er könnte die Klasse damit eine Zeit beschäftigen. Leider hat das nicht funktioniert, denn der kleine Gauß war nach kürzester Zeit fertig. Er hatte erkannt, dass die größte und die kleinste Zahl addiert $1 + 100 = 101$ ergibt, genauso wie die zweite und die zweitletzte Zahl $2 + 99 = 101$, und so weiter. Die Summe kann also aus 50 Summanden der Größe 101 gebildet werden und das Ergebnis ist somit 5050.

Zuletzt noch ein Beispiel zur Anwendung von Satz 2.24:

Beispiel 2.29 Rechenregeln für Summen
Berechnen Sie die Summe der ersten n ungeraden natürlichen Zahlen.

Lösung zu 2.29 Wir suchen eine Formel für $1 + 3 + \cdots + 2n - 1$, oder kompakt angeschrieben:

$$\sum_{j=1}^{n} (2j - 1) = ?$$

Wir könnten diese Formel leicht direkt mithilfe von Induktion beweisen, aber mit den Rechenregeln für Summen aus Satz 2.24 und unter Verwendung der Formel, die wir im Beispiel 2.28 bereits bewiesen haben, erhalten wir das Ergebnis schneller:

$$\sum_{j=1}^{n} (2j - 1) = 2 \sum_{j=1}^{n} j - \sum_{j=1}^{n} 1 = 2 \frac{n(n+1)}{2} - n = n^2.$$

∎

2.4 Stellenwertsysteme

Gewöhnlich schreiben wir Zahlen mithilfe der zehn Ziffern $0, \ldots, 9$. Mit der Schreibweise 26.73 meinen wir zum Beispiel die folgende Summe:

$$26.73 = 2 \cdot 10^1 + 6 \cdot 10^0 + 7 \cdot 10^{-1} + 3 \cdot 10^{-2}.$$

Die Schreibweise 26.73 ist also nichts anderes als eine abgekürzte Schreibweise für eine Summe von Potenzen von 10.

Definition 2.30 Wir nennen eine Zahl in der Darstellung

$$a_n \cdots a_0.a_{-1} \cdots a_{-m} = \sum_{j=-m}^{n} a_j 10^j, \qquad a_j \in \{0,1,2,\ldots,9\}$$

eine **Dezimalzahl.**

(Achtung: Zwischen a_0 und a_{-1} steht der Dezimalpunkt!) Die Stelle einer Ziffer innerhalb der Zahl gibt an, mit welcher Potenz von 10 sie zu multiplizieren ist („Einerstelle", „Zehnerstelle", „Nachkommastellen", ...). Man nennt ein derartiges System allgemein auch **Stellenwertsystem.**

Im Gegensatz dazu haben die Römer für bestimmte natürliche Zahlen Symbole (I, V, X, L, C, ...) benutzt, die – unabhängig von ihrer Lage innerhalb einer Zahlendarstellung – immer denselben Wert haben. Wie man sich vorstellen kann, war das Rechnen in diesem System aber ziemlich schwierig. (Böse Zungen behaupten sogar, das sei der Grund für den Untergang des römischen Weltreichs gewesen.)

Rationale Zahlen sind genau jene Zahlen, die entweder **endlich viele** oder **unendlich viele periodische** Nachkommastellen haben.

Das können wir uns leicht veranschaulichen:
- $\frac{7}{4} = 7 : 4 = 1.75$. Die Division bricht ab, weil der Rest 0 wird. Umgekehrt können wir leicht 1.75 als Bruch darstellen: $1.75 = \frac{175}{100} = \frac{7}{4}$.
- $\frac{5}{27} = 5 : 27 = 0.185185185\ldots = 0.\overline{185}$. Die Division bricht nie ab. Die Reste müssen sich aber irgendwann wiederholen, weil ein Rest immer kleiner als der Nenner ist und es somit nur endlich viele Möglichkeiten dafür gibt. Es entsteht eine **periodische** Zahl. Hier lässt sich umgekehrt die Bruchdarstellung von $0.\overline{185}$ nicht so ohne weiteres durch Hinsehen finden.

Beispiel 2.31 Rationale   Zahlen   als   Kommazahlen   geschrieben
a) $\frac{7}{4} = 1.75$ b) $\frac{4}{30} = 0.133333\ldots = 0.1\overline{3}$ c) $\frac{2}{11} = 0.18181\ldots = 0.\overline{18}$
d) $\frac{3}{9} = \frac{1}{3} = 0.\overline{3}$ e) $\frac{4}{9} = 0.\overline{4}$ f) $1 = \frac{9}{9} = 0.\overline{9}$

Irrationale Zahlen, also Zahlen, die nicht als Bruch geschrieben werden können, haben immer **unendlich viele nicht-periodische** Nachkommastellen.

Beispiel 2.32 Irrationale Zahlen als Kommazahlen geschrieben
a) $\pi = 3.141592653\ldots$ b) $\sqrt{2} = 1.4142135623\ldots$

Wir hätten also die reellen Zahlen auch als die Menge aller Dezimalzahlen mit endlich vielen oder unendlich vielen Nachkommastellen einführen können.

Dabei ist zu beachten, dass eine Zahl verschiedene Darstellungen haben kann, z. B. $1 = 0.\overline{9}$.

Die Approximation einer irrationalen Zahl durch eine rationale Zahl erhält man, indem man die unendlich vielen Nachkommastellen der irrationalen Zahl – je nach gewünschter Genauigkeit – an irgendeiner Stelle abbricht. So genügt es etwa für viele Anwendungen, für π die rationale Zahl 3.14 zu verwenden.

Kommen wir nun zurück zum Begriff des Stellenwertsystems. Die Basis „10" hat sich vor allem für das alltägliche Rechnen als sehr praktisch erwiesen (nicht zuletzt deshalb, weil der Mensch zehn Finger hat). Es ist aber natürlich möglich, eine beliebige andere natürliche Zahl b als Basis zu wählen und Zahlen in der Form

$$\sum_{j=-m}^{n} a_j b^j, \qquad a_j \in \{0, 1, 2, \ldots, b-1\}$$

darzustellen. Insbesondere ist für Computer, die nur *zwei* Finger besitzen („Spannung" und „keine Spannung"), das System mit Basis 2 vorteilhafter. Dieses System wird **Dualsystem** (auch **Binärsystem**) genannt und Zahlen, die im Dualsystem dargestellt werden, heißen **Dualzahlen** (oder **Binärzahlen**). Sie enthalten nur zwei Ziffern 0 und 1, die den beiden Zuständen entsprechen.

Wussten Sie übrigens, dass man die Menschen in 10 Gruppen einteilen kann: in jene, die Dualzahlen kennen und jene, die sie nicht kennen;-)

Beispiel 2.33 Dualzahlen
a) Stellen Sie die Dualzahl 1101 im Dezimalsystem dar.
b) Stellen Sie die Dezimalzahl 36.75 im Dualsystem dar.

Lösung zu 2.33
a) $(1101)_2 = 1 \cdot 2^3 + 1 \cdot 2^2 + 0 \cdot 2^1 + 1 \cdot 2^0 = (13)_{10}$.
   Wenn nicht klar ist, in welchem Zahlensystem eine Ziffernfolge zu verstehen ist, dann kann man, so wie hier, einen tiefergestellten Index verwenden.
b) $(36.75)_{10} = 32 + 4 + 0.5 + 0.25 = 2^5 + 2^2 + 2^{-1} + 2^{-2} = (100100.11)_2$.
   Das Komma kennzeichnet in jedem Stellenwertsystem den Beginn der negativen Potenzen. ∎

In der Datenverarbeitung sind neben dem Dualsystem auch das **Oktalsystem** und das **Hexadezimalsystem** gebräuchlich. Im Oktalsystem wird 8 als Basis verwendet, im Hexadezimalsystem wird 16 verwendet. Da das Hexadezimalsystem auf einem Vorrat von 16 Ziffern aufbaut, muss man zu den zehn Ziffern $0, \ldots, 9$ noch sechs weitere Ziffern hinzufügen. Üblicherweise werden dazu die Buchstaben A, B, C, D, E, F verwendet, die den Dezimalzahlen $10, \ldots, 15$ entsprechen. Die Bedeutung dieser beiden Systeme in der Datenverarbeitung liegt vor allem darin, dass man mit ihrer Hilfe Dualzahlen übersichtlicher schreiben kann. Denn eine Ziffer im Hexadezimalsystem bzw. Oktalsystem entspricht genau einem Block aus vier bzw. drei Ziffern im Dualsystem.

Beispiel 2.34 (→CAS) Oktalzahlen, Hexadezimalzahlen
a) Stellen Sie die Hexadezimalzahl $(FAD)_{16}$ im Dezimalsystem dar.
b) Stellen Sie die Hexadezimalzahl $(FAD)_{16}$ im Dualsystem dar.
c) Stellen Sie die Oktalzahl $(67)_8$ im Dezimalsystem dar.

Lösung zu 2.34
a) $(FAD)_{16} = 15 \cdot 16^2 + 10 \cdot 16^1 + 13 \cdot 16^0 = (4013)_{10}$.
b) Hier können wir verwenden, dass jede Ziffer im Hexadezimalsystem einem Block aus vier Ziffern im Dualsystem entspricht: $(F)_{16} = (1111)_2$, $(A)_{16} = (1010)_2$, $(D)_{16} = (1101)_2$. Die gesuchte Dualdarstellung erhalten wir nun durch Aneinanderreihung dieser Blöcke: $(FAD)_{16} = (111110101101)_2$.
c) $(67)_8 = 6 \cdot 8^1 + 7 \cdot 8^0 = (55)_{10}$. ∎

Die Umwandlung vom Dezimalsystem in ein anderes Zahlensystem von Hand funktioniert am schnellsten, wenn man beachtet, dass Division durch die Basis das Komma um eine Stelle nach links und Multiplikation mit der Basis das Komma um eine Stelle nach rechts verschiebt.

Im Zehnersystem überlegt: Wird die Dezimalzahl 234.0 durch 10 dividiert, so verschiebt sich die Einerstelle 4 hinter das Komma: 23.4. Der Rest bei Division durch 10 ist also gerade die Einerstelle (im Dezimalsystem) der Zahl 234. Wenn wir die Kommastelle von 23.4 weglassen, und 23.0 nochmals durch 10 dividieren, so erhalten wir als Rest die Zehnerstelle von 234 usw.

Analog funktioniert es, wenn wir die Nachkommastellen von 0.51 erhalten möchten: Wir multiplizieren mit 10 und erhalten 5.1. Der Überlauf 5 links vom Komma ist gerade der Koeffizient von 10^{-1}, usw.

Am besten gleich ein Beispiel dazu:

Beispiel 2.35 Umwandlung einer Dezimalzahl ins Dualsystem
a) Stellen Sie die Dezimalzahl 237 im Dualsystem dar.
b) Stellen Sie die Dezimalzahl 0.1 im Dualsystem dar.
c) Stellen Sie die Dezimalzahl 237.1 im Dualsystem dar.

Lösung zu 2.35
a) Wir dividieren sukzessive durch 2 und notieren die Reste: $237 : 2 = 118$, Rest 1 (das ist der Koeffizient a_0 von 2^0); $118 : 2 = 59$, Rest 0 (das ist a_1); $59 : 2 = 29$, Rest 1; $29 : 2 = 14$, Rest 1; $14 : 2 = 7$, Rest 0; $7 : 2 = 3$, Rest 1; $3 : 2 = 1$, Rest 1; $1 : 2 = 0$, Rest 1. Damit lautet die gesuchte Dualdarstellung (alle Reste angeschrieben):

$$(237)_{10} = (11101101)_2.$$

b) Wir multiplizieren sukzessive mit 2 und notieren die Überläufe: $0.1 \cdot 2 = 0.2$, Überlauf 0 (das ist der Koeffizient a_{-1} von 2^{-1}); $0.2 \cdot 2 = 0.4$, Überlauf 0 (das ist der Koeffizient a_{-2} von 2^{-2}); $0.4 \cdot 2 = 0.8$, Überlauf 0; $0.8 \cdot 2 = 1.6$, Überlauf 1; $0.6 \cdot 2 = 1.2$, Überlauf 1; $0.2 \cdot 2 = 0.4$, Überlauf 0. Da 0.4 bereits aufgetreten ist, wiederholen sich ab nun die Überläufe periodisch. Die gesuchte Dualdarstellung ist daher (alle Überläufe angeschrieben):

$$(0.1)_{10} = (0.0\overline{0011})_2,$$

und $(0.1)_{10}$ ist somit im Dualsystem eine Zahl mit unendlich vielen periodischen Nachkommastellen!

c) Mithilfe von a) und b) kein Problem: $(237.1)_{10} = (11101101.0\overline{0011})_2.$ ∎

Es kann also – wie wir in Beispiel 2.35 b) sehen – vorkommen, dass eine rationale Zahl in einem Zahlensystem nur *endlich* viele, in einem anderen System aber *unendlich viele periodische* Nachkommastellen hat. Niemals aber wird eine rationale Zahl in einem System unendlich viele *nicht-periodische* Nachkommastellen haben.

2.5 Maschinenzahlen

Ein Computer hat nur eine endliche Speicherkapazität und kann daher nur endlich viele Stellen einer Zahl abspeichern. Jene Zahlen, die ein Rechner noch exakt darstellen kann, heißen **Maschinenzahlen**. Maschinenzahlen bilden also eine endliche

Teilmenge der Menge der rationalen Zahlen. Alle anderen reellen Zahlen werden vom Computer immer auf die nächstgelegene Maschinenzahl gerundet.

Im einfachsten Fall verwendet man eine feste Anzahl von Stellen vor und nach dem Komma (**Festkommadarstellung** oder **Festpunktdarstellung**). Dabei kann aber nur ein relativ enger Zahlenbereich abgedeckt werden. Um einen möglichst weiten Zahlenbereich abzudecken, werden Zahlen im Computer daher in der so genannten *Gleitkommadarstellung* gespeichert:

Definition 2.36 Die **Gleitkommadarstellung** (**Gleitpunktdarstellung**) hat die Form

$$M \cdot b^E, \qquad \text{mit } |M| < 1, E \in \mathbb{Z}.$$

Dabei ist b die Basis des Stellenwertsystems, die Kommazahl M heißt **Mantisse** und die ganze Zahl E wird **Exponent** genannt.

Im Computer wird die Basis $b = 2$ verwendet. M und E werden im zugrunde liegenden Stellenwertsystem mit Basis b dargestellt. Dabei ist für sie eine feste Anzahl von t bzw. s Stellen festgelegt:

$$M = \pm 0.m_1 m_2 \ldots m_t = \pm \sum_{j=1}^{t} m_j b^{-j}, \qquad E = \pm e_{s-1} \ldots e_1 e_0 = \pm \sum_{j=0}^{s-1} e_j b^j.$$

Die Gleitkommadarstellung einer Zahl ist aber so weit noch nicht eindeutig, da zum Beispiel (im Dezimalsystem) 0.1 als $0.1 \cdot 10^0$, $0.01 \cdot 10^1$, ... dargestellt werden kann. Um eine *eindeutige* Darstellung zu erhalten wird bei der **normalisierten Gleitkommadarstellung** der Exponent so gewählt, dass die erste Stelle der Mantisse ungleich 0 ist. Der kleinste Wert für die Mantisse ist daher b^{-1}:

$$b^{-1} \leq |M| < 1.$$

Insbesondere kann die Zahl Null nicht in normalisierter Gleitkommadarstellung dargestellt werden und erhält eine Sonderstellung.

Beispiel: 346.17 wird in der Form $0.34617 \cdot 10^3$ abgespeichert. Die Mantisse ist dabei 0.34617 (Länge 5) und der Exponent ist 3.

Versuchen wir uns den Unterschied zwischen Gleit- und Festkommadarstellung anhand eines kleinen Beispiels zu veranschaulichen. Damit es für uns leichter wird, stellen wir uns vor, dass der Computer Zahlen im Dezimalsystem darstellt. Unsere Überlegung gilt aber gleichermaßen für das Dualsystem bzw. für jedes beliebige Stellenwertsystem. Nehmen wir weiters an, dass es sich um einen sehr einfachen Computer mit Mantissenlänge 1 und Exponentenlänge 1 handelt. Dann sind die positiven darstellbaren Zahlen gegeben durch

$$0.1 \cdot 10^{-9}, \ 0.2 \cdot 10^{-9}, \ldots, 0.9 \cdot 10^{-9}, \ 0.1 \cdot 10^{-8}, \ 0.2 \cdot 10^{-8}, \ldots, 0.9 \cdot 10^9.$$

Die Maschinenzahlen dieses Computers können also in Gleitkommadarstellung den positiven Zahlenbereich von 0.0000000001 bis 900000000 abdecken. Dazu kommen noch ebenso viele negative Zahlen und die 0. Bei einer Festkommadarstellung mit je einer Zahl vor und nach dem Komma könnte nur der positive Zahlenbereich von 0.1 bis 9.9 abgedeckt werden (d.h. gleich viele Zahlen wie in Gleitkommadarstellung, aber auf einem engeren Zahlenbereich konzentriert). Der Preis, den man für den weiteren Zahlenbereich in Gleitkommadarstellung zahlt, ist, dass die Maschinenzahlen in Gleitkommadarstellung nicht gleichmäßig verteilt sind: Zwischen 1 und 10 liegen z. B. genauso viele Maschinenzahlen (1, 2, 3, ..., 10) wie zwischen 10 und 100 (10, 20, 30, ..., 100), nämlich genau zehn.

Bei der Verarbeitung von Kommazahlen durch den Computer müssen immer wieder Zahlen auf die nächstgelegene Maschinenzahl gerundet werden. Und zwar passiert das nicht nur nach der Eingabe (aufgrund der Umwandlung vom Dezimal- ins Dualsystem), sondern auch nach jeder Rechenoperation, da die Summe bzw. das Produkt von zwei Maschinenzahlen im Allgemeinen nicht wieder eine Maschinenzahl ist.

Wie groß ist dieser **Rundungsfehler** maximal? Ist $x = M b^E$ der exakte und $\tilde{x} = \tilde{M} b^E$ der zugehörige gerundete Wert, so ist der **absolute Fehler** gleich

$$|\text{gerundeter Wert} - \text{exakter Wert}| = |\tilde{x} - x| = |\tilde{M} - M| b^E..$$

Definition 2.37 Der **relative Fehler** ist gegeben durch

$$\left| \frac{\text{absoluter Fehler}}{\text{exakter Wert}} \right| = \left| \frac{\tilde{x} - x}{x} \right| = \left| \frac{\tilde{M} b^E - M b^E}{M b^E} \right| = \left| \frac{\tilde{M} - M}{M} \right|.$$

Den relativen Fehler möchten wir nun abschätzen: Wenn die Mantisse t Stellen hat, so wird beim Runden die t-te Stelle um höchstens $\frac{1}{2}b^{-t}$ auf- oder abgerundet.

Beispiel aus dem Dezimalsystem mit 3-stelliger Mantisse: Die exakten Werte 0.4275, 0.4276, 0.4277, 0.4278 und 0.4279 werden auf 0.428 aufgerundet; die exakten Werte 0.4271, 0.4272, 0.4273 und 0.4274 werden auf 0.427 abgerundet; die Mantisse wird also um höchstens $0.0005 = \frac{1}{2}10^{-3}$ gerundet.

Das Ergebnis beim Runden hängt vom verwendeten Zahlensystem und der Konvention beim Runden ab. Beim **kaufmännischen Runden** wird z. B. eine letzte Ziffer 5 immer aufgerundet (*round to larger*). Das bedeutet aber, dass ein systematischer Fehler entsteht, der sich im statistischen Mittel nicht weghebt. Deshalb wird in Computern im Grenzfall so gerundet, dass die letzte Stelle gerade ist (*round to even*). Im Dualsystem ist das noch wichtiger, denn während das Rundungsproblem im Dezimalsystem nur in 10% aller Fälle eintritt (der Grenzfall 5 ist eine von zehn möglichen Ziffern), muss im Dualsystem in 50% der Fälle (der Grenzfall 1 ist eine von zwei möglichen Ziffern) gerundet werden.

Das heißt, $\tilde{M}$ und M unterscheiden sich um höchstens $\frac{1}{2}b^{-t}$: $|\tilde{M} - M| \leq \frac{1}{2}b^{-t}$. Da in der normalisierten Gleitkommadarstellung weiters $b^{-1} \leq |M| < 1$ gilt, folgt $\frac{1}{|M|} \leq b$. Also erhalten wir insgesamt

$$\left| \frac{\tilde{M} - M}{M} \right| \leq \frac{1}{2}b^{-t} \cdot b = \frac{1}{2}b^{1-t}.$$

Damit folgt:

Satz 2.38 Beim Rechnen in Gleitkommadarstellung gilt für den relativen Rundungsfehler:

$$\left| \frac{\tilde{x} - x}{x} \right| \leq \frac{1}{2}b^{1-t} \qquad (|x| \geq b^{-b^s}).$$

Der maximale Wert $\varepsilon = \frac{1}{2}b^{1-t}$ für den relativen Fehler wird als **Maschinengenauigkeit** bezeichnet.

Damit kann also der relative Fehler beim Runden abgeschätzt werden. Was passiert aber, wenn das Ergebnis einer Rechnung zu groß wird, oder zu nahe bei 0 liegt? Wenn also $E \geq b^s$ oder $E \leq -b^s$ wird? Ein Exponentenüberlauf (zu großes Ergebnis) wird in der Regel als Fehler gemeldet. Bei einem *Exponentenunterlauf* wird das Ergebnis gleich null gesetzt, $\tilde{x} = 0$. Im letzteren Fall ist der relative Fehler 1 und somit größer als die Maschinengenauigkeit.

In den meisten Fällen sind Rundungsfehler klein und können vernachlässigt werden. Auch wenn eine Zahl viele Rechenoperationen durchläuft und das Ergebnis immer wieder gerundet wird, haben Rundungsfehler die Tendenz sich nicht aufzusummieren, sondern sich wegzumitteln (es ist eben unwahrscheinlich, dass bei zehn Operationen jedes Mal auf- und nie abgerundet wird).

Beispiel 2.39 Rundungsfehler
Gehen wir einfachheitshalber von einem Computer aus, der Zahlen im Dezimalsystem darstellt und der eine 4-stellige Mantisse hat. Wie groß ist die Maschinengenauigkeit? Welches Ergebnis gibt der Computer für $1.492 \cdot 1.066$ aus? Wie groß ist der relative Fehler?

Lösung zu 2.39 Wegen $t = 4$ ist die Maschinengenauigkeit gleich $\varepsilon = \frac{1}{2}10^{1-4} = 0.0005 = 0.05\%$. D.h., die Abweichung (der absolute Fehler) vom exakten Wert beträgt maximal 0.05% vom exakten Wert. Konkret wäre für unsere Rechenoperation das exakte Ergebnis gleich $1.492 \cdot 1.066 = 1.590472$. Aufgrund der 4-stelligen Mantisse muss der Computer runden und gibt daher den Wert $0.1590 \cdot 10^1 = 1.590$ aus. Der relative Fehler beträgt hier

$$\left| \frac{\text{absoluter Fehler}}{\text{exakter Wert}} \right| = \left| \frac{1.590 - 1.590472}{1.590472} \right| \approx 0.0003,$$

also 0.03%.   ∎

Allein durch die im Computer nötige Umwandlung vom Dezimal- ins Dualsystem können bereits Rundungsfehler auftreten. Beispiel 2.35 hat uns ja gezeigt, dass bei Umwandlung von $(0.1)_{10}$ ins Dualsystem eine Zahl mit unendlich vielen Nachkommastellen entsteht. Diese Nachkommastellen müssen vom Computer abgebrochen und gerundet werden.

Der relative Fehler des Computers aus Beispiel 2.39 wird in den meisten Anwendungen vernachlässigbar sein. Im folgenden Beispiel ergibt sich aber ein großer relativer Fehler:

Beispiel 2.40 Großer Rundungsfehler
Welches Ergebnis gibt unser Computer aus Beispiel 2.39 für die Berechnung von $(0.01 + 100) - 100 = 0.01$ aus? Wie groß ist der relative Fehler?

Lösung zu 2.40 Die Zahlen 0.01 und 100 werden intern im Gleitkommaformat dargestellt als $0.1 \cdot 10^{-1}$ bzw. $0.1 \cdot 10^3$. Für die Addition müssen die beiden Zahlen in eine Form mit gleicher Hochzahl umgewandelt werden. Es ist (exakt) $0.1 \cdot 10^{-1} = 0.00001 \cdot 10^3$, unser Computer kann aber nur 4 Stellen der Mantisse abspeichern und muss daher auf $0.0000 \cdot 10^3$ runden. Sein Ergebnis ist daher $(0.0 \cdot 10^3 + 0.1 \cdot 10^3) - 0.1 \cdot 10^3 = 0.0!$ Der relative Fehler ist damit $\frac{0.01 - 0}{0.01} = 1$, also 100%.   ∎

Dieses Beispiel mag Ihnen vielleicht unrealistisch erscheinen. Der gleiche Effekt kann aber auch bei einer Genauigkeit von 16 Stellen bewirken, dass die Lösung eines einfachen Gleichungssystems vollkommen falsch berechnet wird (Übungsaufgabe 9).

In der Praxis tendiert man oft dazu, Rundungsfehler zu vernachlässigen und meistens geht das auch gut. In bestimmten Situationen können sich Rundungsfehler aber aufsummieren und dadurch von kleinen Problemen zu schweren Unfällen führen. So ist das im Golfkrieg beim Steuerprogramm der amerikanischen Abwehrraketen passiert: Während der kurzen Testphasen haben sich die Rundungsfehler nie ausgewirkt und wurden daher im Steuerprogramm nicht bemerkt. Beim längeren Betrieb während des Einsatzes haben sich die Fehler aber so weit aufsummiert, dass die Abwehrraketen ihr Ziel verfehlt haben.

Eine Möglichkeit ist, die Rechengenauigkeit zu erhöhen. Aber auch dann ist nicht immer klar, ob die erhöhte Genauigkeit ausreicht. Besser ist es, anstelle eines gerundeten Näherungswertes zwei Werte zu berechnen, die einmal nach oben und einmal nach unten gerundet wurden. Dadurch erhält man ein Intervall, begrenzt durch den nach oben und nach unten gerundeten Wert, in dem der exakte Wert liegen muss. Man spricht in diesem Fall von **Intervallarithmetik**. Intervallarithmetik ist zwar nicht genauer als Gleitkommaarithmetik, man kann aber sofort ablesen, wie genau das Ergebnis *mindestens* ist. Der Hauptnachteil besteht darin, dass Prozessoren derzeit nur Gleitkommaarithmetik beherrschen, während Intervallarithmetik mittels Software implementiert werden muss.

2.6 Teilbarkeit und Primzahlen

Es gilt $15 : 5 = 3$, oder anders geschrieben, $15 = 3 \cdot 5$. Man sagt, dass 3 und 5 Teiler von 15 sind. Es gibt Zahlen, die besonders viele Teiler haben und daher in der Praxis sehr beliebt sind. Zum Beispiel sind die Zahlen 24 und 60 besonders vielfältig teilbar, und nicht umsonst hat ein Tag 24 Stunden, eine Stunde 60 Minuten. Auf der anderen Seite gibt es die so genannten unteilbaren Zahlen, die Primzahlen. Sie haben große praktische Bedeutung für die Kryptographie und Codierungstheorie.

Definition 2.41 Eine ganze Zahl a heißt durch eine natürliche Zahl b **teilbar**, wenn es eine ganze Zahl n gibt, sodass $a = n \cdot b$ ist. Die Zahl b heißt in diesem Fall **Teiler** von a. Man schreibt dafür $b|a$, gelesen: „b teilt a".

Beispiel 2.42 Teilbarkeit
a) $15 = 1 \cdot 15 = 3 \cdot 5$, hat also die Teiler 1, 3, 5 und 15. Insbesondere ist jede Zahl durch sich selbst und 1 teilbar. Also: $1|15$, $3|15$, $5|15$ und $15|15$.
b) -15 hat die Teiler 1, 3, 5 und 15. (Ein Teiler ist per Definition immer positiv.)
c) 13 hat nur die Teiler 1 und 13.

Definition 2.43 Eine natürliche Zahl $p > 1$, die nur durch sich selbst und durch 1 teilbar ist, heißt **Primzahl**.

Beispiel 2.44 ($\rightarrow$CAS) Primzahlen
a) 2 ist eine Primzahl, weil 2 nur durch sich selbst und durch 1 teilbar ist.
b) Auch 3 ist eine Primzahl.
c) 4 ist keine Primzahl, weil 4 neben 1 und 4 auch den Teiler 2 hat.

d) 1 ist nur durch sich selbst teilbar, wird aber laut Definition nicht als Primzahl bezeichnet.

Die ersten Primzahlen sind 2, 3, 5, 7, 11, 13, 17, ... Primzahlen bilden im folgenden Sinn die „Bausteine" der natürlichen Zahlen:

Satz 2.45 (Primfaktorzerlegung) Jede natürliche Zahl größer als 1 ist entweder selbst eine Primzahl, oder sie lässt sich als Produkt von Primzahlen schreiben. Die Faktoren einer solchen Zerlegung sind (bis auf ihre Reihenfolge) eindeutig und heißen **Primfaktoren.**

Warum haben Klavierbauer ein Problem mit der Primzahlzerlegung? Pythagoras hat vermutlich als erster erkannt, dass „wohlklingende Intervalle" durch Schwingungsverhältnisse niedriger ganzer Zahlen beschrieben werden können. So wird eine Oktave durch das Schwingungsverhältnis $\frac{2}{1}$ beschrieben, eine Quint durch $\frac{3}{2}$, eine Quart durch $\frac{4}{3}$, usw. Das Schwingungsverhältnis zweier Quinten ist $(\frac{3}{2})^2 = \frac{9}{4}$.

Will man ein Klavier bauen, so stellt sich die Frage, wieviele Tasten pro Oktave benötigt werden, damit von jedem Ton weg eine reine Oktave und eine reine Quint gespielt werden kann. Ist c das Schwingungsverhältnis zweier benachbarter Tasten, so muss $c^n = \frac{2}{1}$ gelten, um nach n Tasten eine Oktave zu haben. Also $c = \sqrt[n]{2}$. Um zusätzlich nach m Tasten eine Quint zu haben, muss $\frac{3}{2} = c^m = 2^{m/n}$ gelten, oder umgeformt

$$3^n = 2^{n+m}.$$

Nach der Primfaktorzerlegung kann es für diese Gleichung aber keine ganzzahligen Lösungen geben. Kann man also kein Klavier bauen?

In der heutigen Praxis wird als Ausweg die *gleichstufige Stimmung* verwendet. Es wird dabei bei allen Intervallen ein wenig geschummelt. Die Schwingungsverhältnisse sind allesamt irrational, aber in der Nähe einfacher ganzzahliger Verhältnisse. Die Anzahl von 12 Tasten (7 weiße und 5 schwarze) bietet sich an, weil man dabei nur wenig schummeln muss ($\frac{3}{2} \approx 2^{7/12} = 1.4983$). Die nächstgrößere Zahl, bei der man weniger schummeln müßte, ist 41.

Beispiel 2.46 ($\rightarrow$CAS) Primfaktorzerlegung
Zerlegen Sie in Primfaktoren: a) 60   b) 180

Lösung zu 2.46

a) $60 = 2 \cdot 30 = 2 \cdot 2 \cdot 15 = 2 \cdot 2 \cdot 3 \cdot 5 = 2^2 \cdot 3 \cdot 5$. Nun wird auch klar, warum man 1 nicht als Primzahl bezeichnen möchte: Dann wären die Primfaktoren nicht mehr eindeutig, denn $60 = 2^2 \cdot 3 \cdot 5$ oder zum Beispiel auch $60 = 1 \cdot 2^2 \cdot 3 \cdot 5$ oder $60 = 1^2 \cdot 2^2 \cdot 3 \cdot 5$.

b) $180 = 3 \cdot 60 = 2^2 \cdot 3^2 \cdot 5$. ∎

Man kann zeigen, dass es **unendlich viele Primzahlen** gibt. Bis heute wurde aber kein *Bildungsgesetz* gefunden, nach dem sich alle Primzahlen leicht berechnen lassen.

Der erste Beweis dafür, dass es unendlich viele Primzahlen gibt, stammt vom griechischen Mathematiker Euklid. Er leitet aus der Verneinung der Behauptung einen Widerspruch ab (Beweis durch Widerspruch).

Die Behauptung ist: „Es gibt unendlich viele Primzahlen." Nehmen wir nun deren Verneinung an, dass es also nur endlich viele Primzahlen gibt. Schreiben wir sie der Größe nach geordnet auf: $2, 3, 5, \ldots, p$, wobei also p die größte Primzahl ist. Bilden wir nun das Produkt dieser Primzahlen und zählen 1 dazu: $(2 \cdot 3 \cdot 5 \cdot 7 \cdots p) + 1$. Diese Zahl lässt sich nicht durch die Primzahlen $2, 3, 5, \ldots, p$ teilen, denn wir erhalten stets den Rest 1. Sind (wie angenommen) $2, 3, 5, \ldots, p$ die *einzigen* Primzahlen, so ist diese Zahl also nur durch sich selbst und durch 1 teilbar – das bedeutet aber, dass sie eine weitere Primzahl ist! Damit haben wir einen Widerspruch zu unserer Annahme, dass $1, 2, 3, 5, \ldots, p$ bereits alle Primzahlen sind. Es muss also unendlich viele Primzahlen geben.

Definition 2.47 Wenn zwei natürliche Zahlen a und b keinen gemeinsamen Teiler außer 1 besitzen, dann nennt man sie **teilerfremd**. Das ist genau dann der Fall, wenn a und b keine gemeinsamen Primfaktoren haben.

Beispiel: $14 = 2 \cdot 7$ und $15 = 3 \cdot 5$ sind teilerfremd.

Ob zwei Zahlen a und b teilerfremd sind, kann man auch überprüfen, indem man ihren **größten gemeinsamen Teiler** $\mathrm{ggT}(a, b)$ berechnet. Ist dieser gleich 1, dann sind die Zahlen teilerfremd.

Beispiel 2.48 ($\rightarrow$CAS) Teilerfremd, größter gemeinsamer Teiler
Bestimmen Sie: a) $\mathrm{ggT}(8, 12)$ b) $\mathrm{ggT}(137, 139)$

Lösung zu 2.48

a) $\mathrm{ggT}(8, 12) = 4$; denn 8 und 12 haben die *gemeinsamen* Teiler $1, 2, 4$, der größte gemeinsame Teiler ist daher 4.

b) $\mathrm{ggT}(137, 139) = 1$, die beiden Zahlen sind also teilerfremd. Warum sieht man das ohne zu rechnen? Nun, wenn q ein Teiler von 137 ist, dann gilt $q > 2$ und $139 \bmod q = (137 + 2) \bmod q = 2$. Es bleibt also immer ein Rest und die beiden Zahlen sind teilerfremd (was wir hier verwendet haben, ist bereits die Grundidee des Euklid'schen Algorithmus zur Berechnung des ggT – wir kommen in Abschnitt 3.3 darauf zurück). ∎

Im Allgemeinen wird bei der Division einer ganzen Zahl durch eine natürliche Zahl ein Rest auftreten. Wenn wir etwa 17 durch 5 dividieren, so erhalten wir $17 = 3 \cdot 5 + 2$, also den Rest 2.

Satz 2.49 (Division mit Rest) Ist allgemein $a \in \mathbb{Z}$ und $m \in \mathbb{N}$, so ist

$$a = q \cdot m + r,$$

mit ganzen Zahlen q und r. Diese sind eindeutig bestimmt, indem man festlegt, dass $0 \leq r < m$ sein soll (das heißt, r soll die *kleinstmögliche nichtnegative* Zahl sein). Man nennt dabei m den **Modul**, r den **Rest modulo** m und schreibt abkürzend

$$r = a \bmod m \quad \text{und} \quad q = a \operatorname{div} m.$$

Beispiel 2.50 ($\rightarrow$CAS) Rest modulo m
Berechnen Sie den Rest von a modulo 5:
a) $a = 17$ b) $a = -17$ c) $a = 35$ d) $a = 3$ e) $a = 22$

Lösung zu 2.50

a) Es ist $17 = 3 \cdot 5 + 2$, der Rest von 17 modulo 5 ist also $r = 2$. Es wäre z. B. auch $17 = 4 \cdot 5 - 3$, oder auch $17 = -1 \cdot 5 + 22$, oben wurde aber vereinbart, dass wir als Rest die kleinstmögliche nichtnegative Zahl bezeichnen. Daher muss r in diesem Beispiel $0 \le r < 5$ erfüllen.

b) $-17 = -4 \cdot 5 + 3$, der Rest der Division ist also $r = 3$.

c) $35 = 7 \cdot 5 + 0$ der Rest ist hier also $r = 0$. Mit anderen Worten: 35 ist durch 5 teilbar.

d) $3 = 0 \cdot 5 + 3$, auch hier ist also der Rest $r = 3$.

e) $22 = 4 \cdot 5 + 2$, daher ist der Rest $r = 2$. ∎

Auch im Alltag rechnen wir „modulo m": Ist es zum Beispiel 16 Uhr am Nachmittag, so sagen wir auch, es sei 4 Uhr nachmittags. Wir haben den Rest von 16 modulo 12 angegeben.

Das Rechnen modulo einer natürlichen Zahl hat eine Vielzahl von Anwendungen in der Praxis, z. B. bei der Verwendung von Prüfziffern (siehe Kapitel 3).

2.7 Mit dem digitalen Rechenmeister

Approximation von $\sqrt{2}$

Das auf Seite 38 beschriebene Programm zur Annäherung der Wurzel aus 2 kann mit `Mathematica` wie folgt implementiert werden:

```
In[1]:= d[q_] := Module[{p = q},
            While[(p/q)^2 < 2, p = p + 1];
         {(p-1)/q, p/q}]
```

```
In[2]:= d[100]
Out[2]= {141/100, 70/50}
```

Der Befehl `Module` fasst mehrere Befehle zusammen. Das erste Argument ist dabei eine Liste von lokalen Variablen.

Ungleichungen

`Mathematica` kann auch mit Ungleichungen umgehen. Der `Simplify`-Befehl kann zum Überprüfen von Ungleichungen verwendet werden:

```
In[3]:= Simplify[x/(x^2 + y^2) < 1/y, x > 0 && y > 0]
Out[3]= True
```

Mit `Reduce` können Ungleichungen sogar aufgelöst werden:

```
In[4]:= Reduce[1 - x^2 > 0, x]
```

Out[4]= $-1 < x < 1$

Komplexe Zahlen

Mit komplexen Zahlen rechnet man folgendermaßen:

In[5]:= $z_1 = 1 + 2I$; $z_2 = 3 - I$; $\dfrac{z_1}{z_2}$

Out[5]= $\dfrac{1}{10} + \dfrac{7i}{10}$

Die imaginäre Einheit kann entweder über die Tastatur (als großes I) oder über die Palette (als i) eingegeben werden. Real- bzw. Imaginärteil, komplexe Konjugation und Absolutbetrag erhält man mit

In[6]:= $\{\text{Re}[z_1], \text{Im}[z_1], \text{Conjugate}[z_1], \text{Abs}[z_1]\}$

Out[6]= $\{1, 2, 1 - 2i, \sqrt{5}\}$

Manchmal muss man mit dem Befehl `ComplexExpand` noch nachhelfen, damit das Ergebnis in Real- und Imaginärteil aufgespalten wird:

In[7]:= $\sqrt{1 + I\sqrt{3}}$

Out[7]= $\sqrt{1 + I\sqrt{3}}$

In[8]:= $\text{ComplexExpand}[\%]$

Out[8]= $\sqrt{\dfrac{3}{2}} + \dfrac{i}{\sqrt{2}}$

Mehr noch, `Mathematica` geht bei allen Variablen standardmäßig davon aus, dass sie komplexwertig sind. Deshalb wird zum Beispiel der Ausdruck

In[9]:= $\text{Simplify}[\dfrac{\sqrt{a\,b}}{\sqrt{a}}]$

Out[9]= $\dfrac{\sqrt{a\,b}}{\sqrt{a}}$

nicht zu $\sqrt{b}$ vereinfacht, denn das stimmt im Allgemeinen nur für $a > 0$! Abhilfe schafft in so einem Fall die Möglichkeit, im `Simplify`-Befehl die Zusatzinformation $a > 0$ zu geben:

In[10]:= $\text{Simplify}[\dfrac{\sqrt{a\,b}}{\sqrt{a}}, a > 0]$

Out[10]= $\sqrt{b}$

Summen- und Produktzeichen

Das Summenzeichen kann entweder direkt über die Palette eingegeben werden,

$$\text{In[11]} := \sum_{k=1}^{n} k$$

$$\text{Out[11]} = \frac{1}{2}n(1+n)$$

oder auch als Sum[k, {k, 1, n}]. Wie Sie sehen, wertet Mathematica (falls möglich) Summen sofort aus. Analog für Produkte: Product[k, {k, 1, n}].

Umwandlung zwischen Zahlensystemen

Der Mathematica-Befehl BaseForm[x,b] wandelt die Dezimalzahl x in eine Zahlendarstellung mit Basis b um. Zum Beispiel wird die Zahl $(0.1)_{10}$ mit

In[12] := BaseForm[0.1, 2]

Out[12]//BaseForm=
     $0.0001100110011001100110011001101_2$

vom Dezimalsystem ins Dualsystem umgewandelt. Die Umwandlung einer Zahl x von einem System mit Basis b ins Dezimalsystem erhält man mit b^^x:

In[13] := 16^^FAD

Out[13]//BaseForm=
     4013

wandelt die Hexadezimalzahl $(FAD)_{16}$ ins Dezimalsystem um oder

In[14] := 8^^67

Out[14]//BaseForm=
     55

wandelt die Oktalzahl $(67)_8$ ins Dezimalsystem um.

Teilbarkeit und Primzahlen

Mit dem Mathematica-Befehl PrimeQ kann man feststellen, ob eine Zahl eine Primzahl ist:

In[15] := PrimeQ[4]

Out[15] = False

Das „Q" steht dabei für „question". Mit einer Do-Schleife können wir zum Beispiel die Liste aller Primzahlen bis 5 ausgeben lassen:

In[16] := Do[
          If[PrimeQ[n], Print[n]],
         {n, 1, 5}];

          2
          3
          5

Der Befehl zur Primfaktorzerlegung heißt FactorInteger und liefert die Liste aller Primfaktoren, zusammen mit der zugehörigen Vielfachheit:

In[17]:=FactorInteger[180]

Out[17]={{2,2},{3,2},{5,1}}

also $180 = 2^2 \cdot 3^2 \cdot 5^1$. Der größte gemeinsame Teiler kann mit dem Befehl GCD („greatest common divisor") berechnet werden:

In[18]:=GCD[75,38]

Out[18]=1

Die Zahlen 75 und 38 sind also teilerfremd. Der Rest der Division einer ganzen Zahl x durch die natürliche Zahl m wird mit Mod[x,m] erhalten:

In[19]:=Mod[22,5]

Out[19]=2

Der Quotient der Division wird mit

In[20]:=Quotient[22,5]

Out[20]=4

berechnet. Also ist $22 = 4 \cdot 5 + 2$.

2.8 Kontrollfragen

Fragen zu Abschnitt 2.1: Die Zahlenmengen $\mathbb{N}$, $\mathbb{Z}$, $\mathbb{Q}$, $\mathbb{R}$ und $\mathbb{C}$

Erklären Sie folgende Begriffe: natürliche, ganze, rationale, irrationale, reelle, komplexe Zahlen, Potenz, Wurzel, Betrag einer reellen Zahl, Intervall, beschränkte Menge, Supremum, Infimum, Maximum, Minimum, Abrundungsfunktion, Realteil, Imaginärteil, Gauß'sche Zahlenebene, Betrag einer komplexen Zahl, konjugiert-komplexe Zahl.

1. Richtig oder falsch?
   a) $10^{-1} = \frac{1}{10}$ b) $10^0 = 0$ c) $100^{\frac{1}{2}} = 50$ d) $3 \cdot 2^2 = 6^2$
   e) $\frac{3x-2y}{3a-2b} = \frac{x-y}{a-b}$ f) $(5a^3)^2 = 25 \cdot a^6$ g) $9^{-2} = 3$ h) $(2x^3)^3 = 8x^6$
2. Bringen Sie den vor dem Wurzelzeichen stehenden Faktor unter die Wurzel:
   a) $3\sqrt{3}$ b) $3x\sqrt{x}$ c) $5\sqrt[3]{2}$ d) $x^2\sqrt[3]{4x}$
3. Ziehen Sie möglichst viele Faktoren vor die Wurzel:
   a) $\sqrt{18}$ b) $\sqrt[3]{81}$ c) $\sqrt{4a}$ d) $\sqrt[3]{2x^3}$ e) $\sqrt{\frac{8}{x^3}}$
4. Für welche reellen x sind die folgenden Ausdrücke definiert?
   a) $\frac{2x-1}{x^2-9}$ b) $\frac{x^2-1}{x^2}$ c) $\frac{4}{(x-1)(x+2)}$ d) $\frac{1}{x(x-1)}$
5. Richtig oder falsch? Sind a, b beliebige reelle Zahlen mit $a < b$, dann gilt:
   a) $-b < -a$ b) $2a < 3b$ c) $a^2 < b^3$
6. Richtig oder falsch?
   a) $|-5| > 0$ b) $|-1| - |1| = -2$ c) $|-a| = |a|$
   d) $|a| = a$ e) $4 - |-3| = 7$
7. Welche Zahlen haben den Abstand 2?
   a) -2 und 2 b) -2 und 0 c) 1 und -1

8. Welche reellen Zahlen x sind hier gemeint? Alle x mit:

   a) $|x| = 1$ b) $|x| < 1$ c) $|x - 3| = 1$ d) $|x| \leq 1$ e) $|x + 2| = 3$

9. Geben Sie die folgenden Mengen in Intervallschreibweise an:

   a) $\{x \in \mathbb{R} \mid 0 \leq x \leq 4\}$ b) $\{x \in \mathbb{R} \mid -1 < x \leq 1\}$ c) $\{x \in \mathbb{R} \mid x < -1\}$

   d) $\{x \in \mathbb{R} \mid 0 < x\}$ e) $\{x \in \mathbb{R} \mid x \leq 0\}$ f) $\mathbb{R}$

10. Berechnen Sie folgende Intervalle:

   a) $[0, 5] \cap (1, 6] = ?$ b) $[0, 7) \cup [7, 9] = ?$

11. Richtig oder falsch?

   a) $2 + 4i$ und $-2 - 4i$ sind zueinander konjugiert komplex.

   b) Der Imaginärteil von $3 - 5i$ ist $-5i$.

   c) $|2 + 4i|$ hat Imaginärteil 0.

Fragen zu Abschnitt 2.2: Summen und Produkte

Erklären Sie folgende Begriffe: Summenzeichen, Produktzeichen, Fakultät.

1. Schreiben Sie die Summe aus und berechnen Sie sie gegebenenfalls:

   a) $\sum_{n=0}^{3} (-1)^n n^2$ b) $\sum_{n=1}^{3} n^n$ c) $\sum_{k=0}^{3} k(k+1)$

   d) $\sum_{k=0}^{3} x^k$ e) $\sum_{k=0}^{3} 4a_k$ f) $\sum_{k=0}^{3} b_{2k+1}$

2. Schreiben Sie mithilfe des Summenzeichens:

   a) $1 + 3 + 5 + 7 + \ldots + 23$ b) $x - \frac{x^2}{2} + \frac{x^3}{3} \mp \ldots - \frac{x^8}{8}$

   c) $1 - 2 + 3 - 4 + 5 - \ldots + 9 - 10$ d) $1 \cdot 2 + 2 \cdot 3 + 3 \cdot 4 + \ldots + 8 \cdot 9$

   e) $a_2 + a_4 + a_6 + a_8 + a_{10}$ f) $2 \cdot 4^1 + 2 \cdot 4^2 + 2 \cdot 4^3 + 2 \cdot 4^4 + 2 \cdot 4^5$

Fragen zu Abschnitt 2.3: Vollständige Induktion

Erklären Sie folgende Begriffe: vollständige Induktion, Induktionsanfang, Induktionsvoraussetzung, Induktionsschluss.

1. Richtig oder falsch:

   a) Die Induktion ist eine Möglichkeit um eine Aussage, die für endlich oder unendlich viele natürliche Zahlen behauptet wird, zu beweisen.

   b) Der Induktionsanfang besteht immer darin, dass die Aussage für $n = 1$ nachgeprüft wird.

   c) Beim Induktionsschluss wird vorausgesetzt, dass die behauptete Aussage stimmt. Dadurch beißt sich die Katze in den Schwanz.

   d) Die Induktion kann auch verwendet werden um Aussagen zu beweisen, die für alle reellen Zahlen gelten sollen.

Fragen zu Abschnitt 2.4: Stellenwertsysteme

Erklären Sie folgende Begriffe: Stellenwertsystem, Dezimalsystem, Dualsystem, Hexadezimalsystem.

1. Welche Zahlen sind durch einen Bruch darstellbar?

   a) 1.367 b) $0.00\overline{145}$ c) $0.3672879\ldots$ (nicht periodisch)

2. $0.\overline{145} = \frac{145}{999}$. Geben Sie eine Bruchdarstellung von $0.00\overline{145}$ an.

3. Geben Sie 302.015 als Summe von Zehnerpotenzen an.

4. a) Stellen Sie $(10101.1)_2$ im Dezimalsystem dar.

   b) Stellen Sie $(23.25)_{10}$ im Dualsystem dar.

   c) Stellen Sie $(75.25)_{10}$ im Oktalsystem dar.

   d) Stellen Sie $(2D)_{16}$ im Dezimalsystem dar.

Fragen zu Abschnitt 2.5: Maschinenzahlen

Erklären Sie folgende Begriffe: Maschinenzahl, Festkommadarstellung, (normalisierte) Gleitkommadarstellung, Mantisse, Exponent, Rundungsfehler, Maschinengenauigkeit.

1. Richtig oder falsch?

   a) Ein Computer kann aus Speichergründen nur endlich viele Zahlen darstellen.

   b) Die Zahl $\frac{1}{3}$ kann im Computer wie jede andere rationale Zahl ohne Rundungsfehler im Gleitkommaformat dargestellt werden.

   c) Bei der elektronischen Zahlenverarbeitung liegen (relative) Rundungsfehler immer unter 1%.

2. Einfachheitshalber gehen wir von einem Computer aus, der Zahlen im Dezimalsystem darstellt und eine 2-stelliger Mantisse hat. Welches gerundete Ergebnis gibt der Computer für $0.70 \cdot 10^1 \cdot 0.42 \cdot 10^1$ aus? Wie groß ist der relative Fehler?

Fragen zu Abschnitt 2.6: Teilbarkeit und Primzahlen

Erklären Sie folgende Begriffe: teilbar, Primzahl, Primfaktorzerlegung, teilerfremd, größter gemeinsamer Teiler, Division mit Rest, Modul, Rest modulo m.

1. Geben Sie alle Teiler an von: a) 24   b) 10   c) 7
2. Welche der Zahlen 1, 2, 3, 4, 5 sind Primzahlen?
3. Wie viele Primzahlen gibt es?
4. Kann man ein Bildungsgesetz angeben, nach dem sich alle Primzahlen berechnen lassen?
5. Finden Sie die Primfaktorzerlegung von: a) 24   b) 20   c) 28
6. Sind die folgenden Zahlen teilerfremd? Bestimmen Sie ihren größten gemeinsamen Teiler: a) 8 und 12   b) 8 und 9   c) 5 und 7
7. Richtig oder falsch:

   a) Zwei Primzahlen sind immer teilerfremd.

   b) Zwei teilerfremde Zahlen sind immer Primzahlen.

Lösungen zu den Kontrollfragen

Lösungen zu Abschnitt 2.1

1. a) richtig

   b) falsch; es ist $a^0 = 1$ für jede beliebige Basis $a \neq 0$, also $10^0 = 1$

   c) falsch; $100^{\frac{1}{2}} = \sqrt{100} = 10$

   d) falsch; Potenzieren hat Vorrang vor Multiplikation, daher $3 \cdot 2^2 = 3 \cdot 4 = 12$

   e) falsch; nur gemeinsame Faktoren von Zähler und Nenner können gekürzt werden

   f) richtig   g) falsch; $9^{-2} = \frac{1}{9^2}$ h) falsch; $(2x^3)^3 = 8x^9$

2. a) $\sqrt{27}$ b) $\sqrt{9x^3}$ c) $\sqrt[3]{250}$ d) $\sqrt[3]{4x^7}$

3. a) $3\sqrt{2}$ b) $3\sqrt[3]{3}$ c) $2\sqrt{a}$ d) $x\sqrt[3]{2}$ e) $\frac{2}{x}\sqrt{\frac{2}{x}}$

4. Die Brüche sind nur für jene x definiert, für die der Nenner ungleich 0 ist, also:
   a) $x \in \mathbb{R}\backslash\{-3,3\}$ b) $x \in \mathbb{R}\backslash\{0\}$ c) $x \in \mathbb{R}\backslash\{-2,1\}$ d) $x \in \mathbb{R}\backslash\{0,1\}$

5. a) richtig   b) falsch; (z. B. $a = -4$, $b = -3$)
   c) falsch; (z. B. $a = -2$, $b = -1$)

6. a) richtig   b) falsch; $|-1| - |1| = 0$ c) richtig
   d) falsch; $|a| = a$ stimmt nicht, wenn a negativ ist, z. B. $|-3| \neq -3$
   e) falsch; $4 - |-3| = 1$

7. a) falsch; $|-2-2| = 4$ b) richtig c) richtig

8. a) $x \in \{-1,1\}$ b) $x \in (-1,1)$
   c) alle x, deren Abstand von 3 gleich 1 ist: $x = 4$ oder $x = 2$
   d) $x \in [-1,1]$ e) $x = 1$ oder $x = -5$

9. a) $[0,4]$ b) $(-1,1]$ c) $(-\infty,-1)$ d) $(0,\infty)$ e) $(-\infty,0]$ f) $(-\infty,\infty)$

10. a) $(1,5]$ b) $[0,9]$

11. a) falsch; komplexe Konjugation ändert nur das Vorzeichen des Imaginärteils
    b) falsch; der Imaginärteil ist -5 (eine reelle Zahl!)
    c) richtig; der Betrag ist immer eine reelle (nichtnegative) Zahl

Lösungen zu Abschnitt 2.2

1. a) -6 b) 32 c) 20 d) $1 + x^1 + x^2 + x^3$ e) $4a_0 + 4a_1 + 4a_2 + 4a_3$
   f) $b_1 + b_3 + b_5 + b_7$

2. a) $\sum_{k=0}^{11}(2k+1)$ b) $\sum_{n=1}^{8}(-1)^{n+1}\frac{x^n}{n}$
   c) $\sum_{k=0}^{9}(-1)^k(k+1)$ oder $\sum_{k=1}^{10}(-1)^{k+1}k$ d) $\sum_{k=1}^{8}k(k+1)$
   e) $\sum_{n=1}^{5}a_{2n}$ f) $\sum_{k=1}^{5}2 \cdot 4^k$

Lösungen zu Abschnitt 2.3

1. a) falsch; die Induktion wird nur verwendet, wenn eine Aussage für **unendlich viele** ganze Zahlen ab einer bestimmten Zahl $n_0 \in \mathbb{Z}$ (z. B. alle natürlichen Zahlen) behauptet wird
   b) falsch; beim Induktionsanfang wird die Aussage für die kleinste Zahl, für die die Behauptung aufgestellt wurde, geprüft. Das ist meist $n = 1$, kann aber auch z. B. $n = 0$ oder $n = 2$ oder sogar eine negative ganze Zahl sein. (Das ist sozusagen der erste Dominostein, alle nachfolgenden werden dann umgeworfen.)
   c) falsch; beim Induktionsschluss setzt man voraus, dass man *ein (beliebiges) festes* n gefunden hat, für das die Behauptung gilt. Dann schließt man daraus, dass die Formel auch für $n + 1$ gilt.
   d) falsch, denn je zwei reelle Zahlen liegen nicht im Abstand 1 voneinander entfernt

Lösungen zu Abschnitt 2.4

1. a) $1.367 = \frac{1367}{1000}$
   b) durch Bruch darstellbar, weil periodisch
   c) nicht als Bruch darstellbar, weil nicht-periodisch

2. $0.00\overline{145} = \frac{145}{99900}$
3. $302.015 = 3 \cdot 10^2 + 2 \cdot 10^0 + 1 \cdot 10^{-2} + 5 \cdot 10^{-3}$
4. a) $(10101.1)_2 = 2^4 + 2^2 + 2^0 + 2^{-1} = (21.5)_{10}$
    b) $(23.25)_{10} = 16 + 4 + 2 + 1 + 0.25 = (10111.01)_2$
    c) $(75.25)_{10} = 64 + 11 + 0.25 = 8^2 + 8^1 + 3 \cdot 8^0 + 2 \cdot 8^{-1} = (113.2)_8$
    d) $(2D)_{16} = 2 \cdot 16^1 + 13 \cdot 16^0 = (45)_{10}$

Lösungen zu Abschnitt 2.5

1. a) richtig
    b) falsch; rationale Zahlen, die unendlich viele Nachkommastellen haben, müssen vom Computer gerundet werden
    c) falsch; siehe Beispiel 2.40 auf Seite 56
2. $0.70 \cdot 10^1 \cdot 0.42 \cdot 10^1 = 0.294 \cdot 10^2$ (exakt). Wegen der nur 2-stelligen Mantisse gibt der Computer das Ergebnis $0.29 \cdot 10^2$ aus. Relativer Fehler: $\frac{0.4}{29.4} = 0.0136 = 1.4\%$.

Lösungen zu Abschnitt 2.6

1. a) $1, 2, 3, 4, 6, 8, 12, 24$ b) $1, 2, 5, 10$ c) $1, 7$
2. $2, 3$ und 5 sind Primzahlen. 1 ist per Definition keine Primzahl, und 4 hat neben 1 und 4 noch den Teiler 2.
3. unendlich viele
4. nein, ein solches Bildungsgesetz wurde bis heute nicht gefunden
5. Man spaltet so oft wie möglich die kleinste Primzahl 2 ab, dann so oft wie möglich 3, dann 5, usw.:
    a) $24 = 2 \cdot 12 = 2 \cdot 2 \cdot 6 = 2 \cdot 2 \cdot 2 \cdot 3 = 2^3 \cdot 3$ b) $20 = 2^2 \cdot 5$ c) $28 = 2^2 \cdot 7$
6. a) nein; $\text{ggT}(8, 12) = 4$
    b) $8 = 2 \cdot 2 \cdot 2$ und $9 = 3 \cdot 3$ sind teilerfremd, weil sie keine gemeinsamen Primfaktoren besitzen. Anders argumentiert: teilerfremd, weil $\text{ggT}(8, 9) = 1$.
    c) ja, da $\text{ggT}(5, 7) = 1$
7. a) richtig
    b) falsch; zum Beispiel sind 9 und 4 teilerfremd, aber keine Primzahlen

2.9 Übungen

Aufwärmübungen

1. Vereinfachen Sie $|a| + a$ für   a) positives a b) negatives a.
    Machen Sie am Ende die Probe, indem Sie eine konkrete positive bzw. negative Zahl für a einsetzen.
2. (Wiederholung Rechnen mit Brüchen) Schreiben Sie den Ausdruck als einen einzigen Bruch und vereinfachen Sie:
    a) $\dfrac{1}{x - y} - \dfrac{1}{y - x}$ b) $\dfrac{5}{b - 1} - \dfrac{6b}{b^2 - 1} - \dfrac{1 - 2b}{b + b^2}$

3. Lösen Sie nach der angegebenen Variablen auf:

a) $w = \frac{1}{2}v\left(1 - \frac{1+k}{1+\frac{a}{b}}\right)$; $b =?$ b) $\frac{A}{2} = \frac{b}{a\left(\frac{1}{x} - \frac{1}{y}\right)}$; $x =?$

4. (Wiederholung Rechnen mit Potenzen) Vereinfachen Sie:

a) $\frac{(3 \cdot 10^{-2})^2 \cdot 4 \cdot 10^3}{10^{-1}}$ b) $(2a^2)^2 \frac{1}{(2a)^3} \frac{1}{a^{-1}}$ c) $\frac{b^{\frac{1}{2}}(b^{\frac{1}{2}} - b^{\frac{5}{2}})}{b}$

d) $\left(x^{-1} + \frac{1}{3x}\right)\left(\frac{x}{3} + 1\right)^{-1}$

5. (Wiederholung Rechnen mit Potenzen) Vereinfachen Sie:

a) $\frac{\sqrt[3]{16}}{\sqrt[3]{2}}$ b) $\frac{\sqrt{xy}}{\sqrt{\frac{x}{y}}}$ c) $\frac{\sqrt[3]{u^4v}}{\sqrt[3]{uv}}$ d) $\frac{\sqrt{x^{2m+1}}}{\sqrt{x}}$

6. Es gilt $0 = 1$, wie die folgende Kette von Äquivalenzumformungen zeigt:

$$
\begin{aligned}
6^2 - 6 \cdot 11 &= 5^2 - 5 \cdot 11 \\
6^2 - 6 \cdot 11 + (\frac{11}{2})^2 &= 5^2 - 5 \cdot 11 + (\frac{11}{2})^2 \\
(6 - \frac{11}{2})^2 &= (5 - \frac{11}{2})^2 \\
6 - \frac{11}{2} &= 5 - \frac{11}{2} \\
1 &= 0
\end{aligned}
$$

Wo steckt der Fehler?

7. (Wiederholung Rechnen mit Ungleichungen) Finden Sie alle $x \in \mathbb{R}$, die folgende Ungleichung erfüllen:

a) $|x - 2| < 1$ b) $\frac{1+x}{1-x} < 3$

8. Berechnen Sie für $z_1 = 1 - i$ und $z_2 = 6 + 2i$ und geben Sie jeweils den Real- und den Imaginärteil an.

a) $z_1 + z_2$ b) $z_1 z_2$ c) $\overline{z_2}$ d) $|z_2|$ e) $\frac{z_1}{z_2}$

9. Schreiben Sie mithilfe des Summenzeichens:

a) $1 + \frac{x^2}{2!} + \frac{x^4}{4!} + \frac{x^6}{6!} + \frac{x^8}{8!}$ b) $a_0a_1 + a_1a_2 + a_2a_3 + a_3a_4$ c) $x - \frac{x^2}{2} + \frac{x^3}{3} - \frac{x^4}{4}$

10. Zeigen Sie mithilfe des Induktionsprinzips, dass

$$2^0 + 2^1 + \ldots + 2^{n-1} = 2^n - 1$$

für alle natürlichen Zahlen n gilt.

11. Zeigen Sie mithilfe vollständiger Induktion, dass $2^n > n$ für alle $n \in \mathbb{N}$ gilt.

12. Zeigen Sie mithilfe vollständiger Induktion, dass

a) $\sum_{k=1}^{n}(2k - 1) = n^2$ b) $\sum_{k=1}^{n} k^2 = \frac{(2n+1)(n+1)n}{6}$

für alle $n \in \mathbb{N}$ gilt.

13. Zeigen Sie mithilfe vollständiger Induktion, dass $n! \le n^n$ für alle $n \in \mathbb{N}$ gilt.

14. Unter UNIX werden die Zugriffsrechte für eine Datei durch neun Bit (d.h. eine 9-stellige Dualzahl) dargestellt. Die ersten drei Bit legen fest, ob der Besitzer Lese-, Schreib- oder Ausführbarkeitsrechte besitzt. Die nächsten drei Bit legen dasselbe für Benutzer der gleichen Gruppe

fest, und die letzten drei Bit definieren die Rechte für alle anderen Benutzer.
Beispiel: $(111\,110\,100)_2$ würde bedeuten, dass der Besitzer alle Rechte hat, die Gruppe Lese-
und Schreibrechte, und alle übrigen Benutzer nur Leserechte. Die Rechte werden übersicht-
lichkeitshalber in der Regel nicht dual, sondern oktal angegeben. So würde man anstelle von
$(111\,110\,100)_2$ schreiben: $(764)_8$.

Geben Sie die UNIX-Zugriffsrechte dual und oktal an:

a) Besitzer kann lesen und schreiben, alle anderen nur lesen.

b) Besitzer kann alles, alle anderen lesen und ausführen.

c) Besitzer und Gruppe können lesen und schreiben, alle anderen nur lesen.

15. Welche UNIX-Zugriffsrechte wurden definiert?

a) $(640)_8$ b) $(744)_8$ c) $(600)_8$

16. Welches gerundete Ergebnis gibt ein Computer für $0.738 \cdot 0.345$ aus, der

a) eine 3-stellige Mantisse hat   b) eine 4-stellige Mantisse hat.

Wie groß ist jeweils der relative Fehler? (Nehmen Sie einfachheitshalber an, dass
der Computer Zahlen im Dezimalsystem darstellt.)

17. Ist die Zahl 97 eine Primzahl? Überprüfen Sie das, indem Sie *der Reihe nach*
für die Primzahlen $2, 3, 5, 7, \cdots$ feststellen, ob sie ein Teiler von 97 sind (d.h.,
ermitteln Sie die Primfaktorzerlegung von 97). Müssen Sie alle Primzahlen von
2 bis 97 durchprobieren, oder können Sie schon früher aufhören?

Weiterführende Aufgaben

1. a) Gilt für beliebige $x, y \in \mathbb{R}$ mit $0 < x < y$ und für beliebiges $b \in \mathbb{R}$ mit $b > 0$
   immer

$$\frac{x}{b+x} < \frac{y}{b+y}?$$

   b) Gilt für beliebige Zahlen $a, b, n \in \mathbb{N}$ immer

$$\frac{a \cdot 2^{-n}}{a \cdot 2^{-n} + b} \leq \frac{a}{b} \cdot 2^{-n}.$$

Diese Abschätzungen werden z. B. gebraucht um die Wahrscheinlichkeit zu berechnen, dass
ein Primzahltest – der z. B. Primzahlen für den RSA-Algorithmus finden soll – eine Zahl
fälschlicherweise als Primzahl identifiziert.

2. Zeigen Sie, dass $\sqrt{3}$ irrational ist.

3. Zeigen Sie mithilfe vollständiger Induktion, dass

$$\sum_{k=1}^{n} (-1)^k k^2 = (-1)^n \frac{n(n+1)}{2} \qquad \text{für alle } n \in \mathbb{N}$$

gilt.

4. Zeigen Sie mithilfe vollständiger Induktion, dass

$$\sum_{k=1}^{n} k^3 = \frac{n^2(n+1)^2}{4} \qquad \text{für alle } n \in \mathbb{N}$$

gilt.

5. Zeigen Sie mithilfe vollständiger Induktion, dass

$$\prod_{k=1}^{n}\left(1+\frac{2}{k}\right) = \frac{(n+1)(n+2)}{2} \qquad \text{für alle } n \in \mathbb{N}$$

gilt.

6. Zeigen Sie mithilfe vollständiger Induktion, dass

$$(1+x)^n > 1 + n \cdot x \qquad \text{für alle } n \in \mathbb{N}, \text{mit } n > 1$$

gilt (dabei ist $x \in \mathbb{R}$, $x > -1$, $x \neq 0$).

7. Zeigen Sie mithilfe vollständiger Induktion, dass

$$n^3 - n \quad \text{durch 6 teilbar} \qquad \text{für alle } n \in \mathbb{N}$$

ist.

8. a) Stellen Sie $(110\,011.01)_2$ im Dezimalsystem dar.
   b) Stellen Sie $(359.2)_{10}$ im Dualsystem dar.
   c) Stellen Sie $(8978)_{10}$ im Oktalsystem dar.
   d) Stellen Sie $(ABCD)_{16}$ im Dezimalsystem dar.

9. Die Lösung des Gleichungssystems $ax - by = 1$, $cx - dy = 0$ ist gegeben durch $x = \frac{d}{ad-bc}$ und $y = \frac{c}{ad-bc}$. Berechnen Sie die Lösung für den Fall $a = 64919121$, $b = 159018721$, $c = 41869520.5$, $d = 102558961$ mit Gleitkommaarithmetik (Mantisse mit 16 Dezimalstellen) und exakt. Nehmen Sie an, dass eine zu lange Mantisse einmal auf- und einmal abgerundet wird (in der Praxis hängt das Ergebnis vom verwendeten Zahlensystem und der genauen Rundungsvorschrift ab).

Dieses Problem kann auch geometrisch verstanden werden: Die beiden Gleichungen können als zwei Geraden interpretiert werden. Die Lösung ist der Schnittpunkt der beiden Geraden. Im Allgemeinen wird eine kleine Verschiebung einer Geraden (aufgrund von Rundungsfehlern) auch den Schnittpunkt nur wenig verschieben. Sind die beiden Geraden aber fast parallel, so bewirkt eine kleine Verschiebung eine starke Verschiebung des Schnittpunkts. Letzterer Fall liegt hier vor.

Lösungen zu den Aufwärmübungen

1. a) positives a: $|a| + a = a + a = 2a$; Probe z. B. mit $a = 3$: $|3| + 3 = 3 + 3 = 6 = 2 \cdot 3$
   b) negatives a: $|a| + a = (-a) + a = 0$; Probe z. B. mit $a = -3$: $|-3| + (-3) = 3 - 3 = 0$

2. a) $\frac{1}{x-y} - \frac{1}{y-x} = \frac{1}{x-y} + \frac{1}{-(y-x)} = \frac{2}{x-y}$
   b) Wir bringen alle Brüche auf gemeinsamen Nenner und vereinfachen:
   $\frac{5}{b-1} - \frac{6b}{(b+1)(b-1)} - \frac{1-2b}{b(b+1)} = \frac{5b(b+1)-6b^2-(1-2b)(b-1)}{b(b+1)(b-1)} = \frac{b+1}{b(b-1)}$

3. a) $b = \frac{a(v-2w)}{kv+2w}$ b) $x = \frac{Aay}{2by+Aa}$

4. a) 36   b) $\frac{a^2}{2}$ c) $1 - b^2$ d) $\frac{4}{x(x+3)}$

5. a) 2   b) y c) u d) x^m

6. Aus $a^2 = b^2$ folgt nur $|a| = |b|$: $6 - \frac{11}{2} = +\frac{1}{2}$ und $5 - \frac{11}{2} = -\frac{1}{2}$.

7. a) Die Unbekannte x steht zwischen Betragstrichen. Um die Betragstriche loszuwerden, müssen wir laut Definition 2.11 unterscheiden, ob der Ausdruck zwischen den Betragstrichen ≥ 0 oder < 0 ist:
(i) $x - 2 \geq 0$, also $x \geq 2$. Für diese x lautet die Angabe: $|x - 2| = x - 2 < 1$, also $x < 3$. Alle x mit $x \geq 2$ und $x < 3$ sind also Lösungen. In Intervallschreibweise notiert: $x \in [2, 3)$.
(ii) $x - 2 < 0$, d.h. $x < 2$, wir durchsuchen nun also diese x auf Lösungen. Die Angabe lautet nun: $|x - 2| = -x + 2 < 1$, also $x > 1$. Unter den x mit $x < 2$ sind demnach alle x mit $x > 1$ Lösungen: $x \in (1, 2)$.
Insgesamt wird die gegebene Ungleichung von jenen x erfüllt, die $x \in (1, 2)$ oder $x \in [2, 3)$ erfüllen, also von $x \in (1, 3)$.
b) Um die Ungleichung aufzulösen, möchten wir als Erstes beide Seiten mit dem Nenner multiplizieren. Nun kann dieser, je nach dem Wert von x, positiv oder negativ sein, und dementsprechend bleibt die Richtung des Ungleichungszeichens bestehen oder ändert sich. Daher sind wieder zwei Fälle zu unterscheiden:
(i) Nenner $1 - x > 0$ bzw. umgeformt, $x < 1$. Für diese x lautet die Angabe (nach Multiplikation beider Seiten mit dem Nenner): $1 + x < 3(1 - x)$ und daraus folgt $x < \frac{1}{2}$. Es muss also für eine Lösung $x < 1$ und $x < \frac{1}{2}$ gelten. Die Bedingung $x < 1$ ist insbesondere für alle x mit $x < \frac{1}{2}$ erfüllt, also $x \in (-\infty, \frac{1}{2})$.
(ii) Nenner $1 - x < 0$, also suchen wir unter den x mit $x > 1$ nach Lösungen. Nach Multiplikation beider Seiten mit dem Nenner (und Umdrehung der Richtung des Ungleichungszeichens), lautet die Angabe $1 + x > 3(1 - x)$ und daraus folgt $x > \frac{1}{2}$. Lösungen müssen demnach $x > 1$ und $x > \frac{1}{2}$ erfüllen; also $x \in (1, \infty)$.
Insgesamt wird die gegebene Ungleichung von $x \in (-\infty, \frac{1}{2})$ oder $x \in (1, \infty)$ erfüllt: $x \in (-\infty, \frac{1}{2}) \cup (1, \infty)$.

8. a) $7 + i$; Realteil: 7, Imaginärteil: 1
b) $8 - 4i$; Realteil: 8, Imaginärteil: -4
c) $6 - 2i$; Realteil: 6, Imaginärteil: -2
d) $\sqrt{40} = 2\sqrt{10}$; Realteil: $\sqrt{40}$, Imaginärteil: 0 (Absolutbetrag ist reelle Zahl!)
e) $\frac{1}{10}(1 - 2i)$; Realteil: $\frac{1}{10}$, Imaginärteil: $-\frac{1}{5}$

9. a) $\displaystyle\sum_{k=0}^{4} \frac{x^{2k}}{(2k)!}$ b) $\displaystyle\sum_{i=0}^{3} a_i \cdot a_{i+1}$ c) $\displaystyle\sum_{k=1}^{4} \frac{(-1)^{k+1}x^k}{k}$

10. Induktionsanfang: Wir überprüfen, ob die Beziehung für $n = 1$ gilt: $2^0 = 2^1 - 1$ ist richtig.
Induktionsschluss: Wir setzen voraus, dass wir ein $n \in \mathbb{N}$ mit

$$2^0 + 2^1 + \ldots + 2^{n-1} = 2^n - 1$$

gefunden haben (Induktionsvoraussetzung). Nun ist zu zeigen, dass die Formel auch für die nächstgrößere natürliche Zahl, also für $n + 1$ gilt, also dass

$$2^0 + 2^1 + \ldots + 2^{n-1} + 2^n = 2^{n+1} - 1.$$

Wir betrachten davon die linke Seite, verwenden die Induktionsvoraussetzung, und formen um:

$$\underbrace{2^0 + 2^1 + \ldots + 2^{n-1}}_{= 2^n - 1 \text{ nach IV}} + 2^n = 2^n - 1 + 2^n = 2 \cdot 2^n - 1 = 2^{n+1} - 1.$$

Damit ist der Induktionsschluss gelungen und wir haben somit gezeigt, dass die Beziehung $\sum_{k=0}^{n-1} 2^k = 2^n - 1$ für alle n gilt.

11. Induktionsanfang: Wir überprüfen, ob die Beziehung für $n = 1$ gilt. Dazu setzen wir in $2^n > n$ für n den Wert 1 ein: $2^1 > 1$ ist richtig. Überprüfen wir auch (wir werden das später brauchen), ob die Beziehung für $n = 2$ gilt: $2^2 > 2$ stimmt auch.

Induktionsschluss: Wir setzen voraus, dass wir ein $n > 1$ mit $2^n > n$ gefunden haben (Induktionsvoraussetzung). (Das trifft zu, denn wir haben für $n = 2$ herausgefunden, dass die Beziehung gilt.) Nun ist zu überprüfen, ob unter dieser Voraussetzung die Beziehung für $n + 1$ gilt, ob also $2^{n+1} > n + 1$ gilt. Gehen wir wieder von der linken Seite aus, formen diese ein wenig um, und verwenden dann die Induktionsvoraussetzung:

$$2^{n+1} = \underbrace{2^n}_{> n \text{ nach IV}} \cdot 2 > n \cdot 2.$$

Da $n \cdot 2 = n + n$ und $n > 1$ ist, folgt $n + n > n + 1$, also erhalten wir zusammenfassend

$$2^{n+1} = 2^n \cdot 2 > n \cdot 2 = n + n > n + 1.$$

Damit steht die Ungleichung für $n + 1$ da und somit ist der Induktionsschluss gelungen. Wir haben gezeigt, dass die Beziehung $2^n > n$ für alle n gilt.

12. (Wenn Sie sich leichter tun, dann schreiben Sie alle Summen aus. Die kompakte Schreibweise mit dem Summenzeichen ist zwar einerseits übersichtlicher, aber andererseits auch eine Fehlerquelle.)

a) Induktionsanfang: $\sum_{k=1}^{1} (2k - 1) = 1 = 1^2$ ist richtig.

Induktionsschluss: Wir setzen voraus, dass wir ein n gefunden haben, für das $\sum_{k=1}^{n} (2k - 1) = n^2$ gilt (Induktionsvoraussetzung). Nun ist zu zeigen, dass die Formel auch für $n + 1$ gilt, also dass

$$\sum_{k=1}^{n+1} (2k - 1) = (n + 1)^2.$$

Betrachten wir davon die linke Seite, verwenden die Induktionsvoraussetzung und formen noch etwas um:

$$\sum_{k=1}^{n+1} (2k - 1) = \underbrace{\sum_{k=1}^{n} (2k - 1)}_{= n^2 \text{ nach IV}} + (2(n + 1) - 1) = n^2 + 2n + 1 = (n + 1)^2$$

wie gewünscht.

b) Induktionsanfang: $\sum_{k=1}^{1} k^2 = 1 = \frac{6}{6}$ ist richtig.

Induktionsschluss: Wir nehmen an, dass wir ein $n \in \mathbb{N}$ gefunden haben, für das $\sum_{k=1}^{n} k^2 = \frac{(2n+1)(n+1)n}{6}$ gilt (Induktionsvoraussetzung). Zu zeigen ist, dass unter dieser Voraussetzung auch $\sum_{k=1}^{n+1} k^2 = \frac{(2n+3)(n+2)(n+1)}{6}$ gilt. Wieder gehen wir von der linken Seite aus, verwenden die Induktionsvoraussetzung und formen um:

$$\sum_{k=1}^{n+1} k^2 = \sum_{j=1}^{n} k^2 + (n + 1)^2 = \frac{(2n+1)(n+1)n}{6} + (n + 1)^2 = \frac{(2n+1)(n+1)n + 6(n+1)^2}{6}$$

$= \frac{(2n+3)(n+2)(n+1)}{6}$. Damit ist der Induktionsschluss gelungen und die Formel für alle $n \in \mathbb{N}$ bewiesen.

13. Induktionsanfang: $1! = 1 = 1^1$ und somit ist $1! \leq 1^1$ richtig.

    Induktionsschluss: Wir setzen voraus, dass wir ein $n \in \mathbb{N}$ gefunden haben, für das $n! \leq n^n$ gilt (Induktionsvoraussetzung). Zu zeigen: $(n+1)! \leq (n+1)^{n+1}$. Also:

$$(n+1)! = (n+1) \cdot \underbrace{n!}_{\leq\, n^n} \leq (n+1)n^n \leq (n+1)(n+1)^n = (n+1)^{n+1},$$

    wie gewünscht.

14. a) $(110\,100\,100)_2 = (644)_8$ b) $(111\,101\,101)_2 = (755)_8$ c) $(110\,110\,100)_2 = (664)_8$

15. a) Besitzer kann lesen und schreiben, Gruppe kann lesen.

    b) Besitzer kann alles, alle anderen nur lesen.

    c) Nur der Besitzer kann lesen und schreiben.

16. Exakte Lösung wäre 0.25461; Ergebnis des Computers:

    a) 0.255; relativer Fehler $= 0.15\%$ b) 0.2546; relativer Fehler $= 0.004\%$

17. Ja. Es reicht, $2, 3, 5, 7$ zu probieren (alle Primzahlen $\leq \sqrt{121} = 11$), da $11^2 = 121$ bereits größer als 97 ist (diese Idee geht auf den griechischen Mathematiker Eratosthenes (ca. 284–202 v. Chr.) zurück: „Sieb des Eratosthenes").

(Lösungen zu den weiterführenden Aufgaben finden Sie in Abschnitt B.2)

3

Elementare Begriffe der Zahlentheorie

3.1 Modulare Arithmetik oder das kleine Einmaleins auf endlichen Mengen

Erinnern Sie sich an die Division mit Rest aus Satz 2.49: Wenn $a \in \mathbb{Z}$ und $m \in \mathbb{N}$, so kann man a in der Form

$$a = q \cdot m + r$$

schreiben, wobei q und r aus $\mathbb{Z}$ eindeutig bestimmt sind durch die Festlegung $0 \leq r < m$. Diese Zahl r heißt Rest der Division und man verwendet dafür auch die Schreibweise $r = a \bmod m$. Beispiel: $17 \bmod 5 = 2$, in Worten: „Der Rest der Division von 17 durch 5 ist 2" oder kurz „17 modulo 5 ist 2".

In diesem Kapitel werden wir uns näher mit dem Rechnen mit Resten, der so genannten modularen Arithmetik beschäftigen. Insbesondere werden wir es dabei nur mit ganzen Zahlen, also Elementen aus $\mathbb{Z}$, zu tun haben.

Modulare Arithmetik ist für viele Anwendungen in der Informatik wichtig, vor allem in der Kryptographie (z. B. IDEA oder RSA-Algorithmus) und Codierungstheorie. Denn immer, wenn man es mit einem endlichen Alphabet (durch Zahlen codiert) zu tun hat, stößt man unweigerlich auf Reste. Ein einfaches Beispiel, das die Idee verdeutlichen soll: Das Alphabet $\{A, ..., Z\}$ kann durch die Zahlen $\{0, 1, \ldots, 25\}$ dargestellt werden. Angenommen, eine Verschlüsselungsvorschrift lautet $y = x + 3$. Dann wird $x = 2$ ($=$ Buchstabe C) zu $y = 2 + 3 = 5$ (Buchstabe F) verschlüsselt; $x = 25$ (Buchstabe Z) wird aber zu $y = 28$ verschlüsselt. Wir fallen also aus dem Alphabet heraus, es sei denn, wir beginnen bei 26 wieder mit A. Mathematisch formuliert nehmen wir den Rest modulo 26: $y = (x + 3) \bmod 26$. Damit ist $y = 28 \bmod 26 = 2$ (Buchstabe C).

> **Definition 3.1** Wenn zwei ganze Zahlen a und b bei Division durch $m \in \mathbb{N}$ denselben Rest haben, so sagt man, a und b sind **kongruent modulo** m. Man schreibt dafür $a \equiv b \pmod{m}$ oder auch einfach $a = b \pmod{m}$. Die Zahl m heißt **Modul**.

Zum Beispiel ist $17 = 22 \pmod{5}$, da sowohl 17 als auch 22 bei Division durch 5 den Rest 2 haben. Man kann auch überprüfen, ob zwei Zahlen kongruent modulo m sind, indem man ihre Differenz betrachtet:

Satz 3.2 Zwei Zahlen a und b sind kongruent modulo m genau dann, wenn sie sich um ein Vielfaches von m unterscheiden, d.h., wenn $a - b = km$ mit $k \in \mathbb{Z}$ ist.

Das ist leicht zu verstehen: $a = b \,(\mathrm{mod}\, m)$ genau dann, wenn beide denselben Rest r bei Division durch m haben; das heißt, es gibt ganze Zahlen q_1 und q_2 mit $a = q_1 m + r$ und $b = q_2 m + r$. Das bedeutet aber, dass $a - b = (q_1 - q_2)m$, dass also $a - b$ ein Vielfaches von m ist.

Beispiel 3.3 ($\rightarrow$CAS) Kongruente Zahlen
Richtig oder falsch?
a) $17 = 2 \,(\mathrm{mod}\, 5)$ b) $17 = -3 \,(\mathrm{mod}\, 5)$ c) $18 = 25 \,(\mathrm{mod}\, 6)$

Lösung zu 3.3
a) Richtig, denn die Differenz $17 - 2 = 15$ ist ein Vielfaches von 5 (oder anders ausgedrückt: 17 und 2 haben bei Division durch 5 denselben Rest).
b) Richtig, denn $17 - (-3) = 17 + 3 = 20$ ist ein Vielfaches von 5.
c) Falsch, denn $18 - 25 = -7$ ist kein Vielfaches von 6.   ∎

Wir haben in Beispiel 3.3 gesehen, dass 17 kongruent modulo 5 sowohl zu 2, als auch zu -3 ist. Mehr noch: 17 ist kongruent modulo 5 zu allen Zahlen, die sich von 17 um ein Vielfaches von 5 unterscheiden: zu 17, 22, 27, 32, usw. und auch zu 12, 7, 2, -3, -8, -13, usw. Denn alle diese Zahlen haben bei Division durch 5 den Rest 2. Man sagt, alle diese Zahlen liegen in derselben **Restklasse**. Da bei der Division durch 5 die Reste 0, 1, 2, 3, 4 auftreten können, gibt es fünf Restklassen modulo 5:

$$\{\ldots, -15, -10, -5, 0, 5, 10, \ldots\} \quad \ldots \quad \text{alle Zahlen mit Rest 0 modulo 5}$$
$$\{\ldots, -14, -9, -4, 1, 6, 11, \ldots\} \quad \ldots \quad \text{alle Zahlen mit Rest 1 modulo 5}$$
$$\{\ldots, -13, -8, -3, 2, 7, 12, \ldots\} \quad \ldots \quad \text{alle Zahlen mit Rest 2 modulo 5}$$
$$\{\ldots, -12, -7, -2, 3, 8, 13, \ldots\} \quad \ldots \quad \text{alle Zahlen mit Rest 3 modulo 5}$$
$$\{\ldots, -11, -6, -1, 4, 9, 14, \ldots\} \quad \ldots \quad \text{alle Zahlen mit Rest 4 modulo 5}$$

Allgemein gibt es m Restklassen modulo m, nämlich für jeden der Reste 0, 1, $\ldots$, $m - 1$ genau eine Restklasse.

Alle Zahlen innerhalb einer Restklasse verhalten sich bei Addition bzw. Multiplikation gleich. Das sagen die folgenden Rechenregeln:

Satz 3.4 Wenn $a = b \,(\mathrm{mod}\, m)$ und $c = d \,(\mathrm{mod}\, m)$ gilt, dann folgt

$$\begin{aligned} a + c &= b + d \,(\mathrm{mod}\, m) \\ a \cdot c &= b \cdot d \,(\mathrm{mod}\, m). \end{aligned}$$

Man darf also in Summen und Produkten ohne weiteres eine Zahl durch irgendeinen anderen Vertreter aus ihrer Restklasse ersetzen, sofern man nur am Ergebnis modulo m interessiert ist. Insbesondere folgt daraus, dass man auf beiden Seiten der Kongruenzgleichung eine *ganze* Zahl c addieren oder mit c multiplizieren darf. Achtung: Wir können aber im Allgemeinen *nicht kürzen*: $8 = 2 \,(\mathrm{mod}\, 6)$, aber nicht

$4 = 1 \,(\mathrm{mod}\,6)$! Das Kürzen durch 2 würde hier einer Multiplikation mit der *Bruchzahl* $\frac{1}{2}$ auf beiden Seiten der Kongruenzgleichung entsprechen, und von Bruchzahlen ist in obiger Regel aber keine Rede.

Warum gelten die Rechenregeln aus Satz 3.4? Nun, $a = b \,(\mathrm{mod}\,m)$ bedeutet gleicher Rest, also eine Darstellung der Form $a = qm + r_1$ und $b = pm + r_1$. Analog bedeutet $c = d \,(\mathrm{mod}\,m)$ gleicher Rest, also $c = km + r_2$ und $d = hm + r_2$. Setzen wir das nun für a, b, c, d ein: $a + c = qm + r_1 + km + r_2 = (q+k)m + (r_1 + r_2)$, analog ist $b + d = pm + r_1 + hm + r_2 = (p+h)m + (r_1 + r_2)$. Wir sehen also, dass $a+c$ und $b+d$ denselben Rest bei Division durch m haben, kurz: $a+c = b+d \,(\mathrm{mod}\,m)$. Analog geht die Überlegung für die Multiplikation.

Beispiel 3.5 Rechnen mit kongruenten Zahlen
Berechnen Sie den angegebenen Rest:
a) $(38 + 22) \bmod 9$ b) $(101 + 234) \bmod 5$ c) $(38 \cdot 22) \bmod 9$
d) $(101 \cdot 234) \bmod 5$ e) $(38 + 22 \cdot 17) \bmod 4$

Lösung zu 3.5
a) Natürlich können wir $38 + 22 = 60$ und dann den Rest von 60 bei Division durch 9 berechnen: $60 \bmod 9 = 6$. Alternative: Wir suchen den kleinsten Vertreter aus der Restklasse von 38, ebenso aus der Restklasse von 22 (das sind gerade die Reste 2 bzw. 4 höchstpersönlich). Aus Satz 3.4 folgt dann: $38 + 22 = 2 + 4 = 6 \,(\mathrm{mod}\,9)$.
b) Wieder ersetzen wir die vorkommenden Zahlen durch ihre Reste modulo 5: $101 + 234 = 1 + 4 = 5 = 0 \,(\mathrm{mod}\,5)$. Die Zahl $101 + 234 = 335$ hat bei Division durch 5 also den Rest 0.
c) Wegen $38 = 2 \,(\mathrm{mod}\,9)$ und $22 = 4 \,(\mathrm{mod}\,9)$ ist $38 \cdot 22 = 2 \cdot 4 = 8 \,(\mathrm{mod}\,9)$. Wir konnten also recht mühelos berechnen, dass die Zahl $38 \cdot 22$ bei Division durch 9 den Rest 8 hat!
d) Wegen $101 = 1 \,(\mathrm{mod}\,5)$ und $234 = 4 \,(\mathrm{mod}\,5)$ ist $101 \cdot 234 = 1 \cdot 4 = 4 \,(\mathrm{mod}\,5)$.
e) $38 + 22 \cdot 17 = 2 + 2 \cdot 1 = 4 = 0 \,(\mathrm{mod}\,4)$. ∎

Beispiel 3.6 Wochentagsformel
Welcher Wochentag war der 15.5.1955?
(Hinweise: (i) Der 1.1.1900 war ein Montag. (ii) Alle durch 4 teilbaren Jahre sind Schaltjahre, mit Ausnahme der durch 100 teilbaren, die nicht auch gleichzeitig durch 400 teilbar sind. Zum Beispiel war 1900 kein Schaltjahr, da es durch 100, nicht jedoch durch 400 teilbar ist; aber 2000 war ein Schaltjahr, weil es durch 400 teilbar ist.)

Lösung zu 3.6 Wir müssen die Anzahl der Tage, die zwischen dem 1.1.1900 und dem 15.5.1955 vergangen sind, berechnen und modulo 7 nehmen. Dann wissen wir den Wochentag (0 = Montag, 1 = Dienstag, usw.).

Beginnen wir mit den Tagen zwischen dem 1.1.1900 und dem 1.1.1955. Da ein Jahr 365 Tage hat, waren es $365 \cdot 55$ Tage (Schaltjahre noch nicht berücksichtigt). Da wir nur das Ergebnis modulo 7 brauchen, können wir $365 = 1 \,(\mathrm{mod}\,7)$ und $55 = 6 \,(\mathrm{mod}\,7)$ verwenden und erhalten $365 \cdot 55 = 1 \cdot 6 = 6 \,(\mathrm{mod}\,7)$. Wegen $55 = 4 \cdot 13 + 3$ gab es dazwischen 13 Schaltjahre (1900 war kein Schaltjahr). Für jedes Schaltjahr müssen wir einen Tag dazurechnen, also kommen wir auf $6 + 13 = 19 = 5 \,(\mathrm{mod}\,7)$. Der 1.1.1955 war also ein Samstag.

Nun zu den Tagen zwischen 1.1.1955 und 1.5.1955. Wir brauchen nur die Tage der Monate (Achtung beim Februar, falls es sich um ein Schaltjahr handelt)

Monat	1	2	3	4	5	6	7	8	9	10	11	12
Tage	31	28/29	31	30	31	30	31	31	30	31	30	31
Tage (mod 7)	3	0/1	3	2	3	2	3	3	2	3	2	3

zusammenzuzählen: $3 + 0 + 3 + 2 = 1 \pmod 7$. Die Bilanz bisher (vom 1.1.1900 bis 1.5.1955) lautet dann: $5 + 1 = 6$. Der 1.5.1955 war somit ein Sonntag. Nehmen wir nun noch die 14 Tage seit Monatsbeginn (1.5.1955 bis 15.5.1955) dazu und zählen alles zusammen, so erhalten wir $5 + 1 + 14 = 20 = 6 \pmod 7$. Der gesuchte Tag war also ein Sonntag! ∎

Wenn man zuerst die Anzahl der Tage berechnet und erst am Ende modulo 7 rechnet, dann muss man schon ganz gut im Kopfrechnen sein. So ist es aber auch für ungeübte Kopfrechner zu schaffen! Analoges gilt für Computerprogramme; da kann es nämlich schnell passieren (z. B. in der Kryptographie, wo mit großen Zahlen „modulo" gerechnet wird), dass man einen Überlauf produziert, wenn man es ungeschickt angeht.

Modulorechnen wird auch bei Prüfziffern verwendet.

Vielleicht haben Sie schon einmal im Internet mit Ihrer Kreditkarte bezahlt und der Computer hat beim Absenden der Daten Ihre Kartennummer als ungültig zurückgewiesen. Bei Kontrolle der Nummer ist Ihnen dann aufgefallen, dass Sie bei der Eingabe zwei Ziffern vertauscht haben. Hätte der Computer diesen Fehler nicht sofort erkannt, so wären vermutlich einige Umstände auf Sie, den Verkäufer und die Kreditkartenfirma zugekommen. Wie aber hat der Computer erkannt, dass Sie zwei Ziffern vertauscht haben? Die Lösung ist einfach: Die letzte Ziffer einer Kreditkartennummer ist eine Prüfziffer, die mit modularer Arithmetik aus den übrigen Ziffern berechnet wird. Stimmt sie nicht, so wurde bei der Eingabe ein Fehler gemacht.

Beispiel 3.7 Prüfziffer
Auf Büchern findet sich eine zehnstellige *Internationale Standard-Buchnummer* (ISBN) der Form *a-bcd-efghi-p*. Dabei ist *a* das Herkunftsland (so steht etwa $a = 3$ für Deutschland, Österreich, Schweiz), *bcd* bezeichnet den Verlag und *p* ist die Prüfziffer, die

$$10a + 9b + 8c + 7d + 6e + 5f + 4g + 3h + 2i + p = 0 \pmod{11}$$

erfüllen muss. (Anstelle von 10 wird das Symbol X geschrieben.) Das Buch „Geheime Botschaften" von S. Singh hat die ISBN 3-446-19873-*p*. Wie lautet die Prüfziffer p $(0 \le p \le 10)$?

Lösung zu 3.7 Die Prüfziffer p muss Lösung der Gleichung

$$10 \cdot 3 + 9 \cdot 4 + 8 \cdot 4 + 7 \cdot 6 + 6 \cdot 1 + 5 \cdot 9 + 4 \cdot 8 + 3 \cdot 7 + 2 \cdot 3 + p = 0 \pmod{11}$$

sein. Es muss also $250 + p = 8 + p = 0 \pmod{11}$ gelten. Somit ist p die Lösung der Gleichung $8 + p = 0 \pmod{11}$. Wegen Satz 3.4 können wir hier auf beiden Seiten -8 addieren um nach p aufzulösen: $p = -8 = 3 \pmod{11}$. ∎

3.1.1 Anwendung: Hashfunktionen

Modulare Arithmetik wird auch bei **Hashverfahren** verwendet. Eine **Hashfunktion** ist eine Funktion, die Datensätzen beliebiger Länge (beliebig viele Bit) Datensätze fester Länge (z. B. 128 Bit) zuordnet. Diese Datensätze fester Länge (also z. B. alle Dualzahlen der Länge 128) heißen **Hashwerte**. Hashverfahren werden in der Informatik zum Beispiel zum effizienten Speichern und Suchen von Datensätzen verwendet.

Betrachten wir folgendes Beispiel: Wir möchten Orte und zugehörige Vorwahlen so speichern, dass man zu einem gegebenen Ort möglichst schnell die zugehörige Vorwahl bekommt. Jeder Datensatz besteht aus zwei Teilen: Ort (das ist der Suchbegriff, der eingegeben wird) und Vorwahl. Der Teil, nach dem gesucht wird, in unserem Fall der Ort, wird **Schlüssel** genannt. Der andere Teil des Datensatzes, in unserem Fall die Vorwahl, wird als **Wert** bezeichnet.

Die Idee ist, dass die Speicheradresse aus dem Schlüssel (Suchbegriff) selbst berechnet wird, sodass aufwändige Suchverfahren nicht notwendig sind. Dies geschieht durch eine Hashfunktion. Das ist in diesem Beispiel eine Abbildung H von der Menge K aller möglichen Schlüssel k (Orte) in die Menge A der verfügbaren Speicheradressen:

$$H : K \quad \to \quad A = \{0, 1, \ldots, N - 1\}$$
$$k \quad \mapsto \quad H(k)$$

Wir haben hier angenommen, dass es N Adressen gibt, die mit $0, \ldots, N - 1$ durchnummeriert werden. Der Schlüssel k wird also unter der Adresse $H(k)$ (Hashwert des Schlüssels) abgelegt bzw. wieder gefunden.

Beispiel 3.8 Hashfunktion
Die möglichen Schlüssel k sind Zeichenketten, die Orte bedeuten. Die Hashfunktion sei

$$H(k) = \sum_i a_i \bmod N,$$

wobei a_i die Stelle des i-ten Buchstaben im Alphabet bezeichnet (Beispiel: Für $k = XYZ$ ist $a_1 = 24$, $a_2 = 25$ und $a_3 = 26$). Angenommen, es gibt $N = 7$ Speicheradressen. Berechnen Sie dann den Wert der Hashfunktion für folgende Schlüssel: WIEN, GRAZ, SALZBURG, DORNBIRN.

Lösung zu 3.8 Dem Ort WIEN entsprechen die Zahlen $23, 9, 5, 14$ (da W der 23. Buchstabe im Alphabet ist, I der 9. Buchstabe, usw.). Die Speicheradresse von WIEN ist daher $H(\text{WIEN}) = 23 + 9 + 5 + 14 = 51 = 2 \,(\bmod\, 7)$. Analog folgt $H(\text{GRAZ}) = 3$, $H(\text{SALZBURG}) = 1$, $H(\text{DORNBIRN}) = 3$. (Da hier immer modulo 7 gerechnet wird, lassen wir den Zusatz $(\bmod\, 7)$ weg, um Schreibarbeit zu sparen.) ∎

Dieses Beispiel zeigt das typische Problem bei Hashverfahren: Den Schlüsseln GRAZ und DORNBIRN wird derselbe Speicherplatz zugeordnet. Man spricht von einer **Kollision**. In der Tat ist die Anzahl aller möglichen Schlüssel (hier alle möglichen Buchstabenkombinationen) in der Regel um ein Vielfaches größer als die Anzahl der verfügbaren Hashwerte (hier Speicheradressen). Daher legt man im Fall einer

Kollision den Schlüssel auf einem um eine bestimmte Schrittweite m verschobenen Speicherplatz ab.

Zusammenfassend geht man daher wie folgt vor: Soll der Datensatz (k, v) bestehend aus Schlüssel k (für engl. *key* = Schlüssel) und Wert v (engl. *value* = Wert) abgelegt werden, so

- berechne den Hashwert $n = H(k)$.
- Ist der Speicherplatz n frei, so lege den Datensatz dort ab, sonst (Kollision) versuche den um m Plätze verschobenen Speicherplatz $n + m \pmod{N}$.

Soll zu einem gegebenen Schlüssel k der zugehörige Wert v gefunden werden, so

- berechne $n = H(k)$.
- Ist der dort liegende Schlüssel k_n gleich k, so ist das zugehörige v_n der gesuchte Wert. Andernfalls gehe auf den um m verschobenen Speicherplatz $n + m \pmod{N}$ und vergleiche erneut den Suchbegriff mit dem dort abgelegten Schlüssel.

Für die Fälle, dass beim Abspeichern kein freier Platz mehr gefunden wird, oder der Suchbegriff keinem Datensatz entspricht, müssen noch Abbruchbedingungen eingebaut werden, um Endlosschleifen zu vermeiden.

Beispiel 3.9 Hashtabelle

Gegeben seien folgende Paare aus Schlüsseln und Werten: (WIEN, 01), (GRAZ, 0316), (SALZBURG, 0662), (DORNBIRN, 05572). Die Hashfunktion sei wie im vorigen Beispiel definiert. Bei Auftreten einer Kollision soll um $m = 1$ Speicherplätze weitergegangen werden. Stellen Sie die Hashtabelle auf und suchen Sie den Wert von DORNBIRN.

Lösung zu 3.9 Aus dem letzten Beispiel wissen wir bereits, dass $H(\text{WIEN}) = 2$, $H(\text{GRAZ}) = 3$, $H(\text{SALZBURG}) = 1$ und $H(\text{DORNBIRN}) = 3$. Wir legen also die Datensätze für WIEN, GRAZ und SALZBURG auf die Speicherplätze 2, 3 bzw. 1. Da der Speicherplatz 3 bereits belegt ist, legen wir DORNBIRN auf dem Platz $3 + 1 = 4$ ab:

Speicherplatz (n)	Schlüssel (k_n)	Wert (v_n)
0		
1	SALZBURG	0662
2	WIEN	01
3	GRAZ	0316
4	DORNBIRN	05572
5		
6		

Um nach DORNBIRN zu suchen, berechnen wir zunächst $H(\text{DORNBIRN}) = 3$. Da $k_3 = \text{GRAZ} \neq \text{DORNBIRN}$, müssen wir 3 um 1 erhöhen. Nun ist $k_4 = \text{DORNBIRN}$ und $v_4 = 05572$ der gesuchte Wert. ∎

In der Praxis sollten natürlich nicht zu viele Kollisionen auftreten, deshalb muss eine gute Hashfunktion die möglichen Schlüssel möglichst gleichmäßig auf die möglichen Speicherplätze verteilen. Als Faustregel gilt weiters, dass maximal 80% der verfügbaren Speicherplätze aufgefüllt werden sollten.

Die Wahrscheinlichkeit, dass *irgendeine* Kollision auftritt, ist übrigens recht hoch, wie das folgende **Geburtstagsparadoxon** zeigt: Nehmen wir an, Sie ordnen jeder Person in einem Raum ihren Geburtstag zu. Die Personen werden also gleichmäßig auf 365 Plätze verteilt (wir nehmen an, dass jeder Geburtstag gleich wahrscheinlich ist). Eine Kollision tritt auf, wenn *irgendwelche* zwei Personen darunter am gleichen Tag Geburtstag haben. Die Wahrscheinlichkeit dafür ist bei 23 Personen bereits über 50%! Wenn Sie also bei einer Party mit mehr als 23 Personen wetten, dass *irgendwelche* zwei Gäste am gleichen Tag Geburtstag haben, so sind Ihre Chancen zu gewinnen größer als 50%! Verteilt man n Schlüssel (Personen) auf N Plätze (Tage im Jahr), so ist die Wahrscheinlichkeit für mindestens eine Kollision (gemeinsamer Geburtstag) $P = 1 - \frac{N!}{(N-n)! N^n}$.

Hashfunktionen werden auch oft als Prüfziffern verwendet. Ein häufig verwendetes Verfahren ist der MD5-Algorithmus (Message Digest Version 5), der aus Daten beliebiger Länge eine 128-Bit Prüfziffer (=Hashwert) berechnet. Wenn Sie sich zum Beispiel Software aus dem Internet laden, dann wird oft zusätzlich zur Datei die MD5-Prüfziffer angegeben. Nach dem Download können Sie diese Prüfziffer berechnen und durch Vergleich sicherstellen, dass die Datei ohne Fehler heruntergeladen wurde. Zum Beispiel unter GNU UNIX (unter BSD UNIX lautet der Befehl md5):

```
[susanne@soliton susanne]$ md5sum kdebase-3.0.3.tar.bz2
a1c6cb06468608318c5e59e362773360 kdebase-3.0.3.tar.bz2
```

Die MD5-Prüfziffer wird dabei als Hexadezimalzahl ausgegeben. Der MD5-Algorithmus hat noch eine weitere Eigenschaft: Während es bei klassischen Prüfziffern (z.B. ISBN) leicht möglich ist, Daten (gezielt) zu verändern, ohne die Prüfziffer zu ändern, ist dies hier praktisch unmöglich. Solche Hashfunktionen sind schwer zu finden und werden als **Einweg-Hashfunktionen** oder **digitaler Fingerabdruck** bezeichnet. Die Einweg-Eigenschaft ist entscheidend für Anwendungen in der Kryptographie (z.B. für die digitale Signatur). Hier verwendet man heutzutage den Secure-Hash-Algorithmus (SHA-1, SHA-256, SHA-512), der die Einweg-Anforderung noch besser erfüllt.

3.2 Gruppen, Ringe und Körper

Fassen wir alle möglichen Reste, die bei der Division modulo m entstehen können, zu einer neuen Menge zusammen:

$$\mathbb{Z}_m = \{0, 1, \ldots, m-1\}.$$

Äquivalent kann man $\mathbb{Z}_m$ auch als die Menge aller Restklassen modulo m definieren, da jede Restklasse $\{r + m \cdot n \mid n \in \mathbb{Z}\}$ ja eindeutig durch den zugehörigen Rest r bestimmt ist. Manchmal wird die Schreibweise $\mathbb{Z}/m\mathbb{Z}$ für $\mathbb{Z}_m$ verwendet.

Diese Menge von Resten hat, wie eingangs erwähnt, zum Beispiel die Bedeutung eines Alphabets: etwa $\mathbb{Z}_{26} = \{0, 1, 2, \ldots, 25\}$ oder, für die Informatik besonders wichtig, $\mathbb{Z}_2 = \{0, 1\}$.

In $\mathbb{Z}_m$ (also für die „Buchstaben des Alphabets") kann man nun auf einfache Weise eine Addition und eine Multiplikation definieren, indem man als Ergebnis immer den Rest modulo m nimmt (und somit niemals aus dem Alphabet herausfällt). Zum Beispiel erhalten wir für $\mathbb{Z}_5$ folgende Additions- und Multiplikationstabelle:

+	0	1	2	3	4		·	0	1	2	3	4
0	0	1	2	3	4		0	0	0	0	0	0
1	1	2	3	4	0		1	0	1	2	3	4
2	2	3	4	0	1		2	0	2	4	1	3
3	3	4	0	1	2		3	0	3	1	4	2
4	4	0	1	2	3		4	0	4	3	2	1

Zur linken Tabelle: Zum Beispiel ist $4 + 2 = 1 \,(\text{mod}\,5)$, da $4 + 2 = 6$ und der Rest von 6 bei Division durch 5 gleich 1 ist. Rechte Tabelle: $2 \cdot 3 = 6 = 1 \,(\text{mod}\,5)$. Das Ergebnis liegt also immer wieder in $\mathbb{Z}_5$.

Dieses Einmaleins ist also recht einfach, denn es gibt nur endlich viele Möglichkeiten, Summen bzw. Produkte zu bilden. Eine derartige Additions- bzw. Multiplikationstabelle für $\mathbb{Z}$ ist gar nicht möglich, da $\mathbb{Z}$ ja aus unendlich vielen Zahlen besteht.

Beispiel 3.10 Addition und Multiplikation in $\mathbb{Z}_m$
Berechnen Sie:
a) $3 + 5 \,(\text{mod}\,7)$ b) $8 + 3 \,(\text{mod}\,11)$ c) $3 \cdot 5 \,(\text{mod}\,7)$ d) $8 \cdot 3 \,(\text{mod}\,11)$

Lösung zu 3.10

a) $3 + 5 = 8 = 1 \,(\text{mod}\,7)$. Für den Zwischenschritt haben wir das Ergebnis $3 + 5 = 8$ in $\mathbb{Z}$ berechnet (also $\mathbb{Z}_7$ verlassen) und dann die zu 8 kongruente Zahl aus $\mathbb{Z}_7$ als Ergebnis erhalten. Alle Gleichheitszeichen bedeuten hier „ist kongruent modulo 7" (was auch den Fall „ist gleich" mit einschließt).
b) $8 + 3 = 11 = 0 \,(\text{mod}\,11)$, da der Rest von 11 bei Division durch 11 gleich 0 ist.
c) $3 \cdot 5 = 15 = 1 \,(\text{mod}\,7)$
d) $8 \cdot 3 = 24 = 2 \,(\text{mod}\,11)$ ∎

Genau genommen rechnet auch jeder Computer mit Resten. Nehmen wir einfachheitshalber an, dass zur Speicherung nur zwei (Dezimal-)Stellen zur Verfügung stehen. Dann tritt z. B. bei der Addition $86 + 22$ ein Überlauf auf und das Ergebnis ist nicht 108, sondern 8. Der Computer rechnet hier also modulo 100. Es ist die Aufgabe des Programms, diesen Fehler zu erkennen und abzubrechen.

Andererseits ist es aber auch möglich, diesen Überlauf bewusst auszunutzen, um mit *negativen* Zahlen zu rechnen: Da $86 = -14 \,(\text{mod}\,100)$, verhält sich 86 bei Rechnungen modulo 100 gleich wie -14. So ist zum Beispiel $22 + 86 = 8 \,(\text{mod}\,100)$, ebenso wie $22 - 14 = 8 \,(\text{mod}\,100)$. In der Informatik verwendet man das, um negative ganze Zahlen abzuspeichern:

Stehen $n + 1$ Bit zur Verfügung, so werden die ganzen Zahlen von -2^n bis $2^n - 1$ dadurch abgespeichert, dass man jede negative Zahl x zwischen -2^n und -1 mit der zugehörigen positiven Zahl y zwischen 2^n und $2^{n+1} - 1$ identifiziert, die $x = y \,(\text{mod}\,2^{n+1})$ erfüllt. Beispiel: Bei $n + 1 = 4$ Bit werden die Zahlen $-2^3, \ldots, -1$ durch die Zahlen $2^3, \ldots, 2^4 - 1$ dargestellt. Zum Beispiel wird -4 durch 12 dargestellt, denn $-4 = 12 \,(\text{mod}\,16)$.

In Dualdarstellung lässt sich das leicht durchführen, indem man mit dem Betrag beginnt, $|-4| = 4 = (0100)_2$, alle Nullen und Einsen vertauscht, $(1011)_2 = (11)_{10}$ (**Einskomplement**), und dann eins hinzuaddiert, $(1100)_2 = (12)_{10}$ (**Zweikomplement**).

Wir sehen aus obiger Tabelle, dass $4 + 1 = 0 \,(\text{mod}\,5)$. Man kann also 1 als Negatives zu 4 in $\mathbb{Z}_5$ betrachten.

Definition 3.11 Zu $e \in \mathbb{Z}_m$ ist das **Negative** oder **additive Inverse** jene Zahl $d \in \mathbb{Z}_m$, für die

$$e + d = 0 \,(\text{mod}\,m)$$

ist. Man schreibt (in Anlehnung an die gewohnte Schreibweise für die reellen Zahlen) kurz $-e$ für das additive Inverse zu $e \in \mathbb{Z}_m$.

Ein additives Inverses gibt es zu jeder Zahl aus $\mathbb{Z}_m$ und es lässt sich auch leicht berechnen:

Satz 3.12 Zu jeder Zahl e aus $\mathbb{Z}_m$ gibt es genau ein additives Inverses d:

$$d = m - e \text{ für } e \neq 0 \quad \text{und} \quad d = 0 \text{ für } e = 0.$$

Beispiel 3.13 Additives Inverses in $\mathbb{Z}_m$
Finden Sie das additive Inverse von $0, 1, 2, 3, 4$ in $\mathbb{Z}_5$.

Lösung zu 3.13 Das additive Inverse von 0 ist 0, denn $0 + 0 = 0 \,(\text{mod}\, 5)$. Das additive Inverse zu $e = 1$ ist $d = m - e = 5 - 1 = 4$. (Das ist jene Zahl aus $\mathbb{Z}_5$, die in derselben Restklasse wie -1 liegt.) Analog ist das additive Inverse von 2 in $\mathbb{Z}_5$ gleich $5 - 2 = 3$, das additive Inverse von 3 ist $5 - 3 = 2$, und von 4 ist das additive Inverse $5 - 4 = 1$. Probe: $0 + 0 = 0 \,(\text{mod}\, 5)$, $1 + 4 = 0 \,(\text{mod}\, 5)$, $2 + 3 = 0 \,(\text{mod}\, 5)$, $3 + 2 = 0 \,(\text{mod}\, 5)$, $4 + 1 = 0 \,(\text{mod}\, 5)$. ∎

Eine kleine Anwendung des additiven Inversen ist die so genannte Caesar-Verschlüsselung. Julius Caesar (100–44 v. Chr.) soll damit geheime Botschaften verschlüsselt haben:

Beispiel 3.14 Caesar-Verschlüsselung
Codieren Sie die Buchstaben des Alphabets zunächst gemäß A = 0, B = 1, ..., Z = 25 durch Zahlen und verschlüsseln Sie dann die Nachricht „KLEOPATRA"
nach der Vorschrift

$$y = x + e \,(\text{mod}\, 26) \quad \text{mit dem Schlüssel } e = 3.$$

Wie wird wieder entschlüsselt?

Lösung zu 3.14 In Zahlen lautet KLEOPATRA: $10, 11, 4, 14, 15, 0, 19, 17, 0$. Verschlüsseln wir jede dieser Zahlen x gemäß $y = x + 3 \,(\text{mod}\, 26)$:

x	10	11	4	14	15	0	19	17	0
$y = x + 3 \,(\text{mod}\, 26)$	13	14	7	17	18	3	22	20	3

Wir erhalten die verschlüsselte Nachricht (in Zahlen) $13, 14, 7, 17, 18, 3, 22, 20, 3$, oder, wieder in Buchstaben: NOHRSDWUD.

Zum Entschlüsseln müssen wir $y = x + 3 \,(\text{mod}\, 26)$ nach x auflösen, indem wir auf beiden Seiten -3 addieren, also $x = y - 3 = y + 23 \,(\text{mod}\, 26)$. Zum Beispiel erhalten wir für $y = 13$ den Klartextbuchstaben $x = 13 + 23 = 36 = 10 \,(\text{mod}\, 26)$ usw. Alternativ wäre hier der Rechengang $x = 13 - 3 = 10 \,(\text{mod}\, 26)$ zulässig gewesen.

y	13	14	7	...	20	3
$x = y + 23 \,(\text{mod}\, 26)$	10	11	4	...	17	0

Warnung: Dieses Verfahren bietet keinerlei Sicherheit, da es nur 25 Möglichkeiten für die Verschiebung gibt, es also leicht ist, alle Möglichkeiten durchzuprobieren. Das Knacken des Codes geht sogar noch schneller, wenn der Text lang genug ist: Da der häufigste Buchstabe im Deutschen das „E" ist, liegt die Vermutung nahe, dass er auf den häufigsten Buchstaben im Geheimtext abgebildet wird. Und wenn wir die Verschlüsselung eines einzigen Buchstaben kennen, dann kennen wir bei der Caesar-Verschlüsselung bereits die gesamte Verschlüsselungsvorschrift.

Sie kennen die Caesar-Verschlüsselung vielleicht auch aus dem Internet als ROT13. Hier wird um genau 13 Stellen verschoben. Dadurch ergibt sich die spezielle Eigenschaft von ROT13, dass die gleiche Funktion zum Ver- und Entschlüsseln verwendet wird, denn: $13 = -13 \,(\mathrm{mod}\,26)$, also $d = e$.

Nehmen wir uns nun die Multiplikation in $\mathbb{Z}_m$ vor: Wir sehen aus obiger Multiplikationstabelle, dass $2 \cdot 3 = 1 \,(\mathrm{mod}\,5)$. Man kann also 3 als den *Kehrwert* von 2 in $\mathbb{Z}_5$ betrachten.

Definition 3.15 Wenn es zu $e \in \mathbb{Z}_m$ eine Zahl $d \in \mathbb{Z}_m$ gibt mit

$$e \cdot d = 1 \,(\mathrm{mod}\,m),$$

so nennt man d den **Kehrwert** oder das **multiplikative Inverse** zu e modulo m. In Anlehnung an die gewohnte Schreibweise in $\mathbb{R}$ schreibt man das multiplikative Inverse zu e in $\mathbb{Z}_m$ kurz als e^{-1} oder als $\frac{1}{e}$.

Also ist in $\mathbb{Z}_5$ mit der Schreibweise $\frac{1}{2}$ die Zahl 3 gemeint. Achtung: Im Unterschied zum additiven Inversen gibt es nicht zu allen Zahlen aus $\mathbb{Z}_m$ ein multiplikatives Inverses! Zu 0 gibt es zum Beispiel kein multiplikatives Inverses in $\mathbb{Z}_m$.

Das ist klar: Denn für jedes d gilt ja, dass $0 \cdot d = 0$ ist, also kann das Ergebnis niemals 1 werden. Aus demselben Grund gibt es auch in $\mathbb{R}$ für die 0 keinen Kehrwert („Division durch 0 gibt es nicht"). Abgesehen von der 0 gibt es in $\mathbb{R}$ aber für jede Zahl einen Kehrwert.

Auch wenn man die 0 ausnimmt, gibt es in $\mathbb{Z}_m$ nicht unbedingt zu jeder Zahl einen Kehrwert. Um einen Kehrwert zu besitzen, muss eine Zahl eine bestimmte Eigenschaft haben:

Satz 3.16 Für $e \neq 0$ in $\mathbb{Z}_m$ gilt: Es gibt (genau) ein multiplikatives Inverses genau dann, wenn e und m teilerfremd sind.

Das kann man folgendermaßen sehen: Suchen wir zum Beispiel ein Inverses zu 2 modulo 6, also d mit $2d = 1 \,(\mathrm{mod}\,6)$. Das bedeutet, dass sich $2d$ und 1 um ein Vielfaches von 6 unterscheiden müssen, dass also $2d = 1 + n6$ für ein $n \in \mathbb{Z}$ gelten muss; oder, umgeformt, $2d - 6n = 1$. Weil 6 und 2 nun den gemeinsamen Teiler 2 haben, können wir diesen Teiler herausheben: $2d - 6n = 2(d - 3n) = 1$. Es gibt aber kein ganzzahliges d, sodass diese Gleichung, die ja die Form 2·ganze Zahl = 1 hat, erfüllt ist! Da 2 und 6 also einen gemeinsamen Teiler haben, gibt es kein multiplikatives Inverses für 2 modulo 6.

Wenn es einen Kehrwert gibt, dann kann er (zumindest für kleines m) einfach mit der Hand berechnet werden:

Beispiel 3.17 (→CAS) Multiplikatives Inverses in $\mathbb{Z}_m$
a) Gibt es ein multiplikatives Inverses zu 4 in $\mathbb{Z}_9$? Geben Sie es gegebenenfalls an.
b) Für welche Zahlen aus $\mathbb{Z}_5$ gibt es ein multiplikatives Inverses? Geben Sie es gegebenenfalls an.
c) Für welche Zahlen aus $\mathbb{Z}_6$ gibt es ein multiplikatives Inverses?

Lösung zu 3.17
a) Da 4 und 9 teilerfremd sind, gibt es zu 4 ein multiplikatives Inverses. Schreiben wir es einfach wie gewohnt mit $\frac{1}{4}$ an, nun ist jedoch eine ganze Zahl aus $\mathbb{Z}_9$ damit gemeint. Wir finden sie ganz einfach mit folgendem „Trick": Wir ersetzen die 1 im Zähler durch eine beliebige andere Zahl aus derselben Restklasse, und probieren solange verschiedene kongruente Zahlen für den Zähler, bis der Bruch eine ganze Zahl darstellt:

$$\frac{1}{4}, \frac{1+9}{4}, \frac{1+2\cdot 9}{4} \text{ sind keine ganzen Zahlen, aber } \frac{1+3\cdot 9}{4} = 7.$$

Also ist $\frac{1}{4} = 7$ in $\mathbb{Z}_9$. Probe: Wenn man 4 mit 7 multipliziert, bleibt modulo 9 der Rest 1.

b) Für 0 gibt es niemals ein multiplikatives Inverses. Da $1, 2, 3, 4$ zum Modul 5 teilerfremd sind, gibt es für sie ein multiplikatives Inverses. Wir können uns also auf die Suche nach $\frac{1}{1}, \frac{1}{2}, \frac{1}{3}$, und $\frac{1}{4}$ in $\mathbb{Z}_5$ machen. Entweder wir lesen es aus der Multiplikationstabelle auf Seite 82 ab, oder wir berechnen es:

$$\frac{1}{1} = 1, \quad \frac{1}{2} = \frac{1+5}{2} = 3, \quad \frac{1}{3} = \frac{1+5}{3} = 2, \quad \frac{1}{4} = \frac{1+3\cdot 5}{4} = 4.$$

Analog zu a) wird die Zahl 1 im Zähler so lange durch einen Vertreter aus ihrer Restklasse modulo 5 ersetzt (indem man hier sukzessive $5, 2\cdot 5, 3\cdot 5, \ldots$ addiert), bis sich der Bruch ohne Rest kürzen lässt. Es ist also 1 das multiplikative Inverse von sich selbst, ebenso ist 4 multiplikativ invers zu sich selbst. Und 3 und 2 sind multiplikativ invers zueinander.

c) Für 0 gibt es nie eines, und hier auch nicht für 2, 3 und 4, da jede dieser Zahlen einen gemeinsamen Teiler mit dem Modul 6 hat. Also gibt es nur multiplikative Inverse zu 1 und 5 (da sie zum Modul teilerfremd sind). Wir finden:

$$\frac{1}{1} = 1, \quad \frac{1}{5} = \frac{1+4\cdot 6}{5} = 5.$$

Das multiplikative Inverse zu 1 ist also 1 selbst, ebenso ist das multiplikative Inverse zu 5 wieder 5 selbst. ∎

Für die Berechnung des multiplikativen Inversen von $e \in \mathbb{Z}_m$ (wenn es existiert) ist es leider nicht so leicht möglich, eine allgemeine Formel anzugeben (wie für das additive Inverse in Satz 3.12). Die Umformung durch Veränderung des Zählers wie im letzten Beispiel kann auch sehr aufwändig werden, wenn m groß ist. Wir werden aber im nächsten Abschnitt einen effektiven Algorithmus, den erweiterten Euklid'schen Algorithmus, für die Berechnung des multiplikativen Inversen in $\mathbb{Z}_m$ kennen lernen.

Sie fragen sich nun bestimmt schon die ganze Zeit: Wozu brauche ich das? Nehmen wir uns wieder ein einfaches Beispiel aus der Kryptographie her: Die Verschlüsselungsvorschrift sei $y = 3x \, (\text{mod } 26)$. Wie wird wieder entschlüsselt? Es wird nach x aufgelöst: $x = \frac{1}{3}y = 9y \, (\text{mod } 26)$. Damit entschlüsselt werden kann ist es also unbedingt notwendig, dass der Kehrwert $\frac{1}{3} = 9$ in $\mathbb{Z}_{26}$ existiert.

Zur Berechnung von Prüfziffern oder Entschlüsselungsvorschriften müssen Gleichungen gelöst werden:

Satz 3.18 Seien a, b ganze Zahlen, m eine natürliche Zahl. Dann gilt:

a) $a + x = b \, (\text{mod } m)$ besitzt immer eine eindeutige Lösung x in $\mathbb{Z}_m$ (und unendlich viele dazu kongruente Lösungen außerhalb $\mathbb{Z}_m$). Man erhält sie, indem man auf beiden Seiten der Kongruenzgleichung das additive Inverse $-a$ von a in $\mathbb{Z}_m$ addiert:

$$x = (-a) + b \, (\text{mod } m).$$

b) Wenn a und m teilerfremd sind, dann besitzt $a \cdot x = b \, (\text{mod } m)$ *genau eine* Lösung in $\mathbb{Z}_m$ (und unendlich viele dazu kongruente Lösungen). Man erhält sie, indem man beide Seiten der Kongruenzgleichung mit dem multiplikativen Inversen $\frac{1}{a}$ von a in $\mathbb{Z}_m$ multipliziert:

$$x = \frac{1}{a} \cdot b \, (\text{mod } m).$$

Sind a und m jedoch nicht teilerfremd, so kann es keine oder auch mehrere Lösungen in $\mathbb{Z}_m$ geben (aber jedenfalls nicht genau eine). Wie viele Lösungen es gibt, sieht man mithilfe von $t = \text{ggT}(a, m)$: Es gibt genau t Lösungen von $a \cdot x = b \, (\text{mod } m)$, falls t auch b teilt; ansonsten existiert keine Lösung.

Satz 3.18 sagt in b) also: Sind a und m nicht teilerfremd, ist also $t = \text{ggT}(a, m) > 1$, so gibt es genau t Lösungen von $a \cdot x = b \, (\text{mod } m)$, falls t auch b teilt; ansonsten existiert keine Lösung. Warum? Ausgeschrieben lautet die Gleichung ja $a \cdot x = b + k \cdot m$. Gilt $a = t\tilde{a}$, $m = t\tilde{m}$, so folgt $t(\tilde{a} \cdot x - k \cdot \tilde{m}) = b$. Eine Lösung kann also nur existieren, falls $b = t\tilde{b}$. In diesem Fall können wir zunächst die eindeutige Lösung x_0 von $\tilde{a} \cdot x = \tilde{b} \, (\text{mod } \tilde{m})$ bestimmen. Die Lösungen unserer ursprünglichen Gleichung sind dann $x_0 + j\tilde{m}$, $0 \le j < t$.

Beispiel 3.19 Gleichungen in $\mathbb{Z}_m$
Finden Sie alle $x \in \mathbb{Z}_m$, die die Gleichung lösen:
a) $4 + x = 3 \, (\text{mod } 6)$ b) $5x = 2 \, (\text{mod } 12)$ c) $3x = 6 \, (\text{mod } 11)$
d) $2x = 3 \, (\text{mod } 6)$ e) $2x = 4 \, (\text{mod } 6)$

Lösung zu 3.19
a) Wir können wie gewohnt nach x auflösen, indem wir auf beiden Seiten der Kongruenzgleichung -4 addieren:

$$\underbrace{-4 + 4}_{=0} + x = -4 + 3 = -1 = 5 \, (\text{mod } 6).$$

Probe: $4 + 5 = 9 = 3 \, (\text{mod } 6)$. Die eindeutige Lösung in $\mathbb{Z}_6$ ist also $x = 5$. (*Außerhalb* von $\mathbb{Z}_6$ ist jede zu $x = 5$ modulo 6 kongruente Zahl eine Lösung, zum Beispiel $11, 17, \ldots$ oder auch $-1, -7, \ldots$)

b) $a = 5$ und $m = 12$ sind teilerfremd, also gibt es $\frac{1}{5}$ in $\mathbb{Z}_{12}$. Wir multiplizieren beide Seiten der Gleichung damit, wodurch nach x aufgelöst wird und wir eine eindeutige Lösung erhalten:

$$\underbrace{\frac{1}{5} \cdot 5}_{=1} \cdot x = \frac{1}{5} \cdot 2 \,(\mathrm{mod}\,12).$$

Da $\frac{1}{5} = \frac{1+12}{5} = \frac{1+2\cdot 12}{5} = 5$ in $\mathbb{Z}_{12}$, folgt $x = \frac{1}{5} \cdot 2 = 5 \cdot 2 = 10 \,(\mathrm{mod}\,12)$. Probe: $5 \cdot 10 = 50 = 2 \,(\mathrm{mod}\,12)$.

c) $a = 3$ und $m = 11$ sind teilerfremd, daher gibt es eine eindeutige Lösung:

$$x = 6 \cdot \frac{1}{3} = 2 \,(\mathrm{mod}\,11).$$

Es war hier nicht notwendig, $\frac{1}{3} = \frac{1+11}{3} = 4$ zu berechnen, denn wir konnten $6 \cdot \frac{1}{3}$ $= 2 \cdot 3 \cdot \frac{1}{3} = 2$ vereinfachen.

d) Da $a = 2$ und $m = 6$ nicht teilerfremd sind, gibt es keine *eindeutige* Lösung. Der größte gemeinsame Teiler von $a = 2$ und $m = 6$ ist $t = 2$. Da $t = 2$ kein Teiler von $b = 3$ ist gibt es nach Satz 3.18 keine Lösung.

e) Da nun $t = \mathrm{ggT}(2,6) = 2$ die rechte Seite $b = 4$ teilt, gibt es nach Satz 3.18 zwei Lösungen in $\mathbb{Z}_6$. Wir finden sie durch Probieren: $x = 2$ und $x = 5$.

Falls Sie sich mit Probieren nicht zufrieden geben wollen, so gibt das Kleingedruckte nach Satz 3.18 eine Anleitung, wie die Lösungen berechnet werden können: Demnach finden wir die $t = 2$ Lösungen, indem wir zunächst $\tilde{a} \cdot x = \tilde{b} \,(\mathrm{mod}\,\tilde{m})$ lösen, also hier $x = 2 \,(\mathrm{mod}\,3)$. Damit ist die erste Lösung gleich $x_0 = 2$ und die zweite Lösung gleich $x_0 + 1 \cdot \tilde{m} = 2 + 3 = 5$. ∎

Da die Eigenschaft, ein multiplikatives Inverses zu besitzen, sehr wertvoll ist, führt man ein neues Symbol ein: Man bezeichnet mit $\mathbb{Z}_m^*$ die Menge der Zahlen aus $\mathbb{Z}_m$, für die es ein multiplikatives Inverses gibt. Das sind genau die Zahlen aus $\mathbb{Z}_m$, die zu m teilerfremd sind, also

$$\mathbb{Z}_m^* = \{a \in \mathbb{Z}_m \mid \mathrm{ggT}(a,m) = 1\}.$$

Wenn daher insbesondere der Modul eine Primzahl p ist, dann kann man für jede Zahl aus $\mathbb{Z}_p$ außer 0 ein Inverses bezüglich der Multiplikation finden. Dann ist also $\mathbb{Z}_p^* = \mathbb{Z}_p \setminus \{0\}$.

Beispiel 3.20 $\mathbb{Z}_m$ und $\mathbb{Z}_m^*$
Geben Sie an: a) $\mathbb{Z}_4$ und $\mathbb{Z}_4^*$ b) $\mathbb{Z}_3$ und $\mathbb{Z}_3^*$

Lösung zu 3.20

a) $\mathbb{Z}_4 = \{0,1,2,3\}$ sind alle möglichen Reste bei Division durch 4. Davon sind 1 und 3 teilerfremd zu 4. Also ist $\mathbb{Z}_4^* = \{1,3\}$.

b) Es ist $\mathbb{Z}_3 = \{0,1,2\}$. Da 3 eine Primzahl ist, sind alle Zahlen in $\mathbb{Z}_3$ außer 0 teilerfremd zu 3, also $\mathbb{Z}_3^* = \{1,2\}$. ∎

Nun können wir auch die Frage beantworten, wann wir in einer Gleichung $a \cdot c = b \cdot c \,(\mathrm{mod}\,m)$ durch c kürzen können. Im Allgemeinen ist das nur für $c \in \mathbb{Z}_m^*$ möglich:

Satz 3.21 Ist $c \in \mathbb{Z}_m^*$, so folgt aus $a \cdot c = b \cdot c \,(\text{mod}\, m)$ auch $a = b \,(\text{mod}\, m)$.

Beispiel: $10 = 40 \,(\text{mod}\, 6)$ kann durch 5 gekürzt werden, da $\frac{1}{5}$ in $\mathbb{Z}_6$ existiert: $2 = 8 \,(\text{mod}\, 6)$. Weiter kann aber nicht gekürzt werden, da $\frac{1}{2}$ in $\mathbb{Z}_6$ nicht existiert.

Wir haben gesehen, dass man in $\mathbb{Z}_m$ so wie in $\mathbb{R}$ oder $\mathbb{Q}$ eine Addition und eine Multiplikation definieren kann. Wir haben aber auch gesehen, dass es Unterschiede gibt: In $\mathbb{R}$, $\mathbb{Q}$ oder $\mathbb{Z}_p$ (p Primzahl) gibt es ein multiplikatives Inverses für *jede* Zahl außer 0, es kann also jede Gleichung der Form $ax = b$ (eindeutig) gelöst werden. Das ist aber nicht so in $\mathbb{Z}_m$ (falls m keine Primzahl) oder in $\mathbb{Z}$. Um diese Unterschiede herauszukristallisieren und sich einen Überblick zu verschaffen, unterscheidet man allgemein verschiedene Strukturen von Mengen und ihren Verknüpfungen, von denen wir an dieser Stelle vier erwähnen möchten:

Definition 3.22 Sei G eine Menge mit einer Verknüpfung, die je zwei Elementen $a, b \in G$ ein Element $a \circ b \in G$ zuordnet. Dann wird $(G, \circ)$ eine **Gruppe** genannt, wenn folgendes gilt:

a) Es gilt $(a \circ b) \circ c = a \circ (b \circ c)$ für alle $a, b, c \in G$ (**Assoziativgesetz**).

b) Es gibt ein **neutrales Element** $n \in G$, das $n \circ a = a \circ n = a$ für alle $a \in G$ erfüllt.

c) Zu jedem $a \in G$ gibt es ein **inverses Element** $i(a) \in G$, das $a \circ i(a) = i(a) \circ a = n$ erfüllt.

Gilt zusätzlich

d) $a \circ b = b \circ a$ für alle $a, b \in G$ (**Kommutativgesetz**),

so spricht man von einer **kommutativen** oder **abelschen Gruppe** (benannt nach dem norwegischen Mathematiker Niels Abel, 1802–1829).

Die Anzahl der Elemente in G wird als **Ordnung** der Gruppe bezeichnet. Ist die Anzahl endlich, so spricht man von einer **endlichen Gruppe**, ansonsten von einer unendlichen Gruppe.

Man schreibt meistens nur kurz G (anstelle von $(G, \circ)$), wenn klar ist, welche Verknüpfung gemeint ist. Das neutrale Element und das inverse Element sind immer eindeutig bestimmt.

Warum? Sei n' ein weiteres neutrales Element, dann ist $n' = n \circ n' = n$. Sind b und c inverse Elemente zu a, so gilt $b = b \circ n = b \circ (a \circ c) = (b \circ a) \circ c = n \circ c = c$.

Außerdem folgt aus der Definition des Inversen sofort $i(i(a)) = a$, d.h. das Inverse des Inversen von a ist wieder a persönlich. Weiters gilt $i(a \circ b) = i(b) \circ i(a)$ (umgekehrte Reihenfolge!).

Eine Teilmenge $H \subseteq G$ heißt **Untergruppe** von G, wenn $(H, \circ)$ wieder eine Gruppe ist.

Satz 3.23 Um zu prüfen, ob $H \subseteq G$ eine Untergruppe ist, reicht es nachzuweisen, dass $n \in H$ ist und für alle $a, b \in H$ auch $a \circ b \in H$ und $i(a) \in H$ gilt.

Beispiel 3.24 Additive Gruppen

a) $(\mathbb{Z}, +)$, also die ganzen Zahlen $\mathbb{Z}$ mit der Addition, bilden eine kommutative Gruppe, denn:
  - Das Assoziativgesetz gilt: $a + (b + c) = (a + b) + c$ für alle ganzen Zahlen a, b, c.
  - Das neutrale Element bezüglich der Addition ist 0: $a + 0 = 0 + a = a$ für alle ganzen Zahlen a.
  - Zu jeder ganzen Zahl a gibt es ein Inverses $-a$ bezüglich der Addition (additives Inverses): $a + (-a) = (-a) + a = 0$.
  - Das Kommutativgesetz gilt: $a + b = b + a$ für alle ganzen Zahlen a, b.

b) Ebenso sind $(\mathbb{Z}_m, +)$ für beliebiges m, $(\mathbb{Q}, +)$, $(\mathbb{R}, +)$, $(\mathbb{C}, +)$ kommutative Gruppen.

c) Aber: $(\mathbb{N}_0, +)$ ist keine Gruppe. Assoziativgesetz, neutrales Element sind kein Problem, aber es gibt nicht für jede natürliche Zahl a ein additives Inverses. Zum Beispiel gibt es keine *natürliche* Zahl a, sodass $3 + a = 0$.

d) Die geraden Zahlen $H = \{2n \mid n \in \mathbb{Z}\} \subseteq \mathbb{Z}$ bilden eine Untergruppe $(H, +)$ von $(\mathbb{Z}, +)$.

Als Verknüpfung kann man auch die Multiplikation wählen:

Beispiel 3.25 Multiplikative Gruppen

a) $(\mathbb{Q}\backslash\{0\}, \cdot)$, also die rationalen Zahlen $\mathbb{Q}$ ohne 0 mit der Multiplikation, bilden eine kommutative Gruppe, denn:
  - Das Assoziativgesetz gilt: $a \cdot (b \cdot c) = (a \cdot b) \cdot c$ für alle rationalen Zahlen $a, b, c \neq 0$.
  - Das neutrale Element bezüglich der Multiplikation ist 1: $a \cdot 1 = 1 \cdot a = a$ für alle rationalen Zahlen $a \neq 0$.
  - Zu jeder rationalen Zahl $a \neq 0$ gibt es ein Inverses bezüglich der Multiplikation (multiplikatives Inverses) $\frac{1}{a}$: $a \cdot \frac{1}{a} = \frac{1}{a} \cdot a = 1$.
  - Das Kommutativgesetz gilt: $a \cdot b = b \cdot a$ für alle rationalen Zahlen $a, b \neq 0$.

b) Ebenso sind $(\mathbb{Z}_p\backslash\{0\}, \cdot)$ (wobei p Primzahl), $(\mathbb{R}\backslash\{0\}, \cdot)$, $(\mathbb{C}\backslash\{0\}, \cdot)$ kommutative Gruppen.

c) Aber: $(\mathbb{N}, \cdot)$ und auch $(\mathbb{Z}\backslash\{0\}, \cdot)$ sind keine Gruppen. Wieder sind Assoziativgesetz, neutrales Element kein Problem, aber es scheitert wieder am Inversen: In $\mathbb{Z}\backslash\{0\}$ gibt es nicht für jedes a ein multiplikatives Inverses. Zum Beispiel gibt es keine *ganze Zahl* a, sodass $3 \cdot a = 1$.

Aus diesen letzten Beispielen sehen wir, dass die reellen Zahlen sowohl bezüglich $+$ als auch (wenn man die 0 herausnimmt) bezüglich $\cdot$ eine kommutative Gruppe bilden. Dasselbe gilt für $\mathbb{Q}$, $\mathbb{R}$, $\mathbb{C}$ oder $\mathbb{Z}_p$. Daher haben diese Mengen bezüglich Addition und Multiplikation dieselbe Struktur, es gelten also dieselben Rechenregeln! Man nennt diese Struktur einen Körper:

Definition 3.26 Eine Menge $\mathbb{K}$ mit zwei Verknüpfungen $+$ und $\cdot$, geschrieben $(\mathbb{K}, +, \cdot)$, heißt **Körper** (engl. *field*), wenn folgendes gilt:

a) $(\mathbb{K}, +)$ ist eine kommutative Gruppe mit neutralem Element 0.

b) $(\mathbb{K}\backslash\{0\}, \cdot)$ ist eine kommutative Gruppe mit neutralem Element 1.

c) Für alle $a, b, c \in \mathbb{K}$ gilt: $a \cdot b + a \cdot c = a \cdot (b + c)$ (**Distributivgesetz**).

(Das Distributivgesetz regelt, wie die beiden Verknüpfungen sich miteinander „vertragen".)

Wieder schreibt man nur kurz $\mathbb{K}$ (anstelle von $(\mathbb{K}, +, \cdot)$), wenn klar ist, welche Verknüpfungen gemeint sind.

Beispiel 3.27 Körper

a) Für eine Primzahl p ist $\mathbb{Z}_p$ ein Körper. Ebenso sind $\mathbb{Q}$, $\mathbb{R}$ oder $\mathbb{C}$ Körper.

b) Jedoch ist $\mathbb{Z}$ kein Körper, denn $(\mathbb{Z}\backslash\{0\}, \cdot)$ ist, wie wir in Beispiel 3.25 c) überlegt haben, keine Gruppe.

Hat nicht jedes Element ein multiplikatives Inverses, so wie z. B. in $\mathbb{Z}_m$, so spricht man von einem Ring:

Definition 3.28 Eine Menge R mit zwei Verknüpfungen $+$ und $\cdot$, geschrieben $(R, +, \cdot)$, heißt **Ring**, wenn folgendes gilt:

a) $(R, +)$ ist eine kommutative Gruppe mit neutralem Element 0.

b) Für alle $a, b, c \in R$ gilt: $(a \cdot b) \cdot c = a \cdot (b \cdot c)$ (**Assoziativgesetz**).

c) Für alle $a, b, c \in R$ gilt: $a \cdot b + a \cdot c = a \cdot (b + c)$ (**Distributivgesetz**).

Gilt zusätzlich

d) das **Kommutativgesetz** $a \cdot b = b \cdot a$ für alle $a, b \in R$, so spricht man von einem kommutativen Ring, und wenn darüber hinaus

e) ein **neutrales Element 1 für die Multiplikation** existiert, also $a \cdot 1 = 1 \cdot a = a$ für alle $a \in R$,

so spricht man von einem **kommutativen Ring mit Eins**.

Wenn also jedes Element (außer der 0) eines kommutativen Ringes mit Eins ein multiplikatives Inverses besitzt, dann ist der Ring ein Körper. Wieder schreibt man kurz R (anstelle $(R, +, \cdot)$), wenn kein Zweifel besteht, welche Verknüpfungen gemeint sind.

Beispiel 3.29 Ringe

a) Die ganzen Zahlen $\mathbb{Z}$ sind ein kommutativer Ring mit Eins; kein Körper, da es nicht zu jeder ganzen Zahl ein Inverses bezüglich der Multiplikation gibt (der Kehrwert ist ja im Allgemeinen keine ganze Zahl).

b) $\mathbb{Z}_m$ ist ein kommutativer Ring mit Eins; er ist genau dann ein Körper, wenn $m = p$ eine Primzahl ist. So sind also z. B. $\mathbb{Z}_4$ oder $\mathbb{Z}_{256}$ nur Ringe, $\mathbb{Z}_2, \mathbb{Z}_3, \mathbb{Z}_5$ hingegen Körper.

c) Die Menge der Polynome $\mathbb{R}[x] = \{p(x) = p_n x^n + \cdots + p_1 x + p_0 \mid p_k \in \mathbb{R}\}$ ist ein kommutativer Ring mit Eins, aber kein Körper.

Denn: Die Addition und Multiplikation von Polynomen $p(x) + q(x)$ bzw. $p(x) \cdot q(x)$ erben das Kommutativ-, Assoziativ- und Distributivgesetz von den reellen Zahlen; neutrales Element bezüglich der Addition von Polynomen ist das Nullpolynom $p(x) = 0$; neutrales Element bezüglich der Multiplikation ist das konstante Polynom $p(x) = 1$; es gibt für jedes Polynom $p(x)$ ein Inverses bezüglich der Addition, nämlich $-p(x)$; es gibt aber nicht zu jedem Polynom ein Inverses bezüglich der Multiplikation: Zum Beispiel gibt es zu $p(x) = x^2$ keines, denn für kein Polynom $q(x)$ ist $x^2 \cdot q(x) = 1$ (das wäre $q(x) = \frac{1}{x^2}$, das ist aber kein Polynom). $\mathbb{R}[x]$ ist daher kein Körper.

d) Allgemein ist die Menge der Polynome $\mathbb{K}[x] = \{p(x) = p_n x^n + \cdots + p_1 x + p_0 \mid p_k \in \mathbb{K}\}$ mit Koeffizienten aus einem Körper $\mathbb{K}$ ein kommutativer Ring mit Eins, aber kein Körper. Zum Beispiel sind $\mathbb{C}[x]$ oder $\mathbb{Z}_2[x]$ Ringe, aber keine Körper. Die Menge $\mathbb{K}[x]$ wird als der **Polynomring** über $\mathbb{K}$ bezeichnet.

Die Menge aller geraden Zahlen hat eine wichtige Eigenschaft: Die Summe zweier gerader Zahlen ist gerade und die Multiplikation einer beliebigen Zahl mit einer geraden Zahl ist ebenfalls gerade. Teilmengen eines Rings mit dieser Eigenschaft haben einen eigenen Namen:

Definition 3.30 Eine Teilmenge I eines Rings R heißt **Ideal**, wenn gilt:

a) Es ist $0 \in I$ und für alle $a, b \in I$ sind $a + b \in I$ und $-a \in I$.
b) Für alle $a \in I$ und $b \in R$ sind $a \cdot b \in I$ und $b \cdot a \in I$.

Ein Ideal $I \subseteq R$ ist also nach Satz 3.23 eine Untergruppe bezüglich der Addition und jedes Vielfache eines Elementes aus I liegt wieder in I.

Beispiel 3.31 Ideale
a) Alle geraden Zahlen bilden ein Ideal in $\mathbb{Z}$.
b) Alle Polynome $p(x)$, für die $p(0) = 0$ ist, bilden ein Ideal in $\mathbb{R}[x]$.

Diese Überlegungen und Definitionen erscheinen Ihnen vielleicht auf den ersten Blick als abstrakt und nutzlos. Es trifft aber das Gegenteil zu! Sie bilden die Basis für viele Anwendungen in der Kryptographie und der Codierungstheorie und sind damit von fundamentaler Bedeutung für die Informatik.

Nach diesem kurzen Ausflug in die **Zahlentheorie**, die sich mit den Eigenschaften der ganzen Zahlen beschäftigt, möchten wir noch einen kleinen Überblick über einige wichtige Teilgebiete der Mathematik geben: Die **Algebra** untersucht Gruppen, Ringe und Körper, im Gegensatz zur **Analysis**, die sich mit Differential- und Integralrechnung beschäftigt. Die **lineare Algebra** untersucht Vektorräume (z. B. $\mathbb{R}^n$) und verschmilzt im unendlichdimensionalen Fall von Funktionenräumen mit der Analysis zur **Funktionalanalysis**. Die **algebraische Geometrie** verwendet kommutative Ringe, um geometrische Objekte (also Kurven, Flächen, etc.) mit algebraischen Methoden zu untersuchen.

Die Menge aller Funktionen (mit bestimmten Eigenschaften), die auf einem geometrischen Objekt definiert sind, bilden nämlich auch einen Ring, der wichtige Informationen über die Geometrie enthält.

Untersucht man geometrische Objekte mit den Methoden der Analysis, so ist man in der **Differentialgeometrie**. Die **diskrete Mathematik**, einer unserer Schwerpunkte, befasst sich mit mathematischen Strukturen, die endlich oder abzählbar sind. Sie ist ein junges Gebiet mit vielen Bezügen zur Informatik, da Computer von Natur aus diskret sind.

3.2.1 Anwendung: Welche Fehler erkennen Prüfziffern?

Im letzten Abschnitt haben wir gesehen, wie modulare Arithmetik für Prüfziffern verwendet werden kann. Eine gute Prüfziffer sollte die häufigsten Fehler erkennen, und das sind:

- Eingabe einer falschen Ziffer („Einzelfehler")
- Vertauschung zweier Ziffern („Vertauschungsfehler")

Wir wollen nun eine gute Prüfziffer konstruieren: Angenommen, die mit einer Prüfziffer zu versehende Ziffernfolge hat n Stellen, $x_1 \ldots x_n$. Ein allgemeiner Ansatz für die Prüfziffer wäre

$$P(x_1 \ldots x_n) = \sum_{j=1}^{n} g_j x_j \bmod q = g_1 x_1 + \ldots + g_n x_n \bmod q.$$

Dabei sind die Zahlen $g_j \in \mathbb{Z}_q$ beliebige Gewichte, die noch geeignet zu bestimmen sind. Welchen Wert soll der Modul q haben? Die Größe von q legt unseren Vorrat an Ziffern fest: $x_j \in \{0, 1, \ldots, q-1\} = \mathbb{Z}_q$.

Ist zum Beispiel $q = 9$, so könnten wir nur die Ziffern $\{0, 1, \ldots, 8\}$ verwenden. Denn würden wir bei $q = 9$ zum Beispiel auch die Ziffer 9 zulassen, so könnte zwischen den Ziffern 0 und 9 nicht unterschieden werden, da $9 = 0 \,(\mathrm{mod}\,9)$. Eine falsche Eingabe von 9 statt 0 würde von der Prüfziffer also nicht erkannt werden.

Wenn wir also jedenfalls die Ziffern $0, 1, \ldots, 9$ verwenden möchten, so muss q zumindest gleich 10 sein.

Überlegen wir als Nächstes, welche Eigenschaften die Prüfziffer haben muss, damit sie Einzel- bzw. Vertauschungsfehler immer erkennt. Beginnen wir mit dem Einzelfehler. Nehmen wir an, es wird anstelle von $x_1 \ldots x_n$ die Ziffernfolge $y_1 \ldots y_n$ eingegeben, wobei ein Fehler in der k-ten Stelle aufgetreten ist. Das heißt, es gilt $x_j = y_j$ für alle $j \neq k$ und $x_k \neq y_k$. Dann ist die Differenz der Prüfziffern

$$P(x_1 \ldots x_n) - P(y_1 \ldots y_n) = g_k(x_k - y_k) \bmod q.$$

Der Fehler wird erkannt, wenn die Differenz der Prüfziffern ungleich 0 ist. Damit ein Einzelfehler also immer erkannt wird, darf diese Differenz nur dann gleich 0 (modulo q) sein, wenn $x_k = y_k$. Die Gleichung $g_k(x_k - y_k) = 0 \,(\mathrm{mod}\,q)$ muss also eine eindeutige Lösung, nämlich $x_k - y_k = 0 \,(\mathrm{mod}\,q)$ haben. Nach Satz 3.18 b) ist das genau dann der Fall, wenn $g_k \in \mathbb{Z}_q^*$ (d.h., wenn g_k ein multiplikatives Inverses besitzt).

Kommen wir nun zur Erkennung von Vertauschungsfehlern: Nehmen wir an, es wird anstelle von $x_1 \ldots x_n$ die Ziffernfolge $y_1 \ldots y_n$ eingegeben, wobei die j-te und die k-te Stelle vertauscht wurden. Dann ist die Differenz der Prüfziffern

$$P(x_1 \ldots x_n) - P(y_1 \ldots y_n) = g_j x_j + g_k x_k - g_j x_k - g_k x_j = (g_j - g_k)(x_j - x_k) \bmod q.$$

Analog wie zuvor muss $g_j - g_k \in \mathbb{Z}_q^*$ gelten, damit der Fehler immer erkannt wird.

Satz 3.32 (Erkennung von Einzel- und Vertauschungsfehlern) Sei

$$P(x_1 \ldots x_n) = \sum_{j=1}^{n} g_j x_j \bmod q$$

eine Prüfziffer für eine Ziffernfolge $x_1 \ldots x_n$ mit Ziffern $x_j \in \mathbb{Z}_q$. Dann erkennt P genau dann alle Einzelfehler an der Stelle k, wenn $g_k \in \mathbb{Z}_q^*$, und genau dann alle Vertauschungsfehler an den Stellen j und k, wenn $(g_j - g_k) \in \mathbb{Z}_q^*$.

Eine besonders gute Wahl für q ist also eine Primzahl, denn dann ist $\mathbb{Z}_q^*$ besonders groß!

Leider ergibt sich nun ein kleines Dilemma: Wählen wir $q = 10$, so stehen für die Gewichte die Zahlen in $\mathbb{Z}_{10}^* = \{1, 3, 7, 9\}$ zur Verfügung, wenn alle Einzelfehler erkannt werden sollen. Da die Differenz zweier ungerader Zahlen aber gerade ist, können dann nicht mehr *alle* Vertauschungsfehler erkannt werden. Wählen wir $q = 11$ (Primzahl), so lassen sich die Bedingungen für die Erkennung aller Vertauschungs- und Einzelfehler erfüllen, aber dafür kann die Prüfziffer auch den Wert 10 haben, ist also nicht immer eine einstellige Dezimalziffer.

Zum Abschluss eine kleine Auswahl an Prüfzifferverfahren:

- Auf vielen Artikeln findet sich ein Strichcode bzw. die zugehörige 13-stellige oder 8-stellige Ziffernfolge, die **Europäische Artikelnummer (EAN)**. Mithilfe von Scannern wird der Strichcode an Computerkassen eingelesen. Bei der 13-stelligen Nummer $abcd\,efgh\,ikmn\,p$ geben die beiden ersten Ziffern das Herkunftsland an, die folgenden 5 Ziffern stehen für den Hersteller, und die nächsten 5 Ziffern für das Produkt. Die letzte Ziffer p ist eine Prüfziffer, die

$$a + 3b + c + 3d + e + 3f + g + 3h + i + 3k + m + 3n + p = 0 \bmod 10.$$

erfüllt. Es werden alle Einzelfehler erkannt (da die Gewichte 1 bzw. 3 aus $\mathbb{Z}_{10}^*$ sind), aber nicht alle Vertauschungsfehler.

- Bei Banken wird das **Einheitliche Kontonummernsystem (EKONS)** verwendet. Die Kontonummern sind maximal zehnstellig: Die ersten (maximal 4) Ziffern stehen für die Klassifikation der Konten und die restlichen 6 Ziffern bilden die eigentliche Kontonummer, wobei die letzte Ziffer eine Prüfziffer ist. Es sind bei verschiedenen Banken verschiedene Prüfzifferverfahren üblich. Die Prüfziffer p der Kontonummer $abcd\,efghi\,p$ berechnet sich zum Beispiel nach der Vorschrift

$$2i + h + 2g + f + 2e + d + 2c + b + 2a + p = 0 \bmod 10.$$

Es werden nicht alle Einzelfehler erkannt (da das Gewicht 2 nicht in $\mathbb{Z}_{10}^*$ liegt), aber alle Vertauschungsfehler benachbarter Ziffern, da die Differenz der zugehörigen Gewichte, 1, in $\mathbb{Z}_{10}^*$ liegt.

- Die zehnstellige **Internationale Standard-Buchnummer (ISBN)** hat die Form $a\,bcd\,efghi\,p$. Dabei ist a das Herkunftsland, bcd kennzeichnet den Verlag und p ist die Prüfziffer, die

$$10a + 9b + 8c + 7d + 6e + 5f + 4g + 3h + 2i + p = 0 \bmod 11$$

erfüllt. Anstelle von 10 wird das Symbol X verwendet. Da alle Gewichte und auch die Differenzen von je zwei Gewichten in $\mathbb{Z}_{11}^*$ liegen, werden alle Einzelfehler und alle Vertauschungsfehler erkannt.

> **Beispiel 3.33 Prüfziffer**
> a) Anstelle der EAN $72cd\,efgh\,ikmn\,p$ wird die EAN $27cd\,efgh\,ikmn\,p$ eingegeben, es wurden also die ersten beiden Ziffern vertauscht. Erkennt die Prüfziffer diesen Fehler?
> b) Anstelle der EAN $26cd\,efgh\,ikmn\,p$ wird nun die EAN $62cd\,efgh\,ikmn\,p$ eingegeben, es wurden also wieder die ersten beiden Ziffern vertauscht. Erkennt die Prüfziffer diesen Fehler?

Lösung zu 3.33

a) Um uns auf das Wesentliche konzentrieren zu können, betrachten wir nur den Beitrag der ersten beiden Stellen zur Prüfziffer (die weiteren Stellen sind in beiden EANs gleich und geben daher den gleichen Beitrag zur Prüfziffer). In der ersten EAN erhalten wir aus den ersten beiden Stellen

$$1 \cdot 7 + 3 \cdot 2 = 13 = 3 \bmod 10,$$

und bei der zweiten EAN ergibt sich ebenfalls

$$1 \cdot 2 + 3 \cdot 7 = 23 = 3 \bmod 10.$$

Dieser Vertauschungsfehler wird also nicht erkannt.

b) In der ersten EAN erhalten wir nun aus den ersten beiden Stellen

$$1 \cdot 6 + 3 \cdot 2 = 12 = 2 \bmod 10,$$

die zweite EAN liefert

$$1 \cdot 2 + 3 \cdot 6 = 20 = 0 \bmod 10.$$

Dieser Vertauschungsfehler wird also erkannt.   ∎

3.3 Der Euklid'sche Algorithmus und diophantische Gleichungen

Das multiplikative Inverse in $\mathbb{Z}_m$ kann für kleines m leicht durch Probieren gefunden werden. In praktischen Anwendungen, z. B. in der Kryptographie, hat man es aber oft mit großen Zahlen zu tun und benötigt daher ein besseres Verfahren. Wir beginnen mit einem effektiven Verfahren für die Bestimmung des größten gemeinsamen Teilers und werden sehen, dass wir damit gleichzeitig auch den gewünschten Algorithmus für das multiplikative Inverse erhalten.

Die einfachste Möglichkeit, um zum Beispiel den $\text{ggT}(217, 63)$ zu finden, ist alle Zahlen von 1 bis 63 durchzuprobieren. Das ist allerdings ein sehr mühsames Verfahren und bereits der griechische Mathematiker Euklid (ca. 300 v. Chr.) hatte eine bessere Idee:

Dividieren wir zunächst 217, die größere der beiden Zahlen, durch 63, die kleinere der beiden:

$$217 = 3 \cdot 63 + 28.$$

Jeder gemeinsame Teiler von 217 und 63 muss auch $28 = 217 - 3 \cdot 63$ teilen.

Denn wenn t ein gemeinsamer Teiler von 217 und 63 ist, also $217 = kt$ und $63 = nt$, so folgt: $28 = 217 - 3 \cdot 63 = kt - 3 \cdot nt = t(k - 3n)$, also ist t auch ein Teiler von 28.

Analog muss jeder gemeinsame Teiler von 63 und 28 auch ein Teiler von $217 = 3 \cdot 63 + 28$ sein. Daher ist insbesondere der größte gemeinsame Teiler von 217 und 63 gleich dem größten gemeinsamen Teiler von 63 und 28. Das Problem, den ggT(217, 63) zu finden, reduziert sich also auf das Problem, den ggT(63, 28) zu finden! Als nächstes dividieren wir daher 63 durch 28,

$$63 = 2 \cdot 28 + 7.$$

Mit derselben Überlegung wie oben folgt, dass ggT(63, 28) = ggT(28, 7). Wir dividieren nun nochmal:

$$28 = 4 \cdot 7 + 0.$$

Da 7 ein Teiler von 28 ist, ist ggT(28, 7) = 7, und damit ist $7 = \text{ggT}(28, 7) = \text{ggT}(63, 28) = \text{ggT}(217, 63)$ und das Problem ist gelöst!

Euklid hat den Algorithmus in seinem Werk, den *Elementen* beschrieben. Die *Elemente* bestehen aus 13 Bänden, ein Teil davon sind Euklids eigene Arbeiten, der Rest ist eine Sammlung des mathematischen Wissens der damaligen Zeit. Die *Elemente* sind eines der erfolgreichsten Lehrwerke aller Zeiten und waren bis ins 19. Jahrhundert das meistverkaufte Werk nach der Bibel.

Satz 3.34 (Euklid'scher Algorithmus) Die natürlichen Zahlen a, b seien gegeben. Setzt man $r_0 = a$, $r_1 = b$ und definiert man rekursiv r_k als Rest der Division von r_{k-2} durch r_{k-1},

$$r_k = r_{k-2} \bmod r_{k-1} \quad \text{(also } r_{k-2} = q_k r_{k-1} + r_k),$$

so bricht diese Rekursion irgendwann ab, d.h. $r_{n+1} = 0$, und es gilt $r_n = \text{ggT}(a, b)$. Der letzte nichtverschwindende Rest ist also der größte gemeinsame Teiler.

Für Informatiker ist es immer wichtig sicherzustellen, dass ein Algorithmus wohl irgendwann abbricht. Hier ist das leicht zu sehen, da $r_1 = b$ ist und r_k in jedem Schritt abnimmt. Daher ist nach spätestens b Schritten Schluss.

Es ist übrigens sinnvoll (aber nicht notwendig), $a > b$ zu wählen. Tut man das nicht, so tauschen im ersten Schritt des Algorithmus a und b Platz, man muss also einen Schritt mehr im Vergleich zum Fall $a > b$ ausführen.

Beispiel 3.35 (→CAS) Euklid'scher Algorithmus
Bestimmen Sie den ggT(75, 38).

Lösung zu 3.35 Wir setzen $r_0 = 75$ (die größere der beiden Zahlen) und $r_1 = 38$ und dividieren:

$$75 = 1 \cdot 38 + 37, \qquad (\text{also } q_2 = 1, r_2 = 37)$$
$$38 = 1 \cdot 37 + 1, \qquad (\text{also } q_3 = 1, r_3 = 1)$$
$$37 = 37 \cdot 1 + 0$$

Der letzte Rest ungleich 0 ist $r_3 = 1 = \text{ggT}(75, 38)$. Die beiden Zahlen sind also teilerfremd. ∎

Eine Erweiterung des Euklid'schen Algorithmus zeigt uns, wie eine ganzzahlige Lösung einer Gleichung der Form $ax + by = \text{ggT}(a, b)$ gefunden werden kann. Eine Gleichung, bei der nur *ganzzahlige* Lösungen gesucht werden, bezeichnet man als **diophantische Gleichung**, benannt nach dem griechischen Mathematiker Diophant von Alexandrien (ca. 250 v. Chr.).

Die wohl bekannteste diophantische Gleichung ist $x^n + y^n = z^n$. Der Fall $n = 2$ entspricht dem Satz von Pythagoras und eine Lösung ist zum Beispiel $x = 3$, $y = 4$ und $z = 5$: $3^2 + 4^2 = 5^2$. Der französische Mathematiker Fermat (1607–1665) hat die Behauptung aufgestellt, dass diese Gleichung für natürliches $n > 2$ keine Lösungen mit ganzzahligen x, y und z besitzt; dass es also z. B. keine ganzen Zahlen x, y, z gibt, die $x^3 + y^3 = z^3$ erfüllen. Fermat ist auf diese Vermutung beim Studium eines Bandes von Diophants Lehrwerk, der *Arithmetica* gekommen, und hat am Rand einer Seite vermerkt: „Ich habe hierfür einen wahrhaft wunderbaren Beweis, doch ist dieser Rand hier zu schmal, um ihn zu fassen." Diese Notiz hat Generationen von Mathematikern und Mathematik-Begeisterten den Schlaf geraubt, und für den Beweis von Fermats Behauptung wurden viele Preise ausgesetzt. Er wurde erst 1995 erbracht und umfasst Hunderte von Seiten … Mehr zur spannenden Geschichte von „Fermats letzter Satz" finden Sie im gleichnamigen Buch von S. Singh [43].

Wo treten Situationen auf, wo nur ganzzahlige Lösungen gebraucht werden? Ein Beispiel: Eine Firma erzeugt zwei Produkte A und B, für die 75 bzw. 38 kg eines bestimmten Rohstoffes benötigt werden. Wie viele Stücke von A bzw. B sollen erzeugt werden, wenn 10 000 kg Rohstoff vorhanden sind und der gesamte Rohstoff verbraucht werden soll? Wenn x die Stückzahl von Produkt A und y die Stückzahl von Produkt B bedeutet, dann suchen wir hier also nichtnegative ganze Zahlen x und y, mit

$$75x + 38y = 10\,000.$$

Wesentliche Zutaten, die wir für die Lösung dieses Problems brauchen, finden sich im folgenden Ergebnis, mit dem man beliebige Gleichungen der Form $ax + by = c$ im Griff hat:

Satz 3.36 (Erweiterter Euklid'scher Algorithmus) Gegeben ist die Gleichung

$$ax + by = \text{ggT}(a, b)$$

mit beliebigen natürlichen Zahlen a und b. Eine ganzzahlige Lösung x, y kann mithilfe des erweiterten Euklid'schen Algorithmus rekursiv berechnet werden. Dazu wird der Euklid'sche Algorithmus wie in Satz 3.34 beschrieben durchgeführt, zusätzlich werden noch in jedem Schritt Zahlen x_k und y_k berechnet, mit den Anfangswerten $x_0 = 1$, $y_0 = 0$, $x_1 = 0$, $y_1 = 1$:

$$r_k = r_{k-2} \bmod r_{k-1}, \quad q_k = r_{k-2} \operatorname{div} r_{k-1}, \qquad (\text{also } r_{k-2} = q_k r_{k-1} + r_k)$$
$$x_k = x_{k-2} - q_k x_{k-1}, \quad y_k = y_{k-2} - q_k y_{k-1}.$$

> Die Abbruchbedingung ist wieder $r_{n+1} = 0$. Für $r_n = \mathrm{ggT}(a,b)$ und das zugehörige x_n bzw. y_n gilt dann: $x_n a + y_n b = \mathrm{ggT}(a,b)$. Daher haben wir mit $x = x_n$ und $y = y_n$ eine Lösung der gegebenen diophantischen Gleichung gefunden.

Die Idee ist hier, r_k in der Form $r_k = x_k a + y_k b$ zu schreiben. Für $k = 0, 1$ ist das leicht; wegen $r_0 = a$ bzw. $r_1 = b$ brauchen wir nur $x_0 = 1, y_0 = 0$ bzw. $x_1 = 0, y_1 = 1$ zu wählen. Also können wir Induktion versuchen. Dazu müssen wir nur noch die Formel für r_k zeigen und können voraussetzen, dass sie für r_{k-1} und r_{k-2} gilt: $r_k = r_{k-2} - q_k r_{k-1} = (x_{k-2} a + y_{k-2} b) - q_k(x_{k-1} a + y_{k-1} b) = (x_{k-2} - q_k x_{k-1})a + (y_{k-2} - q_k y_{k-1})b = x_k a + y_k b$.

Daraus folgt sofort: Wenn x, y die Gleichung $ax + by = \mathrm{ggT}(a,b)$ löst, so löst nx, ny die Gleichung $a(nx) + b(ny) = n \cdot \mathrm{ggT}(a,b)$. Mehr noch, die Gleichung $ax + by = c$ hat *genau dann* ganzzahlige Lösungen, wenn $c = n \cdot \mathrm{ggT}(a,b)$, also wenn „die rechte Seite" c ein Vielfaches des $\mathrm{ggT}(a,b)$ ist.

Denn: Existiert eine ganzzahlige Lösung, so ist $\mathrm{ggT}(a,b)$ ein Teiler der linken Seite $ax + by$, muss also auch ein Teiler der rechten Seite c sein.

Beispiel 3.37 ($\rightarrow$CAS) Erweiterter Euklid'scher Algorithmus
a) Finden Sie eine ganzzahlige Lösung x, y von

$$75x + 38y = 1.$$

b) Finden Sie eine ganzzahlige Lösung von

$$75x + 38y = 10000.$$

c) Besitzt die Gleichung $217x + 63y = 10$ eine ganzzahlige Lösung?

Lösung zu 3.37
a) Wir führen den Euklid'schen Algorithmus wie in Beispiel 3.35 durch und berechnen zusätzlich in jedem Schritt die x_k und y_k, wie im Satz 3.36 beschrieben (Startwerte $x_0 = 1, y_0 = 0, x_1 = 0, y_1 = 1$):

$$75 = 1 \cdot 38 + 37, \qquad x_2 = 1 - 1 \cdot 0 = 1, \quad y_2 = 0 - 1 \cdot 1 = -1$$
$$38 = 1 \cdot 37 + 1, \qquad x_3 = 0 - 1 \cdot 1 = -1, y_3 = 1 - 1 \cdot (-1) = 2$$
$$37 = 37 \cdot 1$$

Der letzte Rest ungleich 0 ist $r_3 = 1 = \mathrm{ggT}(75, 38)$. Damit ist $x = x_3 = -1$ und $y = y_3 = 2$ eine Lösung der Gleichung. Probe: $75 \cdot (-1) + 38 \cdot 2 = 1$.

b) Da $x = -1$ und $y = 2$ eine Lösung von $75x + 38y = 1$ ist, ist $x = -10000$ und $y = 20000$ eine Lösung von $75x + 38y = 10000$.

c) Wir wissen aus Beispiel 3.35, dass $\mathrm{ggT}(217, 63) = 7$ ist. Da nun 10 kein Vielfaches von 7 ist, gibt es keine ganzzahlige Lösung. ∎

Nun haben wir mit $x = -10000$ und $y = 20000$ zwar eine Lösung von $75x + 38y = 10000$, aber ein Problem, wenn wir x und y als Stückzahlen interpretieren möchten! Dafür können wir nämlich nur nichtnegative Werte für x und y brauchen. Gibt es noch weitere Lösungen von $75x + 38y = 10000$? Ja! Hier alles zusammengefasst:

Satz 3.38 (Lösung einer diophantischen Gleichung) Die diophantische Gleichung

$$ax + by = c$$

hat genau dann eine ganzzahlige Lösung, wenn c ein Vielfaches des größten gemeinsamen Teilers von a und b ist, also $c = n \cdot \mathrm{ggT}(a,b)$ mit $n \in \mathbb{Z}$.

Ist x_0, y_0 eine ganzzahlige Lösung von $ax_0 + by_0 = \mathrm{ggT}(a,b)$ (gefunden zum Beispiel mithilfe von Satz 3.36), so ist $x = nx_0$, $y = ny_0$ eine ganzzahlige Lösung von $ax+by = n \cdot \mathrm{ggT}(a,b)$. Alle weiteren ganzzahligen Lösungen von $ax+by = n \cdot \mathrm{ggT}(a,b)$ sind gegeben durch

$$\tilde{x} = x + \frac{kb}{\mathrm{ggT}(a,b)}, \qquad \tilde{y} = y - \frac{ka}{\mathrm{ggT}(a,b)}$$

mit einer beliebigen ganzen Zahl k.

Man kann sich durch Einsetzen leicht davon überzeugen, dass mit x, y auch $\tilde{x} = x + k\frac{b}{\mathrm{ggT}(a,b)}$, $\tilde{y} = y - k\frac{a}{\mathrm{ggT}(a,b)}$ eine Lösung ist. Umgekehrt muss jede Lösung auch so aussehen. Denn ist $\tilde{x}$, $\tilde{y}$ irgendeine weitere Lösung, also $\tilde{x}a + \tilde{y}b = n \cdot \mathrm{ggT}(a,b)$, so erhält man durch Subtraktion der beiden Gleichungen $(\tilde{x} - x)a = (y - \tilde{y})b$. Kürzt man durch $\mathrm{ggT}(a,b)$, so erhält man $(\tilde{x} - x)\tilde{a} = (y - \tilde{y})\tilde{b}$ mit $\tilde{a} = \frac{a}{\mathrm{ggT}(a,b)}$ und $\tilde{b} = \frac{b}{\mathrm{ggT}(a,b)}$. Da keiner der Primfaktoren von $\tilde{a}$ in $\tilde{b}$ steckt, müssen alle in $(y - \tilde{y})$ stecken, also ist $y - \tilde{y}$ ein Vielfaches von $\tilde{a}$. Analog ist $\tilde{x} - x$ ein Vielfaches von $\tilde{b}$.

Nun haben wir alle Zutaten, um unser Rohstoffproblem endgültig zu lösen:

Beispiel 3.39 Diophantische Gleichung
Finden Sie nichtnegative ganze Zahlen x und y mit

$$75x + 38y = 10000.$$

Lösung zu 3.39 Wir kennen aus Beispiel 3.37 bereits eine Lösung $x = -10000$ und $y = 20000$. Mithilfe von Satz 3.38 erhalten wir nun weitere ganzzahlige Lösungen $\tilde{x} = -10000 + k \cdot 38$ und $\tilde{y} = 20000 - k \cdot 75$ für beliebiges $k \in \mathbb{Z}$.

Nun suchen wir ein k so, dass $\tilde{x}$ und $\tilde{y}$ nichtnegativ sind: Aus der Bedingung $\tilde{x} \geq 0$ folgt, dass dieses $k \geq \frac{10000}{38} = 263.158$ sein muss, und aus $\tilde{y} \geq 0$ folgt $k \leq \frac{20000}{75} = 266.\overline{6}$. Dies trifft für $k = 264, 265$ oder 266 zu. Mit jedem dieser k's erhalten wir also wie gewünscht nichtnegative Lösungen. Zum Beispiel ergeben sich für $k = 264$ die Stückzahlen $\tilde{x} = 32$ und $\tilde{y} = 200$. Probe: $75 \cdot 32 + 200 \cdot 38 = 10000$. ■

Der erweiterte Euklid'sche Algorithmus kann nun auch verwendet werden, um das multiplikative Inverse einer Zahl e modulo m zu berechnen:

Satz 3.40 (Berechnung des multiplikativen Inversen) Seien e und m teilerfremd. Dann ist die Lösung $x \in \mathbb{Z}_m$ der diophantischen Gleichung

$$e\,x + m\,y = 1$$

(die zum Beispiel mit dem erweiterten Euklid'schen Algorithmus berechnet wird), das multiplikative Inverse $\frac{1}{e}$ in $\mathbb{Z}_m$.

Falls der erweiterte Euklid'sche Algorithmus ein x liefert, das nicht in $\mathbb{Z}_m$ liegt, so muss also noch der Rest von x modulo m aufgesucht werden. Der zweite Teil der Lösung (y), die der erweiterte Euklid'sche Algorithmus liefert, ist für die Berechnung des multiplikativen Inversen uninteressant.

Warum ist x das gesuchte multiplikative Inverse? Nun, x erfüllt ja $e\,x + m\,y = 1$, oder etwas umgeformt: $e\,x = 1 - m\,y$. Das bedeutet aber, dass sich $e\,x$ und 1 nur um ein Vielfaches von m unterscheiden, und das bedeutet nichts anderes als $e\,x = 1\ (\mathrm{mod}\,m)$.

> **Beispiel 3.41 ($\rightarrow$CAS) Multiplikatives Inverses und Euklid'scher Algorithmus**
>
> Finden Sie das multiplikative Inverse von 75 modulo 38.

Lösung zu 3.41 Da $e = 75$ und $m = 38$ teilerfremd sind, gibt es ein multiplikatives Inverses zu e. Betrachten wir die diophantische Gleichung $75\,x + 38\,y = 1$. Aus Beispiel 3.39 wissen wir, dass $x = -1$ und $y = 2$ eine Lösung ist. Wir interessieren uns nur für $x = -1$ und suchen seinen Rest modulo 38: $x = -1 = 37\ (\mathrm{mod}\,38)$. Damit ist 37 das gesuchte multiplikative Inverse zu 75 in $\mathbb{Z}_{38}$, d.h. $\frac{1}{75} = 37$ in $\mathbb{Z}_{38}$. Probe: $75 \cdot 37 = 2775 = 1\ (\mathrm{mod}\,38)$.   ∎

3.3.1 Anwendung: Der RSA-Verschlüsselungsalgorithmus

Die Cäsarverschiebung aus Beispiel 3.14 ist das klassische Beispiel eines konventionellen, so genannten **symmetrischen Verschlüsselungsalgorithmus**: Sowohl dem Sender als auch dem Empfänger der geheimen Nachricht ist der Schlüssel e bekannt (und damit auch der zweite Schlüssel d, der sich leicht aus e berechnen lässt). Das bedeutet aber, dass der geheime Schlüssel e zwischen Sender und Empfänger zunächst ausgetauscht werden muss, bevor verschlüsselt werden kann. Steht nun für diesen Austausch kein sicherer Weg zur Verfügung, sondern nur ein öffentliches Medium wie z. B. das Internet, dann wird eine sichere Schlüsselvereinbarung zwischen Sender und Empfänger ein Problem.

Eine Alternative bieten so genannte **asymmetrische** oder **Public Key Verschlüsselungsverfahren**. Hier besitzt jeder Teilnehmer zwei Schlüssel: einen **privaten Schlüssel (private key)**, den er geheim hält, und einen **öffentlichen Schlüssel (public key)**, der aller Welt bekannt gegeben wird (wie eine Telefonnummer in einem Telefonbuch).

Wenn Sie mir nun eine geheime Nachricht senden möchten, schlagen Sie einfach im entsprechenden öffentlichen Verzeichnis meinen öffentlichen Schlüssel e (*encrypt* = engl. *verschlüsseln*) nach, verschlüsseln damit die Nachricht und senden sie dann z. B. als Email an mich. Da nur ich den zugehörigen geheimen Schlüssel d (*decrypt* = engl. *entschlüsseln*) kenne, bin nur ich in der Lage, dieses Email wieder zu entschlüsseln.

Nun liegt es aber in der Natur der Sache, dass der Zusammenhang zwischen der originalen und der verschlüsselten Nachricht eindeutig sein muss, und daraus kann man ableiten, dass auch der geheime Schlüssel d prinzipiell aus dem öffentlichen Schlüssel e berechenbar sein muss. Es scheint also, dass es ein solches Verschlüsselungsverfahren nicht geben kann. *Theoretisch* ist das auch so. *Praktisch* aber reicht es schon aus, wenn die Berechnung von d aus e einfach so langwierig ist, dass man sie auch mit den schnellsten Computern nicht innerhalb praktischer Zeitgrenzen durchführen kann. Das lässt sich mit einer so genannten **Einwegfunktion** realisieren: Sie kann in eine Richtung ($x \mapsto y = f(x)$, also Ermittlung des Funktionswertes zu gegebenem x) leicht berechnet werden, in die andere Richtung ($y = f(x) \mapsto x$) praktisch nicht.

Ein Beispiel für eine Einwegfunktion ist die Zuordnung Name $x \mapsto$ Telefonnummer $f(x)$ in einem Telefonbuch. Die eine Richtung ist kein Problem, nämlich zu einem gegebenen Namen die zugehörige Telefonnummer zu finden. Die umgekehrte Richtung, also zu einer gegebenen Telefonnummer den zugehörigen Namen zu finden, dauert dagegen um ein Vielfaches länger!

Wo soll man aber eine solche Funktion hernehmen? Dazu hatten die Mathematiker Ronald Rivest und Adi Shamir und der Computerwissenschaftler Leonard Adleman im Jahr 1978 die zündende Idee: Die Einwegeigenschaft des nach ihnen benannten RSA-Verschlüsselungsalgorithmus beruht darauf, dass die *Multiplikation* von Primzahlen fast keine Rechenzeit in Anspruch nimmt, während aber die *Zerlegung* einer gegebenen Zahl in ihre Primfaktoren im Vergleich dazu um ein Vielfaches länger benötigt!

Hier nun der **RSA-Algorithmus**, der die eingangs geforderten Eigenschaften besitzt:

a) **Schlüsselerzeugung**: Möchten Sie verschlüsselte Nachrichten empfangen, so erzeugen Sie folgendermaßen einen öffentlichen und einen privaten Schlüssel:
   - Wählen Sie zwei verschiedene Primzahlen p, q.
   - Bilden Sie daraus die Zahlen $n = p\,q$ und $m = (p-1)(q-1)$.
   - Wählen Sie eine Zahl e, die teilerfremd zu m ist.
   - Berechnen Sie die Zahl d, die $e\,d = 1 (\bmod\, m)$ erfüllt (also das multiplikative Inverse von e modulo m).
   - Geben Sie die Zahlen (n, e) als öffentlichen Schlüssel bekannt. Die Zahlen (n, d) behalten Sie als geheimen Schlüssel. p, q und m werden nicht mehr benötigt (bleiben aber geheim!).

b) **Verschlüsselung**: Wenn Ihnen nun jemand eine verschlüsselte Nachricht schicken möchte, so schlägt er Ihren öffentlichen Schlüssel (n, e) nach, verschlüsselt den Klartext x gemäß

$$y = x^e \ (\bmod\, n),$$

und schickt den Geheimtext y an Sie.

Die Verschlüsselungsvorschrift ist dabei eine Abbildung von $\mathbb{Z}_n$ nach $\mathbb{Z}_n$ und die Entschlüsselungsvorschrift ist die zugehörige Umkehrabbildung. Insbesondere muss also die Nachricht zuvor in eine Zahl kleiner als n umgewandelt werden (bzw. in eine Anzahl von Blöcken, die kleiner als n sind).

c) **Entschlüsselung**: Zum Entschlüsseln verwenden Sie Ihren geheimen Schlüssel (n, d) und berechnen damit den Klartext gemäß

$$x = y^d \ (\bmod\, n).$$

Dass wirklich $y^d = (x^e)^d = x^{ed} (\bmod\, n) = x$ gilt, ist an dieser Stelle noch nicht unmittelbar einsichtig, kann aber mithilfe eines Satzes des französischen Mathematikers Fermat (siehe Satz 3.43) bewiesen werden.

Natürlich ist es prinzipiell möglich, den geheimen Schlüssel (n, d) aus Kenntnis des öffentlichen Schlüssels (n, e) zu berechnen, indem man die Gleichung

$$e\,d = 1\,(\mathrm{mod}\,m)$$

löst. Da aber $m = (p-1)(q-1)$ geheim ist, muss man zur Ermittlung von m zuerst die Primfaktoren p und q von n bestimmen. Sind die beiden Primfaktoren geeignet gewählt (insbesondere genügend groß), so wird aber auch der heutzutage schnellste Computer das Zeitliche segnen, bevor er mit der Primfaktorzerlegung fertig ist. Die Sicherheit des RSA-Algorithmus hängt also von der verwendeten Schlüssellänge ab (die der Größe der Primzahlen entspricht). Das bedeutet natürlich, dass eine Schlüssellänge, die heute als sicher gilt, aufgrund der steigenden Rechnerleistung in einigen Jahren schon nicht mehr sicher ist!

Außerdem wäre es möglich, dass jemand einen schnelleren Algorithmus (der polynomial von der Größe der Zahl n abhängt) zur Primfaktorzerlegung findet, und in diesem Fall wäre die Sicherheit des RSA-Algorithmus endgültig dahin. Mathematiker versuchen deshalb zu beweisen, dass es einen solchen Algorithmus nicht geben kann.

Nun gleich zu einem Beispiel:

> **Beispiel 3.42 ($\rightarrow$CAS) Verschlüsselung mit dem RSA-Algorithmus**
> Die Nachricht „KLEOPATRA" soll mit dem RSA-Algorithmus verschlüsselt an einen Empfänger geschickt werden, dessen öffentlicher Schlüssel $(n, e) = (1147, 29)$ ist. Wandeln Sie zuvor die Nachricht so wie in Beispiel 3.14 in Ziffern um.
> a) Wie lautet der Geheimtext?
> b) Entschlüsseln Sie den Geheimtext ($d = 149$).
> c) Versuchen Sie, den geheimen Schlüssel (n, d) aus der Kenntnis des öffentlichen Schlüssels (n, e) zu berechnen.

Lösung zu 3.42

a) In Zahlen lautet KLEOPATRA: $10, 11, 4, 14, 15, 0, 19, 17, 0$. Verschlüsseln wir jede dieser Zahlen x gemäß $y = x^{29}\,(\mathrm{mod}\,1147)$:

x	10	11	4	14	15	0	19	17	0
$y = x^{29}\,(\mathrm{mod}\,1147)$	803	730	132	547	277	0	979	42	0

Wir erhalten die verschlüsselte Nachricht: $803, 730, 132, 547, 277, 0, 979, 42, 0$.

b) Der Empfänger kann mit der Vorschrift $x = y^{149}\,(\mathrm{mod}\,1147)$ entschlüsseln:

y	803	730	132	547	277	0	979	42	0
$x = y^{149}(\mathrm{mod}\,1147)$	10	11	4	14	15	0	19	17	0

c) d ist eine Lösung der Gleichung $e\,d = 1\,(\mathrm{mod}\,m)$. e ist öffentlich bekannt, für die Berechnung von $m = (p-1)(q-1)$ benötigt man aber die Primfaktoren p und q von n (das auch bekannt ist). In der Praxis sollte die Primfaktorzerlegung innerhalb praktischer Zeitgrenzen nicht berechenbar sein, in unserem Beispiel sind die Primzahlen aber so klein, dass jeder Computer die Zerlegung ohne Mühe schafft: $1147 = 31 \cdot 37$, also $p = 31$ und $q = 37$. Damit können wir m berechnen: $m = (31-1)(37-1) = 1080$. Der geheime Schlüssel d ist nun eine Lösung der Gleichung $e\,d = 1\,(\mathrm{mod}\,m)$. Sie kann mit dem erweiterten Euklid'schen Algorithmus (siehe Satz 3.36) berechnet werden: $d = 149$.

■

Unser Beispiel hat – abgesehen von den zu kleinen Primzahlen – noch eine weitere Schwachstelle: Da jeder Buchstabe einzeln und immer auf dieselbe Weise verschlüsselt wird (**monoalphabetische Verschlüsselung**), kann der Code bei längeren Nachrichten mit statistischen Methoden gebrochen werden. Dabei verwendet man die Tatsache, dass die einzelnen Buchstaben in einem durchschnittlichen Text mit bestimmten Häufigkeiten vorkommen. Zum Beispiel kommt in einem deutschen Text im Schnitt der Buchstabe „e" am häufigsten vor; das legt die Vermutung nahe, dass der häufigste Geheimtextbuchstabe zu „e" zu entschlüsseln ist. Dieser Angriff kann verhindert werden, indem man mehrere Buchstaben zu Blöcken zusammenfasst und verschlüsselt.

In der Praxis ist der RSA-Algorithmus meist zu aufwändig zu berechnen und wird daher nur zum Austausch des geheimen Schlüssels eines konventionellen Verschlüsselungsalgorithmus verwendet. Die Verschlüsselung selbst geschieht dann mit dem schnelleren konventionellen Algorithmus. Diese Vorgangsweise wird als **Hybridverfahren** bezeichnet.

Eine wichtige Eigenschaft des RSA-Algorithmus ist die Symmetrie zwischen dem geheimen Schlüssel d und dem öffentlichen Schlüssel e. Sie bedeutet, dass ich umgekehrt mit meinem geheimen Schlüssel Datensätze verschlüsseln kann, die dann jeder mit meinem öffentlichen Schlüssel entschlüsseln kann. Diese Vorgangsweise wird für die **Digitale Signatur** und zur **Authentifizierung** angewendet. Eine digitale Signatur mit RSA besteht im Wesentlichen aus folgenden Schritten:

a) **Signatur**: Um das Dokument x digital zu signieren gehe ich wie folgt vor:
 • Ich verschlüssle x mit meinem geheimen Schlüssel:

$$s = x^d \,(\mathrm{mod}\, n).$$

 (In der Praxis wird nicht x, sondern der digitale Fingerabdruck von x (d.h. der Hashwert von x unter einer kryptographischen Hashfunktion) signiert, damit die Signatur keine zu große Datenmenge darstellt.)
 • Ich gebe das unverschlüsselte Dokument x und die Signatur s öffentlich bekannt.

b) **Prüfung der Signatur**: Wenn Sie die Gültigkeit der Signatur („Echtheit der Unterschrift") prüfen möchten, so:
 • Schlagen Sie meinen öffentlichen Schlüssel (n, e) nach.
 • Berechnen Sie

$$x' = s^e \,(\mathrm{mod}\, n).$$

 • Vergleichen Sie, ob $x = x'$. Wenn das der Fall ist, dann können Sie sicher sein, dass das Dokument *von mir* signiert wurde (denn nur ich kenne den geheimen Schlüssel) und dass das Dokument *nicht verändert* wurde (denn Sie haben den Vergleich mit dem Klartext).

Die Authentifizierung mit RSA läuft im Wesentlichen so ab (auch hier ist in der Praxis wieder eine kryptographische Hashfunktion im Spiel):

a) **Aufforderung zur Authentifizierung**: Sie möchten, dass ich mich authentifiziere. Dazu:
 • Wählen Sie einen zufälligen Text x.
 • Verschlüsseln Sie x mit meinem öffentlichen Schlüssel:

$$y = x^e \,(\mathrm{mod}\, n).$$

- Schicken Sie y mit der Bitte um Authentifizierung an mich.

b) **Authentifizierung**: Um meine Identität zu beweisen, wende ich meinen geheimen Schlüssel auf y an und erhalte damit x,

$$x = y^d \,(\mathrm{mod}\,n),$$

das ich an Sie zurück schicke. Da nur ich (als Besitzer des geheimen Schlüssels) in der Lage bin, x zu berechnen, haben Sie die Gewissheit, mit mir zu kommunizieren.

Zum Abschluss wollen wir noch hinter die Kulissen des RSA-Algorithmus blicken. Die mathematische Grundlage dazu ist der kleine Satz von Fermat:

Satz 3.43 (Fermat) Sei p eine Primzahl. Für jede Zahl x, die teilerfremd zu p ist, gilt

$$x^{p-1} = 1 \,(\mathrm{mod}\,p).$$

Der Beweis ist etwas trickreich, aber auch nicht schwer: Sei x teilerfremd zu p und y das multiplikative Inverse von x in $\mathbb{Z}_p$. Betrachten wir die Abbildung $f : \mathbb{Z}_p \to \mathbb{Z}_p$, die gegeben ist durch $f(a) = x \cdot a \,(\mathrm{mod}\,p)$. Diese Abbildung ist umkehrbar, denn durch Multiplikation mit y erhält man wieder a zurück: $b = x \cdot a \,(\mathrm{mod}\,p) \Leftrightarrow a = y \cdot b \,(\mathrm{mod}\,p)$. Jedes $a \in \mathbb{Z}_p$ wird durch f also auf genau ein $b \in \mathbb{Z}_p$ abgebildet. Also sind die Zahlen $x, 2x, \ldots, (p-1)x$ bis auf die Reihenfolge gleich den Zahlen $1, 2, \ldots, (p-1)$. Wenn wir diese Zahlen multiplizieren, so kommt es dabei auf die Reihenfolge nicht an, daher

$$x \cdot 2x \cdot 3x \cdot \ldots \cdot (p-1)x = 1 \cdot 2 \cdot 3 \cdot \ldots \cdot (p-1) \,(\mathrm{mod}\,p).$$

Die linke Seite umgeformt liefert

$$x^{p-1} \cdot 2 \cdot 3 \cdot \ldots \cdot (p-1) = 1 \cdot 2 \cdot 3 \cdot \ldots \cdot (p-1) \,(\mathrm{mod}\,p).$$

Multiplizieren wir nun der Reihe nach mit den multiplikativen Inversen von $2, 3, \ldots, p-1$ so bleibt am Ende $x^{p-1} = 1 \,(\mathrm{mod}\,p)$ übrig.

Nun wollen wir die Gültigkeit des RSA-Algorithmus mithilfe des kleinen Satzes von Fermat zeigen. Wir wählen die Zahlen $n = pq$, $m = (p-1)(q-1)$, e und d wie auf Seite 100 beschrieben und erinnern uns an die Vorschrift zum Verschlüsseln:

$$y = x^e \,(\mathrm{mod}\,n).$$

Wir wollen nun nachweisen, dass mit $y^d = x \,(\mathrm{mod}\,n)$ entschlüsselt wird. Wegen $ed = 1 \,(\mathrm{mod}\,m)$ wissen wir, dass $ed = 1 + km$ für irgendein $k \in \mathbb{N}_0$, und damit erhalten wir

$$y^d = (x^e)^d = x^{ed} = x^{1+km} \,(\mathrm{mod}\,n).$$

Wenn wir also $x^{1+km} = x \,(\mathrm{mod}\,n)$ zeigen können, dann sind wir fertig. Nun gilt:

$$x^{1+\ell(p-1)} = x \,(\mathrm{mod}\,p)$$

für beliebiges $\ell \in \mathbb{N}_0$.

Denn: $x^{1+\ell(p-1)} = x(x^{p-1})^\ell \,(\mathrm{mod}\,p)$; sind x und p teilerfremd, so folgt $x^{p-1} = 1 \,(\mathrm{mod}\,p)$ aus dem kleinen Satz von Fermat und daher $x^{1+\ell(p-1)} = x \cdot 1^\ell = x \,(\mathrm{mod}\,p)$; sind x und p nicht teilerfremd, so ist x ein Vielfaches von p, also $x = 0 \,(\mathrm{mod}\,p)$, d.h. beide Seiten sind 0 modulo p.

Speziell für $\ell = k(q-1)$ folgt also

$$x^{1+km} = x^{1+k(q-1)(p-1)} = x^{1+\ell(p-1)} = x \,(\mathrm{mod}\,p).$$

Analog erhalten wir $x^{1+km} = x \,(\mathrm{mod}\,q)$. Also ist einerseits $x^{1+km} = x + k_1 p$ und andererseits $x^{1+km} = x + k_2 q$ für irgendwelche $k_1, k_2 \in \mathbb{N}_0$. Das bedeutet, dass $x^{1+km} - x$ sowohl durch p als auch durch q teilbar ist. Da p und q verschiedene Primzahlen sind, muss $x^{1+km} - x = k_3 pq$ gelten (für irgendein $k_3 \in \mathbb{N}_0$), und bringt man x wieder auf die rechte Seite, so ist das gerade die gesuchte Gleichung $y^d = x \,(\mathrm{mod}\,n)$.

In vielen Texten über den RSA-Algorithmus wird der Satz von Euler und die Euler'sche φ-Funktion verwendet. Deshalb wollen wir kurz den Zusammenhang herstellen: Die **Euler'sche φ-Funktion** $\varphi(n)$ ist nichts anderes als die Anzahl der Elemente von $\mathbb{Z}_n^*$. Der **Satz von Euler** besagt nun, dass

$$x^{\varphi(n)} = 1 \,(\mathrm{mod}\,n) \quad \text{für alle } x \in \mathbb{Z}_n^*.$$

Falls $n = p$ eine Primzahl ist, so gilt $\mathbb{Z}_p^* = \{1, 2, \ldots, p-1\}$ und es gibt für alle Zahlen außer 0 ein Inverses bezüglich der Multiplikation. Insbesondere gilt $\varphi(p) = p - 1$. Der kleine Satz von Fermat ist also ein Spezialfall des Satzes von Euler. Beim RSA-Algorithmus ist $n = pq$ das Produkt von zwei verschiedenen Primzahlen, und es gibt für jede Zahl außer der Vielfachen von q (d.h. $q, 2q, \ldots, (p-1)q$), der Vielfachen von p ($p, 2p, \ldots, (q-1)p$) und 0 ein Inverses bezüglich der Multiplikation. In diesem Fall gilt also $\varphi(n) = pq - (p-1) - (q-1) - 1 = (p-1)(q-1) = m$ und unsere Gleichung $y^d = x^{1+km} = x \,(\mathrm{mod}\,n)$ ist ebenfalls ein Spezialfall des Satzes von Euler.

3.4 Der Chinesische Restsatz

Im 1. Jahrhundert v. Chr. stellte der chinesische Mathematiker Sun-Tsu folgendes Rätsel: „Ich kenne eine Zahl. Wenn man sie durch 3 dividiert, bleibt der Rest 2; wenn man sie durch 5 dividiert, bleibt der Rest 3; wenn man sie durch 7 dividiert, bleibt der Rest 2. Wie lautet die Zahl?" In unserer Schreibweise ist eine Zahl x gesucht, die die Kongruenzen $x = 2 \,(\mathrm{mod}\,3)$, $x = 3 \,(\mathrm{mod}\,5)$, $x = 2 \,(\mathrm{mod}\,7)$ *gleichzeitig* löst.

Viele Anwendungen führen auf mehrere Kongruenzen, die gleichzeitig gelöst werden sollen. Man spricht von einem **System von Kongruenzen**. Wann ein solches System lösbar ist, sagt uns das folgende hinreichende (aber nicht notwendige) Kriterium:

> **Satz 3.44 (Chinesischer Restsatz)** Sind $m_1, \ldots, m_n$ paarweise teilerfremde ganze Zahlen, dann hat das System von Kongruenzen
>
> $$x = a_1 \,(\mathrm{mod}\,m_1)$$
> $$\vdots$$
> $$x = a_n \,(\mathrm{mod}\,m_n)$$
>
> eine eindeutige Lösung $x \in \mathbb{Z}_m$, wobei $m = m_1 \cdot \ldots \cdot m_n$ das Produkt der einzelnen Module ist.

Die Lösung lässt sich auch leicht explizit konstruieren:

a) Wir berechnen die Zahlen $M_k = \frac{m}{m_k}$, das ist also jeweils das Produkt aller Module außer m_k.

b) Nun berechnen wir für jedes M_k das multiplikative Inverse $N_k \in \mathbb{Z}_{m_k}$.

c) Dann ist

$$x = \sum_{k=1}^{n} a_k M_k N_k = a_1 \cdot M_1 \cdot N_1 + \ldots + a_n \cdot M_n \cdot N_n$$

eine Lösung des Systems von Kongruenzen; wir müssen gegebenenfalls nur noch den dazu kongruenten Rest in $\mathbb{Z}_m$ berechnen.

Achtung: Der Chinesische Restsatz hilft nur, wenn die Module teilerfremd sind. Sind sie nicht teilerfremd, so kann das System keine oder mehrere Lösungen in $\mathbb{Z}_m$ haben.

Beispiel: $x = 1 \, (\mathrm{mod}\, 2)$ und $x = 2 \, (\mathrm{mod}\, 4)$ hat keine Lösung. Das kann man so überlegen: Wenn $x \in \mathbb{Z}$ eine Lösung von $x = 1 \, (\mathrm{mod}\, 2)$ und $x = 2 \, (\mathrm{mod}\, 4)$ wäre, so müsste $x = 1 + 2m$ und $x = 2 + 4n$ für irgendwelche ganzen Zahlen $m, n \in \mathbb{Z}$ gelten. Ziehen wir beide Darstellungen voneinander ab, so erhalten wir $1 = 2(2n - m)$, und das ist unmöglich!

Nun können wir das Rätsel von Sun-Tsu lösen:

Beispiel 3.45 ($\rightarrow$CAS) Chinesischer Restsatz
Lösen Sie das System von Kongruenzen

$$
\begin{aligned}
x &= 2 \, (\mathrm{mod}\, 3) \\
x &= 3 \, (\mathrm{mod}\, 5) \\
x &= 2 \, (\mathrm{mod}\, 7).
\end{aligned}
$$

Lösung zu 3.45 Da die Module $3, 5, 7$ Primzahlen sind, sind sie insbesondere paarweise teilerfremd. Das Produkt der Module ist $m = m_1 \cdot m_2 \cdot m_3 = 3 \cdot 5 \cdot 7 = 105$. Es gibt also eine eindeutige Lösung x mit $0 \leq x < 105$, und jede weitere Zahl aus der Restklasse von x modulo 105 löst das System. Konstruktion der Lösung:

a) Wir berechnen $M_1 = m_2 \cdot m_3 = 5 \cdot 7 = 35$, $M_2 = m_1 \cdot m_3 = 3 \cdot 7 = 21$, $M_3 = m_1 \cdot m_2 = 3 \cdot 5 = 15$.

b) Berechnung der multiplikativen Inversen von M_1, M_2, M_3 modulo m_1, m_2 bzw. m_3: Das multiplikative Inverse von $M_1 = 35$ modulo $m_1 = 3$ erfüllt $35 \cdot N_1 = 1 (\mathrm{mod}\, 3)$ oder, wenn wir anstelle 35 einen kleineren Vertreter von 35 aus derselben Restklasse modulo 3 nehmen (damit wir das multiplikative Inverse besser finden können), $2 \cdot N_1 = 1 (\mathrm{mod}\, 3)$. Nun können wir leicht ablesen, dass $N_1 = 2$ ist. Analog berechnen wir das multiplikative Inverse $N_2 = 1$ zu $M_2 = 21$ modulo $m_2 = 5$ und das multiplikative Inverse $N_3 = 1$ zu $M_3 = 15$ modulo 7.

c) Damit berechnen wir $x = 2 \cdot 35 \cdot 2 + 3 \cdot 21 \cdot 1 + 2 \cdot 15 \cdot 1 = 233 = 23 \, (\mathrm{mod}\, 105)$. Die gesuchte Lösung in $\mathbb{Z}_{105}$ ist also 23. ∎

Eine „praktisch" wichtige Anwendung des Chinesischen Restsatzes sind Kartentricks: Sie denken an irgendeine Karte (insgesamt 20 Karten). Ich lege die Karten der Reihe nach (sichtbar) auf 5 Stapel (nach dem letzten beginne ich wieder beim ersten). Sie sagen mir, in welchem Stapel die Karte liegt. Wir wiederholen das mit 4 Stapeln, und ich sage Ihnen dann, an welche Karte Sie gedacht haben.

3.4.1 Anwendung: Rechnen mit großen Zahlen

Zum Abschluss möchte ich Ihnen noch zeigen, wie man den Chinesischen Restsatz verwenden kann, um **mit großen Zahlen zu rechnen**. Dies kommt zum Beispiel in der Kryptographie (RSA-Algorithmus) zur Anwendung, wo mit großen Zahlen (mehr als 200 Stellen) gerechnet wird. Dabei ermöglicht die Verwendung des Chinesischen Restsatzes eine Beschleunigung um das mehr als 3-fache:

Bekanntlich können Computer ja nur natürliche Zahlen mit einer maximalen Größe verarbeiten, zum Beispiel $2^{32} - 1$, wenn 32-Bit zur Verfügung stehen. Wie rechnet man nun aber mit Zahlen, die größer sind?

Eine einfache Lösung zu diesem Problem ist, eine Zahl in diesem Fall in zwei 16-Bit Blöcke zu zerlegen, und mit den einzelnen Blöcken zu rechnen. Wir betrachten einfachheitshalber nur zwei Blöcke, das Verfahren kann aber leicht auf beliebig viele Blöcke erweitert werden.

Warum 16-Bit, und nicht 32-Bit-Blöcke? Weil ansonsten das Produkt zweier Blöcke nicht in die 32-Bit passen würde, die zur Verfügung stehen.

Bei der Addition zweier Zahlen $x = 2^{16}x_1 + x_0$ und $y = 2^{16}y_1 + y_0$ müssen nur die Blöcke addiert werden: $x + y = 2^{16}p_1 + p_0$, wobei $p_0 = (x_0 + y_0) \bmod 2^{16}$ und $p_1 = (x_1 + y_1 + o_0) \bmod 2^{16}$ (wobei o_0 der eventuelle Überlauf aus der Addition von x_0 und y_0 ist).

Im Dezimalsystem überlegt: Angenommen, es stehen 6 Stellen zur Verfügung, und wir zerlegen eine Zahl in zwei dreistellige Blöcke, z. B. die Zahl $513\,489 = 513 \cdot 10^3 + 489 = x_1 \cdot 10^3 + x_0$ in die zwei Blöcke 513 und 489. Der erste Block $x_1 = 513$ gehört also hier zur Potenz 10^3, der zweite $x_0 = 489$ zur Potenz $10^0 = 1$. Haben wir eine zweite Zahl, z. B. $120\,721 = 120 \cdot 10^3 + 721 = y_1 \cdot 10^3 + y_0$, so ist die Summe der beiden Zahlen gleich $634 \cdot 10^3 + 210$. Hier ist 210 der Rest $(x_0 + y_0) \bmod 10^3 = (489 + 721) \bmod 10^3$, es bleibt der Überlauf 1 und $634 = x_1 + y_1 + o_0 = 513 + 120 + 1$.

Die Multiplikation ist schon aufwändiger: Es gilt $xy = 2^{48}q_3 + 2^{32}q_2 + 2^{16}q_1 + q_0$ mit $q_0 = (x_0y_0) \bmod 2^{16}$ und $q_1 = (x_1y_0 + x_0y_1 + o_0) \bmod 2^{16}$ wobei $o_0 = x_0y_0/2^{16}$ (ganzzahlige Division ohne Rest) ein eventueller Überlauf ist. Weiters ist $q_2 = (x_1y_1 + o_1) \bmod 2^{16}$ und $q_3 = x_1y_1/2^{16} + o_2$, wobei o_j der eventuelle Überlauf aus der Berechnung des j-ten Blocks ist. Die beiden letzten Blöcke q_2 und q_3 sollten allerdings gleich null sein, wenn zur Speicherung des Ergebnisses nur zwei Blöcke zur Verfügung stehen.

Das ist schon recht umständlich und wird natürlich bei noch mehr Blöcken noch umständlicher. Außerdem kann man sich überlegen, dass die Anzahl der notwendigen Multiplikationen quadratisch mit der Anzahl der Blöcke steigt.

Hier also der Alternativvorschlag mithilfe des Chinesischen Restsatzes: Wenn $m_1, m_2, \ldots, m_n$ paarweise teilerfremd sind, und $m = m_1 \cdots m_n$ bedeutet, so kann jede Zahl x mit $0 \le x < m$ eindeutig durch ihre Reste x_k modulo der m_k, $k = 1, \ldots, n$ repräsentiert werden:

$$x = (x_1, \ldots, x_n).$$

Beispiel: $m_1 = 9$, $m_2 = 8$. Dann ist etwa $39 = (3,7)$, denn $39 = 3 \,(\mathrm{mod}\,9)$ und $39 = 7 \,(\mathrm{mod}\,8)$. Umgekehrt kann zu jedem Tupel sofort mithilfe des Chinesischen Restsatzes wieder die Zahl rekonstruiert werden. So erhält man $x = 39$ als eindeutige Lösung von

$$x \;=\; 3 \,(\mathrm{mod}\, 9)$$
$$x \;=\; 7 \,(\mathrm{mod}\, 8).$$

Mit dieser Darstellung werden Addition und Multiplikation einfach (Satz 3.4): Sind $x = (x_1, \ldots, x_n)$ und $y = (y_1, \ldots, y_n)$ zwei Zahlen, so ist ihre Summe

$$x + y = ((x_1 + y_1) \bmod m_1, \ldots, (x_n + y_n) \bmod m_n)$$

und ihr Produkt

$$x \cdot y = ((x_1 y_1) \bmod m_1, \ldots, (x_n y_n) \bmod m_n)$$

(siehe Übungsaufgabe 8). Wir erhalten also die Reste der Summe durch Addition der Reste in $\mathbb{Z}_{m_k}$ und die Reste des Produktes durch Multiplikation der Reste in $\mathbb{Z}_{m_k}$. Insbesondere ist nun beim Produkt die Anzahl der notwendigen Multiplikationen gleich der Anzahl der Blöcke (und nicht quadratisch in der Anzahl der Blöcke wie zuvor). Außerdem können die einzelnen Reste getrennt berechnet werden, dieses Verfahren lässt sich somit gut auf Parallelrechnern umsetzen.

In der Praxis verwendet man für die Module m_k Zahlen der Form $2^\ell - 1$, da sich die modulare Arithmetik für diese Zahlen binär leicht implementieren lässt.

3.4.2 Anwendung: Verteilte Geheimnisse

Mit dem Chinesischen Restsatz lässt sich ein Geheimnis (z. B. ein Zugangscode oder Schlüssel) auf mehrere Personen verteilen. Auf diese Weise kennt jede der beteiligten Personen (aus Sicherheitsgründen) nur einen Teil des Geheimnisses.

Angenommen, Sie möchten ein Geheimnis, das als eine natürliche Zahl x gegeben ist, auf n Personen verteilen. Dann können Sie einfach n paarweise teilerfremde natürliche Zahlen $m_1, \ldots, m_n$ (mit $m_1 \cdots m_n > x$) wählen und jeder Person den Rest der Division von x durch ein m_k, also $a_k = x \bmod m_k$ ($k = 1, \ldots, n$), mitteilen. Alle n Personen zusammen können dann x mithilfe des Chinesischen Restsatzes bestimmen und somit das Geheimnis rekonstruieren.

Was ist nun, wenn nur ein Teil der Personen verfügbar ist? Können wir ein Geheimnis auch so verteilen, dass r Personen ausreichen um das Geheimnis zu rekonstruieren (mit einem zuvor festgelegten $r \leq n$), nicht aber weniger Personen? Auch das ist möglich: Nach dem Chinesischen Restsatz reicht ja bereits ein Teil der Reste a_k aus um x eindeutig zu rekonstruieren, wenn nur das Produkt der zugehörigen Module größer als x ist. Damit *jedes* Produkt aus r Modulen (ausgewählt aus den n Modulen) größer als x ist, muss das Produkt der *kleinsten* r Module diese Bedingung erfüllen. Wenn die Module geordnet sind, $m_1 < m_2 < \cdots < m_n$, so muss also $x < m_1 \cdots m_r$ gelten, damit beliebige r Personen (unter den n Besitzern der Teilgeheimnisse) das Geheimnis rekonstruieren können. Damit auf der anderen Seite aber *weniger* als r Personen das Geheimnis nicht rekonstruieren können, muss x grösser oder gleich als das Produkt von $r - 1$ oder weniger Modulen sein (ausgewählt aus den n Modulen). Diese Bedingung ist erfüllt, wenn $x \geq m_{n-r+2} \cdots m_n$ gilt (das ist das Produkt der größten $r - 1$ Module).

In der Praxis ist das Geheimnis s als eine Zahl mit einer maximalen Größe m gegeben (z. B. der geheime Schlüssel eines Verschlüsselungsalgorithmus), also $s \in$

$\mathbb{Z}_m$. Da s beliebig klein sein kann, ersetzen wir s durch $x = m_{n-r+2} \cdots m_n + s$, damit obige Bedingungen erfüllt werden können. Dann ist klar, dass $m_{n-r+2} \cdots m_n \leq x$ gilt. Damit auch $x < m_1 \cdots m_r$ erfüllt ist muss $m_1 \cdots m_r - m_{n-r+2} \cdots m_n \geq m$. In diesem Fall können wir $a_k = x \bmod m_k$ verteilen. Aus r Geheimnissen kann dann x mithilfe des Chinesischen Restsatzes berechnet werden und das Geheimnis folgt aus $s = x - m_{n-r+2} \cdots m_n$.

Beispiel 3.46 Verteilte Geheimnisse

Das Geheimnis $s = 9 \in \mathbb{Z}_{16}$ soll unter 5 Vorstandsmitgliedern aufgeteilt werden. Für die Rekonstruktion des Geheimnisses sollen zumindest 3 der Vorstandsmitglieder notwendig sein.

Lösung zu 3.46 Wir versuchen es mit den Modulen $3, 5, 7, 8, 11$ und prüfen, ob die obigen beiden Bedingungen erfüllt sind: Es gilt $m_1 \cdot m_2 \cdot m_3 = 3 \cdot 5 \cdot 7 = 105$ und $m_4 \cdot m_5 = 8 \cdot 11 = 88$. Wegen $105 - 88 = 17 \geq 16$ geht unsere Wahl in Ordnung. Wir berechnen $x = 88 + 9 = 97$ und verteilen die Teilgeheimnisse $a_1 = 97 \bmod 3 = 1$, $a_2 = 97 \bmod 5 = 2$, $a_3 = 97 \bmod 7 = 6$, $a_4 = 97 \bmod 8 = 1$, $a_5 = 97 \bmod 11 = 9$.

Nun reichen drei der Teilgeheimnisse a_1, a_2, a_3, a_4, a_5 aus, um mithilfe des Chinesischen Restsatzes x und damit $s = x - 88$ zu rekonstruieren. ∎

Unser Verfahren hat einen praktischen Schönheitsfehler. Es ist in Beispiel 3.46 kein Zufall, dass das fünfte Teilgeheimnis a_5 gleich dem Geheimnis $s = 9$ ist! Das liegt daran, dass $a_5 = x \bmod 11 = (8 \cdot 11 + 9) \bmod 11 = 9 = s$ ist, da $s = 9 < 11 = m_5$. Um das zu verhindern müsste s größer als der größte Modul, also $s > m_n$ sein.

Auf der anderen Seite sollte aber $s < m_1$ sein, denn sonst könnten bekannte Teilgeheimnisse einen Angriff zumindest erleichtern: Wären im letzten Beispiel etwa a_2 und a_4 bekannt, so bräuchte man nur noch die $m_1 = 3$ Möglichkeiten für die zugehörigen Reste a_1 durchzuprobieren. Deshalb muss m_1 groß sein und insbesondere größer als s, damit das Durchprobieren aller möglichen a_1 zumindest genauso lange dauert wie das Durchprobieren aller möglichen s. Beide Forderungen, $s < m_1$ und $s > m_n$ lassen sich aber nur schwer unter einen Hut bringen.

Aus diesem Grund verwendet man folgendes modifizierte Verfahren (**Asmuth-Bloom Schema**), das hier nur kurz erwähnt sein soll: Um ein Geheimnis $s \in \mathbb{Z}_m$ zu verteilen, wählt man paarweise teilerfremde Zahlen $m < m_1 < m_2 < \cdots < m_n$ mit $m \cdot m_{n-r+2} \cdots m_n < m_1 \cdots m_r$. Nun wird zu s irgendein zufälliges Vielfaches $t \cdot m$ addiert (wobei t geheim bleibt — da es zur Rekonstruktion nicht benötigt wird, kann es nach dem Verteilen vernichtet werden), sodass $x = s + t \cdot m < m_1 \cdots m_r$ erfüllt ist und $a_k = x \bmod m_k$ wird verteilt. Aus r Geheimnissen kann dann x mithilfe des Chinesischen Restsatzes berechnet werden und das Geheimnis folgt aus $s = x \bmod m$.

Ist das verwendete t bekannt, so reicht ein Teilgeheimnis aus, um $s = a_k - t \cdot m \bmod m_k$ zu berechnen. Daher muss t geheim gehalten werden.

Die Bedingung $m \cdot m_{n-r+2} \cdots m_n < m_1 \cdots m_r$ bedeutet, dass das Verhältnis aus dem Produkt der kleinsten r Module und dem Produkt der größten $r - 1$ Module größer als m ist. Damit kann man zeigen, dass auch bei Kenntnis beliebiger $r - 1$ Teilgeheimnisse keinerlei Möglichkeiten für s ausgeschlossen werden können. Das Asmuth-Bloom Schema wird deshalb als **perfekt** bezeichnet.

3.5 Mit dem digitalen Rechenmeister

Rest modulo m

Der Rest von a modulo m wird mit Mod[a, m] berechnet:

```
In[1]:= Mod[17, 5]
Out[1]= 2
```

Multiplikatives Inverses

Das multiplikative Inverse $\frac{1}{e}$ in $\mathbb{Z}_m$ kann mit PowerMod[e, −1, m] berechnet werden:

```
In[2]:= PowerMod[4, −1, 9]
Out[2]= 7
```

also $\frac{1}{4} = 7$ in $\mathbb{Z}_9$. Allgemein berechnet PowerMod[e, k, m] die Potenz e^k modulo m. In Mathematica kann man nicht einfach e^{-1} schreiben, denn woher soll das arme Programm wissen, ob Sie in $\mathbb{R}$ oder in $\mathbb{Z}_m$ rechnen wollen!

Euklid'scher Algorithmus

Der Euklid'sche Algorithmus kann wie folgt implementiert werden:

```
In[3]:= Euklid[a_Integer, b_Integer] := Module[{r = a, rr = b},
            While[rr != 0, {r, rr} = {rr, Mod[r, rr]}];
            r];

In[4]:= Euklid[75, 38]
Out[4]= 1
```

(„! =" bedeutet „ungleich"). Der ggT(75, 38) ist also 1. Natürlich hätten wir auch gleich den internen Mathematica-Befehl GCD für den größten gemeinsamen Teiler verwenden können:

```
In[5]:= GCD[75, 38]
Out[5]= 1
```

Analog kann der erweiterte Euklid'sche Algorithmus so programmiert werden:

```
In[6]:= ExtendedEuklid[a_Integer, b_Integer] :=
            Module[{r = a, rr = b, xx = 1, x = 0, yy = 0, y = 1, Q},
              While[rr != 0,
                Q = Quotient[r, rr];
                {r, rr, x, xx, y, yy} = {rr, Mod[r, rr], xx, x − Q xx, yy, y − Q yy}
              ];
              {r, x, y}];

In[7]:= ExtendedEuklid[75, 38]
```

Out[7]= $\{1, -1, 2\}$

Ausgegeben werden also der ggT(75, 38) = 1 und ganzzahlige Lösungen $x = -1$ und $y = 2$ der diophantischen Gleichung $75x + 38y = $ ggT(75, 38). Wieder gibt es einen internen Mathematica-Befehl dazu: ExtendedGCD[a, b] gibt die Liste $\{g, \{x, y\}\}$ aus, wobei $g = $ ggT(a, b) und x, y ganzzahlige Lösungen von $ax + by = g$ sind.

RSA-Algorithmus

Die Verschlüsselung mittels RSA-Algorithmus ist natürlich zu aufwändig, um sie von Hand durchzuführen (aber auch für langsame Computer – Stichwort Chipkarten – kann die Geschwindigkeit bei RSA zu einem Problem werden). Wir wollen uns hier von Mathematica helfen lassen: Der Befehl ToCharacterCode wandelt ein Zeichen (Buchstabe, Ziffer, ...) und sogar eine ganze Zeichenkette in eine Liste von Zahlen gemäß dem ASCII-Code um:

In[8]:= ToCharacterCode["KLEOPATRA"]

Out[8]= $\{75, 76, 69, 79, 80, 65, 84, 82, 65\}$

Da im ASCII-Code der Buchstabe A der Zahl 65, B der Zahl 66, usw. entspricht, müssen wir – um die gewünschte Zuordnung $A = 0$, $B = 1$ usw. zu erhalten – noch 65 subtrahieren:

In[9]:= x = % - 65

Out[9]= $\{10, 11, 4, 14, 15, 0, 19, 17, 0\}$

Das ist nun der in Zahlen codierte Klartext, der verschlüsselt werden soll. Für die Verschlüsselung von x benötigen wir den öffentlichen Schlüssel

In[10]:= n = 1147; e = 29;

Nun können wir mit der Vorschrift $y = x^e \pmod n$ verschlüsseln:

In[11]:= y = PowerMod[x, e, n]

Out[11]= $\{803, 730, 132, 547, 277, 0, 979, 42, 0\}$

Hier ist PowerMod[x, e, n] eine effektivere Variante von Mod[x^e, n]. Der Empfänger kann mit dem geheimen Schlüssel d und der Vorschrift $x = y^d \pmod n$ entschlüsseln:

In[12]:= d = 149; PowerMod[y, d, n]

Out[12]= $\{10, 11, 4, 14, 15, 0, 19, 17, 0\}$

Bei unserem kurzen Spielzeugschlüssel ist es natürlich für einen Angreifer kein Problem den Algorithmus zu knacken, d.h. n zu faktorisieren:

In[13]:= FactorInteger[n]

Out[13]= $\{\{31, 1\}, \{37, 1\}\}$

zerlegt den Modul $n = 1147$ in seine Primfaktoren $p = 31$ und $q = 37$. Damit können wir m berechnen:

In[14]:= m = (31 - 1)(37 - 1)

Out[14]= 1080

(m kann auch alternativ mittels m = EulerPhi[n] berechnet werden). Der geheime Schlüssel d ist nun die Lösung der Gleichung $e\,d = 1\,(\mathrm{mod}\,m)$, wobei $e = 29$ der öffentliche Schlüssel ist und $m = 1080$ gerade vom Angreifer gefunden wurde. d kann mit dem Befehl PowerMod berechnet werden:

In[15]:= PowerMod[e, −1, m]

Out[15]= 149

Chinesischer Restsatz

Das System von Kongruenzen $x = a_1\,(\mathrm{mod}\,m_1),\,\ldots,\,x = a_k\,(\mathrm{mod}\,m_k)$ kann mit dem Befehl ChineseRemainder[{a₁,...,a_k}, {m₁,...,m_k}] gelöst werden:

In[16]:= ChineseRemainder[{2, 3, 2}, {3, 5, 7}]

Out[16]= 23

Ausgegeben wird die kleinste nichtnegative Lösung x, hier $x = 23$.

3.6 Kontrollfragen

Fragen zu Abschnitt 3.1: Das kleine Einmaleins auf endlichen Mengen

Erklären Sie folgende Begriffe: Rest, kongruent modulo m, Restklasse.

1. Geben Sie den Rest modulo 3 der Zahlen $1, 2, 3, \ldots, 10$ an.
2. Geben Sie den Rest modulo 3 von $-1, -2, -3, \ldots, -10$ an.
3. Was trifft zu:
    a) $a = b\,(\mathrm{mod}\,3)$ bedeutet, dass $a - b$ ein Vielfaches von 3 ist.
    b) $a = 4\,(\mathrm{mod}\,3)$ bedeutet, dass es ein $k \in \mathbb{Z}$ gibt, sodass $a = k \cdot 3 + 4$.
4. Richtig oder falsch?
    a) $3 = 0\,(\mathrm{mod}\,3)$ b) $7 = 2\,(\mathrm{mod}\,3)$ c) $-2 = 1\,(\mathrm{mod}\,3)$
    d) $12 = 27\,(\mathrm{mod}\,5)$ e) $17 = 9\,(\mathrm{mod}\,5)$ f) $28 = 10\,(\mathrm{mod}\,9)$
5. Geben Sie die Restklassen modulo 3 an.
6. Wo steckt der Fehler: $2 = 8\,(\mathrm{mod}\,6)$, d.h. $1 \cdot 2 = 4 \cdot 2\,(\mathrm{mod}\,6)$. Kürzen von 2 auf beiden Seiten ergibt $1 = 4\,(\mathrm{mod}\,6)$!?

Fragen zu Abschnitt 3.2: Gruppen, Ringe und Körper

Erklären Sie folgende Begriffe: additives Inverses, multiplikatives Inverses, $\mathbb{Z}_m$, $\mathbb{Z}_m^*$, Gruppe, Körper, Ring, Ideal.

1. Geben Sie folgende Mengen an: a) $\mathbb{Z}_3$ b) $\mathbb{Z}_5$
2. Richtig oder falsch:
    a) In $\mathbb{Z}_m$ besitzt jede Zahl ein additives Inverses.
    b) In $\mathbb{Z}_m$ besitzt jede Zahl ein multiplikatives Inverses.
3. Finden Sie das additive Inverse von: a) 1 in $\mathbb{Z}_8$ b) 3 in $\mathbb{Z}_9$ c) 3 in $\mathbb{Z}_{11}$

4. Welche Zahlen besitzen ein multiplikatives Inverses? Geben Sie es gegebenenfalls an: a) 3 in $\mathbb{Z}_7$ b) 6 in $\mathbb{Z}_8$ c) 0 in $\mathbb{Z}_9$ d) 8 in $\mathbb{Z}_{11}$

5. Geben Sie an: a) $\mathbb{Z}_5^*$ b) $\mathbb{Z}_6^*$

6. Richtig oder falsch?
   a) Die Lösung von $4x = 8 \pmod{27}$ ist $x = 8 \cdot \frac{1}{4} = 2$ in $\mathbb{Z}_{27}$.
   b) Die Lösung von $6x = 18 \pmod{42}$ ist $x = 18 \cdot \frac{1}{6} = 3$ in $\mathbb{Z}_{42}$.

7. Was ist der Unterschied zwischen einem kommutativen Ring (mit Eins) und einem Körper?

8. Geben Sie ein Beispiel für einen Ring, der kein Körper ist.

Fragen zu Abschnitt 3.3: Der Euklid'sche Algorithmus und diophantische Gleichungen

Erklären Sie folgende Begriffe: größter gemeinsamer Teiler, Euklid'scher Algorithmus, diophantische Gleichung, erweiterter Euklid'scher Algorithmus.

1. Besitzen folgenden Gleichungen ganzzahlige Lösungen (sie brauchen nicht angegeben zu werden)?
   a) $36x + 15y = 3$ b) $36x + 15y = 12$ c) $36x + 15y = 5$
   d) $22x + 15y = 27$

2. Was ist der Zusammenhang zwischen dem Euklid'schen Algorithmus und dem multiplikativen Inversen?

Fragen zu Abschnitt 3.4: Der Chinesische Restsatz

Erklären Sie folgende Begriffe: System von Kongruenzen, Chinesischer Restsatz.

1. Hat das System von Kongruenzen $x = a_1 \pmod{m_1}$, $x = a_2 \pmod{m_2}$ immer eine Lösung in $\mathbb{Z}_{m_1 m_2}$?

2. Was sagt der Chinesische Restsatz über folgendes System von Kongruenzen aus?
   $x = 1 \pmod{4}$, $x = 3 \pmod{6}$.

Lösungen zu den Kontrollfragen

Lösungen zu Abschnitt 3.1

1.

a	1	2	3	4	5	6	7	8	9	10
$r = a \bmod 3$	1	2	0	1	2	0	1	2	0	1

2.

a	-1	-2	-3	-4	-5	-6	-7	-8	-9	-10
$r = a \bmod 3$	2	1	0	2	1	0	2	1	0	2

3. a) richtig   b) richtig

4. a) richtig   b) Falsch, denn $7 - 2 = 5$ ist nicht durch 3 teilbar.   c) richtig
   d) richtig   e) Falsch, denn $17 - 9 = 8$ ist nicht durch 5 teilbar.   f) richtig

5. $R_0 = \{\dots, -6, -3, 0, 3, 6, 9, \dots\}$, $R_1 = \{\dots, -5, -2, 1, 4, 7, 10, \dots\}$,
   $R_2 = \{\dots, -7, -4, -1, 2, 5, 8, \dots\}$

6. $\text{ggT}(6, 2) = 2$, also hat 2 kein multiplikatives Inverses in $\mathbb{Z}_6$ und es kann daher nicht gekürzt werden!

Lösungen zu Abschnitt 3.2

1. a) $\mathbb{Z}_3 = \{0, 1, 2\}$ b) $\mathbb{Z}_5 = \{0, 1, 2, 3, 4\}$
2. a) richtig   b) Falsch; nur wenn die Zahl teilerfremd zu m ist, besitzt sie ein multiplikatives Inverses.
3. a) $8 - 1 = 7$ b) $9 - 3 = 6$ c) $11 - 3 = 8$
4. a) 3 und 7 sind teilerfremd, daher gibt es $\frac{1}{3} = \frac{1 + 2 \cdot 7}{3} = 5$ in $\mathbb{Z}_7$.
    b) 6 und 8 sind nicht teilerfremd, daher gibt es keinen Kehrwert von 6 in $\mathbb{Z}_8$, d.h., die Schreibweise $\frac{1}{6}$ macht in $\mathbb{Z}_8$ keinen Sinn.
    c) Zu 0 gibt es nie einen Kehrwert.
    d) 8 und 11 sind teilerfremd, daher gibt es $\frac{1}{8} = \frac{1 + 5 \cdot 11}{8} = 7$ in $\mathbb{Z}_{11}$.
5. a) $\mathbb{Z}_5^* = \mathbb{Z}_5 \backslash \{0\} = \{1, 2, 3, 4\}$ b) $\mathbb{Z}_6^* = \{1, 5\}$
6. a) Richtig; $\frac{1}{4}$ existiert in $\mathbb{Z}_{27}$, daher kann eindeutig nach x aufgelöst werden: $x = 8 \cdot \frac{1}{4} = 2 \cdot 4 \cdot \frac{1}{4} = 2 \,(\text{mod}\, 27)$.
    b) Falsch, denn $\frac{1}{6}$ existiert nicht in $\mathbb{Z}_{42}$, daher kann nicht *eindeutig* nach x aufgelöst werden. (Es gibt 6 Lösungen, $x = 3$ ist eine davon.)
7. Ein kommutativer Ring mit Eins ist ein Körper, wenn es zu jedem Element außer 0 ein multiplikatives Inverses gibt.
8. Zum Beispiel $\mathbb{Z}$, $\mathbb{Z}_4$ oder allgemein $\mathbb{Z}_m$ (wenn m keine Primzahl ist). Weitere Beispiele sind $\mathbb{Z}_2[x]$, $\mathbb{R}[x]$ oder allgemein der Polynomring $\mathbb{K}[x]$ ($\mathbb{K}$ ein Körper).

Lösungen zu Abschnitt 3.3

1. Die Gleichung $ax + by = c$ hat genau dann ganzzahlige Lösungen, wenn $c = n \cdot \text{ggT}(a, b)$ (Satz 3.38):
    a) ja, da $3 = 1 \cdot \text{ggT}(36, 15)$ b) ja, da $12 = 4 \cdot \text{ggT}(36, 15)$ c) nein, da $\text{ggT}(36, 15) = 3$ kein Teiler von 5 ist   d) ja, denn $27 = 27 \cdot \text{ggT}(22, 15)$
2. Der erweiterte Euklid'sche Algorithmus kann zur effektiven Berechnung des multiplikativen Inversen verwendet werden.

Lösungen zu Abschnitt 3.4

1. Nicht notwendigerweise. Es kann keine oder mehrere Lösungen geben. Wenn die Module m_1 und m_2 teilerfremd sind, so garantiert der Chinesische Restsatz genau eine Lösung zwischen 0 und $m_1 \cdot m_2$ (und unendlich viele dazu kongruente Lösungen modulo $m_1 \cdot m_2$). Sind die Module nicht teilerfremd, so gibt der Chinesische Restsatz keine Information.
2. Nichts, da die Module 4 und 6 nicht teilerfremd sind. Wir wissen also von vornherein nichts über das Lösungsverhalten dieses Systems.

3.7 Übungen

Aufwärmübungen

1. Berechnen Sie: $(23 \cdot 19 - 2 \cdot 8 + 10 \cdot 37) \bmod 5$
2. a) Zeigen Sie, dass 0-8176-4176-9 eine gültige ISBN ist.
   b) Ein Einzelfehler passiert an der zweiten Stelle und es wird daher die ISBN 0-1176-4176-9 eingegeben. Wird der Fehler erkannt?
3. Europäische Artikelnummer (EAN):
   a) Wie lautet die Prüfziffer p der „Penne Rigate": $8\,076802\,08573\text{-}p$?
   b) Bei den beiden Artikelnummern $8\,076802\,05573\text{-}p$ und $8\,076802\,50573\text{-}p$ wurden zwei aufeinander folgende Ziffern vertauscht. Wird dieser Fehler erkannt?
4. a) Berechnen Sie den Rest modulo 6 der Zahlen $25, -25, 2$ und 12.
   b) Geben Sie die Restklassen modulo 6 an.
   c) Geben Sie $\mathbb{Z}_6$ und die Verknüpfungstabellen für die Addition und die Multiplikation in $\mathbb{Z}_6$ an.
5. Finden Sie alle $x \in \mathbb{Z}_m$ mit:
   a) $5 + x = 3 \, (\bmod\, 7)$ b) $5 + x = 4 \, (\bmod\, 7)$ c) $3x = 4 \, (\bmod\, 7)$
   d) $4x = 5 \, (\bmod\, 6)$ e) $4x = 6 \, (\bmod\, 10)$
6. Berechnen Sie mit dem Euklid'schen Algorithmus:
   a) $\operatorname{ggT}(261, 123)$ b) $\operatorname{ggT}(49, 255)$
7. Hat die Gleichung $36x + 15y = 6$ ganzzahlige Lösungen? Geben Sie gegebenenfalls eine an.
8. Eine Lösung von $36x + 15y = 300$ ist $x = -200$ und $y = 500$. Gibt es weitere ganzzahlige Lösungen? Gibt es insbesondere eine Lösung mit positivem x und positivem y?
9. Ist die Gleichung mit ganzzahligen x und y lösbar? Wenn ja, geben Sie *alle* ganzzahligen Lösungen an:
   a) $13x + 7y = 1$ b) $13x + 7y = 5$ c) $25x + 35y = 45$
10. Berechnen Sie $\frac{1}{7}$ in $\mathbb{Z}_{13}$ mithilfe des erweiterten Euklid'schen Algorithmus.
11. Lösen Sie das folgende System von Kongruenzen:
    $$x = 1 \, (\bmod\, 2), \qquad x = 3 \, (\bmod\, 5), \qquad x = 3 \, (\bmod\, 7).$$

Weiterführende Aufgaben

1. Es sei S_n die Ziffernsumme der natürlichen Zahl n. Zeigen Sie, dass $n = S_n \, (\bmod\, 3)$. Tipp: $10 = 1 \, (\bmod\, 3)$. (Wie kann man, ausgehend von diesem Ergebnis, mithilfe der Ziffernsumme feststellen, ob eine Zahl durch 3 teilbar ist?)
2. Geben Sie alle Lösungen $x \in \mathbb{Z}_m$, wobei m der jeweilige Modul ist, an:
   a) $6x = 3 \, (\bmod\, 9)$ b) $6x = 4 \, (\bmod\, 9)$ c) $9x = 1 \, (\bmod\, 13)$
3. Lösen Sie das folgende Gleichungssystem in $\mathbb{Z}_{27}$:

$$5x + 17y = 12$$
$$14x + 12y = 11$$

4. Ist 3-540-25782-9 eine gültige ISBN?

5. Bildet $\{n, a, b\}$ mit der im Folgenden definierten Verknüpfung „$\circ$" eine Gruppe?

$\circ$	n	a	b
n	n	a	b
a	a	n	b
b	b	a	n

6. Finden Sie mithilfe des erweiterten Euklid'schen Algorithmus alle *natürlichen* Zahlen x und y, die die Gleichung $68x + 23y = 1000$ erfüllen.

7. Finden Sie das multiplikative Inverse von 9 in $\mathbb{Z}_{13}$ mithilfe des erweiterten Euklid'schen Algorithmus.

8. Angenommen, ein Computer kann nur ganze Zahlen mit zwei Dezimalstellen effizient verarbeiten. Sie möchten aber auch dreistellige Zahlen effizient darstellen, addieren und multiplizieren. Wählen Sie dazu drei passende möglichst große Module und stellen Sie zum Beispiel 203 und 125 durch ihre (zweistelligen) Reste bezüglich der Module dar. (Es sind drei Module ausreichend, da das Produkt aus zwei dreistelligen Zahlen höchstens sechsstellig ist.) Berechnen Sie mithilfe des Chinesischen Restsatzes die Summe und das Produkt von 203 und 125.

9. Zeigen Sie: Wenn p eine Primzahl ist, so hat die Gleichung $x^2 = 1 \,(\mathrm{mod}\,p)$ nur die Lösungen $x = 1 \,(\mathrm{mod}\,p)$ und $x = -1 \,(\mathrm{mod}\,p)$ (Tipp: $x^2 - 1 = (x - 1)(x + 1)$).

   Das bedeutet, dass in $\mathbb{Z}_p$ nur 1 und $p - 1$ gleich ihrem multiplikativen Inversen sind.

10. Zeigen Sie: Wenn p eine Primzahl ist, so gilt $(p - 1)! = -1 \,(\mathrm{mod}\,p)$ (Tipp: Fassen Sie die Terme in $(p - 1)!$ zu Paaren von zueinander multiplikativ inversen Zahlen zusammen und verwenden Sie Übungsaufgabe 9).

11. Finden Sie alle Lösungen des Systems $x = 1 \,(\mathrm{mod}\,2)$, $x = 3 \,(\mathrm{mod}\,4)$ in $\mathbb{Z}_8$. (Achtung: Der Chinesische Restsatz ist nicht anwendbar.)

12. RSA-Algorithmus: Wenn eine Person A eine verschlüsselte Nachricht an eine Person B schicken möchte, so schlägt A den öffentlichen Schlüssel (n, e) von B nach (wobei n das Produkt von zwei sehr großen, geheimen Primzahlen ist), verschlüsselt den Klartext x gemäß $y = x^e \,(\mathrm{mod}\,n)$, und schickt den Geheimtext y an B.

    Senden Sie mir die Nachricht „NEIN" (d.h., in Zahlen angeschrieben, die Nachricht „13, 4, 8, 13") verschlüsselt zu, wenn mein öffentlicher Schlüssel $(n, e) = (55, 3)$ ist.

Lösungen zu den Aufwärmübungen

1. Zur einfachen Berechnung wird jede vorkommende Zahl sofort durch ihren Rest modulo 5 ersetzt: $3 \cdot 4 - 2 \cdot 3 + 0 \cdot 2 = 12 - 6 + 0 = 2 - 1 = 1 \,(\mathrm{mod}\,5)$.

2. a) $10 \cdot 0 + 9 \cdot 8 + 8 \cdot 1 + 7 \cdot 7 + 6 \cdot 6 + 5 \cdot 4 + 4 \cdot 1 + 3 \cdot 7 + 2 \cdot 6 + 9 = 0 \,(\mathrm{mod}\,11)$, daher ist die ISBN gültig.

   b) Ja, denn bei der ISBN wird jeder Einzelfehler erkannt.

3. a) $p = 8$ b) Die Prüfziffer ist beiden Fällen $p = 1$, der Fehler wird daher nicht erkannt.

4. a) 1, 5, 2, 0   b) $R_0 = \{k \cdot 6 \mid k \in \mathbb{Z}\}$; $R_1 = \{k \cdot 6 + 1 \mid k \in \mathbb{Z}\}$; ...;
$R_5 = \{k \cdot 6 + 5 \mid k \in \mathbb{Z}\}$
c)

+	0	1	2	3	4	5
0	0	1	2	3	4	5
1	1	2	3	4	5	0
2	2	3	4	5	0	1
3	3	4	5	0	1	2
4	4	5	0	1	2	3
5	5	0	1	2	3	4

·	0	1	2	3	4	5
0	0	0	0	0	0	0
1	0	1	2	3	4	5
2	0	2	4	0	2	4
3	0	3	0	3	0	3
4	0	4	2	0	4	2
5	0	5	4	3	2	1

5. a) Eindeutige Lösung $x = 5$.
b) Eindeutige Lösung $x = 6$.
c) Eindeutige Lösung $x = 6$, da 3 ein multiplikatives Inverses in $\mathbb{Z}_7$ hat.
d) Keine Lösung, da 4 kein multiplikatives Inverses in $\mathbb{Z}_6$ hat (dann wäre die Lösung eindeutig) und da $\mathrm{ggT}(4,6) = 2$ kein Teiler von 5 ist.
e) Zwei Lösungen in $\mathbb{Z}_{10}$, da $\mathrm{ggT}(4,10) = 2$ ist und dieser auch 6 teilt. Die beiden Lösungen $x = 4$, $x = 9$ finden wir mithilfe von Satz 3.18.

6. a) $\mathrm{ggT}(261, 123) = 3$
b) $\mathrm{ggT}(49, 255) = 1$, die beiden Zahlen sind also teilerfremd.

7. Es gibt ganzzahlige Lösungen, da $6 = 2 \cdot \mathrm{ggT}(36, 15)$. Mit dem erweiterten Euklid'schen Algorithmus kann zunächst die Lösung $x = -2$ und $y = 5$ von $36x + 15y = 3$ ($= \mathrm{ggT}(36, 15)$) berechnet werden. (Probe: $-2 \cdot 36 + 5 \cdot 15 = 3$). Eine Lösung von $36x + 15y = 2 \cdot 3$ ist daher $x = 2 \cdot (-2) = -4$ und $y = 2 \cdot 5 = 10$ (Probe: $-4 \cdot 36 + 10 \cdot 15 = 6$).

8. Mit Satz 3.38 erhalten wir $\tilde{x} = -200 + 5 \cdot 41 = 5$, $\tilde{y} = 500 - 12 \cdot 41 = 8$ (Probe: $36 \cdot 5 + 15 \cdot 8 = 300$).

9. a) $\tilde{x} = -1 + 7k$, $\tilde{y} = 2 - 13k$ ($k \in \mathbb{Z}$)   b) $\tilde{x} = -5 + 7k$, $\tilde{y} = 10 - 13k$ ($k \in \mathbb{Z}$)
c) $\tilde{x} = 27 + 7k$, $\tilde{y} = -18 - 5k$ ($k \in \mathbb{Z}$)

10. Mithilfe des erweiterten Euklid'schen Algorithmus finden wir die Lösung $x = -1$ und $y = 2$ von $13x + 7y = 1$. In die Gleichung eingesetzt und etwas umgeformt erhalten wir $7 \cdot 2 = 1 - 13 \cdot (-1)$, d.h. $7 \cdot 2 = 1 \pmod{13}$. Damit ist $\frac{1}{7} = 2$ in $\mathbb{Z}_{13}$.

11. Da $m_1 = 2$, $m_2 = 5$ und $m_3 = 7$ teilerfremd sind, gibt es eine Lösung x mit $0 \le x < 70$ (und jede dazu modulo 70 kongruente Zahl ist ebenfalls Lösung). Konstruktion:
a) $M_1 = m_2 \cdot m_3 = 5 \cdot 7 = 35$; $M_2 = m_1 \cdot m_3 = 2 \cdot 7 = 14$; $M_3 = m_1 \cdot m_2 = 2 \cdot 5 = 10$.
b) Multiplikative Inverse von M_1, M_2, M_3 modulo m_1, m_2, m_3: Gesucht sind N_1, N_2, N_3 mit $35 \cdot N_1 = 1 \cdot N_1 = 1 \pmod 2$, $14 \cdot N_2 = 4 \cdot N_2 = 1 \pmod 5$ und $10 \cdot N_3 = 3 \cdot N_3 = 1 \pmod 7$. Es folgt, dass $N_1 = 1$, $N_2 = 4$ und $N_3 = 5$.
c) $x = a_1 \cdot M_1 \cdot N_1 + a_2 \cdot M_2 \cdot N_2 + a_3 \cdot M_3 \cdot N_3 = 1 \cdot 35 \cdot 1 + 3 \cdot 14 \cdot 4 + 3 \cdot 10 \cdot 5$
$= 353 = 3 \pmod{70}$.

(Lösungen zu den weiterführenden Aufgaben finden Sie in Abschnitt B.3)

4

Polynomringe und endliche Körper

Erinnern Sie sich an die Definition eines Körpers in Abschnitt 3.2. Das ist eine Menge $\mathbb{K}$ gemeinsam mit zwei Verknüpfungen, Addition und Multiplikation genannt, die bestimmte Eigenschaften erfüllen. Insbesondere gibt es für jedes Element a des Körpers ein inverses Element $-a$ bezüglich der Addition und für jedes $a \neq 0$ ein Inverses a^{-1} bezüglich der Multiplikation. Paradebeispiele für Körper mit *unendlich* vielen Elementen sind $\mathbb{Q}$, $\mathbb{R}$ oder $\mathbb{C}$.

In der Kryptographie und in der Codierungstheorie sind nun aber Körper mit *endlich* vielen Elementen interessant (da ein Computer ja nur endliche Mengen verarbeiten kann;-). Wir haben gesehen, dass $\mathbb{Z}_p$ (mit einer Primzahl p) ein Körper mit p Elementen ist. Wir kennen also Körper (Alphabete) mit $2, 3, 5, 7, 11, \ldots$ Elementen. In der Informatik hat man es aber meistens mit den Potenzen von 2 zu tun und benötigt daher Körper mit 2^n Elementen. Solche werden wir nun mithilfe von Polynomen konstruieren.

4.1 Der Polynomring $\mathbb{K}[x]$

Wir werden in diesem Abschnitt die Überlegungen, die wir zuletzt für ganze Zahlen gemacht haben, auf Polynome übertragen. Es wird daher zunächst nicht viel Neues passieren, außer, dass anstelle von ganzen Zahlen nun Polynome verwendet werden. Diese Überlegungen liefern dann aber zum Beispiel die Grundlage der zyklischen Codes in der Codierungstheorie oder für Anwendungen in der Kryptographie.

Im Folgenden steht $\mathbb{K}$ wieder für einen beliebigen Körper. Stellen Sie sich darunter zum Beispiel $\mathbb{R}$ oder $\mathbb{Z}_2$ vor.

Definition 4.1 Eine Funktion $p : \mathbb{K} \to \mathbb{K}$ der Form

$$p(x) = \sum_{i=0}^{n} a_i x^i = a_n x^n + a_{n-1} x^{n-1} + \ldots + a_1 x + a_0 \quad \text{mit } n \in \mathbb{N} \cup \{0\}$$

heißt **Polynom**. Die Zahlen $a_0, a_1, \ldots, a_n \in \mathbb{K}$ werden die **Koeffizienten** des Polynoms genannt. Unter der Voraussetzung $a_n \neq 0$ nennt man $n = \deg(p)$ den **Grad** (engl. *degree*) des Polynoms. Der Grad ist also der größte vorkommende Exponent. In diesem Zusammenhang nennt man a_n auch den „höchsten Koeffizienten". Ein Polynom mit $a_n = 1$ heißt (auf eins) **normiert**.

Für das identisch verschwindende Polynom, $p(x) = 0$ für alle x, wird der Grad auf $-\infty$ gesetzt.

Polynome mit reellen Koeffizienten ($\mathbb{K} = \mathbb{R}$) sind Ihnen wahrscheinlich gut vertraut. Für die Informatik ist aber der Fall $\mathbb{K} = \mathbb{Z}_2$ mindestens genau so wichtig wie der Fall $\mathbb{K} = \mathbb{R}$!

Die Menge

$$\mathbb{K}[x] = \{p(x) = a_n x^n + \cdots + a_1 x + a_0 \mid a_i \in \mathbb{K}\}$$

aller Polynome mit Koeffizienten a_i aus einem Körper $\mathbb{K}$ bildet einen kommutativen Ring (mit Eins): den **Polynomring** $\mathbb{K}[x]$ über $\mathbb{K}$ (vergleiche Beispiel 3.29 d)).

> **Beispiel 4.2 Polynomring $\mathbb{K}[x]$**
> a) $\mathbb{R}[x]$ enthält alle Polynome mit reellen Koeffizienten, z. B. $p(x) = x^3 - 5x^2 + \sqrt{2}$.
> b) $\mathbb{C}[x]$ enthält alle Polynome mit komplexen Koeffizienten, z. B. $p(x) = x^4 + (3 + 8\mathrm{i})x^2 + \mathrm{i}$.
> c) $\mathbb{Z}_2[x]$ besteht aus allen Polynomen mit Koeffizienten aus dem Körper $\mathbb{Z}_2 = \{0, 1\}$, zum Beispiel $p(x) = x^3 + x + 1$. Insgesamt gibt es in $\mathbb{Z}_2[x]$ nur 2^4 Polynome vom Grad 3, nämlich alle Polynome der Form $a_3 x^3 + a_2 x^2 + a_1 x + a_0$, $a_i \in \mathbb{Z}_2$. (In $\mathbb{R}[x]$ gibt es hingegen *unendlich* viele Polynome vom Grad 3, da es für jeden Koeffizienten a_i unendlich viele mögliche Werte gibt.)
> d) $\mathbb{Z}_3[x]$ besteht aus allen Polynomen mit Koeffizienten aus dem Körper $\mathbb{Z}_3 = \{0, 1, 2\}$, zum Beispiel $p(x) = x^4 + 2x^3 + 1$.

Beachten Sie, dass in $\mathbb{Z}_p[x]$ alle Rechenoperationen für die Koeffizienten modulo p auszuführen sind; d.h., spätestens am Ende einer Rechnung ist jeder Koeffizient a_i durch seinen Rest modulo p zu ersetzen:

> **Beispiel 4.3 Rechnen im Polynomring $\mathbb{Z}_p[x]$**
> Berechnen Sie für $p(x) = x^3 + x$, $q(x) = x + 1$ aus $\mathbb{Z}_2[x]$:
> a) $p(x) + q(x)$ b) $q(x) + q(x)$ c) $p(x) \cdot q(x)$
> Berechnen Sie für $p(x) = x^2 + 2x + 1$, $q(x) = x + 2$ aus $\mathbb{Z}_3[x]$:
> d) $p(x) + q(x)$ e) $p(x) \cdot q(x)$

Lösung zu 4.3
a) $p(x) + q(x) = (x^3 + x) + (x + 1) = x^3 + 2x + 1 = x^3 + 0x + 1 = x^3 + 1$, denn $2 = 0 \pmod 2$. Wir haben hier zunächst so vereinfacht, wie wir es auch für reelle Polynome tun würden, und erst am Ende den Rest modulo 2 genommen.
b) Analog wie zuvor vereinfachen wir, indem wir den Rest der Koeffizienten modulo 2 nehmen: $q(x) + q(x) = (x + 1) + (x + 1) = 2x + 2 = 0$.
c) $p(x) \cdot q(x) = (x^3 + x) \cdot (x + 1) = x^4 + x^3 + x^2 + x$.
d) In $\mathbb{Z}_3[x]$ erhalten wir $p(x) + q(x) = x^2 + 3x + 3 = x^2$, denn $3 = 0 \pmod 3$.
e) $p(x) \cdot q(x) = x^3 + 4x^2 + 5x + 2 = x^3 + x^2 + 2x + 2$. ∎

Summe $p(x) + q(x)$ und Produkt $p(x)q(x)$ von zwei Polynomen $p(x)$ und $q(x)$ sind wieder ein Polynom. Jedoch ergibt die Division zweier Polynome nicht unbedingt wieder ein Polynom, sondern im allgemeinen eine rationale Funktion. Um die Menge der Polynome nicht zu verlassen, müssen wir die Division mit Rest durchführen.

Dividieren wir $p(x)$ durch $q(x)$ auf folgende Weise: Seien

$$p(x) = \sum_{j=0}^{n} a_j x^j \quad \text{und} \quad q(x) = \sum_{j=0}^{m} b_j x^j,$$

wobei $m \leq n$ (m, n sind die Grade der Polynome). Wenn wir nun $k = n - m$ und $c_k = \frac{a_n}{b_m}$ berechnen, so ist $r_k(x) = p(x) - c_k x^k q(x)$ ein Polynom vom Grad höchstens $n - 1$ (da c_k gerade so definiert ist, dass sich die Koeffizienten von x^n wegheben). Nun können wir dieses Verfahren wiederholen, bis zuletzt ein Restpolynom $r(x)$ zurückbleibt, dessen Grad kleiner als der Grad von $q(x)$ ist:

$$p(x) = c_k x^k q(x) + r_k(x)$$

$$\vdots$$

$$= (c_k x^k + \cdots + c_0) q(x) + r(x).$$

Diese Überlegung an einem Beispiel veranschaulicht: $p(x) = 3x^4 + x^3 - 2x$ und $q(x) = x^2 + 1$: die Graddifferenz ist $k = 4 - 2 = 2$. Es ist $c_2 = \frac{a_4}{b_2} = \frac{3}{1} = 3$, also $r_2(x) = p(x) - 3x^2 q(x) = 3x^4 + x^3 - 2x - 3x^2(x^2 + 1) = x^3 - 3x^2 - 2x$. Nun kann man dieses Restpolynom wieder durch $q(x)$ dividieren, usw., bis der Grad des Restpolynoms kleiner ist als der Grad von q.

Satz 4.4 (Polynomdivision) Sind $p(x)$ und $q(x)$ Polynome mit $\deg(q) \leq \deg(p)$, dann gibt es Polynome $s(x)$ und $r(x)$, sodass

$$p(x) = s(x)q(x) + r(x).$$

Der Grad von $s(x)$ ist die Differenz $\deg(s) = \deg(p) - \deg(q)$, und der Grad des Restpolynoms $r(x)$ ist kleiner als der des Polynoms $q(x)$: $\deg(r) < \deg(q)$.

Mit der Hand wird bei der Polynomdivision der Übersicht halber nach einem Schema vorgegangen:

Beispiel 4.5 ($\rightarrow$CAS) Polynomdivision
Berechnen Sie für folgende reelle Polynome:
a) $(3x^4 + x^3 - 2x) : (x^2 + 1)$ b) $(x^2 + x - 2) : (x - 1)$

Lösung zu 4.5
a) Wir schreiben

$$(3x^4 + x^3 - 2x) : (x^2 + 1) =$$

an und gehen ähnlich wie bei der Division zweier Zahlen vor: Womit muss die höchste Potenz von $q(x)$, also x^2, multipliziert werden, um auf die höchste Potenz von $p(x)$, also $3x^4$, zu kommen? Die Antwort $3x^2$ wird rechts neben das Gleichheitszeichen geschrieben. Dann wird das Polynom $(x^2 + 1)$ mit $3x^2$ multipliziert, das Ergebnis $3x^4 + 3x^2$ wird unter $(3x^4 + x^3 - 2x)$ geschrieben und davon abgezogen. Es bleibt der Rest $x^3 - 3x^2 - 2x$, mit ihm verfährt man gleich weiter:

$$
\begin{array}{llll}
(3x^4 & +x^3 & -2x &) : (x^2 + 1) = 3x^2 + x - 3 \\
\underline{3x^4} & & +3x^2 & \\
& x^3 & -3x^2 & -2x \\
& \underline{x^3} & & x \\
& & -3x^2 & -3x \\
& & \underline{-3x^2} & -3 \\
& & & -3x +3 \\
\end{array}
$$

Wir brechen ab, da das Restpolynom $-3x+3$ kleineren Grad hat als $q(x) = x^2+1$. Somit ist der Quotient $s(x) = 3x^2 + x - 3$ und der Rest ist $r(x) = -3x + 3$. Das Polynom $p(x) = 3x^4 + x^3 - 2x$ kann also in der Form $p(x) = (x^2 + 1)(3x^2 + x - 3) - 3x + 3$ geschrieben werden.

b) Wir dividieren, bis der Grad des Restpolynoms kleiner ist als der Grad von $x+1$:

$$
\begin{array}{llll}
(x^2 & +x & -2 \quad) : (x - 1) = x + 2 \\
\underline{x^2} & \underline{-x} & \\
& 2x & -2 \\
& \underline{2x} & \underline{-2} \\
& & 0
\end{array}
$$

Das Restpolynom ist $r(x) = 0$. Daher ist $a(x) = (x - 1)(x + 2)$ ohne Rest. ∎

Wenn, wie in Beispiel 4.5 b), bei der Polynomdivision von $a(x)$ durch $b(x)$ der Rest verschwindet, also $a(x) = q(x)b(x)$ ist, so nennt man die Polynome $q(x)$ und $b(x)$ **Teiler** von $a(x)$. Man sagt auch, dass das Polynom $a(x)$ in die Polynome $q(x)$ und $b(x)$ **zerlegt** (oder **faktorisiert**) worden ist. Im obigen Beispiel 4.5 b) sind also die Polynome $x + 2$ und $x - 1$ Teiler von $x^2 + x - 2$.

> **Beispiel 4.6 Teiler**
> Geben Sie Teiler des reellen Polynoms $a(x) = (x - 5)(x - 3)$ an.

Lösung zu 4.6 Mit einem Blick erkennen wir $x - 5$ und $x - 3$ als Teiler. Ausmultiplizieren ergibt weiters $a(x) = 1 \cdot (x^2 - 8x + 15)$, daher sind auch $a(x)$ selbst und das konstante Polynom 1 Teiler von $a(x)$. Sind das nun schon alle Teiler? Nun, wir könnten $a(x)$ ja auch etwas komplizierter in der Form $a(x) = 4(x-5)\frac{1}{4}(x-3)$ schreiben, und schon haben wir weitere Teiler: die konstanten Polynome $\frac{1}{4}$ bzw. 4, und die 4 bzw. $\frac{1}{4}$-fachen der bisherigen Teiler: $4(x - 5)$, $4(x - 3)$, $\frac{1}{4}(x - 5)$, ... ∎

Mit anderen Worten: Ein Polynom hat unendlich viele Teiler, denn jedes k-fache eines Teilers (irgendein $k \in \mathbb{K}$) ist wieder ein Teiler. Man kann sich daher auf die Angabe der *normierten* Teiler (also jene mit höchstem Koeffizient $a_n = 1$) beschränken, alle übrigen erhält man durch Multiplikation mit einem $k \in \mathbb{K}$:

> **Beispiel 4.7 Normierter Teiler**
> Geben Sie alle normierten Teiler der folgenden reellen Polynome an:
> a) $a(x) = (x - 5)(x - 3)$ b) $b(x) = (2x - 1)(x - 3)^2$.

Lösung zu 4.7
a) Die normierten Teiler sind 1, $x - 5$, $x - 3$, und $x^2 - 8x + 15$.
b) Die normierten Teiler von $b(x) = 2(x-\frac{1}{2})(x-3)^2$ sind 1, $x-\frac{1}{2}$, $x-3$, $(x-\frac{1}{2})(x-3)$, $(x - \frac{1}{2})(x - 3)^2$, $(x - 3)^2$. ∎

Es gilt folgendes nützliche Kriterium:

Satz 4.8 Sei $x_1 \in \mathbb{K}$. Das Polynom $p(x)$ lässt sich genau dann ohne Rest durch den **Linearfaktor** $q(x) = x - x_1$ dividieren, also

$$p(x) = s(x)(x - x_1),$$

wenn x_1 eine Nullstelle von $p(x)$ ist, d.h. wenn $p(x_1) = 0$ gilt.

Warum? Dass x_1 eine Nullstelle von $p(x) = s(x)(x - x_1)$ ist, ist klar. Umgekehrt ist für eine Nullstelle x_1 zu zeigen, dass der Rest verschwindet, wenn wir $p(x)$ durch $x - x_1$ dividieren: Nun, der Rest $r(x) = p(x) - s(x)(x - x_1)$ der Polynomdivision $p(x)$ durch $x - x_1$ hat hier Grad kleiner 1, ist also eine konstante Funktion. Wie sieht der (immer gleiche) Funktionswert aus? Sehen wir ihn uns an der Nullstelle x_1 von p an: $r(x) = r(x_1) = p(x_1) - s(x_1)(x_1 - x_1) = 0$. Also ist $r(x) = 0$ für alle x.

Die beiden Polynome a und b aus Beispiel 4.7 haben neben dem konstanten Polynom 1 auch den gemeinsamen normierten Teiler $x - 3$. Wie im Fall von ganzen Zahlen können wir den **größten gemeinsamen Teiler** $\mathrm{ggT}(a, b)$ von zwei Polynomen a und b als normiertes Polynom maximalen Grades definieren, das beide Polynome teilt. Wenn $\mathrm{ggT}(a, b) = 1$, dann nennt man die Polynome **teilerfremd**.

Beispiel 4.9 Größter gemeinsamer Teiler zweier Polynome
Berechnen Sie den $\mathrm{ggT}(a, b)$ folgender reeller Polynome:
a) $a(x) = 4(x - 1)^2$ und $b(x) = 8(x - 1)$
b) $a(x) = (3x - 1)(x + 2)^4$ und $b(x) = (x - \frac{1}{3})(5x + 2)$
c) $a(x) = 5(x - 1)$ und $b(x) = 5(x + 1)$

Lösung zu 4.9
a) Hier ist $\mathrm{ggT}(a, b) = x - 1$ (nicht $4(x - 1)$, denn der ggT ist normiert!).
b) Der größte gemeinsame Teiler von $a(x) = 3(x - \frac{1}{3})(x + 2)^4$ und $b(x) = (x - \frac{1}{3})5(x + \frac{2}{5})$ ist $\mathrm{ggT}(a, b) = (x - \frac{1}{3})$.
c) Die Polynome sind teilerfremd, denn $\mathrm{ggT}(a, b) = 1$ (nicht 5!).   ∎

Zur systematischen Berechnung des ggT zweier Polynome lässt sich der Euklid'sche Algorithmus eins zu eins von den ganzen Zahlen übernehmen. Er verwendet ja nichts anderes als die Division mit Rest, und wir wissen bereits, wie diese für Polynome funktioniert:

Satz 4.10 (Euklid'scher Algorithmus für Polynome) Die Polynome $a(x)$, $b(x)$ seien gegeben. Setzt man $r_0(x) = a(x)$, $r_1(x) = b(x)$ und definiert man rekursiv $r_{k+2}(x)$ als Rest bei Division von $r_k(x)$ durch $r_{k+1}(x)$, so bricht diese Rekursion irgendwann ab, d.h. $r_{n+1}(x) = 0$. Der letzte nichtverschwindende Rest $r_n(x)$ ist (gegebenenfalls noch zu normieren und danach) der $\mathrm{ggT}(a, b)$.

Wie schon beim Euklid'schen Algorithmus für Zahlen ist es sinnvoll (aber nicht notwendig), $\deg(a) \geq \deg(b)$ zu wählen.

Beispiel 4.11 (→CAS) Euklid'scher Algorithmus für Polynome
Berechnen Sie den ggT der reellen Polynome $a(x) = x^3 - 2x + 1$ und $b(x) = x^2 - 1$.

Lösung zu 4.11 Als erstes muss die Polynomdivision $a(x) : b(x)$ (wobei $r_0(x) = a(x), r_1 = b(x)$ gesetzt wird) durchgeführt werden. Das Ergebnis lautet

$$r_0(x) = xr_1(x) + (-x + 1).$$

Als nächstes ist $r_1(x) = x^2 - 1$ durch $r_2(x) = -x + 1$ zu dividieren. Diese weitere Polynomdivision ergibt

$$r_1(x) = (-x - 1)r_2(x),$$

es lässt sich also $r_1(x)$ ohne Rest durch $r_2(x)$ teilen. Somit ist $r_2(x) = -x + 1$ der letzte nichtverschwindende Rest. Er ist noch zu normieren, dann haben wir schon den gesuchten größten gemeinsamen Teiler: $\text{ggT}(a, b) = x - 1$. ∎

Auch der erweiterte Euklid'sche Algorithmus lässt sich sofort von den ganzen Zahlen auf Polynome übertragen.

Satz 4.12 (Erweiterter Euklid'scher Algorithmus für Polynome) Für beliebige Polynome $a(x)$ und $b(x)$ gibt es Polynome $s(x)$ und $t(x)$ mit

$$a(x)s(x) + b(x)t(x) = \text{ggT}(a, b).$$

Diese Polynome s und t werden rekursiv analog wie in Satz 3.36 berechnet: $s_0(x) = 1$, $t_0(x) = 0$, $s_1(x) = 0$, $t_1(x) = 1$:

$$r_k(x) = r_{k-2}(x) \bmod r_{k-1}(x), \quad q_k(x) = r_{k-2}(x) \operatorname{div} r_{k-1}(x),$$
$$s_k(x) = s_{k-2}(x) - q_k(x)s_{k-1}(x), \quad t_k(x) = t_{k-2}(x) - q_k(x)t_{k-1}(x).$$

Die Abbruchbedingung ist wieder $r_{n+1}(x) = 0$. Es gilt dann: $s_n(x)a(x) + t_n(x)b(x) = r_n(x)$ und somit sind $s_n(x), t_n(x)$ bis auf die Normierung gleich den gesuchten Polynomen $s(x), t(x)$.

Da wir in jedem Schritt eine langweilige Polynomdivision durchführen müssen, ist der Schreibaufwand natürlich wesentlich höher.

Beispiel 4.13 (→CAS) Erweiterter Euklid'scher Algorithmus für Polynome
Es sei $a(x) = x^3 - 2x + 1$ und $b(x) = x^2 - 1$. Finden Sie Polynome $s(x)$, $t(x)$ mit

$$s(x)a(x) + t(x)b(x) = \text{ggT}(a, b).$$

Lösung zu 4.13 Wir haben den Euklid'schen Algorithmus bereits in Beispiel 4.11 durchgeführt, daraus wissen wir: $q_1(x) = x$, $q_2(x) = -x - 1$. Damit folgt:

$$s_2(x) = s_0(x) - q_1(x)s_1(x) = 1 - x\cdot 0 = 1, \quad t_2(x) = t_0(x) - q_1(x)t_1(x) = 0 - x\cdot 1 = -x$$

Es ist also $r_2(x) = s_2(x)a(x) + t_2(x)b(x)$. Der letzte nichtverschwindende Rest war laut Beispiel 4.11 $r_2 = -x + 1$. Diesen haben wir durch Multiplikation mit (-1)

normiert und somit den $\mathrm{ggT}(a,b) = x-1$ erhalten. Damit ist $s(x) = (-1) \cdot s_2(x) = -1$ und $t(x) = (-1) \cdot t_2(x) = x$ die gewünschte Lösung von $s(x)a(x) + t(x)b(x) = x-1$. Probe: $s(x)a(x) + t(x)b(x) = -1 \cdot (x^3 - 2x + 1) + x(x^2 - 1) = x - 1$. Stimmt. ■

4.2 Der Restklassenring $\mathbb{K}[x]_{m(x)}$

Nun hindert uns nichts daran – da wir schon eine Division mit Rest für Polynome haben – auch bei Polynomen von Kongruenz zu sprechen:

Definition 4.14 Zwei Polynome $a(x)$ und $b(x)$ aus $\mathbb{K}[x]$ heißen **kongruent** modulo eines Polynoms $m(x)$, geschrieben $a(x) = b(x) \,(\mathrm{mod}\, m(x))$, falls sie bei Division durch $m(x)$ den gleichen Rest haben.

Anders ausgedrückt: $a(x) = b(x) \,(\mathrm{mod}\, m(x))$ genau dann, wenn $a(x) - b(x)$ durch $m(x)$ teilbar ist, wenn also $a(x) - b(x) = q(x)m(x)$. Alle modulo m kongruenten Polynome bilden eine **Restklasse** modulo m.

Es gibt für reelle Polynome unendlich viele Restklassen, da es unendlich viele mögliche Reste bei Division durch m gibt. Beispiel: $m(x) = x^2 + 1 \in \mathbb{R}[x]$. Dann sind die möglichen Reste alle Polynome der Form $a_1 x + a_0$ (= alle Polynome vom Grad < 2). Davon gibt es unendlich viele, da die Koeffizienten a_1, a_0 können ja beliebige reelle Zahlen sein. Würde man zum Beispiel nur $0, 1, 2$ für die Koeffizienten zulassen (also Polynome in $\mathbb{Z}_3[x]$ betrachten), dann gäbe es bei Division durch $m(x) = x^2 + 1 \in \mathbb{Z}_3[x]$ nur noch $3^2 = 9$ mögliche Reste: $0, 1, 2, x, x+1, x+2, 2x, 2x+1, 2x+2$.

Analog wie bei ganzen Zahlen verhalten sich alle Polynome innerhalb einer Restklasse bei Addition bzw. Multiplikation (modulo m) gleich: Wenn $a(x) = b(x) \,(\mathrm{mod}\, m(x))$ und $s(x) = t(x) \,(\mathrm{mod}\, m(x))$, dann ist

$$a(x) + s(x) = b(x) + t(x) \,(\mathrm{mod}\, m(x)) \quad \text{und} \quad a(x) \cdot s(x) = b(x) \cdot t(x) \,(\mathrm{mod}\, m(x)).$$

Daraus ergibt sich ein Trick zur Berechnung des Rests bei einer Polynomdivision und damit zur schnellen Überprüfung, ob zwei Polynome kongruent sind:

Beispiel 4.15 Kongruenz in $\mathbb{R}[x]$
Sind die Polynome kongruent modulo $m(x)$ in $\mathbb{R}[x]$?
a) $a(x) = x^3 + 1$, $b(x) = x + 1$, $m(x) = x^2 - 1$
b) $a(x) = x^5 + 2x^3 + 7$, $b(x) = x^3 + 3x - 9$, $m(x) = x^3 + x + 1$

Lösung zu 4.15
a) Wir suchen den Rest der Polynomdivision von $a(x)$ bzw. $b(x)$ durch $m(x)$. Da uns nur der Rest interessiert, können wir nun folgenden Trick anwenden: Es ist ja $m(x) = 0 \,(\mathrm{mod}\, m(x))$ („bei Division von $m(x)$ durch $m(x)$ ist der Rest gleich 0"). Speziell in unserem Beispiel ist also $x^2 - 1 = 0 \,(\mathrm{mod}\, m(x))$, oder umgeformt, $x^2 = 1 \,(\mathrm{mod}\, m(x))$. Modulo $m(x)$ verhält sich also 1 gleich wie x^2. Wir können daher, solange wir nur am Rest modulo $m(x)$ interessiert sind, in allen Summen oder Produkten x^2 durch 1 ersetzen! Wenn wir kein x^2 mehr finden, so haben wir den Rest erreicht (das ist dann ja ein Polynom vom Grad kleiner $\deg(m) = 2$).

Daher: $a(x) = x^3 + 1 = \mathbf{x^2} \cdot x + 1 = \mathbf{1} \cdot x + 1 = x + 1 \, (\text{mod} \, m(x))$. Somit ist der Rest gleich $x + 1$. Bei $b(x)$ ist gar nichts zu tun, denn der Grad von $b(x)$ ist bereits kleiner als der von $m(x)$. Der Rest von $b(x)$ modulo $m(x)$ ist daher $b(x) = x + 1$. Da die Reste gleich sind, sind die Polynome a und b kongruent modulo $m(x)$.

b) Wieder wenden wir den Trick an, indem wir $x^3 = -x - 1$ setzen. Damit erhalten wir: $a(x) = x^2(-x-1) + 2(-x-1) + 7 = -x^3 - x^2 - 2x + 5 = -(-x-1) - x^2 - 2x + 5 = -x^2 - x + 6 \, (\text{mod} \, m(x))$ und $b(x) = (-x-1) + 3x - 9 = 2x - 10 \, (\text{mod} \, m(x))$. Die Reste sind verschieden, somit sind a und b nicht kongruent modulo $m(x)$.∎

Dieser Trick funktioniert natürlich über einem beliebigen Körper $\mathbb{K}$. Zu beachten ist wie immer, dass alle Rechenoperationen für die Koeffizienten in $\mathbb{K}$ durchgeführt werden. Das bedeutet konkret zum Beispiel für $\mathbb{K} = \mathbb{Z}_p$, dass wir am Ende alle Koeffizienten modulo p nehmen müssen (zusätzlich dürfen wir das auch *jederzeit* zwischendurch):

Beispiel 4.16 Reste in $\mathbb{Z}_2[x]$
Berechnen Sie in $\mathbb{Z}_2[x]$ den Rest modulo $m(x) = x^2 + 1$ von
a) $f(x) = x^3 + 1$ b) $g(x) = x + 1$
c) Geben Sie alle möglichen Reste an, die bei Division durch $m(x) = x^2 + 1$ in $\mathbb{Z}_2[x]$ auftreten können.

Lösung zu 4.16
a) Mithilfe des Tricks $x^2 + 1 = 0 \, (\text{mod} \, m(x))$ folgt $x^2 = -1 \, (\text{mod} \, m(x))$; damit folgt $f(x) = x^2 \cdot x + 1 = (-1) \cdot x + 1 = -x + 1 = x + 1 \, (\text{mod} \, m(x))$, da $-1 = 1 \, (\text{mod} \, 2)$.

Alternativ hätten wir auch schon vorher modulo 2 rechnen können: Mithilfe des Tricks $x^2 + 1 = 0 \, (\text{mod} \, m(x))$ folgt $x^2 = -1 \, (\text{mod} \, m(x))$; da $-1 = 1 \, (\text{mod} \, 2)$, gilt auch $x^2 = 1 \, (\text{mod} \, m(x))$. Damit ist $f(x) = x^2 \cdot x + 1 = 1 \cdot x + 1 = x + 1 \, (\text{mod} \, m(x))$.

b) Da der Grad von $g(x)$ kleiner ist als der Grad von $m(x)$, ist $g(x) = x + 1$ bereits der gesuchte Rest modulo $m(x)$. In $\mathbb{Z}_2[x]$ haben die beiden Polynome $f(x)$ (aus a)) und $g(x)$ also dieselben Reste modulo $m(x)$. Sie liegen also in derselben Restklasse, d.h., sie sind kongruent modulo $m(x)$.

c) Da $m(x)$ den Grad 2 hat, kommen als Reste alle Polynome vom Grad < 2 in Frage, also alle Polynome der Form $a_1 x + a_0$. Davon gibt es genau $2^2 = 4$: $0, 1, x, x + 1$.   ∎

Wir wollen uns nun in $\mathbb{K}[x]$ auf die Reste modulo eines Polynoms $m(x)$ einschränken, analog wie wir uns in $\mathbb{Z}$ auf die endliche Menge $\mathbb{Z}_m$ aller Reste modulo m eingeschränkt haben. Dazu verwendet man üblicherweise normierte Polynome $m(x)$, also Polynome mit höchstem Koeffizient 1.

Hat $m(x)$ den Grad k, dann sind die möglichen Reste alle Polynome in $\mathbb{K}[x]$ vom Grad $< k$. Fassen wir nun alle möglichen Reste modulo $m(x)$ zu einer neuen Menge zusammen, und bezeichnen sie, analog zur Schreibweise $\mathbb{Z}_m$, mit $\mathbb{K}[x]_{m(x)}$:

$$\mathbb{K}[x]_{m(x)} = \{a_{k-1}x^{k-1} + a_{k-2}x^{k-2} + \ldots + a_1 x + a_0 \mid a_i \in \mathbb{K}\}$$

enthält also alle Reste, die bei Division durch $m(x)$ auftreten können. Das sind also alle Polynome in $\mathbb{K}[x]$, deren Grad kleiner als der Grad von $m(x)$ ist.

Beispiel 4.17 $\mathbb{R}[x]_{m(x)}$
Geben Sie die Menge $\mathbb{R}[x]_{m(x)}$ an für
a) $m(x) = x^2 + 1$ b) $m(x) = x^4 + x^3 + 1$

Lösung zu 4.17
a) $m(x)$ hat den Grad 2. Daher sind die möglichen Reste, die bei Division durch $m(x)$ auftreten können, alle Polynome vom Grad < 2. Daher ist $\mathbb{R}[x]_{x^2+1} = \{a_1 x + a_0 \mid a_0, a_1 \in \mathbb{R}\}$. Da a_0, a_1 unendlich viele Werte annehmen können, besteht $\mathbb{R}[x]_{x^2+1}$ aus unendlich vielen Resten.
b) Da $m(x)$ Grad 4 hat, kommen als Reste alle Polynome vom Grad < 4 in Frage. Daher ist $\mathbb{R}[x]_{x^4+x^3+1} = \{a_3 x^3 + a_2 x^2 + a_1 x + a_0 \mid a_0, a_1, a_2, a_3 \in \mathbb{R}\}$ (wieder unendlich viele Reste). ∎

Beispiel 4.18 $\mathbb{Z}_2[x]_{m(x)}$
Geben Sie die Menge $\mathbb{Z}_2[x]_{m(x)}$ an für
a) $m(x) = x^2 + 1$ b) $m(x) = x^2 + x + 1$
c) $m(x) = x^3 + x$ d) $m(x) = x^8 + x^4 + x^3 + x + 1$

Lösung zu 4.18
a) $m(x) = x^2 + 1$ hat den Grad 2. Daher sind die möglichen Reste, die bei Division durch $m(x)$ auftreten können, alle Polynome vom Grad < 2; also $\mathbb{Z}_2[x]_{x^2+1} = \{a_1 x + a_0 \mid a_i \in \mathbb{Z}_2\} = \{0, 1, x, x+1\}$. Da a_0, a_1 nun nur die Werte 0 oder 1 annehmen können, gibt es also insgesamt nur $2^2 = 4$ Reste.
b) Wieder hat $m(x) = x^2 + x + 1$ den Grad 2. Daher ist wie in a) $\mathbb{Z}_2[x]_{x^2+x+1} = \{a_1 x + a_0 \mid a_i \in \mathbb{Z}_2\} = \{0, 1, x, x+1\}$.
c) $m(x) = x^3 + x$ hat Grad 3, daher sind die möglichen Reste alle Polynome vom Grad < 3, d.h., $a_2 x^2 + a_1 x + a_0$ mit $a_i \in \mathbb{Z}_2$. Es gibt also 2^3 mögliche Reste: $\mathbb{Z}_2[x]_{x^3+x} = \{0, 1, x, x+1, x^2, x^2+1, x^2+x, x^2+x+1\}$.
d) Die möglichen Reste sind alle Polynome vom Grad < 8, daher gibt es $2^8 = 256$ mögliche Reste: $\mathbb{Z}_2[x]_{x^8+x^4+x^3+x+1} = \{a_7 x^7 + \ldots + a_1 x + a_0 \mid a_i \in \mathbb{Z}_2\}$. ∎

Das letzte Beispiel zeigt also anschaulich: Wenn $m(x)$ den Grad k hat, dann hat $\mathbb{Z}_2[x]_{m(x)}$ genau 2^k Reste. So besteht $\mathbb{Z}_3[x]_{m(x)}$ aus 3^k Resten, $\mathbb{Z}_5[x]_{m(x)}$ hat 5^k Reste; allgemein hat $\mathbb{Z}_p[x]_{m(x)}$ genau p^k Reste. Wir sind also bei Mengen von endlich vielen Polynomen angelangt.

Für die Reste in $\mathbb{K}[x]_{m(x)}$ definieren wir nun **Addition bzw. Multiplikation**, indem wir einfach die vertraute Addition bzw. Multiplikation von Polynomen durchführen und am Ende, falls notwendig, den Rest modulo $m(x)$ nehmen, um nicht aus $\mathbb{K}[x]_{m(x)}$ hinauszufallen. Mit dieser Addition und Multiplikation wird $\mathbb{K}[x]_{m(x)}$ ein Ring, der so genannte **Restklassenring**.

Es handelt sich um einen Ring, denn: (1) Mit dieser Addition und Multiplikation sind das Kommutativ-, Assoziativ- und Distributivgesetz erfüllt. (2) Rest 0 ist das neutrale Element bezüglich der Addition. (3) Rest 1 ist das neutrale Element bezüglich der Multiplikation. (4) Zu jedem Rest $p(x) = a_{k-1}x^{k-1} + \ldots + a_1 x + a_0$ gibt es den additiv inversen (= negativen) Rest $-p(x) = -a_{k-1}x^{k-1} - \ldots - a_1 x - a_0$; speziell für den Körper $K = \mathbb{Z}_2$ ist immer $p(x) = -p(x)$, da ja in $\mathbb{Z}_2$ immer $a_i = -a_i$ gilt (das sieht man auch schön an der Tabelle in Beispiel 4.19: z. B. ist $x + x = 0$).

Man spricht vom Rest*klassen*ring, weil jeder Rest stellvertretend für eine ganze Restklasse von Polynomen mit eben diesem Rest steht (= kongruente Polynome).

Beispiel 4.19 Additions- und Multiplikationstabelle

Geben Sie die Additions- und Multiplikationstabelle für $\mathbb{Z}_2[x]_{x^2+x+1} = \{0, 1, x, x+1\}$ an.

Lösung zu 4.19

+	0	1	x	$x+1$
0	0	1	x	$x+1$
1	1	0	$x+1$	x
x	x	$x+1$	0	1
$x+1$	$x+1$	x	1	0

$\cdot$	0	1	x	$x+1$
0	0	0	0	0
1	0	1	x	$x+1$
x	0	x	$x+1$	1
$x+1$	0	$x+1$	1	x

Wir lassen der Übersicht halber den Zusatz „$(\bmod 2)$" bzw. „$(\bmod m(x))$" weg, da klar ist, dass die Reste modulo 2 und modulo $m(x)$ gemeint sind.

Zur linken Tabelle: Zum Beispiel ist $(x+1) + (x+1) = 2x + 2 = 0$, da $2 = 0$ in $\mathbb{Z}_2$. Rechte Tabelle: Es ist zum Beispiel $(x+1) \cdot (x+1) = x^2 + 2x + 1 = x^2 + 1$. Hier müssen wir, damit wir wieder in die Menge $\{0, 1, x, x+1\}$ zurückkommen, noch den Rest modulo $m(x) = x^2 + x + 1$ nehmen: Dieser Rest ist gleich x, daher ist zusammenfassend $(x+1) \cdot (x+1) = x$. ∎

Sehen wir uns nun die Multiplikationstabelle genauer an: $1 \cdot 1 = 1$, $x \cdot (x+1) = 1$, $(x+1)x = 1$. Für jedes Element $a(x)$ (außer der 0) gibt es also ein multiplikatives Inverses, also ein $b(x)$ mit

$$a(x)b(x) = 1 \,(\bmod\, m(x)).$$

Damit ist der Ring $\mathbb{Z}_2[x]_{x^2+x+1}$ sogar ein Körper! Wir haben also einen Körper mit 4 Elementen konstruiert.

Wir können die Koeffizienten eines Rests $a_1 x + a_0$ aus $\mathbb{Z}_2[x]_{x^2+x+1}$ mit einer Dualzahl $a_1 a_0$ identifizieren: also $11 = x+1$, $10 = x$, $01 = 1$, $00 = 0$. Dann haben wir das Alphabet der 2-Bit Zahlen mit einer Körperstruktur versehen. Obige Additions- und Multiplikationstabellen also mit Dualzahlen angeschrieben:

+	00	01	10	11
00	00	01	10	11
01	01	00	11	10
10	10	11	00	01
11	11	10	01	00

$\cdot$	00	01	10	11
00	00	00	00	00
01	00	01	10	11
10	00	10	11	01
11	00	11	01	10

Diese Addition entspricht übrigens gerade der XOR-Verknüpfung.

Was ist, wenn wir ein anderes Polynom $m(x)$ vom Grad 2 als Modul verwendet hätten? Zum Beispiel $m(x) = x^2 + 1$?

Beispiel 4.20 Additions- und Multiplikationstabelle

Geben Sie die Additions- und Multiplikationstabelle für $\mathbb{Z}_2[x]_{x^2+1}$ an.

Lösung zu 4.20 Wieder ist $\mathbb{Z}_2[x]_{x^2+1} = \{0, 1, x, x+1\}$, nun ist aber modulo $m(x) = x^2 + 1$ zu rechnen, also $x^2 = -1 = 1 \,(\mathrm{mod}\,m(x))$ zu setzen:

+	0	1	x	$x+1$
0	0	1	x	$x+1$
1	1	0	$x+1$	x
x	x	$x+1$	0	1
$x+1$	$x+1$	x	1	0

$\cdot$	0	1	x	$x+1$
0	0	0	0	0
1	0	1	x	$x+1$
x	0	x	1	$x+1$
$x+1$	0	$x+1$	$x+1$	0

Zur rechten Tabelle: z. B. ist $(x+1) \cdot (x+1) = x^2 + 2x + 1 = x^2 + 1 = 0 \,(\mathrm{mod}\,m(x))$. ∎

Wenn wir uns diese Multiplikationstabelle genauer ansehen, so müssen wir feststellen, dass es nun zu $x+1$ kein multiplikatives Inverses gibt (denn in dieser Zeile scheint keine 1 als Ergebnis auf). Es ist also $\mathbb{Z}_2[x]_{x^2+1}$ kein Körper. Was ist aber der Unterschied zwischen $m(x) = x^2 + x + 1$ und $m(x) = x^2 + 1$, der einmal einen Körper liefert und einmal nicht?

Mit anderen Worten: Warum besitzt $x+1$ in $\mathbb{Z}_2[x]_{x^2+1}$ kein multiplikatives Inverses, in $\mathbb{Z}_2[x]_{x^2+x+1}$ aber schon? Wieder ist uns die Antwort von $\mathbb{Z}_m$ her vertraut:

Satz 4.21 Für ein Polynom $a(x)$ gibt es in $\mathbb{K}[x]_{m(x)}$ ein multiplikatives Inverses genau dann, wenn $\mathrm{ggT}(a(x), m(x)) = 1$ ist. Es kann mit dem erweiterten Euklid'schen Algorithmus berechnet werden.

Nun ist alles klar: Da $m(x) = x^2 + 1 = (x+1)(x+1)$, ist $\mathrm{ggT}(x+1, m(x)) \neq 1$.

Um das multiplikative Inverse mit dem erweiterten Euklid'schen Algorithmus zu berechnen, setzen wir einfach $r_0(x) = m(x)$ und $r_1(x) = a(x)$. Dann liefert der Algorithmus eine Lösung $a(x)t_n(x) + m(x)s_n(x) = r_n$ (mit $r_n \in \mathbb{K}$, falls $a(x)$ und $m(x)$ teilerfremd sind). Um das gesuchte multiplikative Inverse zu erhalten, muss man nur noch $t_n(x)$ mit dem multiplikativen Inversen (in $\mathbb{K}$) von r_n multiplizieren.

Denn wenn wir die Gleichung $a(x)t_n(x) + m(x)s_n(x) = r_n$ mit r_n^{-1} multiplizieren, so erhalten wir die Gleichung $a(x)r_n^{-1}t_n(x) + m(x)r_n^{-1}s_n(x) = 1$. Das bedeutet gerade, dass $r_n^{-1}t_n(x)$ das multiplikative Inverse von $a(x)$ modulo $m(x)$ ist.

Das Polynom $s_n(x)$ wird nicht benötigt und muss daher auch nicht berechnet werden.

Beispiel 4.22 (→CAS) Multiplikatives Inverses
Berechnen Sie das multiplikative Inverse von $a(x) = x + 1$ in $\mathbb{Z}_2[x]_{x^2+x+1}$.

Lösung zu 4.22 Gesucht ist eine Lösung $t(x)$ von $(x^2+x+1)s(x)+(x+1)t(x) = 1$. Dann ist $t(x)$ das gesuchte multiplikative Inverse von $x+1$.

Polynomdivision von $x^2 + x + 1$ durch $x + 1$ liefert $r_0(x) = x\,r_1(x) + 1$, $r_1(x) = 1 \cdot 1 + 0$. (Der $\mathrm{ggT}(m(x), a(x))$ ist also 1, was ja für die Existenz des multiplikativen Inversen notwendig ist). Daher ist $t_2(x) = t_0(x) - x\,t_1(x) = 0 - x \cdot 1 = -x = x \in \mathbb{Z}_2[x]$. Also ist $t(x) = t_2(x) = x$ das gesuchte multiplikative Inverse (das hatten wir auch schon von der Multiplikationstabelle abgelesen). ∎

4.2.1 Anwendung: Zyklische Codes

Die Polynomringe $\mathbb{Z}_2[x]_{x^n+1}$ sind von besonderer Bedeutung in der Codierungstheorie. Dabei geht es darum, Daten (Blöcke aus k Bit) möglichst fehlerfrei zu übertragen. Das heißt, Übertragungsfehler sollen erkannt und eventuell sogar korrigiert werden.

Dazu werden die Datenworte der Länge k Bit auf Codewörter der Länge n Bits (mit $n > k$) abgebildet (Codierung). Die Codewörter werden übertragen und der Empfänger überprüft, ob das empfangene Wort ein Codewort ist. Wenn das der Fall ist, so wird das zugehörige Datenwort ermittelt (Decodierung). Ist das empfangene Wort kein Codewort, dann ist ein Übertragungsfehler aufgetreten.

Eine wichtige Klasse von Codes sind die **zyklischen Codes** (engl. *Cyclic Redundancy Code* oder kurz CRC). Dazu werden zunächst n Bit Blöcke $a_{n-1} \ldots a_0$ mit Polynomen $a_{n-1}x^{n-1} + \cdots + a_1 x + a_0 \in \mathbb{Z}_2[x]_{x^n+1}$ identifiziert. Nun wählt man eine Faktorisierung $g(x)h(x) = x^n + 1$.

Betrachten wir zum Beispiel einen Code der Länge 3 mit der Faktorisierung $(x+1)(x^2+x+1) = x^3 + 1$ (nicht vergessen, wir rechnen in $\mathbb{Z}_2$). Das Polynom $g(x) = x+1$ nennt man **Generatorpolynom** des Codes und $h(x) = x^2 + x + 1$ ist das **Kontrollpolynom**. Die Codewörter sind nun gerade die Vielfachen von $g(x)$:

$$C = \{f(x)g(x) \mid f(x) \in \mathbb{Z}_2[x]_{x^3+1}\} = \{0, 1+x, x+x^2, 1+x^2\} \subseteq \mathbb{Z}_2[x]_{x^3+1}.$$

Die Menge C aller Vielfachen von $g(x)$ bildet ein Ideal (Definition 3.30). Jeder zyklische Code entspricht einem Ideal in $\mathbb{Z}_2[x]_{x^n+1}$. Insbesondere ist mit $c(x) \in C$ auch $x \cdot c(x) \in C$. Die Multiplikation eines Polynoms mit x bedeutet für das zugehörige Wort eine zyklische Verschiebung der Bits um eine Stelle nach rechts (das höchste Bit wird wegen $x^n = 1$ als erstes Bit links wieder angehängt). Für jedes Codewort sind also auch die zyklischen Verschiebungen wieder Codewörter, was den Namen erklärt.

Dabei reicht es, für $f(x)$ die Polynome vom Grad < 2 zu betrachten (da $g(x)$ Grad eins hat und in $\mathbb{Z}_2[x]_{x^3+1}$ ja $x^3 = 1$ gilt). Die Codierung sieht also wie folgt aus:

$a_1 a_0 \to a_1 x + a_0 \to g(x)(a_1 x + a_0) = c_2 x^2 + c_1 x + c_0 \to c_2 c_1 c_0$			
00 $\to$	0 $\to$	0	$\to$ 000
01 $\to$	1 $\to$	$x+1$	$\to$ 011
10 $\to$	x $\to$	$x^2 + x$	$\to$ 110
11 $\to$	$x+1$ $\to$	$x^2 + 1$	$\to$ 101

Wörter der Länge 2 werden also in Codewörter der Länge 3 codiert. Beachten Sie, dass die zyklische Verschiebung eines Bits nach rechts bei einem Codewort wieder ein Codewort ergibt. Mit anderen Worten: Wenn man das Bit am Codewortende entfernt und als Anfangsbit schreibt, so ist das Ergebnis wieder ein Codewort.

Die Decodierung erfolgt, indem man das empfangene Wort in ein Polynom umwandelt und durch $g(x)$ dividiert. Tritt ein Rest auf, so ist ein Übertragungsfehler passiert, ansonsten ist das Ergebnis das Polynom des gesendeten Datenworts.

In unserem Beispiel erkennen wir folgenden Zusammenhang zwischen Codeworten und Datenworten: Es ist $c_2 c_1 c_0 = a_1 p_0 a_0$, wobei p_0 ein Paritätsbit ist, das so gewählt wird, dass das Codewort eine gerade Anzahl von Einsen enthält. Es handelt sich hier also um den üblichen **Paritätskontrollcode**! Das Paritätsbit wird in der Praxis natürlich am Ende angehängt und man kann sich für diesen einfachen Code den Umweg über $\mathbb{Z}_2[x]_{x^3+1}$ sparen.

Da für das Kontrollpolynom $g(x)h(x) = x^n + 1 = 0$ in $\mathbb{Z}_2[x]_{x^n+1}$ gilt, folgt für jedes Codewort $c(x) = f(x)g(x)$, dass $h(x)c(x) = h(x)g(x)f(x) = 0f(x) = 0$ gilt. Mit dem Kontrollpolynom kann also leicht getestet werden, ob ein Übertragungsfehler aufgetreten ist.

Wenn wir für einen 3-Bit-Code das Generatorpolynom $g(x) = x^2 + x + 1$ wählen, so erhalten wir zwei Codewörter und die Codierungsvorschrift $0 \to 000$, $1 \to 111$. Es handelt sich dabei um den so genannten **Wiederholungscode**.

Unser Paritätskontrollcode erkennt, wenn ein einzelnes Bit falsch übertragen wurde. Bei zwei falschen Bits würde der Fehler unentdeckt bleiben (verwendet man diesen Code, so muss man daher sicherstellen, dass die Wahrscheinlichkeit für das Auftreten von *mehr als einem* falsch übertragenen Bit vernachlässigt werden kann). Obiger Wiederholungscode kann bis zu zwei falsch übertragene Bits erkennen und er kann sogar ein einzelnes falsches Bit korrigieren: Wird 010 empfangen, so kann man davon ausgehen, dass 000 gesendet wurde.

Zyklische Codes sind übrigens Spezialfälle von linearen Codes (vergleiche Abschnitt 10.3.1).

4.3 Endliche Körper

Wir haben im letzten Abschnitt gesehen, dass $x + 1$ modulo $m(x) = x^2 + x + 1$ ein multiplikatives Inverses besitzt, nicht aber modulo $m(x) = x^2 + 1$. Daher ist $\{0, 1, x, x + 1\}$ bei Addition bzw. Multiplikation modulo $m(x) = x^2 + x + 1$ ein Körper, nicht aber bei Addition bzw. Multiplikation modulo $m(x) = x^2 + 1$. Wie soll allgemein $m(x)$ gewählt werden, damit jedes Element ein multiplikatives Inverses besitzt, damit $\mathbb{Z}_p[x]_{m(x)}$ also ein Körper wird?

Sehen wir wieder nach, wie das bei den Resten $\mathbb{Z}_m = \{0, 1, \ldots, m - 1\}$ war. Da haben wir ja genau dann einen Körper erhalten, wenn $m = p$ eine Primzahl war. Den Primzahlen in $\mathbb{Z}$ entsprechen die *irreduziblen* Polynome in $\mathbb{K}[x]$.

Definition 4.23 Ein Polynom $p(x)$ vom Grad $\deg(p) > 1$ heißt **irreduzibel** über $\mathbb{K}$, falls es kein Polynom $q(x)$ mit $0 < \deg(q) < \deg(p)$ gibt, das $p(x)$ teilt; andernfalls heißt es **reduzibel**.

Die irreduziblen Polynome entsprechen also gerade den Primzahlen in $\mathbb{Z}$. Damit ist folgende Tatsache kein Wunder: So wie eine natürliche Zahl in Primfaktoren zerlegt werden kann, kann auch jedes Polynom in irreduzible Faktoren zerlegt werden:

Satz 4.24 (Faktorisierung) Sei $p(x) \in \mathbb{K}[x]$ ein normiertes Polynom vom Grad größer 1. Dann lässt sich $p(x)$ in der Form

$$p(x) = \prod_{i=1}^{n} q_i(x)$$

schreiben, wobei $q_i(x)$ irreduzible Polynome mit höchstem Koeffizient eins sind. Die Faktoren $q_i(x)$ sind bis auf ihre Reihenfolge eindeutig.

Dieses Resultat ist überraschenderweise falsch, wenn $\mathbb{K}$ kein Körper ist: In $\mathbb{Z}_4$ gilt zum Beispiel $x^2 + 2x + 1 = (x-1)^2 = (x-3)^2$. Daran lesen wir ab, dass 1 und 3 Nullstellen des Polynoms sind. Es lässt sich aber *nicht* in der Form $(x-1)(x-3)$ schreiben, denn $(x-1)(x-3) = x^2 + 3 \neq x^2 + 2x + 1$.

Ein Polynom vom Grad 1 ist immer irreduzibel. Für ein Polynom $p(x)$ höheren Grades gilt: Gibt es einen Teiler mit Grad m, dann gibt es automatisch auch einen Teiler mit Grad $\deg(p) - m$. Ein Polynom ist also genau dann irreduzibel, wenn es keine Teiler mit Grad $\leq \deg(p)/2$ hat. Daraus folgt: Für Polynome $p(x)$ vom Grad 2 oder Grad 3 gilt: $p(x)$ ist irreduzibel über $\mathbb{K}$ genau dann, wenn es keine Nullstellen in $\mathbb{K}$ besitzt. Für Polynome vom Grad 4 oder 5 genügt es, nach (irreduziblen) Teilern mit Grad 1 oder 2 zu suchen, usw.

Beispiel 4.25 Reduzibel oder irreduzibel?
Ist $m(x)$ irreduzibel oder reduzibel über $\mathbb{K}$? Finden Sie gegebenenfalls die Faktorisierung.
a) $m(x) = x^2 + 1$, $\mathbb{K} = \mathbb{R}$ b) $m(x) = x^2 + 1$, $\mathbb{K} = \mathbb{C}$
c) $m(x) = x^2 + 1$, $\mathbb{K} = \mathbb{Z}_2$ d) $m(x) = x^3 + x + 1$, $\mathbb{K} = \mathbb{Z}_2$
e) $m(x) = x^4 + x^2 + 1$, $\mathbb{K} = \mathbb{Z}_2$

Lösung zu 4.25
a) Wenn $x^2 + 1$ reduzibel ist, dann muss es Polynome vom Grad 1 als Teiler haben: $x^2 + 1 = (x-a)(x-b)$. Dabei wären a, b gerade Nullstellen von $x^2 + 1$. Da $x^2 + 1$ jedoch keine reellen Nullstellen hat, gibt es solche Polynome nicht. Daher ist $m(x) = x^2 + 1$ irreduzibel über $\mathbb{R}$.
b) $x^2 + 1$ hat in $\mathbb{C}$ die Nullstellen $\pm i$. Daher lässt sich das Polynom in der Form $x^2 + 1 = (x+i)(x-i)$ schreiben, ist also reduzibel über $\mathbb{C}$.
c) Hat $x^2 + 1$ in $\mathbb{Z}_2$ Nullstellen? Dafür kommen nur 0 oder 1 in Frage: $1^2 + 1 = 1 + 1 = 0$, also ist 1 eine Nullstelle; $0^2 + 1 = 1$, also ist 0 keine Nullstelle. Daher kommt der Linearfaktor $x + 1$ (mindestens einmal) vor, nicht aber der Linearfaktor $x + 0 = x$. Es folgt also: $x^2 + 1 = (x+1)(x+1)$, also ist $x^2 + 1$ reduzibel über $\mathbb{Z}_2$.
d) Auch bei einem Polynom dritten Grades genügt es, nach Nullstellen zu suchen. Da $x^3 + x + 1$ keine Nullstellen in $\mathbb{Z}_2$ besitzt, ist es irreduzibel über $\mathbb{Z}_2$.
e) Wir müssen nach Teilern vom Grad 1 oder Grad 2 suchen. Teiler mit Grad 1 gibt es nicht, da $m(x) = x^4 + x^2 + 1$ keine Nullstellen in $\mathbb{Z}_2$ besitzt. Von den Polynomen vom Grad 2 können wir die reduziblen Polynome x^2, $x^2 + 1$ und $x^2 + x$ gleich als Teiler ausschließen (denn wären sie Teiler, so wären auch ihre Faktoren, also Polynome vom Grad 1, Teiler, was wir aber gerade ausgeschlossen haben). Somit ist noch zu prüfen, ob das irreduzible Polynom $x^2 + x + 1$ Teiler ist. Polynomdivision (oder auch Ersetzen von $x^2 = x + 1$ in $m(x) = x^4 + x^2 + 1$ mithilfe unseres Tricks) zeigt, dass $x^2 + x + 1$ tatsächlich ein Teiler ist. Daher ist $x^4 + x^2 + 1$ reduzibel über $\mathbb{K} = \mathbb{Z}_2$.

Das wichtige Resultat für uns ist nun:

Satz 4.26 $\mathbb{K}[x]_{m(x)}$ ist genau dann ein Körper, wenn $m(x)$ irreduzibel über $\mathbb{K}$ ist.

Das erklärt also, warum $\mathbb{Z}_2[x]_{x^2+x+1}$ ein Körper ist, nicht aber $\mathbb{Z}_2[x]_{x^2+1}$.

Warum gilt der Satz? Es ist zu zeigen, dass (1) für irreduzibles $m(x)$ ein Körper vorliegt, und dass (2) *nur* in diesem Fall ein Körper vorliegt: (1) Ist $m(x)$ irreduzibel, so ist $\mathrm{ggT}(a(x), m(x)) = 1$ für jedes Polynom $a(x) \in \mathbb{K}[x]_{m(x)} \setminus \{0\}$. Somit hat jedes Polynom in $\mathbb{K}[x]_{m(x)} \setminus \{0\}$ ein multiplikatives Inverses, damit ist $\mathbb{K}[x]_{m(x)}$ ein Körper. (2) Ist $m(x)$ reduzibel, also $m(x) = a(x)b(x)$, so kann es zu $b(x)$ kein multiplikatives Inverses geben. Denn wäre $b(x)r(x) = 1 \,(\mathrm{mod}\, m(x))$, so hätten wir $a(x) = a(x)(b(x)r(x)) = m(x)r(x) = 0 \,(\mathrm{mod}\, m(x))$, also einen Widerspruch. Für reduzibles $m(x)$ kann also kein Körper erhalten werden.

Beispiel 4.27 Endlicher Körper

Ist $\mathbb{R}[x]_{x^2+1}$ ein Körper? Wie sehen die Elemente aus? Wie sind Addition und Multiplikation definiert?

Lösung zu 4.27 Aus Beispiel 4.25 wissen wir, dass $x^2 + 1$ irreduzibel über $\mathbb{R}$ ist. Daher ist $\mathbb{R}[x]_{x^2+1}$ ein Körper.

Da wir modulo eines Polynoms vom Grad 2 rechnen, sind die Elemente von $\mathbb{R}[x]_{x^2+1}$ gerade die Polynome mit Grad ≤ 1, also von der Form $p(x) = a_0 + a_1 x$. Addition und Multiplikation in $\mathbb{R}[x]_{x^2+1}$ sind gegeben durch

$$
\begin{aligned}
p(x) + q(x) &= (a_0 + a_1 x) + (b_0 + b_1 x) = (a_0 + b_0) + (a_1 + b_1)x \\
p(x)q(x) &= (a_0 + a_1 x)(b_0 + b_1 x) = (a_0 b_0 - a_1 b_1) + (a_0 b_1 + a_1 b_0)x.
\end{aligned}
$$

Bei der Vereinfachung des Additionsergebnisses ist nichts Aufregendes passiert. Bei der Multiplikation haben wir $a_1 b_1 x^2$ mithilfe von $x^2 = -1$ vereinfacht, da wir ja modulo $x^2 + 1$ rechnen.

Erinnern Sie diese Regeln für Addition und Multiplikation an jene bei den komplexen Zahlen? Tatsächlich: Wenn wir das Polynom $p(x) = a_0 + a_1 x$ mit der komplexen Zahl $z = a_0 + a_1 \mathrm{i}$ identifizieren, so sehen wir, dass wir $\mathbb{R}[x]_{x^2+1}$ mit dem Körper $\mathbb{C}$ der komplexen Zahlen identifizieren können. Das bedeutet, dass $\mathbb{R}[x]_{x^2+1}$ und $\mathbb{C}$ dieselbe Struktur haben und der eine Körper einfach durch Umbenennung seiner Elemente in den jeweils anderen übergeführt werden kann. ∎

In Beispiel 4.25 haben wir gesehen, dass $x^2 + 1$ über $\mathbb{C}$ faktorisiert werden kann. Es ist also über $\mathbb{R}$ irreduzibel, über $\mathbb{C}$ aber reduzibel. Ob ein Polynom faktorisierbar ist oder nicht, hängt also nicht nur vom Polynom, sondern auch vom Körper $\mathbb{K}$ ab.

Über $\mathbb{C}$ bzw. $\mathbb{R}$ gibt es nur recht wenige irreduzible Polynome: Über $\mathbb{C}$ sind nur die Polynome vom Grad 1 irreduzibel (das ist genau die Aussage des so genannten **Fundamentalsatzes der Algebra**). Dieser Fall ist aber nicht besonders spannend, denn Reste vom Grad 0 sind genau die Elemente von $\mathbb{K}$, d.h., $\mathbb{K}[x]_{x-a_0} = \mathbb{K}$. Über $\mathbb{R}$ gibt es auch irreduzible Polynome vom Grad 2 (Polynome vom Grad größer 2 sind immer reduzibel). Das sind genau jene mit zwei (konjugiert) komplexen Nullstellen. Solche Polynome liefern aber wie in Beispiel 4.27 immer nur den Körper der komplexen Zahlen, also nichts Neues.

Interessant wird es, wenn wir über $\mathbb{Z}_p$ modulo eines irreduziblen Polynoms $m(x)$ vom Grad k rechnen. Dann ist $\mathbb{Z}_p[x]_{m(x)}$ ein Körper mit p^k Elementen. Für die Praxis besonders wichtig ist der Körper $\mathbb{Z}_2[x]_{x^8+x^4+x^3+x+1}$ mit $2^8 = 256$ Elementen.

Dass $x^8 + x^4 + x^3 + x + 1$ über $\mathbb{Z}_2$ in der Tat irreduzibel ist, kann mit starken Nerven leicht mit der Hand nachgerechnet werden. Alternativ empfehlen wir den Computer →CAS.

Ein endlicher Körper mit p^k Elementen wird auch **Galois-Körper** (engl. *Galois Field*) genannt und symbolisch $GF(p^k)$ oder $\mathbb{F}_{p^k}$ geschrieben.

Satz 4.28 Für jede Primzahlpotenz p^k gibt es einen zugehörigen Galois-Körper. Dieser Körper ist bis auf die Bezeichnung seiner Elemente eindeutig.

Somit gibt es Körper mit 2, 2^2, 2^3, 2^4, 2^5, ..., 3, 3^2, ..., 5, 5^2, ... Elementen.

Verwendet man *verschiedene* irreduzible Polynome vom gleichen Grad k, so erhält man also jedesmal (abgesehen von der Benennung ihrer Elemente) den gleichen Körper mit p^k Elementen. Zum Beispiel sind die zu den beiden irreduziblen Polynomen $x^3 + x + 1$ und $x^3 + x^2 + 1$ zugehörigen Körper $\mathbb{Z}_2[x]_{x^3+x+1}$ und $\mathbb{Z}_2[x]_{x^3+x^2+1}$ in diesem Sinn identisch. Man sagt, die beiden Körper sind äquivalent oder **isomorph**.

Wie sieht es aber zum Beispiel mit 26 Elementen aus? Ist es auch für unser Alphabet aus 26 Buchstaben möglich eine Addition und Multiplikation zu finden, sodass wir einen Körper erhalten? Da $26 = 13 \cdot 2$ keine Primzahlpotenz ist, geht es auf jeden Fall mit unseren bisherigen Überlegungen nicht. Es kommt aber noch schlimmer, man kann sogar zeigen, dass es nur dann einen Körper mit n Elementen gibt, wenn $n = p^k$ eine Primzahlpotenz ist. Egal, wie lange Sie also herumprobieren, Sie werden keinen Körper mit 26 Elementen finden. Zum Glück ist in der Informatik die Basis 2, und nicht die Basis 10 ausgezeichnet. Denn Körper mit 10^k Elementen gibt es nicht, da 10 ja keine Primzahl ist!

Der französische Mathematiker Evariste Galois (1811–1832) gilt als einer der Begründer der modernen Algebra. Eine der großen Herausforderungen der damaligen Zeit war es, eine Methode zur Lösung einer Gleichung 5. Grades, also $x^5 + a_4x^4 + \ldots + a_1x + a_0 = 0$, zu finden. Man kannte zu seiner Zeit bereits Lösungsformeln für quadratische, kubische Gleichungen und Gleichungen 4. Grades. Galois hat gezeigt, dass es eine allgemeine Lösungsformel für Gleichungen 5. und höheren Grades nicht geben kann und legte damit den Grundstein der nach ihm benannten Galois-Theorie. Seine geniale Leistung wurde erst nach seinem tragischen Tod in einem Duell erkannt.

Beachten Sie, dass in einem endlichen Körper Dinge passieren können, die in $\mathbb{R}$ (oder $\mathbb{C}$) unmöglich sind. Betrachten wir z.B. die Potenzen a^n eines von Null verschiedenen Elements a. Da es nur $p^k - 1$ von Null verschiedene Elemente gibt, muss die Folge $a, a^2, a^3, \ldots$ nach spätestens p^k Schritten wieder zum Ausgangswert a zurückkommen. Passiert das nach der maximalen Anzahl von Schritten zum ersten Mal, so wird a als **Primitivwurzel** bezeichnet. Für eine Primitivwurzel a durchlaufen die Potenzen a^n also alle von Null verschiedenen Elemente. Primitivwurzeln existieren immer und spielen eine wichtige Rolle in der Kryptographie und Codierungstheorie.

4.3.1 Anwendung: Der Advanced Encryption Standard

Wie wir bei der Caesar-Verschlüsselung gesehen haben, ist eine *lineare* Verschlüsselungsvorschrift $y = a \cdot x + b$ keine gute Wahl. Jeder brauchbare Verschlüsselungsalgorithmus benötigt daher einen *nichtlinearen* Bestandteil. Nichtlinear wäre zum Beispiel eine Polynomfunktion mit Grad > 1. Da aber eine polynomiale Gleichung in der Regel mehr als eine Lösung besitzt, wäre eine eindeutige Entschlüsselung nicht mehr möglich. Eine nichtlineare Vorschrift, die auch umgekehrt werden kann, ist zum Beispiel die Berechnung des multiplikativen Inversen. Beim **Rijndael-Verschlüsselungsalgorithmus** wird das multiplikative Inverse modulo des irreduziblen Polynoms $m(x) = x^8 + x^4 + x^3 + x + 1$ berechnet. Es wird also in $GF(2^8) = \mathbb{Z}_2[x]_{x^8+x^4+x^3+x+1}$ gerechnet.

Im Jahr 2001 hat das *National Institute of Standards and Technology* der USA den Rijndael-Verschlüsselungsalgorithmus zum Nachfolger des bis dahin verwendeten **DES** (*Data Encryption Standard*) gewählt und damit als Verschlüsselungsstandard **AES** (*Advanced Encryption Standard*) für die USA festgelegt. Der Algorithmus wurde von den belgischen Kryptologen Vincent **Rij**men (geb. 1970) und Joan **Dae**men (geb. 1965) entwickelt. Er kann kostenlos in jeder Software verwendet werden.

4.3.2 Anwendung: Reed-Solomon-Codes

In der Codierungstheorie werden die Körper $GF(2^8)$ zum Beispiel beim **Reed-Solomon-Code** verwendet, mit dessen Hilfe Daten auf CDs und DVDs gespeichert werden.

Der Code ist benannt nach den amerikanischen Mathematikern Irving S. Reed (geb. 1923) und Gustave Solomon (1930–1996).

Dabei werden die Datenworte $a_{k-1} \ldots a_0$ (je k Blöcke zu 8 Bit) als Koeffizienten eines Polynoms $p(x) = a_{k-1}x^{k-1} + \ldots + a_1 x + a_0$ vom Grad $< k$ in $GF(2^8)$ aufgefasst. Das zugehörige Codewort $c_{n-1} \ldots c_0$ ergibt sich, indem man das Polynom für alle $n = 2^8 - 1$ von Null verschiedenen Elemente $x_i \in GF(2^8)$ auswertet: $c_i = p(x_i)$, $0 \le i \le n - 1$. Da ein Polynom vom Grad $< k$ durch die Angabe von k Stellen eindeutig bestimmt ist, kann das Polynom $p(x)$ (und damit das zugehörige Datenwort) auch noch rekonstruiert werden, wenn bis zu $n - k$ Teile c_i des Codewortes verloren gegangen sind (Lesefehler auf der CD).

4.4 Mit dem digitalen Rechenmeister

Faktorisierung

Polynome können mit dem Befehl

```
In[1]:= Factor[x^3 − 1]
Out[1]= (−1 + x)(1 + x + x^2)
```

faktorisiert und mit dem Befehl

```
In[2]:= Expand[%]
Out[2]= −1 + x^3
```

ausmultipliziert werden. Eine Faktorisierung erfolgt nur, wenn die Nullstellen rationale Zahlen sind. Beispielsweise wird die Faktorisierung $x^2 - 2 = (x - \sqrt{2})(x + \sqrt{2})$ von Mathematica nicht durchgeführt.

Polynomdivision

Den Quotienten $s(x)$ der Polynomdivision $p(x) = s(x)q(x) + r(x)$ können wir mit PolynomialQuotient$[p(x), q(x), x]$

```
In[3]:= PolynomialQuotient[3x^4 + x^3 − 2x, x^2 + 1, x]
Out[3]= −3 + x + 3x^2
```

und den Rest $r(x)$ mit `PolynomialRemainder`$[p(x), q(x), x]$

```
In[4]:= PolynomialRemainder[3x^4 + x^3 - 2x, x^2 + 1, x]
Out[4]= 3 - 3x
```

berechnen.

Euklid'scher Algorithmus

In `Mathematica` können wir den Euklid'schen Algorithmus analog wie für ganze Zahlen definieren:

```
In[5]:= PolynomialEuklid[p_, q_] := Module[{r = p, rr = q},
          While[rr =!= 0, {r, rr} = {rr, PolynomialRemainder[r, rr, x]}];
          r
        ─────────────────────];
        CoefficientList[r, x][[-1]]
```

(Im letzten Schritt wird dabei nur noch der höchste Koeffizient von r auf eins normiert.)

```
In[7]:= PolynomialEuklid[x^3 - 2x + 1, x^2 - 1]
Out[7]= -1 + x
```

Wir hätten übrigens auch gleich den internen Befehl `PolynomialGCD`$[a(x), b(x), x]$ verwenden können. Ich wollte aber zeigen, dass bei der Implementierung nur die Division ganzer Zahlen durch die Polynomdivision ersetzt werden muss. Außerdem normiert `Mathematica` den ggT nicht: So gibt es als ggT von $5(x^3 - 2x + 1)$ und $5(x^2 - 1)$ das Polynom $5(x - 1)$ anstelle des zugehörigen normierten Polynoms $x - 1$ aus.

Analog wird der erweiterte Euklid'sche Algorithmus implementiert:

```
In[8]:= PolynomialExtendedEuklid[p_, q_] :=
          Module[{r = p, rr = q, s = 1, ss = 0, t = 0, tt = 1, Q},
            While[rr =!= 0,
              Q = PolynomialQuotient[r, rr];
              {r, rr, s, ss, t, tt}
                = {rr, PolynomialRemainder[r, rr], ss, s - Q ss, tt, t - Q tt}
            ];
            {r, s, t}
          ─────────────────────];
          CoefficientList[r, x][[-1]]
```

Als Ergebnis werden also die drei Polynome $r(x)$, $s(x)$, $t(x)$ ausgegeben, wobei $r(x)$ der größte gemeinsame Teiler von $p(x)$ und $q(x)$ ist und $s(x)$, $t(x)$ die Beziehung $s(x)p(x) + t(x)q(x) = r(x)$ erfüllen. Damit berechnen wir

```
In[10]:= PolynomialExtendedEuklid[x^3 - 2x + 1, x^2 - 1]
Out[10]= {-1 + x, -1, x}
```

Also sind $r(x) = x - 1$, $s(x) = -1$ und $t(x) = x$.

Alternativ können Sie auch den den Befehl `PolynomialExtendedGCD`$[p, q]$ aus dem Zusatzpaket `Algebra`PolynomialExtendedGCD`` verwenden.

Multiplikatives Inverses

In Mathematica kann der Befehl PolynomialRemainder$[a(x)^{-1}, m(x), x, Modulus \rightarrow p\}]$ verwendet werden, um das multiplikative Inverse von $a(x)$ in $\mathbb{Z}_p[x]_{m(x)}$ zu berechnen:

```
In[11]:= PolynomialRemainder[(x + 1)⁻¹, x² + x + 1, x, Modulus → 2]
Out[11]= x
```

Faktorisierung

Mathematica kann natürlich auch Polynome aus $\mathbb{Z}_m[x]$ faktorisieren. Ein Beispiel aus $\mathbb{Z}_2[x]$:

```
In[12]:= Factor[x⁸ + x⁴ + x³ + x + 1, Modulus → 2]
Out[12]= 1 + x + x³ + x⁴ + x⁸
```

Das Polynom $x^8 + x^4 + x^3 + x + 1$ ist also über $\mathbb{Z}_2$ irreduzibel.

4.5 Kontrollfragen

Fragen zu Abschnitt 4.1: Der Polynomring $\mathbb{K}[x]$

Erklären Sie folgende Begriffe: Grad eines Polynoms, höchster Koeffizient, normiert, Polynomring, faktorisieren, normierter Teiler, größter gemeinsamer Teiler, teilerfremd, Euklid'scher Algorithmus für Polynome.

1. Welche der folgenden Funktionen sind Polynome in $\mathbb{R}[x]$? Bestimmen Sie gegebenenfalls den Grad des Polynoms und den höchsten Koeffizienten:
    a) $p(x) = -x^3 + 5x - \ln(2)$ b) $p(x) = (3x - 2)(5x + 3)$ c) $p(x) = 1$
    d) $p(x) = x^2 + \ln x$ e) $p(x) = 5x^2 + 4x^{-1}$
2. Geben Sie alle Polynome vom Grad 1 in $\mathbb{Z}_2[x]$ an.
3. Normieren Sie folgende Polynome aus $\mathbb{R}[x]$:
    a) $3x^2 + 9x - 1$ b) $-x^3 + 2$ c) 7   d) $(3x - 5)^2$
4. Was können Sie über den Grad des Quotienten $q(x)$ bzw. des Rests $r(x)$ der Polynomdivision von $a(x)$ durch $b(x)$ sagen?
5. Bestimmen Sie den größten gemeinsamen Teiler von $a(x)$ und $b(x)$ aus $\mathbb{R}[x]$:
    a) $a(x) = 4x^2$, $b(x) = 4x$ b) $a(x) = 3(x + 1)^2$, $b(x) = 3x + 3$
    c) $a(x) = (3x - 15)^2$, $b(x) = 2x - 10$ d) $a(x) = 3x - 15$, $b(x) = 3x + 15$
6. Welche dieser reellen Polynome sind teilerfremd?
    a) $a(x) = x + 3$, $b(x) = 2x + 6$ b) $a(x) = 5x + 15$, $b(x) = 5x - 15$
    c) $a(x) = 3x^2$, $b(x) = 6x$
7. Welchen Grad hat der Rest eines Polynoms $a(x)$ bei Division durch ein Polynom ersten Grades der Form $b(x) = x - b_0$? Wie hängen $a(b_0)$ und der Rest zusammen?
8. Geben Sie den Rest der reellen Polynomdivision $(x^2 + 3x + 5) : (x - 2)$ an.
9. Richtig oder falsch? Ein Polynom $a(x)$ ist genau dann durch ein Polynom ersten Grades $b(x) = x - b_0$ teilbar, wenn b_0 eine Nullstelle von $a(x)$ ist.

Fragen zu Abschnitt 4.2: Der Restklassenring $\mathbb{K}[x]_{m(x)}$

Erklären Sie folgende Begriffe: kongruente Polynome, Restklasse, Restklassenring, multiplikatives Inverses eines Polynoms.

1. Was ist mit $\mathbb{Z}_2[x]_{m(x)}$ gemeint?
2. Geben Sie die Elemente an: a) $\mathbb{Z}_2[x]_{x^2+1}$ b) $\mathbb{Z}_3[x]_{x^2+1}$
3. Wie viele Elemente hat a) $\mathbb{Z}_2[x]_{x^3+1}$ b) $\mathbb{Z}_2[x]_{x^5+1}$ c) $\mathbb{Z}_3[x]_{x^2+1}$
4. Warum hat $x+1$ kein multiplikatives Inverses in $\mathbb{Z}_2[x]_{x^2+1}$?
5. Hat x ein multiplikatives Inverses
   a) in $\mathbb{Z}_2[x]_{x^2+x}$?   b) in $\mathbb{Z}_2[x]_{x^2+1}$? Geben Sie es ggf. an.
6. Was ist das multiplikative Inverse von x^2 in $\mathbb{Z}_2[x]_{x^3+1}$?

Fragen zu Abschnitt 4.3: Endliche Körper

Erklären Sie folgende Begriffe: reduzibel/irreduzibel, Faktorisierung, Galoiskörper.

1. Mit welchen ganzen Zahlen kann man irreduzible Polynome vergleichen?
2. Richtig oder falsch:
   a) Ein Polynom vom Grad 1 ist immer irreduzibel.
   b) Ein Polynom vom Grad 2 ist irreduzibel über $\mathbb{K}$, genau dann, wenn es keine Nullstellen in $\mathbb{K}$ hat.
   c) Ein Polynom vom Grad 3 ist irreduzibel über $\mathbb{K}$, genau dann, wenn es keine Nullstellen in $\mathbb{K}$ hat.
   d) Ein Polynom vom Grad 4 ist irreduzibel über $\mathbb{K}$, genau dann, wenn es keine Nullstellen in $\mathbb{K}$ hat.
3. Welche Polynome sind reduzibel über $\mathbb{R}$? Geben Sie gegebenenfalls ihre Faktorisierung an: a) x^2+1 b) x^2-1 c) $x+1$
4. Reduzibel oder irreduzibel über $\mathbb{Z}_2$? Geben Sie gegebenenfalls die Faktorisierung an: a) x^2+1 b) x^2+x+1
5. Handelt es sich um einen Körper?
   a) $\mathbb{R}[x]_{x^2-1}$ b) $\mathbb{R}[x]_{x^2+1}$ c) $\mathbb{Z}_2[x]_{x^2+1}$ d) $\mathbb{Z}_2[x]_{x^2+x+1}$
6. Richtig oder falsch:
   a) Mit „Galoiskörper" ist ein endlicher Körper gemeint.
   b) Es gibt einen Galoiskörper mit n Elementen genau dann, wenn n eine Primzahlpotenz ist.
7. Was bedeutet $GF(2^8)$?
8. Richtig oder falsch: Es gibt einen endlichen Körper mit
   a) 2   b) 3   c) 4   d) 5   e) 6   f) 2^3 g) 2^8 h) 26   i) 7^{10} Elementen.

Lösungen zu den Kontrollfragen

Lösungen zu Abschnitt 4.1

1. a) Polynom vom Grad 3, höchster Koeffizient ist -1
   b) Polynom vom Grad 2, höchster Koeffizient ist 15
   c) Polynom vom Grad 0, höchster Koeffizient ist 1
   d) kein Polynom wegen des Terms $\ln(x)$
   e) kein Polynom, weil der Exponent von $x^{-1} = \frac{1}{x}$ nicht in $\mathbb{N} \cup \{0\}$ liegt

2. $x, x + 1$

3. Es ist einfach durch den höchsten Koeffizienten zu dividieren (dabei entsteht ein anderes Polynom, nämlich das zugehörige normierte Polynom):

   a) $x^2 + 3x - \frac{1}{3}$ b) $x^3 - 2$ c) 1

   d) $(3x - 5)^2 = \left(3(x - \frac{5}{3})\right)^2 = 9(x - \frac{5}{3})^2$, daher ist das zugehörige normierte Polynom $(x - \frac{5}{3})^2$ (Sie können natürlich auch ausmultiplizieren).

4. Der Grad von q ist die Differenz $\deg(q) = \deg(a) - \deg(b)$ und der Grad des Restpolynoms ist kleiner als der von b: $\deg(r) < \deg(b)$.

5. Beachten Sie, dass der ggT per Definition immer normiert ist.

   a) $\mathrm{ggT}(a, b) = x$ b) $\mathrm{ggT}(a, b) = x + 1$

   c) $\mathrm{ggT}(a, b) = x - 5$ d) $\mathrm{ggT}(a, b) = 1$

6. a) Wegen $b(x) = 2(x + 3)$ ist $\mathrm{ggT}(a, b) = x + 3$, also sind sie nicht teilerfremd.

   b) Der ggT von $a(x) = 5(x + 3)$ und $b(x) = 5(x - 3)$ ist 1, also sind die Polynome teilerfremd.

   c) $\mathrm{ggT}(a, b) = x$, daher sind sie nicht teilerfremd.

7. Der Rest muss ein Polynom vom Grad 0, also eine Konstante r sein, also $a(x) = q(x)(x - b_0) + r$. Wenn wir nun für $x = b_0$ einsetzen, so erhalten wir $a(b_0) = q(b_0)(b_0 - b_0) + r = r$, also ist r der Funktionswert von $a(x)$ an der Stelle b_0.

8. Der Rest ist der Funktionswert von $x^2 + 3x + 5$ an der Stelle 2, also $r = 2^2 + 3 \cdot 2 + 5 = 15$ (siehe Kontrollaufgabe 7).

9. Richtig, wegen der Überlegung in Kontrollaufgabe 7: $a(x) = q(x)(x - b_0) + r$ ist durch $(x - b_0)$ teilbar genau dann, wenn $r = a(b_0) = 0$ ist.

Lösungen zu Abschnitt 4.2

1. Das sind alle Polynome mit Koeffizienten in $\mathbb{Z}_2$, die als Rest einer Division durch $m(x)$ auftreten können. Also alle Polynome aus $\mathbb{Z}_2[x]$, deren Grad kleiner ist als der Grad von $m(x)$.

2. a) $\mathbb{Z}_2[x]_{x^2+1} = \{0, 1, x, x + 1\}$ (alle Polynome aus $\mathbb{Z}_2[x]$ vom Grad < 2).

   b) $\mathbb{Z}_3[x]_{x^2+1} = \{0, 1, 2, x, x + 1, x + 2, 2x, 2x + 1, 2x + 2\}$ (alle Polynome aus $\mathbb{Z}_3[x]$ vom Grad < 2).

3. a) 2^3 (alle Polynome vom Grad < 3 mit Koeffizienten a_0, a_1, a_2 aus $\mathbb{Z}_2$)

   b) 2^5 (alle Polynome vom Grad < 5 mit Koeffizienten a_0, a_1, a_2, a_3, a_4 aus $\mathbb{Z}_2$)

   c) 3^2 (alle Polynome vom Grad < 2 mit Koeffizienten a_0, a_1 aus $\mathbb{Z}_3$)

4. Weil $x + 1$ und der Modul $x^2 + 1$ nicht teilerfremd sind: $\mathrm{ggT}(x + 1, x^2 + 1) = x + 1$.

5. a) Nein, da x und der Modul $x^2 + x$ nicht teilerfremd sind: $\mathrm{ggT}(x, x^2 + x) = x$.

   b) Ja, da x und der Modul $x^2 + 1$ teilerfremd sind: $\mathrm{ggT}(x, x^2 + 1) = 1$. Es kommen in Frage: $0, 1, x, x + 1$. Davon ist $x \cdot x = x^2 = 1 \pmod{m(x)}$, daher ist x das multiplikative Inverse zu sich selbst.

6. x, denn es gilt offensichtlich $x^2 \cdot x = x^3 = 1$ in $\mathbb{Z}_2[x]_{x^3+1}$.

Lösungen zu Abschnitt 4.3

1. Primzahlen (das sind ja gerade jene Zahlen, die nur 1 und sich selbst als Teiler haben).

2. a) richtig   b) richtig   c) richtig

   d) Falsch: Wenn $p(x)$ keine Nullstelle in $\mathbb{K}$ hat, dann bedeutet das nur, dass $p(x)$ keinen Linearfaktor (= Polynom vom Grad 1) enthält. Ein Polynom vom Grad 4 kann in diesem Fall aber trotzdem reduzibel sein; nämlich dann, wenn es in zwei Faktoren vom Grad 2 aufgespalten werden kann. Beispiel: $x^4 + 2x^2 + 1 = (x^2 + 1)(x^2 + 1)$ ist über $\mathbb{R}$ reduzibel (und kann nicht weiter in Linearfaktoren zerlegt werden).

3. a) Keine reellen Nullstellen, daher irreduzibel über $\mathbb{R}$.

   b) Reduzibel, da zwei reelle Nullstellen und damit zwei Linearfaktoren: $x^2 - 1 = (x - 1)(x + 1)$.

   c) Polynome vom Grad 1 sind immer irreduzibel.

4. a) Reduzibel über $\mathbb{Z}_2$, da es die Nullstelle 1 hat. Daher ist die Faktorisierung $x^2 + 1 = (x + 1)(x + 1)$ möglich.

   b) Irreduzibel, da es keine Nullstellen in $\mathbb{Z}_2$ gibt.

5. a) Nein, da $x^2 - 1 = (x - 1)(x + 1)$ über $\mathbb{R}$ reduzibel ist.

   b) Ja, da $x^2 + 1$ über $\mathbb{R}$ irreduzibel ist.

   c) Nein, da $x^2 + 1 = (x + 1)(x + 1)$ über $\mathbb{Z}_2$ reduzibel ist.

   d) Ja, da $x^2 + x + 1$ über $\mathbb{Z}_2$ irreduzibel ist.

6. a) richtig   b) richtig

7. Das ist der (bis auf die Benennung seiner Elemente eindeutige) endliche Körper mit $2^8 = 256$ Elementen. Die Addition und Multiplikation in $GF(2^8)$ entspricht der Addition bzw. Multiplikation von Polynomen modulo eines irreduziblen Polynoms vom Grad 8.

8. a), b), c), d), f), g), i) richtig, da Primzahlpotenzen; e), h) falsch, da 6 und 26 keine Primzahlpotenzen sind.

4.6 Übungen

Aufwärmübungen

1. Berechnen Sie für die Polynome $p(x) = x^2 + x$ und $q(x) = x + 1$ aus $\mathbb{Z}_2[x]$:
   a) $p(x) + q(x)$ b) $p(x) - q(x)$ c) $p(x) \cdot q(x)$

2. Berechnen Sie $a(x) : b(x)$ für folgende reelle Polynome:
   a) $a(x) = x^2 - 1$, $b(x) = -x + 1$ b) $a(x) = x^3 + 2x$, $b(x) = x + 1$.

3. Berechnen Sie $(x^4 + x + 1) : (x + 1)$ in $\mathbb{Z}_2[x]$.

4. Berechnen Sie in $\mathbb{R}[x]$ den ggT$(2x^4 + 2x^3 - x^2 + 5x - 2, x^3 + x^2 - x + 2)$ mithilfe des Euklid'schen Algorithmus.

5. Berechnen Sie in $\mathbb{Z}_2[x]$ den ggT$(x^3 + x + 1, x^2 + 1)$ mithilfe des Euklid'schen Algorithmus.

6. Sind diese reellen Polynome kongruent modulo $m(x)$?
   a) $a(x) = x^3 - 4x^2 + 7$, $b(x) = x^3 - 2x^2 + 1$, $m(x) = x^2 - 3$?
   b) $a(x) = x^3 + x^2 + 5$, $b(x) = x^3 - 1$, $m(x) = x^2 - x$

7. Sind die Polynome $a(x) = x^5 + 1$ und $b(x) = x^2 - 1$ kongruent in $\mathbb{Z}_2[x]_{x^3+1}$?

8. Finden Sie ein multiplikatives Inverse von $a(x) = x + 1$ modulo $m(x) = x^3 + 2x + 2$ in $\mathbb{Z}_3[x]$ mithilfe des erweiterten Euklid'schen Algorithmus.

9. Welche Polynome sind reduzibel über $\mathbb{Z}_2$? Geben Sie gegebenenfalls die Faktorisierung an! a) $x^3 + x$ b) $x^2 + x + 1$ c) $x^3 + x + 1$ d) $x^3 + 1$

Weiterführende Aufgaben

1. Berechnen Sie $(7x^5 + 4x^3 + x^2 + 2) : (3x^3 + 2x)$ in $\mathbb{R}[x]$.
2. Berechnen Sie in $\mathbb{R}[x]$ den $\mathrm{ggT}(x^4 - x^3 - 7x^2 + 13x - 6, x^3 + 4x^2 + x - 6)$ mithilfe des Euklid'schen Algorithmus.
3. Welche dieser reellen Polynome sind kongruent modulo $m(x) = x^2 - x$?
    a) $a(x) = x^3 - 1, b(x) = x^3 + 4x^2 - 1$ b) $a(x) = x^3 + 1, b(x) = x^3 + 4x^2 - 4x + 1$
4. Berechnen Sie in $\mathbb{Z}_2[x]$ den Rest von $a(x) = x^5 + 1$ und $b(x) = x^2 + 1$ modulo $m(x) = x^3 + 1$.
5. Geben Sie die Additions- und Multiplikationstabelle für $\mathbb{Z}_2[x]_{x^2+x}$ an. Handelt es sich um einen Körper?
6. Finden Sie das multiplikative Inverse von $a(x) = x^2 + 1$ modulo $m(x) = x^5$ in $\mathbb{Z}_2[x]$.
7. Finden Sie das multiplikative Inverse von $a(x) = x^2 + 1$ modulo $m(x) = x^5 + 2$ in $\mathbb{Z}_3[x]$.
8. Stellen Sie für jedes Polynom vom Grad 3 in $\mathbb{Z}_2[x]$ fest, ob es reduzibel oder irreduzibel ist. Schreiben Sie jedes reduzible Polynom als Produkt seiner irreduziblen Faktoren.
9. Geben Sie ein Polynom $m(x)$ an, sodass $\mathbb{Z}_2[x]_{m(x)}$ ein Körper mit acht Elementen ist.
10. Ist $x^4 + x + 1$ reduzibel oder irreduzibel über $\mathbb{Z}_2$?
11. Identifizieren Sie 4-Bit-Blöcke $a_3a_2a_1a_0$ mit Polynomen $a_3x^3 + a_2x^2 + a_1x + a_0$ aus $\mathbb{Z}_2[x]_{x^4+x+1}$ und berechnen Sie:
    a) $1011 + 0110$ b) $1011 \cdot 0110$

Lösungen zu den Aufwärmübungen

1. a) $p(x) + q(x) = x^2 + 2x + 1 = x^2 + 1$. Im letzten Schritt haben wir verwendet, dass die Koeffizienten aus $\mathbb{Z}_2$ kommen, daher gilt $2 = 0$.
    b) $p(x) - q(x) = x^2 - 1 = x^2 + 1$, denn $-1 = 1 \pmod 2$.
    c) $p(x) \cdot q(x) = x^3 + x^2 + x^2 + x = x^3 + x$.
2. a)

$$
\begin{array}{r}
(x^2 \qquad -1\ ) : (-x + 1) = -x - 1 \\
\underline{x^2 \quad -x } \\
x \quad -1 \\
\underline{x \quad -1} \\
0
\end{array}
$$

Es ist also $a(x) = (-x - 1)b(x)$.
    b)

$$
\begin{array}{l}
(x^3 \qquad\quad +2x \qquad\ ) : (x+1) = x^2 - x + 3 \\
\underline{x^3\ +x^2} \\
\qquad\ -x^2\ +2x \\
\qquad\ \underline{-x^2\ \ -x} \\
\qquad\qquad\ \ 3x \\
\qquad\qquad\ \ \underline{3x\ +3} \\
\qquad\qquad\qquad\ -3
\end{array}
$$

Da das Restpolynom -3 nun kleineren Grad hat als $b(x) = x + 1$, brechen wir ab. Das Ergebnis lautet somit $a(x) = (x^2 - x + 3)b(x) - 3$.

3. Wir gehen gleich wie bei reellen Polynomen vor, nehmen aber immer den Rest modulo 2. Daher ist insbesondere $-1 = 1 \, (\mathrm{mod}\, 2)$.

$$
\begin{array}{l}
(x^4 \qquad\qquad\quad +x\ \ +1\ \ ) : (x+1) = x^3 + x^2 + x \\
\underline{x^4\ +x^3} \\
\qquad x^3 \qquad\qquad +x\ \ +1 \\
\qquad \underline{x^3\ +x^2} \\
\qquad\qquad\ x^2\ \ +x\ \ +1 \\
\qquad\qquad\ \underline{x^2\ \ +x} \\
\qquad\qquad\qquad\qquad\ 1
\end{array}
$$

Das Ergebnis lautet somit $x^4 + x + 1 = (x + 1)(x^3 + x^2 + x) + 1$

4. Wir setzen $r_0(x) = 2x^4 + 2x^3 - x^2 + 5x - 2$, $r_1(x) = x^3 + x^2 - x + 2$ und berechnen mittels Polynomdivision $r_0(x) : r_1(x)$ (da wir nur den Rest benötigen, können wir auch unseren Trick verwenden). Dabei bleibt der Rest $r_2(x) = x^2 + x - 2$. Nun dividieren wir $r_1(x) : r_2(x)$, dabei bleibt der Rest $r_3(x) = x + 2$. Als Nächstes dividieren wir $r_2(x) : r_3(x)$, nun ergibt sich der Rest $r_4(x) = 0$. Der letzte nichtverschwindende Rest ist daher $r_3(x) = x + 2$. Er ist bereits normiert, daher ist $\mathrm{ggT}(2x^4 + 2x^3 - x^2 + 5x - 2, x^3 + x^2 - x + 2) = x + 2$.

5. Wir setzen $r_0(x) = x^3 + x + 1$, $r_1(x) = x^2 + 1$ und berechnen mittels Polynomdivision $r_0(x) : r_1(x)$ (da wir nur den Rest benötigen, können wir auch unseren Trick verwenden). Dabei bleibt der Rest $r_2(x) = 1$. Daher ist der ggT das zugehörige normierte Polynom, also 1. Die beiden Polynome sind also teilerfremd.

6. a) Wir verwenden $x^2 = 3 \, (\mathrm{mod}\, m(x))$ und berechnen damit die gesuchten Reste: $a(x) = x^2 \cdot x - 4x^2 + 7 = 3x - 4 \cdot 3 + 7 = 3x - 5 \, (\mathrm{mod}\, m(x))$; $b(x) = x^2 \cdot x - 2x^2 + 1 = 3 \cdot x - 2 \cdot 3 + 1 = 3x - 5 \, (\mathrm{mod}\, m(x))$. Also sind sie kongruent.
   b) Wir verwenden $x^2 = x \, (\mathrm{mod}\, m(x))$. (Achtung: Es darf nicht gekürzt werden, es folgt also nicht, dass $x = 1 \, (\mathrm{mod}\, m(x))$! Denn x und $m(x)$ sind nicht teilerfremd, daher gibt es x^{-1} nicht.) Nun berechnen wir:
   $a(x) = x^2 \cdot x + x^2 + 5 = x \cdot x + x + 5 = x + x + 5 = 2x + 5 \, (\mathrm{mod}\, m(x))$;
   $b(x) = x^2 \cdot x - 1 = x \cdot x - 1 = x - 1 \, (\mathrm{mod}\, m(x))$. Da die Reste verschieden sind, sind $a(x)$ und $b(x)$ nicht kongruent.

7. Mit $x^3 = -1 = 1 \, (\mathrm{mod}\, m(x))$ berechnen wir: $a(x) = x^3 \cdot x^2 + 1 = 1 \cdot x^2 + 1 = x^2 + 1 \, (\mathrm{mod}\, m(x))$. Da der Grad von $b(x)$ kleiner ist als der Grad von $m(x)$, ist $b(x)$ schon der Rest. Somit sind die Polynome kongruent.

8. Zunächst führen wir den erweiterten Euklid'schen Algorithmus aus: $r_0(x) = x^3 + x + 2$, $r_1(x) = x + 1$. Division $r_0(x) : r_1(x)$ ergibt $q_2(x) = x^2 + 2x$, $r_2(x) = 2$ und $t_2(x) = t_0(x) - q_2(x)t_1(x) = -q_2(x) = 2x^2 + x$. Damit sind $a(x)$ und

$b(x)$ teilerfremd. Um das gesuchte multiplikative Inverse zu erhalten müssen wir nur noch t_2 mit dem multiplikativen Inversen von $r_2(x) = 2$ multiplizieren: $\frac{1}{2}t_2(x) = x^2 + 2x$. Probe: $(x+1)(x^2+2x) = x^3 + 2x = 1 \,(\mathrm{mod}\, m(x))$. Stimmt.

9. a) Der Faktor x (entspricht der Nullstelle 0) kann herausgehoben werden, daher ist es reduzibel: $x^3 + x = x(x^2+1)$. Da (x^2+1) die Nullstelle 1 hat, lässt es sich weiter in $(x+1)(x+1)$ zerlegen. Insgesamt: $x^3 + x = x(x+1)(x+1)$.

b) $x^2 + x + 1$ hat keine Nullstelle in $\mathbb{Z}_2$, daher irreduzibel über $\mathbb{Z}_2$.

c) $x^3 + x + 1$ hat keine Nullstelle in $\mathbb{Z}_2$, daher irreduzibel über $\mathbb{Z}_2$.

d) Reduzibel, da $x^3 + 1$ die Nullstelle 1 hat. Daher ist der Linearfaktor $(x+1)$ enthalten, also $x^3 + 1 = (x+1)q(x)$. Polynomdivision ergibt $(x^3+1) : (x+1) = x^2 + x + 1$, dieses Polynom ist über $\mathbb{Z}_2$ nicht weiter zerlegbar (siehe b)). Daher ist $x^3 + 1 = (x+1)(x^2+x+1)$ die gesuchte Faktorisierung.

(Lösungen zu den weiterführenden Aufgaben finden Sie in Abschnitt B.4)

5

Relationen und Funktionen

5.1 Relationen

Relationen sind ein mathematisches Hilfsmittel, um Beziehungen zwischen einzelnen Objekten zu beschreiben. Sie werden zum Beispiel in relationalen Datenbanken und in der theoretischen Informatik (z. B. formale Sprachen) verwendet.

In der Umgangssprache versteht man unter einer „Relation" eine Beziehung. Das ist auch in der Mathematik so. Personen, Gegenstände oder allgemein Objekte können zueinander in einer Beziehung stehen. Nehmen wir zum Beispiel die Menge der Städte „Wien", „Berlin", „Zürich" und die Menge aller Staaten Europas her. Für die folgenden Paare (a, b) gilt dann: „Die Stadt a liegt im Land b": (Wien, Österreich), (Berlin, Deutschland) und (Zürich, Schweiz). In diesem Sinn ist auch der mathematische Begriff einer Relation definiert:

Definition 5.1 Eine **Relation** R **zwischen den Mengen** A **und** B ist eine Teilmenge des kartesischen Produktes $A \times B$, also $R \subseteq A \times B$. Für $(a, b) \in R$ sagt man: „a steht in Relation R zu b". Oft schreibt man auch $a R b$ statt $(a, b) \in R$.

Im Spezialfall $A = B$, also von Relationen $R \subseteq A \times A$, spricht man von einer **Relation in** A oder einer **Relation auf** A.

Beispiel 5.2 Relation

a) $R = \{(Wien, \ddot{O}), (Bonn, D), (Dresden, D)\}$ ist eine Relation zwischen der Städtemenge $A = \{Wien, Bonn, Dresden\}$ und der Ländermenge $B = \{\ddot{O}, D, CH\}$. In Worten bedeutet hier $(a, b) \in R$ bzw. $a R b$: „a liegt in b". Es kann ohne weiteres vorkommen, dass ein Element in der Relation mehrfach vorkommt (so wie hier D) oder gar nicht (so wie hier CH).

b) $A = B = \{2, 3, 4, 5, 6\}$. Geben Sie die Paare der Relation „a ungleich b und a teilt b" an.

Lösung zu 5.2 b) Es ist (a, b) in R, genau dann, wenn die Zahl a die Zahl b teilt, wobei nur Paare mit $a \neq b$ gewünscht sind. Daher lautet die Relation $R = \{(2, 4), (2, 6), (3, 6)\}$. Achtung: Es ist zwar $(2, 4) \in R$ (denn 2 teilt 4), nicht aber $(4, 2) \in R$ (denn 4 teilt 2 nicht). ∎

Überlegen wir uns als Nächstes, wie man aus gegebenen Relationen neue Relationen bilden kann. Da Relationen Mengen sind, gelten für sie natürlich auch alle Mengenoperationen und man spricht in diesem Sinn von **Vereinigung, Durchschnitt, Differenz, Komplement** oder **Teilmengen von Relationen**. Beispiel: Die Vereinigung der Relation „kleiner ($<$)" und der Relation „gleich ($=$)" ist die Relation „kleiner oder gleich ($\leq$)". Weiters ist es auch oft praktisch, von der **leeren Relation** {} zwischen zwei Mengen zu sprechen (das ist also die leere Menge als Teilmenge von $A \times B$). Weiters definiert man:

Definition 5.3 Es sei $R \subseteq A \times B$ eine Relation. Dann heißt die Relation

$$R^{-1} = \{(b,a) \mid (a,b) \in R\} \subseteq B \times A$$

die zu R **inverse Relation** (oder **Umkehrrelation**).

Beispiel: Die Inverse der Relation „kleiner ($<$)" ist die Relation „größer ($>$)". Oder die Inverse der Relation „ist Kind von" in der Menge aller Menschen ist die Relation „ist Elternteil von". Weiters:

Definition 5.4 Aus zwei Relationen $R \subseteq A \times B$ und $S \subseteq B \times C$ kann man eine neue Relation, die **Verkettung** (oder **Verknüpfung** oder das **Produkt**), bilden:

$$S \circ R = \{(a,c) \mid \text{ es gibt ein } b \in B \text{ mit } (a,b) \in R \text{ und } (b,c) \in S\} \subseteq A \times C.$$

Beispiel: R sei die Relation „ist Mutter von" und S ist die Relation „ist verheiratet mit" in der Menge aller Menschen. Dann ist $S \circ R$ die Relation „ist Schwiegermutter von". (Denn wenn a Mutter von b ist und b verheiratet mit c ist, so ist a Schwiegermutter von c.)

Die Schreibweise $S \circ R$ wird in der Literatur nicht ganz einheitlich verwendet. Bitte vergewissern Sie sich daher immer, was genau damit gemeint ist.

Beispiel 5.5 Verkettung von Relationen
Bilden Sie die Verknüpfung $S \circ R$ folgender Relationen:
a) $R = \{(1,a),(2,b),(3,c)\}$ und $S = \{(a,x),(a,y),(b,z)\}$
b) $R = \{(Huber, Wien),(Maier, Wien),(Schuster, Bonn)\}$ und $S = \{(Wien, A),(Bonn, D),(Dresden, D)\}$

Lösung zu 5.5
a) Aus $(1,a) \in R$ und $(a,x) \in S$ wird $(1,x) \in S \circ R$. Weiters: Aus $(1,a)$ und (a,y) wird $(1,y)$. Und aus $(2,b)$ und (b,z) wird $(2,z)$. Für $(3,c) \in R$ kann kein zugehöriges Paar gefunden werden (denn kein Paar aus S beginnt mit c). Insgesamt: $S \circ R = \{(1,x),(1,y),(2,z)\}$.
b) Wie soeben erhalten wir $S \circ R = \{(Huber, A),(Maier, A),(Schuster, D)\}$. Die Verknüpfung der Relation „Person, Stadt" mit der Relation „Stadt, Land" ergibt also die Relation „Person, Land".

Die Verknüpfung von Relationen ist **assoziativ**, d.h., es gilt $(R_3 \circ R_2) \circ R_1 = R_3 \circ (R_2 \circ R_1)$. Das bedeutet, dass die Klammern weggelassen werden können. Achtung: Die Verknüpfung ist nicht kommutativ, d.h., im Allgemeinen ist $R_1 \circ R_2 \neq R_2 \circ R_1$!

Wenn A und B endliche Mengen sind (und nicht zu viele Elemente haben), so kann eine Relation $R \subseteq A \times B$ z.B. gut durch einen *Graphen* dargestellt werden. Die Elemente der Mengen werden dazu als (beliebig angeordnete) Punkte (*Knoten*) gezeichnet und die Beziehung xRy durch einen Pfeil dargestellt, der vom Knoten x zum Knoten y geht. Abbildung 5.1 veranschaulicht so die Relation $R = \{(a,1),(b,1),(b,3),(c,2)\} \subseteq A \times B$ für $A = \{a,b,c,d\}$ und $B = \{1,2,3\}$.

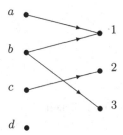

Abbildung 5.1. Graphische Darstellung einer Relation

Überlegen Sie, wie die inverse Relation R^{-1} bzw. die Verkettung zweier Relationen graphisch veranschaulicht werden können!

Es gibt auch noch andere Darstellungsmöglichkeiten von Relationen, zum Beispiel (in relationalen Datenbanken) mithilfe von Tabellen. Für's Erste genügt uns aber die gerade beschriebene graphische Darstellung, denn mit ihrer Hilfe können die nun folgenden verschiedenen Eigenschaften von Relationen gut veranschaulicht werden.

Bisher haben wir allgemein Relationen zwischen zwei Mengen A und B betrachtet (natürlich war immer der Fall $A = B$ eingeschlossen). Nun wollen wir uns auf den Spezialfall von Relationen $R \subseteq A \times A$ konzentrieren. Solche Relationen können bestimmte Eigenschaften haben:

Definition 5.6 Eine Relation R in A heißt

- **reflexiv**, wenn $(a,a) \in R$ für alle $a \in A$.
- **symmetrisch**, wenn für alle $a,b \in A$ gilt: $(a,b) \in R \Leftrightarrow (b,a) \in R$.
- **antisymmetrisch**, wenn für alle $a,b \in A$ gilt:
  $(a,b) \in R$ und $(b,a) \in R \Rightarrow a = b$
  (oder gleichbedeutend: $a \neq b \Rightarrow (b,a) \notin R$ oder $(a,b) \notin R$).
- **asymmetrisch**, wenn für alle $a,b \in A$ gilt: $(a,b) \in R \Rightarrow (b,a) \notin R$.
- **transitiv**, wenn für alle $a,b,c \in A$ gilt:
  $(a,b) \in R$ und $(b,c) \in R \Rightarrow (a,c) \in R$.

Eine reflexive Relation enthält also alle Paare $(a,a) \in A \times A$, oder kurz: $\mathbb{I}_A \subseteq R$, wobei $\mathbb{I}_A = \{(a,a) \mid a \in A\}$ die **Identitätsrelation** bezeichnet. Eine symmetrische Relation kann durch $R^{-1} = R$ charakterisiert werden, eine antisymmetrische in der

Form $R^{-1} \cap R \subseteq \mathbb{I}_A$, eine asymmetrische Relation durch $R^{-1} \cap R = \{\}$ und eine transitive Relation durch $R \circ R \subseteq R$.

Bei der **graphischen Veranschaulichung einer Relation auf** A wird üblicherweise jedes Element von A nur einmal als Knoten gezeichnet, die Knoten werden dabei irgendwie angeordnet. Beispiel: Abbildung 5.2 stellt die Relation $R = \{(a, b), (a, c), (b, a), (c, c)\}$ auf $A = \{a, b, c\}$ dar.

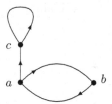

Abbildung 5.2. Relation auf der Menge A

Die Eigenschaften aus Definition 5.6 drücken sich im Graphen der Relation so aus: Eine *reflexive* Relation hat an jedem Knoten eine **Schlinge** (d.h., der Pfeil geht vom Knoten aus und mündet wieder in ihn ein), denn jedes Element steht mit sich selbst in Relation. Für den Graphen einer *symmetrischen* Relation gilt: Wenn es einen Pfeil von a nach b gibt, so gibt es gleichzeitig auch einen von b nach a. Beim Graphen einer *antisymmetrischen* Relation kann es zwischen zwei verschiedenen Knoten höchstens einen Pfeil geben (Schlingen können vorkommen). Beim Graphen einer *asymmetrischen* Relation kann es zwischen zwei verschiedenen Knoten höchstens einen Pfeil geben und Schlingen sind nicht zugelassen. Und wenn eine Relation *transitiv* ist, so bedeutet das für ihren Graphen: Wenn ein Pfeil von a nach b geht und einer von b nach c, so gibt es auch einen von a nach c.

Beispiel 5.7 Spezielle Eigenschaften einer Relation

Betrachten wir Beispiele von Relationen in der Menge aller Menschen:

a) Die Relation „ist gleich alt wie" ist reflexiv, symmetrisch und transitiv (weder asymmetrisch noch antisymmetrisch).

b) Die Relation „ist verwandt mit" ist reflexiv, symmetrisch und transitiv (weder asymmetrisch noch antisymmetrisch).

c) Die Relation „ist Mutter von" ist asymmetrisch und antisymmetrisch (aber nicht reflexiv, nicht symmetrisch, nicht transitiv).

d) Die Relation „ist älter als" ist asymmetrisch, antisymmetrisch und transitiv (aber nicht reflexiv, nicht symmetrisch).

Oft kann man Objekte bezüglich einer bestimmten Eigenschaft zusammenfassen und so zu einer besseren Übersicht gelangen. Mathematisch führt uns das auf den Begriff einer Äquivalenzrelation:

Definition 5.8 Eine Relation R auf einer Menge A heißt **Äquivalenzrelation**, wenn sie reflexiv, symmetrisch und transitiv ist. Für $(a, b) \in R$ sagt man auch: „a ist äquivalent zu b".

Das einfachste Beispiel einer Äquivalenzrelation ist die Identitätsrelation $\mathbb{I}_A$. Andere Beispiele sind:

Beispiel 5.9 Äquivalenzrelation

a) Ist $R = \{(1,1), (1,-1), (-1,1), (-1,-1), (2,2), (2,-2), (-2,2), (-2,-2)\}$ eine Äquivalenzrelation auf $A = \{-2, -1, 1, 2\}$? Wie könnte man diese Relation z. B. in Worten beschreiben?

b) Ist die Relation R mit

$(a, b) \in R$, wenn a in der gleichen Gehaltsstufe wie b ist,

eine Äquivalenzrelation auf der Menge aller Mitarbeiter einer Firma?

c) Warum ist die Relation R mit

$(a, b) \in R$, wenn a in einem gleichen Projekt wie b arbeitet,

im Allgemeinen keine Äquivalenzrelation auf der Menge aller Mitarbeiter in einer Firma?

Lösung zu 5.9

a) Ja, denn: $(a, a) \in R$ für alle a (Reflexivität); für $(a, b) \in R$ ist auch $(b, a) \in R$ (Symmetrie); mit $(a, b) \in R$ und $(b, c) \in R$ ist auch $(a, c) \in R$ (Transitivität). In Worten: „a und b haben denselben Betrag". Zwei Zahlen sind hier also äquivalent, wenn sie denselben Betrag haben.

b) Es ist leicht zu sehen, dass alle Eigenschaften einer Äquivalenzrelation erfüllt sind:
- Jeder ist in der gleichen Gehaltsstufe wie er selbst, d.h. es ist immer $(a, a) \in R$.
- Wenn a in der gleichen Gehaltsstufe ist wie b, dann ist auch b in der gleichen Gehaltsstufe wie a. Mathematisch formuliert: Wenn $(a, b) \in R$, dann ist auch $(b, a) \in R$.
- Wenn a in der gleichen Gehaltsstufe ist wie b, und b in der gleichen Gehaltsstufe ist wie c, dann ist auch a in der gleiche Gehaltsstufe wie c. Kurz gesagt: Wenn $(a, b) \in R$ und $(b, c) \in R$, dann ist auch $(a, c) \in R$.

c) Der Wurm steckt darin, dass es vorkommen kann, dass ein Mitarbeiter in mehreren Projekten gleichzeitig arbeitet: Angenommen, b arbeitet in einem Projekt mit a, und in einem anderen Projekt mit c zusammen. Daraus folgt aber nicht, dass auch a und c in einem gleichen Projekt arbeiten. Kurz: Es ist zwar $(a, b) \in R$ und $(b, c) \in R$, aber nicht $(a, c) \in R$ (d.h., die Transitivität ist nicht erfüllt). ∎

Weitere Beispiele für Äquivalenzrelationen sind: „a ist gleich alt wie b" in einer Menge von Personen, „a kostet gleich viel wie b" in einer Menge von Produkten, „Seite a gehört zum selben Kapitel wie Seite b" in der Menge aller Seiten eines Buches, usw. Anhand dieser Beispiele erkennen wir die interessanteste und gleichzeitig wichtigste Eigenschaft einer Äquivalenzrelation auf A: Sie unterteilt A in so genannte *Äquivalenzklassen*.

Definition 5.10 R sei eine Äquivalenzrelation auf A und $a \in A$. Dann heißt die Menge

$$[a] = \{x \in A \mid (a, x) \in R\}$$

die **Äquivalenzklasse** von a. Sie besteht also aus allen Elementen, die äquivalent zu a sind (und je zwei Elemente aus $[a]$ sind auch äquivalent zueinander). Man nennt a und jedes andere Element aus $[a]$ einen **Vertreter** aus dieser Äquivalenzklasse.

Eine Äquivalenzrelation hat folgende charakteristische Eigenschaften:

Satz 5.11 Sei R eine Äquivalenzrelation auf A. Dann gilt:

- Je zwei verschiedene Äquivalenzklassen sind disjunkt.
- Die Vereinigung aller Äquivalenzklassen ist gleich A.

So ist in Beispiel 5.9 a) $[1] = \{-1, 1\}$ die Äquivalenzklasse von 1 und $[2] = \{-2, 2\}$ ist die Äquivalenzklasse von 2. Die beiden Äquivalenzklassen haben keine gemeinsamen Elemente und ihre Vereinigung ist gleich A.

Beispiel 5.12 Äquivalenzklassen
Mitarbeiter A, B, C, D, E, F einer Firma: A und C sind in Gehaltsstufe 1; B, D und E sind in Gehaltsstufe 2; F ist in Gehaltsstufe 3. Wir haben in Beispiel 5.9 b) gesehen, dass „a ist in der gleichen Gehaltsstufe wie b" eine Äquivalenzrelation auf $\{A, B, C, D, E, F\}$ ist. Geben Sie die Äquivalenzklassen an.

Lösung zu 5.12 Die Äquivalenzklassen sind gerade die drei Gehaltsstufen:

$$
\begin{aligned}
K_1 &= \{A, C\} \ \dots \ \text{Gehaltsstufe 1,} \\
K_2 &= \{B, D, E\} \dots \ \text{Gehaltsstufe 2,} \\
K_3 &= \{F\} \ \dots \ \text{Gehaltsstufe 3.}
\end{aligned}
$$

Diese Klasseneinteilung wird in Abbildung 5.3 veranschaulicht.   ■

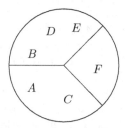

Abbildung 5.3. Äquivalenzklassen

Die Beziehung $a = b \,(\mathrm{mod}\, m)$ ist eine Äquivalenzrelation auf $\mathbb{Z}$. Die Restklassen sind nichts anderes als die zugehörigen Äquivalenzklassen.

Wird eine Menge A in Teilmengen zerlegt, die a) disjunkt sind und b) deren Vereinigung die Menge A liefert, so spricht man von einer **Partition** oder **Zerlegung** von A. Jede Äquivalenzrelation liefert also durch ihre Äquivalenzklassen eine Partition von A. Bemerkenswert ist, dass aber auch umgekehrt jede Partition von A eine Äquivalenzrelation auf A definiert: $(a, b) \in R$ genau dann, wenn $[a] = [b]$.

Ein weiterer wichtiger Typ von Relationen, der immer wieder vorkommt, sind die so genannten Ordnungsrelationen:

Definition 5.13 Eine Relation R in einer Menge A heißt **Ordnung(srelation)**, wenn sie reflexiv, antisymmetrisch und transitiv ist.

Eine typische Ordnung ist die Relation $\leq$ in den natürlichen Zahlen. Denn diese Relation ist reflexiv ($a \leq a$), antisymmetrisch (wenn $a \leq b$ und $b \leq a$, dann muss $a = b$ sein) und transitiv (wenn $a \leq b$ und $b \leq c$, dann ist $a \leq c$). Das ist das Paradebeispiel für eine Ordnung, daher verwendet man oft auch für andere Ordnungsrelationen R die Schreibweise $a \leq b$ statt $(a, b) \in R$.

Zu jeder Ordnung R gibt es eine zugehörige **strikte Ordnung**. Darunter versteht man jene Relation, die man aus R erhält, wenn man aus ihr alle Paare der Form (a, a) entfernt. Umgekehrt erhält man aus einer strikten Ordnung wieder die zugehörige Ordnung, indem man alle Paare der Form (a, a) hinzufügt. Beispiel: Die zu $\leq$ zugehörige strikte Ordnungsrelation ist $<$. Unabhängig von der zugehörigen Ordnung ist eine strikte Ordnung so definiert:

Definition 5.14 Eine Relation R in einer Menge A heißt **strikte Ordnung(srelation)**, wenn sie asymmetrisch und transitiv ist.

Beispiel 5.15 Ordnung

a) Die Teilmengenbeziehung $A \subseteq B$ auf einer Menge von Mengen ist eine Ordnung. Die zugehörige strikte Ordnung ist $A \subset B$ (echte Teilmenge, also $A \neq B$).

b) Die Relation „a teilt b" ist eine Ordnung in den ganzen Zahlen. Die zugehörige strikte Ordnung ist „a teilt b und $a \neq b$".

c) Die Menge aller Zeichenketten (Strings) kann mit der **lexikographischen Ordnung** versehen werden, indem man zunächst den einzelnen Zeichen natürliche Zahlen zuweist (z. B. gemäß dem ASCII-Code). Dann vergleicht man die Strings von links nach rechts Zeichen für Zeichen (unter Verwendung der Ordnung auf $\mathbb{N}$), wobei die erste Stelle, an der sich Strings unterscheiden, den Ausschlag gibt. Zum Beispiel: abc $\leq$ aca (da b $\leq$ c).

Definition 5.16 Zwei Elemente a und b aus A heißen **vergleichbar bezüglich der Ordnung** R, wenn aRb oder bRa gilt. Wenn bezüglich einer Ordnung je zwei verschiedene Elemente miteinander vergleichbar sind, so spricht man von einer **totalen Ordnung**, andernfalls von einer **partiellen Ordnung** (oder **Halbordnung**).

Total heißt also, dass – welche Elemente man auch immer aus A herausgreift – diese immer bezüglich R in Beziehung zueinander stehen: Entweder $(a, b) \in R$ oder

$(b, a) \in R$. Der Begriff „total" bzw. „partiell" kann auch analog für eine strikte Ordnung verwendet werden.

Beispiel 5.17 Totale Ordnung – Partielle Ordnung
a) $a \leq b$ ist eine totale Ordnung in den natürlichen Zahlen, denn für zwei Zahlen $a, b \in \mathbb{N}$ ist immer $a \leq b$ oder $b \leq a$.
b) Die Teilmengenbeziehung ist eine partielle Ordnung, denn bei zwei Mengen muss nicht notwendigerweise eine Menge eine Teilmenge der anderen sein.

Achtung: Die Begriffe Ordnung/totale Ordnung/Halbordnung werden nicht ganz einheitlich verwendet. Daher muss man beim Lesen in der Literatur immer zuerst feststellen, was genau gemeint ist.

Ordnungsrelationen spielen z. B. eine wichtige Rolle bei Projektplanungen:

Beispiel 5.18 Ordnungsrelation: Projektplanung
Sei $J = \{1, 2, 3, 4\}$ die Menge aller Teilschritte (*Jobs*) eines Ablaufes. Die Reihenfolge der Jobs kann durch die Relation „a muss vor b erledigt werden" festgelegt werden. Wenn zum Beispiel Job 1 vor Job 2, und Job 2 sowohl vor Job 3 als auch vor Job 4 erledigt werden muss, so kann dies durch die strikte Ordnungsrelation: $H = \{(1,2), (1,3), (1,4), (2,3), (2,4)\} \subseteq J^2$ beschrieben werden. Die Ordnung ist nicht total, da zwischen Job 3 und Job 4 keine Relation besteht (d.h., die Reihenfolge, in der diese beiden Jobs ausgeführt werden, ist egal).

Am letzten Beispiel sehen wir, dass H eindeutig bestimmt ist durch die Forderungen, dass die Paare von $R = \{(1,2), (2,3), (2,4)\}$ enthalten sein sollen *und* dass H transitiv sein soll. Denn aus $(1,2), (2,3) \in H$ folgt $(1,3) \in H$ und aus $(1,2), (2,4) \in H$ folgt $(1,4) \in H$. Formal sind wir gerade von R zu H gekommen, indem wir R um alle Paare aus $R \circ R$ erweitert haben: $H = R \cup (R \circ R)$. Man sagt, dass H die *transitive Hülle* von R ist.

Allgemein können wir eine beliebige Relation R in der Menge A solange um Elemente aus $R \circ R, R \circ R \circ R, \ldots$ erweitern, bis die entstehende Relation

$$[R]^{trans} = R \cup (R \circ R) \cup (R \circ R \circ R) \cup \cdots$$

transitiv ist. Ist A endlich, so reichen endlich viele Schritte.

Definition 5.19 Die Relation $[R]^{trans}$ ist die kleinste transitive Relation, die R enthält und wird als **transitive Hülle** von R bezeichnet. Analog definiert man die **reflexive Hülle**

$$[R]^{refl} = R \cup \mathbb{I}_A$$

und die **symmetrische Hülle**

$$[R]^{sym} = R \cup R^{-1}$$

als die kleinste Relation, die R enthält und reflexiv beziehungsweise symmetrisch ist.

Im Graphen der Relation R bedeutet die Bildung der *transitiven* Hülle, dass man zu den bereits bestehenden Pfeilen neue hinzufügt, und zwar dann einen neuen

Pfeil vom Knoten x zum Knoten y, wenn man von x längs irgendwelcher bereits bestehender (oder inzwischen hinzugekommenen) Pfeile nach y kommen kann. Die Bildung der *reflexiven* Hülle bedeutet, dass jeder Knoten eine Schlinge bekommt (falls nicht bereits vorhanden); und die Bildung der *symmetrischen* Hülle bedeutet, dass jeder Pfeil durch einen zweiten Pfeil in die entgegengesetzte Richtung ergänzt wird (sofern er nicht ohnehin schon da ist).

> **Beispiel 5.20 Transitive, reflexive, symmetrische Hülle**
> Geben Sie zur Relation $R = \{(a,b),(b,c),(c,d),(d,e)\}$ auf $A = \{a,b,c,d,e\}$ die reflexive, die symmetrische sowie die transitive Hülle an.

Lösung zu 5.20 Für die reflexive Hülle fügen wir alle Paare (x,x) mit $x \in A$ hinzu:

$$[R]^{refl} = \{(a,a),(a,b),(b,b),(b,c),(c,c),(c,d),(d,d),(d,e),(e,e)\}$$

Analog kommt für die symmetrische Hülle zu einem vorhandenen $(x,y) \in R$ jeweils (y,x) hinzu:

$$[R]^{sym} = \{(a,b),(b,a),(b,c),(c,b),(c,d),(d,c),(d,e),(e,d)\}$$

Für die transitive Hülle bilden wir solange Verkettungen $R \circ R$, $R \circ (R \circ R)$, $R \circ (R \circ R \circ R)$, bis kein neues Paar mehr entsteht. Das ist dann der Fall, wenn die leere Menge erreicht wird oder wenn eine Verknüpfung erreicht wird, die keine neuen Paare mehr enthält:

$$
\begin{aligned}
R \circ R &= \{(a,c),(b,d),(c,e)\} \\
R \circ (R \circ R) &= \{(a,d),(b,e)\} \\
R \circ (R \circ R \circ R) &= \{(a,e)\} \\
R \circ (R \circ R \circ R \circ R) &= \{\}
\end{aligned}
$$

Würde man die leere Menge nochmal mit R verknüpfen, so käme kein neues Paar hinzu. Also können wir abbrechen und die gebildeten Mengen vereinigen:

$$
\begin{aligned}
[R]^{trans} &= R \cup (R \circ R) \cup (R \circ R \circ R) \cup (R \circ R \circ R \circ R) = \\
&= \{(a,b),(b,c),(c,d),(d,e),(a,c),(b,d),(c,e),(a,d),(b,e),(a,e)\}.
\end{aligned}
$$
∎

Bisher haben wir nur Relationen zwischen *zwei* Mengen (die verschieden oder gleich sein können) betrachtet. Man nennt diese Relationen auch **binäre Relationen** oder **2-stellige Relationen**. Allgemeiner kann man auch Relationen zwischen mehr als zwei Mengen betrachten. Sind das zum Beispiel n Mengen $A_1, \ldots, A_n$, so wird durch eine Teilmenge $R \subseteq A_1 \times \ldots \times A_n$ eine n-**stellige Relation** definiert. Die Elemente von n-stelligen Relationen sind n-Tupel. Beispiele folgen im nächsten Abschnitt.

5.1.1 Anwendung: Relationales Datenmodell

Relationen bilden die Grundlage des relationalen Datenmodells, das in modernen Datenbanken verwendet wird. In Datenbanken stellt man Relationen in Form von

Tabellen dar. Die einzelnen n-Tupel der Relation sind dabei die Zeilen der Tabelle. Ein Beispiel: Die Produkte eines Computerhändlers können übersichtlich in Tabellenform aufgelistet werden. Die einzelnen Spalten der Tabelle gehören dabei zu gewissen **Attributen** wie „Produkt", „Preis", usw.:

$$R_P$$

P.Nr.	Produkt	Preis	H.Nr.
1	iMac	990	1
2	PC	590	2
3	Server	2150	2
4	Drucker	95	3

Die Zeilen $(1, \text{iMac}, 990, 1), \ldots$ der Tabelle sind Elemente der Produktmenge $\mathbb{N} \times$ CHAR(20) $\times \mathbb{N} \times \mathbb{N}$. (Hier bezeichnet CHAR(20) die Menge aller Zeichenketten (Strings) mit maximal 20 Zeichen.) Damit stellt die Tabelle eine Relation $R_P \subseteq \mathbb{N} \times$ CHAR(20) $\times$ $\mathbb{N} \times \mathbb{N}$ dar. Die Mengen stehen hier also für den Datentyp.

Analog kann die Relation $R_H = \{(1, \text{Apple}, \text{Cupertino}), \ldots\} \subseteq \mathbb{N} \times$ CHAR(20) $\times$ CHAR(20), die nähere Informationen zu den Herstellern enthält, folgendermaßen dargestellt werden:

$$R_H$$

H.Nr.	Name	Ort
1	Apple	Cupertino
2	IBM	New York
3	HP	Palo Alto

Die beiden Relationen R_P und R_H bilden eine kleine Datenbank. Damit haben wir aber noch nichts gewonnen, denn in der Praxis möchte man die Daten ja nicht nur speichern, sondern man möchte auch Abfragen durchführen, wie zum Beispiel: „Welche Produkte werden von IBM hergestellt?"

Nun ist es natürlich möglich, alle Abfragen, die man benötigt, einzeln zu implementieren. Steigen aber die Anzahl der Daten und die Anzahl der benötigten Abfragen, so wird das irgendwann zu mühsam. Deshalb versucht man alle möglichen Abfragen auf einige wenige zu reduzieren, und alle anderen dann auf diese zurückzuführen. Das führt direkt zur so genannten **relationalen Algebra**, die in den meisten Datenbanken als „Structured Query Language" (**SQL**) implementiert ist. Hier eine Auswahl der wichtigsten Operationen:

- $\sigma_{Bedingung}$ (SELECT) wählt alle Zeilen aus, für die die *Bedingung* erfüllt ist (σ, gesprochen „sigma", ist das kleine griechische s).

  Beispiel: Wählen wir aus R_H alle Zeilen aus, deren Attribut *Name* den Wert „IBM" hat:

  $$\sigma_{Name=\text{IBM}}(R_H) = \{(2, \text{IBM}, \text{New York})\},$$

  bzw. in Tabellenform dargestellt:

$$\sigma_{Name=\text{IBM}}(R_H)$$

H.Nr.	Name	Ort
2	IBM	New York

- $\pi_{j_1, j_2, \ldots}$ (PROJECT) wählt die Spalten j_1, j_2, ... aus.
  Beispiel: Projizieren wir R_H auf die Spalten mit den Attributen *Name* und *Ort*:

  $$\pi_{Name, Ort}(R_H) = \{(\text{Apple}, \text{Cupertino}), (\text{IBM}, \text{New York}), (\text{HP}, \text{Palo Alto})\},$$

  bzw. in Tabellenform:

  $\pi_{Name, Ort}(R_H)$

Name	Ort
Apple	Cupertino
IBM	New York
HP	Palo Alto

- $R_1[j_1, j_2]R_2$ (JOIN) „verkettet" die Relationen R_1 und R_2 bezüglich der gemeinsamen Attributwerte j_1 (von R_1) und j_2 (von R_2). Die Zeilen der neuen Relation entstehen durch Aneinanderfügung von je einer Zeile der ersten und der zweiten Relation, deren Attributwerte von j_1 und j_2 übereinstimmen.
  Beispiel: Die Relationen R_P und R_H können bezüglich des gemeinsamen Attributs *H.Nr.* verkettet werden:

$R_P[H.Nr., H.Nr.]R_H$

P.Nr.	Produkt	Preis	H.Nr.	Name	Ort
1	iMac	990	1	Apple	Cupertino
2	PC	590	2	IBM	New York
3	Server	2150	2	IBM	New York
4	Drucker	95	3	HP	Palo Alto

Die Anfrage „Preisliste aller von IBM hergestellten Produkte" könnte damit wie folgt formuliert werden:

$$\pi_{Produkt, Preis}(\sigma_{Name=\text{IBM}}(R_P[H.Nr., H.Nr.]R_H))$$

Das sieht auf den ersten Blick zwar wild aus, ist aber nicht so schlimm! Sehen wir es uns einfach Schritt für Schritt an:

Schritt 1: Verkettung $R_P[H.Nr., H.Nr.]R_H$:

$R_1 = R_P[H.Nr., H.Nr.]R_H$

P.Nr.	Produkt	Preis	H.Nr.	Name	Ort
1	iMac	990	1	Apple	Cupertino
2	PC	590	2	IBM	New York
3	Server	2150	2	IBM	New York
4	Drucker	95	3	HP	Palo Alto

Schritt 2: Auswahl der Zeilen mit „*Name* = IBM":

$R_2 = \sigma_{Name=\text{IBM}}(R_1)$

P.Nr.	Produkt	Preis	H.Nr.	Name	Ort
2	PC	590	2	IBM	New York
3	Server	2150	2	IBM	New York

Schritt 3: Projektion auf die Spalten *Produkt* und *Preis*:

$$R_3 = \pi_{Produkt,Preis}(R_2)$$

Produkt	Preis
PC	590
Server	2150

Das Ergebnis unserer Datenbankabfrage ist also in der Tat die gewünschte Preisliste.

Sehen wir uns zuletzt noch an, wie das in der Praxis am Beispiel der Datenbanksoftware MySQL aussieht. In SQL sind Auswahl und Projektion in einem Befehl zusammengefasst:

SELECT Spalten FROM Tabelle WHERE Bedingung

Also zum Beispiel im Fall unserer Datenbank:

```
mysql> SELECT Name,Ort FROM Hersteller WHERE HNr=1;
+-------+-----------+
| Name  | Ort       |
+-------+-----------+
| Apple | Cupertino |
+-------+-----------+
1 row in set (0.00 sec)
```

Unsere Preisliste von vorher erhalten wir mit folgender Anfrage:

```
mysql> SELECT produkt,preis FROM
    -> Produkte INNER JOIN Hersteller ON Hersteller.HNr=Produkte.HNr
    -> WHERE Name="IBM";
+---------+-------+
| Produkt | Preis |
+---------+-------+
| PC      |   590 |
| Server  |  2150 |
+---------+-------+
2 rows in set (0.00 sec)
```

Bemerkung: Oft verwendet man in SQL anstelle von INNER JOIN folgende äquivalente Abfrage:

```
mysql> SELECT Produkt,Preis FROM Produkte,Hersteller
    -> WHERE Produkte.HNr=Hersteller.HNr AND Name="IBM";
+---------+-------+
| Produkt | Preis |
+---------+-------+
| PC      |   590 |
| Server  |  2150 |
+---------+-------+
2 rows in set (0.00 sec)
```

Hier bezeichnet „Produkte, Hersteller" das kartesische Produkt der beiden Relationen (dabei wird jede Zeile der zweiten Relation an jede Zeile der ersten gefügt), aus dem dann jene Zeilen ausgewählt werden, die im Attribut „HNr" übereinstimmen und deren Attribut *Name* gleich „IBM" ist.

5.2 Funktionen

Definition 5.21 Eine **Abbildung** oder **Funktion** f von einer Menge D in eine Menge M ist eine Vorschrift, die jedem Element $x \in D$ genau ein Element $f(x) \in M$ zuordnet. Man schreibt dafür:

$$f: \quad D \quad \to \quad M$$
$$x \quad \mapsto \quad f(x)$$

und sagt: „x wird auf $f(x)$ abgebildet" bzw. „$f(x)$ ist das **Bild** (oder der **Funktionswert**) von x". Die Menge D heißt **Definitionsbereich**, die Menge $f(D) = \{f(x) \mid x \in D\}$ heißt **Bildmenge** und die Menge M heißt **Wertebereich**.

Etwas allgemeiner bezeichnet man für eine beliebige Teilmenge $A \subseteq D$ die Menge $f(A) = \{f(x) \mid x \in A\}$ als Bildmenge von A bzw. für eine beliebige Teilmenge $B \subseteq M$ die Menge $f^{-1}(B) = \{x \in D \mid f(x) \in B\}$ als **Urbildmenge** von B. Die Menge $f^{-1}(\{y\}) = \{x \in D \mid f(x) = y\}$ aller Elemente, die auf y abgebildet werden, heißt **Urbild(menge)** von y. Zum Beispiel ist oben $f(\{1,2,3\}) = \{a,d\}$, $f^{-1}(\{a,d\}) = \{1,2,3,4\}$, $f^{-1}(\{a\}) = \{1,2\}$.

Überlegen wir uns noch einmal anhand eines Beispiels, worauf es bei der Definition einer Funktion ankommt, und betrachten dazu Abbildung 5.4. In diesem Beispiel ist

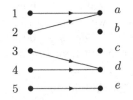

Abbildung 5.4. $f : D \to M$

der Definitionsbereich gleich $D = \{1,2,3,4,5\}$, der Wertebereich $M = \{a,b,c,d,e\}$ und die Bildmenge $f(D) = \{a,d,e\}$. Es ist $f(1) = a$, $f(2) = a$, $f(3) = d$, ..., was hier durch „Zuordnungspfeile" dargestellt wird. In Worten: „Das Bild von 1 ist a, usw." oder „Der Funktionswert von 1 ist a, usw.". Von *jedem* Element des Definitionsbereiches D geht *genau ein* Pfeil weg, d.h., jedes Element aus D hat genau ein Bild. Es müssen aber nicht alle Elemente aus M von einem Pfeil „getroffen" werden. Jene, die getroffen werden, bilden die Bildmenge $f(D)$. Diese Elemente können ohne weiteres von mehr als einem Pfeil getroffen werden. Zum Beispiel ist a das Bild sowohl von 1 als auch von 2.

Beispiel 5.22 Abbildungen

a) Die Abbildung $f : \mathbb{N} \to \mathbb{N}$ mit $f(n) = n^2$ ordnet jeder natürlichen Zahl ihr Quadrat zu. Also z.B. $f(1) = 1$, $f(2) = 4$, $f(3) = 9$, usw. Definitionsbereich und Wertebereich sind hier die natürlichen Zahlen. Bildmenge: $f(\mathbb{N}) = \{1,4,9,16,...\} = \{n^2 \mid n \in \mathbb{N}\}$. Die Abbildung $g : \mathbb{Z} \to \mathbb{Z}$ mit $g(n) = n^2$

hat einen anderen Definitions- und Wertebereich als f. Bildmenge: $g(\mathbb{Z}) = \{0, 1, 4, 9, 16, \ldots\} = \{n^2 \mid n \in \mathbb{Z}\}$.

b) Die Abbildung $f : \mathbb{R}^2 \to \mathbb{R}$ mit $f(x_1, x_2) = x_1 + x_2$ ordnet je zwei reellen Zahlen (x_1, x_2) ihre Summe zu. Beispiel: $f(1, 5) = 6$. Hier besteht der Definitionsbereich also aus den reellen Zahlenpaaren, der Wertebereich aus den reellen Zahlen. (Man schreibt $f(x_1, x_2)$ anstelle $f((x_1, x_2))$.)

c) Der ASCII-Code ist eine Abbildung, die den Zahlen 0 bis 127 bestimmte Steuerzeichen, Ziffern, Buchstaben und Sonderzeichen zuordnet.

d) Die Vorschrift, die jedem Menschen seine Staatsbürgerschaft zuordnet, ist *keine* Abbildung. Warum? Manche Menschen besitzen mehr als eine Staatsbürgerschaft und von diesen Menschen würde „mehr als ein Pfeil ausgehen".

Zu einer Abbildung $f : D \to M$ kann man die Relation $G = \{(x, f(x)) \mid x \in D\} \subseteq D \times M$ betrachten. Diese Relation heißt **Graph** der Abbildung. Der Graph der Abbildung aus Abbildung 5.4 ist z. B. $G = \{(1, a), (2, a), (3, d), (4, d), (5, e)\}$. Die Bezeichnung ist kein Zufall: Der Graph einer *reellen Funktion* $f : \mathbb{R} \to \mathbb{R}$ ist (wenn im $\mathbb{R}^2$ gezeichnet) die „Funktionskurve". Die Relation G hat die Eigenschaft, dass aus $(x, y_1) \in G$ und $(x, y_2) \in G$ immer $y_1 = y_2$ folgt (denn jedem x wird ja genau ein Element $y_1 = y_2 = f(x)$, und nicht mehrere, zugeordnet). Solche Relationen werden als **rechtseindeutig** bezeichnet. In diesem Sinn kann man eine Funktion also auch als eine rechtseindeutige Relation definieren.

Nun wollen wir uns überlegen, welche Eigenschaften Funktionen haben können. Die Abbildung, die jeder natürlichen Zahl $x \in \{0, 1, 2, 3\}$ ihre binäre Darstellung $f(x) \in \{00, 01, 10, 11\}$ zuordnet, hat zwei spezielle Eigenschaften: (1) Keine zwei x haben dieselbe binäre Darstellung. (2) *Jedes* $y \in \{00, 01, 10, 11\}$ ist Bild einer Zahl $x \in \{0, 1, 2, 3\}$. Die erste Eigenschaft nennt man *Injektivität*, die zweite *Surjektivität*.

Definition 5.23 Sei $f : D \to M$ eine Abbildung.

- f heißt **injektiv**, wenn *verschiedene* Elemente von D auf *verschiedene* Elemente von $f(D)$ abgebildet werden, kurz:

$$x_1 \neq x_2 \Rightarrow f(x_1) \neq f(x_2) \qquad \text{für alle } x_1, x_2 \in D.$$

Anders gesagt: f ist injektiv, wenn $f(x_1) = f(x_2) \Rightarrow x_1 = x_2$ für alle $x_1, x_2 \in D$ gilt.

- f heißt **surjektiv**, wenn *jedes* Element von M das Bild eines Elements aus D ist, kurz: $f(D) = M$.

- f heißt **bijektiv**, oder **eins-zu-eins Abbildung**, wenn f sowohl injektiv als auch surjektiv ist.

Beispiel: Der ASCII-Code $f(Zahl) = Zeichen$ ist eine bijektive Abbildung.

In unserer „Pfeilsprechweise" formuliert: Eine Funktion ist *injektiv*, wenn jedes Element aus $f(D)$ von höchstens einem Pfeil getroffen wird. Die Funktion aus Abbildung 5.4 ist nicht injektiv, weil z. B. a von zwei Pfeilen getroffen wird. Eine Funktion ist *surjektiv*, wenn jedes Element aus M von mindestens einem Pfeil getroffen wird. Die Funktion aus Abbildung 5.4 ist nicht surjektiv, weil z. B. c von keinem Pfeil getroffen wird. Und eine Funktion ist bijektiv, wenn *jedes* Element aus M von *genau einem* Pfeil getroffen wird.

Durch geeignete Einschränkung des Definitionsbereiches bzw. Wertebereiches kann eine Funktion immer injektiv bzw. surjektiv gemacht werden. Beispiel: Die Funktion in Abbildung 5.4 wird injektiv, wenn der Definitionsbereich z. B. auf $\{1, 3, 5\}$ eingeschränkt wird. Sie wird surjektiv, wenn der Wertebereich auf $\{a, d, e\}$ eingeschränkt wird.

Beispiel 5.24 Injektiv, surjektiv
Welche der folgenden Abbildungen ist injektiv bzw. surjektiv?
a) $f : \mathbb{Z} \to \mathbb{N}$, $n \mapsto n^2$ b) $g : \mathbb{N} \to \mathbb{N}$, $n \mapsto n^2$
c) $h : \mathbb{Z} \to \mathbb{Z}$, $n \mapsto n + 1$ d) $k : \mathbb{Z}_5 \to \mathbb{Z}_5$, $n \mapsto n + 1$

Lösung zu 5.24
a) Die Abbildung f ist nicht injektiv, denn es gilt nicht, dass je zwei verschiedene Zahlen aus dem Definitionsbereich auch verschiedene Funktionswerte haben. Denn z. B. die Zahlen -2 und 2 aus D haben denselben Funktionswert $f(-2) = f(2) = 4$. Die Abbildung ist auch nicht surjektiv, da nicht alle Zahlen aus $\mathbb{N}$ Funktionswerte sind, d.h., $f(D) \neq M$. Denn z. B. die Zahl 3 tritt nicht als Funktionswert auf.
b) Die Abbildung g ist injektiv, denn zwei verschiedene $n_1, n_2 \in \mathbb{N}$ haben auch verschiedene Funktionswerte $n_1^2 \neq n_2^2$. Vergleich mit a) zeigt, dass die Vorschrift $n \mapsto n^2$ durch Einschränkung des Definitionsbereiches injektiv gemacht werden konnte. Wie vorher ist die Abbildung aber nicht surjektiv.
c) Diese Abbildung ist injektiv, weil zwei verschiedene ganze Zahlen $n_1 \neq n_2$ verschiedene Funktionswerte $n_1 + 1 \neq n_2 + 1$ haben. Sie ist auch surjektiv, weil jede ganze Zahl m Bild einer ganzen Zahl, nämlich von $n = m - 1$, ist. Somit ist die Abbildung bijektiv.
d) Diese Abbildung ist injektiv, weil zwei verschiedene Zahlen aus dem Definitionsbereich $n_1 \neq n_2$ verschiedene Funktionswerte $n_1 + 1 \neq n_2 + 1 \,(\mathrm{mod}\,5)$ haben. Sie ist auch surjektiv, weil jedes $m \in \mathbb{Z}_5$ Funktionswert eines Elements aus $\mathbb{Z}_5$ ist, nämlich von $n = m + 4 \,(\mathrm{mod}\,5)$ (4 ist das additive Inverse von 1 in $\mathbb{Z}_5$), ist. Somit ist die Abbildung bijektiv.   ∎

Die Eigenschaften „injektiv" und „surjektiv" sind mit der Lösbarkeit der Gleichung $f(x) = y$ verknüpft. Ist f injektiv, so gibt es für jedes vorgegebene y höchstens eine Lösung x. Ist f surjektiv, so gibt es für jedes y (mindestens) eine Lösung.

Im Fall von Funktionen $f : \mathbb{R} \to \mathbb{R}$ sind die Lösungen von $f(x) = y$ genau die Schnittpunkte des Graphen von $f(x)$ mit der waagrechten Geraden durch y. Das ist in Abbildung 5.5 veranschaulicht: Bei der ersten Funktion gibt es für jede Gerade

Abbildung 5.5. Injektive bzw. surjektive Funktionen

mindestens einen Schnittpunkt, im eingezeichneten Fall sogar drei; die Funktion ist daher surjektiv, aber nicht injektiv. Bei der zweiten Funktion gibt es für jede Gerade höchstens einen Schnittpunkt, im eingezeichneten Fall aber keinen; die Funktion ist daher injektiv, aber nicht surjektiv. Bei der dritten Funktion gibt es für jede Gerade genau einen Schnittpunkt; die Funktion ist somit bijektiv.

Eine Funktion beschreibt oft eine Abhängigkeit. Daher nennt man x auch die **unabhängige Variable** oder das **Argument**, und $y = f(x)$ die **abhängige Variable** oder den **Funktionswert**. Im Fall $D \subseteq \mathbb{R}^n$ spricht man von einer **Funktion von mehreren Variablen** und schreibt $f(\mathbf{x}) = f(x_1, \ldots, x_n)$ mit der Abkürzung $\mathbf{x} = (x_1, \ldots, x_n) \in \mathbb{R}^n$. Wir wollen uns im Folgenden zunächst auf Funktionen mit $D, M \subseteq \mathbb{R}$ konzentrieren, die man auch **reelle Funktionen** nennt. Um Schreibarbeit zu sparen, nehmen wir – wenn nichts anderes erwähnt ist – für den Definitionsbereich immer $D = \mathbb{R}$ an.

Beispiel 5.25 Reelle Funktionen

a) Die Funktion $f(x) = x^2$ ordnet jeder reellen Zahl x ihr Quadrat zu.
b) Der Definitionsbereich von $f(x) = \frac{1}{x-1}$ besteht aus allen reellen $x \neq 1$, denn für $x = 1$ ist der Bruch nicht definiert.
c) Die so genannte **Vorzeichenfunktion** $\text{sign}(x) = \begin{cases} +1, & x \geq 0 \\ -1, & x < 0 \end{cases}$ hat den Funktionswert $+1$ für alle $x \geq 0$, und den Funktionswert -1 für alle $x < 0$. Die Funktion hat bei $x = 0$ einen „Sprung".
d) Die Betragsfunktion $f(x) = |x|$ hat bei $x = 0$ einen „Knick".

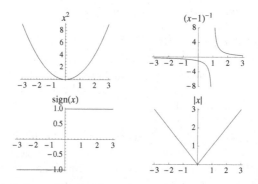

Abbildung 5.6. Die Funktionen aus Beispiel 5.25

Definition 5.26 Sei $n \in \mathbb{N} \cup \{0\}$. Eine Funktion der Form

$$p(x) = a_n x^n + a_{n-1} x^{n-1} + \cdots + a_1 x + a_0 \quad \text{mit } a_k \in \mathbb{R}, \; k = 0, \ldots, n,$$

heißt **Polynom** vom **Grad** n (falls $a_n \neq 0$). Eine Funktion der Form $f(x) = \frac{p(x)}{q(x)}$, mit $p(x)$, $q(x)$ Polynomen, wird **rationale Funktion** genannt.

Die Lösungen der Gleichung $f(x) = 0$ werden als **Nullstellen** der Funktion f bezeichnet. Speziell im Fall einer quadratischen Funktion $f(x) = x^2 + p\,x + q$ erinnern wir an die Formel

$$x_{1,2} = -\frac{p}{2} \pm \sqrt{\frac{p^2}{4} - q}$$

für die Nullstellen x_1 und x_2.

Hergeleitet wird diese Formel durch **quadratisches Ergänzen**, $x^2 + p\,x + q = x^2 + 2\frac{p}{2}x + (\frac{p}{2})^2 - (\frac{p}{2})^2 + q = (x + \frac{p}{2})^2 - (\frac{p}{2})^2 + q = 0$, und Auflösen nach x.

Wir können die Formel natürlich auch für eine quadratische Gleichung der Form $a\,x^2 + b\,x + c = 0$ (mit $a \neq 0$) anwenden. Dazu muss nur die ganze Gleichung durch a dividiert werden: $x^2 + \frac{b}{a}x + \frac{c}{a} = 0$.

Wenn zwei Funktionen f und g denselben Definitionsbereich haben, so können wir daraus neue Funktionen $f + g$, $f \cdot g$ und $\frac{f}{g}$ bilden:

$$(f + g)(x) = f(x) + g(x)$$
$$(f \cdot g)(x) = f(x) \cdot g(x)$$
$$\left(\frac{f}{g}\right)(x) = \frac{f(x)}{g(x)} \quad \text{(Definitionsbereich bilden hier nur jene } x \text{ mit } g(x) \neq 0\text{)}$$

Wir können aus zwei Funktionen auch eine neue Funktion bilden, indem wir die Funktionsvorschriften hintereinander ausführen.

Definition 5.27 Seien $f : D_f \to M$ und $g : D_g \to N$ Funktionen. Die **Hintereinanderausführung** oder **Verkettung** von f und g ist die Funktion $f \circ g : D_g \to M$ mit:

$$x \mapsto (f \circ g)(x) = f(g(x)).$$

Ein Element x aus dem Definitionsbereich von g wird also auf $g(x)$ abgebildet, und darauf wird dann f angewendet, woraus $f(g(x))$ resultiert. Damit die Hintereinanderausführung überhaupt Sinn macht, muss der zu x zugehörige Funktionswert $g(x)$ natürlich im Definitionsbereich von f liegen, es muss also $g(D_g) \subseteq D_f$ gelten.

Die Verkettung von Funktionen entspricht der Verkettung der zugehörigen Relationen, also dem Graphen $G_{f \circ g} = G_f \circ G_g$.

Beispiel 5.28 Hintereinanderausführung von Funktionen
Bilden Sie $f \circ g$:
a) $f(x) = x^2$, $g(x) = 3x$ b) $f(x) = \frac{1}{x}$, $g(x) = x^3$, wobei $x \neq 0$
Schreiben Sie als Hintereinanderausführung $f \circ g$ zweier Funktionen f und g:
c) $h(x) = (x + 1)^5$ d) $h(x) = |x - 2|$

Lösung zu 5.28
a) Wir setzen in die Definition von $f \circ g$ ein und lösen nach und nach auf: $(f \circ g)(x) = f(g(x)) = (g(x))^2 = (3x)^2 = 9x^2$. Es ist übrigens gleichgültig, ob zuerst $f(x)$ oder $g(x)$ aufgelöst wird, d.h. auch $(f \circ g)(x) = f(g(x)) = f(3x) = (3x)^2 = 9x^2$ führt zum Ziel.
b) $(f \circ g)(x) = f(g(x)) = \frac{1}{g(x)} = \frac{1}{x^3} = x^{-3}$ für $x \neq 0$.

c) Wir fassen Teile der Vorschrift h unter neuen Namen g und f zusammen: $h(x) = (x+1)^5 = g(x)^5 = f(g(x))$ mit $f(x) = x^5$ und $g(x) = x+1$.

d) $h(x) = |x-2| = |g(x)| = f(g(x))$ mit $f(x) = |x|$ und $g(x) = x-2$. $\blacksquare$

Beispiel 5.29 Umrechnung von Einheiten
Der Benzinverbrauch B eines Fahrzeuges ist abhängig von der Geschwindigkeit v:

$$B(v) = 2 + 0.5v + 0.25v^2.$$

Dabei ist v in Meilen pro Stunde anzugeben und B ist in (US-)Gallonen pro Meile abzulesen. Wandeln Sie diese Formel in eine Formel um, bei der die Geschwindigkeit in Kilometer pro Stunde angegeben wird und der Verbrauch in Liter pro Kilometer abgelesen werden kann.

Lösung zu 5.29 Die Formel, von der wir ausgehen, lautet

$$B_G(v_M) = 2 + 0.5v_M + 0.25v_M^2,$$

wobei v_M die Geschwindigkeit in M/h ist und B_G den Benzinverbrauch in G/M bedeutet. Da eine Meile 1.60935 Kilometern entspricht, entspricht eine Meile pro Stunde 1.60935 Kilometern pro Stunde. Ist v_{km} die Geschwindigkeit in km/h, so gilt also $v_{km} = 1.60935 v_M$ bzw. $v_M = v_{km}/1.60935 = 0.621369 v_{km}$. Nennen wir die Funktion, die diese Umrechnung bewirkt, f:

$$v_M = f(v_{km}) = 0.621369 v_{km}.$$

Wir erhalten damit als ersten Schritt die Formel

$$(B_G \circ f)(v_{km}) = B_G(\underbrace{f(v_{km})}_{=v_M}) = B_G(0.621369 v_{km}) = 2 + 0.31 v_{km} + 0.1 v_{km}^2$$

(auf zwei Stellen gerundet), in die die Geschwindigkeit in km/h eingegeben wird (v_{km}) und die den Benzinverbrauch aber noch nach wie vor in Gallonen pro Meile liefert.

Im zweiten Schritt müssen wir die Formel noch so ändern, dass der berechnete Zahlenwert den Benzinverbrauch in Liter/Kilometer – nennen wir ihn B_L – bedeutet. Da eine Gallone 3.7853 Litern entspricht, ist 1 G/M = 3.7853 Liter/1.60935 Kilometer = 2.35207 L/km. Also ist $B_L = 2.35207 B_G$. Nennen wir die Funktion, die diese Umrechnung durchführt, g:

$$B_L = g(B_G) = 2.35207 B_G.$$

Damit lautet die gesuchte Formel

$$(g \circ B_G \circ f)(v_{km}) = g(2 + 0.31 v_{km} + 0.1 v_{km}^2) = 4.7 + 0.73 v_{km} + 0.23 v_{km}^2$$

(auf zwei Stellen gerundet). $\blacksquare$

Wir haben oben überlegt, dass der ASCII-Code jeder Zahl bijektiv ein Zeichen zuordnet. Zum Beispiel ist $f(65) = A$. Da die Abbildung bijektiv ist, ist es also möglich, von einem Zeichen wieder auf die zugehörige Zahl rückzuschließen. Jene Funktion, die diesen Rückschluss bewirkt, heißt *Umkehrfunktion* von f:

Definition 5.30 Ist die Funktion $f : D \to M$ bijektiv, dann heißt die Funktion, die jedem $y \in M$ das eindeutig bestimmte $x \in D$ mit $y = f(x)$ zuordnet, die **Umkehrfunktion** (oder **inverse Funktion**) von f. Sie wird mit f^{-1} bezeichnet.

Die Umkehrfunktion entspricht der inversen Relation: $G_{f^{-1}} = G_f^{-1}$.

Das ist also die Funktion $f^{-1} : M \to D$ mit folgender Eigenschaft: $f^{-1}(y) = x$ genau dann, wenn $y = f(x)$. Insbesondere gilt

$$(f^{-1} \circ f)(x) = x \qquad \text{und} \qquad (f \circ f^{-1})(y) = y$$

für alle $x \in D$ bzw. $y \in M$. Das bedeutet, dass f^{-1} die Wirkung von f rückgängig macht und analog f die Wirkung von f^{-1}. Beispiel: Da beim ASCII-Code $f(65) = A$, so folgt $f^{-1}(A) = 65$.

Achtung: Die Umkehrfunktion $f^{-1}(x)$ einer reellen Funktion f wird leicht mit der Funktion $\frac{1}{f(x)}$ verwechselt. Diese beiden Funktionen haben aber nichts miteinander zu tun!

Beispiel 5.31 Umkehrfunktion
Berechnen Sie die Umkehrfunktion der folgenden bijektiven Funktionen:
 a) $f : \mathbb{R} \to \mathbb{R}$, $x \mapsto 2x + 1$ b) $g : \mathbb{Z}_8 \to \mathbb{Z}_8$, $n \mapsto 3n$

Lösung zu 5.31
 a) Zu jedem $y \in f(\mathbb{R}) = \mathbb{R}$ gibt es ein eindeutig bestimmtes $x \in \mathbb{R}$ mit $y = f(x) = 2x + 1$. Dieses x erhalten wir als Funktion von y, indem wir die Beziehung $y = 2x + 1$ nach x auflösen: $x = f^{-1}(y) = \frac{1}{2}(y - 1)$. Manchmal vertauscht man noch die Bezeichnung der Variablen, um wieder mit x das Argument, und mit y den Funktionswert zu bezeichnen. Dann ist $f^{-1}(x) = \frac{1}{2}(x - 1)$. Probe: $(f^{-1} \circ f)(x) = f^{-1}(2x + 1) = \frac{1}{2}((2x + 1) - 1) = x$.
 b) Wir müssen die Gleichung $m = 3n$ in $\mathbb{Z}_8$ nach n auflösen. Das geschieht durch Multiplikation mit dem Kehrwert in $\mathbb{Z}_8$, also mit $\frac{1}{3} = \frac{1+8}{3} = 3$ in $\mathbb{Z}_8$: $n = 3m \pmod 8$. Also gilt $g^{-1}(m) = 3m$, d.h., die Funktion g ist gleich ihrer Umkehrfunktion. (Hätte das multiplikative Inverse von 3 *nicht* existiert, so wäre die Gleichung nicht eindeutig lösbar gewesen; in diesem Fall wäre die Funktion nicht invertierbar gewesen.) ∎

Eine Funktion, die wie g im letzten Beispiel gleich ihrer Umkehrfunktion ist, wird als **Involution** oder **selbstinverse Funktion** bezeichnet. Weitere Beispiele für selbstinverse Funktionen sind $f(x) = -x$, die Negation in der Schaltalgebra oder die komplexe Konjugation.

Bei reellen bijektiven Funktionen erhält man den Graphen der Umkehrfunktion f^{-1}, indem man den Graph von f an der Geraden $g(x) = x$ spiegelt. Abbildung 5.7 zeigt die Graphen einer Funktion $f(x)$, ihrer Umkehrfunktion $f^{-1}(x)$, und der Geraden $g(x) = x$.

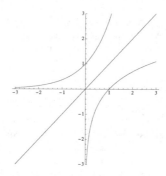

Abbildung 5.7. Eine Funktion und ihre Umkehrfunktion

Satz 5.32 Sind die Funktionen f und g beide bijektiv, so ist auch ihre Verkettung $f \circ g$ bijektiv. Die Umkehrfunktion erhält man, indem man zuerst f und dann g umkehrt. Es gilt also

$$(f \circ g)^{-1} = g^{-1} \circ f^{-1}.$$

Beispiel 5.33 Umkehrung einer Verkettung
Gegeben sind die einfachen Verschlüsselungsvorschriften $f, g : \mathbb{Z}_{11} \to \mathbb{Z}_{11}$ mit $f(x) = x + 3$ und $g(x) = 7x$. Geben Sie die Verschlüsselungsvorschrift $f \circ g$ sowie die Vorschrift zum Entschlüsseln an.

Lösung zu 5.33 Aus Schreibfaulheit lassen wir den Zusatz „mod 11" weg, es ist aber jede Rechnung modulo 11 zu verstehen: $(f \circ g)(x) = f(g(x)) = f(7x) = 7x + 3$ ist die Verschlüsselungsvorschrift. Entschlüsselt wird mit $(f \circ g)^{-1}(x) = (g^{-1} \circ f^{-1})(x)$ $= g^{-1}(f^{-1}(x)) = g^{-1}(x - 3) = \frac{1}{7}(x - 3) = 8(x - 3) = 8x - 24 = 8x + 9$ (hier haben wir verwendet, dass der Kehrwert von 7 in $\mathbb{Z}_{11}$ gleich 8 ist). ∎

Injektivität (und damit die Umkehrbarkeit einer Funktion) ist eng mit folgender Eigenschaft verbunden:

Definition 5.34 Sei $f : D \subseteq \mathbb{R} \to M \subseteq \mathbb{R}$ eine Funktion.

- f heißt **streng monoton wachsend**, wenn für wachsende x-Werte stets die zugehörigen Funktionswerte wachsen, wenn also

$$x_1 < x_2 \quad \Rightarrow \quad f(x_1) < f(x_2) \quad \text{für alle } x_1, x_2 \in D.$$

- f heißt **streng monoton fallend**, wenn für wachsende x-Werte stets die zugehörigen Funktionswerte fallen, wenn also

$$x_1 < x_2 \quad \Rightarrow \quad f(x_1) > f(x_2) \quad \text{für alle } x_1, x_2 \in D.$$

- Wenn anstelle von $<$ und $>$ jeweils $\leq$ bzw. $\geq$ gilt, dann nennt man die Funktion nur **monoton wachsend** bzw. **monoton fallend**.

Ob eine reelle Funktion injektiv ist, kann daran erkennen, ob sie streng monoton ist:

Satz 5.35 Eine reelle Funktion $f : D \subseteq \mathbb{R} \to f(D) \subseteq \mathbb{R}$ ist injektiv, wenn sie entweder *streng* monoton wachsend oder *streng* monoton fallend ist. Die Umkehrfunktion ist dann ebenfalls streng monoton im gleichen Sinn.

Es gilt also: Streng monoton wachsend oder fallend $\Rightarrow$ injektiv.

Wenn die Funktionswerte nämlich streng wachsen oder fallen, dann haben ja zwei verschiedene Argumente x_1, x_2 immer zwei verschiedene Bilder $f(x_1) < f(x_2)$ bzw. $f(x_1) > f(x_2)$, die Abbildung ist also injektiv. Die Umkehrung (injektiv $\Rightarrow$ streng monoton) gilt nur, wenn f *stetig* ist (das bedeutet anschaulich, dass f keine Sprünge hat – eine genaue Definition folgt in Band 2).

> **Beispiel 5.36 Streng monoton wachsend/fallend**
> Welche der folgenden Funktionen sind streng monoton wachsend oder fallend?
> a) $p(x) = 2x + 1$ b) $g(x) = -2x + 1$ c) $h(x) = 1$ d) $f(x) = x^2$

Lösung zu 5.36 Die Funktionen sind in Abbildung 5.8 gezeichnet.
a) Die Gerade p ist streng monoton wachsend. Denn für alle $x_1, x_2 \in \mathbb{R}$ gilt: Wenn $x_1 < x_2$, dann gilt auch für die zugehörigen Funktionswerte: $p(x_1) = 2x_1 + 1 < p(x_2) = 2x_2 + 1$.
b) Die Gerade g ist streng monoton fallend, denn aus $x_1 < x_2$ folgt: $g(x_1) = -2x_1 + 1 > g(x_2) = -2x_2 + 1$. Bei einer Geraden gibt das Vorzeichen der Steigung (hier -2, im Beispiel a) $+2$) an, ob sie streng monoton wächst oder fällt.
c) Die konstante Funktion h ist weder streng monoton wachsend noch streng monoton fallend.
d) Wenn f auf ganz $\mathbb{R}$ definiert ist, dann ist diese Funktion weder streng monoton wachsend noch streng monoton fallend. Wenn wir den Definitionsbereich aber einschränken, zum Beispiel auf $x \geq 0$, dann ist die Funktion hier streng monoton wachsend (und daher injektiv), denn aus $x_1 < x_2$ folgt $x_1^2 < x_2^2$. Analog ist sie für $x \leq 0$ streng monoton fallend (und injektiv), denn aus $x_1 < x_2$ folgt dann $x_1^2 > x_2^2$. ∎

Abbildung 5.8. Die Funktionen aus Beispiel 5.36

Wir haben im Beispiel 5.36 d) gesehen, dass die Funktion $f : [0, \infty) \to [0, \infty)$ mit $f(x) = x^2$ umkehrbar ist, da sie hier streng monoton wächst. Die Umkehrfunktion ist gerade die Wurzelfunktion $f^{-1} : [0, \infty) \to [0, \infty)$ mit $f^{-1}(x) = \sqrt{x}$. Auch diese Funktion ist streng monoton wachsend. Allgemein gilt:

Satz 5.37 Die **Potenzfunktion** $f : [0,\infty) \to [0,\infty)$ mit $f(x) = x^n$ ist für beliebiges $n \in \mathbb{N}$ streng monoton wachsend und damit injektiv. Da $f([0,\infty)) = [0,\infty)$ gilt, ist sie auch surjektiv, und somit insgesamt bijektiv. Die Umkehrfunktion ist $f^{-1} : [0,\infty) \to [0,\infty)$ mit $f^{-1}(x) = \sqrt[n]{x}$.

Beispiel: $f(x) = x^3$ hat die Umkehrfunktion $f^{-1}(x) = \sqrt[3]{x}$ (beide Funktionen haben Definitionsbereich $[0,\infty)$). In diesem Fall könnten wir die Funktion und ihre Umkehrfunktion sogar auf ganz $\mathbb{R}$ definieren, indem wir $f^{-1}(x) = -\sqrt[3]{|x|}$ für $x < 0$ setzen. Das geht natürlich mit jeder ungeraden Potenz. Zeichnen Sie die zugehörigen Graphen!

Satz 5.38 Die **Exponentialfunktion** $f : \mathbb{R} \to (0,\infty)$ mit $f(x) = a^x$ ist für $0 < a < 1$ streng monoton fallend und für $a > 1$ streng monoton wachsend. Ihre Umkehrfunktion wird als **Logarithmusfunktion** bezeichnet: $f^{-1} : (0,\infty) \to \mathbb{R}$ mit $f^{-1}(x) = \log_a(x)$.

Besonders wichtig ist der Fall $a = e = 2.718\ldots$ (Euler'sche Zahl), in dem man von *der* Exponentialfunktion $\exp(x) = e^x$ und vom *natürlichen* Logarithmus $\ln(x) = \log_e(x)$ spricht. Sie sind in Abbildung 5.7 dargestellt.

Streng monoton wachsende Funktionen erhalten die Ordnung: Das bedeutet, dass man eine streng monoton wachsende Funktion auf beiden Seiten einer Ungleichung anwenden kann. Die neue Ungleichung ist genau dann richtig, wenn es auch die ursprüngliche war, d.h.: $a < b \Leftrightarrow f(a) < f(b)$ für eine streng monoton wachsende Funktion f. Analoges gilt für die Anwendung von streng monoton fallenden Funktionen auf beiden Seiten einer Ungleichung, nur muss dann die Richtung des Ungleichungszeichens umgedreht werden: $a < b \Leftrightarrow f(a) > f(b)$ für eine streng monoton fallende Funktion f. Streng monoton fallende Funktionen kehren die Ordnung also um.

Beispiel 5.39 Anwendung einer streng monotonen Funktion auf beiden Seiten einer Ungleichung

a) $f(x) = x^2$ ist für $x \geq 0$ streng monoton wachsend. Daher gilt:

$$a < b \quad \Leftrightarrow \quad a^2 < b^2 \quad \text{für } a, b \geq 0.$$

b) $f(x) = x^2$ für $x \leq 0$ streng monoton fallend. Somit gilt:

$$a < b \quad \Leftrightarrow \quad a^2 > b^2 \quad \text{für } a, b \leq 0.$$

Beispiel: $-4 < -3 \quad \Leftrightarrow \quad 16 > 9.$

Wenden wir hintereinander zwei Funktionen an, die die Ordnung erhalten, so bleibt die Ordnung auch insgesamt erhalten. Kehrt eine der beiden Funktionen die Ordnung um, so wird die Ordnung insgesamt umgedreht. Drehen *beide* Funktionen die Ordnung um, so bleibt die Ordnung erhalten:

Satz 5.40 Die Verkettung monotoner Funktionen ist wieder monoton, und zwar

- monoton wachsend, wenn beide Funktionen monoton im gleichen Sinn sind, und
- monoton fallend, wenn die Funktionen monoton in verschiedenem Sinn sind.

Beispiel 5.41 Verkettung monotoner Funktionen

a) $f(x) = x^2$ ist streng monoton wachsend für $x \geq 0$, $g(x) = 3x + 4$ ist streng monoton wachsend für alle $x \in \mathbb{R}$. Dann ist $(f \circ g)(x) = f(3x + 4) = (3x + 4)^2$ für $3x + 4 \geq 0$, also $x \geq -\frac{4}{3}$ streng monoton wachsend; ebenso ist $(g \circ f)(x) = g(x^2) = 3x^2 + 4$ streng monoton wachsend für alle $x \geq 0$.

b) $f(x) = x^2$ ist streng monoton wachsend für $x \geq 0$, $g(x) = -3x + 4$ ist streng monoton fallend für alle $x \in \mathbb{R}$. Daher ist $(f \circ g)(x) = f(-3x + 4) = (-3x + 4)^2$ für $-3x + 4 \geq 0$, also $x \leq \frac{4}{3}$ streng monoton fallend; ebenso ist $(g \circ f)(x) = g(x^2) = -3x^2 + 4$ streng monoton fallend für alle $x \geq 0$.

Das Beispiel $f(x) = x^2$ führt uns zu einer weiteren Eigenschaft, die eine Funktion besitzen kann. Die Funktionswerte dieser Funktion sind *nach oben unbeschränkt* und *nach unten beschränkt*:

Definition 5.42 Sei $f : D \to \mathbb{R}$ eine Funktion.

- f heißt **nach oben beschränkt**, wenn es ein $K \in \mathbb{R}$ gibt, sodass

$$f(x) \leq K \quad \text{für alle } x \in D.$$

Man nennt dann K eine **obere Schranke** von f. Anschaulich bedeutet das, dass der Funktionsgraph von f unterhalb der Geraden $y = K$ verläuft.

- f heißt **nach unten beschränkt**, wenn es ein $k \in \mathbb{R}$ gibt, sodass

$$k \leq f(x) \quad \text{für alle } x \in D.$$

Man nennt dann k eine **untere Schranke** von f. Anschaulich bedeutet das, dass der Funktionsgraph von f oberhalb der Geraden $y = k$ verläuft.

- f heißt **beschränkt**, wenn sie nach oben *und* nach unten beschränkt ist. In diesem Fall gilt also

$$k \leq f(x) \leq K \quad \text{für alle } x \in D.$$

Eine Funktion, die nicht beschränkt ist, heißt **unbeschränkt**.

Graphisch veranschaulicht: Eine Funktion ist beschränkt genau dann, wenn der Funktionsgraph zwischen zwei Geraden $y = k$ und $y = K$ verläuft. Das ist gleichbedeutend damit, dass es eine Konstante $a > 0$ gibt, sodass alle Funktionswerte $f(x) \geq -a$ und $f(x) \leq a$ sind, kurz: $|f(x)| \leq a$ für alle $x \in D$.

Beispiel 5.43 Beschränkte Funktion

Sind die folgenden Funktionen für $x \in \mathbb{R}$ beschränkt?

a) $f(x) = x^2 + 1$ b) $g(x) = \frac{1}{x^2 + 1}$

Lösung zu 5.43

a) Die Funktion ist nach unten beschränkt, da $f(x) = x^2 + 1 \geq 1$ für alle $x \in \mathbb{R}$. Aber sie ist nach oben unbeschränkt, denn für jede noch so große Schranke $K > 0$ ist der Funktionswert an der Stelle $x = \sqrt{K}$ größer als K: $f(\sqrt{K}) = K + 1 > K$. Graphisch veranschaulicht in Abbildung 5.9: Der Funktionsgraph kann zwar nach unten durch die Gerade $y = 1$ begrenzt werden, jedoch kann er nach oben hin durch keine Gerade $y = K$ begrenzt werden.

b) Die Funktion ist in Abbildung 5.9 dargestellt. g ist nach oben beschränkt, da für alle reellen x gilt, dass $x^2 + 1 \geq 1$ ist und somit $g(x) = \frac{1}{x^2+1} \leq 1$ folgt. Die Funktion ist auch nach unten beschränkt, da $g(x) \geq 0$ für alle $x \in \mathbb{R}$. g ist also, kurz gesagt, beschränkt. Graphisch veranschaulicht: Der Funktionsgraph verläuft zwischen den Geraden $y = 1$ und $y = 0$. ∎

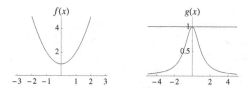

Abbildung 5.9. Die Funktionen aus Beispiel 5.43

Zuletzt wollen wir noch an die trigonometrischen Funktionen Sinus und Kosinus erinnern: Sei x die Länge des Bogenstückes am Einheitskreis, die vom Punkt $(1,0)$ beginnend im positiven Sinn (d.h. entgegen dem Uhrzeigersinn) gemessen wird, und

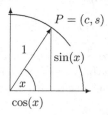

Abbildung 5.10. Definition von Sinus und Kosinus am Einheitskreis

$P = (c, s)$ der zugehörige Punkt (vergleiche Abbildung 5.10). Dann definieren wir

$$\sin(x) = s \quad \text{bzw.} \quad \cos(x) = c$$

und nennen die beiden Funktionen **Sinus** bzw. **Kosinus** (Abbildung 5.11). Dabei kann x als Maß für den Winkel aufgefasst werden (**Bogenmaß**). Eine volle Umdrehung auf dem Einheitskreis entspricht dem Winkel 2π. Um Sinus und Kosinus für alle $x \in \mathbb{R}$ zu definieren, lassen wir auch Mehrfachumdrehungen zu ($x = 4\pi$ entspricht also zwei Umdrehungen) und *negatives* x soll bedeuten, dass um $|x|$ im negativen Sinn (d.h. im Uhrzeigersinn) gedreht wird.

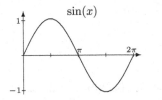
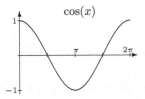

Abbildung 5.11. Sinus- und Kosinusfunktion

Aus der Definition am Einheitskreis folgt $\sin^2(x) + \cos^2(x) = 1$ (Satz von Pythagoras). Insbesondere sind die trigonometrischen Funktionen beschränkt: $|\sin(x)| \leq 1$ bzw. $|\cos(x)| \leq 1$. Außerdem ist der Sinus auf $[-\frac{\pi}{2}, \frac{\pi}{2}]$ streng monoton wachsend und der Kosinus auf $[0, \pi]$ streng monoton fallend. Die zugehörigen Umkehrfunktionen heißen **Arcusfunktionen**, $\arcsin(x)$ bzw. $\arccos(x)$, und sind auf dem Intervall $x \in [-1, 1]$ definiert.

Wir gehen davon aus, dass Ihnen Potenz-, Exponential- und Logarithmusfunktionen sowie trigonometrische Funktionen bereits bekannt sind.

Abschließend noch ein kleiner Ausflug zu Mengen: Zwei endliche Mengen heißen **gleich mächtig**, wenn sie die gleiche Anzahl von Elementen haben. Für unendliche Mengen lässt sich diese Definition erweitern, indem man zwei Mengen A, B gleich mächtig nennt, wenn es eine bijektive Abbildung $f : A \to B$ gibt, die jedem Element aus A ein Element aus B zuordnet. Damit erhalten wir eine Äquivalenzrelation, für die man $|A| = |B|$ schreibt. Die Mächtigkeit $|A|$ einer Menge wird auch als **Kardinalzahl** bezeichnet. Achtung: Für unendliche Mengen kann es passieren, dass eine strikte Teilmenge gleich mächtig wie die Originalmenge ist. Zum Beispiel kann man mit Hilfe der Funktion $\tan(\pi x)$ zeigen, dass das reelle Intervall $[-1, 1]$ gleich mächtig wie $\mathbb{R}$ ist.

Der deutsche Mathematiker David Hilbert (1862–1943) hat vorgeschlagen, ein Hotel mit unendlich vielen Zimmern zu bauen, denn dann könnte man alle Gäste unterbringen: Ist das Hotel voll belegt und es kommt ein weiterer Gast, so gibt man dem neuen Gast das erste Zimmer, verlegt den Gast aus dem ersten ins zweite, den vom zweiten ins dritte, usw., und schon hat jeder Gast wieder ein Zimmer. Genial, nicht? Angeblich wird sogar schon daran gebaut; ein Eröffnungstermin steht aber noch nicht fest.

Eine Menge, die höchstens gleich mächtig wie die natürlichen Zahlen ist, wird als **abzählbar** bezeichnet. Anders gesagt: Die Elemente einer abzählbaren Menge lassen sich mit Hilfe der natürlichen Zahlen durchnummerieren. Beispiel: Alle geraden natürlichen Zahlen sind abzählbar (betrachte die Abbildung $n \mapsto 2n$), ebenso alle ganzen Zahlen ($n \mapsto \frac{n}{2}$, falls n gerade, und $n \mapsto -\frac{n-1}{2}$, falls n ungerade). Es ist sogar $A \times B$ abzählbar, falls A und B abzählbar sind. Daraus folgt, dass die Menge der rationalen Zahlen abzählbar ist (denn $\mathbb{Q}$ kann als Teilmenge der Paare $(p, q) \in \mathbb{Z} \times \mathbb{N}$ aufgefasst werden).

Um zu sehen, dass $A \times B$ abzählbar ist, können wir annehmen, dass wir A und B schon abgezählt haben. Dann können wir alle Paare (a_m, b_n) mit einer verschachtelten FOR-Schleife abzählen (**Cantor'sches Diagonalverfahren**), indem die äußere Schleife über alle m läuft, und die innere Schleife die Paare (a_{m-n+1}, b_n) von $n = 1$ bis $n = m$ zählt:

$$(1,1) \quad (1,2) \quad (1,3)$$
$$\downarrow \quad \nearrow \qquad \nearrow$$
$$(2,1) \quad (2,2)$$
$$\downarrow \quad \nearrow$$
$$(3,1)$$

Man kann zeigen, dass die reellen Zahlen *nicht* abzählbar sind.

Wären sie abzählbar, so wären insbesondere die reellen Zahlen zwischen 0 und 1 abzählbar. Sei also x_n eine Aufzählung der reellen Zahlen zwischen 0 und 1. Nun konstruieren wir eine irrationale Zahl $y \in [0,1]$, indem wir ihre Dezimalstellen nach dem Komma so wählen, dass die n-te Stelle verschieden ist von der n-ten Dezimalstelle von x_n. Ist also z. B. $x_4 = 0.259324\ldots$, so können wir für die vierte Dezimalstelle von y eine der Zahlen $0, 1, 2, 4, 5, 6, 7, 8, 9$ (nicht aber 3) wählen. Insbesondere ist $y \neq x_n$ für alle n (y und x_n unterscheiden sich ja an der n-ten Dezimalstelle), und damit fehlt y in unserer Aufzählung – ein Widerspruch.

5.3 Kontrollfragen

Fragen zu Abschnitt 5.1: Relationen

Erklären Sie folgende Begriffe: binäre Relation, n-stellige Relation, inverse Relation, Verkettung von Relationen, reflexiv, symmetrisch, asymmetrisch, antisymmetrisch, transitiv, Identitätsrelation, Äquivalenzrelation, Äquivalenzklassen, Vertreter einer Äquivalenzklasse, Ordnung, strikte Ordnung, vergleichbar, totale/partielle Ordnung, reflexive/symmetrische/transitive Hülle.

1. R sei eine Relation zwischen A und B. Richtig oder falsch:
   a) $R \in A \times B$
   b) Wenn $a \in A$ zu $b \in B$ in Relation steht, so schreibt man: $\{a, b\} \in R$ oder aRb.
2. Geben Sie alle Elemente der Relation $a < b$ auf der Menge $A = \{1, 2, 3\}$ an.
3. Wenn R die Relation „m beherrscht Instrument i" zwischen einer Menge M von Musikern und einer Menge I von Instrumenten ist, was sagt $R = M \times I$ dann aus?
4. $R = \{(Max, Anna), (Max, Hans), (Moritz, Max)\}$ sei die Relation „v ist Vater von k" auf der Menge $\{Max, Moritz, Anna, Hans\}$. Wie viele Kinder hat Max? Wie stehen Max und Moritz zueinander?
5. Richtig oder falsch:
   a) Wenn $R \subseteq A \times B$, dann ist $R^{-1} \subseteq B \times A$.
   b) Wenn $R \subseteq A \times B$ und $S \subseteq B \times C$, dann ist $S \circ R \subseteq A \times C$ und $R \circ S$ ist nicht definiert.
6. $R = \{(1,1), (2,2)\}$ und $S = \{(1,1), (2,2), (1,2)\}$ seien Relationen auf $A = \{1, 2\}$. Geben Sie die Vereinigung und den Durchschnitt von R und S, sowie das Komplement von R in $A \times A$ an. Ist eine Relation eine Teilmenge der anderen?
7. Geben Sie an:
   a) Durchschnitt der Relationen „größer oder gleich" ($\geq$) und „kleiner oder gleich" ($\leq$) auf $\mathbb{N}$.
   b) Durchschnitt der Relationen „größer" ($>$) und „kleiner" ($<$) auf $\mathbb{N}$.
   c) Komplement der Relation „größer oder gleich" ($\geq$) auf $\mathbb{N}$.

8. Gegeben sind die Relationen $R = \{(a,b)\}$ und $S = \{(a,b),(c,a)\}$ auf $A = \{a,b,c\}$. Geben Sie $S \circ R$ und $R \circ S$ an.

9. Erklären Sie, was
   a) nicht reflexiv   b) nicht symmetrisch   c) nicht asymmetrisch   d) nicht antisymmetrisch   e) nicht transitiv
   bedeutet.

10. Gegeben sind die Menge $A = \{a,b,c\}$ und die Relation $R = \{(a,a), (a,b), (b,a),(b,b),(c,c)\}$. Was muss aus der Relation R zum Beispiel entfernt werden, damit R a) antisymmetrisch   b) asymmmetrisch wird?

11. Gegeben sind die Menge $A = \{a,b,c\}$ und die Relation $S = \{(a,a), (a,c), (c,c)\}$. Ist S reflexiv, symmetrisch, asymmetrisch, antisymmetrisch oder transitiv?

12. Richtig oder falsch:
    asymmetrisch $\Rightarrow$ antisymmetrisch; die Umkehrung gilt aber nicht.

13. Geben Sie die Äquivalenzklassen der Äquivalenzrelation „a hat bei Division durch 2 den gleichen Rest wie b" auf $\mathbb{Z}$ an. Liegt jede ganze Zahl in irgendeiner Äquivalenzklasse? Gibt es eine ganze Zahl, die gleichzeitig in zwei verschiedenen Äquivalenzklassen liegt?

14. Zwei vierstellige Dualzahlen sollen als äquivalent betrachtet werden, wenn sie in den linken ersten beiden Stellen übereinstimmen. Geben Sie die Äquivalenzklassen an.

15. Was ist der Unterschied zwischen einer Ordnung und einer strikten Ordnung?

16. Ist $\{(1,2),(1,1),(2,2),(3,3)\}$ eine totale Ordnung oder eine partielle Ordnung auf $A = \{1,2,3\}$?

17. Richtig oder falsch: Die transitive Hülle von R zu bilden bedeutet, R um jene Paare zu erweitern, die notwendig sind, damit die Eigenschaft „transitiv" gegeben ist. Es werden aber nur die dafür unbedingt notwendigen Paare hinzugefügt, und keines mehr. Die transitive Hülle ist eindeutig bestimmt.

Fragen zu Abschnitt 5.2: Funktionen

Erklären Sie zunächst die folgenden Begriffe: Funktion (Abbildung), Definitionsbereich, Wertebereich, Bildmenge, Funktionswert (Bild) von x, injektiv, surjektiv, bijektiv, Verkettung (Hintereinanderausführung) von Funktionen, Umkehrfunktion; streng monoton fallend/wachsend, beschränkt.

1. Handelt es sich um eine Abbildung? Wenn ja, geben Sie die Bildmenge an und stellen Sie weiters fest, ob die Abbildung surjektiv, injektiv oder bijektiv ist.

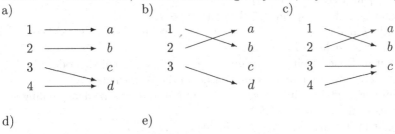

2. Wie hängen Relationen und Funktionen zusammen?

3. Was bedeutet: a) nicht injektiv   b) nicht surjektiv   c) nicht bijektiv

4. Sei D die Menge aller Staaten und M die Menge aller Städte. Ist die Abbildung $f : D \to M$, *Staat $\mapsto$ Hauptstadt dieses Staates* injektiv und/oder surjektiv?

5. Gegeben ist $f : x \mapsto x^2$. Richtig oder falsch:
   a) $f : \mathbb{R} \to \mathbb{R}$ ist injektiv.   b) $f : (0, \infty) \to \mathbb{R}$ ist injektiv.
   c) $f : \mathbb{R} \to \mathbb{R}$ ist surjektiv.   d) $f : \mathbb{R} \to (0, \infty)$ ist surjektiv.
   e) $f : (0, \infty) \to (0, \infty)$ ist bijektiv.

6. Finden Sie einen geeigneten Definitions- und Wertebereich aus $\mathbb{R}$, sodass f bijektiv ist: a) $f(x) = x + 1$ b) $f(x) = \frac{1}{x}$ c) $f(x) = \frac{1}{x^2}$

7. Gilt $g = f^{-1}$ (Definitions- und Wertebereich seien jeweils so, dass die Funktion bijektiv ist)? Wenn nicht, wie lautet die richtige Vorschrift zur Umkehrung?
   a) $f(x) = x + 1$ und $g(x) = x - 1$ b) $f(x) = \frac{1}{x}$ und $g(x) = x^2$
   c) $f(x) = 2x$ und $g(x) = \frac{1}{2x}$ d) $f(x) = x^2 + 1$ und $g(x) = \sqrt{x - 1}$

8. Richtig oder falsch: Eine Funktion, die streng monoton wächst, ist immer nach oben unbeschränkt.

9. Was trifft zu: „unbeschränkte Funktion" bedeutet:
   a) nach oben und unten nicht beschränkt
   b) nach oben oder unten nicht beschränkt (d.h., zumindest in eine Richtung nicht beschränkt)

Lösungen zu den Kontrollfragen

Lösungen zu Abschnitt 5.1

1. a) falsch; richtig ist: $R \subseteq A \times B$
   b) Die Schreibweise mit geschwungenen Klammern (= Mengenklammern) ist falsch; richtig ist $(a, b) \in R$.

2. $R = \{(1, 2), (1, 3), (2, 3)\}$

3. Das bedeutet, dass *jeder* Musiker *jedes* Instrument beherrscht.

4. Max hat 2 Kinder. Max ist der Sohn von Moritz.

5. a) richtig   b) richtig

6. $R \cup S = \{(1, 1), (2, 2), (1, 2)\}$, $R \cap S = \{(1, 1), (2, 2)\}$, Komplement $A \times A \backslash R = \{(1, 2), (2, 1)\}$ und $R \subseteq S$.

7. a) Relation „gleich" ($=$)   b) leere Relation ($\{\}$)   c) Relation „kleiner" ($<$)

8. $S \circ R = \{\}$ und $R \circ S = \{(c, b)\}$

9. a) Es gibt (mindestens) ein $x \in A$ mit $(x, x) \notin R$.
   b) Es gibt ein Paar $(x, y) \in R$ mit $(y, x) \notin R$; d.h. x steht in Beziehung zu y, jedoch y steht nicht in Beziehung zu x.
   c) Es gibt in R gleichzeitig (x, y) und (y, x) mit x, y verschieden oder gleich (also insbesondere zerstören auch Schlingen (x, x) die Asymmetrie).
   d) Es gibt in R gleichzeitig (x, y) und (y, x) mit x, y verschieden (Schlingen sind kompatibel mit Antisymmetrie).
   d) Es gibt (x, y) und (y, z) in R, aber nicht $(x, z) \in R$.

10. a) Es muss eines der beiden Paare (a, b) oder (b, a) entfernt werden.
    b) Es muss eines der beiden Paare (a, b) oder (b, a) entfernt werden, und auch alle Schlingen.

11. • nicht reflexiv, denn $(b, b) \notin S$
    • nicht symmetrisch, denn $S \neq S^{-1}$ ((c, a) fehlt zur Symmetrie)
    • antisymmetrisch, denn: $(a, c) \in S$ aber $(c, a) \notin S$
    • nicht asymmetrisch, denn die Schlingen zerstören die Asymmetrie
    • transitiv, denn $S \circ S = \{(a, c)\} \subseteq S$

12. Richtig; denn $R^{-1} \cap R = \{\} \Rightarrow R^{-1} \cap R \subseteq \mathbb{I}_A$ und die Umkehrung des Pfeils gilt nicht.

13. $K_0 = \{2k \mid k \in \mathbb{Z}\}$ (= alle Zahlen, mit Rest 0); $K_1 = \{2k + 1 \mid k \in \mathbb{Z}\}$ (= alle Zahlen mit Rest 1). Jede ganze Zahl liegt entweder in K_0 oder in K_1 (die Äquivalenzklassen sind ja disjunkt und ihre Vereinigung ist $\mathbb{Z}$).

14. Es gibt vier Äquivalenzklassen:
    $[0000] = \{0000, 0001, 0010, 0011\}$ $[0100] = \{0100, 0101, 0110, 0111\}$
    $[1000] = \{1000, 1001, 1010, 1011\}$ $[1100] = \{1100, 1101, 1110, 1111\}$

15. Eine Ordnung auf der Menge A enthält alle Paare (a, a) mit $a \in A$, während die zugehörige strikte Ordnung diese Paare nicht enthält.

16. partielle Ordnung, denn z. B. 1 und 3 sind nicht vergleichbar

17. richtig

Lösungen zu Abschnitt 5.2

1. a) Abbildung; $f(D) = \{a, b, d\}$; nicht surjektiv, weil $f(D) \neq M$; nicht injektiv, weil d das Bild von mehr als einem Element von D ist.
   b) Abbildung; injektiv, denn jedes Element aus $f(D) = \{a, b, d\}$ ist Bild von *genau einem* Element aus D; nicht surjektiv, weil $f(D) \neq M$.
   c) Abbildung; surjektiv, weil jedes Element von M Bild eines Elementes aus D ist, d.h., $f(D) = M$; nicht injektiv, weil c Bild von zwei Elementen von D ist.
   d) *Keine* Abbildung, weil $3 \in D$ kein eindeutiges Bild besitzt.
   e) Abbildung; bijektiv, weil *jedes* Element aus M Bild *genau eines* Elementes aus D ist.

2. Jede Funktion definiert eine Relation (= Graph der Funktion). Umgekehrt ist aber nur eine *rechtseindeutige* Relation der Graph einer Funktion.

3. a) Es gibt (mindestens) ein y, das Funktionswert von zwei verschiedenen x-Werten aus dem Definitionsbereich ist.
   b) Es gibt (mindestens) ein y, das kein Funktionswert eines x aus dem Definitionsbereich ist.
   c) nicht injektiv oder nicht surjektiv

4. Die Abbildung ist injektiv, weil es zu jeder Hauptstadt genau einen Staat gibt. Die Abbildung ist aber nicht surjektiv, weil es Städte gibt, die keine Hauptstadt sind.

5. a) Falsch, denn zum Beispiel $x_1 = -\frac{1}{2}$ und $x_2 = \frac{1}{2}$ haben denselben Funktionswert $f(x_1) = f(x_2) = \frac{1}{4}$.
   b) Richtig; auf $D = (0, \infty)$ ist die Funktion injektiv, weil für alle $x_1, x_2 \in (0, \infty)$ gilt: Wenn $x_1 \neq x_2$, dann ist auch $x_1^2 \neq x_2^2$ (in Worten: Verschiedene Werte aus dem Definitionsbereich haben auch verschiedene Funktionswerte).
   c) Falsch, denn zum Beispiel $y = -4$ ist zu keinem $x \in \mathbb{R}$ Funktionswert.
   d) Richtig; jedes $y \in (0, \infty)$ ist Funktionswert von einem $x \in \mathbb{R}$, nämlich von

$x = \sqrt{y}$.

e) Richtig, denn die Funktion ist injektiv und surjektiv.

6. Es ist ein Definitionsbereich zu suchen, auf dem f streng monoton fallend oder streng monoton wachsend ist. Als Wertebereich ist die Menge aller Funktionswerte zu wählen: a) $D = \mathbb{R}$, $M = \mathbb{R}$ b) $D = \mathbb{R}\backslash\{0\}$, $M = \mathbb{R}\backslash\{0\}$ c) $D = (0, \infty)$, $M = (0, \infty)$

7. Die Umkehrfunktion von f macht die Wirkung von f wieder rückgängig, wenn man f^{-1} mit f verkettet: $(f^{-1} \circ f)(x) = x$. Wenn f also ein x zu $y = f(x)$ „verschlüsselt", so entschlüsselt f^{-1} wieder: $f^{-1}(y) = x$:

   a) $(f \circ g)(x) = f(g(x)) = g(x) + 1 = x - 1 + 1 = x$. Daher ist g die Umkehrfunktion zu f.

   b) $(f \circ g)(x) = f(g(x)) = \frac{1}{g(x)} = \frac{1}{x^2}$. Daher ist g nicht die Umkehrfunktion zu f. Die Umkehrfunktion wäre $g(x) = \frac{1}{x}$.

   c) $(f \circ g)(x) = f(g(x)) = 2g(x) = 2\frac{1}{2x} = \frac{1}{x}$. Daher ist g nicht die Umkehrfunktion zu f. Die Umkehrfunktion wäre $g(x) = \frac{x}{2}$.

   d) $(f \circ g)(x) = f(g(x)) = g(x)^2 + 1 = (\sqrt{x-1})^2 + 1 = x$, also ist g die Umkehrfunktion.

8. Falsch; die Funktion $f(x) = 1 - \frac{1}{x}$ mit $D = (0, \infty)$ ist z.B. streng monoton wachsend, denn $x_1 < x_2 \Rightarrow 1 - \frac{1}{x_1} < 1 - \frac{1}{x_2}$; aber sie ist auch gleichzeitig nach oben beschränkt: $f(x) \leq 1$ für alle x. Eine Skizze zeigt, dass der Graph sich mehr und mehr an die Gerade $g(x) = 1$ anschmiegt.

9. a) falsch   b) richtig

5.4 Übungen

Aufwärmübungen

1. Geben Sie die inverse Relation zu $R = \{(x, y) \in \mathbb{R}^2 \mid y = x^2\}$ an.

2. Gegeben sind die Mengen $A = \{a, b, c\}$, $B = \{x, y, z\}$, $C = \{u, v\}$ und die Relationen $R = \{(a, x), (b, x), (c, y), (c, z)\}$ und $S = \{(x, u), (z, v)\}$. Geben Sie an: a) R^{-1} b) $S \circ R$ c) $\mathbb{I}_A \circ R$ ($\mathbb{I}_A$ ... identische Relation)   d) $R \circ \mathbb{I}_A$

3. Gegeben sind die Menge $A = \{a, b, c\}$ und die Relation $R = \{(a, a), (a, b), (b, a), (b, b), (c, c)\}$. Ist R reflexiv, symmetrisch, asymmetrisch, antisymmetrisch oder transitiv?

4. Gegeben sind die Menge $A = \{a, b, c\}$ und die Relation $S = \{(a, a), (a, c), (c, c)\}$. Geben Sie a) die reflexive und b) die symmetrische Hülle von S an.

5. Gegeben ist die Relation $R = \{(a, b), (b, a), (b, c)\}$ in $A = \{a, b, c\}$. Geben Sie ihre transitive Hülle an.

6. Geben Sie alle Elemente der Relation „x liegt im Alphabet vor y" in der Menge $A = \{a, b, c, d\}$ an. Ist diese Relation eine Ordnung/strikte Ordnung? Wenn ja: Ist sie total oder partiell?

7. Ist die Relation a teilt b auf der Menge $A = \{2, 3, 4, 5\}$ eine Ordnung/strikte Ordnung? Wenn ja: Ist sie total oder partiell?

8. Geben Sie für folgende Funktionen den (bzw. einen) größtmöglichen Definitionsbereich D an (x reelle Zahl):

   a) $f(x) = |x|$ b) $f(x) = \frac{1}{x^2-1}$ c) $f(x) = \sqrt{x+3}$

9. Seien $f, g : \mathbb{R} \to \mathbb{R}$ Funktionen mit $f(x) = 1 - x^2$ und $g(x) = x^2$. Geben Sie an:

   a) $(f + g)(x)$ b) $(f \cdot g)(x)$ c) $(\frac{f}{g})(x)$ d) $(f \circ g)(x)$ e) $(g \circ f)(x)$

10. a) Schreiben Sie $h : \mathbb{R} \to \mathbb{R}$ mit $h(x) = (3x + 1)^2$ als Hintereinanderausführung von zwei Funktionen f und g.

    b) Schreiben Sie $h : \mathbb{R}\backslash\{-3\} \to \mathbb{R}$ mit $h(x) = \frac{1}{3+x}$ als Hintereinanderausführung von zwei Funktionen f und g.

11. Geben Sie für folgende Funktionen $f : D \to M$ die Bildmenge $f(D)$ an. Ist die Funktion surjektiv?

    a) $f : \mathbb{N} \to \mathbb{N}$, $f(x) = 2x$ b) $f : \mathbb{R} \to \mathbb{R}$, $f(x) = 2x$

    c) $f : \mathbb{R} \to \mathbb{R}$, $f(x) = x^2$ d) $f : \mathbb{R}\backslash\{0\} \to \mathbb{R}$, $f(x) = \frac{1}{x^2}$

    e) $f : \mathbb{R} \to \mathbb{R}$, $f(x) = x + 3$ f) $f : \mathbb{R}^2 \to \mathbb{R}$, $f(x,y) = x + y$

    g) $f : \mathbb{R}^2 \to \mathbb{R}$, $f(x,y) = x^2 + y^2$

12. Ist die Funktion injektiv?

    a) $f : \mathbb{N} \to \mathbb{N}$, $f(x) = 2x$ b) $f : [0, \infty) \to \mathbb{R}$, $f(x) = x^2$

    c) $f : \mathbb{R}\backslash\{0\} \to \mathbb{R}$, $f(x) = \frac{1}{x^2}$ d) $f : \mathbb{R} \to \mathbb{R}$, $f(x) = x + 3$

    e) $f : \mathbb{R} \to \mathbb{R}$, $f(x) = |x|$ f) $f : \mathbb{R}^2 \to \mathbb{R}$, $f(x,y) = x + y$

13. Ist die Funktion bijektiv? Geben Sie in diesem Fall die Umkehrfunktion an.

    a) $f : \mathbb{R} \to \mathbb{R}$, $f(x) = 2x$ b) $f : [0, \infty) \to \mathbb{R}$, $f(x) = x^2$

    c) $f : \mathbb{R} \to \mathbb{R}$, $f(x) = x + 3$ d) $f : \mathbb{R} \to \mathbb{R}$, $f(x) = |x|$

    e) $f : \mathbb{R}^2 \to \mathbb{R}$, $f(x,y) = x + y$ f) $f : \mathbb{Z}_5 \to \mathbb{Z}_5$, $f(x) = 3x$

    g) $f : \mathbb{Z}_8 \to \mathbb{Z}_8$, $f(x) = 2x$

14. Geben Sie die Umkehrfunktion an und machen Sie die Probe:

    a) $f : \mathbb{R} \to \mathbb{R}$, $f(x) = -2x + 1$ b) $f : [0, \infty) \to [0, \infty)$, $f(x) = x^2$

    c) $f : (-\infty, 0] \to [0, \infty)$, $f(x) = x^2$

15. Geben Sie an, wo die Funktion streng monoton wachsend bzw. streng monoton fallend ist. a) $f(x) = \frac{1}{x}$ b) $f(x) = |x|$ c) $f(x) = \frac{1}{x^2+1}$

16. Untersuchen Sie, ob die Funktion beschränkt ist.

    a) $f(x) = 2x$ b) $f(x) = |x|$ c) $f(x) = x^3$

    d) $f(x) = \frac{1}{x^2}$ e) $f(x) = \frac{1}{x}$ für $x > 0$

    f) $f(x) = \frac{x}{x^2+1}$ für $x \geq 0$ g) $f(x) = \frac{1}{x^2+1}$ für $x \geq 0$

17. Suchen Sie einen geeigneten (möglichst großen) Definitionsbereich, auf dem die Funktion umkehrbar ist, und geben Sie die zugehörige Umkehrfunktion an.

    a) $f(x) = 2x$ b) $f(x) = \frac{1}{x^2}$ c) $f(x) = x^3$

18. Die Umrechung von Grad Celsius in Grad Fahrenheit erfolgt mit der Formel $F = 1.8C + 32$. Finden Sie die Formel für die Umrechung von Fahrenheit in Celsius.

Weiterführende Aufgaben

1. Geben Sie die Relationen $<, >, \geq, \leq, =, \neq$ in $A = \{0, 1, 2, 3\}$ an und untersuchen Sie jeweils, ob die Relation reflexiv, symmetrisch, antisymmetrisch, asymmetrisch oder transitiv ist.

2. a) Geben Sie ein Beispiel für eine Relation, die weder symmetrisch noch asymmetrisch noch antisymmetrisch ist.

b) Gibt es eine Relation, die symmetrisch und antisymmetrisch ist?

c) Gibt es eine Relation, die symmetrisch und asymmetrisch ist?

d) Gibt es eine Relation, die antisymmetrisch und asymmetrisch ist?

3. Angenommen, Huber (H) spricht die Sprachen Englisch und Deutsch, Meier (M) spricht nur Deutsch, und Smith (S) nur Englisch. Geben Sie die Relation „a und b sprechen eine gemeinsame Sprache" auf der Menge $\{H, M, S\}$ an. Handelt es sich um eine Äquivalenzrelation?

4. Können die Werte (x, y), die $x^2 + y^2 = 4$ erfüllen, auch durch eine Funktion $y = f(x)$ beschrieben werden? Wo liegen die Punkte (x, y), die diese Relation erfüllen?

5. Gegeben ist $f(x) = \frac{x^2}{x^2+1}$.

a) Wo ist f streng monoton wachsend bzw. streng monoton fallend?

b) Ist f (nach unten/oben) beschränkt?

6. Geben Sie für folgende Funktionen $f : D \to M$ die Bildmenge $f(D)$ an. Ist die Funktion surjektiv?

a) $f : \mathbb{N} \to \mathbb{N}$, $f(x) = x^2$ b) $f : \mathbb{R} \to \mathbb{R}$, $f(x) = 2x + 1$

c) $f : [0, \infty) \to \mathbb{R}$, $f(x) = \sqrt{x}$ d) $f : \mathbb{R}\backslash\{0\} \to \mathbb{R}$, $f(x) = \frac{1}{x}$

7. Ist die Funktion injektiv?

a) $f : \mathbb{R} \to \mathbb{R}$, $f(x) = x^2$ b) $f : \mathbb{R} \to \mathbb{R}$, $f(x) = 2x + 1$

c) $f : [0, \infty) \to \mathbb{R}$, $f(x) = \sqrt{x}$ d) $f : \mathbb{R}\backslash\{0\} \to \mathbb{R}$, $f(x) = \frac{1}{x}$

8. Schränken Sie den Definitions- und Wertebereich von $f : \mathbb{R} \to \mathbb{R}$, $f(x) = x^2 + 1$ geeignet ein, damit die Funktion bijektiv wird. Geben Sie die Umkehrfunktion an.

9. Gegeben sind $f, g : \mathbb{R} \to \mathbb{R}$ mit $f(x) = a \cdot x$ und $g(x) = x + b$ (wobei $a, b \in \mathbb{R}$ sind, $a \neq 0$). Geben Sie an:

a) $g \circ f$ b) $f \circ g$ c) f^{-1} und g^{-1} d) $(f \circ g)^{-1}$

10. Zeigen Sie: Wenn f und g injektiv sind, dann ist auch $f \circ g$ injektiv.

Lösungen zu den Aufwärmübungen

1. $R^{-1} = \{(y, x) \in \mathbb{R}^2 \mid y = x^2\}$ bzw. nach Umbenennung der Variablen: $R^{-1} = \{(x, y) \in \mathbb{R}^2 \mid x = y^2\}$, d.h., $R^{-1} = \{(x, y) \in \mathbb{R}^2 \mid y = \sqrt{x}$ oder $y = -\sqrt{x}\}$.

2. a) $R^{-1} = \{(x, a), (x, b), (y, c), (z, c)\}$ b) $S \circ R = \{(a, u), (b, u), (c, v)\}$

c) $\mathbb{I}_A \circ R = \{\}$ d) $R \circ \mathbb{I}_A = R$

3. • $\mathbb{I}_A \subseteq R$, daher reflexiv.

   • $R = R^{-1}$, daher symmetrisch.

   • $R \cap R^{-1} \not\subseteq \mathbb{I}_A$, daher nicht antisymmetrisch.

   • $R \cap R^{-1} \not\subseteq \{\}$, daher nicht asymmetrisch.

   • $R \circ R = \{(a, a), (a, b), (b, a), (b, b), (c, c)\} \subseteq R$, daher transitiv.

4. a) $[S]^{refl} = S \cup \mathbb{I}_A = \{(a, a), (b, b), (a, c), (c, c)\}$.

   b) $[S]^{sym} = S \cup S^{-1} = \{(a, a), (a, c), (c, a), (c, c)\}$.

5. Wir bilden $R \circ R = \{(a, a), (b, b), (a, c)\}$ und weiter $R \circ (R \circ R) = \{(a, b), (b, a), (b, c)\}$. Da nun keine neuen Paare entstanden sind, bringt auch eine weitere Verknüpfung mit R nichts mehr, und damit können wir abbrechen. Es ist also $[R]^{trans} = R \cup R \circ R = \{(a, b), (b, a), (b, c), (a, a), (b, b), (a, c)\}$.

6. $R = \{(a,b),(a,c),(a,d),(b,c),(b,d),(c,d)\}$ ist antisymmetrisch und transitiv, aber nicht reflexiv, daher keine Ordnung. Sie ist aber asymmetrisch (und transitiv), daher eine strikte Ordnung. Die strikte Ordnung ist total, weil je zwei Elemente von A bezüglich R vergleichbar sind (entweder ist das eine oder das andere vorher im Alphabet).

7. $R = \{(2,2),(3,3),(4,4),(5,5),(2,4)\}$ reflexiv, antisymmetrisch und transitiv, daher eine Ordnung. Sie ist nur partiell, da zum Beispiel die Elemente 3 und 5 nicht in einer Teilbarkeitsbeziehung zueinander stehen.

8. Es sind alle Werte auszuschließen, für die die Funktionsvorschrift nicht definiert ist (Division durch 0, Wurzel aus einer negativen Zahl, ...):
   a) $D = \mathbb{R}$ b) $D = \mathbb{R}\backslash\{\pm 1\}$ c) $D = \{x \in \mathbb{R} \,|\, x \geq -3\}$

9. a) $(f+g)(x) = f(x) + g(x) = 1 - x^2 + x^2 = 1$.
   b) $(f \cdot g)(x) = f(x) \cdot g(x) = (1-x^2)x^2$.
   c) $(\frac{f}{g})(x) = \frac{1-x^2}{x^2} = \frac{1}{x^2} - 1$, $x \neq 0$.
   d) $(f \circ g)(x) = f(g(x)) = 1 - (g(x))^2 = 1 - (x^2)^2 = 1 - x^4$.
   e) $(g \circ f)(x) = g(f(x)) = (f(x))^2 = (1-(x^2))^2 = 1 - 2x^2 + x^4$.

10. a) $h(x) = (3x+1)^2 = (g(x))^2 = f(g(x))$ mit $g(x) = 3x+1$ und $f(x) = x^2$
    b) $h(x) = \frac{1}{3+x} = \frac{1}{g(x)} = f(g(x))$ mit $g(x) = 3+x$ und $f(x) = \frac{1}{x}$

11. a) Die Menge aller Funktionswerte ist $f(D) = \{2x \mid x \in \mathbb{N}\} = \{2,4,6,\ldots\} \neq \mathbb{N}$. D.h., es ist zum Beispiel $y = 3$ kein Funktionswert. Daher nicht surjektiv.
    b) $f(D) = \{2x \mid x \in \mathbb{R}\} = \mathbb{R}$, also surjektiv (d.h., jedes $y \in \mathbb{R}$ ist Funktionswert von einem x, nämlich (hier von genau einem:) $x = \frac{y}{2}$).
    c) $f(D) = \{x^2 \mid x \in \mathbb{R}\} = \{x \in \mathbb{R} \mid x \geq 0\} \neq \mathbb{R}$, daher nicht surjektiv
    d) $f(D) = \{\frac{1}{x^2} \mid x \in \mathbb{R}\} = \{x \in \mathbb{R} \mid x > 0\} \neq \mathbb{R}$, daher nicht surjektiv
    e) $f(D) = \mathbb{R}$, daher surjektiv
    f) $f(D) = \mathbb{R}$, daher surjektiv
    g) $f(D) = \{x^2 + y^2 \mid x,y \in \mathbb{R}\} = \{x \in \mathbb{R} \mid x \geq 0\}$, daher nicht surjektiv

12. a) injektiv, da $x_1 \neq x_2 \Rightarrow 2x_1 \neq 2x_2$ (verschiedene x-Werte haben auch immer verschiedene Funktionswerte)
    b) injektiv, da $x_1 \neq x_2 \Rightarrow x_1^2 \neq x_2^2$ für $x_1, x_2 \in [0,\infty)$
    c) nicht injektiv, denn z.B. $x_1 = 3$ und $x_2 = -3$ sind verschiedene Werte aus dem Definitionsbereich, haben aber denselben Funktionswert $f(3) = f(-3) = \frac{1}{9}$
    d) injektiv, da $x_1 \neq x_2 \Rightarrow x_1 + 3 \neq x_2 + 3$
    e) nein, denn z.B. $f(-1) = f(1) = 1$
    f) nein, denn z.B. $f(0,1) = f(1,0) = 1$

13. a) ja, da sie injektiv und surjektiv ist; $f^{-1}(x) = \frac{x}{2}$
    b) nein, nicht surjektiv ($f([0,\infty)) = [0,\infty)$)
    c) ja, $f^{-1}(x) = x - 3$
    d) nein, weder injektiv ($f(-1) = f(1) = 1$) noch surjektiv ($f(\mathbb{R}) = [0,\infty)$)
    e) nein, nicht injektiv ($f(0,0) = f(-1,1) = 0$)
    f) ja; $f^{-1}(x) = 2x$
    g) nein; weder injektiv ($f(0) = f(4) = 0$) noch surjektiv ($f(\mathbb{Z}_8) = \{0,2,4,6\}$)

14. a) $g : \mathbb{R} \to \mathbb{R}$, g: $g(x) = -\frac{1}{2}(x-1)$. Probe: $(f \circ g)(x) = f(g(x)) = -2g(x) + 1 = \frac{-2}{-2}(x-1) + 1 = x$.
    b) $g : [0,\infty) \to [0,\infty)$ mit: $g(x) = \sqrt{x}$. Probe: $(f \circ g)(x) = f(g(x)) = g(x)^2 = (\sqrt{x})^2 = x$.

c) $g : [0, \infty) \to (-\infty, 0]$ mit: $g(x) = -\sqrt{x}$. Probe: $(f \circ g)(x) = f(g(x)) = g(x)^2 = (-\sqrt{x})^2 = x$.

15. a) f ist streng monoton fallend auf $\mathbb{R}\backslash\{0\}$, denn wenn $x_1 < x_2$, dann ist $\frac{1}{x_1} > \frac{1}{x_2}$ (d.h., wenn x größer wird, so wird $f(x)$ kleiner).

b) Die Betragsfunktion ist streng monoton wachsend auf dem Definitionsbereich $D = [0, \infty)$, denn für $x_1, x_2 \in [0, \infty)$ mit $x_1 < x_2$ gilt: $f(x_1) = x_1 < f(x_2) = x_2$. Sie ist streng monoton fallend für $D = (-\infty, 0]$, denn für $x_1, x_2 \in (-\infty, 0]$ mit $x_1 < x_2$ gilt: $f(x_1) = -x_1 > f(x_2) = -x_2$.

c) Für $x_1, x_2 \in (-\infty, 0]$ mit $x_1 < x_2$ gilt: $x_1^2 > x_2^2$, daher $x_1^2 + 1 > x_2^2 + 1$, daraus folgt $\frac{1}{x_1^2+1} < \frac{1}{x_2^2+1}$, daher ist die Funktion hier streng monoton wachsend. Analog gilt für $x_1, x_2 \in [0, \infty)$ mit $x_1 < x_2$, dass: $x_1^2 < x_2^2$, daher $\frac{1}{x_1^2+1} > \frac{1}{x_2^2+1}$. Also ist die Funktion hier streng monoton fallend.

16. a) $f : \mathbb{R} \to \mathbb{R}$, $f(x) = 2x$ ist (nach oben und unten) unbeschränkt, da die Funktionswerte größer als jede noch so große Zahl $K > 0$ werden bzw. kleiner als jede noch so kleine Zahl $k < 0$.

b) $f : \mathbb{R} \to \mathbb{R}$, $f(x) = |x|$ ist nach unten beschränkt, da $|x| \geq 0$ für alle $x \in \mathbb{R}$, und nach oben unbeschränkt.

c) $f : \mathbb{R} \to \mathbb{R}$, $f(x) = x^3$ ist (nach unten und oben) unbeschränkt.

d) $f : \mathbb{R}\backslash\{0\} \to \mathbb{R}$, $f(x) = \frac{1}{x^2}$ ist nach unten beschränkt (z. B. ist $k = 0$ eine untere Schranke), und nach oben unbeschränkt.

e) Die Funktion ist nach unten beschränkt, da $\frac{1}{x} \geq 0$ für $x > 0$, und nach oben unbeschränkt.

f) Nach unten beschränkt, da $\frac{x}{x^2+1} \geq 0$ für $x \geq 0$. Eine Skizze legt nahe, dass die Funktion auch nach oben beschränkt ist. Versuchen wir daher $K = 1$ als obere Schranke, das sollte laut Skizze funktionieren: $\frac{x}{x^2+1} \leq 1$ ist gleichbedeutend mit $x \leq x^2 + 1$, und das ist für $x \in [0, \infty)$ der Fall. Also ist die Funktion auch nach oben beschränkt.

g) Nach unten beschränkt, da $\frac{1}{1+x^2} \geq 0$ für $x \geq 0$; Eine Skizze legt nahe, dass sie auch nach oben beschränkt, ist. Versuchen wir $\frac{1}{x^2+1} \leq 1$: Das ist gleichbedeutend mit $1 \leq x^2 + 1$, also $0 \leq x^2$ und das ist für alle $x \in \mathbb{R}$ der Fall.

17. Die Funktion ist umkehrbar auf jedem Teil ihres Definitionsbereiches, wo sie streng monoton wachsend (bzw. fallend) ist.

a) Streng monoton wachsend auf $\mathbb{R}$, da $x_1 < x_2 \Rightarrow 2x_1 < 2x_2$; daher umkehrbar auf ganz $\mathbb{R}$; Wertebereich: $f(D) = \{2x \mid x \in \mathbb{R}\} = \mathbb{R}$; Umkehrfunktion ist $g : \mathbb{R} \to \mathbb{R}$ mit $g(x) = \frac{x}{2}$. Probe: $(f \circ g)(x) = f(g(x)) = 2g(x) = x$.

b) Streng monoton wachsend auf $D = (-\infty, 0)$, da für $x_1, x_2 \in (-\infty, 0)$ gilt: $x_1 < x_2 \Rightarrow \frac{1}{x_1^2} < \frac{1}{x_2^2}$; Wertebereich ist $f(D) = \{\frac{1}{x^2} \mid x \in (-\infty, 0)\} = (0, \infty)$. Umkehrfunktion: $g : (0, \infty) \to (-\infty, 0)$ mit $g(x) = \frac{-1}{\sqrt{x}}$. Probe: $(f \circ g)(x) = f(g(x)) = f(\frac{-1}{\sqrt{x}}) = x$. Streng monoton fallend auf $D = (0, \infty)$, da für $x_1, x_2 \in (0, \infty)$ gilt: $x_1 < x_2 \Rightarrow \frac{1}{x_1^2} > \frac{1}{x_2^2}$; Wertebereich ist $f(D) = \{\frac{1}{x^2} \mid x \in (0, \infty)\} = (0, \infty)$; Umkehrfunktion: $g : (0, \infty) \to (0, \infty)$ mit $g(x) = \frac{1}{\sqrt{x}}$.

c) Streng monoton wachsend auf ganz $\mathbb{R}$, da für $x_1, x_2 \in \mathbb{R}$ gilt: $x_1 < x_2 \Rightarrow x_1^3 < x_2^3$; daher umkehrbar auf ganz $\mathbb{R}$; Umkehrfunktion $g : \mathbb{R} \to \mathbb{R}$, $g(x) = \sqrt[3]{x}$.

18. Die Umrechnung erfolgt mit der Umkehrfunktion: $C(F) = (F - 32)/1.8$.

(Lösungen zu den weiterführenden Aufgaben finden Sie in Abschnitt B.5)

6

Folgen und Reihen

6.1 Folgen

Wir haben in Kapitel 2 gesehen, dass wir durch gezieltes Probieren die Zahl $\sqrt{2}$ beliebig genau durch rationale Zahlen annähern können. Ein effizientes Verfahren hat der griechische Mathematiker Heron im 1. Jh. n. Chr. angegeben: Man beginnt mit einem Näherungswert a_1, etwa $a_1 = 2$, und wählt einen zweiten Wert $b_1 = \frac{2}{a_1} = 1$, sodass das Rechteck mit den Seiten a_1 und b_1 die Fläche $a_1 b_1 = 2$ hat. Hätten wir den richtigen Wert (nämlich $\sqrt{2}$) gewählt, so hätten wir ein Quadrat erhalten. So ist aber die eine Seite zu lang und die andere zu kurz. Einen besseren Näherungswert erhalten wir, indem wir den Mittelwert $a_2 = \frac{a_1 + b_1}{2} = \frac{1}{2}(a_1 + \frac{2}{a_1}) = 1.5$ wählen. Der nächste Näherungswert wird in gleicher Weise aus dem zweiten Näherungswert berechnet: $a_3 = \frac{1}{2}(a_2 + \frac{2}{a_2}) = 1.416666\ldots$ In diesem Sinn geht es weiter:

$$a_4 = \frac{1}{2}(a_3 + \frac{2}{a_3}) = 1.414215\ldots$$

$$a_5 = \frac{1}{2}(a_4 + \frac{2}{a_4}) = 1.414213\ldots$$

Man erhält eine *Folge* $a_1, a_2, a_3, a_4, a_5, \ldots$ von Näherungswerten. Es kann gezeigt werden, dass dadurch $\sqrt{2}$ in jeder gewünschten Genauigkeit angenähert werden kann.

Definition 6.1 Eine (reelle) **Folge** ist eine Funktion $a : \mathbb{N} \to \mathbb{R}$, $n \mapsto a_n$, auch geschrieben als

$$a_1, a_2, a_3, \ldots$$

Die reellen Zahlen a_n nennt man die **Glieder** der Folge und n heißt **Index** der Folge.

Bei einer Folge $a : \mathbb{N} \to \mathbb{R}$, $n \mapsto a_n$ werden also die Funktionswerte der Reihe nach aufgelistet, wobei die unabhängige Variable (der Index) die Rolle der Platznummer hat: $a_1, a_2, \ldots$

Für den Folgenindex kann jeder beliebige Buchstabe verwendet werden (gerne nimmt man i, j, k, m oder n). Der Folgenindex muss auch nicht bei 1 beginnen, sondern beginnt oft auch bei 0. Allgemein könnte er bei jeder beliebigen ganzen Zahl beginnen. (Dann handelt es sich eben dementsprechend um eine Funktion $a : \mathbb{N}_0 \to \mathbb{R}$ bzw. $D \subseteq \mathbb{Z} \to \mathbb{R}$.) Auch könnte man als Glieder der Folge komplexe Zahlen zulassen,

$a : \mathbb{N} \to \mathbb{C}$; dann spricht man von einer komplexen Folge.

Eine Vorschrift zur Berechnung des n-ten Folgengliedes a_n wird **Bildungsgesetz der Folge** genannt.

> **Beispiel 6.2 Folge**
> a) Geben Sie die ersten fünf Glieder der Folge $a_n = n^2$, $n \in \mathbb{N}$ an.
> b) Geben Sie die ersten fünf Glieder der Folge $a_n = (-1)^n \frac{1}{n}$, $n \in \mathbb{N}$, an.
> c) Durch welches Bildungsgesetz wird die Folge $1, \frac{1}{2}, \frac{1}{4}, \frac{1}{8}, \frac{1}{16}, \ldots$ beschrieben?
> d) Durch welches Bildungsgesetz erhält man die Folge: $-2, 2, -2, 2, -2, \ldots$?

Lösung zu 6.2

a) Wir erhalten die Folgenglieder, indem wir nacheinander im Bildungsgesetz $a_n = n^2$ für den Index n die natürlichen Zahlen einsetzen: $a_1 = 1^2, a_2 = 2^2, a_3 = 3^2, a_4 = 4^2, a_5 = 5^2 \ldots$ Damit lautet die Folge: $1, 4, 9, 16, 25, \ldots$

b) $a_1 = (-1)^1 \cdot \frac{1}{1}, a_2 = (-1)^2 \cdot \frac{1}{2}, a_3 = (-1)^3 \cdot \frac{1}{3}, \ldots$ Der Faktor $(-1)^n$ ist positiv für gerades n und negativ für ungerades n. Man erhält daher abwechselnd ein positives und negatives Vorzeichen für die Folgenglieder: $-1, \frac{1}{2}, -\frac{1}{3}, \frac{1}{4}, -\frac{1}{5}, \ldots$

c) Man kann das Bildungsgesetz ablesen, wenn wir die Folge als $\frac{1}{2^0}, \frac{1}{2^1}, \frac{1}{2^2}, \frac{1}{2^3}, \frac{1}{2^4}, \ldots$ schreiben. Das n-te Folgenglied kann also durch $a_n = \frac{1}{2^n}$ beschrieben werden, wobei der Index n hier bei 0 beginnt.

d) Wir haben gerade gesehen, dass man das wechselnde Vorzeichen mit dem Faktor $(-1)^k$ bekommen kann. Schreiben wir also die Folge in der Form $(-1)^1 \cdot 2, (-1)^2 \cdot 2, (-1)^3 \cdot 2, (-1)^4 \cdot 2, \ldots$, dann kann man leicht das Bildungsgesetz ablesen: $a_k = 2 \cdot (-1)^k$, $k \in \mathbb{N}$. Für den Folgenindex haben wir hier zur Abwechslung den Buchstaben k verwendet.   ∎

Wenn die Folgenglieder abwechselnde Vorzeichen haben, dann spricht man von einer **alternierenden Folge**.

Achtung: Wenn wir $1, \frac{1}{2}, \frac{1}{4}, \frac{1}{8}, \frac{1}{16}, \ldots$ schreiben, so meinen wir damit die wohl für jeden nahe liegendste Folge $a_n = \frac{1}{2^n}$. Es gibt aber noch andere Folgen, die dieselben ersten fünf Glieder haben, z. B. die Folge $a_n = 1 - \frac{131n}{192} + \frac{83n^2}{384} - \frac{7n^3}{192} + \frac{n^4}{384}$. Sie stimmt aber nur in den ersten fünf Gliedern mit $a_n = \frac{1}{2^n}$ überein, dann geht es unterschiedlich weiter. Trotzdem ist es oft wichtig, aus ein paar Folgengliedern das Bildungsgesetz zu erraten (wenn ein einfaches Bildungsgesetz nicht bekannt ist). Es muss dann aber überprüft werden, ob das erratene Bildungsgesetz wirklich für alle Folgenglieder gilt!

Beim Erraten ist die „On-Line Encyclopedia of Integer Sequences" https://oeis.org/ sehr praktisch: Sie geben die ersten Folgenglieder ein und erhalten als Ergebnis, was über die Folge bekannt ist. Wie der Name schon sagt, ist das zwar nur für ganzzahlige Folgen gedacht, aber bei rationalen Folgen gibt man einfach die Folge der Nenner (oder Zähler) ein. Probieren Sie es aus!

Eine andere Möglichkeit, um die Glieder einer Folge zu beschreiben, ist ein so genanntes **rekursives Bildungsgesetz**. Dabei wird ein Glied der Folge immer mithilfe von vorhergehenden Gliedern berechnet.

> **Beispiel 6.3 (→CAS) Rekursiv definierte Folge**
> a) Wie lauten die ersten fünf Glieder der Folge, die durch $a_1 = 1$, $a_n = n \cdot a_{n-1}$, $n \geq 2$ beschrieben wird?
> b) Geben Sie das Bildungsgesetz für die Heron'sche Folge zur Näherung von $\sqrt{2}$ an (siehe Anfang dieses Abschnitts).

Lösung zu 6.3

a) Das erste Folgenglied ist vorgegeben: $a_1 = 1$; das zweite Folgenglied berechnen wir mithilfe des ersten: $a_2 = 2a_{2-1} = 2a_1 = 2$; das dritte Folgenglied berechnet sich mithilfe des zweiten: $a_3 = 3a_2$, usw. Damit sind die ersten Glieder der Folge: $1, 2, 6, 24, 120 \ldots$

b) Das erste Folgenglied ist vorgegeben (bzw. wir haben diesen Startwert gewählt): $a_1 = 2$. Das Bildungsgesetz für das n-te Folgenglied enthält das vorhergehende Folgenglied: $a_2 = \frac{1}{2}(a_1 + \frac{2}{a_1}) = 1.5$, $a_3 = \frac{1}{2}(a_2 + \frac{2}{a_2}) = 1.41667$, usw. Also ist $a_n = \frac{1}{2}(a_{n-1} + \frac{2}{a_{n-1}})$ für $n \geq 2$.   ∎

Die Folge in Beispiel 6.3 a) hätte übrigens auch nicht-rekursiv angegeben werden können, nämlich in der Form $a_n = 1 \cdot 2 \cdots n = n!$ ($n \in \mathbb{N}$). Mehr über rekursiv definierte Folgen werden wir in Kapitel 8 hören.

Im Einklang mit den entsprechenden Eigenschaften für Funktionen definieren wir (streng) monotone bzw. beschränkte Folgen:

Definition 6.4 (Monotone/beschränkte Folge)

a) Eine Folge a_n heißt **monoton wachsend**, wenn
$$a_n \leq a_{n+1} \quad \text{für alle } n.$$

D.h., jedes Folgenglied ist größer oder gleich als das vorhergehende. Analog heißt eine Folge **monoton fallend**, wenn
$$a_n \geq a_{n+1} \quad \text{für alle } n.$$

Gilt < bzw. > anstelle von ≤ und ≥, so nennt man die Folge **streng monoton wachsend** bzw. **fallend**.

b) Eine Folge heißt **nach oben beschränkt**, wenn es ein reelles K gibt, sodass
$$a_n \leq K \quad \text{für alle } n.$$

D.h., alle Folgenglieder sind kleiner oder gleich als eine Schranke K. Analog heißt eine Folge **nach unten beschränkt**, wenn es ein k gibt, sodass
$$k \leq a_n \quad \text{für alle } n.$$

Eine Folge heißt **beschränkt**, wenn sie sowohl nach oben als auch nach unten beschränkt ist, wenn es also $k, K \in \mathbb{R}$ gibt mit
$$k \leq a_n \leq K \quad \text{für alle } n,$$
oder, äquivalent, $|a_n| \leq C$ mit einem $C \in \mathbb{R}$.

Nun wollen wir uns eine besondere Eigenschaft der Heron'schen Folge genauer ansehen. Wir haben sie ja gerade deswegen betrachtet, weil der Abstand $|a_n - \sqrt{2}|$ zwischen den Folgengliedern und der Zahl $\sqrt{2}$ immer kleiner wird. Wie Abbildung 6.1 zeigt, ist ab dem dritten Folgenglied praktisch kein Unterschied zu $\sqrt{2}$ mehr zu

Abbildung 6.1. Die Glieder der Heron'schen Folge kommen $\sqrt{2}$ beliebig nahe.

erkennen. Die Folgenglieder nähern sich also immer mehr der Zahl $\sqrt{2}$, je größer der Folgenindex n wird. Diese „Annäherung für wachsende n an eine Zahl" ist ein zentraler Begriff in der Mathematik, der durch folgende Definition präzisiert wird:

Definition 6.5 Eine Folge a_n heißt **konvergent** gegen eine Zahl $a \in \mathbb{R}$, wenn es für jede noch so kleine Zahl $\varepsilon > 0$ einen Folgenindex n_0 gibt, sodass alle Folgenglieder mit $n \geq n_0$ in $(a - \varepsilon, a + \varepsilon)$ liegen. Der Index n_0 muss dabei in der Regel umso größer gewählt werden, je kleiner ε ist. Wir schreiben dafür

$$a = \lim_{n \to \infty} a_n \qquad \text{oder} \qquad a_n \to a \quad \text{für} \quad n \to \infty$$

und sagen: „Die Folge a_n **konvergiert gegen** a" oder auch „Die Folge a_n **hat den Grenzwert** a".

Der griechische Buchstabe ε (epsilon) wird in der Mathematik immer verwendet, wenn man es mit einer *kleinen* positiven Zahl zu tun hat. Der kürzeste Mathematikerwitz ist: „Sei Epsilon eine große Zahl".

Anders gesagt: Eine Folge a_n ist konvergent mit Grenzwert a, wenn es zu einem beliebig klein vorgegebenen Abstand $\varepsilon > 0$ einen Folgenindex n_0 gibt, sodass für alle nachfolgenden Glieder der Abstand $|a - a_n|$ kleiner als ε ist. Das heißt, für wachsenden Index n wird der Abstand $|a_n - a|$ *beliebig* klein.

Das Konzept der Konvergenz konkretisiert einfach den Begriff einer *Näherung*: Sie geben mir die Genauigkeit (Fehlerschranke) ε vor, mit der Sie a (z. B. $\sqrt{2}$) approximieren möchten; dann kann ich Ihnen einen zugehörigen Folgenindex n_0 nennen, ab dem diese Genauigkeit erreicht wird. D.h. $a_{n_0}, a_{n_0+1}, a_{n_0+2}, \ldots$ sind Näherungswerte, die um weniger als ε von a entfernt sind. Das gelingt für *jedes noch so kleine* ε, das Sie sich aussuchen!

Wählt man aus einer Folge einen Teil der Folgenglieder aus, so spricht man (falls es unendlich viele sind) von einer **Teilfolge**.
Beispiel: $1, 3, 5, 7, \ldots$ (alle ungeraden natürlichen Zahlen) ist eine Teilfolge aus $1, 2, 3, 4, 5, \ldots$ (alle natürlichen Zahlen).

Eine Folge mit komplexen Folgengliedern $a_n = x_n + \mathrm{i}y_n$ wird als konvergent bezeichnet, wenn sowohl der Realteil als auch der Imaginärteil konvergiert: $x_n \to x$ und $y_n \to y$. Der Grenzwert der Folge ist dann $a = x + \mathrm{i}y$.

Satz 6.6 (Eigenschaften konvergenter Folgen)

a) Der Grenzwert einer Folge ist eindeutig bestimmt. Konvergiert eine Folge, so konvergiert auch jede Teilfolge gegen den Grenzwert.

b) Jede konvergente Folge ist beschränkt. Anders gesagt: Eine unbeschränkte Folge ist nicht konvergent.

Warum? a) ist klar, denn wenn die Folge a_n zwei Grenzwerte hätte, also einem a als auch einem b beliebig nahe käme, dann müssten wegen der Dreiecksungleichung (Satz 2.12) auch a und b beliebig nahe beieinander liegen, $|a - b| = |(a - a_n) + (a_n - b)| \leq |a_n - a| + |a_n - b|$, also gleich sein.
b) Wählen wir (irgendein) ε und das zugehörige n_0, so bedeutet konvergent, dass $|a_n - a| < \varepsilon$ für alle $n \geq n_0$. Das heißt, alle Folgenglieder a_n mit Index $n \geq n_0$ liegen innerhalb von $(a - \varepsilon, a + \varepsilon)$ und sind somit beschränkt. Die Folgenglieder mit Index $n < n_0$ sind nur endlich viele. Unterm Strich gilt damit $|a_n| \leq \max\{|a_0|, \ldots, |a_{n_0}|, |a| + \varepsilon\}$.

Wenn eine Folge den Grenzwert 0 hat, so nennt man sie **Nullfolge**.

Beispiel 6.7 Konvergente Folgen
Ist die Folge konvergent? Was ist ihr Grenzwert?
a) $a_n = 3$ b) $a_n = \frac{1}{n}$ c) $a_n = \left(\frac{1}{2}\right)^n$ d) $a_n = 1 - \frac{1}{n}$

Lösung zu 6.7
a) Die Folge ist konstant 3 und dieser Wert ist natürlich auch der Grenzwert.

Wundern Sie sich nicht, dass man hier 3 als Grenzwert bezeichnet. Das ist konsistent mit Definition 6.5. Denn zu jedem noch so kleinen $\varepsilon > 0$ gibt es hier ein n_0 mit $|a_n - a| = |3 - 3| = 0 < \varepsilon$ für alle $n \geq n_0$. Dieses n_0 ist im Spezialfall einer konstanten Folge für jedes ε gleich 1, d.h., bereits ab dem ersten Folgenglied wird jede Fehlerschranke ε unterschritten.

b) Die Folgenglieder $1, \frac{1}{2}, \frac{1}{3}, \frac{1}{4}, \frac{1}{5}, \ldots$ kommen der Zahl 0 immer näher, das deutet auf den Grenzwert 0 hin. Die Frage ist nun: Gibt es zu jedem noch so kleinen $\varepsilon > 0$ einen Folgenindex, ab dem alle nachfolgenden Folgenglieder im Intervall $(0 - \varepsilon, 0 + \varepsilon)$, also in $(-\varepsilon, \varepsilon)$ liegen? Ja, denn

$$\frac{1}{n} < \varepsilon$$

ist erfüllt für $n > \frac{1}{\varepsilon}$ (einfach die Ungleichung nach n aufgelöst), daher brauchen wir für n_0 nur die erste natürliche Zahl zu wählen, die größer als $\frac{1}{\varepsilon}$ ist. Beispiel: Für $\varepsilon = 0.01$ erledigt $n_0 = 101$ den Job, denn alle Folgenglieder ab dem Index $n_0 = 101$, also $\frac{1}{101}, \frac{1}{102}, \ldots$ liegen in $(-0.01, 0.01)$. Daher hat die Folge den Grenzwert 0. Es ist also eine Nullfolge.

c) Die Folgenglieder $\frac{1}{2}, \frac{1}{4}, \frac{1}{8}, \frac{1}{16}, \ldots$ kommen der Zahl 0 immer näher, das deutet ebenfalls auf den Grenzwert 0 hin. Tatsächlich: Geben Sie ein noch so kleines $\varepsilon > 0$ vor, ich kann Ihnen ein zugehöriges n_0 nennen, sodass alle Folgenglieder mit Index größer oder gleich n_0 in $(0 - \varepsilon, 0 + \varepsilon)$ liegen. Dazu forme ich die Bedingung

$$\left|\frac{1}{2^n} - 0\right| < \varepsilon$$

(„Abstand des Folgengliedes vom Grenzwert 0 ist kleiner ε") nach n um und erhalte $n > \log_2(\frac{1}{\varepsilon})$. Beispiel $\varepsilon = 0.01$: Nun liegen alle Folgenglieder mit Index n größer $\log_2(\frac{1}{0.01}) = 6.64$, also ab $n_0 = 7$, im Intervall $(-0.01, 0.01)$. D.h., $\frac{1}{2^7}, \frac{1}{2^8}, \ldots$ sind um weniger als 0.01 von 0 entfernt.

Etwas allgemeiner kann man analog für jedes $|q| < 1$ zeigen, dass $\lim_{n \to \infty} q^n = 0$. Also haben wir es wieder mit einer Nullfolge zu tun.

d) $\lim_{n\to\infty}(1 - \frac{1}{n}) = 1$. Hier kommen die Folgenglieder $0, \frac{1}{2}, \frac{2}{3}, \frac{3}{4}, \frac{4}{5}, \ldots$ der Zahl 1 mit wachsendem Index beliebig nahe. D.h., zu jedem noch so kleinen $\varepsilon > 0$ liegen alle Folgenglieder ab einem bestimmten Index n_0 in der Umgebung $(1 - \varepsilon, 1 + \varepsilon)$. Die Folge hat den Grenzwert 1.

Die Konvergenz dieser Folge kann man wieder durch Berechnung von n_0 mittels Umformung von $|a_n - 1| = \frac{1}{n} < \varepsilon$ wie zuvor nachweisen. ∎

Halten wir also fest:

Satz 6.8 (Fundamentale Nullfolgen) Es gilt

$$\lim_{n\to\infty} \frac{1}{n} = 0 \qquad \text{und} \qquad \lim_{n\to\infty} q^n = 0 \quad \text{für } |q| < 1.$$

Es ist klar, dass die Definition 6.5 zu mühsam für die Berechnung von Grenzwerten ist. Zum Glück gibt es ein paar einfache Rechenregeln, zu denen wir gleich kommen werden. Zuvor sehen wir uns aber noch ein paar Beispiele für nicht-konvergente Folgen an.

Definition 6.9 Eine Folge, die *nicht* konvergent ist, heißt **divergent**.

Beispiel 6.10 Divergente Folgen
Warum sind diese Folgen divergent?
a) $a_n = (-1)^n$ b) $a_n = 2^n$ c) $a_n = (-1)^n 2^n$

Lösung zu 6.10

a) Anschaulich: Es gibt keine Zahl a (eine einzige, denn ein Grenzwert ist eindeutig), um die sich die Folgenglieder mehr und mehr verdichten, da die Folgenglieder immer zwischen -1 und 1 hin und her springen: Die Teilfolge der Glieder mit geradem Index, a_{2n}, ist konstant gleich 1, die der Glieder mit ungeradem Index, a_{2n+1}, ist konstant gleich -1. Die zwei Teilfolgen haben also verschiedene Grenzwerte, was nach Satz 6.6 a) bei einer konvergenten Folge nicht sein kann. Die Folge ist daher divergent.

b) Die Folge $1, 2, 4, 8, 16, 32, \ldots$ ist unbeschränkt. Damit muss, nach Satz 6.6 b), die Folge divergent sein.

c) $-2, 4, -8, 16, \ldots$ ist unbeschränkt, daher divergent. ∎

Halten wir nochmals die Aussage von Satz 6.6 b) fest: „konvergent" $\Rightarrow$ „beschränkt" und deshalb „unbeschränkt" $\Rightarrow$ „divergent". Aber Achtung: „divergent" $\not\Rightarrow$ „unbeschränkt", es gibt also auch beschränkte divergente Folgen, wie etwa die Folge in Beispiel 6.10 a).

Nun wieder zurück zu konvergenten Folgen. Ich habe ja versprochen, dass konvergente Folgen auch einfacher erkannt bzw. Grenzwerte einfacher berechnet werden können als in Beispiel 6.7:

Satz 6.11 (Rechenregeln für konvergente Folgen) Sind a_n und b_n konvergente Folgen mit den Grenzwerten a bzw. b, so sind auch die Folgen $c \cdot a_n$ $(c \in \mathbb{R})$, $a_n \pm b_n$, $a_n \cdot b_n$ und $\frac{a_n}{b_n}$ $(b \neq 0$ vorausgesetzt) konvergent mit den Grenzwerten:

$$\lim_{n \to \infty} (c \cdot a_n) = c \cdot a \quad \text{für ein beliebiges } c \in \mathbb{R}$$

$$\lim_{n \to \infty} (a_n \pm b_n) = a \pm b$$

$$\lim_{n \to \infty} (a_n \cdot b_n) = a \cdot b$$

$$\lim_{n \to \infty} \frac{a_n}{b_n} = \frac{a}{b}, \quad \text{falls } b \neq 0$$

Ein Vielfaches einer konvergenten Folge konvergiert also gegen das Vielfache ihres Grenzwertes und Analoges gilt für die Summe, die Differenz, das Produkt sowie den Quotienten von konvergenten Folgen. Wir können eine Folge also als konvergent erkennen und sogar gleich ihren Grenzwert berechnen, wenn es uns gelingt, sie in Bausteine von konvergenten Folgen zu zerlegen, deren Grenzwerte wir bereits kennen.

Beispiel 6.12 Rechenregeln für konvergente Folgen
Bestimmen Sie den Grenzwert:
a) $a_n = \frac{1}{n} + \frac{2}{n^2}$ b) $b_n = (3 + 100e^{-n}) \cdot \frac{1}{2^{n-3}}$ c) $c_n = \frac{2n^2 - 3}{n^2 + n + 1}$ d) $d_n = \frac{-5n+1}{4n^2 - 7}$

Lösung zu 6.12
a) Die Folge $\frac{1}{n}$ konvergiert gegen 0 (siehe Satz 6.8) und daher ist

$$\lim_{n \to \infty} (\frac{1}{n} + \frac{2}{n^2}) = \lim_{n \to \infty} \frac{1}{n} + 2 \cdot (\lim_{n \to \infty} \frac{1}{n}) \cdot (\lim_{n \to \infty} \frac{1}{n}) = 0 + 2 \cdot 0 \cdot 0 = 0.$$

b) Die Folgen $e^{-n} = \left(\frac{1}{e}\right)^n$ und $\left(\frac{1}{2}\right)^n$ konvergieren gegen 0 (siehe Satz 6.8), daher konvergiert $b_n = (3 + 100e^{-n}) \cdot 8 \cdot \left(\frac{1}{2}\right)^n$ gegen $(3 + 100 \cdot 0) \cdot 8 \cdot 0 = 0$.

c) Hier sind Zähler und Nenner divergente Folgen. Die Regeln für die Berechnung von Grenzwerten helfen uns also auf den ersten Blick nicht, denn sie gelten nur für konvergente Folgen. Durch *Umformen* können wir aber c_n als Quotient von konvergenten Folgen schreiben. Wir dividieren dazu Zähler und Nenner durch die höchste im Bruch vorkommende Potenz von n, hier also durch n^2,

$$c_n = \frac{2n^2 - 3}{n^2 + n + 1} = \frac{2 - \frac{3}{n^2}}{1 + \frac{1}{n} + \frac{1}{n^2}},$$

und haben durch diese einfache Umformung plötzlich konvergente Folgen in Zähler und Nenner stehen, sodass wir nun die obigen Rechenregeln anwenden können:

$$\lim_{n \to \infty} \frac{2n^2 - 3}{n^2 + n + 1} = \lim_{n \to \infty} \frac{2 - \frac{3}{n^2}}{1 + \frac{1}{n} + \frac{1}{n^2}} = \frac{2 - 0}{1 + 0 + 0} = 2.$$

d) Wieder haben wir in Zähler und Nenner divergente Folgen. Heben wir in Zähler und Nenner die höchste Potenz des ganzen Bruches heraus:

$$d_n = \frac{-5n+1}{4n^2-7} = \frac{n^2(-\frac{5}{n}+\frac{1}{n^2})}{n^2(4-\frac{7}{n^2})} = \frac{-\frac{5}{n}+\frac{1}{n^2}}{4-\frac{7}{n^2}}.$$

Der Grenzwert von d_n ist daher $\frac{0+0}{4-0} = 0$. ■

Durch die Umformungen in den Beispielen 6.12 c) und d) konnten wir die gegebenen Folgen so schreiben, dass nur noch konvergente Folgen als Bausteine vorkommen. *Ob bzw. welche* Umformungen an dieses Ziel führen, ist oft eine Probier- bzw. Übungssache. Bei Brüchen bietet es sich an, in Zähler und Nenner einen Faktor herauszuheben, der dann gekürzt werden kann. Das muss nicht unbedingt immer die höchste Potenz des ganzen Bruches sein. Wir hätten hier auch z. B. die jeweils höchste Potenz in Zähler und Nenner herausheben können:

$$d_n = \frac{-5n+1}{4n^2-7} = \frac{n(-5+\frac{1}{n})}{n^2(4-\frac{7}{n^2})} = \frac{1}{n} \cdot \frac{-5+\frac{1}{n}}{4-\frac{7}{n^2}} \to 0 \cdot \frac{-5+0}{4-0} = 0.$$

Die Rechenregeln aus Satz 6.11 können auch für spezielle divergente Folgen verwendet werden, nämlich für so genannte *bestimmt divergente Folgen*:

Definition 6.13 Man nennt eine Folge a_n **bestimmt divergent gegen** ∞ und schreibt dafür

$$\lim_{n\to\infty} a_n = \infty,$$

falls die Folgenglieder $a_n > 0$ sind, zumindest ab irgendeinem Index n_0, und die Folge der Kehrwerte $\frac{1}{a_n}$ gegen 0 konvergiert. Das ist insbesondere dann der Fall, wenn a_n monoton wachsend und nach oben unbeschränkt ist.

Analog heißt die Folge a_n **bestimmt divergent gegen** $-\infty$,

$$\lim_{n\to\infty} a_n = -\infty,$$

wenn die Folgenglieder $a_n < 0$ sind, zumindest ab irgendeinem Index n_0, und $\frac{1}{a_n}$ gegen 0 konvergiert. Das ist insbesondere dann der Fall, wenn a_n monoton fallend und nach unten unbeschränkt ist.

Anstelle „bestimmt divergent gegen $\pm\infty$" wird manchmal salopp gesagt, die Folge sei „**konvergent gegen** $\pm\infty$". Tatsächlich besitzt sie aber keinen Grenzwert im Sinn von Definition 6.5, da ∞ keine reelle Zahl ist.

Beispiel 6.14 Bestimmt divergente Folgen
Sind die Folgen bestimmt divergent?
a) $a_n = 2^n$ b) $a_n = -n^2$ c) $a_n = (-1)^n \cdot n^2$ d) $a_n = n + (-1)^n$

Lösung zu 6.14
a) $a_n = 2^n$ ist bestimmt divergent gegen ∞, da die Folge monoton wachsend und (nach oben) unbeschränkt ist.
b) $-1, -4, -9, -16, \ldots$ divergiert bestimmt gegen $-\infty$, da die Folge monoton fallend und (nach unten) unbeschränkt ist.
c) $-1, 4, -9, 16, \ldots$ ist divergent, aber nicht *bestimmt* divergent. Denn $\frac{1}{a_n} = \frac{(-1)^n}{n^2}$ ist zwar eine Nullfolge, aber es gibt keinen Folgenindex n_0, ab dem alle Folgenglieder nur noch positiv (oder nur noch negativ) sind.

d) $0, 3, 2, 5, 4, 7, \ldots$ ist zwar nicht *monoton* wachsend, aber die Folgenglieder werden dennoch immer größer und sind unbeschränkt, gehen also gegen ∞. Präzise argumentiert: Die Folgenglieder a_n sind für $n \geq 1$ positiv und

$$\frac{1}{a_n} = \frac{1}{n + (-1)^n} = \frac{n \cdot \frac{1}{n}}{n(1 + \frac{(-1)^n}{n})} \to \frac{0}{1+0} = 0.$$

Daher ist $a_n = n + (-1)^n$ bestimmt divergent gegen ∞. ∎

Die Rechenregeln aus Satz 6.11 können auch verwendet werden, wenn a_n oder b_n gegen $\pm\infty$ „konvergieren", wenn man folgende Beziehungen verwendet:

$$\begin{aligned}
c \pm \infty &= \pm\infty \quad (c \in \mathbb{R}) \\
\pm c \cdot \infty &= \pm\infty \quad (c > 0) \\
\pm c \cdot (-\infty) &= \mp\infty \quad (c > 0) \\
\frac{c}{\pm\infty} &= 0 \quad (c \in \mathbb{R}) \\
\infty + \infty &= \infty \\
-\infty - \infty &= -\infty \\
\infty \cdot \infty &= \infty \\
-\infty \cdot \infty &= -\infty \\
-\infty \cdot (-\infty) &= \infty
\end{aligned}$$

Beispiele: $2 + \infty = \infty$, $2 - \infty = -\infty$, $(-4) \cdot (-\infty) = \infty$, $\frac{3}{\infty} = 0$.

$2 + \infty = \infty$ ist zum Beispiel so zu verstehen: Eine Folge, die gegen 2 konvergiert plus eine Folge, die bestimmt divergent gegen ∞ ist, ergibt in Summe eine Folge, die bestimmt divergent gegen ∞ ist.

Einige Verknüpfungen mit ∞ können nicht ohne weitere Untersuchung vereinfacht werden, sind also vorerst „unbestimmt":

$$0 \cdot \infty, \quad \infty - \infty, \quad \frac{0}{0}, \quad \frac{\infty}{\infty}.$$

Wenn man auf einen dieser Ausdrücke stößt, so muss man die Folge so lange umformen, bis man herausfinden kann, ob die Folge konvergent oder divergent ist.

Man stößt zum Beispiel auf $0 \cdot \infty$, wenn man eine Nullfolge und eine gegen ∞ bestimmt divergente Folge multipliziert. Das Ergebnis kann nun, je nach den beteiligten Folgen, 0, eine reelle Zahl ungleich 0, oder auch $\pm\infty$ sein.

Beispiel 6.15 Rechenregeln für konvergente und bestimmt divergente Folgen
Wohin konvergiert (im Sinn von Konvergenz oder bestimmter Divergenz) die Folge?
a) $a_n = n^3 - n^2$ b) $b_n = -4n^3 + 100n^2$ c) $c_n = \frac{7n^3 - n^2}{5n - 1}$ d) $d_n = \frac{1}{n^3} + \frac{\log(n)}{10!}$

Lösung zu 6.15

a) Da n^3 und n^2 gegen ∞ gehen, geht $n^3 - n^2$ gegen $\infty - \infty$, was vorerst unbestimmt ist. Formen wir daher etwas um, sodass die Rechenregeln helfen: $n^3 - n^2 = n^3(1 - \frac{1}{n})$ geht gegen $\infty \cdot 1 = \infty$.

b) $-4n^3 + 100n^2$ ergibt wieder einen unbestimmten Ausdruck $-\infty + \infty$. Formen wir um, sodass die Rechenregeln angewendet werden können:

$$-4n^3 + 100n^2 = n^3\left(-4 + \frac{100}{n}\right).$$

Die Folge geht also gegen $\infty \cdot (-4 + 0) = -4 \cdot \infty = -\infty$.

c) Nun erhalten wir $\frac{\infty - \infty}{\infty}$, also einen unbestimmten Ausdruck im Zähler. Heben wir z. B. im Zähler und im Nenner die jeweils höchste Potenz heraus:

$$c_n = \frac{n^3(7 - \frac{1}{n})}{n(5 - \frac{1}{n})} = n^2 \cdot \frac{7 - \frac{1}{n}}{5 - \frac{1}{n}}.$$

Die Folge geht daher gegen $\infty \cdot \left(\frac{7-0}{5-0}\right) = \infty \cdot \frac{7}{5} = \infty$.

d) Die Folge $\log(n)$ ist streng monoton wachsend und unbeschränkt, daher bestimmt divergent gegen ∞. Die gegebene Folge geht daher mithilfe der Rechenregeln gegen $0 + \frac{1}{10!} \cdot \infty = \infty$.   ∎

Im Beispiel 6.12 c), d) und auch hier in Beispiel 6.15 c) hatten wir es mit rationalen Folgen zu tun. Bei diesen genügt es, auf den Grad von Zähler und Nenner zu schauen:

Satz 6.16 Für rationale Folgen gilt

$$\lim_{n\to\infty} \frac{a_k n^k + a_{k-1}n^{k-1} + \ldots + a_0}{b_\ell n^\ell + b_{\ell-1}n^{\ell-1} + \ldots + b_0} = \begin{cases} \text{sign}(\frac{a_k}{b_\ell}) \cdot \infty, & \text{falls } k > \ell \\ \frac{a_k}{b_\ell}, & \text{falls } k = \ell \\ 0, & \text{falls } k < \ell \end{cases}$$

Die Schreibweise $\text{sign}(\frac{a_k}{b_\ell}) \cdot \infty$ bedeutet, dass das Vorzeichen von $\frac{a_k}{b_\ell}$ festlegt, ob die Folge gegen $+\infty$ oder $-\infty$ bestimmt divergent ist.

In diesem Sinn kann man also sofort argumentieren, dass die Folge in Beispiel 6.12 c) gegen $\frac{a_k}{b_\ell} = 2$ konvergiert (denn Grad Zähler = Grad Nenner); die Folge in Beispiel 6.12 d) konvergiert gegen 0 (Grad Zähler kleiner als Grad Nenner); und die Folge in Beispiel 6.15 c) konvergiert gegen $\text{sign}(\frac{7}{5}) \cdot \infty = \infty$ (Grad Zähler größer als Grad Nenner).

Es ist oft verführerisch, bei einer Folge nur die ersten paar Glieder auszurechnen, und daraus Schlussfolgerungen über Konvergenz oder gar einen Grenzwert zu ziehen. Betrachten Sie als kleine Warnung die Folge $d_n = \frac{1}{n^3} + \frac{\log(n)}{10!}$ aus Beispiel 6.15 d): Versuchen Sie, den Grenzwert zu erraten, indem Sie die ersten 100 Glieder (mit dem Computer) berechnen. Stimmt ihr vermuteter Grenzwert mit der Lösung aus Beispiel 6.15 überein?

Wenn die Rechenregeln trotz kunstvoller Umformungen nicht angewendet werden können, dann muss man andere Mittel verwenden. Zwei nützliche Tatsachen, die oft helfen zu erkennen, dass eine Folge konvergent ist (ohne, dass man ihren Grenzwert erraten/berechnen muss), sind:

Satz 6.17 (Kriterien für die Konvergenz von Folgen)

a) Jede beschränkte und monoton wachsende Folge konvergiert. Analog: Jede beschränkte und monoton fallende Folge konvergiert.
b) Das Produkt einer beschränkten Folge und einer Nullfolge ist eine Nullfolge.

Beispiel 6.18 Kriterien für Konvergenz
Warum konvergiert die Folge? Überlegen Sie mithilfe von Satz 6.17.

a) $a_n = 1 - \frac{1}{n}$ b) $a_n = (5 + (-1)^n)\frac{1}{n}$ c) $a_n = 2^{-n}\sin(n)$

Lösung zu 6.18

a) Die Folge ist streng monoton wachsend und beschränkt ($0 \leq a_n \leq 1$), also konvergent. (Wir wissen auch schon aus Beispiel 6.7, dass der Grenzwert 1 ist.)
b) Die Folge ist das Produkt einer beschränkten Folge $b_n = 5 + (-1)^n$ ($4 \leq b_n \leq 6$) mit einer Nullfolge $c_n = \frac{1}{n}$, daher konvergiert auch $a_n = b_n c_n$ gegen 0. ∎

Wir haben zu Beginn dieses Abschnitts die irrationale Zahl $\sqrt{2}$ durch eine Folge von rationalen Zahlen angenähert. Die rationalen Folgenglieder kommen dabei mit wachsendem Folgenindex der Zahl $\sqrt{2}$ beliebig nahe, mit anderen Worten: $\sqrt{2}$ ist der Grenzwert dieser Folge. Eine andere irrationale Zahl, die auf diese Weise eingeführt werden kann, ist die *Euler'sche Zahl* e:

Beispiel 6.19 (→CAS) Die Zahl e als Grenzwert einer Folge
Man kann zeigen, dass die Folge $a_n = (1 + \frac{1}{n})^n$ monoton wachsend und beschränkt ist, also konvergiert. Der Grenzwert ist die so genannte Euler'sche Zahl e. Berechnen Sie das zweite, dritte, zehnte, 100., 1000., und 10000. Folgenglied.

Lösung zu 6.19 Der Computer liefert für die Folgenglieder $a_2 = 2.25$, $a_3 = 2.37037$, $a_{10} = 2.59374$, $a_{100} = 2.70481$, $a_{1000} = 2.71692$, $a_{10000} = 2.71815$. ∎

Wir können diese Folge also für die Definition der **Euler'schen Zahl** verwenden:

$$\mathrm{e} = \lim_{n \to \infty} (1 + \frac{1}{n})^n = 2.7182818285\ldots$$

Die Konvergenz der Folge stellt sicher, dass wir e damit beliebig genau annähern können.

6.1.1 Anwendung: Wurzelziehen à la Heron

Wir wollen nochmals zur Heron'schen Folge zurückkehren und zeigen, dass sie als ein effektives Verfahren zur Berechnung von Wurzeln mit dem Computer verwendet werden kann. Betrachten wir zunächst die Folge

$$a_n = \frac{1}{2}\left(a_{n-1} + \frac{1}{a_{n-1}}\right)$$

mit einem beliebigen positiven Startwert $a_1 > 0$. Eine kleine Umformung zeigt

$$a_n = 1 + \frac{(a_{n-1} - 1)^2}{2a_{n-1}},$$

und somit ist in jedem Fall $a_n \geq 1$ für $n > 1$ (Induktion). Analog zeigt die Umformung

$$a_{n-1} - a_n = \frac{1}{2}\left(a_{n-1} - \frac{1}{a_{n-1}}\right),$$

dass $a_{n-1} - a_n \geq 0$ ist, falls $a_{n-1} \geq 1$. Für $n > 1$ ist unsere Folge also größer gleich eins und monoton fallend, somit konvergent nach Satz 6.17.

Was ist aber der Grenzwert a? Um ihn zu berechnen, wenden wir einen kleinen Trick an. Wir berechnen den Grenzwert beider Seiten in der Rekursion: $a = \lim_{n \to \infty} a_n = \lim_{n \to \infty} \frac{1}{2}\left(a_{n-1} + \frac{1}{a_{n-1}}\right) = \frac{1}{2}\left(a + \frac{1}{a}\right)$. Multiplizieren wir die Gleichung $a = \frac{1}{2}(a + \frac{1}{a})$ mit a, so erhalten wir eine quadratische Gleichung, deren Lösungen ± 1 sind. Der Grenzwert ist also $a = 1$. (Da alle Folgenglieder ≥ 1 sind, ist $a = 1$ und nicht $a = -1$.)

Nun haben wir eine Folge a_n, die gegen 1 konvergiert. Wie sollen wir damit Wurzeln berechnen? Ganz einfach: Wir betrachten die Folge $h_n = \sqrt{x}a_n$. Dann gilt

$$h_n = \sqrt{x}a_n = \frac{1}{2}\left(\sqrt{x}a_{n-1} + \frac{x}{\sqrt{x}a_{n-1}}\right) = \frac{1}{2}\left(h_{n-1} + \frac{x}{h_{n-1}}\right).$$

Da $\lim_{n \to \infty} h_n = \sqrt{x} \cdot \lim_{n \to \infty} a_n = \sqrt{x}$ ist, folgt:

Satz 6.20 Die Heron'sche Folge

$$h_n = \frac{1}{2} \cdot \left(h_{n-1} + \frac{x}{h_{n-1}}\right), \qquad x > 0,$$

konvergiert für beliebigen Startwert $h_1 > 0$ gegen $\sqrt{x}$.

Damit steht ein effektives Verfahren zur Berechnung von Wurzeln zur Verfügung!

6.2 Reihen

Neben Folgen, die wir im letzten Abschnitt kennen gelernt haben, gibt es ein weiteres wichtiges Hilfsmittel, das bei vielen Näherungsproblemen verwendet wird: die Reihen. Eigentlich sind Reihen nichts anderes als spezielle Folgen, die aber so häufig auftreten, dass man ihnen einen eigenen Namen gegeben hat. Reihen sind uns bereits begegnet, nämlich bei der Schreibweise einer rationalen bzw. irrationalen Zahl als „Summe von unendlich vielen Potenzen von 10". Später werden wir Reihen zum Beispiel verwenden, um beliebige Funktionen durch solche, die leichter handzuhaben sind, zu approximieren.

Definition 6.21 Man nennt den formalen Ausdruck

$$\sum_{k=0}^{\infty} a_k = a_0 + a_1 + a_2 + a_3 + \dots \qquad \text{mit } a_k \in \mathbb{R} \text{ (oder } \mathbb{C})$$

eine **unendliche Reihe** oder kurz **Reihe**. Das Symbol ∞ deutet an, dass eine Reihe unendlich viele Glieder hat. Wenn die Folge s_n der **Teilsummen**

$$s_n = \sum_{k=0}^{n} a_k = a_0 + a_1 + a_2 + \ldots + a_n$$

konvergiert, dann heißt die Reihe **konvergent**. Man nennt in diesem Fall den Grenzwert $s = \lim_{n \to \infty} s_n$ der Teilsummenfolge die **Summe der Reihe** und schreibt

$$s = \sum_{k=0}^{\infty} a_k.$$

Eine nicht-konvergente Reihe heißt **divergent**. Konvergiert sogar $\sum_{k=0}^{\infty} |a_k|$, so nennt man die Reihe **absolut konvergent**.

Beispiel 6.22 ($\to$CAS) Konvergente und divergente Reihen
  a) Man kann zeigen, dass die Reihe $\sum_{k=0}^{\infty} \frac{1}{2^k} = 1 + \frac{1}{2} + \frac{1}{4} + \frac{1}{8} + \ldots$ konvergent ist. Versuchen Sie, den Grenzwert der Reihe zu erraten.
  b) Man kann zeigen, dass auch $\sum_{k=1}^{\infty} \frac{1}{k^2}$ eine konvergente Reihe ist. Berechnen Sie die erste, dritte, zehnte, 100., 1000. und 10000. Teilsumme der Reihe.
  c) Ist die Reihe $\sum_{k=0}^{\infty} 2^k$ konvergent?
  d) Ist die **harmonische Reihe** $\sum_{k=1}^{\infty} \frac{1}{k}$ konvergent?

Lösung zu 6.22
a) Die ersten Teilsummen sind: $s_0 = 1$, $s_1 = 1 + \frac{1}{2} = \frac{3}{2}$, $s_2 = 1 + \frac{1}{2} + \frac{1}{4} = \frac{7}{4}$, $s_3 = 1 + \frac{1}{2} + \frac{1}{4} + \frac{1}{8} = \frac{15}{8}$ usw. (siehe auch Abbildung 6.2). Es sieht also so aus, als ob die Folge $1, \frac{3}{2}, \frac{7}{4}, \frac{15}{8}, \ldots$ der Teilsummen gegen 2 konvergiert!

Abbildung 6.2. Die Teilsummen der Reihe $\sum_{k=0}^{\infty} \frac{1}{2^k}$ kommen 2 beliebig nahe.

Wir werden bald sehen, dass der Grenzwert der Reihe tatsächlich 2 ist.
b) Mit dem Computer berechnen wir $s_1 = 1$, $s_3 = 1.36111$, $s_{10} = 1.54977$, $s_{100} = 1.63498$, $s_{1000} = 1.64393$, $s_{10000} = 1.64483$. Man kann zeigen, dass der Grenzwert $\frac{\pi^2}{6} = 1.64493$ ist. Die 10000. Teilsumme der Reihe ist also schon ein ganz guter Näherungswert für $\frac{\pi^2}{6}$.
c) Die Teilsummenfolge $1, 3, 7, 15, 31, 63, \ldots$ ist divergent, das heißt, die Reihe $\sum_{k=0}^{\infty} 2^k$ ist divergent.
d) Die Teilsummen $H_n = \sum_{k=1}^{n} \frac{1}{k}$ werden als **harmonische Zahlen** bezeichnet: $H_1 = 1$, $H_2 = 1 + \frac{1}{2} = \frac{3}{2}$, $H_3 = H_2 + \frac{1}{3} = \frac{11}{6}$. Man kann zeigen, dass diese Reihe divergent ist.

Das ist nicht so leicht zu sehen: Betrachten wir die Teilsumme H_{2^n} und zerlegen wir sie in Teile von $2^{m-1}+1$ bis 2^m für $m = 1, \ldots, n$: $H_{2^n} = 1 + (\frac{1}{2}) + (\frac{1}{3} + \frac{1}{4}) + \cdots + (\frac{1}{2^{n-1}+1} + \cdots + \frac{1}{2^n})$. Im m-ten Teil gibt es also $2^m - 2^{m-1}$ Summanden, von denen jeder größer oder gleich dem letzten Summanden 2^{-m} ist. Insgesamt ist also jeder der n Teile größer oder gleich $(2^m - 2^{m-1})2^{-m} = \frac{1}{2}$ und somit $H_{2^n} > 1 + \frac{n}{2}$. Das heißt, die Folge H_{2^n} ist unbeschränkt und somit divergent. Damit haben wir eine divergente Teilfolge von H_n gefunden, und somit ist nach Satz 6.6 auch H_n divergent.

∎

Die harmonischen Zahlen divergieren ungefähr „so schnell" wie $a_n = \ln(n)$: Sowohl H_n als auch $\ln(n)$ ist eine streng monoton wachsende Folge, die aber nicht beschränkt ist. Man kann zeigen, dass die Folge der Differenzen, $H_n - \ln(n)$, konvergiert. Ihr Grenzwert ist die so genannte **Euler-Mascheroni Konstante** γ (griechischer Buchstabe „gamma"): $\lim_{n\to\infty}(H_n - \ln(n)) = \gamma = 0.577216$. Es ist ein bis heute ungelöstes Problem, ob γ irrational ist oder nicht.

Es ist kein Zufall, dass bei einer konvergenten Reihe $a_k \to 0$ gilt:

Satz 6.23 (Notwendiges Kriterium für die Konvergenz einer Reihe)
Es gilt:
$$\sum a_k \text{ konvergent} \;\Rightarrow\; a_k \text{ Nullfolge.}$$
Die Umkehrung gilt im Allgemeinen nicht!

Mit anderen Worten: Konvergieren die Koeffizienten a_k nicht gegen 0, so kann sofort auf die Divergenz der Reihe geschlossen werden. Aus $a_k \to 0$ kann aber *nicht* auf die Konvergenz der Reihe geschlossen werden.

Beispiel 6.24 Notwendiges Kriterium für die Konvergenz
a) Da $a_k = 2^k$ keine Nullfolge ist, ist $\sum 2^k$ divergent.
b) $a_k = \frac{1}{k}$ ist eine Nullfolge. Daraus kann aber nicht geschlossen werden, dass $\sum \frac{1}{k}$ konvergent ist (tatsächlich ist die harmonische Reihe auch divergent).

Bei divergenten Reihen muss man vorsichtig sein. Man darf mit ihnen nicht so rechnen, wie man es von endlichen Summen her gewohnt ist. Ein kleines Beispiel soll das verdeutlichen: Angenommen wir setzen $1+2+4+8+16+32+\ldots = x$. Formen wir nun x ein wenig um: $x = 1+2(1+2+4+8+16+\ldots) = 1 + 2x$. Daraus folgt: $x = 1 + 2x$, also $x = -1$?! *Konvergente* Reihen lassen aber zum Glück mehr mit sich machen.

Regeln für das Rechnen mit konvergenten Reihen ergeben sich unmittelbar aus den Regeln für Grenzwerte von Folgen (vergleiche Satz 6.11):

Satz 6.25 (Rechenregeln für konvergente Reihen) Sind $\sum_{k=0}^{\infty} a_k$, $\sum_{k=0}^{\infty} b_k$ konvergente Reihen, so gilt:

$$\sum_{k=0}^{\infty}(c \cdot a_k) \;=\; c \cdot \sum_{k=0}^{\infty} a_k \quad \text{für ein beliebiges } c \in \mathbb{R} \text{ (oder } \mathbb{C})$$

$$\sum_{k=0}^{\infty}(a_k \pm b_k) \;=\; \sum_{k=0}^{\infty} a_k \pm \sum_{k=0}^{\infty} b_k$$

Konvergente Reihen darf man also gliedweise addieren, subtrahieren oder mit einer Konstante multiplizieren, und der Grenzwert der neuen Reihe ist die Summe/Differenz der einzelnen Grenzwerte bzw. Konstante mal Grenzwert der Ausgangsreihe.

Absolut konvergente Reihen darf man auch multiplizieren, und es gilt (**Cauchy-Produkt**)

$$\left(\sum_{k=0}^{\infty} a_k \right) \left(\sum_{k=0}^{\infty} b_k \right) = \sum_{k=0}^{\infty} c_k \quad \text{mit} \quad c_k = \sum_{j=0}^{k} a_j b_{k-j}.$$

> **Beispiel 6.26 Rechnen mit konvergenten Reihen**
> Aus Beispiel 6.22 wissen wir, dass $\sum_{k=1}^{\infty} \frac{1}{k^2} = \frac{\pi^2}{6}$ ist. Satz 6.25 sagt nun, dass die Reihe mit den 6-mal so großen Gliedern gegen den 6-mal so großen Grenzwert konvergiert: $\sum_{k=1}^{\infty} \frac{6}{k^2} = 6 \cdot \frac{\pi^2}{6} = \pi^2$.

Es ist meist nicht leicht, den Grenzwert einer Reihe zu berechnen. Eine Ausnahme:

Definition 6.27 Eine Reihe der Form

$$\sum_{k=0}^{\infty} q^k$$

mit einem beliebigen $q \in \mathbb{R}$ (oder $\mathbb{C}$) heißt **geometrische Reihe** (der Index k muss nicht unbedingt bei 0 beginnen).

Geometrische Reihen kommen sehr häufig vor. Wir sind ihnen schon in den Beispielen 6.22 a) und c) begegnet. Dort haben wir gesehen, dass für $q = \frac{1}{2}$ die geometrische Reihe konvergent ist, für $q = 2$ aber divergent. Es hängt also offensichtlich vom Wert von q ab, ob die Reihe konvergiert.

Welche Rolle q für die Konvergenz spielt, können wir einfach überlegen: Betrachten wir die Teilsummenfolge

$$s_n = 1 + q + q^2 + \ldots + q^n.$$

Es wäre praktisch, ein Bildungsgesetz dafür zu haben, dann könnten wir – mithilfe der Rechenregeln für konvergente Folgen – eventuell etwas über Konvergenz bzw. Divergenz sagen. Machen wir dazu eine kleine Umformung: Es ist

$$q \cdot s_n = q + q^2 + \ldots + q^{n+1},$$

und wenn wir die beiden Ausdrücke voneinander abziehen, dann erhalten wir

$$
\begin{aligned}
s_n - q \cdot s_n &= (1 + q + q^2 + \ldots + q^n) - (q + q^2 + \ldots + q^{n+1}) \\
&= 1 - q^{n+1}.
\end{aligned}
$$

Indem wir nach s_n auflösen, erhalten wir ein Bildungsgesetz für die Folge s_n,

$$s_n = \frac{1 - q^{n+1}}{1 - q},$$

dem wir ansehen können, für welche q sie konvergiert: Wenn $|q| < 1$, dann konvergiert die Folge q^{n+1} gegen 0, und damit konvergiert s_n gegen $\frac{1-0}{1-q} = \frac{1}{1-q}$.

Satz 6.28 (Konvergenz/Divergenz der geometrischen Reihe) Für die Teilsummen der geometrischen Reihe gilt

$$s_n = \sum_{k=0}^{n} q^k = \frac{1 - q^{n+1}}{1 - q}, \qquad q \neq 1.$$

Die geometrische Reihe ist daher für jedes q (in $\mathbb{R}$ oder $\mathbb{C}$) mit $|q| < 1$ konvergent und hat in diesem Fall den Grenzwert

$$\sum_{k=0}^{\infty} q^k = \frac{1}{1 - q}.$$

Für $|q| \geq 1$ ist die geometrische Reihe divergent.

Beispiel 6.29 Geometrische Reihe
Welche Reihe ist konvergent? Berechnen Sie gegebenenfalls ihren Grenzwert.
a) $\sum_{k=0}^{\infty} 2^{-k}$ b) $\sum_{k=1}^{\infty} 2^{-k}$ c) $\sum_{k=0}^{\infty} (\frac{1}{10})^k$ d) $\sum_{k=0}^{\infty} 2^k$

Lösung zu 6.29

a) $\sum_{k=0}^{\infty} 2^{-k} = \sum_{k=0}^{\infty} (\frac{1}{2})^k$ ist eine geometrische Reihe mit $q = \frac{1}{2}$. Da $|q| < 1$, ist die Reihe konvergent mit dem Grenzwert $\frac{1}{1-\frac{1}{2}} = 2$.

b) Das ist eine konvergente geometrische Reihe, deren Laufindex k bei 1 beginnt. Die Formel für den Grenzwert in Satz 6.28 bezieht sich aber auf den Fall, dass der Index bei $k = 0$ beginnt. Kein Problem! Wir machen eine kleine Umformung: $\sum_{k=1}^{\infty} (\frac{1}{2})^k = \sum_{k=0}^{\infty} (\frac{1}{2})^k - (\frac{1}{2})^0$. Der Grenzwert ist also: $\frac{1}{1-\frac{1}{2}} - 1 = 1$.

c) Die geometrische Reihe $\sum_{k=0}^{\infty} (\frac{1}{10})^k$ ist konvergent, weil $|q| = \frac{1}{10} < 1$ ist. Ihr Grenzwert ist $\frac{1}{1-\frac{1}{10}} = \frac{10}{9}$.

d) $|q| = 2 > 1$, daher ist die geometrische Reihe divergent. ∎

Für die geometrische Reihe aus Beispiel 6.29 c) gilt:

$$\frac{10}{9} = 1 + 0.1 + 0.01 + 0.001 + \ldots = 1.1111\ldots = 1.\overline{1}.$$

Eine periodische Dezimalzahl ist also der Grenzwert einer geometrischen Reihe! Somit können wir auch die Bruchdarstellung einer periodischen Dezimalzahl finden:

Beispiel 6.30 Bruchdarstellung einer periodischen Dezimalzahl
Schreiben Sie als Bruch: a) $0.\overline{2}$ b) $0.\overline{9}$

Lösung zu 6.30

a) $0.\overline{2} = 0.2 + 0.02 + 0.002 + \ldots = 0.2 \cdot (1 + 0.1 + 0.01 + 0.001 + \ldots) = 0.2 \cdot \sum_{k=0}^{\infty} (\frac{1}{10})^k$
$= \frac{2}{10} \cdot \frac{10}{9} = \frac{2}{9}$.

b) $0.\overline{9} = 0.9 + 0.09 + 0.009 + \ldots = 0.9 \cdot (1 + 0.1 + 0.01 + 0.001 + \ldots) = 0.9 \cdot \sum_{k=0}^{\infty} (\frac{1}{10})^k$
$= \frac{9}{10} \cdot \frac{10}{9} = 1$. Die Zahl 1 kann also auch durch eine periodische Dezimalzahl dargestellt werden. ∎

Wie bereits erwähnt, muss man sich in der Praxis damit abfinden, dass der Grenzwert einer Reihe in der Regel nicht explizit ausgerechnet werden kann (geometrische Reihen sind da einige der wenigen Ausnahmen). Das ist nicht weiter tragisch, da man ihn durch seine Teilsummen (die mit einem Computer leicht berechnet werden können) ja beliebig genau approximieren kann. Zuvor muss man aber sicherstellen, dass die Reihe konvergent ist! Die einfachste Möglichkeit ist der Vergleich mit einer bekannten Reihe:

Wir möchten nun also nur feststellen, *ob* eine Reihe konvergent, ist. Was – im Fall von Konvergenz – ihr Grenzwert ist, darüber geben die Konvergenzkriterien keine Auskunft. Da wir nun nur an der Frage „konvergent oder divergent" interessiert sind, können wir offen lassen, wo der Laufindex beginnt (davon hängt zwar der Wert eines eventuellen Grenzwertes ab, nicht aber, ob die Reihe konvergent oder divergent ist). Wir schreiben also kurz $\sum a_k$ anstelle von $\sum_{k=0}^{\infty} a_k$.

Satz 6.31 (Majorantenkriterium) Die Reihe $\sum a_k$ soll auf Konvergenz untersucht werden.

a) Wenn es eine konvergente Reihe $\sum b_k$ gibt mit $b_k \geq 0$, sodass

$$|a_k| \leq b_k \quad \text{für alle } k \text{ zumindest ab einem Index } k_0,$$

so konvergiert auch $\sum a_k$. Die Reihenglieder b_k sind also größer oder gleich $|a_k|$. Man nennt daher $\sum b_k$ eine **Majorante** für $\sum a_k$.

b) Wenn es eine divergente Reihe $\sum b_k$ gibt mit $b_k \geq 0$, sodass

$$|a_k| \geq b_k \quad \text{für alle } k \text{ zumindest ab einem Index } k_0,$$

so divergiert auch $\sum |a_k|$.

Um das Majorantenkriterium anwenden zu können, muss man natürlich bereits ein Repertoire an konvergenten bzw. divergenten Reihen $\sum b_k$ haben, um mit ihrer Hilfe die Glieder der zu untersuchenden Reihe $\sum a_k$ nach oben bzw. nach unten abschätzen zu können.

Beispiel 6.32 Majorantenkriterium
Welche Reihe ist konvergent?
a) $\sum_{k=1}^{\infty} \frac{1}{k(k+1)}$ b) $\sum_{k=1}^{\infty} \frac{1}{\sqrt{k}}$

Lösung zu 6.32

a) Wir kennen aus Beispiel 6.22 b) die konvergente Reihe $\sum \frac{1}{k^2}$. Da für alle k gilt: $\frac{1}{k(k+1)} \leq \frac{1}{k^2}$, folgt, dass auch $\sum_{k=1}^{\infty} \frac{1}{k(k+1)}$ konvergent ist.

Der Grenzwert dieser Reihe kann mithilfe der einfachen Umformung

$$\frac{1}{k(k+1)} = \frac{1}{k} - \frac{1}{k+1}$$

berechnet werden (siehe Übungen). Mit dieser Umformung kann man die Teilsummen auf wenige Summanden – wie bei einem Teleskop – „zusammenschieben". Daher heißen die zugehörigen Teilsummen auch **Teleskopsummen**.

b) Aus Beispiel 6.22 d) kennen wir die harmonische Reihe $\sum \frac{1}{k}$, die divergent ist. Da $\frac{1}{\sqrt{k}} \geq \frac{1}{k}$ für alle $k \geq 1$ gilt, ist auch $\sum_{k=1}^{\infty} \frac{1}{\sqrt{k}}$ divergent.

Die Anwendung des Majorantenkriteriums mit der geometrische Reihe liefert ein weiteres Kriterium:

Satz 6.33 (Quotientenkriterium) Die Reihe $\sum a_k$ soll auf Konvergenz untersucht werden.

a) Wenn es eine Zahl q gibt mit $0 \leq q < 1$, sodass

$$\left| \frac{a_{k+1}}{a_k} \right| \leq q < 1 \qquad \text{zumindest ab einem Index } k_0,$$

so ist die Reihe $\sum a_k$ konvergent. Diese Bedingung ist insbesondere erfüllt, falls $\lim_{k \to \infty} \left| \frac{a_{k+1}}{a_k} \right| = q < 1$ ist (vorausgesetzt, dieser Grenzwert existiert).

b) Wenn

$$\left| \frac{a_{k+1}}{a_k} \right| \geq 1 \qquad \text{zumindest ab einem Index } k_0,$$

so ist die Reihe $\sum a_k$ divergent. Diese Bedingung ist insbesondere erfüllt, falls $\lim_{k \to \infty} \left| \frac{a_{k+1}}{a_k} \right| = q > 1$ (vorausgesetzt, dieser Grenzwert existiert).

Achtung: Es genügt für die Konvergenz nicht, dass $\left| \frac{a_{k+1}}{a_k} \right| < 1$ ist! Die harmonische Reihe ist dafür ein Gegenbeispiel.

Gilt $|a_{k+1}/a_k| \leq q$, so folgt (mit vollständiger Induktion) $|a_k| \leq |a_0| q^k$. Das Quotientenkriterium folgt somit in der Tat aus dem Majorantenkriterium durch Vergleich mit der geometrischen Reihe.

> **Beispiel 6.34 Quotientenkriterium**
> Für welche $x \in \mathbb{R}$ konvergieren folgende Reihen?
> a) $\sum_{k=0}^{\infty} \frac{x^k}{k!}$ b) $\sum_{k=1}^{\infty} \frac{x^k}{k}$

Lösung zu 6.34

a) Der Quotient der Summanden ist $\left| \frac{a_{k+1}}{a_k} \right| = \left| \frac{x^{k+1} k!}{(k+1)! x^k} \right| = \frac{|x|}{k+1}$. Dieser Quotient bildet (unabhängig von x) eine Nullfolge, $\lim_{k \to \infty} \frac{|x|}{k+1} = |x| \cdot 0 = 0 = q < 1$, und somit ist die Reihe für alle $x \in \mathbb{R}$ konvergent.

b) Der Quotient der Summanden ist $\left| \frac{a_{k+1}}{a_k} \right| = \left| \frac{x^{k+1} k}{(k+1) x^k} \right| = \frac{|x|}{1 + \frac{1}{k}}$ und der Grenzwert dieser Folge ist $\lim_{k \to \infty} \frac{|x|}{1 + \frac{1}{k}} = |x|$. Somit ist die Reihe für alle x mit $|x| < 1$ konvergent und für alle x mit $|x| > 1$ divergent. Für $x = \pm 1$ liefert unser Kriterium keine Aussage! Diese Werte müssen gesondert untersucht werden: Für $x = 1$ erhalten wir wiederum die harmonische Reihe, also eine divergente Reihe. Für $x = -1$ kann man zeigen, dass die Reihe konvergent ist.

Das Majoranten- bzw. Quotientenkriterium sagt also nur, ob eine Reihe konvergent ist, nicht aber, was ihr Grenzwert ist.

Die beiden Reihen im letzten Beispiel sind so genannte **Potenzreihen**. Das sind Reihen, deren Glieder Potenzen von x sind, und die im Allgemeinen für bestimmte x konvergieren, und für die übrigen divergent sind. Eine typische Potenzreihe ist auch die geometrische Reihe: $\sum x^k$ ist für $|x| < 1$ konvergent und für $|x| \geq 1$ divergent. Wir werden auf Potenzreihen noch zurückkommen. Insbesondere werden wir später sehen, dass

$$\sum_{k=0}^{\infty} \frac{x^k}{k!} = \exp(x), \quad x \in \mathbb{R} \quad \text{und} \quad \sum_{k=1}^{\infty} \frac{x^k}{k} = -\ln(1-x), \quad |x| < 1,$$

ist. Übrigens können wir auch ruhig komplexe Werte für x zulassen. Wir erhalten damit eine Erweiterung von $\exp(x)$ bzw. $\ln(x)$ für komplexe Argumente.

6.3 Mit dem digitalen Rechenmeister

Folgen

Mit Mathematica können wir eine Folge einfach als eine Funktion definieren,

In[1]:= $a[n\_] := \dfrac{1}{2^n}$

und damit leicht Folgenglieder berechnen:

In[2]:= $\text{Table}[a[n], \{n, 4\}]$

Out[2]= $\{\dfrac{1}{2}, \dfrac{1}{4}, \dfrac{1}{8}, \dfrac{1}{16}\}$

gibt uns die ersten Folgenglieder aus. Analog können rekursiv definierte Folgen eingegeben werden, wie hier die Heron'sche Folge mit Startwert $a_1 = 2$,

In[3]:= $a[1] = 2.; a[n\_] := \dfrac{1}{2}\left(a[n-1] + \dfrac{2}{a[n-1]}\right)$

und die Folgenglieder berechnet werden:

In[4]:= $\text{Table}[a[n], \{n, 5\}]$

Out[4]= $\{2., 1.5, 1.41667, 1.41422, 1.41421\}$

Bei rekursiven Folgen muss aber unbedingt die Definition mit „:=" erfolgen, damit die rechte Seite der Definition nicht sofort, sondern erst bei Angabe einer konkreten Zahl n ausgewertet wird. Außerdem darf auch der Startwert a_1 nicht vergessen werden! Wenn Mathematica a_n berechnet, so drückt es gemäß dem Bildungsgesetz a_n durch a_{n-1} aus. Das geschieht so lange, bis es auf den Startwert trifft. Wurde dieser nicht angegeben (oder wurde der Doppelpunkt vergessen), so schicken Sie Mathematica in eine Endlosschleife. Sie können diese durch den Menüpunkt „Kernel/Abort Evaluation" oder durch die Tastenkombination „ALT" + „." abbrechen.

Die Folge für die Euler'sche Zahl lautet

In[5]:= $a[n\_] = (1 + \dfrac{1}{n})^n$

und die in Beispiel 6.19 gesuchten Folgenglieder sind:

In[6]:= $\text{N}[\{a[2], a[3], a[10], a[100], a[1000], a[10000]\}]$

Out[6]= $\{2.25, 2.37037, 2.59374, 2.70481, 2.71692, 2.71815\}$

Erinnern Sie sich, dass der Befehl N[...] bewirkt, dass das Ergebnis numerisch angezeigt wird. Der Grenzwert einer Folge kann mit dem Befehl `Limit` berechnet werden:

```
In[7]:= Limit[a[n], n → ∞]
Out[7]= e
```

Einen numerische Wert von e auf 30 Stellen genau erhalten wir mit dem Befehl `N[E,30]`. Der Pfeil →, das Symbol ∞ und die Konstante e werden in `Mathematica` entweder über die Palette oder über die Tastatur als `->`, `Infinity` bzw. `E` eingegeben.

Heron'sche Folge

Ein Programm zur Berechnung von Wurzeln mithilfe der Heron'schen Folge kann in `Mathematica` so implementiert werden:

$$
\begin{aligned}
\text{In[8]}:= \ &\texttt{MySqrt[x\_]} := \texttt{Module}[\{h = N[x], hh = N[x] + 1\}, \\
&\texttt{While}\left[hh - h > 0, \ hh = h; \ h = \frac{1}{2}\left(h + \frac{x}{h}\right)\right]; \\
&hh]
\end{aligned}
$$

Dabei wird h mit dem numerischen Wert von x initialisiert (rechnen wir symbolisch, so würden wir endlos iterieren;-). Dann wird in jedem Schritt der letzte Wert als hh gespeichert und ein neuer Wert h berechnet, bis $hh > h$ gilt.

Reihen

Mit `Mathematica` berechnet man den Grenzwert einer Reihe mit:

$$
\text{In[9]}:= \sum_{k=0}^{\infty} \frac{1}{2^k}
$$
$$
\text{Out[9]}= 2
$$

Das kann auch ohne Palette als `Sum[1/2^k, {k, 0, Infinity}]` eingegeben werden. Die n-te Teilsumme erhalten wir mit

$$
\text{In[10]}:= s[n\_] = \sum_{k=1}^{n} \frac{1}{k^2}
$$

bzw. numerische Werte davon mit

```
In[11]:= N[{s[1], s[3], s[10], s[100], s[1000], s[10000]}]
Out[11]= {1, 1.36111, 1.54977, 1.63498, 1.64393, 1.64483}
```

Der Grenzwert dieser Reihe ist

$$
\text{In[12]}:= \sum_{k=1}^{\infty} \frac{1}{k^2}
$$
$$
\text{Out[12]}= \frac{\pi^2}{6}
$$

bzw. als Kommazahl ausgegeben:

```
In[13]:= N[%]
```

Out[13]= 1.64493

6.4 Kontrollfragen

Fragen zu Abschnitt 6.1: Folgen

Erklären Sie folgende Begriffe: Folge, monoton wachsende/fallende Folge, beschränkte/unbeschränkte Folge, konvergent, divergent, Grenzwert, Teilfolge, Nullfolge, bestimmt divergent.

1. Für welche Folge gilt: $\lim_{n\to\infty} a_n = +\infty$ bzw. $\lim_{n\to\infty} a_n = -\infty$?
   a) $a_n = n^2$ b) $a_n = e^n$ c) $a_n = -\ln(n)$ d) $a_n = (-1)^n n^2$
   e) $a_n = (-1)^n \cdot 2$
2. Welche Folge ist konvergent, welche divergent, welche bestimmt divergent? Bestimmen Sie gegebenenfalls den Grenzwert.
   a) $a_n = 2n - 1$ b) $b_n = 1 + \frac{1}{n}$ c) $c_n = (-1)^n 2n$ d) $d_n = (-1)^n \frac{1}{n}$
   e) $e_n = (\frac{1}{2})^n \cdot \sin(n)$
3. Welche Folge ist konvergent, welche divergent? Bestimmen Sie gegebenenfalls ihren Grenzwert.
   a) $\frac{3+4n^2}{1-2n^2}$ b) $\frac{-5n^3+1}{4n^2-1}$ c) $\frac{-9n^2+14n}{7n^3-1}$
4. Richtig oder falsch?
   a) Eine streng monoton wachsende Folge ist immer divergent.
   b) Eine divergente Folge ist immer unbeschränkt.
   c) Eine unbeschränkte Folge ist immer divergent.
   d) Eine beschränkte Folge ist immer konvergent.
   e) Eine beschränkte, streng monotone Folge ist immer konvergent.
   f) Eine konvergente Folge ist immer beschränkt.
5. Was trifft zu?
   a) Die Summe von zwei konvergenten Folgen ist immer konvergent.
   b) Die Summe von zwei divergenten Folgen ist immer divergent.

Fragen zu Abschnitt 6.2: Reihen

Erklären Sie folgende Begriffe: Reihe, Teilsumme, konvergente/divergente/absolut konvergente Reihe, geometrische Reihe, harmonische Reihe, Majorantenkriterium, Quotientenkriterium.

1. Wie hängen Folgen und Reihen zusammen?
2. Welche Reihe ist eine geometrische Reihe? Bestimmen Sie gegebenenfalls den Grenzwert der geometrischen Reihe:
   a) $\sum_{n=0}^{\infty}(\frac{1}{3})^n$ b) $\sum_{k=1}^{\infty}(\frac{1}{k})^2$ c) $\sum_{n=1}^{\infty}\frac{1}{3^n}$
   d) $\sum_{k=1}^{\infty}10^k$ e) $\sum_{k=1}^{\infty}3^{\frac{1}{k}}$ f) $\sum_{n=0}^{\infty}(-3)^n$
3. Gegeben ist eine Reihe mit Teilsummen $s_n = \sum_{k=1}^{n} a_k$. Richtig oder falsch:
   a) Wenn a_k eine Nullfolge ist, dann ist die Reihe $\sum_{k=1}^{\infty} a_k$ konvergent.
   b) Wenn a_k keine Nullfolge ist, dann ist die Reihe $\sum_{k=1}^{\infty} a_k$ divergent.
   c) Wenn s_n beschränkt ist, dann ist die Reihe $\sum_{k=1}^{\infty} a_k$ konvergent.
   d) Wenn s_n unbeschränkt ist, dann ist die Reihe $\sum_{k=1}^{\infty} a_k$ divergent.
   e) Wenn $\left|\frac{a_{n+1}}{a_n}\right| \to 1$, dann ist die Reihe konvergent.

4. Welche Reihe ist konvergent?   a) $\sum_{k=1}^{\infty} \frac{1}{k}$ b) $\sum_{k=1}^{\infty} \frac{1}{k^2}$

Lösungen zu den Kontrollfragen

Lösungen zu Abschnitt 6.1

1. a) $\lim_{n\to\infty} a_n = +\infty$, da streng monoton wachsend und unbeschränkt
   b) $\lim_{n\to\infty} a_n = +\infty$, da $a_n = e^n$ streng monoton wachsend und unbeschränkt
   c) $\lim_{n\to\infty} a_n = -\infty$, da $a_n = -\ln(n)$ streng monoton fallend und unbeschränkt
   d) nicht bestimmt divergent (da zwar unbeschränkt, aber nicht $a_n > 0$ oder $a_n < 0$ ab einem Folgenindex)
   e) nicht bestimmt divergent (da beschränkt und außerdem nicht $a_n > 0$ oder $a_n < 0$ ab einem bestimmten Folgenindex)
2. a) (bestimmt) divergent gegen ∞, da streng monoton wachsend und unbeschränkt
   b) konvergent mit $\lim_{n\to\infty}(1 + \frac{1}{n}) = 1 + 0 = 1$
   c) divergent, da unbeschränkt (aber nicht bestimmt divergent, da nicht alle Folgenglieder > 0 oder < 0 ab einem Index)
   d) konvergent gegen 0 (da Produkt einer beschränkten Folge $(-1)^n$ mit einer Nullfolge $\frac{1}{n}$ – siehe Satz 6.17)
   e) konvergent gegen 0 (da Produkt einer beschränkten Folge mit einer Nullfolge)
3. a) Zähler und Nenner haben denselben Grad, daher ist die Folge konvergent mit Grenzwert $\frac{4}{-2} = -2$.
   b) $\frac{-5n^3+1}{4n^2-1}$ ist bestimmt divergent, da der Grad des Zählers größer ist als der des Nenners. Der Grenzwert ist $\text{sign}(\frac{-5}{4}) \cdot \infty = -\infty$.
   c) $\frac{-9n^2+14n}{7n^3-1}$ konvergiert gegen 0, da der Grad des Zählers kleiner ist als der des Nenners.
4. a) falsch; es gibt auch streng monotone und *konvergente* Folgen, z. B. $a_n = 1 - \frac{1}{n}$ (siehe auch e)).
   b) falsch; es gibt auch divergenten Folgen, die beschränkt sind, zum Beispiel $a_n = (-1)^n$.
   c) richtig
   d) falsch; es gibt beschränkte Folgen, die divergent sind, z. B. $(-1)^n$.
   e) richtig
   f) richtig
5. a) richtig
   b) falsch; die Summe von zwei divergenten Folgen kann konvergent oder auch divergent sein. Beispiel: $a_n = n$, $b_n = 1 - n$, $c_n = 2n$ sind divergente Folgen, und $a_n + b_n = 1$ ist konvergent, $a_n + c_n = 3n$ ist aber divergent.

Lösungen zu Abschnitt 6.2

1. Reihen sind spezielle Folgen.
2. a) konvergente geometrische Reihe mit Grenzwert 1.5
   b) keine geometrische Reihe

c) konvergente geometrische Reihe mit Grenzwert $\sum_{n=1}^{\infty}(\frac{1}{3})^n = \sum_{n=0}^{\infty}(\frac{1}{3})^n - (\frac{1}{3})^0$
$= 0.5$

d) divergente geometrische Reihe

e) keine geometrische Reihe

f) divergente geometrische Reihe

3. a) falsch; wenn $a_k \to 0$, so kann die Reihe konvergent oder divergent sein.

b) richtig

c) falsch; eine beschränkte Folge kann auch divergent sein.

d) richtig

e) falsch; in diesem Fall ist mit dem Quotientenkriterium keine Aussage möglich. Die Reihe muss auf andere Weise auf Konvergenz untersucht werden.

4. a) divergent (harmonische Reihe)   b) konvergent (Grenzwert ist $\frac{\pi^2}{6}$)

6.5 Übungen

Aufwärmübungen

1. Geben Sie die ersten 5 Glieder der Folge an ($n \in \mathbb{N}$, sofern nicht anders angegeben). Ist die Folge (streng) monoton wachsend/fallend? Ist sie beschränkt?

a) $a_n = 2n - 1$ b) $b_n = 1 + \frac{1}{n}$

c) $c_n = (-1)^n 2n$ d) $d_1 = 2;\ d_n = d_{n-1} + 3$ für $n \geq 2$

e) $e_n = 7$ f) $f_1 = 1, f_2 = 2;\ f_n = f_{n-1} f_{n-2}$ für $n \geq 3$

2. Geben Sie ein Bildungsgesetz für die Folge an:

a) $9, 9, 9, 9, 9, \ldots$ b) $2, 4, 8, 16, 32, 64, \ldots$

c) $-3, 3, -3, 3, -3, 3, \ldots$ d) $3, -3, 3, -3, 3, -3, \ldots$

e) $1, \frac{1}{4}, \frac{1}{9}, \frac{1}{16}, \ldots$ f) $3, 6, 12, 24, 48, 96, \ldots$

3. **Pseudozufallszahlen**: Zufällig gewählte Zahlen werden in vielen Anwendungen (z. B. Kryptographie) gebraucht. Es gibt verschiedene Methoden, um „zufällige" Zahlen zu generieren. Da solche systematisch erzeugten Zahlen nicht tatsächlich zufällig sind, nennt man sie Pseudozufallszahlen.

Die meistverwendete Methode ist die so genannte lineare Kongruenzenmethode. Dazu wählt man vier ganze Zahlen: a, den Modul m, das Inkrement c und den Anfangswert (*seed*) x_0, die die folgenden Bedingungen erfüllen: $2 \leq a < m$, $0 \leq c < m$, und $0 \leq x_0 < m$. Der Startwert x_0 wird zu Beginn auf einen festen Wert gesetzt oder z. B. abhängig von Datum und/oder Uhrzeit initialisiert. Dann berechnet man die Pseudozufallszahlen nach

$$x_0 \text{ beliebig,} \qquad x_n = (a\,x_{n-1} + c)\,\mathrm{mod}\,m.$$

x_n ist also der Rest von $a\,x_{n-1} + c$ bei Division durch m. Der oben beschriebene Zufallszahlengenerator liefert Zufallszahlen zwischen 0 und $m - 1$ (das sind die Reste, die bei Division durch m auftreten können). Nach spätestens m Schritten müssen sich daher die Zufallszahlen wiederholen. Berechnen Sie die Pseudozufallszahlen, wenn

a) $m = 9$, $a = 7$, $c = 4$ und $x_0 = 3$ b) $m = 16$, $a = 5$, $c = 7$ und $x_0 = 2$

c) $m = 16$, $a = 8$, $c = 7$ und $x_0 = 2$

Man kann zeigen, dass für $c = 0$, m eine Primzahl und a beliebig, alle Werte bis auf die 0 durchlaufen werden, bevor sich ein Wert wiederholt. In der Praxis wird oft $m = 2^{31} - 1$, $a = 7^5$ und $c = 0$ verwendet.

4. Ist die Folge bestimmt divergent? Berechnen Sie in diesem Fall den „Grenzwert" ∞ oder $-\infty$:

   a) $a_n = \ln(n) + 4n^2 - 16e^{-n}$ b) $a_n = 4 - \frac{1}{n} - n^3$ c) $a_n = -7n^3 + 4n^2 + 10$

   d) $a_n = e^n \left(1 - \frac{1}{n}\right)^2$

5. Bestimmen Sie den Grenzwert (auch $\pm\infty$):

   a) $a_n = \frac{1}{3n^2}\left(1 - \left(\frac{1}{2}\right)^n\right)$ b) $a_n = 4 \cdot (e^{-n} + 3) + n^2$ c) $a_k = \frac{8k^3 - 1}{-4k^2 - 7}$

6. Welche Reihe ist eine geometrische Reihe? Bestimmen Sie gegebenenfalls ihren Grenzwert:

   a) $\sum_{k=1}^{\infty} k^{-2}$ b) $\sum_{k=1}^{\infty} \left(\frac{1}{2}\right)^k$ c) $\sum_{k=0}^{\infty} (-1)^k \left(\frac{1}{5}\right)^k$

7. Schreiben Sie $0.\overline{3}$ mithilfe einer geometrischen Reihe als Bruch.

8. Schreiben Sie $0.\overline{12}$ mithilfe einer geometrischen Reihe als Bruch.

9. Welche Reihen sind konvergent? Ein Grenzwert braucht nicht angegeben zu werden.

   a) $\sum_{k=0}^{\infty} \frac{1}{k!}$ b) $\sum_{n=1}^{\infty} \frac{1}{n^9}$

Weiterführende Aufgaben

1. Bestimmen Sie den Grenzwert (auch $\pm\infty$):

   a) $a_n = n^2 + \sqrt{n} + 1$ b) $a_n = -3^n - \frac{1}{n}\cos(n)$ c) $a_n = \frac{4n^3 - 5n^2 + 1}{7n^3 - 2n}$

2. Bestimmen Sie den Grenzwert (auch $\pm\infty$):

   a) $a_n = 3n^2 + \frac{1}{n\ln(n)}$ b) $a_n = -n^2 \cdot \ln(n) + 3$ c) $a_n = \frac{-4(1+e^{-n})}{\sqrt{n}}$

3. **Fibonacci-Folge:** Finden Sie eine Rekursion für die Anzahl der Kaninchenpaare K_n nach n Monaten unter der Annahme, dass jedes Paar pro Monat ein neues Paar zeugt, welches aber erst im übernächsten Monat zeugungsfähig ist. Angenommen, Sie beginnen mit einem neugeborenen Paar, also $K_1 = K_2 = 1$. Konvergiert die Folge?

   Dieses Problem wurde erstmals im 13. Jahrhundert von Leonardo di Pisa (auch Fibonacci genannt) untersucht. Die Fibonacci-Folge hat noch viele weitere Anwendungen in der Mathematik und Botanik.

4. Die Heron'sche Folge $a_n = \frac{1}{2} \cdot \left(a_{n-1} + \frac{x}{a_{n-1}}\right)$ ($n \geq 2$) konvergiert bei beliebigem positiven Startwert a_1 gegen $\sqrt{x}$. Was passiert, wenn ein negatives a_1 gewählt wird?

5. Zeigen Sie

$$\sum_{k=1}^{n} kq^k = \frac{q}{1-q}\left(\frac{1-q^n}{1-q} - nq^n\right).$$

6. Schreiben Sie $4.3\overline{12}$ mithilfe einer geometrischen Reihe als Bruch.

7. Welche Reihen sind konvergent? Testen Sie mithilfe eines geeigneten Kriteriums. Ein Grenzwert braucht nicht angegeben zu werden.

   a) $\sum_{k=1}^{\infty} \frac{12}{k^5}$ b) $\sum_{k=1}^{\infty} \frac{k^3 x^k}{k!}$

8. Berechnen Sie den Grenzwert der Reihe

$$\sum_{k=1}^{\infty} \frac{1}{k(k+1)}.$$

Tipp: $\frac{1}{k(k+1)} = \frac{1}{k} - \frac{1}{k+1}$.

Lösungen zu den Aufwärmübungen

1. a) $1, 3, 5, 7, 9, \ldots$ ist streng monoton wachsend und unbeschränkt. (Zur Erinnerung: „Unbeschränkt" bedeutet „nach oben oder nach unten oder nach beiden Seiten unbeschränkt". Diese Folge ist zwar nach unten beschränkt, aber nach oben unbeschränkt, daher wird sie insgesamt „unbeschränkt" genannt.)
   b) $2, \frac{3}{2}, \frac{4}{3}, \frac{5}{4}, \frac{6}{5}, \ldots$ ist streng monoton fallend und beschränkt (denn für alle Folgenglieder gilt: $1 \le b_n \le 2$).
   c) $-2, 4, -6, 8, -10, \ldots$ ist alternierend, daher weder monoton wachsend noch fallend, und unbeschränkt.
   d) $2, 5, 8, 11, 14, \ldots$ ist streng monoton wachsend, da $d_{n-1} < d_n = d_{n-1} + 3$ und unbeschränkt.
   e) $7, 7, 7, 7, 7, \ldots$ ist eine konstante Folge (monoton wachsend und fallend zugleich) und natürlich beschränkt.
   f) $1, 2, 2, 4, 8, \ldots$ ist eine monoton wachsende Folge (da $f_n = f_{n-1} f_{n-2} \ge f_{n-1}$ für alle $n \ge 1$) und unbeschränkt.

2. (Der Folgenindex beginnt bei 1, wenn nicht anders angegeben.)
   a) $a_n = 9$ b) $b_n = 2^n$ oder rekursiv: $b_1 = 2$, $b_n = 2 \cdot b_{n-1}$ $(n \ge 2)$
   c) $c_n = 3(-1)^n$ d) $d_n = 3(-1)^{n+1}$ oder auch $d_n = 3(-1)^n$ mit $n \ge 0$
   e) $e_k = \frac{1}{k^2}$ f) $f_n = 3 \cdot 2^{n-1}$ oder auch: $f_0 = 3$, $f_n = 2 \cdot f_{n-1}$

3. a) $7, 8, 6, 1, 2, 0, 4, 5, 3$
   b) $1, 12, 3, 6, 5, 0, 7, 10, 9, 4, 11, 14, 13, 8, 15$
   c) $7, 15, 15, \ldots, 15$

4. a) $\infty + \infty - 16 \cdot 0 = \infty$
   b) $4 - 0 - \infty = -\infty$
   c) $\lim_{n \to \infty}(-7n^3 + 4n^2 + 10) = -\infty + \infty + 10$ führt zunächst auf einen unbestimmten Ausdruck. Formen wir um: $\lim_{n \to \infty} n^3(-7 + \frac{4}{n} + \frac{10}{n^3}) = \infty(-7 + 0 + 0) = -\infty$
   d) $\infty \cdot (1 - 0)^2 = \infty$

5. a) $0(1 - 0) = 0$ b) $4(0 + 3) + \infty = \infty$ c) $\mathrm{sign}(\frac{8}{-4}) \cdot \infty = -\infty$

6. a) keine geometrische Reihe   b) geometrische Reihe, Grenzwert 1
   c) geometrische Reihe mit $q = -\frac{1}{5}$, Grenzwert $\frac{5}{6}$

7. $0.\overline{3} = \frac{3}{10} + \frac{3}{10^2} + \ldots = \frac{3}{10}(1 + \frac{1}{10} + \frac{1}{10^2} + \ldots) = \frac{3}{10} \sum_{k=0}^{\infty} \left(\frac{1}{10}\right)^k = \frac{3}{10} \frac{10}{9} = \frac{1}{3}$

8. $0.\overline{12} = \frac{12}{100} + \frac{12}{100^2} + \frac{12}{100^3} + \ldots = \frac{12}{100}(1 + \frac{1}{100} + \frac{1}{100^2} + \ldots) =$
   $\frac{12}{100} \sum_{k=0}^{\infty} \left(\frac{1}{100}\right)^k = \frac{12}{100} \frac{100}{99} = \frac{12}{99}$

9. a) konvergent, da $\lim_{k \to \infty} \frac{k!}{(k+1)!} = \lim_{k \to \infty} \frac{1}{k+1} = 0$ (Quotientenkriterium)
   b) konvergent; eine Majorante ist $\sum_{n=1}^{\infty} \frac{1}{n^2}$

(Lösungen zu den weiterführenden Aufgaben finden Sie in Abschnitt B.6)

7

Kombinatorik

7.1 Grundlegende Abzählverfahren

Die Kombinatorik untersucht die verschiedenen Möglichkeiten, Objekte anzuordnen bzw. auszuwählen. Sie ist im 17. Jahrhundert durch Fragestellungen begründet worden, die durch Glücksspiele aufgekommen sind. Viele Abzählprobleme können formuliert werden, indem man geordnete oder ungeordnete Auswahlen von Objekten trifft, die Permutationen bzw. Kombinationen genannt werden. Man kann die Kombinatorik daher auch als die „Kunst des Zählens" bezeichnen. Sie hilft bei der Beantwortung von Fragen wie: „Wie viele verschiedene Passwörter gibt es, wenn ein Passwort aus mindestens sechs und höchstens acht Zeichen bestehen kann, und wenn davon mindestens eines eine Ziffer sein muss?" oder „Wie viele Rechenschritte benötigt ein Algorithmus?" Auch für die Bestimmung von Wahrscheinlichkeiten sind Abzählverfahren unentbehrlich: Die Frage „Wie groß ist die Wahrscheinlichkeit, im Lotto „6 aus 45" sechs Richtige zu haben?" führt auf die Frage, wie viele Möglichkeiten es gibt, 6 Zahlen aus 45 auszuwählen.

Wir besprechen in diesem Abschnitt fundamentale Regeln, die die Grundlage der meisten Abzählverfahren bilden.

Die **Summenregel** ist sehr einfach und lautet: Wenn n Objekte mit Eigenschaft a und m Objekte mit Eigenschaft b gegeben sind, und wenn die beiden Eigenschaften sich ausschließen, dann gibt es $n + m$ Möglichkeiten, ein Objekt auszuwählen, das entweder Eigenschaft a oder b hat.

> **Beispiel 7.1 Summenregel**
> Eine Mietwagenfirma hat 12 Kleinwagen (Eigenschaft a) und 7 Mittelklassewagen (Eigenschaft b) zur Auswahl. Die beiden Eigenschaften schließen einander aus, d.h., ein Auto ist entweder Klein- oder Mittelklasse, aber nicht beides gleichzeitig. Dann gibt es $12 + 7 = 19$ Möglichkeiten, ein Auto auszuwählen.

Formal wird die Summenregel mithilfe von Mengen formuliert. Erinnern Sie sich an die Bezeichnung $|A|$ für die Anzahl der Elemente einer Menge A.

Satz 7.2 (Summenregel) Für zwei endliche, disjunkte Mengen A und B ist die Anzahl der Elemente ihrer Vereinigungsmenge gleich

$$|A \cup B| = |A| + |B|.$$

Beispiel 7.3 Summenregel
Gegeben sind die Mengen $A = \{a, b, c\}$ und $B = \{d, e\}$. Sie haben keine gemeinsamen Elemente, sind also disjunkt. Daher ist $|A \cup B| = 5$ gleich $|A| + |B| = 3 + 2$.

Die Summenregel kann natürlich auf den Fall verallgemeinert werden, in dem Objekte mit mehr als zwei Eigenschaften gegeben sind: Angenommen, es gibt Objekte mit den Eigenschaften $a_1, a_2, \ldots, a_k$, die sich gegenseitig ausschließen, und die Anzahl der Objekte mit Eigenschaft a_i wird mit n_i bezeichnet. Dann gibt es $n_1 + n_2 + \ldots + n_k$ Möglichkeiten, ein Objekt auszuwählen, das eine der Eigenschaften $a_1, \ldots, a_k$ hat:

$$|A_1 \cup A_2 \cup \ldots \cup A_k| = |A_1| + |A_2| + \ldots + |A_k|, \qquad A_i \cap A_j = \emptyset, \ i \neq j.$$

Ein zweites grundlegendes Zählverfahren ist die **Produktregel**. Auch sie ist einfach und wird im Alltag oft verwendet. Sie lautet: Wenn eine Aufgabe in zwei Teilschritte zerlegt werden kann, die hintereinander ausgeführt werden, und wenn es n Möglichkeiten gibt, um Schritt eins durchzuführen und für jede dieser n Möglichkeiten jeweils m Möglichkeiten, um Schritt zwei durchzuführen, dann gibt es insgesamt $n \cdot m$ Wege, um die gesamte Aufgabe durchzuführen.

Beispiel 7.4 Produktregel
a) Wenn es 3 Routen gibt, um von Wien nach Graz zu fahren, und 4 Routen, um von Graz nach Marburg zu fahren, wie viele mögliche Wege gibt es insgesamt, um von Wien über Graz nach Marburg zu kommen?
b) Das Ablaufdatum eines Konservenproduktes wird durch zwei Zahlen gekennzeichnet, wobei die erste Zahl zwischen 01 und 12 liegt (steht für den Monat) und die zweite Zahl 02, 03 oder 04 sein kann (Jahr). Wie viele mögliche Ablaufdaten gibt es?

Lösung zu 7.4
a) Die Gesamtroute kann in zwei Schritten zusammengestellt werden: Schritt eins = Wahl der Route von Wien nach Graz; dafür gibt es 3 Möglichkeiten. Im Anschluss Schritt zwei = Wahl der Route von Graz nach Marburg; dafür gibt es 4 Möglichkeiten. Es gibt daher insgesamt $3 \cdot 4 = 12$ verschiedene Gesamtrouten.
b) Wir können uns zwei Platzhalter MJ vorstellen. Für die Festlegung von M gibt es 12 Möglichkeiten, im Anschluss gibt es jeweils 3 Möglichkeiten für die Festlegung von J. Insgesamt gibt es daher $12 \cdot 3 = 36$ mögliche Ablaufdaten. ∎

Die Produktregel entspricht also einem gestuften Entscheidungsprozess. Dieser kann gut mithilfe eines **Baumdiagrammes** dargestellt werden. Dabei stellt jeder Zweig des Baumes eine mögliche Wahl (Entscheidung) dar.

Beispiel 7.5 Baumdiagramm
Veranschaulichen Sie die Situation aus Beispiel 7.4 a) mithilfe eines Baumdiagrammes.

Lösung zu 7.5 Bezeichnen wir die Routen von Wien nach Graz mit a, b, c und die Routen von Graz nach Marburg mit $1, 2, 3, 4$. Dann zeigt das Baumdiagramm in Abbildung 7.1 die 12 möglichen Gesamtrouten von Wien nach Marburg: $(a, 1)$, $(a, 2)$, $(a, 3), \ldots, (c, 4)$. ∎

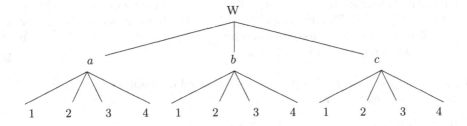

Abbildung 7.1. Baumdiagramm

Auch die Produktregel kann mithilfe von Mengen formuliert werden:

Satz 7.6 (Produktregel) Wenn A und B beliebige endliche Mengen sind, dann ist die Anzahl der Elemente ihres kartesischen Produktes gleich

$$|A \times B| = |A| \cdot |B|.$$

Beispiel 7.7 Produktregel
Gegeben sind die Mengen $A = \{a, b, c\}$ und $B = \{d, e\}$; dann ist $A \times B = \{(a, d), (a, e), (b, d), (b, e), (c, d), (c, e)\}$ und daher ist $|A \times B| = 6$ gleich $|A| \cdot |B| = 3 \cdot 2$.

Die Produktregel kann natürlich auch allgemeiner für den Fall von mehr als zwei Teilschritten formuliert werden: Wenn eine Tätigkeit aus k Teilschritten besteht, die hintereinander ausgeführt werden, und wenn es für den ersten Schritt m_1 Möglichkeiten gibt, für den zweiten Schritt m_2 Möglichkeiten, ... und für den k-ten Schritt m_k Möglichkeiten, dann gibt es $m_1 \cdot m_2 \cdots m_k$ Möglichkeiten, um die gesamte Tätigkeit durchzuführen:

$$|A_1 \times A_2 \times \cdots \times A_k| = |A_1| \cdot |A_2| \cdots |A_k|.$$

Beispiel 7.8 Produktregel
a) Wie viele verschiedene achtstellige Dualzahlen gibt es?
b) Wenn ein Autokennzeichen in den ersten zwei Stellen aus Großbuchstaben und in den folgenden vier Stellen aus Ziffern besteht, und wenn Buchstaben bzw. Ziffern auch mehrfach vorkommen können, wie viele mögliche Autokennzeichen gibt es dann?

Lösung zu 7.8
a) Stellen wir uns acht Platzhalter für die einzelnen Stellen der Dualzahl vor: XXXXXXXX. Schritt eins = Belegung der ersten Stelle; dafür gibt es 2 Möglichkeiten. Schritt zwei = Belegung der zweiten Stelle, dafür gibt es wieder 2 Möglichkeiten, usw. Insgesamt gibt es also $2^8 = 256$ verschiedene Dualzahlen mit acht Stellen.

b) Ein Autokennzeichen hat die Form BBZZZZ; die Aufgabe besteht aus den sechs Teilschritten diese Platzhalter zu belegen. Für B gibt es immer 26 Möglichkeiten, für Z immer 10 Möglichkeiten, also gibt es insgesamt $26 \cdot 26 \cdot 10 \cdot 10 \cdot 10 \cdot 10 = 6\,760\,000$ verschiedene Kennzeichen. ∎

Viele Abzählprobleme werden gelöst, indem sowohl die Summen- als auch die Produktregel angewendet werden:

> **Beispiel 7.9 Summen- und Produktregel**
> a) Ein Passwort kann aus sechs bis acht Zeichen bestehen (Kleinbuchstaben oder Ziffern). Wie viele mögliche Passwörter gibt es?
> b) Angenommen, mindestens eines der Zeichen des Passworts muss eine Ziffer sein. Wie viele mögliche Passwörter gibt es dann?

Lösung zu 7.9

a) Bezeichnen wir mit P_6, P_7 und P_8 die Anzahl der möglichen Passwörter mit sechs, sieben bzw. acht Zeichen. Nach der Summenregel gibt es dann insgesamt $P = P_6 + P_7 + P_8$ mögliche Passwörter. Berechnen wir zunächst P_6: Da es $26 + 10 = 36$ mögliche Zeichen (Buchstaben oder Ziffern) gibt, und Zeichen auch mehrfach vorkommen können, gibt es für jede der sechs Stellen XXXXXX des Passworts 36 Möglichkeiten, und daher nach der Produktregel $36 \cdot 36 \cdot 36 \cdot 36 \cdot 36 \cdot 36 = 36^6$ verschiedene Passwörter der Länge sechs. Analog gibt es 36^7 verschiedene Passwörter der Länge sieben, und 36^8 verschiedene Passwörter der Länge acht. Insgesamt gibt es daher $36^6 + 36^7 + 36^8 = 2\,901\,650\,853\,888$ mögliche Passwörter.

b) Bezeichnen wir mit Z_6, Z_7, Z_8 die Anzahl der Passwörter mit sechs, sieben und acht Zeichen, die zumindest eine Ziffer enthalten. Insgesamt gibt es dann $Z = Z_6 + Z_7 + Z_8$ zulässige Passwörter. Beginnen wir mit Z_6 und überlegen wir, wie wir mit möglichst wenig Rechenaufwand auskommen: Es sind alle sechsstelligen Passwörter erlaubt, bis auf jene, die keine Ziffer enthalten. Es gibt 26^6 sechsstellige Passwörter ohne Ziffer (d.h. nur mit Buchstaben). Die Anzahl der erlaubten sechsstelligen Passwörter ist damit gleich der Anzahl aller *möglichen* sechsstelligen Passwörter minus der Anzahl der sechsstelligen Passwörter *ohne* Ziffer: $Z_6 = P_6 - 26^6$. Analog berechnet man $Z_7 = P_7 - 26^7$ und $Z_8 = P_8 - 26^8$. Insgesamt sind damit $Z = Z_6 + Z_7 + Z_8 = P - 26^6 - 26^7 - 26^8 = 2\,684\,483\,063\,360$ Passwörter erlaubt. ∎

Für nicht disjunkte Mengen kann die Summenregel leicht verallgemeinert werden:

> **Satz 7.10 (Inklusions-Exklusions-Prinzip)** Für zwei beliebige endliche Mengen A und B ist die Anzahl der Elemente ihrer Vereinigungsmenge gleich
>
> $$|A \cup B| = |A| + |B| - |A \cap B|.$$

Die gemeinsamen Elemente werden nämlich sowohl durch $|A|$ als auch durch $|B|$ berücksichtigt, also doppelt gezählt. Deshalb muss ihre Anzahl einmal abgezogen werden. Wenn die Durchschnittsmenge $A \cap B$ leer ist, dann erhalten wir wieder die Summenregel.

Beispiel 7.11 Inklusions-Exklusions-Prinzip

a) $A = \{a, b, c, d\}$, $B = \{c, d, e\}$; dann ist $A \cup B = \{a, b, c, d, e\}$ und $A \cap B = \{c, d\}$. Daher ist $|A \cup B| = 5$ gleich $|A| + |B| - |A \cap B| = 4 + 3 - 2$.

b) In einer Stadt sprechen $1\,000\,000$ Menschen Deutsch oder Französisch. Wenn 90% davon (zumindest) Deutsch sprechen, und 20% (zumindest) Französisch, wie viele sprechen dann beide Sprachen?

c) Wie viele achtstellige Dualzahlen gibt es, die mit 0 beginnen oder mit 11 enden?

Lösung zu 7.11

b) Ist D die Menge der Deutsch sprechenden Menschen und F die Menge der Französisch sprechenden Menschen, so ist $|D| = 900\,000$, $|F| = 200\,000$, $|D \cup F| = 1\,000\,000$; somit ist $|D \cap F| = |D| + |F| - |D \cup F| = 900\,000 + 200\,000 - 1\,000\,000 = 100\,000$. Es sprechen also $100\,000$ Menschen in dieser Stadt beide Sprachen.

c) Es gibt 2^7 achtstellige Dualzahlen, die mit 0 beginnen (denn sie haben die Form YXXXXXXX, wobei es für Y eine Möglichkeit, und für jedes X zwei Möglichkeiten gibt). Diese Anzahl schließt auch jene Dualzahlen ein, die mit 0 beginnen *und* mit 11 enden.

Analog gibt es 2^6 achtstellige Dualzahlen, die mit 11 enden (sie haben die Form XXXXXXYY, wobei es für Y wieder nur eine Möglichkeit, und für jedes X zwei Möglichkeiten gibt). Auch hier sind die Dualzahlen, die mit 0 beginnen *und* mit 11 enden, mitgezählt.

Durch $2^7 + 2^6$ werden also die Dualzahlen, die sowohl mit 0 beginnen als auch auf 11 enden, doppelt gezählt. Daher müssen wir ihre Anzahl einmal abziehen: Es gibt 2^5 solcher Dualzahlen (denn sie haben die Form YXXXXXYY). Insgesamt gibt es also $2^7 + 2^6 - 2^5 = 160$ Dualzahlen, die mit 0 beginnen oder mit 11 enden. ∎

Auch das Inklusions-Exklusions-Prinzip kann auf den Fall von mehr als zwei Mengen verallgemeinert werden, also allgemeiner für k Mengen formuliert werden. Für drei Mengen gilt zum Beispiel:

$$|A \cup B \cup C| = |A| + |B| + |C| - |A \cap B| - |A \cap C| - |B \cap C| + |A \cap B \cap C|.$$

7.2 Permutationen und Kombinationen

Permutationen und Kombinationen sind geordnete bzw. ungeordnete Auswahlen von Objekten aus einer Menge. Die Anzahl der möglichen Permutationen bzw. Kombinationen kann leicht mithilfe der im letzten Abschnitt besprochenen Zählverfahren berechnet werden.

Definition 7.12 Eine Auswahl von k Objekten aus einer Menge von n Elementen, bei der die Reihenfolge eine Rolle spielt, nennt man eine **geordnete Auswahl** (oder eine **Variation** oder eine **k-Permutation**). Der Spezialfall $k = n$, bei dem also *alle* Elemente ausgewählt und angeordnet werden, wird **Permutation** genannt.

Beispiel 7.13 Geordnete Auswahl

a) (a, b, e) oder (c, e, a) oder (a, c, e) sind 3-Permutationen (= geordnete Auswahlen) aus der Menge $A = \{a, b, c, d, e\}$.

b) (a, b, c, d, e) oder (a, b, d, e, c) sind Permutationen (= verschiedene Anordnungen) der Elemente von A.

Mithilfe der Produktregel folgt:

Satz 7.14 Die Anzahl der k-Permutationen aus einer Menge mit n Elementen wird mit $P(n, k)$ bezeichnet und ist gegeben durch

$$P(n, k) = n \cdot (n-1) \cdot (n-2) \cdots (n-k+1) = \frac{n!}{(n-k)!}.$$

Speziell gibt es

$$P(n, n) = n \cdot (n-1) \cdot (n-2) \cdots 2 \cdot 1 = n!$$

verschiedene Anordnungen der n Elemente.

Erinnern Sie sich daran, dass $0! = 1$ definiert ist.

Warum gilt diese Formel? Wir möchten alle möglichen geordneten Auswahlen von k Elementen zählen. Verwenden wir dazu wieder Platzhalter: $X_1 X_2 \ldots X_k$. Für den ersten Platz stehen alle n Elemente zur Verfügung, wir haben also n Möglichkeiten. Für den zweiten Platz stehen danach nur noch $n-1$ Elemente zur Auswahl (weil ja ein Element bereits Platz X_1 belegt), für den dritten Platz sind es noch $(n-2)$, usw. und für den k-ten Platz sind es noch $n - (k-1) = n - k + 1$ Kandidaten. Nach der Produktregel gibt es daher insgesamt $n \cdot (n-1) \cdot (n-2) \cdots (n-k+1)$ Möglichkeiten, die k Plätze zu besetzen. Die Formel $P(n, k) = \frac{n!}{(n-k)!}$ erhält man durch Multiplikation von $n \cdot (n-1) \cdot (n-2) \cdots (n-k+1)$ mit $\frac{(n-k)!}{(n-k)!}$.

Beispiel 7.15 Permutationen

a) Wie viele Möglichkeiten gibt es, zwei Elemente aus der Menge $A = \{a, b, c, d\}$ auszuwählen, wenn die Reihenfolge eine Rolle spielt?

b) Ein Club besteht aus 10 Mitgliedern. Es soll ein Präsident, ein Vizepräsident und ein Kassier gewählt werden. Wie viele Möglichkeiten gibt es, diese drei Positionen zu besetzen?

c) Wie viele Möglichkeiten gibt es, fünf Bilder nebeneinander an der Wand aufzuhängen?

Lösung zu 7.15

a) Stellen wir uns Platzhalter vor: $X_1 X_2$. Für die Belegung von Platz X_1 stehen alle vier Elemente zur Auswahl, danach stehen für die Belegung von Platz X_2 noch drei Elemente zur Auswahl. Insgesamt gibt es also nach der Produktregel $P(4, 2) = 4 \cdot 3 = 12$ Möglichkeiten, die beiden Plätze zu besetzen. Zählen wir diese Möglichkeiten auf: (a, b), (b, a), (a, c), (c, a), (a, d), (d, a), (b, c), (c, b), (b, d), (d, b), (c, d), (d, c).

b) Für die Wahl des Präsidenten stehen 10 Personen zur Auswahl; ist der Präsident bestimmt, dann gibt es für die Wahl des Vizepräsidenten noch 9 Möglichkeiten, und danach für die Wahl des Kassiers noch 8 Möglichkeiten. Insgesamt gibt es daher $10 \cdot 9 \cdot 8 = 720$ Möglichkeiten, diese drei Positionen zu besetzen.

c) Für die erste Position gibt es 5 Bilder zur Auswahl. Danach gibt es für die zweite Position noch 4 Bilder zur Auswahl, für die dritte Position gibt es dann noch 3 Bilder, usw. Insgesamt gibt es also $5 \cdot 4 \cdot 3 \cdot 2 \cdot 1 = 5! = 120$ verschiedene Reihenfolgen, in denen die Bilder aufgehängt werden können. ∎

Eine Permutation von n Objekten kann auch als eine Umordnung dieser Objekte aufgefasst werden, d.h. als eine bijektive Abbildung $\pi : \{1, \ldots n\} \to \{1, \ldots n\}$, die dem j-ten Objekt seinen neuen Platz $\pi(j)$ zuordnet.

Die Menge aller bijektiven Abbildungen von $\{1, \ldots n\} \to \{1, \ldots n\}$ bildet mit der Hintereinander-ausführung von Abbildungen als Verknüpfung eine Gruppe, die **symmetrische Gruppe** S_n. Die symmetrische Gruppe hat somit $n!$ Elemente. In einem gewissen Sinn ist mit S_n die allgemeinste Gruppe mit endlich vielen Elementen gefunden. Denn jede Gruppe mit n Elementen kann als Teilmenge (Untergruppe) von S_n aufgefasst werden.

Wenn wir nun bei einer Auswahl an der Reihenfolge nicht interessiert sind, also zum Beispiel zwischen den Möglichkeiten „Huber, Meier, Müller" und „Meier, Huber, Müller" *nicht* unterscheiden möchten, dann müssen wir anders vorgehen:

Beispiel 7.16 Ungeordnete Auswahl
Aus vier Personen $\{a, b, c, d\}$ soll ein zweiköpfiges Team ausgewählt werden. Wie viele Möglichkeiten gibt es, dieses Team zu bilden?

Lösung zu 7.16 Wir wissen, dass es $4 \cdot 3 = 12$ Möglichkeiten gibt, zwei Personen aus diesen vier auszuwählen, wenn die Reihenfolge eine Rolle spielt: (a, b), (b, a), (a, c), (c, a), (a, d), (d, a), (b, c), (c, b), (b, d), (d, b), (c, d), (d, c). Nun kommt es aber nicht auf die Reihenfolge innerhalb eines Teams an: (a, b) und (b, a) bezeichnet zum Beispiel ein und dasselbe Team. Jedes Team wird hier also doppelt gezählt und daher müssen wir die Anzahl der geordneten Auswahlen noch durch 2 dividieren:

$$\frac{4 \cdot 3}{2} = 6.$$

Diese 6 verschiedenen Teams sind: $\{a, b\}$, $\{a, c\}$, $\{a, d\}$, $\{b, c\}$, $\{b, d\}$, $\{c, d\}$. ∎

Da es auf die Reihenfolge nicht ankommt, verwenden wir zur Angabe der Teams Mengen anstelle von geordneten Paaren. Jede zweielementige Teilmenge von $\{a, b, c, d\}$ stellt also ein Team dar.

Definition 7.17 Eine Auswahl von k Elementen aus n Elementen ohne Beachtung der Reihenfolge nennt man eine **Kombination** oder eine **ungeordnete Auswahl**.

Eine Kombination ist also nichts anderes als eine Teilmenge.

Satz 7.18 Die Anzahl der möglichen Kombinationen von k Elementen aus n Elementen wird mit $C(n, k)$ bezeichnet und ist gleich

$$C(n, k) = \frac{P(n, k)}{k!} = \frac{n!}{k!(n-k)!}.$$

Für $k > n$ ist $C(n, k) = 0$.

Im obigen Beispiel haben wir $C(4,2) = \frac{4 \cdot 3}{2!} = 6$ berechnet.

Die Anzahl $P(n,k) = n \cdot (n-1) \cdot (n-2) \cdots (n-k+1)$ zählt jede k-elementige Teilmenge $k!$-mal mit ($k!$ ist ja die Anzahl der Möglichkeiten, k ausgewählte Elemente anzuordnen). Da wir jede Teilmenge aber nur einmal zählen möchten, muss man $P(n,k)$ durch $k!$ dividieren. Daher ist $C(n,k) = \frac{P(n,k)}{k!}$.

Bekannter als die Schreibweise $C(n,k)$ für die Anzahl der k-elementigen Teilmengen aus n Elementen ist:

Definition 7.19 Der **Binomialkoeffizient** ist für $n,k \in \mathbb{N}_0$ definiert als

$$\binom{n}{k} = \frac{n!}{k!(n-k)!}$$

und wird „n über k" gelesen. Falls $k > n$ ist, so wird der Binomialkoeffizient gleich 0 gesetzt.

Beispiel 7.20 (→CAS) Lotto „6 aus 45"
Wie viele Möglichkeiten gibt es, aus 45 Zahlen 6 Zahlen zu ziehen (wobei es auf die Reihenfolge der Ziehung nicht ankommt)?

Lösung zu 7.20 Es kommt auf die Reihenfolge der Ziehung nicht an, d.h., dass $1,5,34,40,41,42$ z.B. dasselbe bedeutet wie $5,1,34,40,41,42$. Wir suchen also die Anzahl der sechselementigen Teilmengen aus einer 45-elementigen Menge. Sie ist gleich

$$C(45,6) = \binom{45}{6} = \frac{45 \cdot 44 \cdot 43 \cdot 42 \cdot 41 \cdot 40}{6!} = 8\,145\,060.$$

Es gibt also $8\,145\,060$ Möglichkeiten, sechs Zahlen auf dem Lottoschein anzukreuzen. ∎

Der Name *Binomialkoeffizient* kommt daher, dass die verschiedenen Potenzen $(x+y), (x+y)^2, (x+y)^3, \ldots$ des *Binoms* $x+y$ mithilfe des Binomialkoeffizienten ausgedrückt werden können:

Satz 7.21 (Binomischer Lehrsatz) Für $n \in \mathbb{N}$ und $x,y \in \mathbb{R}$ gilt

$$(x+y)^n = \binom{n}{0}x^n + \binom{n}{1}x^{n-1}y + \ldots + \binom{n}{n-1}xy^{n-1} + \binom{n}{n}y^n$$
$$= \sum_{k=0}^{n} \binom{n}{k}x^{n-k}y^k.$$

Beim Ausmultiplizieren von $(x+y)^n$ müssen alle möglichen Produkte aus x's und y's mit genau n Faktoren aufsummiert werden. Es muss also über alle Terme $x^{n-k}y^k$ summiert werden, wobei es $C(n,k)$ Möglichkeiten gibt, diesen Term zu bilden (die Anzahl der Möglichkeiten, die k Plätze aus den n verfügbaren für die y's auszuwählen).

So ist zum Beispiel

$$(x+y)^2 = x^2 + 2xy + y^2 = \binom{2}{0}x^2 + \binom{2}{1}xy + \binom{2}{2}y^2,$$

$$(x+y)^3 = x^3 + 3x^2y + 3xy^2 + y^3 = \binom{3}{0}x^3 + \binom{3}{1}x^2y + \binom{3}{2}xy^2 + \binom{3}{3}y^3.$$

Der Binomialkoeffizient hat unter anderem folgende Eigenschaften. Sie werden zum Beispiel benötigt, um Binomialkoeffizienten effektiv zu berechnen:

Satz 7.22 Für $n, k \in \mathbb{N}_0$ mit $k \le n$ gilt:

- **Symmetrieeigenschaft:**

$$\binom{n}{k} = \binom{n}{n-k}$$

- **Additionseigenschaft:**

$$\binom{n}{k} = \binom{n-1}{k-1} + \binom{n-1}{k} \qquad \text{für } k \ge 1$$

- **Rekursionseigenschaften:**

$$\binom{n}{k+1} = \frac{n-k}{k+1}\binom{n}{k}, \quad \binom{n+1}{k} = \frac{n+1}{n-k+1}\binom{n}{k}, \quad \binom{n+1}{k+1} = \frac{n+1}{k+1}\binom{n}{k}$$

- **Vandermonde'sche Identität:**

$$\sum_{i=0}^{k} \binom{m}{i}\binom{n}{k-i} = \binom{m+n}{k}$$

Alexandre-Théophile Vandermonde (1735–1796) war ein französischer Musiker, Mathematiker und Chemiker.

Die ersten drei Eigenschaften können direkt mithilfe von Definition 7.19 nachgerechnet werden. Die Vandermonde'sche Identität sieht man wie folgt: Um k Elemente aus $n + m$ Elementen auszuwählen, muss man i Elemente aus den m und $k - i$ Elemente aus den n Elementen auswählen. Nach der Produktregel gibt es dafür $\binom{m}{i}\binom{n}{k-i}$ Möglichkeiten und nach der Summenregel müssen wir dann noch über alle möglichen i summieren.

Binomialkoeffizienten lassen sich leicht mithilfe des **Pascal'schen Dreiecks** berechnen (Blaise Pascal, 1623–1662, französischer Mathematiker und Physiker):

n	Binomialkoeffizienten								
0					1				
1				1		1			
2			1		2		1		
3		1		3		3		1	
4	1		4		6		4		1

Die n-te Zeile enthält dabei die Binomialkoeffizienten $\binom{n}{0}, \binom{n}{1}, \ldots, \binom{n}{n}$, und jeder Koeffizient kann (nach der Additionseigenschaft) als Summe der beiden darüber stehenden berechnet werden. Übrigens ist es nützlich, sich

$$\binom{n}{0} = \binom{n}{n} = 1$$

zu merken.

Mithilfe des Binomischen Lehrsatzes kann man berechnen, wie viele Teilmengen zum Beispiel eine Menge aus fünf Elementen besitzt: Es gibt die leere Menge, Teilmengen mit einem Element, Teilmengen mit zwei, drei oder vier Elementen, und die Menge selbst. Die Anzahl dieser Teilmengen ist also: Anzahl der 0-elementigen Teilmengen + Anzahl der 1-elementigen Teilmengen + ... + Anzahl der 5-elementigen Teilmengen; und das ist mithilfe des Binomischen Lehrsatzes gleich

$$\binom{5}{0} + \binom{5}{1} + \binom{5}{2} + \binom{5}{3} + \binom{5}{4} + \binom{5}{5} = (1+1)^5 = 2^5 = 32.$$

Allgemein gilt

Satz 7.23 Eine n-elementige Menge hat 2^n Teilmengen.

Das nächste Beispiel ist typisch für viele Aufgabenstellungen in der Statistik:

Beispiel 7.24 Stichprobe
Eine Lieferung von zehn PCs enthält drei fehlerhafte Geräte. Man entnimmt dieser Lieferung eine Stichprobe vom Umfang fünf ($=$ 5-elementige Teilmenge).
a) Wie viele verschiedene Stichproben gibt es?
b) Wie viele Stichproben enthalten genau zwei defekte Geräte?
c) Wie viele Stichproben enthalten mindestens ein defektes Gerät?

Lösung zu 7.24
a) Es gibt $C(10,5) = \frac{10 \cdot 9 \cdot 8 \cdot 7 \cdot 6}{5!} = 252$ verschiedene Stichproben.
b) Man kann sich die Entnahme einer solchen Stichprobe gedanklich in zwei Teilschritten vorstellen: Schritt eins $=$ Entnahme von zwei defekten Geräten aus den drei defekten; dafür gibt es $C(3,2)$ Möglichkeiten. Schritt zwei $=$ Entnahme von drei intakten Geräten aus den sieben intakten; dafür gibt es $C(7,3)$ Möglichkeiten. Nach der Produktregel gibt es daher insgesamt $C(3,2) \cdot C(7,3) = 105$ Möglichkeiten, eine Stichprobe mit genau zwei defekten Geräten zu ziehen.
c) Die Anzahl der Stichproben mit mindestens einem defekten Gerät ist gleich der Anzahl mit genau einem, genau zwei oder genau drei defekten Geräten; also nach analoger Argumentation wie unter b) und nach der Summenregel gleich

$$\binom{3}{1} \cdot \binom{7}{4} + \binom{3}{2} \cdot \binom{7}{3} + \binom{3}{3} \cdot \binom{7}{2}.$$

Wir können es uns aber etwas leichter machen: Die gesuchte Anzahl ist nämlich gleich der Anzahl der möglichen Stichproben vom Umfang fünf minus der Anzahl der Stichproben vom Umfang fünf mit keinem defekten Gerät, also

$$\binom{10}{5} - \binom{3}{0} \cdot \binom{7}{5} = 231.$$

Bei allen bisherigen Permutationen und Kombinationen sind wir stillschweigend davon ausgegangen, dass ein Objekt nach seiner Auswahl (Ziehung) nicht mehr zurückgelegt wird (**Ziehung ohne Zurücklegen**). Nun wollen wir uns noch die Situation genauer ansehen, bei der ein Objekt nach seiner Ziehung wieder zur Wahl steht:

Satz 7.25 (Ziehung mit Zurücklegen) Die Anzahl der Möglichkeiten aus n Objekten k Objekte auszuwählen, wobei jedes Element *mehrfach* in der Auswahl vorkommen kann, ist

$$n^k,$$

falls die Reihenfolge in der Auswahl eine Rolle spielt, und

$$\binom{n+k-1}{k},$$

falls die Reihenfolge keine Rolle spielt.

Den ersten Fall kennen wir bereits: Es gibt für jedes der k Objekte n Möglichkeiten, also insgesamt n^k nach der Produktregel.

Der zweite Fall ist etwas komplizierter: Wir können m_1 Mal das erste Objekt, m_2 Mal das zweite, etc. bis m_n Mal das letzte Objekt wählen, wobei $m_1 + m_2 + \ldots + m_n = k$ gelten muss. Jede solche Wahl können wir uns als $(n + k - 1)$-stellige Dualzahl mit genau k Einsen und $n - 1$ Nullen vorstellen: m_1 Einser, eine Null (als Trennzeichen), m_2 Einser, eine Null, etc. Die Anzahl dieser Dualzahlen ist aber genau $C(n + k - 1, k)$, nämlich die Anzahl der Möglichkeiten, die Positionen der k Einsen zu wählen.

Beispiel 7.26 Auswahl mit Zurücklegen
a) Wie viele verschiedene dreistellige Dezimalzahlen gibt es?
b) Sie können drei Bonuspunkte auf vier Kandidaten verteilen (wobei ein Kandidat auch mehr als einen Punkt von Ihnen bekommen kann). Wie viele Möglichkeiten für Ihre Punktevergabe gibt es?

Lösung zu 7.26
a) Wir müssen für die $k = 3$ Stellen aus den $n = 10$ möglichen Ziffern auswählen, also gibt es 10^3 verschiedene dreistellige Dezimalzahlen.
b) Mögliche Punktevergaben an die vier Kandidaten, nennen wir sie A, B, C, D, sind z B.: AAA, AAD, BCD, ... Im ersten Fall bekommt A alle drei Punkte, im zweiten Fall erhält A zwei und D einen Punkt usw. Wir müssen also dreimal wählen, wobei die Reihenfolge keine Rolle spielt (AAD ist dasselbe wie ADA). Mit $n = 4$ und $k = 3$ erhalten wir für die Anzahl der Möglichkeiten:

$$\binom{4 + 3 - 1}{3} = \binom{6}{3} = 20$$

∎

Zu guter Letzt noch eine kleine Zusammenfassung:

Für die Anzahl der Möglichkeiten, aus n Objekten k auszuwählen, gilt:

Auswahl ...	mit Beachtung der Reihenfolge (Variation)	ohne Beachtung der Reihenfolge (Kombination)
ohne Zurücklegen	$\dfrac{n!}{(n-k)!}$	$\dbinom{n}{k}$
mit Zurücklegen	n^k	$\dbinom{n+k-1}{k}$

7.3 Mit dem digitalen Rechenmeister

Fakultät und Binomialkoeffizient

In Mathematica wird die Fakultät mit

```
In[1]:= 6!
Out[1]= 720
```

und der Binomialkoeffizient mit

```
In[2]:= Binomial[45,6]
Out[2]= 8145060
```

berechnet.

7.4 Kontrollfragen

Fragen zu Abschnitt 7.1: Grundlegende Abzählverfahren

Erklären Sie folgende Begriffe: Summenregel, Produktregel, Inklusions-Exklusions-Prinzip.

1. Wie viele mögliche Ablaufdaten der Form MJ gibt es, wenn $M = 1, \ldots, 12$ und $J = 00, 01, 02, 03, 04$ sein kann?
2. Wie viele siebenstellige Dualzahlen gibt es?
3. Ein Vertreter möchte Ihnen sein neues Passwortsystem verkaufen: Ein Passwort kann aus fünf bis acht Zeichen bestehen (Kleinbuchstaben oder Ziffern). Zur zusätzlichen Sicherheit werden alle „gängigen" Hackerpasswörter ausgeschlossen; welche, bzw. wie viele genau das sind, ist ein streng gehütetes Firmengeheimnis. Der Vertreter garantiert Ihnen aber, dass das System mehr als 100^8 Möglichkeiten für Passwörter hat. Was halten Sie davon?
4. Wenn A und B gemeinsame Elemente haben, dann ist $|A \cup B|$ gleich
   a) $|A| + |B| - |A \cap B|$ b) $|A| + |B| + |A \cap B|$. Wie heißt diese Regel?
5. Ein Marktforschungsinstitut hat für Sie folgende Daten erhoben: 80% ihrer potentiellen Kunden besitzen einen Computer, 70% haben einen DVD-Player und 40% besitzen beides. Bezahlen Sie die Rechnung des Marktforschungsinstituts?

Fragen zu Abschnitt 7.2: Permutationen und Kombinationen

Erklären Sie folgende Begriffe: k-Permutation (Variation), Kombination, Permutation, Binomialkoeffizient.

1. Gegeben ist die Menge $A = \{a, b, c, d, e\}$.
   a) Wie viele Permutationen der Elemente von A gibt es?
   b) Wie viele 3-Permutationen gibt es?
   c) Wie viele 3-Kombinationen gibt es?
2. Wie viele Möglichkeiten gibt es, aus einer Gruppe von zehn Personen ein vierköpfiges Team zu bilden?
3. Was ist $\binom{n}{0}$?   a) 0   b) 1   c) n
4. Richtig oder falsch?
   a) $C(n, k)$ und $\binom{n}{k}$ sind verschiedene Schreibweisen derselben Zahl $\frac{n!}{k!(n-k)!}$.
   b) $\binom{10}{1} = 1$ c) $\binom{20}{17} = \binom{20}{3}$

Lösungen zu den Kontrollfragen

Lösungen zu Abschnitt 7.1

1. $12 \cdot 5 = 60$ verschiedene Ablaufdaten
2. Für jede Stelle der Dualzahl gibt es 2 Möglichkeiten, daher gibt es insgesamt $2 \cdot 2 \cdots 2 = 2^7$ verschiedene Dualzahlen.
3. 100^8 ist ein *Vielfaches* der Anzahl der möglichen fünf- bis achtstelligen Passwörter. Setzen Sie den Vertreter vor die Tür;-)
4. $|A \cup B| = |A| + |B| - |A \cap B|$; Inklusions-Exklusions-Prinzip.
5. Nein, denn $100 \neq 80 + 70 - 40 = 110$.

Lösungen zu Abschnitt 7.2

1. a) 5!   b) $P(5,3) = 5 \cdot 4 \cdot 3 = 60$ c) $C(5,3) = \frac{5 \cdot 4 \cdot 3}{3!} = 10$
2. Die Anzahl der Kombinationen von 4 Personen aus den 10 Personen ist $C(10, 4) = \frac{10 \cdot 9 \cdot 8 \cdot 7}{4!} = 210$.
3. b) ist richtig
4. a) richtig   b) falsch; richtig ist 10
   c) richtig (Symmetrieeigenschaft des Binomialkoeffizienten)

7.5 Übungen

Aufwärmübungen

1. Wie viele verschiedene Initialen aus Vor-, Mittel- und Nachname gibt es?
2. Bei einer Feier stoßen 7 Personen mit Sekt an. Wie oft klirren die Gläser?
3. In einem Unternehmen gibt es 700 Mitarbeiter. Gibt es mit Sicherheit zwei Mitarbeiter mit denselben Initialen aus Vor- und Nachnamen?

4. Wie viele Variablennamen gibt es, die aus mindestens drei und höchstens fünf Kleinbuchstaben bestehen?

5. Wie viele Möglichkeiten gibt es für die Sitzordnung von fünf Personen in einem PKW, wenn nur drei von ihnen einen Führerschein besitzen?

6. Wie viele fünfstellige Dualzahlen beginnen mit 11 oder enden mit 00?

7. Aus acht Bildern sollen vier für eine Wanddekoration ausgewählt werden. Wie viele Möglichkeiten gibt es, sie (nebeneinander) aufzuhängen, wenn ihre Reihenfolge   a) von Bedeutung ist   b) ohne Bedeutung ist.

8. Eine Postleitzahl in Österreich besteht aus vier Ziffern zwischen 0 und 9, wobei die erste Ziffer nicht 0 sein kann (sie klassifiziert das Bundesland; so steht zum Beispiel 1 für Wien oder 9 für Kärnten). Wie viele verschiedene Postleitzahlen sind nach diesem Schema möglich?

9. Gegeben ist die Menge $A = \{x, y, z\}$.
   a) Geben Sie alle Permutationen der Elemente von A an.
   b) Geben Sie alle 2-Permutationen von Elementen von A an.
   c) Geben Sie alle 2-Kombinationen von Elementen von A an.

10. Wie viele Möglichkeiten gibt es, in einem Club aus 12 Mitgliedern einen Sprecher, einen Kassier und einen Protokollführer zu bestimmen?

11. a) Wie viele Möglichkeiten gibt es für fünf Personen, sich für ein Gruppenfoto in einer Reihe aufzustellen?
    b) Wie viele Möglichkeiten gibt es, wenn der einzige Mann dieser Gruppe immer in der Mitte stehen soll?

12. Personen a, b, c, d sollen auf einer Konferenz einen Vortrag halten. Wie viele verschiedene Reihenfolgen der Redner sind möglich, wenn
    a) es keine Einschränkungen gibt,
    b) a jedenfalls zuerst sprechen soll,
    c) d nicht an letzter Stelle sprechen soll.

13. Eine Münze wird fünf Mal geworfen, dabei entsteht eine Folge XXXXX von „Köpfen" K und „Zahlen" Z.
    a) Wie viele verschiedene Folgen sind möglich?
    b) Wie viele dieser Folgen haben genau drei K?
    c) Wie viele der Folgen haben höchstens zwei K?
    d) Wie viele haben mindestens zwei K?

14. Für einen Fernsehbericht sollen unter 60 Studierenden (darunter sind zehn Studentinnen) drei interviewt werden.
    a) Wie viele Möglichkeiten gibt es, drei Studierende auszuwählen (Reihenfolge unwesentlich)?
    b) Wie viele Möglichkeiten gibt es, eine Dreiergruppe mit genau einer Studentin auszuwählen?

15. Wie viele mögliche Tippreihen gibt es beim Lotto „6 aus 45" für:
    a) keine richtige Zahl   b) 3 Richtige
    c) 5 Richtige ohne Zusatzzahl   d) 5 Richtige plus Zusatzzahl
    Hinweis: Auf einem Lottoschein können sechs Zahlen aus 45 möglichen angekreuzt werden. Bei der Ziehung werden sechs Zahlen und eine Zusatzzahl bestimmt (Reihenfolge ist dabei unwesentlich), die dann mit den angekreuzten Zahlen verglichen werden.

16. Ein Reporter befragt 6 von 15 Vorstandsmitgliedern zu ihrer Meinung bezüglich eines Vorschlags.
    a) Wie viele verschiedene „Stichproben" sind möglich?
    b) Angenommen, 10 sind für den Vorschlag, und 5 dagegen. Wie viele der „Stichproben" spiegeln genau diese Verteilung wieder (d.h., enthalten 4 Befürworter und 2 Gegner)?

17. Eine Lieferung aus 100 Glühbirnen enthält 5 defekte. Es werden zufällig 10 Glühbirnen gezogen.
    a) Wie viele verschiedene Stichproben sind möglich?
    b) Wie viele dieser Stichproben enthalten nur unbeschädigte Glühbirnen?
    c) Wie viele der möglichen Stichproben haben genau zwei defekte Glühbirnen?
    d) Wie viele der möglichen Stichproben haben höchstens zwei defekte Glühbirnen?

Weiterführende Aufgaben

1. Ein Passwort muss 6 Stellen lang sein. Wie viele Passwörter gibt es, wenn es
   a) 6 Kleinbuchstaben enthalten muss, und die Kleinbuchstaben auch mehrfach im Passwort vorkommen können?
   b) 6 verschiedene Kleinbuchstaben enthalten muss?
   c) 5 Kleinbuchstaben und genau eine Ziffer enthalten muss?
   d) 4 Kleinbuchstaben und genau 2 Ziffern enthalten muss?

2. a) Wie viele zehnstellige Dualzahlen gibt es?
   b) Wie viele davon haben genau drei „0"?
   c) Wie viele davon haben höchstens zwei „0"?
   d) Wie viele davon haben mindestens zwei „0"?

3. Wie viele Möglichkeiten gibt es, aus den Buchstaben des Wortes „MISSISSIPPI" neue Wörter zu bilden (ein „Wort" ist hier irgendeine Permutation dieser 11 Buchstaben, also z. B. „ISSISIPPMS").

4. Angebot im Supermarkt: Um 3 Euro kann ein Tragekorb aus 6 Saftflaschen beliebig zusammengestellt werden, wobei Apfelsaft, Birnensaft und Orangensaft zur Auswahl stehen. Wie viele Möglichkeiten gibt es, so einen Tragekorb zusammenzustellen (die Reihenfolge, wie die Flaschen in den Korb eingeordnet werden, spielt keine Rolle)?

5. Wie viele verschiedene Würfe mit vier Würfeln sind insgesamt möglich? Es können auch gleiche Augenzahlen auftreten und es kommt auf die Reihenfolge nicht an (also ist z. B. $1, 3, 3, 6$ ein möglicher Wurf; der Wurf $3, 1, 6, 3$ gilt als derselbe Wurf).

6. Eine Logikfunktion $f : \mathbb{Z}_2^n \to \mathbb{Z}_2$ ordnet jeder n-Bit Zahl den Wert 0 oder 1 zu (vergleiche auch Seite 19). Eine unvollständige Logikfunktion $f : \mathbb{Z}_2^n \to \mathbb{Z}_3$ ordnet jeder n-Bit Zahl den Wert 0, 1 oder 2 zu (wobei 2 für „unbestimmt" steht).
   a) Wie viele Logikfunktionen gibt es (für festes n)?
   b) Wie viele unvollständige Logikfunktionen gibt es (für festes n)?

7. Zeigen Sie, dass für den Binomialkoeffizienten gilt (Additionseigenschaft):
$$\binom{n-1}{k} + \binom{n-1}{k-1} = \binom{n}{k}.$$

8. **IP-Adressen**: Beim IP-Protokoll (Version 4) wird ein Rechner eindeutig durch seine IP-Adresse identifiziert (RFC 1166). Sie ist eine 32-Bit-Dualzahl. (Diese wird in der Regel durch vier 8-Bit-Zahlen in Dezimaldarstellung angegeben. Zum Beispiel hat der Webserver www.technikum-wien.at die IP-Adresse 193.170.255.25, die der Dualzahl 11000001.10101010.11111111.00011001 entspricht.) Die ersten n Bit der IP-Adresse sind die so genannte **Netzwerk-ID** und die restlichen $32 - n$ Bit die **Host-ID**. (An der Netzmaske sieht man, dass in unserem Beispiel die Netzwerk-ID 193.170.255 und die Host-ID 25 ist.) Bei Netzwerken der Klasse A hat die Netzwerk-ID 8 Bit, bei Netzwerken der Klasse B 16 Bit und bei Netzwerken der Klasse C 24 Bit. (In unserem Beispiel handelt es sich also um ein Klasse C-Netzwerk.) Die Adressen, die (dual) mit 0 beginnen, sind Klasse A-Netzwerke; Adressen, die mit 10 beginnen, sind Klasse B-Netzwerke; Adressen, die mit 110 beginnen, sind Klasse C-Netzwerke.

a) Wie viele Host-IDs können innerhalb eines Klasse A, B bzw. C Netzwerkes vergeben werden, wenn die Host-ID nicht aus lauter 0 oder 1 bestehen darf?

b) Wie viele Klasse A, B bzw. C-Netzwerke (d.h., Netzwerk-IDs) gibt es?

c) Wie viele Rechner können insgesamt nach diesem Schema adressiert werden? (Wir ignorieren hier, dass in der Praxis nicht alle Klasse A, B bzw. C-Netzwerke verfügbar sind. Ein Teil ist für spezielle Zwecke wie z. B. Loopback, private Adressen, etc. reserviert.)

9. **ENIGMA**: Eine monoalphabetische Verschlüsselung des Alphabets entspricht einer Permutation der 26 Buchstaben. Es gibt also 26! mögliche Verschlüsselungen (wer möchte, kann noch die identische Permutation als ungeeignet ausschließen).

Wieviele Möglichkeiten gibt es, wenn man nur Permutationen betrachtet, die keinen Buchstaben auf sich selbst abbilden und ihr eigenes Inverses sind (d.h. es kann mit der gleichen Permutation ver- und entschlüsselt werden)? Um welchen Faktor verringert sich die Anzahl der 26! Möglichkeiten?

Man nennt solche Permutationen fixpunktfreie Involutionen: „fixpunktfrei" wegen $f(x) \neq x$ und „Involution" wegen $f(f(x)) = x$.

Im zweiten Weltkrieg hat die Tatsache, dass die Aliierten die mit der Verschlüsselungsmaschine ENIGMA gesicherten Funksprüche der deutschen Wehrmacht geknackt haben, eine entscheidende Rolle gespielt. Die ENIGMA verschlüsselt mithilfe wechselnder Permutationen des Alphabets A–Z. In den Maschinen, die die Wehrmacht verwendet hat, sind aus Bequemlichkeit nur fixpunktfreie Involutionen verwendet worden. Das war einer der wesentlichen Schwachpunkte.

Lösungen zu den Aufwärmübungen

1. $26^3 = 17\,576$ (Produktregel)

2. $\binom{7}{2} = 21$

3. Es gibt $26^2 = 676$ verschiedene Initialenpaare und daher mit Sicherheit (zumindest) zwei Mitarbeiter, die dieselben Initialen haben.

4. $26^3 + 26^4 + 26^5 = 12\,355\,928$ (Summen- und Produktregel)

5. Schritt 1: Bestimmung des Fahrers, Schritt 2: Bestimmung des Beifahrers, Schritt 3, 4 bzw. 5: Belegung des ersten, zweiten bzw. dritten Rücksitzes. Es gibt für den

ersten Schritt 3 Möglichkeiten, danach für den zweiten Schritt 4 Möglichkeiten, für den dritten 3, für den vierten 2 und für den fünften eine Möglichkeit. Die gesuchte Anzahl der möglichen Sitzordnungen ist demnach $3 \cdot 4 \cdot 3 \cdot 2 \cdot 1 = 72$.

6. $2^3 + 2^3 - 2^1 = 14$ (Inklusions-Exklusionsprinzip)

7. a) $P(8,4) = 8 \cdot 7 \cdot 6 \cdot 5 = 1680$ b) $C(8,4) = 70$

8. Bezeichnen wir die vier Stellen der Postleitzahl mit den Platzhaltern XYYY, dann gibt es für X 9 Möglichkeiten und für Y immer 10 Möglichkeiten. Es gibt daher $9 \cdot 10 \cdot 10 \cdot 10 = 9000$ verschiedene Postleitzahlen.

9. a) $(x,y,z), (x,z,y), (y,x,z), (y,z,x), (z,y,x), (z,x,y)$ (man kann auch die Klammern weglassen und nur $x\,y\,z$, $x\,z\,y$, usw. schreiben).
    b) $(x,y), (x,z), (y,x), (y,z), (z,x), (z,y)$ c) $\{x,y\}, \{x,z\}, \{y,z\}$

10. Es gibt $P(12,3) = 12 \cdot 11 \cdot 10 = 1320$ Möglichkeiten, diese Positionen zu besetzen.

11. a) Es gibt $5! = 120$ verschiedene Anordnungen (Permutationen) der Personen.
    b) Wenn der Platz in der Mitte bereits vergeben ist, dann gibt es noch $4! = 24$ Möglichkeiten, die restlichen Plätze zu besetzen.

12. a) $4! = 24$ b) $3! = 6$ c) $24 - 6 = 18$ (die sechs Anordnungen, bei denen d an letzter Stelle spricht, werden von allen möglichen Anordnungen abgezogen).

13. a) $2^5 = 32$ b) $C(5,3) = 10$ c) $C(5,0) + C(5,1) + C(5,2) = 16$
    d) $2^5 - (C(5,0) + C(5,1)) = 26$

14. a) Es gibt $C(60,3) = 34\,220$ Möglichkeiten, eine Gruppe von drei Studierenden auszuwählen.
    b) Die Anzahl der Möglichkeiten, aus 10 Studentinnen eine auszuwählen ist gleich $C(10,1) = 10$; die Anzahl der Möglichkeiten, aus 50 Studenten zwei auszuwählen, ist gleich $C(50,2) = 1225$. Nach der Produktregel ist damit die gesuchte Anzahl gleich $C(10,1) \cdot C(50,2) = 12250$.

15. Es gibt (nach der Ziehung) sechs richtige Zahlen, eine Zusatzzahl, und 38 Zahlen, die nicht gezogen wurden.
    a) $C(6,0) \cdot C(39,6) = 3\,262\,623$ b) $C(6,3) \cdot C(39,3) = 182\,780$
    c) $C(6,5) \cdot C(38,1) = 228$ d) $C(6,5) \cdot C(1,1) = 6$

16. a) $C(15,6) = 5005$ b) $C(10,4) \cdot C(5,2) = 2100$

17. a) $C(100,10) = 17310309456440$ b) $C(95,10) = 10104934117421$
    c) $C(5,2) \cdot C(95,8) = 1215509316450$
    d) $C(5,2) \cdot C(95,8) + C(5,1) \cdot C(95,9) + C(95,10) = 17195405130046$

(Lösungen zu den weiterführenden Aufgaben finden Sie in Abschnitt B.7)

Rekursionen und Wachstum von Algorithmen

8.1 Grundbegriffe

Viele Abzählprobleme können nicht direkt mithilfe der Methoden gelöst werden, die wir im Kapitel 7 kennen gelernt haben. Ein Beispiel für ein solches Problem ist: Wie viele Möglichkeiten gibt es, Bitfolgen der Länge n zu bilden, die keine aufeinander folgenden 1 enthalten? Wenn wir zum Beispiel $n = 3$ setzen, dann können wir die erlaubten Bitfolgen leicht anschreiben: 000, 100, 010, 001, 101; es gibt also fünf derartige Folgen. Wie viele gibt es aber zum Beispiel für $n = 8$ oder $n = 12$? Es wäre praktisch, eine Formel für allgemeines n zu haben. Wenn wir mit a_n die Anzahl der erlaubten Bitfolgen der Länge n bezeichnen, dann werden wir in diesem Kapitel sehen, dass $a_{n+1} = a_n + a_{n-1}$ ist. Wir können also die gesuchte Anzahl mithilfe einer *Rekursion* ausdrücken. Mithilfe der *Anfangsbedingungen* $a_1 = 2$ und $a_2 = 3$ können wir $a_3 = a_2 + a_1 = 5$ berechnen, und weiter $a_4 = a_3 + a_2 = 8$ usw. Es ist sogar möglich, ein nicht-rekursives Bildungsgesetz $a_n = f(n)$ zu finden. Wir erhalten es durch *Lösung* der Rekursion.

Definition 8.1 Eine **Rekursion** k-ter **Ordnung** ist eine Gleichung

$$a_n = f(n, a_{n-1}, \ldots, a_{n-k}), \qquad k \in \mathbb{N},$$

die das n-te Glied einer Folge a_n mithilfe von einem oder mehreren der vorhergehenden Glieder a_{n-1}, a_{n-2}, ..., a_{n-k} ausdrückt. Hängt f nicht von n ab, also $a_n = f(a_{n-1}, \ldots, a_{n-k})$, so spricht man von einer **autonomen** Rekursion.

Wir setzen hier – um von der Ordnung k sprechen zu können – voraus, dass f auch tatsächlich von a_{n-k} abhängt.

Eine Rekursion wird auch als **Differenzengleichung** bezeichnet. Im wichtigen Spezialfall einer autonomen Rekursion erster Ordnung,

$$a_n = f(a_{n-1}),$$

spricht man auch von einer **Iteration**. Ein Beispiel dafür ist die Heron'sche Folge $a_n = \frac{1}{2}(a_{n-1} + \frac{2}{a_{n-1}})$.

Eine Folge, deren Glieder die Rekursion erfüllen, wird als **Lösung der Rekursion** bezeichnet. Sind die Werte von k Folgengliedern a_{n_0}, ..., a_{n_0+k-1} gegeben – man spricht von **Anfangsbedingungen** – so sind alle weiteren Folgenglieder $a_{n_0+k}, a_{n_0+k+1}, \ldots$ durch die Rekursion eindeutig bestimmt. n_0 kann dabei irgendein Folgenindex sein, meistens ist $n_0 = 0$. Zwei Lösungen, die also für

$n = n_0, \ldots, n_0 + k - 1$ übereinstimmen, stimmen auch für alle $n \geq n_0 + k$ überein. Die Vorgabe von k Anfangsbedingungen legt also die Lösung der Rekursion eindeutig fest.

> **Beispiel 8.2 Lösung einer Rekursion zu verschiedenen Anfangsbedingungen**
>
> Gegeben ist die Rekursion $a_n = 2a_{n-1} - a_{n-2}$ $(n \geq 3)$.
>
> a) Finden Sie die Lösung, die durch die Anfangsbedingungen $a_1 = 1$ und $a_2 = 1$ festgelegt wird.
>
> b) Zeigen Sie, dass $a_n = n$ eine Lösung ist. Geben Sie Anfangsbedingungen an, die diese Lösung eindeutig festlegen.

Lösung zu 8.2

a) Wir berechnen $a_3 = 2 - 1 = 1$, $a_4 = 1$, $a_5 = 1$. Es wird das nächste Folgenglied also immer aus den gleichen vorherigen Werten berechnet. Somit gilt $a_n = 1$ für alle $n \in \mathbb{N}$.

b) Wir setzen $a_n = n$ in die Rekursion ein: $n = 2(n - 1) - (n - 2) = 2n - 2 - n + 2 = n$. Somit ist $a_n = n$ eine Lösung der Rekursion. Es ist die Lösung zu den Anfangsbedingungen $a_1 = 1$, $a_2 = 2$. Beachten Sie, dass die Folgen in a) und b) verschiedene Lösungen der Rekursion sind (sie gehören zu verschiedenen Anfangsbedingungen). ∎

Satz 8.3 Die **allgemeine Lösung** einer Rekursion k-ter Ordnung hängt von k Parametern ab. Aus der allgemeinen Lösung erhält man *jede* Lösung der Rekursion durch geeignete Wahl dieser Parameter. Insbesondere werden die Parameter durch die Vorgabe von k Anfangsbedingungen eindeutig bestimmt. Wählt man für die Anfangsbedingungen (bzw. die Parameter) konkrete Zahlenwerte, so spricht man von einer **speziellen Lösung** der Rekursion.

Im Beispiel 8.2 haben wir zwei spezielle Lösungen $a_n = 1$ und $a_n = n$ der Rekursion $a_n = 2a_{n-1} - a_{n-2}$ betrachtet. Wir werden später sehen, dass die allgemeine Lösung die Form $a_n = k_1 + k_2 n$, mit k_1 und k_2 zwei beliebigen Parametern, hat. Die spezielle Lösung $a_n = 1$ gehört zur Parameterwahl $k_1 = 1$, $k_2 = 0$, und die spezielle Lösung $a_n = n$ zur Wahl $k_1 = 0$, $k_2 = 1$.

Um die Effektivität verschiedener Algorithmen vergleichen zu können, ist es notwendig, die Anzahl a_n der Rechenoperationen in Abhängigkeit von der eingegebenen Datenmenge n zu bestimmen. Viele Algorithmen sind rekursiv gegeben und führen somit ganz natürlich auf Rekursionen.

Betrachten Sie folgenden Algorithmus zum Sortieren (bezüglich einer strikten Ordnung $<$) von n Datensätzen $x_1, \ldots, x_n$, die ungeordnet gegeben sind: Der erste Datensatz x_1 wird genommen, und x_2 mit ihm verglichen; ist $x_2 < x_1$, so wird x_2 links von x_1 eingefügt, ansonsten rechts davon. Der nächste Datensatz x_3 wird zunächst mit dem kleineren der bereits sortierten Datensätze verglichen; ist x_3 kleiner, so wird es links davon eingereiht, ansonsten wird mit dem nächst größeren der bereits sortierten Datensätze verglichen, usw. Auf diese Weise vergleichen wir der Reihe nach alle nicht-sortierten Datensätze mit den bereits sortierten und reihen sie an der richtigen Stelle ein.

Beispiel 8.4 Anzahl der Vergleiche eines Sortieralgorithmus
Finden Sie die Anzahl a_n der Vergleichsoperationen, die im schlechtesten Fall
notwendig sind, um n Datensätze nach dem oben beschriebenen Verfahren zu
sortieren.

Lösung zu 8.4 Um *einen* Datensatz zu sortieren, benötigen wir $a_1 = 0$ Vergleiche.
Um n Datensätze zu sortieren, brauchen wir maximal (d.h. im schlechtesten Fall)
a_{n-1} Vergleiche, um die ersten $n-1$ Datensätze zu sortieren, und dann nochmals
maximal $n-1$ Vergleiche, um den letzten Datensatz einzuordnen. Es gilt also $a_n =
a_{n-1} + n - 1$. Wir können a_n daraus rekursiv berechnen: $a_1 = 0$, $a_2 = a_1 + 1 = 1$,
$a_3 = a_2 + 2 = 3$, ... Besser wäre es natürlich, eine nicht-rekursive Formel für a_n zu
haben, also eine, die nicht die Kenntnis von a_{n-1} voraussetzt! In diesem Fall können
wir sie leicht erraten. Um von a_1 auf a_n zu kommen, wird im j-ten Schritt ja genau
j hinzuaddiert: zum Beispiel $a_4 = a_3 + 3 = a_2 + 2 + 3 = a_1 + 1 + 2 + 3 = 0 + 1 + 2 + 3$.
Die im schlimmsten Fall notwendige Anzahl an Vergleichen bei n Datensätzen ist
also gleich

$$a_n = \sum_{j=0}^{n-1} j = \frac{n(n-1)}{2}.$$

(Die Gültigkeit dieser Formel wurde in Abschnitt 2.3 mithilfe vollständiger Induktion gezeigt). Es gibt Sortieralgorithmen, die mit wesentlich weniger Vergleichen auskommen. ∎

Ein weiteres Beispiel, bei dem eine Rekursion ein Abzählproblem löst:

Auf einer CD können aus technischen Gründen nicht beliebige Bitfolgen gespeichert werden. Zum
Beispiel darf es keine zwei aufeinander folgenden 1 geben. Deshalb werden 8-Bit-Folgen auf 14-
Bit-Folgen abgebildet, die den technischen Anforderungen genügen (**EFM, eight to fourteen
modulation**).

Beispiel 8.5 Abzählen von Bitfolgen
a) Wie viele Bitfolgen der Länge n gibt es, die keine zwei aufeinander folgenden 1 (d.h., keine 11-Blöcke) enthalten? Lösen Sie das Problem mithilfe einer
Rekursion.
b) Wie groß muss n mindestens gewählt werden, damit jede der 256 möglichen 8-
Bit-Folgen durch (mindestens) eine n-Bit-Folge ersetzt werden kann, die keine
aufeinander folgenden 1 enthält?

Lösung zu 8.5
a) Bezeichnen wir die gesuchte Anzahl der n-stelligen Bitfolgen mit a_n. Schreiben
wir einmal die ersten a_i an: Von den möglichen Bitfolgen der Länge 1 sind beide
erlaubt (1 und 0), also $a_1 = 2$. Von den möglichen Bitfolgen der Länge 2 sind drei
erlaubt (00, 01, 10), also $a_2 = 3$. Für $n \geq 3$ wird uns das aber zu mühsam. Wir
machen nun eine Überlegung, die typisch für die Aufstellung von Rekursionen
ist:
• Nach der Summenregel ist die Anzahl der erlaubten n-stelligen Bitfolgen gleich
der Anzahl der erlaubten n-stelligen Bitfolgen, die auf 0 enden plus der Anzahl
der erlaubten n-stelligen Bitfolgen, die auf 1 enden.
• Wie viele erlaubte n-stellige Bitfolgen gibt es, die auf 0 enden? Genau so viele,

wie es erlaubte $(n-1)$-stellige Bitfolgen gibt.

• Wie viele erlaubte n-stellige Bitfolgen gibt es, die auf 1 enden? Das sind genau diejenigen n-stelligen Bitfolgen mit Ende 1, die in der $(n-1)$-ten Stelle eine 0 haben (ansonsten würden die letzten beiden Bit gleich 1 sein). Die gesuchte Anzahl ist also gleich der Anzahl der $(n-1)$-stelligen Bitfolgen, die auf 0 enden. Und nach obiger Überlegung sind das gerade die Anzahl der erlaubten $(n-2)$-stelligen Bitfolgen. Insgesamt gilt also

$$a_n = a_{n-1} + a_{n-2}$$

mit den Anfangsbedingungen $a_1 = 2$ und $a_2 = 3$.

b) Mithilfe der Anfangsbedingungen berechnen wir $a_3 = 5$, $a_4 = 8$, ..., $a_{11} = 233$, $a_{12} = 377$. Es gibt daher 377 verschiedene Bitfolgen der Länge 12, die keine aufeinander folgenden 1 enthalten (genug, um die 256 Bitfolgen der Länge 8 zu ersetzen. In der Praxis verwendet man aus weiteren technischen Gründen nicht 12-Bit-Folgen, sondern 14-Bit-Folgen). ∎

Natürlich wäre es praktischer, wenn wir zur Berechnung von a_n nicht alle vorhergehenden Folgenglieder kennen müssten; wenn wir also wie in Beispiel 8.4 ein nicht-rekursives Bildungsgesetz für die Folge a_n hätten, in dem also nur n und die Anfangsbedingungen vorkommen, nicht aber andere vorhergehende Folgenglieder.

Beispiel 8.6 Verzinsung
Eine Person legt $a_0 = 1000$ Euro mit einer jährlichen Verzinsung von 6% an. Finden Sie ein nicht-rekursives Bildungsgesetz für den nach n Jahren angesparten Betrag $a_n = 1.06a_{n-1}$ und berechnen Sie konkret das nach 20 Jahren angesparte Kapital.

Lösung zu 8.6 Schreiben wir die ersten Folgenglieder an:

$$\begin{aligned} a_1 &= 1.06 \cdot a_0 \\ a_2 &= 1.06 \cdot a_1 = (1.06)^2 a_0 \\ a_3 &= 1.06 \cdot a_2 = (1.06)^3 a_0 \\ &\vdots \end{aligned}$$

Wir können also leicht erraten, dass die Folge $a_n = a_0(1.06)^n = 1000(1.06)^n$ diese Rekursion löst. Nach 20 Jahren werden insbesondere $a_{20} = 1000(1.06)^{20} = 3207.14$ Euro angespart sein. ∎

In diesem Beispiel haben wir die *allgemeine Lösung* $a_n = a_0(1.06)^n$ der Rekursion erraten. Wir haben danach die *spezielle Lösung* $a_n = 1000(1.06)^n$ zur Anfangsbedingung $a_0 = 1000$ erhalten. Halten wir fest:

Satz 8.7 (Lineare homogene Rekursion 1. Ordnung) Die allgemeine Lösung der Rekursion $a_n = c \cdot a_{n-1}$ mit $c \in \mathbb{R}$ ist gegeben durch

$$a_n = a_0 \cdot c^n.$$

Leider ist das Auffinden einer expliziten Lösung für die meisten Rekursionen nicht möglich. Oft ist man schon froh, wenn man zeigen kann, dass die Lösung für $n \to \infty$ gegen einen Grenzwert a konvergiert (insbesondere bei Iterationen). Es stellt sich aber heraus, dass auch diese Frage bereits für den einfachsten Fall einer Iteration extrem kompliziert ist und ins Chaos führt.

8.1.1 Ausblick: Iterationsverfahren und Chaos

Dieser gesamte Abschnitt soll Ihnen einen kleinen Ausblick in ein faszinierendes Gebiet der Mathematik geben. Falls Sie also mehr über den Begriff Chaos aus der Sicht der Mathematik wissen wollen, so sind Sie herzlich eingeladen weiter zu lesen. Wenn nicht, so können Sie diesen Abschnitt einfach überspringen.

In der Biologie betrachtet man oft die Größe einer Population in bestimmten Zeitabständen (*Zyklen*). Im einfachsten Fall hängt die Population x_n nach n Zyklen nur vom Wert davor, x_{n-1}, ab. Beispiel: x_n = Anzahl der Bakterien einer Kultur nach n Monaten. Dann haben wir es also mit einer Iteration

$$x_n = f(x_{n-1})$$

zu tun. Man spricht in diesem Fall auch von einem **dynamischen System**. Oft kann man annehmen, dass sich die Population in jedem Zyklus proportional zu der am Anfang des Zyklus vorhandenen Population verändert, also dass

$$
\begin{aligned}
x_n &= x_{n-1} + \mu x_{n-1}, \text{ bzw.} \\
x_n &= (1 + \mu) x_{n-1}
\end{aligned}
$$

gilt. Hier ist x_n die Population nach n Zyklen und μ (griechischer Buchstabe „mü") die so genannte **Wachstumsrate**. Wir wissen bereits aus Satz 8.7, dass die Lösung dieser Iteration durch

$$x_n = (1 + \mu)^n x_0$$

gegeben ist. Je nach der Wachstumsrate verhält sich die Population im Lauf der Zeit unterschiedlich. Es sind dabei drei Fälle zu unterscheiden: ist $\mu \in (-1, 0)$ (die Sterblichkeitsrate ist größer als die Geburtenrate), so nimmt die Population exponentiell ab; ist $\mu = 0$ (die Sterblichkeitsrate ist gleich der Geburtenrate), so bleibt die Population konstant; und ist $\mu > 0$ (die Sterblichkeitsrate ist kleiner als die Geburtenrate), so wächst die Population exponentiell.

Dieses Modell ist allerdings in vielen Situationen ungeeignet, da es annimmt, dass die Population *unbegrenzt* wachsen kann. In der Regel ist das Wachstum aber durch bestimmte Randbedingungen eingeschränkt (begrenzter Lebensraum, begrenzte Nahrung, ...). Ein verfeinertes Modell, das diese Schwäche korrigiert, erhält man mit der Annahme, dass die Wachstumsrate bei größeren Populationen abnimmt und bei Überschreiten einer bestimmten Grenzpopulation negativ wird. Normiert man diese Grenzpopulation auf eins (eins entspricht demnach 100%), so erhält man das diskrete **logistische Wachstumsmodell**

$$x_n = x_{n-1} + \mu(1 - x_{n-1})x_{n-1}.$$

Je weiter also x_{n-1} von 1 entfernt ist, umso größer ist die Wachstumsrate $\mu(1 - x_{n-1})$; je näher x_{n-1} bei 1 ist, umso kleiner ist die Wachstumsrate.

Von besonderer Bedeutung sind dabei *konstante* Lösungen $x_n = x_{n-1} = \overline{x}$. Sie werden auch als **Fixpunkte** der Iteration bezeichnet, da sie auf sich selbst abgebildet werden:

$$\overline{x} = f(\overline{x}).$$

Das heißt, wenn die Populationsgröße einen Fixpunkt erreicht hat, dann ändert sich die Population im Folgenden nicht mehr. Im Fall des logistischen Wachstums sind die Fixpunkte die beiden Nullstellen der quadratischen Gleichung

$$\overline{x} = \overline{x} + \mu(1 - \overline{x})\overline{x},$$

also $\overline{x} = 0$ und $\overline{x} = 1$. Das ist anschaulich klar: Wenn unsere Population gleich $\overline{x} = 0$ ist, dann ist nichts vorhanden, was sich vermehren kann und das bleibt dann auch für alle Zeiten so. Ist sie gleich der Grenzpopulation, $\overline{x} = 1$, so ist die Wachstumsrate 0 und die Population bleibt ebenfalls konstant.

Wenn die Anfangspopulation x_0 nicht gerade einer der Fixpunkte ist, dann ist es nicht mehr möglich, eine einfache Formel für x_n als Funktion des Startwertes x_0 anzugeben. Um das Verhalten exemplarisch zu untersuchen, berechnen wir für verschiedene Werte von μ die ersten Folgenglieder und veranschaulichen diese graphisch ($\rightarrow$CAS).

Beginnen wir mit $\mu = 1$, also $x_n = f(x_{n-1}) = x_{n-1} + (1 - x_{n-1})x_{n-1}$. Dann ergeben sich zum Beispiel mit dem Startwert $x_0 = 0.1$ die Folgenglieder (gerundet) $x_1 = 0.19$, $x_2 = 0.344$, $x_3 = 0.570$, $x_4 = 0.815$, $x_5 = 0.966$, $x_6 = 0.999$, $x_7 = x_8 = \ldots = 1$. Die Population nähert sich also immer mehr der Grenzpopulation 1 an. Das wird in der folgenden Abbildung veranschaulicht:

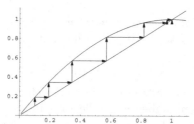

Sie zeigt die Graphen von $f(x) = x + (1 - x)x$ und $g(x) = x$, deren Schnittpunkte $(0, 0)$ und $(1, 1)$ gerade die Fixpunkte der Rekursion sind. Weiters werden die Punkte (x_0, x_0), $(x_0, x_1) = (x_0, f(x_0))$, (x_1, x_1), (x_1, x_2), $\ldots$ durch Linien verbunden, wie eine Spinne, die die Punkte verfolgt und dabei ihren Faden zieht. Jeder vertikale „Faden" entspricht der Zunahme der Population in einem Zyklus. Es ist gut sichtbar, dass diese Zunahmen immer geringer ausfallen, je näher wir an 100% rücken, und dass bei 100% die vertikale Zunahme gleich 0 ist. Auch für jede andere Wahl der Startpopulation $x_0 > 0$ und des Parameters $\mu \in (0, 2]$ zeigt sich das gleiche Verhalten.

Überschreitet man aber den Wert $\mu = 2$, zum Beispiel $\mu = 2.2$, so passiert etwas völlig Neues: $x_n = f(x_{n-1}) = x_{n-1} + 2.2(1 - x_{n-1})x_{n-1}$ liefert mit dem Startwert $x_0 = 0.1$ die Folge (gerundet) $x_1 = 0.298$, $x_2 = 0.758$, $x_3 = 1.162$, $x_4 = 0.749$, $x_5 = 1.163$, $x_6 = 0.747$, $x_7 = 1.163$, $x_8 = 0.746$, $x_9 = 1.163$, $x_{10} = 0.746$, $\ldots$, $x_{99} = 1.163$, $x_{100} = 0.746$. Die Folge x_n konvergiert also (unabhängig vom Startwert) nicht mehr gegen die Grenzpopulation $\overline{x} = 1$, sondern springt nach einer Einschwingphase abwechselnd zwischen den beiden Werten 0.746 und 1.163 hin und her! Das ist für den Startwert $x_0 = 0.7$ in der folgenden Abbildung dargestellt:

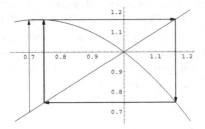

Für den Startwert $x_0 = 0.7$ ist die Einschwingphase kürzer als für den Startwert $x_0 = 0.1$.

Lässt man $\mu \in (2, 3]$ weiter steigen, so springen die Folgenglieder zunächst immer noch asymptotisch zwischen *zwei* Werten hin- und her (für $\mu = 2.4$ sind es die Werte 0.640 und 1.193). Für $\mu = 2.5$ springen die Folgenglieder asymptotisch bereits zwischen *vier* Werten hin- und her. Für $\mu = 3$ erhalten wir das folgende Diagramm:

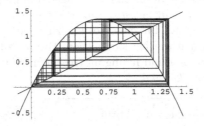

Die Menge, der sich die Folge x_n asymptotisch immer mehr nähert, wird **Attraktor** genannt. Bei der logistischen Rekursion besteht der Attraktor für $\mu \in (0, 2]$ aus dem einzelnen Punkt $\overline{x} = 1$. Bei $\mu = 2$ spaltet er sich in zwei Punkte auf, verdoppelt sich also. Abbildung 8.1 zeigt den Attraktor für Werte von μ zwischen 1.95 und 3. Dabei

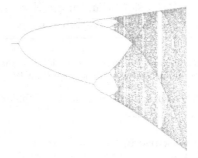

Abbildung 8.1. Attraktor der logistischen Rekursion als Funktion von μ

wurden für jedes μ (das auf der horizontalen Achse aufgetragen wird) die Punkte des Attraktors eingezeichnet, zwischen denen die Iteration nach einer Eingangsphase hin- und her springt. Offensichtlich verdoppelt der Attraktor sich in immer kleiner werdenden Abständen und das bewirkt, dass die Iteration schließlich **chaotisch** wird.

Trotz der extrem einfachen Form der Rekursion ist es, wie beim Wetter, für μ nahe bei 3 praktisch unmöglich, das Verhalten der Population vorherzusagen, da kleinste Änderungen in der Startpopulation bereits große Unterschiede in der Populationsgröße nach wenigen Zyklen bewirken können. Diese einfache Rekursion zeigt also ein extrem kompliziertes Verhalten und führt zu vielen mathematischen Problemen, die zum Teil noch ungelöst sind.

8.2 Lineare Rekursionen

Nach der schlechten Nachricht, dass Rekursionen im Allgemeinen nicht explizit lösbar sind, nun zur guten Nachricht: Es gibt eine für Anwendungen wichtige Klasse von Rekursionen, die explizit gelöst werden können, und zwar die *linearen Rekursionen mit konstanten Koeffizienten*.

Für die Rekursion $a_n = 1.06\,a_{n-1}$ aus Beispiel 8.6 konnten wir die allgemeine Lösung erraten und damit die Rekursion für eine beliebige Anfangsbedingung (Geldeinlage) lösen. Bei der Rekursion $a_n = a_{n-1} + a_{n-2}$ aus Beispiel 8.5 ist es zwar nicht so leicht, das allgemeine Bildungsgesetz für eine Lösung zu erraten, wir werden aber bald sehen, wie es doch gefunden werden kann. Diese Beispiele haben eines gemeinsam: sie gehören zu einer wichtigen und häufig auftretenden Klasse von Rekursionen, die *systematisch gelöst werden können*:

Definition 8.8 Eine Rekursion der Form

$$a_n = \sum_{j=1}^{k} c_j(n)a_{n-j} + g_n = c_1(n)a_{n-1} + c_2(n)a_{n-2} + \ldots + c_k(n)a_{n-k} + g_n$$

heißt **lineare Rekursion** (k-ter Ordnung). Ist $g_n = 0$ für alle n, so nennt man die Rekursion **homogen**, ansonsten **inhomogen**. Dementsprechend heißt g_n auch **inhomogener Anteil** der Rekursion. Hängen die Koeffizienten $c_j(n)$ nicht von n ab, so spricht man von **konstanten Koeffizienten**.

Eine lineare Rekursion ist genau dann autonom, wenn sie konstante Koeffizienten hat und der inhomogene Anteil g_n nicht vorhanden oder zumindest konstant ist.

Es ist wichtig, lineare Rekursionen mit konstanten Koeffizienten *erkennen* zu können, weil man sie ohne Probleme lösen kann.

Beispiel 8.9 Lineare Rekursion
Klassifizieren Sie die Rekursion:
a) $a_n = 3a_{n-1} - a_{n-2} + 3n^2$ b) $b_n = \sqrt{2}\,b_{n-2}$ c) $a_n = a_{n-1} + a_{n-3}^2$
d) $a_n = 5a_{n-1} + n^3 a_{n-2}$ e) $c_n = (1 - c_{n-1})c_{n-2}$

Lösung zu 8.9
a) linear, inhomogen $g_n = 3n^2$, konstante Koeffizienten $c_1 = 3, c_2 = -1$; Ordnung 2

b) linear, homogen, Koeffizienten $c_1 = 0$, $c_2 = \sqrt{2}$ sind konstant; Ordnung 2

c) nicht linear, weil a_{n-3}^2 vorkommt; Ordnung 3

d) linear, homogen; nicht nur konstante Koeffizienten (n^3 ist nicht konstant); Ordnung 2

e) nicht linear, weil das Produkt $c_{n-1}c_{n-2}$ vorkommt   ∎

Den einfachsten Fall einer homogenen linearen Rekursion erster Ordnung mit konstantem Koeffizient, $a_n = c\,a_{n-1}$, haben wir bereits in Satz 8.7 behandelt. Betrachten wir als Nächstes den inhomogenen Fall mit *konstantem* inhomogenen Anteil $g \in \mathbb{R}$,

$$a_n = c\,a_{n-1} + g.$$

Das folgende Beispiel führt auf eine solche Rekursion:

Beispiel 8.10 Kredit

Sie nehmen einen Kredit von 10 000 € bei einem Jahreszinssatz von 4% auf. Wie hoch sind die monatlichen Kreditraten, wenn die Laufzeit 12 Monate beträgt? Wie viel verdient die Bank bei diesem Kredit?

Lösung zu 8.10 Die Verzinsung beträgt *jährlich* $k = 0.04$. Wir suchen als Erstes den konformen *monatlichen* Zinssatz k_0 mittels

$$(1 + k_0)^{12} = 1 + k.$$

Es folgt

$$k_0 = \sqrt[12]{1 + k} - 1 = 0.003274.$$

Wenn wir also mit $k_0 = 0.003274$ monatlich verzinsen, so entspricht das effektiv einem Jahreszinssatz $k = 0.04$. (Achtung: k_0 ist ungleich $k/12 = 0.00\overline{3}$).

Wir beginnen mit einem Schuldenstand von $K_0 = -10\,000$ Euro. Am Ende des ersten Monats werden die Zinsen zugeschlagen, was $(1 + k_0)K_0$ ergibt, und die Rate R abgezogen:

$$\underbrace{K_1}_{\text{negativ}} = \underbrace{(1 + k_0)K_0}_{\text{negativ}} + \underbrace{R}_{\text{positiv}}$$

Für die weiteren Monate gilt analog:

$$K_2 = (1 + k_0)K_1 + R = (1 + k_0)^2 K_0 + (1 + k_0)R + R$$
$$K_3 = (1 + k_0)K_2 + R = (1 + k_0)^3 K_0 + (1 + k_0)^2 R + (1 + k_0)R + R$$
$$\vdots$$

Daraus lässt sich

$$K_n = (1 + k_0)K_{n-1} + R = (1 + k_0)^n K_0 + R \sum_{j=0}^{n-1}(1 + k_0)^j$$

$$= (1 + k_0)^n K_0 + \frac{(1 + k_0)^n - 1}{k_0} R$$

ablesen. (Hier haben wir die Formel für die Teilsummen der geometrischen Reihe aus Satz 6.28 verwendet.) Nach 12 Monaten soll der Kredit zurückgezahlt sein, also $K_{12} = 0$. Aus dieser Bedingung folgt $K_{12} = (1 + k)K_0 + \frac{k}{k_0}R = 0$, und daraus berechnet sich die monatliche Rate von

$$R = -\frac{k_0(1 + k)}{k}K_0 = 851.172.$$

Insgesamt macht die Bank also einen Gewinn von $K_0 + 12R = -10\,000 + 12 \cdot 851.172 = 214.1$ Euro.   ∎

Allgemein gilt:

Satz 8.11 Die Lösung der linearen Rekursion erster Ordnung **mit konstantem Koeffizient** $c \in \mathbb{R}$ und **konstantem inhomogenen Anteil** $g \in \mathbb{R}$,

$$a_n = c\,a_{n-1} + g, \qquad n \in \mathbb{N},$$

ist

$$a_n = \begin{cases} a_0\,c^n + \frac{1-c^n}{1-c}g, & c \neq 1 \\ a_0 + n\,g, & c = 1 \end{cases}.$$

Ein weiteres Beispiel dazu:

Beispiel 8.12 (→CAS) Rekursion erster Ordnung
Lösen Sie die Rekursion $a_n = 3a_{n-1} - 4$ für die Anfangsbedingung
a) $a_0 = 5$ b) $a_0 = 2$ c) $a_0 = 1$.
Wie verhält sich die Lösung für $n \to \infty$?

Lösung zu 8.12 Durch Blick auf die Formel in Satz 8.11 finden wir mit $c = 3$ und $g = -4$ die allgemeine Lösung

$$a_n = a_0\,3^n + \frac{1 - 3^n}{1 - 3}(-4) = a_0\,3^n + 2\,(1 - 3^n) = (a_0 - 2)\,3^n + 2.$$

a) Für $a_0 = 5$ ergibt sich die spezielle Lösung $a_n = 3^{n+1} + 2$. Diese Folge divergiert für $n \to \infty$ bestimmt gegen ∞.
b) Wenn wir $a_0 = 2$ als Anfangsbedingung wählen, so erhalten wir als spezielle Lösung die konstante Folge $a_n = 2$.
c) Der Anfangswert $a_0 = 1$ liefert als Lösung $a_n = -(3^n) + 2$. Diese Lösung divergiert für $n \to \infty$ bestimmt gegen $-\infty$.   ∎

Wir erkennen im Beispiel 8.12 an der allgemeinen Lösung $a_n = (a_0 - 2)\,3^n + 2$, dass es vom Anfangswert abhängt, wie sich die Folgenglieder für $n \to \infty$ verhalten: Je nachdem, ob die Anfangsbedingung $a_0 < 2$, $a_0 > 2$ oder $a_0 = 2$ ist, gehen die Folgenglieder gegen $-\infty$, ∞ oder bleiben fix auf dem Wert 2. Etwas anders ist das Verhalten, wenn $|c| < 1$ ist. Aus unserer Lösungsformel in Satz 8.11 sehen wir, dass a_n dann für jede Anfangsbedingung gegen denselben Wert konvergiert:

Denn: c^n ist konvergent für $|c| < 1$; ebenso $\frac{1-c^n}{1-c}$, denn das ist ja gerade die Teilsummenfolge der geometrischen Reihe.

Satz 8.13 Die Lösung der linearen Rekursion erster Ordnung mit **konstantem Koeffizient** $c \in \mathbb{R}$ und **konstantem inhomogenen Anteil** $g \in \mathbb{R}$ (siehe Satz 8.11) konvergiert genau dann für jeden Anfangswert gegen den **Fixpunkt**

$$\overline{a} = \frac{g}{1-c},$$

wenn $|c| < 1$.

Falls $|c| > 1$ ist, so divergiert die Lösung gegen $+\infty$, falls $a_0 > \overline{a}$ und gegen $-\infty$, falls $a_0 < \overline{a}$. Starten wir genau am Fixpunkt, $a_0 = \overline{a}$, so bleiben alle Folgenglieder konstant gleich $\overline{a}$.

Der Punkt $\overline{a}$ heißt **Fixpunkt**, weil er Lösung der Gleichung

$$\overline{a} = c\overline{a} + g$$

ist; somit ist $a_n = \overline{a}$ eine Lösung der Rekursion, die sich nicht ändert, also fix (konstant) bleibt.

Beispiel 8.14 Optimale Ressourcennutzung

Eine Pilzkultur wächst pro Woche um 10%. Wenn man mit 200m^2 startet, wie viel kann man dann maximal pro Woche ernten (ohne den Pilzbestand auf weniger als 200m^2 zu reduzieren)?

Lösung zu 8.14 Wir bezeichnen mit P_n die Größe der Pilzkultur nach n Wochen. Am Anfang gilt $P_0 = 200$. Nach einer Woche ist die Pilzkultur auf cP_0 mit $c = 1 + 0.1 = 1.1$ angewachsen, und wir ernten eine bestimmte Menge E. Somit gilt $P_1 = cP_0 - E$. Allgemein erhalten wir $P_n = cP_{n-1} - E$. Für die Änderung pro Woche gilt daher

$$P_n - P_{n-1} = (c-1)P_{n-1} - E = (c-1)(P_{n-1} - \overline{P}),$$

wobei

$$\overline{P} = \frac{E}{c-1}$$

der Fixpunkt ist. Wählen wir E so, dass der Startwert P_0 über dem Fixpunkt $\overline{P}$ liegt, also

$$P_0 > \overline{P}, \quad \text{d.h.}, E < 0.1 \cdot 200 = 20,$$

so wächst P_n immer weiter an. Wir können also die Erntemenge auf $E = 20$m^2, also $P_0 = \overline{P}$, vergrößern. Ernten wir mehr als 20m^2 pro Woche, also $P_0 < \overline{P}$, so wird P_n immer kleiner, bis irgendwann keine Pilze mehr vorhanden sind. Die optimale Erntemenge ergibt sich also aus der Gleichung $P_0 = \overline{P} = \frac{E}{c-1}$ zu

$$E_{opt} = (c-1)P_0 = 20.$$

Das ist gerade jener Wert, bei dem man jede Woche genau so viel erntet, wie nachgewachsen ist, sodass $P_n = 200$ für alle n bleibt (wir starten am Fixpunkt und bleiben dort)!

Wenn der inhomogene Anteil nicht konstant ist, so hilft der folgende Satz:

Satz 8.15 (Lineare inhomogene Rekursion 1. Ordnung) Die allgemeine Lösung der Rekursion

$$a_n = c\, a_{n-1} + g_n \qquad \text{mit } c \in \mathbb{R}$$

hat die Form

$$a_n = k\, c^n + i_n, \qquad k \in \mathbb{R},$$

wobei i_n irgendeine spezielle Lösung der gegebenen Rekursion ist.

Warum? Ist Ihnen aufgefallen, dass $h_n = k\, c^n$ die allgemeine Lösung der zugehörigen homogenen Rekursion $h_n = c\, h_{n-1}$ ist? Die Formel $a_n = k\, c^n + i_n$ sagt also, dass sich zwei spezielle Lösungen der inhomogenen Rekursion durch eine Lösung der homogenen Rekursion unterscheiden. Das können wir leicht nachvollziehen: Wenn a_n und b_n zwei spezielle Lösungen der inhomogenen Rekursion sind, so erfüllt ihre Differenz $a_n - b_n = c\, a_{n-1} + g_n - c\, b_{n-1} - g_n = c\,(a_{n-1} - b_{n-1})$ die zugehörige homogene Rekursion.

Eine *spezielle* Lösung i_n der gegebenen inhomogenen Rekursion lässt sich oft erraten oder durch einen geschickten Ansatz ermitteln. Ist $g_n = g_{1,n} + g_{2,n}$, so kann für jeden Anteil $g_{j,n}$ eine zugehörige spezielle Lösung $i_{j,n}$ ermittelt werden, und damit gilt dann $i_n = i_{1,n} + i_{2,n}$. Hat der inhomogene Anteil die Form $g_n = p(n)b^n$ mit einem Polynom $p(n)$, so kann man $i_n = q(n)b^n$ ansetzen; dabei hat das Polynom $q(n)$ gleichen Grad wie $p(n)$, falls $b \neq c$, und um eins höheren Grad, falls $b = c$. Beispiel: Eine spezielle Lösung von $a_n = c\, a_{n-1} + n^2 + 3$ (hier ist $p(n) = n^2 + 3$ und $b = 1$) kann mit dem Ansatz $i_n = q_2 n^2 + q_1 n + q_0$, falls $c \neq 1$, bzw. $i_n = q_3 n^3 + q_2 n^2 + q_1 n + q_0$, falls $c = 1$, gefunden werden.

> **Beispiel 8.16 Lineare, inhomogene Rekursion 1. Ordnung mit konstantem Koeffizient**
> Geben Sie die Lösung von
>
> $$a_n = 3a_{n-1} + 2n$$
>
> zur Anfangsbedingung $a_0 = 3$ an.

Lösung zu 8.16 Die allgemeine Lösung ist nach Satz 8.15: $a_n = k \cdot 3^n + i_n$ ($k \in \mathbb{R}$ beliebig), wobei i_n eine spezielle Lösung von $i_n = 3i_{n-1} + 2n$ ist. Da der inhomogene Anteil $g_n = 2n$ ein Polynom vom Grad 1 ist (und $c = 3 \neq 1$), setzen wir für i_n ebenfalls ein Polynom vom Grad 1 an: $i_n = cn + d$, wobei $c, d \in \mathbb{R}$ zu bestimmen sind. Dazu setzen wir diesen Ansatz in die Rekursion $i_n = 3i_{n-1} + 2n$ ein,

$$cn + d = 3\,(c(n-1) + d) + 2n,$$

und vereinfachen zu

$$n(-2c - 2) + (-2d + 3c) = 0.$$

Diese Beziehung gilt für alle n genau dann, wenn (Koeffizientenvergleich)

$$-2c - 2 = 0 \quad \text{und} \quad -2d + 3c = 0,$$

also $c = -1$ und $d = -\frac{3}{2}$. Damit ist also $i_n = -n - \frac{3}{2}$ eine spezielle Lösung von $i_n = 3i_{n-1} + 2n$ (Probe: durch Einsetzen) und die allgemeine Lösung der gegebenen Rekursion ist:

$$a_n = k \cdot 3^n - n - \frac{3}{2} \qquad \text{mit } k \in \mathbb{R}.$$

Nun noch zur speziellen Lösung zur Anfangsbedingung $a_0 = 3$. Aus $3 = a_0 = k \cdot 3^0 - 0 - \frac{3}{2}$ folgt $k = \frac{9}{2}$. Somit ist die gesuchte spezielle Lösung gleich

$$a_n = \frac{9}{2} \cdot 3^n - n - \frac{3}{2}.$$

∎

Auch wenn der Koeffizient c nicht konstant ist, also die Rekursion

$$a_n = c(n)\,a_{n-1} + g_n$$

lautet, so kann sie mittels einer Formel explizit gelöst werden (siehe Übungsaufgabe 8).

Lassen wir die Rekursionen erster Ordnung hinter uns und kommen nun zum Fall der Ordnung zwei. Beginnen wir mit *homogenen Rekursionen* mit konstanten Koeffizienten,

$$a_n = c_1 a_{n-1} + c_2 a_{n-2}.$$

Um die allgemeine Lösung zu finden, müssen wir ein wenig ausholen.

Eine wichtige Eigenschaft homogener linearer Rekursionen (beliebiger Ordnung) ist, dass das Vielfache einer Lösung, sowie die Summe zweier Lösungen, wieder Lösungen sind. Ist die Ordnung zwei, so *reichen zwei Lösungen aus*, um *alle* weiteren Lösungen darzustellen:

Satz 8.17 (Superpositionsprinzip) Sind p_n und q_n zwei Lösungen der homogenen linearen Rekursion

$$a_n = c_1 a_{n-1} + c_2 a_{n-2},$$

und ist keine Lösung ein Vielfaches der anderen, so lässt sich jede Lösung als Linearkombination

$$k_1 p_n + k_2 q_n$$

dieser beiden Lösungen schreiben. Die Konstanten k_1 und k_2 können aus den Anfangsbedingungen bestimmt werden.

Das Superpositionsprinzip gilt auch für homogene lineare Rekursionen mit *nicht-konstanten* Koeffizienten $h_n = c_1(n)h_{n-1} + c_2(n)h_{n-2}$.

Wenn wir also zwei spezielle Lösungen der homogenen Rekursion kennen, die nicht Vielfache voneinander sind, so haben wir damit bereits die allgemeine Lösung der homogenen Rekursion gefunden.

Um die Lösung angeben zu können, benötigen wir, dass eine komplexe Zahl $z = x + iy$ auch durch ihren Abstand r vom Ursprung und ihren Winkel φ (Polarkoordinaten) in der Gauß'schen Zahlenebene angegeben werden kann: $z = r(\cos(\varphi) + i\sin(\varphi))$. Dabei gilt:

$$r = |z| = \sqrt{x^2 + y^2},$$
$$\varphi = \begin{cases} \arccos(\frac{x}{r}), & \text{falls } y \geq 0 \\ -\arccos(\frac{x}{r}), & \text{falls } y < 0 \end{cases}.$$

Ist $z = 0$, so gilt auch $r = 0$ und φ ist unbestimmt (mehr darüber folgt im Abschnitt „Polardarstellung komplexer Zahlen" in Band 2).

Wie finden wir nun zwei geeignete spezielle Lösungen der homogenen Rekursion? Dazu setzen wir den **Ansatz** $a_n = \lambda^n$ ($\lambda \neq 0$, griechischer Buchstabe „lambda") in die homogene Rekursion

$$a_n = c_1 a_{n-1} + c_2 a_{n-2}, \quad n \geq 2$$

ein: $\lambda^n = c_1 \lambda^{n-1} + c_2 \lambda^{n-2}$. Kürzt man auf beiden Seiten durch λ^{n-2}, so sieht man, dass $a_n = \lambda^n$ genau dann eine Lösung der homogenen Rekursion ist, wenn λ die so genannte **charakteristische Gleichung**

$$\lambda^2 = c_1 \lambda + c_2$$

erfüllt. Nun gibt es (wie bei jeder quadratischen Gleichung) drei Möglichkeiten für die Lösungen λ_1 und λ_2 der charakteristischen Gleichung:

Satz 8.18 (Lineare homogene Rekursion 2. Ordnung) Gegeben ist die Rekursion

$$a_n = c_1 a_{n-1} + c_2 a_{n-2} \qquad \text{mit } c_1, c_2 \in \mathbb{R}.$$

Sind λ_1, λ_2 die Nullstellen

$$\lambda_1 = \frac{c_1}{2} + \sqrt{\left(\frac{c_1}{2}\right)^2 + c_2}, \quad \lambda_2 = \frac{c_1}{2} - \sqrt{\left(\frac{c_1}{2}\right)^2 + c_2}$$

der **charakteristischen Gleichung** $\lambda^2 = c_1 \lambda + c_2$, so gilt (Fallunterscheidung):

- Wenn λ_1 und λ_2 verschieden und reell sind, dann hat die homogene Rekursion die allgemeine Lösung

$$a_n = k_1 \lambda_1^n + k_2 \lambda_2^n,$$

  wobei k_1, k_2 reelle Zahlen sind, die durch die Anfangsbedingungen festgelegt werden. Sie ergeben sich aus dem Gleichungssystem $a_0 = k_1 + k_2$, $a_1 = k_1 \lambda_1 + k_2 \lambda_2$.
- Sind die beiden Lösungen der charakteristischen Gleichung identisch, $\lambda_1 = \lambda_2 = \lambda$, so ist die allgemeine Lösung der Rekursion durch

$$a_n = (k_1 + k_2 n)\lambda^n$$

  gegeben. Die Zahlen k_1, k_2 ergeben sich aus den Anfangsbedingungen $a_0 = k_1$, $a_1 = (k_1 + k_2)\lambda$.
- Sind beide Lösungen konjugiert komplex, $\lambda_1 = r(\cos(\varphi) + \mathrm{i}\sin(\varphi))$ und $\lambda_2 = r(\cos(\varphi) - \mathrm{i}\sin(\varphi))$, so ist die allgemeine Lösung der Rekursion gleich

$$a_n = k_1 r^n \cos(n\varphi) + k_2 r^n \sin(n\varphi).$$

Die Zahlen k_1, k_2 ergeben sich aus den Anfangsbedingungen $a_0 = k_1$, $a_1 = k_1 r \cos(\varphi) + k_2 r \sin(\varphi)$.

Um zu verstehen, warum im Fall konjugiert-komplexer Lösungen die allgemeine Lösung durch $a_n = k_1 r^n \cos(n\varphi) + k_2 r^n \sin(n\varphi)$ gegeben ist, brauchen wir die **Formel von Moivre**, die wir im Abschnitt „Polardarstellung komplexer Zahlen" in Band 2 besprechen werden.

Sehen wir uns gleich ein Beispiel an:

Beispiel 8.19 (→CAS) Lineare homogene Rekursion 2. Ordnung
a) Lösen Sie die Rekursion $a_n = a_{n-1} + 6a_{n-2}$ mit den Anfangsbedingungen $a_0 = 1$ und $a_1 = 8$.
b) Lösen Sie die Rekursion $a_n = 2a_{n-1} - a_{n-2}$ mit den Anfangsbedingungen $a_0 = 1$ und $a_1 = 8$.
c) Lösen Sie die Rekursion $a_n = a_{n-1} - a_{n-2}$ mit den Anfangsbedingungen $a_0 = 0$ und $a_1 = 1$.

Lösung zu 8.19
a) Die Koeffizienten sind $c_1 = 1$ und $c_2 = 6$. Daher lautet die charakteristische Gleichung $\lambda^2 = \lambda + 6$. Sie hat die beiden Lösungen $\lambda_1 = 3$, $\lambda_2 = -2$. Damit hat die allgemeine Lösung der Rekursion die Form

$$a_n = k_1 3^n + k_2 (-2)^n.$$

Die Zahlen k_1 und k_2 werden nun mithilfe der Anfangsbedingungen bestimmt, indem in $a_n = k_1 3^n + k_2 (-2)^n$ für $n = 0$ bzw. $n = 1$ gesetzt wird:

$$a_0 = 1 = k_1 3^0 + k_2 (-2)^0 = k_1 + k_2$$
$$a_1 = 8 = k_1 3 + k_2 (-2) = 3k_1 - 2k_2$$

Wenn wir diese beiden linearen Gleichungen für k_1 und k_2 lösen, so erhalten wir $k_1 = 2$ und $k_2 = -1$. Die gesuchte spezielle Lösung zu den Anfangsbedingungen $a_0 = 1$ und $a_1 = 8$ lautet also $a_n = 2 \cdot 3^n - (-2)^n$.
b) Nun sind die Lösungen der charakteristischen Gleichung $\lambda^2 = 2\lambda - 1$ identisch: $\lambda_1 = \lambda_2 = 1$. Also ist die allgemeine Lösung $a_n = k_1 + k_2 n$. Aus den Anfangsbedingungen folgt $a_0 = k_1 = 1$, $a_1 = k_1 + k_2 = 8$, daher $a_n = 1 + 7n$.
c) Die charakteristische Gleichung lautet $\lambda^2 = \lambda - 1$ und diesmal sind die Lösungen konjugiert komplex: $\lambda_{1,2} = \frac{1 \pm i\sqrt{3}}{2} = \cos(\frac{\pi}{3}) \pm i\sin(\frac{\pi}{3})$. Also ist die allgemeine Lösung $a_n = k_1 \cos(\frac{\pi n}{3}) + k_2 \sin(\frac{\pi n}{3})$. Aus den Anfangsbedingungen folgt $a_0 = k_1 = 0$, $a_1 = k_1 \cos(\frac{\pi}{3}) + k_2 \sin(\frac{\pi}{3}) = k_1 \frac{1}{2} + k_2 \frac{\sqrt{3}}{2} = 1$, also $k_2 = \frac{2}{\sqrt{3}}$. Somit ist $a_n = \frac{2}{\sqrt{3}} \sin(\frac{\pi n}{3})$ die gesuchte Lösung der Rekursion. ∎

Nun haben wir homogene Rekursionen mit konstanten Koeffizienten im Griff und können als Nächstes zu inhomogenen Rekursionen kommen. Analog wie im Fall erster Ordnung gilt:

Satz 8.20 (Lineare inhomogene Rekursion 2. Ordnung) Die allgemeine Lösung einer linearen inhomogenen Rekursion zweiter Ordnung mit konstanten Koeffizienten $c_1, c_2 \in \mathbb{R}$,

$$a_n = c_1 a_{n-1} + c_2 a_{n-2} + g_n,$$

hat die Form

$$a_n = h_n + i_n,$$

wobei h_n die allgemeine Lösung der zugehörigen homogenen Rekursion

$$h_n = c_1 h_{n-1} + c_2 h_{n-2},$$

und i_n irgendeine spezielle Lösung der gegebenen inhomogenen Rekursion ist.

Sind a_n und b_n zwei spezielle Lösungen der inhomogenen Rekursion, so erfüllt ihre Differenz $h_n = a_n - b_n = c_1 a_{n-1} + c_2 a_{n-2} + g_n - c_1 b_{n-1} - c_2 b_{n-2} - g_n = c_1 h_{n-1} - c_2 h_{n-2}$ die zugehörige homogene Rekursion. Zwei Lösungen der inhomogenen Rekursion unterscheiden sich also um eine Lösung der homogenen Rekursion.

Eine *spezielle* Lösung der inhomogenen Rekursion lässt sich wie im Fall der Ordnung eins oft erraten bzw. wieder durch einen geschickten Ansatz finden: Ist $g_n = g_{1,n} + g_{2,n}$, so kann für jeden Anteil $g_{j,n}$ eine zugehörige spezielle Lösung $i_{j,n}$ ermittelt werden, und damit gilt wieder $i_n = i_{1,n} + i_{2,n}$. Ist $g_n = p(n)b^n$ mit einem Polynom $p(n)$, so kann man wieder $i_n = q(n)b^n$ ansetzen; dabei hat das Polynom $q(n)$ denselben Grad wie $p(n)$, falls $b \neq \lambda_1, \lambda_2$, um eins höheren Grad als $p(n)$, falls $b = \lambda_1 \neq \lambda_2$ bzw. um zwei höheren Grad als $p(n)$, falls $b = \lambda_1 = \lambda_2$.

Es gibt sogar eine explizite Formel, die eine spezielle Lösung der inhomogen Rekursion mithilfe der allgemeinen Lösung der homogenen Rekursion ausdrückt (siehe Übungsaufgabe 9).

Ist insbesondere $g_n = g$ konstant, so können wir wieder nach einem Fixpunkt $\bar{a}$ suchen: Aus

$$\bar{a} = c_1 \bar{a} + c_2 \bar{a} + g$$

folgt sofort $\bar{a} = \frac{g}{1-c_1-c_2}$.

Satz 8.21 Die lineare Rekursion zweiter Ordnung

$$a_n = c_1 a_{n-1} + c_2 a_{n-2} + g, \qquad \text{mit } c_1, c_2, g \in \mathbb{R},$$

hat für $c_1 + c_2 \neq 1$ (d.h., $\lambda_1, \lambda_2 \neq 1$) die allgemeine Lösung

$$a_n = h_n + \bar{a}, \qquad \text{mit } \bar{a} = \frac{g}{1 - c_1 - c_2},$$

wobei h_n die allgemeine Lösung der zugehörigen homogenen Rekursion (siehe Satz 8.18) ist.

Sind beide Nullstellen der charakteristischen Gleichung vom Betrag kleiner eins, $|\lambda_1| < 1$ und $|\lambda_2| < 1$, so konvergiert jede Lösung für $n \to \infty$ gegen den Fixpunkt $\bar{a}$.

Ist $\lambda_1 = 1 \neq \lambda_2$, so ist eine spezielle Lösung $i_n = \frac{g\,n}{1-\lambda_2}$, und ist $\lambda_1 = \lambda_2 = 1$, so ist $i_n = \frac{g\,n^2}{2}$.

Sogar lineare inhomogene Rekursionen mit konstanten Koeffizienten *beliebiger* Ordnung k,

$$a_n = c_1 a_{n-1} + c_2 a_{n-2} + \ldots c_n a_{n-k} + g_n,$$

können immer gelöst werden. Man geht dabei wie im Fall der Ordnung zwei vor: Die allgemeine Lösung hat wieder die Form $a_n = h_n + i_n$, wobei h_n die allgemeine Lösung der zugehörigen homogenen und i_n eine spezielle Lösung der inhomogenen Rekursion ist. Das charakteristische Polynom ist vom Grad k und hat deshalb k Nullstellen. Aus diesen erhält man k spezielle Lösungen, und somit (als deren Linearkombination) die allgemeine Lösung der zugehörigen homogenen Rekursion.

Sind aber die Koeffizienten *nicht konstant* oder ist die Rekursion *nicht linear*, so ist es in der Regel nicht mehr möglich, eine Lösung anzugeben!

8.2.1 Anwendung: Sparkassenformel

In Beispiel 8.10 haben wir die so genannte **Sparkassenformel (bei nachschüssiger Zahlung)**

$$K_n = (1 + k_0)^n K_0 + \frac{(1 + k_0)^n - 1}{k_0} R$$

hergeleitet. Hierbei ist K_n das Kapital nach n Zinsperioden (Monate, Jahre, etc.), k_0 ist der Zinssatz pro Periode und R ist die Ratenzahlung pro Periode.

Das Vorzeichen von K_n gibt an, ob es sich um Schulden ($K_n < 0$, z. B. Kredit) oder ein Guthaben ($K_n > 0$, z. B. Sparbuch, Rentenkonto) handelt. Analog gibt das Vorzeichen von R an, ob es sich um Einzahlungen ($R > 0$, z. B. Kreditrückzahlung, Sparbucheinzahlung) oder Auszahlung ($R < 0$, z. B. Rente, Sparbuchabhebung) handelt.

„Nachschüssig" bedeutet, dass die Raten am Ende jeder Zinsperiode (äquivalent: am Anfang der nächsten) gezahlt werden. Werden sie am Anfang gezahlt, so spricht man von vorschüssigen Zahlungen. In diesem Fall erhält man analog die **Sparkassenformel (bei vorschüssiger Zahlung)**

$$K_n = (1 + k_0)^n K_0 + (1 + k_0) \frac{(1 + k_0)^n - 1}{k_0} R.$$

Mit der Sparkassenformel lassen sich verschiedene Fragen wie zum Beispiel

- Wie hoch sind die Kreditraten bei einer Laufzeit von n Monaten?
- Wie lange ist die Laufzeit bei Kreditraten in der Höhe von R?
- Wie viel muss man monatlich sparen, um nach n Monaten ein Kapital K_n zu haben?

beantworten. Dazu setzt man einfach alle bekannten Werte ein und löst nach der fehlenden Größe auf.

Beispiel 8.22 Sparbuch
Wie viel muss man monatlich sparen, um nach drei Jahren $10\,000\,€$ zu haben, wenn man von einem jährlichen Zinssatz von 3% ausgeht?

Lösung zu 8.22 Zunächst müssen wir den (konformen) monatlichen Zinssatz k_0 mittels

$$k_0 = \sqrt[12]{1 + 0.03} - 1 = 0.002466$$

berechnen. Nun lösen wir die (vorschüssige) Sparkassenformel nach R auf und setzen $n = 36$, $K_0 = 0$ (wir beginnen mit $0\,€$) bzw. $K_n = 10\,000$ ein:

$$R = K_n \frac{1}{1 + k_0} \frac{k_0}{(1 + k_0)^n - 1} = 265.317.$$

Man muss also monatlich $265{,}32\,€$ sparen. ∎

Viele moderne Taschenrechner haben die Sparkassenformel bereits eingebaut und können auf Tastendruck die fehlende Größe berechnen. Es gibt sogar mehrbändige Werke, die Sie in die dazu notwendigen Tastenkombinationen einweihen (ohne, dass Sie die Sparkassenformel je zu Gesicht bekommen).

Auf zwei Punkte möchte ich am Ende noch aufmerksam machen. Ist ein jährlicher Zinssatz k gegeben, und soll daraus ein monatlicher Zinssatz k_0 berechnet werden, so gibt es dafür zwei Möglichkeiten:

- **ISMA Methode** (International Securities Market Association): Das ist die finanzmathematisch korrekte Methode, die auch in den EU-Richtlinien vorgeschrieben ist:

$$k_0 = \sqrt[12]{1 + k} - 1$$

- **US Methode**:

$$k_0 = \frac{k}{12}$$

Mithilfe der Differentialrechnung (Taylor'sche Formel – siehe Abschnitt „Taylorreihen" in Band 2) kann man die Näherungsformel $\sqrt[n]{1 + k} \approx 1 + \frac{k}{n}$ für k klein herleiten. Sie erklärt, warum sich in der Praxis zwischen beiden Methoden nur ein kleiner Unterschied ergibt.

Zum Abschluss noch ein Beispiel, das zeigt, dass man bei langfristigen Geschäften die **Inflation** berücksichtigen sollte:

Beispiel 8.23 Inflation
Eine Rentenversicherung verspricht Ihnen ein Kapital von $200\,000\,€$ nach 20 Jahren. Welcher Kaufkraft entspricht dieses Kapital heute, wenn man von 2% Inflation ausgeht?

Lösung zu 8.23 Um das Kapital in 20 Jahren mit der Kaufkraft von heute vergleichen zu können, muss pro Jahr um die Inflationsrate abgezinst werden:

$$200\,000(1 + 0.02)^{-20} = 134\,594.$$

In 20 Jahren werden die $200\,000\,€$ also voraussichtlich dieselbe Kaufkraft haben wie heute $134\,594\,€$. ∎

8.3 Wachstum von Algorithmen

Wie effizient (in Bezug auf Speicherbedarf, Geschwindigkeit, ...) ein Algorithmus ist, hängt damit zusammen, wie er sich verhält, wenn die zu verarbeitende Datenmenge wächst. Ein Beispiel:

Angenommen, ein Programm soll einen Eintrag in einem Telefonbuch mit n Einträgen suchen. Der einfachste Algorithmus ist, der Reihe nach den gesuchten Namen mit jedem Eintrag im Telefonbuch zu vergleichen, bis der richtige Name gefunden ist. Im schlimmsten Fall, wenn die gesuchte Person der letzte Eintrag ist, muss das Programm dann n Vergleiche durchführen. Falls es sich um Ihr persönliches Telefonbuch mit zum Beispiel ca. 100 Einträgen handelt, so sollte das auch auf einem langsamen Computer schnell möglich sein. Auch wenn es sich um das Telefonbuch von ganz Österreich mit ca. 10^7 Einträgen handelt, sollte der Name in vernünftiger Zeit gefunden sein. Soll diese Suche aber *im Internet* angeboten werden, wo Ihr Rechner unter Umständen mehrere Anfragen pro Sekunde beantworten muss, so wird er mit diesem Algorithmus wohl schnell überlastet sein.

Wir wollen den Algorithmus verbessern: Dazu nutzen wir die Tatsache, dass in einem Telefonbuch die Einträge sortiert sind. Wir teilen das Telefonbuch in zwei Hälften, und vergleichen mit dem letzten Eintrag in der ersten Hälfte. Liegt der gesuchte Name davor, so durchsuchen wir die erste Hälfte, ansonsten die zweite. Gehen wir wiederholt auf diese Weise vor, so reduziert sich in jedem Schritt die Anzahl der zu durchsuchenden Einträge auf die Hälfte. Bei $n = 2^m$ Einträgen müssen wir im schlimmsten Fall $m = \log_2(n)$ Vergleiche durchführen, denn nach m Schritten ist nur noch ein Eintrag übrig.

Um uns die Verbesserung im Vergleich zum ersten Algorithmus zu veranschaulichen, rechnen wir uns die Anzahl der maximal notwendigen Vergleiche für einige Situationen aus:

	privat	Österreich	China
n	10^2	10^7	10^9
$\log_2(n)$	7	24	30

Wenn wir also z. B. von $n = 100$ zu $n = 10^7$ Datensätzen übergehen, so benötigt im schlimmsten Fall der erste Algorithmus 10^7 Vergleiche, während der zweite Algorithmus nur 24 Vergleiche braucht. Beachten Sie insbesondere, dass dieser Geschwindigkeitsunterschied auch durch noch so teure Hardware nicht wettzumachen ist!

Die Laufzeit eines Algorithmus in Abhängigkeit von der Datenmenge n ist eine wichtige Kenngröße, die in der **Komplexitätstheorie** untersucht wird. Die Frage dabei ist, ob der Algorithmus auch bei wachsender Datenmenge die Lösung noch in „vernünftiger" Zeit produziert. Dabei unterteilt man Algorithmen in solche, deren Laufzeit mit der Datenmenge n maximal wie ein Polynom wächst (zum Beispiel wie n^2 oder $\ln(n)$; der Logarithmus ist zwar kein Polynom, wächst aber wegen $\ln(n) \leq n-1$ höchstens wie eines) und solche, für die das nicht gilt (z. B. bei exponentiellem Wachstum wie 2^n). Die Sicherheit des zur Datenverschlüsselung verwendeten RSA-Algorithmus beruht zum Beispiel auf der Tatsache, dass für ein bestimmtes Problem (die Zerlegung einer Zahl in ihre Primfaktoren) kein Algorithmus bekannt ist, der es in polynomialer Zeit löst. Es ist also für die Sicherheit des RSA-Verfahrens von größter Wichtigkeit zu zeigen, dass es einen solchen Algorithmus auch nicht geben kann.

Wir wollen nun versuchen, das Wachstum von Algorithmen besser zu verstehen und zu quantifizieren.

Bei der Verarbeitung von Datensätzen am Computer ist es, wie wir gesehen haben, wichtig, die Rechenzeit grob als Funktion der Datenmenge angeben zu können. Dabei geht es nicht darum, die Rechenzeit möglichst *genau* abzuschätzen, sondern man interessiert sich nur für ihre Größenordnung. Man möchte also nicht wissen, ob die Rechnung höchstens 6 oder 7 Stunden dauert, sondern ob sie Stunden, Tage, Wochen oder vielleicht sogar Monate benötigen wird. Das ist alleine schon deshalb sinnvoll, da durch die Anschaffung neuer Hardware die Rechenzeit zum Beispiel oft auf die Hälfte verkürzt werden kann, in der Regel aber nicht von Monaten auf Sekunden.

Nehmen wir an, zur Bearbeitung von n Datensätzen benötigt unser Computer

$$r_n = 3n^5 + 27n^2 + 12n$$

Mikrosekunden. Um die Effizienz des Algorithmus abschätzen zu können, möchten wir wissen, wie schnell die Rechenzeit zunimmt, wenn die Anzahl n der Datensätze zunimmt. Nun ist es für eine grobe Aufwandsabschätzung denkbar, die Rechenzeit r_n durch den einfacheren Ausdruck

$$3n^5 \approx 3n^5 \left(1 + \frac{9}{n^3} + \frac{4}{n^4}\right)$$

zu ersetzen, denn der Ausdruck in der Klammer ist für großes n nahe bei 1 (er konvergiert für $n \to \infty$ gegen 1). Mehr noch, auch der konstante Faktor 3 könnte für eine grobe Abschätzung weggelassen werden, da er sich durch schnellere Hardware, weitere Optimierung des Programmcodes, etc. verbessern lässt. Solche vereinfachenden Überlegungen spielen insbesondere bei komplexen Algorithmen, die aus vielen Teilaufgaben bestehen, eine große Rolle, weil man ansonsten in unwesentlichen Details ersticken würde.

Es spricht also einiges dafür, die Folge r_n durch die einfachere Folge n^5 zu ersetzen. Die präzise Formulierung dieser Vorgangsweise erfolgt mithilfe des so genannten **Landausymbols O**:

Das Landausymbol ist nach dem deutschen Mathematiker Edmund Landau (1877–1938) benannt. Die Verwendung in der Informatik geht auf den Amerikaner Donald Knuth (geb. 1938) zurück, der auch das Programm TEX geschrieben hat, mit dem diese Seiten erstellt wurden.

Definition 8.24 (O-Notation) Seien f_n und g_n zwei Folgen. Wenn es eine Konstante C und einen Folgenindex n_0 gibt, sodass

$$|f_n| \leq C|g_n| \qquad \text{für alle } n \geq n_0,$$

dann schreiben wir $f_n = O(g_n)$ und sagen, f_n **ist von der Ordnung** g_n oder f_n ist „**Groß-O**" von g_n. Man sagt auch f_n **wächst höchstens wie** g_n.

Achtung: Bei der Schreibweise $f_n = O(g_n)$ für die Ordnungsrelation O handelt es sich um keine Gleichheit im mathematischen Sinn. Insbesondere kann man aus $f_n = O(g_n)$ und $h_n = O(g_n)$ nicht $f_n = h_n$ schließen! Genausowenig folgt aus $f_n = O(g_n)$ und $f_n = O(h_n)$ automatisch $O(g_n) = O(h_n)$. Präziser wäre es, $O(g_n)$ als Menge aller Funktionen, die von der Ordnung g_n sind zu definieren, und $f_n \in O(g_n)$ zu schreiben.

Die Beziehung $f_n = O(g_n)$ können wir uns graphisch veranschaulichen. Dazu stellen wir uns die Folge f_n als eine Funktion f mit Definitionsbereich $\mathbb{N}$ vor: $f(n) = f_n$, $n \in \mathbb{N}$. Nun bedeutet $f_n = O(g_n)$, dass es Konstanten C und n_0 gibt, sodass der Graph von $|f_n|$ „unter dem Graphen von $C|g_n|$ liegt", sobald nur $n \geq n_0$ (siehe auch Abbildung 8.2). Einfachheitshalber zeichnet man in der Regel die reelle Funktion $f(x)$ für $x \in \mathbb{R}$ mit $f(n) = f_n$ für $n \in \mathbb{N}$.

Gibt es *für jede noch so kleine* Konstante C immer einen Index n_0, sodass $|f_n| \leq C|g_n|$ für alle $n \geq n_0$, so schreibt man $f_n = o(g_g)$ und sagt, f_n ist von der Ordnung „Klein-O" von g_n. Offensichtlich ist o die stärkere Eigenschaft: Aus $f_n = o(g_n)$ folgt insbesondere immer $f_n = O(g_n)$, nicht aber umgekehrt.

Die Definition verlangt mit anderen Worten, dass $\left|\frac{f_n}{g_n}\right|$ ($g_n \neq 0$, zumindest ab irgendeinem n) eine beschränkte Folge ist. Das ist nach Satz 6.6 insbesondere der Fall, wenn die Folge konvergiert:

Satz 8.25 Wenn die Folge $\left|\frac{f_n}{g_n}\right|$ konvergent ist, so ist $f_n = O(g_n)$.

Ist der Grenzwert gleich null, so ist sogar $f_n = o(g_n)$.

Beispiel 8.26 O-Notation
Zeigen Sie, dass $f_n = 2n^2 + 3n + 1 = O(n^2)$.

Lösung zu 8.26 Wir müssen Konstanten C und n_0 finden, sodass $|f_n| \leq C\,n^2$ für alle $n \geq n_0$. Wir schätzen $|f_n|$ ab, indem wir z. B. verwenden, dass $(2 + \frac{3}{n} + \frac{1}{n^2}) \leq 6$ für $n \geq 1$:

$$|f_n| = |n^2 (2 + \frac{3}{n} + \frac{1}{n^2})| \leq 6n^2 \text{ für alle } n \geq 1.$$

Damit haben wir also mit $C = 6$ und $n_0 = 1$ Konstanten gefunden, sodass $|f_n| \leq C\,n^2$ für alle $n \geq n_0$, es ist also $f_n = O(n^2)$. Mit anderen Worten: Für hinreichend große n kann f_n durch $6n^2$ abgeschätzt werden. Abbildung 8.2 zeigt, dass der Graph von $f(n)$ für $n \geq 1$ stets unterhalb des Graphen von $g(n) = 6n^2$ liegt. Beachten Sie, dass die Konstanten C und n_0 nicht eindeutig bestimmt sind. So gilt zum Beispiel auch $|f_n| \leq 5\,n^2$ für alle $n \geq 2$ oder $|f_n| \leq 3\,n^2$ für alle $n \geq 4$. Zeichnen Sie die zugehörigen Funktionsgraphen!

Alternative Lösung mithilfe von Satz 8.25: $\lim_{n\to\infty} \frac{2n^2 + 3n + 1}{n^2} = 2$, daher ist $2n^2 + 3n + 1 = O(n^2)$. ■

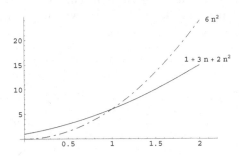

Abbildung 8.2. $f(n) = 2n^2 + 3n + 1$ und $6g(n) = 6n^2$

Allgemein gilt für die Ordnung von Polynomen:

Satz 8.27 Ein Polynom $p(n) = a_0 + a_1 n + \ldots a_k n^k$ vom Grad k ist von der Ordnung n^k, d.h.

$$a_0 + a_1 n + \ldots a_k n^k = O(n^k).$$

Das Wachstum wird also alleine durch die höchste Potenz des Polynoms bestimmt.

Um das Wachstum einer beliebigen Folge abzuschätzen, vergleicht man oft mit dem Wachstum von elementaren Folgen wie $\log_a(n)$, n^2, 2^n, ... Wir müssen also zunächst wissen, wie schnell diese Folgen wachsen, und das sagt uns folgende Übersicht:

Satz 8.28 (Wachstum elementarer Folgen) Es gilt:

$$
\begin{aligned}
1 &= O(\log_a(n)) && \text{für} \quad a > 0, a \neq 1, \\
\log_a(n) &= O(n^b) && \text{für} \quad a > 0, a \neq 1, b > 0, \\
n^{b_1} &= O(n^{b_2}) && \text{für} \quad 0 \leq b_1 \leq b_2, \\
n^b &= O(a^n) && \text{für} \quad b \geq 0, a > 1, \\
a_1^n &= O(a_2^n) && \text{für} \quad 0 < a_1 \leq a_2 \\
a^n &= O(n!) && \text{für} \quad a > 0 \\
n! &= O(n^n)
\end{aligned}
$$

Der Satz vergleicht also das Wachstum von wichtigen elementaren Folgen: Eine Logarithmusfunktion ist unbeschränkt, wächst aber schwächer als jede Potenzfunktion; von zwei Potenzfunktionen wächst jene schwächer, die den kleineren Exponenten hat; jede Potenzfunktion wächst schwächer als jede Exponentialfunktion; von zwei Exponentialfunktionen wächst jene schwächer, die die kleinere Basis hat, usw. Abbildung 8.3 veranschaulicht das Wachstum von verschiedenen elementaren Folgen: $1 = O(\ln(n))$, $\ln(n) = O(n)$, $n = O(n \ln(n))$, $n \ln(n) = O(n^2)$, $n^2 = O(e^n)$ und $e^n = O(n!)$. Die Längeneinheit auf der y-Achse wurde logarithmisch aufgetragen, damit die Graphen in die Abbildung „passen".

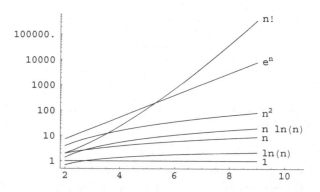

Abbildung 8.3. Das Wachstum von Folgen, die häufig in der O-Schreibweise verwendet werden

Beispiel 8.29 Wachstum elementarer Folgen
Laut Satz 8.28 ist $10 \ln(n) = O(n)$. Versuchen Sie, Konstanten n_0 und C zu erraten, so dass $10 \ln(n) \leq Cn$ für alle $n \geq n_0$. Veranschaulichen Sie das Ergebnis graphisch.

Lösung zu 8.29 Zeichnen wir zunächst die Funktionen $10 \ln(n)$ und n:

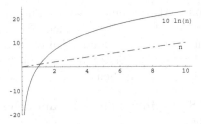

Das Bild legt also nahe, dass $10\ln(n) \geq n$ für $n \geq 2$ gilt. Das wäre aber gerade die umgekehrte Ungleichung; denn nach Satz 8.28 sollte ja $10\ln(n) \leq Cn$ ab einem bestimmten n_0 gelten, also $\ln(n)$ schwächer wachsen als n. Was ist passiert? Zeichnen wir beide Funktionen auf einem größeren n-Bereich,

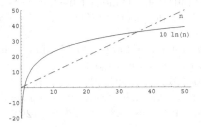

so sehen wir, dass die Graphen sich nochmals schneiden! Man kann $\ln(n) \leq n - 1$ zeigen, also ist $10|\ln(n)| \leq 10n - 10 \leq 10n$ für $n \geq 1$. ∎

Hat man nun einen zusammengesetzten Ausdruck gegeben, etwa $f_n = n^2 + n\ln(n)$, so wird es mühsam, geeignete Konstanten C und n_0 zu suchen. Ähnlich wie bei der Berechnung von Grenzwerten gibt es zum Glück aber einige Regeln, mit denen man das Wachstum der meisten in der Praxis auftretenden Folgen leicht abschätzen kann, ohne auch nur eine einzige Konstante ausrechnen zu müssen.

Satz 8.30 (Rechnen mit dem Landausymbol O)

a) Das konstante Vielfache einer Folge und die Summe zweier Folgen von derselben Ordnung ist wieder eine Folge dieser Ordnung, d.h.: Sind $f_n = O(h_n)$ und $g_n = O(h_n)$ und sind $a, b \in \mathbb{R}$, so gilt

$$af_n + bg_n = O(h_n).$$

b) Sind $f_n = O(g_n)$ und $h_n = O(k_n)$ (die Ordnungen können gleich oder verschieden sein), so ist

$$f_n h_n = O(g_n k_n).$$

c) Aus $f_n = O(g_n)$ und $g_n = O(h_n)$ folgt, dass auch $f_n = O(h_n)$. Diese Eigenschaft bedeutet, dass die Relation O transitiv ist.

Achtung: Da sich beim Kehrwert-Bilden Ungleichungen umdrehen, ist $f_n = O(g_n)$ äquivalent zu $\frac{1}{g_n} = O(\frac{1}{f_n})$. Beispiel: $n = O(n^2)$ und $\frac{1}{n^2} = O(\frac{1}{n})$. Denn der Graph von n liegt unter dem Graphen von n^2 aber der Graph von $\frac{1}{n}$ liegt über dem Graphen von $\frac{1}{n^2}$.

Daraus ergibt sich folgender Algorithmus: Nach a) müssen wir nur in jeder Summe den Summanden mit der höchsten Ordnung finden. Dieser gibt dann die Ordnung der gesamten Summe an. Um diesen Summanden zu finden verwenden wir unser Wissen über elementare Funktionen (Satz 8.28) zusammen mit den Folgerungen die sich daraus mithilfe von b) und c) ergeben.

Beispiel 8.31 (→CAS) Ordnung einer zusammengesetzten Folge
Geben Sie die Ordnung an:
a) $f_n = 5n - 3\ln(n)$ b) $f_n = 9n^2 - 3n\ln(n)$ c) $f_n = n^3 + 9 \cdot 2^n$

Lösung zu 8.31
a) $n = O(n)$ und $\ln(n) = O(n)$ (denn der Logarithmus wächst nach Satz 8.28 langsamer als jede Potenzfunktion). Daher ist nach Satz 8.30 a) auch $5n - 3\ln(n) = O(n)$. (Der Summand mit der höchsten Ordnung, $5n$, hat die Ordnung der Summe bestimmt).
b) Wegen $\ln(n) = O(n)$ folgt aus Satz 8.30 b), dass $n\ln(n) = O(n^2)$. Da auch $n^2 = O(n^2)$, folgt für die gesamte Folge $9n^2 - 3n\ln(n) = O(n^2)$. (Wieder hat der Summand mit der höchsten Ordnung, $9n^2$, die Ordnung der Summe festgelegt.)
c) Es ist $n^3 = O(2^n)$ (jede Potenzfunktion wächst nach Satz 8.28 langsamer als jede Exponentialfunktion), daher $n^3 + 9 \cdot 2^n = O(2^n)$.   ■

Achtung: Es ist natürlich auch richtig in a) die Ordnung zum Beispiel mit $f_n = O(n^2)$ anzugeben, da nach Satz 8.28 aus $f_n = O(n)$ ja sofort auch $f_n = O(n^k)$ mit beliebigem $k \geq 1$ folgt. Es ist aber ein ungeschriebenes Gesetz, dass man versucht die Wachstumsordnung immer möglichst genau anzugeben. Wenn man es noch genauer haben möchte, kann man auch den Term mit der führenden Ordnung behalten. Man schätzt dann $r_n = 3n^5 + 27n^2 + 12n$ durch $r_n = 3n^5 + O(n^2)$ ab. Letzteres wird oft auch äquivalent als $r_n = 3n^5(1 + O(n^{-3}))$ geschrieben. Zum Beispiel kann das Wachstum der Fakultät wie folgt charakterisiert werden:

Satz 8.32 (Stirling-Formel)

$$n! = \sqrt{2\pi n}\left(\frac{n}{e}\right)^n\left(1 + O(\frac{1}{n})\right).$$

Da der Term $O(\frac{1}{n})$ für große n vernachlässigt werden kann, haben wir damit eine Näherungsformel um $n!$ effizient zu berechnen: $n! \approx \sqrt{2\pi n}\left(\frac{n}{e}\right)^n$.

James Stirling (1692–1770) war ein schottischer Mathematiker.

Wie bereits erwähnt, ist die Ordnung der Rechenzeit eine entscheidende Größe für jeden Algorithmus, wenn damit große Datenmengen bearbeitet werden sollen. Folgende Tabelle veranschaulicht dies für Algorithmen, deren Rechenzeiten r_n von der Ordnung n^2 beziehungsweise 2^n sind (Zeiteinheit: $1\mu s = 10^{-6}$ Sekunden):

r_n	$n = 10$	$n = 50$	$n = 100$
n^2	100 μs	2500 μs	10 000 μs
2^n	1024 μs	36 Jahre	$4.0 \cdot 10^{16}$ Jahre

Während Algorithmen, deren Aufwand polynomial wächst, die also von der Ordnung $O(n^k)$ sind, auch für große Datenmengen noch akzeptable Zeiten liefern, so sind mit Algorithmen, deren Aufwand exponentiell wächst, also mit der Ordnung $O(a^n)$, auch mittlere Datenmengen nicht mehr in vernünftiger Zeit zu bewältigen!

Beispiel 8.33 Verschiedene Algorithmen für einen Paketdienst
Ein Paketdienst liefert pro Tag ca. 2000 Pakete aus und optimiert den Weg der Boten mit einem Programm. Die Rechenanlage stößt gerade an ihre Grenzen und soll erneuert werden. Außerdem möchte die Firma expandieren. Um wie viel schneller muss die neue Rechenanlage sein, wenn die Firma um 10% expandieren möchte und bekannt ist, dass der Optimierungsalgorithmus von der Ordnung
a) $O(n^2)$ b) $O(2^n)$ ist?

Lösung zu 8.33 Ist der Algorithmus von der Ordnung $f_n = f(n)$, so ist bei einer Steigerung von 2000 auf 2200 Datensätze das Verhältnis der Rechenzeiten, die durch $f(n)$ abgeschätzt werden, gegeben durch $\frac{f(2200)}{f(2000)}$.

Im Fall a) erhalten wir also $\frac{2200^2}{2000^2} = 1.21$; die neue Rechenanlage muss daher nur um ca. 21% schneller sein.

Im Fall b) hingegen erhalten wir $\frac{2^{2200}}{2^{2000}} = 2^{200} = 1.6 \cdot 10^{60}$; eine Rechenanlage, die um so viel schneller ist, wird die Firma wohl nur schwer bekommen. Man sollte in diesem Fall wohl eher Ausschau nach einem besseren Algorithmus halten. ∎

Manchmal haben auch nur kleine Verbesserungen in der Ordnung einen entscheidenden Effekt: Im Jahr 1965 wurde die so genannte **Fast Fourier Transformation (FFT)** gefunden. Sie ist ein Algorithmus, der im Zusammenhang mit der elektrischen Übertragung von Signalen (Bildern, Musik, ...) von Bedeutung ist. Die Entwicklung der FFT war ein entscheidender Durchbruch, da die Computerlaufzeit bisheriger Algorithmen immer von der Ordnung n^2 war, bei der FFT hingegen aber nur mehr von der Ordnung $n \log_2(n)$ ist. Aber auch andere Aufgaben (z. B. die Multiplikation zweier großer Zahlen) können mit der FFT schneller bewältigt werden.

8.4 Mit dem digitalen Rechenmeister

Iterationsverfahren und Chaos

Um Folgenglieder einer rekursiv definierten Folge effektiv zu berechnen, bietet sich eine Do-Schleife an:

```
In[1]:= f[μ_,x_] := x + μ(1 - x)x;
        F[x_,μ_,n_] := Module[{xx = x},Do[xx = f[μ, xx], {n}]; xx];
```

Hier wurde die Rekursion $x_n = x_{n-1} + \mu(1 - x_{n-1})x_{n-1}$ definiert. Den Buchstaben μ können wir (wie jeden griechischen Buchstaben) mithilfe der Palette oder über die Tastatur mit der Tastenkombination „*ESC* m *ESC*" eingeben.

Noch schneller, aber dafür auch noch kryptischer, würde es mit $F[x_,\mu_,n_] := \text{Nest}[f[\mu, \#1]\&, x, n]$ gehen.

Folgenglieder kann man sich nun bequem mit

```
In[3]:= Table[F[0.1, 2.2, n], {n, 1, 10}]
```

Out[3] = {0.298, 0.758231, 1.16153, 0.748766, 1.16262,
          0.746676, 1.16281, 0.746316, 1.16284, 0.746258}

ausgeben lassen. Ein „Spinnennetz" entsteht mit folgendem kleinen Programm:

```
In[4] := ShowWeb[f_, xstart_, nmax_, opts___] :=
            Module[{x, xmin, xmax, graph, delta, web, lines},
               lines = Type /. {opts, Type → Line};
               x[0] := xstart;
               x[n_] := x[n] = f[x[n − 1]];
               web = Flatten[Table[{{x[n], x[n]}, {x[n], x[n + 1]}},
                  {n, 0, nmax}], 1];
               xmax = Max[web]; xmin = Min[web]; delta = 0.1(xmax − xmin);
               graph = Plot[{f[x], x}, {x, xmin − delta, xmax + delta}];
               Show[graph, Graphics[lines[web]]]
            ];
```

Gehen wir es kurz Schritt für Schritt durch. Es übernimmt als Argument die zu iterierende Funktion f, den Startwert xstart, die Anzahl der durchzuführenden Iterationen nmax und weitere Optionen opts (der dreifache Unterstrich steht für eine beliebige Anzahl (inkl. keiner) weiterer Argumente). Als Erstes wird in der Variable lines der Verbindungstyp festgelegt. Der Defaultwert ist Line und kann mit einer optionalen Ersetzungsregel Type → wert (als letztes Argument unseres Programms) geändert werden. Nun werden rekursiv die zu verbindenden Punkte (x_n, x_n) und (x_n, x_{n+1}) berechnet (der Flatten-Befehl wirft nur ein paar überschüssige Klammern weg). Über das Minimum bzw. Maximum der berechneten Werte x_n wird der darzustellende Bereich ermittelt (dieser Wert wird noch um 10% vergrößert, damit nichts Wertvolles abgeschnitten wird). Nun wird noch die Funktion $f(x)$ zusammen mit x gezeichnet und die Grafik mit den durch Linien verbundenen Punkten zusammengefügt. Die etwas kryptische Option DisplayFunction → Identity unterdrückt die Ausgabe der Grafik und DisplayFunction → $DisplayFunction macht das wieder rückgängig.

Wenn wir die Linien durch Pfeile ersetzen möchten, dann können wir als Verbindungstyp folgende Funktion, die eine Liste von Punkten durch Pfeile verbindet, verwenden:

```
In[5] := Arrows[l_List] := {Arrowheads[Small], Table[Arrow[{l[[i]], l[[i + 1]]}],
            {i, Length[l] − 1}];
```

Setzen wir

```
In[6] := f[x_] := x + μ(1 − x)x;
```

dann zeichnet

```
In[7] := μ = 1; ShowWeb[f, 0.1, 12, Type → Arrows]
```

das Spinnennetz der ersten 12 Folgenglieder für $\mu = 1$ mit dem Startwert $x_0 = 0.1$, das auf Seite 226 abgebildet ist.

Lösung einer Rekursion

In Mathematica können Rekursionen mit dem Befehl RSolve gelöst werden. (In Versionen vor 5 muss zuvor das Paket DiscreteMath'RSolve geladen werden.)

```
In[8] := RSolve[{a[n] == 3a[n − 1] − 4, a[0] == 5}, a[n], n]
Out[8] = {{a[n] → 2 + 3^{1+n}}}
```

Analog für Rekursionen höherer Ordnung:

In[9]:= RSolve[{a[n] == a[n − 1] + 6a[n − 2], a[0] == 1, a[1] == 8}, a[n], n]

Out[9]= {{a[n] → −(−2)^n + 2 3^n}}

Landausymbol

Zuerst die schlechte Nachricht: Mathematica kann nicht mit Landausymbolen rechnen (es kennt zwar das Landausymbol und verwendet es bei der Darstellung von Potenzreihen, kann aber nur sehr eingeschränkt damit rechnen). Nun die gute Nachricht: Mathematica ist eine Programmiersprache, also kann uns niemand daran hindern, Mathematica etwas auf die Sprünge zu helfen, und dem Programm unsere Regeln für das Landausymbol beizubringen!

Wir definieren zunächst die Funktion LandauO für das Landausymbol:

In[10]:= LandauO[f_ + g_] := LandauO[If[tmp == 0, g, f]] /;
        FreeQ[tmp = Limit[Abs[$\frac{f}{g}$], n → ∞], n];
        LandauO[c_ f_] := LandauO[f]/; FreeQ[c, n];

Die erste Definition Landau[f_ + g_] versucht festzustellen, welcher der beiden Summanden schneller wächst. Dazu wird der Grenzwert $\lim_{n→∞} = |\frac{f}{g}|$ berechnet und getestet, ob es Mathematica gelungen ist, den Grenzwert zu berechnen (in diesem Fall darf das Ergebnis kein n mehr enthalten). Die bedingte Definition F[x_] := expr /; Bedingung wendet die Definition für F nur an, falls die Bedingung erfüllt ist. Die zweite Definition wirft Konstanten weg.

Jetzt noch eine handliche Funktion

In[12]:= LandauExpand[expr_] :=
        LandauO[Expand[expr]] /. Log[x_] /; PolynomialQ[x, n] → Log[n];

die den übergebenen Ausdruck expandiert (alle Produkte ausmultipliziert) und berücksichtigt, dass $\log(p_k n^k + p_{k−1} n^{k−1} + \ldots + p_0) = O(\log(n))$ ist. Die Ersetzungsregel Alt /; Bedingung → Neu wird nur ausgeführt, wenn die Bedingung erfüllt ist.

Nun unser erster Test:

In[13]:= LandauExpand[$\frac{n + 1}{n^2 + 1}$ + Exp[−n + 3] + 11 n Log[3n + 1]]

Out[13]= LandauO[n Log[n]]

Sieht doch ganz gut aus! Ganz ehrlich, hätten Sie das mit der Hand auch geschafft? Versuchen Sie es doch mit den Folgen aus Beispiel 8.31.

8.5 Kontrollfragen

Fragen zu Abschnitt 8.1: Grundbegriffe

Erklären Sie folgende Begriffe: Rekursion, Ordnung einer Rekursion, autonome Rekursion, Differenzengleichung, (allgemeine/spezielle) Lösung einer Rekursion, Anfangsbedingungen, Iteration.

1. Wie viele Anfangsbedingungen sind notwendig, um die Lösung der folgenden Rekursion eindeutig zu bestimmen:

    a) $a_n = 3a_{n-1} + 4n$ b) $a_n = a_{n-1} + 2a_{n-3}$
    c) $a_n = a_{n-1}^2$ d) $a_{n+1} = a_n - \sqrt{n}a_{n-1}$

2. Handelt es sich um eine autonome Rekursion?

    a) $a_n = 4a_{n-1} + n^2$ b) $a_n = a_{n-1} \cdot a_{n-2}$ c) $a_n = na_{n-1}^2$

3. Können zwei verschiedene Folgen Lösung ein- und derselben Rekursion sein?

Fragen zu Abschnitt 8.2: Lineare Rekursionen

Erklären Sie folgende Begriffe: lineare Rekursion, homogene/inhomogene Rekursion, konstante/nicht-konstante Koeffizienten, Fixpunkt, Superpositionsprinzip, charakteristische Gleichung.

1. Welche Form hat eine lineare, homogene Rekursion der Ordnung 2 mit konstanten Koeffizienten?
2. Klassifizieren Sie die Rekursion (Ordnung? linear? homogen? konstante Koeffizienten?)

    a) $a_n = a_{n-1} + \sqrt{3}a_{n-2}$ b) $a_n = a_{n-1}(1 - a_{n-2})$ c) $b_n = (1.4)b_{n-1} - 3^n$
    d) $b_{n+1} = \sqrt{n}\,b_n + 2$ e) $a_n = a_{n-1}^2 + 7a_{n-2}$ f) $a_n = n^2a_{n-1} + 3a_{n-4}$

3. Gegeben ist die Rekursion $a_n = 5a_{n-1} - 2$. Der zugehörige Fixpunkt ist $\bar{a} = \frac{1}{2}$. Wie verhält sich die Lösung für $n \to \infty$, wenn die Anfangsbedingung

    a) $a_0 = 0$ b) $a_0 = 1$ c) $a_0 = \frac{1}{2}$ ist?

4. Gegeben ist die Rekursion $a_n = \frac{1}{3}a_{n-1} + 6$. Sie hat den Fixpunkt $\bar{a} = 9$. Wie verhält sich die Lösung für $n \to \infty$?
5. Die allgemeine Lösung von $a_n = a_{n-1} + 6a_{n-2}$ ist $a_n = k_1 3^n + k_2 (-2)^n$. Geben Sie die spezielle Lösung zu den Anfangsbedingungen $a_0 = 1$, $a_1 = 3$ an.
6. Welche Lösung kommt für eine Rekursion der Form $a_n = c_1 a_{n-1} + c_2 a_{n-2}$ in Frage?   a) $a_n = 2^n$ b) $a_n = 3 \cdot 2^n$ c) $a_n = n^2$ d) $a_n = 2^n + (-1)^n$
7. Wann konvergiert die Lösung von $a_n = c_1 a_{n-1} + c_2 a_{n-2} + g$ gegen den Fixpunkt?

Fragen zu Abschnitt 8.3: Wachstum von Algorithmen

Erklären Sie folgende Begriffe: Landausymbol, Wachstum elementarer Funktionen, Rechenregeln für das Landausymbol.

1. Was bedeutet $f_n = O(1)$?
2. Richtig oder falsch?

    a) $\ln(n) = O(1)$ b) $2^{-n} = O(1)$ c) $5\cos(3n) = O(1)$
    d) $-5n^2 + 4n + 2 = O(n^2)$ e) $2^n = O(2^n)$ f) $2^n = O(3^n)$

3. Welche der Folgen ist $O(n)$?

    a) $f_n = 4\sqrt{n}$ b) $f_n = n\sqrt{n}$ c) $f_n = n + 5\ln(n)$ d) $f_n = n\sin(n)$

4. Ist $\frac{5n^2}{n^2+3} = O(1)$?
5. Ist $\ln(n^4) = O(\ln(n))$?

Lösungen zu den Kontrollfragen

Lösungen zu Abschnitt 8.1

1. a) eine (da Ordnung 1)   b) drei   c) eine   d) zwei
2. a) nein   b) ja   c) nein
3. Ja, zu verschiedenen Anfangsbedingungen; dadurch ist die Lösung dann aber eindeutig festgelegt.

Lösungen zu Abschnitt 8.2

1. $a_n = c_1 a_{n-1} + c_2 a_{n-2}$, $c_i \in \mathbb{R}$
2. a) Ordnung 2, linear, homogen, konstante Koeffizienten
   b) Ordnung 2, nicht linear
   c) Ordnung 1, linear, inhomogen, konstante Koeffizienten
   d) Ordnung 1, linear, inhomogen, nicht-konstante Koeffizienten
   e) Ordnung 2, nicht linear
   f) Ordnung 4, linear, homogen, nicht-konstante Koeffizienten
3. a) $\lim_{n \to \infty} a_n = -\infty$ b) $\lim_{n \to \infty} a_n = \infty$ c) $\lim_{n \to \infty} a_n = \frac{1}{2}$
4. Sie konvergiert (unabhängig davon, wie die Anfangsbedingung gewählt wird) gegen den Fixpunkt 9.
5. $a_n = 3^n$
6. Die Lösung kann eine der Formen gemäß Satz 8.18 annehmen:
   a) möglich   b) möglich   c) unmöglich   d) möglich
7. Wenn die beiden Nullstellen der charakteristischen Gleichung vom Betrag kleiner 1 sind.

Lösungen zu Abschnitt 8.3

1. Es gibt Konstanten C und n_0, sodass $|f_n| \leq C$ für alle $n \geq n_0$. Mit anderen Worten, die Folge ist beschränkt.
2. a) falsch (denn der Logarithmus wächst über alle Schranken)
   b) richtig (denn 2^{-n} ist eine Nullfolge, daher insbesondere beschränkt)
   c) richtig (denn die Funktion ist beschränkt)
   d) richtig (denn in einem Polynom wird die Ordnung von der höchsten Potenz bestimmt)
   e) richtig
   f) richtig
3. a) ja   b) nein   c) ja
   d) ja; denn $\sin n = O(1)$, daher $n \sin(n) = O(n \cdot 1)$
4. $\lim_{n \to \infty} \frac{5n^2}{n^2+3} = 5$; daher ist nach Satz 8.25 $\frac{5n^2}{n^2+3} = O(1)$.
5. Ja, denn $\ln(n^4) = 4\ln(n)$.

8.6 Übungen

Aufwärmübungen

1. Berechnen Sie die nächsten drei Glieder der Folge. Welche Ordnung hat die Rekursion?
   a) $a_n = a_{n-1}^2$, $a_1 = 2$ b) $a_{n+1} = a_n - a_{n-1}$, $a_1 = 2, a_0 = 1$
   c) $a_n = na_{n-1}$, $a_1 = 2$ d) $b_n = b_{n-1} + 2n$, $b_0 = 1$
2. Ist die Folge eine Lösung der Rekursion $a_n = 2a_{n-1} - a_{n-2}$? Geben Sie in diesem Fall die Anfangsbedingungen zur Rekursion an, die diese Lösung eindeutig bestimmen: a) $a_n = 3n$ b) $a_n = 2^n$ c) $a_n = 4$
3. Finden Sie die Lösung durch Raten (iteratives Einsetzen der ersten Folgenglieder):   a) $a_n = -a_{n-1}$, $a_1 = 3$ b) $a_n = a_{n-1} + 2$, $a_1 = 1$
4. Ein Kapital von $100 \, €$ (einmalige Einlage) wird mit einer jährlichen Verzinsung von 7% angelegt.
   a) Finden Sie eine Rekursion für den nach n Jahren angesparten Geldbetrag a_n.
   b) Geben Sie die Lösung $a_n = f(n)$ der Rekursion an. Wie viel Geld ist nach 8 Jahren vorhanden?
5. Sie eröffnen ein Sparbuch, das mit $k = 3\%$ pro Jahr verzinst wird. Welchem Zinssatz pro Monat k_0 entspricht das, wenn monatlich verzinst wird? Sie zahlen $100 \, €$ pro Monat ein. Wie viel haben Sie nach 12, 24, 36 Monaten angespart?
6. Eine Pilzkultur wächst pro Woche um 15%. Wenn Sie am Ende jeder Woche $10 \, \mathrm{m}^2$ ernten möchten, mit welchem Pilzbestand müssen Sie dann starten, damit der Bestand nicht im Lauf der Zeit abnimmt?
7. Lösen Sie die Rekursion $a_n = a_{n-1} + 2a_{n-2}$ mit $a_0 = 1$, $a_1 = 5$.
8. Zeigen Sie durch Finden geeigneter Zahlen C und n_0, dass $f_n = 3n^2 + 5$ von der Ordnung $O(n^2)$ ist.
9. Ist die Folge f_n von der Ordnung $O(1)$, $O(n)$, $O(n^2)$ oder $O(2^n)$? Gesucht ist die „beste" Abschätzung:
   a) $f_n = 3$ b) $f_n = 3n(n + \log_2(n))$ c) $f_n = 5n^2 + n \sin(n)$
   d) $f_n = \sqrt{n} + 2^{n+1}$

Weiterführende Aufgaben

1. Lösen Sie $a_n = 5a_{n-1} - 6a_{n-2}$, $n \geq 2$, mit den Anfangsbedingungen $a_0 = 1$, $a_1 = 0$.
2. Lösen Sie $a_n = 6a_{n-1} - 9a_{n-2}$, $n \geq 2$, mit $a_0 = 1$, $a_1 = 6$.
3. Lösen Sie $a_n = -4a_{n-2}$, $n \geq 2$, mit $a_0 = 0$, $a_1 = 4$.
4. Ist die Folge a_n eine Lösung der Rekursion $a_n = 8a_{n-1} - 16a_{n-2}$?
   a) $a_n = 0$ b) $a_n = 3$ c) $a_n = (-4)^n$ d) $a_n = n \cdot 4^n$
5. Finden Sie die **Fibonacci-Folge** als Lösung der Rekursion $f_n = f_{n-1} + f_{n-2}$, $n \geq 2$, mit den Anfangsbedingungen $f_0 = 0$, $f_1 = 1$.
6. Lösen Sie $a_n = 2a_{n-1} - 3n + 4$ für die Anfangsbedingung
   a) $a_0 = 1$ b) $a_0 = 2$.
7. Lösen Sie $a_n = 4a_{n-1} - 4a_{n-2} + 3^n$ für die Anfangsbedingungen $a_0 = 10$, $a_1 = 39$. Tipp: Machen Sie für die spezielle Lösung den Ansatz $i_n = k \cdot 3^n$.

8. a) Zeigen Sie, dass die Lösung der homogenen Rekursion $h_n = c(n)h_{n-1}$, $n \geq 1$, mit der Anfangsbedingung $h_0 = 1$, gegeben ist durch

$$h_n = \prod_{k=1}^{n} c(k), \qquad n \geq 1$$

(dabei ist der Koeffizient $c(n)$ eine beliebige Funktion von n).
b) Zeigen Sie, dass damit die allgemeine Lösung der inhomogenen Rekursion $a_n = c(n)a_{n-1} + g_n$ gleich

$$a_n = h_n \left(a_0 + \sum_{k=0}^{n} \frac{g_k}{h_k} \right)$$

ist (g_n ist eine beliebige Folge).
9. Zeigen Sie, dass eine spezielle Lösung von $a_n = c_1 a_{n-1} + c_2 a_{n-2} + g_n$ gegeben ist durch

$$i_n = \sum_{k=1}^{n} s_{n-k} g_{k+1}, \qquad n \geq 1,$$

wobei s_n die Lösung der homogenen Rekursion mit den Anfangsbedingungen $s_0 = 0$ und $s_1 = 1$ ist.
10. Richtig oder falsch? Begründen Sie!

    a) $\ln(n) + 1 = O(\sqrt{n})$ b) $\binom{n}{2} = O(n^2)$ c) $2^{n+1} = O(2^n)$

    d) $3^{2n} = O(3^n)$ e) $\sqrt{n} \log_2(n) = O(n)$ f) $\ln(n^2) = O(\ln(n))$

11. Finden Sie das kleinste $b \in \mathbb{N}$, sodass $f_n = O(n^b)$:

    a) $f_n = 4\ln(n) + \frac{n\cos(n)}{2}$ b) $f_n = \frac{4n^3}{n+1}$

    c) $f_n = (n+1)^2 + \sqrt{n}(1000 + n\ln(n))$ d) $f_n = n \cdot 2^{-n} + 27(\log_{10}(n))^2$

12. Richtig oder falsch: $3^{n+1} + n \cdot (1.5)^n = O(3^n)$

Lösungen zu den Aufwärmübungen

1. a) $4, 16, 256$; Ordnung 1   b) $1, -1, -2$; Ordnung 2
    c) $4, 12, 48$; Ordnung 1   d) $3, 7, 13$; Ordnung 1
2. a) $2a_{n-1} - a_{n-2} = 2 \cdot 3(n-1) - 3(n-2) = 3n = a_n$, daher ist $a_n = 3n$ eine Lösung. Es ist jene Lösung, die durch die Anfangsbedingungen $a_1 = 3$, $a_2 = 6$ festgelegt wird (denn das sind die ersten beiden Folgenglieder von $a_n = 3n$).
b) $2a_{n-1} - a_{n-2} = 2^n - 2^{n-2} = 2^n(1 - 2^{-2}) = \frac{3}{4}2^n \neq 2^n = a_n$, daher keine Lösung.
c) $2a_{n-1} - a_{n-2} = 2 \cdot 4 - 4 = 4 = a_n$, daher Lösung; Anfangsbedingungen $a_1 = 4$, $a_2 = 4$.
3. a) $a_2 = -a_1 = 3(-1)$, $a_3 = -a_2 = 3(-1)^2$, $a_4 = -a_3 = 3(-1)^3$, usw.; daher $a_n = 3(-1)^{n-1}$ bzw. $a_n = -3(-1)^n$.
b) $a_n = 1 + 2(n-1)$
4. a) $a_n = (1.07)a_{n-1}$ für $n \geq 1$, $a_0 = 100$
b) $a_n = (1.07)^n a_0$, $a_0 = 100$; nach 8 Jahren sind $a_8 = 171.82$ Euro vorhanden.

5. Es muss $(1 + k_0)^{12} = 1 + k$ gelten, also $k_0 = \sqrt[12]{1 + k} - 1 = 0.00247$. Wenn Sie am Monatsanfang immer einen Erlag von $R = 100$ Euro leisten, so ist Ihr Kapital nach einem Monat gleich $K_1 = R(1 + k_0)$, nach zwei Monaten $K_2 = R(1 + k_0)^2 + R(1 + k_0)$ usw. Nach n Monaten gilt $K_n = R \sum_{j=1}^{n}(1 + k_0)^j = R\left(\frac{1-(1+k_0)^{n+1}}{1-(1+k_0)} - 1\right) = R(1+k_0)\frac{(1+k_0)^n - 1}{k_0}$ (vorletzter Schritt mithilfe der Formel für die n-te Teilsumme einer geometrischen Reihe). Das ist übrigens gerade die Sparkassenformel bei vorschüssiger Zahlung für $K_0 = 0$ (wir beginnen mit $0 \in$). Wenn das Geld nach 12, 24 bzw. 36 Monaten abgehoben wird, so erhält man $K_{12} = 1219.41$, $K_{24} = 2475.41$ bzw. $K_{36} = 3769.08$.

6. P_n sei die Größe der Pilzkultur nach n Wochen. Es ist $P_n = 1.15\,P_{n-1} - 10$, wobei $E = 10$ die wöchentliche Ernte ist. Der Fixpunkt dieser Rekursion ist $\overline{P} = 66.\overline{6}$. Damit der Bestand konstant bleibt (oder sogar zunimmt), muss mit einem Bestand von $P_0 \geq 66.\overline{6}\,\mathrm{m}^2$ gestartet werden.

7. Die charakteristische Gleichung $\lambda^2 - \lambda - 2 = 0$ hat die Lösungen $\lambda_1 = 2$, $\lambda_2 = -1$. Daher lautet die allgemeine Lösung: $a_n = k_1 2^n + k_2(-1)^n$. Die Konstanten k_i werden durch die Anfangsbedingungen $a_0 = 1$, $a_1 = 5$ festgelegt: Aus $a_0 = k_1 + k_2 = 1$ und $a_1 = 2k_1 - k_2 = 5$ folgt $k_1 = 2$ und $k_2 = -1$. Damit lautet die gesuchte Lösung der Rekursion: $a_n = 2^{n+1} + (-1)^{n+1}$.

8. Gesucht sind ein C und ein n_0 mit $3n^2 + 5 = n^2(3 + \frac{5}{n^2}) \leq Cn^2$ für $n \geq n_0$. Da $\frac{5}{n^2} \leq 1$ für $n \geq 3$, folgt $n^2(3 + \frac{5}{n^2}) \leq n^2(3 + 1) = 4n^2$ für $n \geq 3$. Also sind $C = 4$ und $n_0 = 3$ eine Möglichkeit.

9. a) $3 = O(1)$, denn $f_n = 3$ ist beschränkt.

   b) $n + \log_2(n) = O(n)$ und $3n = O(n)$; daher ist $3n(n + \log_2(n)) = O(n^2)$.

   c) $n \sin(n) = O(n)$ (und daher umso mehr $O(n^2)$), daher ist $5n^2 + n \sin(n) = O(n^2)$.

   d) $2^{n+1} = 2 \cdot 2^n = O(2^n)$; dieser Summand hat die höhere Ordnung, daher ist $\sqrt{n} + 2^{n+1} = O(2^n)$.

(Lösungen zu den weiterführenden Aufgaben finden Sie in Abschnitt B.8)

Vektorräume

9.1 Vektoren

Größen wie Geschwindigkeit, Kraft, usw. sind dadurch gekennzeichnet, dass sie nicht nur einen Betrag, sondern auch eine Richtung haben. Sie können durch Pfeile veranschaulicht werden. Man nennt solche Größen auch vektorielle Größen, im Unterschied zu so genannten skalaren Größen, wie etwa einer Temperatur, die durch eine einzige reelle Zahl (einen Skalar) angegeben werden kann. Ein Vektor bzw. die Lage eines Punktes kann im dreidimensionalen Raum durch drei reelle Zahlen, ein 3-Tupel, beschrieben werden (Koordinaten). Die Geometrie des $\mathbb{R}^3$ ist unter anderem für Anwendungen in der Computergrafik von großer Bedeutung. Es ist aber sinnvoll, auch 4-Tupel, 5-Tupel usw., also allgemein n-Tupel zu betrachten: So kann man zum Beispiel den Tagesumsatz von 12 Filialen in einem 12-Tupel zusammenfassen. Um den Wochenumsatz der 12 Filialen zu erhalten, muss man die 12-Tupel koordinatenweise addieren. Um die Mehrwertsteuer zu erhalten, muss man jede Koordinate mit 0.2 (20% Mehrwertsteuer) multiplizieren. Es ist also sinnvoll, allgemein n-Tupel zu betrachten und dafür Rechenoperationen zu definieren. Für 2- oder 3-Tupel lassen sich diese Operationen auch geometrisch veranschaulichen. Für allgemeine n-Tupel ist das nicht möglich, trotzdem ist die geometrische Anschauung für den Spezialfall $n = 2$ oder $n = 3$ oft der Schlüssel zur Lösung komplizierter Probleme.

Ein n-Tupel $(a_1, a_2, \ldots, a_n) \in \mathbb{R}^n$ nennt man auch **Vektor**. Die reellen Zahlen $a_1, \ldots, a_n$ heißen die **Koordinaten** oder **Komponenten** des Vektors. Vektoren werden mit fett gedruckten Kleinbuchstaben

$$\mathbf{a} = (a_1, a_2, \ldots, a_n)$$

oder auch mit $\vec{a}$ oder $\underline{a}$ bezeichnet (vor allem, wenn man mit der Hand schreibt). $\mathbb{R}^n$ wird **Vektorraum** genannt. Zahlen $k \in \mathbb{R}$ nennt man in diesem Zusammenhang **Skalare**. Aus Platzgründen schreiben wir Vektoren hier häufig als Zeilen $(a_1, a_2, \ldots, a_n)$, man kann sie aber auch ohne weiteres als Spalten

$$\mathbf{a} = \begin{pmatrix} a_1 \\ a_2 \\ \vdots \\ a_n \end{pmatrix}$$

schreiben. Vektoren im $\mathbb{R}^2$ sind also zum Beispiel $\mathbf{a} = (2, 3)$ oder $\mathbf{b} = (0, -1)$; ein Vektor im $\mathbb{R}^5$ wäre zum Beispiel $\mathbf{c} = (1, 4, 0, -2, -1)$.

Nun wollen wir Rechenoperationen für Vektoren einführen. Die **Summe** von zwei Vektoren $\mathbf{a} = (a_1, \ldots, a_n) \in \mathbb{R}^n$ und $\mathbf{b} = (b_1, \ldots, b_n) \in \mathbb{R}^n$ ist der Vektor

$$\mathbf{a} + \mathbf{b} = \begin{pmatrix} a_1 + b_1 \\ \vdots \\ a_n + b_n \end{pmatrix},$$

es wird also koordinatenweise addiert. Ähnlich kann man festlegen, wie man einen Vektor mit einer reellen Zahl (einem Skalar) multiplizieren soll: Die **Multiplikation** des Vektors $\mathbf{a} \in \mathbb{R}^n$ **mit einem Skalar** $k \in \mathbb{R}$ ist der Vektor

$$k \cdot \mathbf{a} = \begin{pmatrix} ka_1 \\ \vdots \\ ka_n \end{pmatrix},$$

jede Koordinate wird also mit k multipliziert. Das Ergebnis jeder dieser beiden Rechenoperationen ist wieder ein Vektor im $\mathbb{R}^n$.

Manche Autoren verwenden bei den Vektoroperationen statt + und · verschiedene Symbole, um den Unterschied zur Addition und Multiplikation von zwei Skalaren zu betonen. Wir wollen es aber wie in der Informatik üblich handhaben und die entsprechenden Operatoren einfach *überladen*.

Wie bei der Multiplikation reeller Zahlen lässt man auch hier einfachheitshalber den Punkt weg, schreibt also $k\mathbf{a}$ anstelle von $k \cdot \mathbf{a}$. Auch schreibt man kurz $-\mathbf{a}$ statt $(-1)\mathbf{a}$. Der Vektor $\mathbf{0} = (0, \ldots, 0)$ wird als **Nullvektor** bezeichnet.

Beispiel 9.1 (→CAS) Vektoraddition und Multiplikation mit einem Skalar
Berechnen Sie:
a) $2\mathbf{a} + 2(\mathbf{b} - \mathbf{c})$ für $\mathbf{a} = (1, 2)$, $\mathbf{b} = (1, 0)$, $\mathbf{c} = (3, 4)$
b) $\mathbf{a} = (1, 2)$, $\mathbf{b} = (3, -4, 0)$; kann $\mathbf{a} + \mathbf{b}$ berechnet werden?

Lösung zu 9.1
a) $2\mathbf{a} + 2(\mathbf{b} - \mathbf{c}) = 2 \begin{pmatrix} 1 \\ 2 \end{pmatrix} + 2 \left(\begin{pmatrix} 1 \\ 0 \end{pmatrix} - \begin{pmatrix} 3 \\ 4 \end{pmatrix} \right) = \begin{pmatrix} 2 \\ 4 \end{pmatrix} + 2 \begin{pmatrix} -2 \\ -4 \end{pmatrix} = \begin{pmatrix} -2 \\ -4 \end{pmatrix}.$
b) Nein, da nur die Addition von Vektoren mit gleicher Koordinatenanzahl definiert ist. ∎

Zwei Vektoren sind **gleich**, wenn sie koordinatenweise übereinstimmen. Wenn also $\mathbf{a} = (a_1, \ldots, a_n)$ und $\mathbf{b} = (b_1, \ldots, b_n)$ zwei Vektoren sind, dann ist die Vektorgleichung $\mathbf{a} = \mathbf{b}$ nichts anderes als eine abkürzende Schreibweise für die n Gleichungen

$$a_1 = b_1, \qquad a_2 = b_2, \qquad \ldots \qquad a_n = b_n.$$

Beispiel 9.2 Gleichheit von Vektoren
Gegeben sind $\mathbf{a} = (x - 1, 2y, x + z)$ und $\mathbf{b} = (0, 4, -1)$. Finden Sie reelle Zahlen x, y und z, sodass $\mathbf{a} = \mathbf{b}$.

Lösung zu 9.2 Es muss

$$\begin{pmatrix} x - 1 \\ 2y \\ x + z \end{pmatrix} = \begin{pmatrix} 0 \\ 4 \\ -1 \end{pmatrix}$$

gelten, also $x - 1 = 0$, $2y = 4$ und $x + z = -1$. Daraus folgt sofort $x = 1$, $y = 2$ und $z = -1 - x = -2$. ∎

Vektoren im $\mathbb{R}^2$ oder im $\mathbb{R}^3$ können wir uns als Pfeile vorstellen. In Abbildung 9.1 sind zum Beispiel die Vektoren $\mathbf{a} = (3, 2)$ und $\mathbf{b} = (-2, 1)$ dargestellt. Wir haben

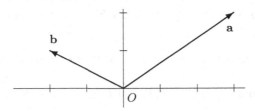

Abbildung 9.1. Darstellung eines Vektors im $\mathbb{R}^2$ als Ortsvektor

dabei $\mathbf{a}$ als Pfeil ausgehend vom Koordinatenursprung O mit Pfeilspitze im Punkt $P = (3, 2)$ eingezeichnet; analog wurde der Vektor $\mathbf{b}$ als Pfeil ausgehend von O mit Spitze im Punkt $Q = (-2, 1)$ gezeichnet. Wenn, so wie hier, ein Vektor ausgehend vom Koordinatenursprung dargestellt wird, dann spricht man von einem **Ortsvektor**. Seine Spitze beschreibt den Ort jenes Punktes, dessen Koordinaten gleich den Koordinaten des Vektors sind. Man kann auf diese Weise die Punkte mit den Vektoren identifizieren. Um zu betonen, dass $\mathbf{a}$ der Ortsvektor des Punktes P ist, schreibt man auch $\mathbf{a} = \overrightarrow{OP}$.

Es ist auch möglich, einen Vektor von einem *beliebigen* Punkt ausgehend zu zeichnen. In Abbildung 9.2 haben wir den Vektor $\mathbf{a} = (2, 1)$ einmal von O ausgehend (Ortsvektor), und einmal vom Punkt $A = (-1, 1)$ aus zum Punkt $B = (1, 2)$ hin gezeichnet. In diesem Zusammenhang schreibt man $\mathbf{a} = \overrightarrow{AB}$. Allgemein besteht zwischen den Koordinaten von $A = (x_A, y_A)$, $B = (x_B, y_B)$ und dem Vektor $\overrightarrow{AB}$ von A nach B folgender Zusammenhang:

$$\overrightarrow{AB} = \begin{pmatrix} x_B - x_A \\ y_B - y_A \end{pmatrix}.$$

Analog können wir uns im $\mathbb{R}^3$ etwa den Vektor $(1, 0, -3)$ als Pfeil vorstellen, der vom Ursprung O ausgeht und dessen Spitze im Punkt mit den Koordinaten $(1, 0, -3)$ liegt (als Ortsvektor); oder natürlich auch als Pfeil, der von einem beliebigen Punkt ausgeht.

Beispiel 9.3 Veranschaulichung eines Vektors im $\mathbb{R}^2$
Veranschaulichen Sie den Vektor $(-3, 1)$ graphisch
  a) als Ortsvektor $\overrightarrow{OA}$. Welche Koordinaten hat der Punkt A?

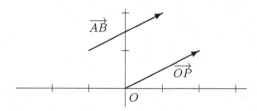

Abbildung 9.2. Darstellung eines Vektors im $\mathbb{R}^2$ ausgehend von einem beliebigen Punkt

  b) als Vektor $\overrightarrow{PQ}$, wobei $P = (2,1)$. Wie lauten die Koordinaten von Q?

  c) als Vektor $\overrightarrow{RS}$, wenn $S = (0,1)$. Geben Sie die Koordinaten von R an.

Lösung zu 9.3

a) Als Ortsvektor geht $(-3,1)$ von $O = (0,0)$ aus und mündet im Punkt $A = (-3,1)$.

b) In der Darstellung $\overrightarrow{PQ}$ geht $(-3,1)$ von $P = (2,1)$ aus und seine Spitze liegt in Q, das durch

$$\begin{pmatrix} -3 \\ 1 \end{pmatrix} = \begin{pmatrix} x_Q - 2 \\ y_Q - 1 \end{pmatrix}$$

festgelegt ist. Also $Q = (-1,2)$.

c) In der Darstellung $\overrightarrow{RS}$ geht $(-3,1)$ von R aus und seine Spitze liegt in $S = (0,1)$. Die Koordinaten von R sind gegeben durch

$$\begin{pmatrix} -3 \\ 1 \end{pmatrix} = \begin{pmatrix} 0 - x_R \\ 1 - y_R \end{pmatrix},$$

somit folgt $R = (3,0)$. Abbildung 9.3 veranschaulicht die Situation. Die parallelen Pfeile stellen ein- und denselben Vektor $(-3,1)$ dar.

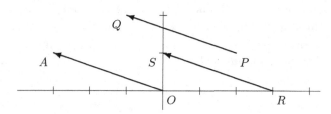

Abbildung 9.3. Verschiedenen Darstellungen des Vektors $\mathbf{a} = (-3,1)$

Auch die Addition zweier Vektoren und die Multiplikation mit einem Skalar kann man sich im $\mathbb{R}^2$ (und analog im $\mathbb{R}^3$) geometrisch mithilfe von Pfeilen veranschaulichen. In Abbildung 9.4 sehen wir, dass die Summe $\mathbf{a} + \mathbf{b} = (4,3)$ der Vektoren $\mathbf{a} = (3,1)$ und $\mathbf{b} = (1,2)$ durch einen Pfeil dargestellt werden kann, den man folgendermaßen erhält: An die Spitze des Pfeils $\mathbf{a}$ wird der Pfeil $\mathbf{b}$ „angehängt", und

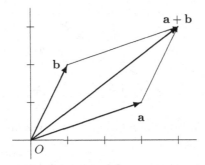

Abbildung 9.4. Addition zweier Vektoren

danach der Pfeil $\mathbf{a} + \mathbf{b}$ vom Anfangspunkt von $\mathbf{a}$ zur Spitze des angehängten Pfeils $\mathbf{b}$ gezeichnet. Abbildung 9.5 veranschaulicht die Multiplikation mit einem Skalar im $\mathbb{R}^2$. Es sind die Vektoren $2\mathbf{a} = 2(2,1) = (4,2)$ und $-\mathbf{a} = (-1)(2,1) = (-2,-1)$ dargestellt. Der zu $2\mathbf{a}$ gehörende Pfeil ist doppelt so lang wie der zu $\mathbf{a}$ gehörende Pfeil. Je nachdem, ob mit einem positiven oder mit einem negativen Skalar multipliziert wird, hat $k\mathbf{a}$ dieselbe oder die entgegengesetzte Richtung wie $\mathbf{a}$.

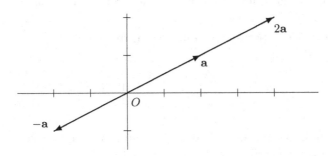

Abbildung 9.5. Multiplikation eines Vektors mit einem Skalar

Vektoren im $\mathbb{R}^4$, $\mathbb{R}^5$, ... können wir uns nicht mehr geometrisch veranschaulichen. Dennoch ist es praktisch, Vektoren mit mehr als drei Komponenten zu betrachten. In der Wirtschaftsmathematik wird zum Beispiel die monatliche Gesamtproduktion eines Unternehmens, das aus n produzierenden Sektoren besteht, als Vektor $\mathbf{x} = (x_1, x_2, \ldots, x_n)$ beschrieben (**Produktionsvektor**), wobei die Koordinate x_i die Menge bedeutet, die vom Sektor i pro Monat erzeugt wird. Die Jahresproduktion erhält man, wenn man die Produktionsvektoren der einzelnen Monate addiert. Weitere Beispiele folgen etwas später.

Die Länge des Pfeils $\mathbf{a} = (3,2)$ in Abbildung 9.6 ist (nach dem Satz von Pythagoras) gleich $\sqrt{3^2 + 2^2} = \sqrt{13}$.

Auch im $\mathbb{R}^3$ kann die Länge eines Pfeils auf diese Weise berechnet werden. Im $\mathbb{R}^4$, $\mathbb{R}^5$, usw. können wir uns unter einem Vektor keinen Pfeil mehr vorstellen, trotzdem legt man allgemein fest:

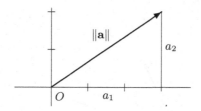

Abbildung 9.6. Länge eines Vektors

Definition 9.4 Die **Länge** oder der **Betrag** eines Vektors $\mathbf{a} = (a_1, a_2, \ldots, a_n) \in \mathbb{R}^n$ ist

$$\|\mathbf{a}\| = \sqrt{\sum_{j=1}^{n} a_j^2} = \sqrt{a_1^2 + a_2^2 + \ldots + a_n^2}.$$

Der Betrag eines Vektors ist also immer (wie für eine Länge sinnvoll) eine nichtnegative reelle Zahl. Es ist $\|\mathbf{a}\| = 0$ genau dann, wenn $\mathbf{a} = \mathbf{0}$.

Nun haben wir allgemein im $\mathbb{R}^n$ einen Abstandsbegriff zur Verfügung:

Definition 9.5 Der **Abstand zweier Punkte** $A = (a_1, \ldots, a_n)$ und $B = (b_1, \ldots, b_n)$ im $\mathbb{R}^n$ ist gleich

$$\|\overrightarrow{AB}\| = \sqrt{(b_1 - a_1)^2 + \ldots + (b_n - a_n)^2}.$$

Beispiel 9.6 Länge eines Vektors, Abstand zweier Punkte
a) Berechnen Sie $\|\mathbf{a}\|$ für $\mathbf{a} = (1, 2, 0, -1) \in \mathbb{R}^4$.
b) Berechnen Sie den Abstand der Punkte $A = (1, 3, 0, 0)$ und $B = (0, 1, 2, 1)$ im $\mathbb{R}^4$.

Lösung zu 9.6
a) $\|\mathbf{a}\| = \sqrt{1 + 4 + 0 + 1} = \sqrt{6}$
b) $\|\overrightarrow{AB}\| = \sqrt{(0 - 1)^2 + (1 - 3)^2 + (2 - 0)^2 + (1 - 0)^2} = \sqrt{10}$ ∎

Einen Vektor der Länge 1 nennt man **Einheitsvektor**. Wenn $\mathbf{a}$ ein beliebiger Vektor ist, dann ist

$$\frac{1}{\|\mathbf{a}\|}\mathbf{a}$$

ein Einheitsvektor, der dieselbe Richtung wie $\mathbf{a}$ hat. Besonders oft kommen die Einheitsvektoren $\mathbf{e}_1 = (1, 0, \ldots, 0)$, $\mathbf{e}_2 = (0, 1, 0, \ldots, 0)$, $\ldots$, $\mathbf{e}_n = (0, \ldots, 0, 1)$ in Richtung der Koordinatenachsen vor.

Beispiel 9.7 Einheitsvektor
Berechnen Sie den Einheitsvektor, der dieselbe Richtung wie $\mathbf{a} = (2, 4) \in \mathbb{R}^2$ hat.

Lösung zu 9.7 Es ist $\|\mathbf{a}\| = \sqrt{20} = 2\sqrt{5}$, also ist der gesuchte Einheitsvektor

$$\frac{1}{\|\mathbf{a}\|}\mathbf{a} = \frac{1}{2\sqrt{5}}\begin{pmatrix} 2 \\ 4 \end{pmatrix} = \frac{1}{\sqrt{5}}\begin{pmatrix} 1 \\ 2 \end{pmatrix}.$$

■

In der Praxis hat man es je nach Anwendung nicht nur mit *reellen* Koordinaten, sondern auch mit Koordinaten aus $\mathbb{C}$, $\mathbb{Z}_p$ oder einem anderen Körper $\mathbb{K}$ zu tun. Die Rechenoperationen für Vektoren sind dabei immer die gleichen und wir definieren deshalb allgemein:

Definition 9.8 (Vektorraum) Sei $\mathbb{K}$ ein beliebiger Körper und V eine Menge mit zwei Verknüpfungen:

a) **Vektoraddition:** Je zwei Elementen $\mathbf{a}, \mathbf{b} \in V$ wird ein Element $\mathbf{a} + \mathbf{b} \in V$ zugeordnet, sodass $(V, +)$ eine kommutative Gruppe (siehe Definition 3.22) wird, d.h.

$$\begin{aligned} \mathbf{a} + \mathbf{b} &= \mathbf{b} + \mathbf{a} & \text{Kommutativität} \\ \mathbf{a} + (\mathbf{b} + \mathbf{c}) &= (\mathbf{a} + \mathbf{b}) + \mathbf{c} & \text{Assoziativität} \\ \mathbf{a} + \mathbf{0} &= \mathbf{a} & \text{Existenz des neutralen Elements} \\ \mathbf{a} + (-\mathbf{a}) &= \mathbf{0} & \text{Existenz des inversen Elements} \end{aligned}$$

für alle $\mathbf{a}, \mathbf{b}, \mathbf{c} \in V$. Das neutrale Element $\mathbf{0}$ ist der **Nullvektor** und das zu $\mathbf{a}$ inverse Element ist $-\mathbf{a}$.

b) **Multiplikation mit einem Skalar:** Je einem $\mathbf{a} \in V$ und einem $k \in \mathbb{K}$ wird ein Element $k\,\mathbf{a} \in V$ zugeordnet, sodass

$$\begin{aligned} k(h\mathbf{a}) &= (kh)\mathbf{a} & \text{man kann daher einfach } kh\mathbf{a} \text{ schreiben} \\ 1\mathbf{a} &= \mathbf{a} \\ k(\mathbf{a} + \mathbf{b}) &= k\mathbf{a} + k\mathbf{b} & \text{Distributivgesetze} \\ (k + h)\mathbf{a} &= k\mathbf{a} + h\mathbf{a} \end{aligned}$$

für alle $\mathbf{a}, \mathbf{b} \in V$ und $h, k \in \mathbb{K}$.

Dann wird V ein **Vektorraum** (über dem Körper $\mathbb{K}$) genannt. Die Elemente von V werden als **Vektoren** und die Elemente von $\mathbb{K}$ als **Skalare** bezeichnet. Ist $\mathbb{K} = \mathbb{R}$, so spricht man von einem **reellen Vektorraum** und ist $\mathbb{K} = \mathbb{C}$, so spricht man von einem **komplexen Vektorraum**.

Aus dieser Definition folgen die Eigenschaften

$$\begin{aligned} 0\,\mathbf{a} &= \mathbf{0}, \\ k\,\mathbf{0} &= \mathbf{0}, \\ (-1)\,\mathbf{a} &= -\mathbf{a}, \end{aligned}$$

und unter der Subtraktion $\mathbf{a} - \mathbf{b}$ versteht man $\mathbf{a} + (-\mathbf{b})$. Wir können also analog zum $\mathbb{R}^n$ auch den Vektorraum $\mathbb{K}^n$ (wobei $\mathbb{K}$ irgendein Körper ist) betrachten. Das sind alle n-Tupel mit Koordinaten aus $\mathbb{K}$. Das kanonische Beispiel für einen komplexen Vektorraum ist somit $\mathbb{C}^n$. Die **Länge eines komplexen Vektors** muss allerdings so definiert werden:

Definition 9.9 Die **Länge** eines Vektors $\mathbf{a} = (a_1, a_2, \ldots, a_n) \in \mathbb{C}^n$ ist

$$\|\mathbf{a}\| = \sqrt{\sum_{j=1}^{n} |a_j|^2}, \qquad |a_j|^2 = \overline{a_j} a_j.$$

Denn für komplexes z kann z^2 auch negativ oder komplex sein. Von einer Länge erwarten wir uns aber, dass sie nur nichtnegative Werte annimmt. Wir stellen daher durch obige Definition mithilfe des konjugiert komplexen Vektors sicher, dass der Ausdruck unter der Wurzel, und somit $\|\mathbf{a}\|$, nichtnegativ ist.

Im $\mathbb{K}^n$ macht die Definition 9.4 im Allgemeinen keinen Sinn. Im $\mathbb{Z}_2^2$ würde diese Formel zum Beispiel für den Vektor $(1,1)$ die „Länge" 0 ergeben; bei einem vernünftigen Längenbegriff sollte aber nur der Nullvektor die Länge null haben.

Erinnern Sie sich daran, dass im Körper $\mathbb{Z}_2 = \{0, 1\}$ die Rechenoperationen durch $0 + 0 = 0$, $0 + 1 = 1 + 0 = 1$, $1 + 1 = 0$, $0 \cdot 0 = 1 \cdot 0 = 0 \cdot 1 = 0$ und $1 \cdot 1 = 1$ gegeben sind. Daher ist $\sqrt{1^2 + 1^2}$ $= \sqrt{1+1} = \sqrt{0} = 0$, der Vektor $(1,1)$ hätte also – falls die Definition 9.4 verwendet würde – die Länge 0.

Der Längenbegriff aus dem $\mathbb{R}^n$ wird für einen beliebigen Vektorraum V durch den Begriff einer *Norm* verallgemeinert:

Definition 9.10 Sei V ein reeller (oder komplexer) Vektorraum mit einer Funktion $\|.\| : V \mapsto [0, \infty)$. Wenn

$$\begin{aligned}
\|\mathbf{a}\| &> 0, \quad \text{für } \mathbf{a} \neq \mathbf{0} \quad \text{(Positivität)} \\
\|k\mathbf{a}\| &= |k| \|\mathbf{a}\| \quad \text{(Homogenität)} \\
\|\mathbf{a} + \mathbf{b}\| &\leq \|\mathbf{a}\| + \|\mathbf{b}\| \quad \text{(Dreiecksungleichung)}
\end{aligned}$$

für alle $\mathbf{a}, \mathbf{b} \in V$ und $k \in \mathbb{R}$ (bzw. $k \in \mathbb{C}$), so sprechen wir von einer **Norm** und nennen V einen **normierten Raum**.

Die Dreiecksungleichung besagt, dass die Länge einer Seite eines Dreiecks immer kleiner als die Summe der Längen der anderen beiden Seiten ist (betrachten Sie die Vektoren in Abbildung 9.4). Die Gleichheit tritt nur auf, wenn beide Vektoren die gleiche Richtung haben und daher das Dreieck zu einer Linie entartet.

Die Vektorräume $\mathbb{R}^n$ und $\mathbb{C}^n$ sind somit (mit der Norm aus Definition 9.4 bzw. Definition 9.9) normierte Räume. Weitere Beispiele von Vektorräumen:

Beispiel 9.11 Vektorräume

a) Die Menge aller Polynome vom Grad ≤ 2 kann als Vektorraum aufgefasst werden: Die Summe zweier Polynome $p_1(x) = k_1 + k_2 x + k_3 x^2$, $p_2(x) = h_1 + h_2 x + h_3 x^2$ und das Produkt eines solchen Polynoms mit einer reellen Zahl sind wieder ein Polynom vom Grad ≤ 2; beide Operationen erfüllen die Eigenschaften aus Definition 9.8.

b) Die Menge aller Funktionen $f : D \to \mathbb{R}$ bildet einen reellen Vektorraum (Addition und Multiplikation mit einem Skalar sind wie üblich definiert – vergleiche Seite 159). Analog bildet die Menge aller Funktionen $f : D \to \mathbb{C}$ einen komplexen Vektorraum. Als Norm einer Funktion könnte man zum Beispiel das Supremum $\|f\| = \sup_{x \in D} |f(x)|$ wählen.

c) In der Codierungstheorie und in der Kryptographie sind die Vektorräume $\mathbb{Z}_2^n$ und insbesondere $\mathbb{Z}_p^n$ wichtig. In $\mathbb{Z}_2^2$ gilt zum Beispiel für $\mathbf{a} = (1, 0)$ und $\mathbf{b} = (1, 1)$: $\mathbf{a} + \mathbf{b} = (1 + 1, 0 + 1) = (0, 1)$ oder $\mathbf{a} + \mathbf{a} = (1 + 1, 0 + 0) = (0, 0) = \mathbf{0}$, also $\mathbf{a} = -\mathbf{a}$. Die Vektoraddition entspricht der bitweisen XOR-Verknüpfung.

Falls Ihnen beim Gedanken an einen abstrakten Vektorraum unwohl wird, dann ist das nicht weiter schlimm. Ignorieren Sie einfach abstrakte Vektorräume vorerst und denken Sie beim Wort „Vektorraum V" immer an den $\mathbb{R}^2$ oder $\mathbb{R}^3$, und bei einem Skalar immer an eine reelle Zahl. Genau das ist nämlich der Punkt: Niemand kann sich einen abstrakten Vektorraum geometrisch vorstellen, wohl aber den $\mathbb{R}^3$, denn in diesem bewegen wir uns ja täglich. Für ein Problem in V kann man sich aber einfach überlegen, wie man es im $\mathbb{R}^3$ lösen würde, und dann die Lösung auf V übertragen (abstrahieren).

9.2 Lineare Unabhängigkeit und Basis

> **Definition 9.12** Einen Ausdruck der Form
>
> $$\sum_{j=1}^{m} k_j \mathbf{a}_j = k_1 \mathbf{a}_1 + k_2 \mathbf{a}_2 + \ldots + k_m \mathbf{a}_m$$
>
> mit beliebigen Skalaren $k_1, \ldots, k_m \in \mathbb{K}$ nennt man eine **Linearkombination** der Vektoren $\mathbf{a}_1, \mathbf{a}_2, \ldots, \mathbf{a}_m \in V$.

Beispiel 9.13 Linearkombination
Gegeben sind die Vektoren $\mathbf{a}_1 = (2, 1)$ und $\mathbf{a}_2 = (-2, 2)$ im $\mathbb{R}^2$. Lässt sich $\mathbf{b} = (1, 5)$ als Linearkombination von $\mathbf{a}_1$ und $\mathbf{a}_2$ schreiben?

Lösung zu 9.13 Gesucht sind k_1 und k_2, sodass

$$k_1 \begin{pmatrix} 2 \\ 1 \end{pmatrix} + k_2 \begin{pmatrix} -2 \\ 2 \end{pmatrix} = \begin{pmatrix} 1 \\ 5 \end{pmatrix}.$$

Diese Vektorgleichung bedeutet dasselbe wie die zwei Gleichungen

$$\begin{aligned} 2k_1 - 2k_2 &= 1 \\ k_1 + 2k_2 &= 5, \end{aligned}$$

aus denen wir leicht $k_1 = 2$ und $k_2 = \frac{3}{2}$ erhalten. Probe:

$$2 \cdot \begin{pmatrix} 2 \\ 1 \end{pmatrix} + \frac{3}{2} \begin{pmatrix} -2 \\ 2 \end{pmatrix} = \begin{pmatrix} 4 \\ 2 \end{pmatrix} + \begin{pmatrix} -3 \\ 3 \end{pmatrix} = \begin{pmatrix} 1 \\ 5 \end{pmatrix}.$$

Wir haben also $\mathbf{b}$ als Linearkombination von $\mathbf{a}_1$ und $\mathbf{a}_2$ ausgedrückt. ∎

Da wir für k_1 und k_2 eindeutige Lösungen aus dem Gleichungssystem bekommen haben, ist $k_1 = 2$ und $k_2 = \frac{3}{2}$ offensichtlich die einzige Möglichkeit, um $\mathbf{b}$ als Linearkombination von $\mathbf{a}_1$ und $\mathbf{a}_2$ zu erhalten. Mehr noch: Es ist möglich, *jeden* Vektor aus dem $\mathbb{R}^2$ als eindeutige Linearkombination von $\mathbf{a}_1$ und $\mathbf{a}_2$ zu schreiben. Diese Tatsache hängt mit einer Eigenschaft von $\mathbf{a}_1$ und $\mathbf{a}_2$ zusammen, die man *lineare Unabhängigkeit* nennt. Aber gehen wir es langsam an:

Gegeben sind nun wieder Vektoren $\mathbf{a}_1, \ldots, \mathbf{a}_m \in V$. Betrachten wir die Vektorgleichung

$$\sum_{j=1}^{m} k_j \mathbf{a}_j = k_1 \mathbf{a}_1 + k_2 \mathbf{a}_2 + \ldots + k_m \mathbf{a}_m = \mathbf{0}, \qquad (k_1, \ldots, k_m \in \mathbb{K}).$$

Wir möchten also *den Nullvektor* als Linearkombination von $\mathbf{a}_1, \ldots, \mathbf{a}_m$ ausdrücken. Natürlich ist diese Gleichung erfüllt, wenn die Skalare $k_1, k_2, \ldots, k_m$ alle gleich 0 sind. Diese Lösung der Vektorgleichung nennt man die **triviale Lösung**. Gibt es aber noch *andere* Lösungen?

Definition 9.14 Wenn $k_1 = k_2 = \ldots = k_m = 0$ die *einzige* Möglichkeit ist, um die Vektorgleichung

$$k_1 \mathbf{a}_1 + k_2 \mathbf{a}_2 + \ldots + k_m \mathbf{a}_m = \mathbf{0}$$

zu erfüllen, dann heißen die Vektoren $\mathbf{a}_1, \mathbf{a}_2, \ldots, \mathbf{a}_m$ **linear unabhängig**; andernfalls heißen $\mathbf{a}_1, \mathbf{a}_2, \ldots, \mathbf{a}_m$ **linear abhängig**. Der Nullvektor ist per Definition linear abhängig.

Anders ausgedrückt:

Satz 9.15 Die Vektoren $\mathbf{a}_1, \ldots, \mathbf{a}_m \in V$ sind linear *abhängig* genau dann, wenn sich (irgend-)einer dieser Vektoren als Linearkombination der übrigen schreiben lässt.

Warum? $\mathbf{a}_1, \ldots, \mathbf{a}_m$ linear abhängig bedeutet ja, dass es $k_1, k_2, \ldots, k_m$ gibt, *nicht alle gleich 0*, sodass

$$k_1 \mathbf{a}_1 + k_2 \mathbf{a}_2 + \ldots + k_m \mathbf{a}_m = \mathbf{0}.$$

Wenn nun irgendein $k_i \neq 0$ ist (nicht-triviale Lösung), so lässt sich der Vektor $\mathbf{a}_i$ als Linearkombination der übrigen Vektoren schreiben, indem man einfach die Vektorgleichung nach $\mathbf{a}_i$ auflöst. Zum Beispiel kann im Fall von $k_1 \neq 0$ der Vektor $\mathbf{a}_1$ als Linearkombination der übrigen geschrieben werden:

$$\mathbf{a}_1 = -\frac{k_2}{k_1}\mathbf{a}_2 - \ldots - \frac{k_m}{k_1}\mathbf{a}_m.$$

Wenn sich umgekehrt irgendeiner der Vektoren als Linearkombination der übrigen Vektoren schreiben lässt, zum Beispiel $\mathbf{a}_1 = k_2 \mathbf{a}_2 + k_3 \mathbf{a}_3 + \ldots + k_m \mathbf{a}_m$, so kann damit leicht eine nicht-triviale Linearkombination des Nullvektors erhalten werden; wir müssen dazu nur alles auf eine Seite bringen:

$$-\mathbf{a}_1 + k_2 \mathbf{a}_2 + k_3 \mathbf{a}_3 + \ldots + k_m \mathbf{a}_m = \mathbf{0}.$$

Beispiel 9.16 Linear abhängig/linear unabhängig
Sind die Vektoren des $\mathbb{R}^3$ linear abhängig oder linear unabhängig? Drücken Sie gegebenenfalls einen Vektor durch die übrigen aus:
a) $\mathbf{a}_1 = (2, 0, 1)$, $\mathbf{a}_2 = (1, 2, 0)$, $\mathbf{a}_3 = (0, 0, 2)$

b) $\mathbf{a}_1 = (3, 1, -5)$, $\mathbf{a}_2 = (6, 2, -10)$

c) $\mathbf{a}_1 = (0, 1, -3)$, $\mathbf{a}_2 = (-1, 4, 0)$, $\mathbf{a}_3 = (-3, 14, -6)$

Lösung zu 9.16

a) Wir betrachten die Vektorgleichung

$$k_1 \begin{pmatrix} 2 \\ 0 \\ 1 \end{pmatrix} + k_2 \begin{pmatrix} 1 \\ 2 \\ 0 \end{pmatrix} + k_3 \begin{pmatrix} 0 \\ 0 \\ 2 \end{pmatrix} = \begin{pmatrix} 0 \\ 0 \\ 0 \end{pmatrix},$$

also mit anderen Worten die drei Gleichungen

$$2k_1 + k_2 = 0$$
$$2k_2 = 0$$
$$k_1 + 2k_3 = 0$$

Wir sehen sofort, dass $k_1 = k_2 = k_3 = 0$ die einzige Lösung ist, daher sind $\mathbf{a}_1$, $\mathbf{a}_2$ und $\mathbf{a}_3$ linear unabhängig. Das bedeutet, dass sich keiner dieser Vektoren als Linearkombination der übrigen schreiben lässt.

b) Linear abhängig, da wir mit einem Blick sehen, dass sich $\mathbf{a}_1$ als Linearkombination von $\mathbf{a}_2$ schreiben lässt (und umgekehrt):

$$\begin{pmatrix} 6 \\ 2 \\ -10 \end{pmatrix} = 2 \cdot \begin{pmatrix} 3 \\ 1 \\ -5 \end{pmatrix}$$

c) Wir suchen k_1, k_2 und k_3, sodass

$$k_1 \begin{pmatrix} 0 \\ 1 \\ -3 \end{pmatrix} + k_2 \begin{pmatrix} -1 \\ 4 \\ 0 \end{pmatrix} + k_3 \begin{pmatrix} -3 \\ 14 \\ -6 \end{pmatrix} = \begin{pmatrix} 0 \\ 0 \\ 0 \end{pmatrix},$$

also

$$-k_2 - 3k_3 = 0$$
$$k_1 + 4k_2 + 14k_3 = 0$$
$$-3k_1 - 6k_3 = 0.$$

Aus der ersten und dritten Gleichung erhalten wir $k_2 = -3k_3$ und $k_1 = -2k_3$; das in die zweite Gleichung eingesetzt ergibt $0 = 0$. Die zweite Gleichung ist also immer erfüllt, wenn nur $k_2 = -3k_3$ und $k_1 = -2k_3$; k_3 kann beliebig aus $\mathbb{R}$ gewählt werden. Die Vektoren sind also linear abhängig (da es nicht nur die triviale Lösung gibt)! Um einen Vektor durch die übrigen auszudrücken, wählen wir z. B. $k_3 = 1$; dann ist $k_2 = -3$ und $k_1 = -2$. Somit ist

$$-2 \begin{pmatrix} 0 \\ 1 \\ -3 \end{pmatrix} - 3 \begin{pmatrix} -1 \\ 4 \\ 0 \end{pmatrix} + 1 \begin{pmatrix} -3 \\ 14 \\ -6 \end{pmatrix} = \begin{pmatrix} 0 \\ 0 \\ 0 \end{pmatrix}$$

eine nichttriviale Linearkombination des Nullvektors. Daraus erhalten wir zum Beispiel eine Darstellung von $\mathbf{a}_3$ als Linearkombination von $\mathbf{a}_1$ und $\mathbf{a}_2$:

$$\begin{pmatrix} -3 \\ 14 \\ -6 \end{pmatrix} = 2 \begin{pmatrix} 0 \\ 1 \\ -3 \end{pmatrix} + 3 \begin{pmatrix} -1 \\ 4 \\ 0 \end{pmatrix}.$$

∎

Achtung: Aus der Tatsache, dass von drei (oder mehr) Vektoren jeweils zwei Vektoren linear unabhängig sind, folgt *nicht*, dass alle Vektoren unabhängig sind! Zum Beispiel sind je zwei Vektoren von $\mathbf{a} = (1,0)$, $\mathbf{b} = (0,1)$, $\mathbf{c} = (1,1)$ linear unabhängig, aber nicht alle drei, da ja $\mathbf{a} + \mathbf{b} = \mathbf{c}$ gilt.

Das Paradebeispiel für linear unabhängige Vektoren im $\mathbb{R}^3$ sind $\mathbf{e}_1 = (1,0,0)$, $\mathbf{e}_2 = (0,1,0)$ und $\mathbf{e}_3 = (0,0,1)$ (überzeugen Sie sich davon, dass sie linear unabhängig sind). Ist es möglich zu diesen Vektoren einen *weiteren* linear unabhängigen Vektor $\mathbf{a} \in \mathbb{R}^3$ hinzuzufügen? Wenn wir das versuchen, so sehen wir ziemlich schnell, dass das unmöglich ist. Denn jeder Vektor $\mathbf{a} = (a_1, a_2, a_3) \in \mathbb{R}^3$ lässt sich als Linearkombination

$$\begin{pmatrix} a_1 \\ a_2 \\ a_3 \end{pmatrix} = a_1\mathbf{e}_1 + a_2\mathbf{e}_2 + a_3\mathbf{e}_3$$

schreiben. Und damit sind $\mathbf{a}, \mathbf{e}_1, \mathbf{e}_2, \mathbf{e}_3$ linear abhängig! Es kann also zu $\mathbf{e}_1, \mathbf{e}_2, \mathbf{e}_3$ kein weiterer Vektor hinzugefügt werden, ohne die lineare Unabhängigkeit zu zerstören. Die Vektoren $\mathbf{e}_1, \mathbf{e}_2, \mathbf{e}_3$ bilden also in diesem Sinn eine *maximale* Menge von linear unabhängigen Vektoren:

Eine Menge $\mathbf{a}_1, \dots, \mathbf{a}_n$ von linear unabhängigen Vektoren aus V heißt **maximal**, wenn kein weiterer Vektor hinzugefügt werden kann, ohne die lineare Unabhängigkeit zu zerstören. Solche maximalen Mengen spielen eine wesentliche Rolle und erhalten einen eigenen Namen:

Satz 9.17 Eine maximale Menge linear unabhängiger Vektoren $\mathbf{a}_1, \dots, \mathbf{a}_n \in V$ wird als **Basis** von V bezeichnet. Jeder Vektor $\mathbf{a} \in V$ lässt sich als Linearkombination

$$\mathbf{a} = \sum_{j=1}^n k_j \mathbf{a}_j = k_1 \mathbf{a}_1 + \dots + k_n \mathbf{a}_n$$

der Basisvektoren schreiben. Die Koeffizienten $k_j \in \mathbb{K}$ sind *eindeutig* bestimmt und werden als **Entwicklungskoeffizienten** oder **Koordinaten** von $\mathbf{a}$ bezüglich der Basis bezeichnet.

Warum lässt sich jeder Vektor als Linearkombination der Basisvektoren darstellen? Angenommen, es gäbe einen Vektor $\mathbf{a}$, der sich *nicht* als Linearkombination von $\mathbf{a}_1, \dots, \mathbf{a}_n$ schreiben lässt. Das würde bedeuten, dass $\mathbf{a}_1, \dots, \mathbf{a}_n, \mathbf{a}$ linear unabhängig sind. Das wiederum ist aber nicht möglich, da $\mathbf{a}_1, \dots, \mathbf{a}_n$ maximal ist.

Und warum sind die Koordinaten bezüglich einer Basis eindeutig? Könnte $\mathbf{a}$ durch *zwei* Linearkombinationen dargestellt werden, also $\mathbf{a} = \sum_{j=1}^n h_j \mathbf{a}_j = \sum_{j=1}^n k_j \mathbf{a}_j$, so würde $\sum_{j=1}^n (h_j - k_j)\mathbf{a}_j = \mathbf{0}$ gelten. Aus der linearen Unabhängigkeit der Basisvektoren folgt aber sofort $h_j - k_j = 0$, also $h_j = k_j$. Die Koeffizienten der beiden Linearkombinationen sind also identisch.

Die drei Vektoren $\mathbf{e}_1, \mathbf{e}_2, \mathbf{e}_3$ bilden eine Basis für den $\mathbb{R}^3$. Allgemein bilden die Vektoren $\mathbf{e}_1 = (1,0,\dots,0)$, $\mathbf{e}_2 = (0,1,0,\dots,0)$, $\dots$, $\mathbf{e}_n = (0,0,\dots,0,1)$ eine Basis des $\mathbb{K}^n$, die so genannte **Standardbasis** (auch **kanonische Basis**). Die Darstellung eines Vektors $\mathbf{a} = (a_1, \dots, a_n)$ als Linearkombination der Standardbasisvektoren ist besonders einfach:

$$\mathbf{a} = \sum_{j=1}^{n} a_j \mathbf{e}_j.$$

Beispiel: $(2, -3, 5) = 2\mathbf{e}_1 - 3\mathbf{e}_2 + 5\mathbf{e}_3$. Die Koordinaten, mit denen wir einen Vektor im $\mathbb{K}^n$ angeben, sind also nichts anderes als die Koordinaten bezüglich der Standardbasis!

Im Vektorraum aller Polynome mit Grad ≤ 2 bilden zum Beispiel die Polynome $p_0(x) = 1$, $p_1(x) = x$, $p_2(x) = x^2$ eine Basis: Jedes beliebige Polynom mit Grad ≤ 2 lässt sich als Linearkombination $k_1 1 + k_2 x + k_3 x^2$ schreiben. In diesem Sinn können zum Beispiel die Zahlen $2, 3, -4$ als die Koordinaten des Polynoms $p(x) = 2 + 3x - 4x^2$ betrachtet werden. So, wie zwei Vektoren des $\mathbb{R}^n$ gleich sind, wenn sie koordinatenweise übereinstimmen, so sind auch zwei Polynome gleich, wenn sie koeffizientenweise übereinstimmen – darauf beruht die Methode des **Koeffizientenvergleichs**. So folgt aus $(A + B)x^2 + Cx + A = 4x^2 - x + 5$, dass $A = 5$, $A + B = 4$ und $C = -1$.

Natürlich gibt es auch Mengen von linear *abhängigen* Vektoren, aus denen sich jeder Vektor als Linearkombination bilden lässt (wir brauchen zum Beispiel nur zur Standardbasis einen weiteren Vektor hinzuzufügen). Linear unabhängige Vektoren haben aber den Vorteil, dass die Entwicklungskoeffizienten eindeutig sind, und dass wir keinen unnötigen weiteren Vektor mit uns herumschleppen. Ein Beispiel: Jeder Vektor im $\mathbb{R}^2$ lässt sich als Linearkombination der Vektoren

$$\mathbf{a}_1 = \begin{pmatrix} 1 \\ 0 \end{pmatrix}, \qquad \mathbf{a}_2 = \begin{pmatrix} 0 \\ 1 \end{pmatrix}, \qquad \mathbf{a}_3 = \begin{pmatrix} 1 \\ 1 \end{pmatrix}$$

schreiben. Es gibt aber mehrere (unendlich viele) Darstellungsmöglichkeiten, z. B.,

$$\begin{pmatrix} 2 \\ 2 \end{pmatrix} = \mathbf{a}_1 + \mathbf{a}_2 + \mathbf{a}_3 = 2\mathbf{a}_1 + 2\mathbf{a}_2.$$

Die Koeffizienten sind also nicht eindeutig (einmal $1, 1, 1$ und einmal $2, 2, 0$). Da $\mathbf{a}_3$ also nur zusätzlicher Ballast ist und keinerlei Vorteile bringt, können wir diesen Vektor auch gleich für Linearkombinationen weglassen.

In diesem Zusammenhang wird eine Basis auch als **minimales Erzeugendensystem** bezeichnet: *Erzeugendensystem*, weil jeder Vektor des Vektorraums als Linearkombination der Basisvektoren erzeugt werden kann; und zugleich *minimal*, weil eine Basis nur aus so wenigen Vektoren wie notwendig besteht, um ein Erzeugendensystem zu sein.

Bisher haben wir die Standardbasis kennen gelernt. Sie besteht zum Beispiel im $\mathbb{R}^3$ aus den drei Vektoren $\mathbf{e}_1, \mathbf{e}_2, \mathbf{e}_3$. Können wir, um eine *andere* Basis im $\mathbb{R}^3$ zu erhalten, einfach eine beliebige Menge aus drei linear unabhängigen Vektoren nehmen? Ja, denn eine Basis besteht in einem Vektorraum immer aus der gleichen (nämlich der maximal möglichen) Anzahl von linear unabhängigen Vektoren:

Definition 9.18 Die maximale Anzahl von linear unabhängigen Vektoren in einem Vektorraum wird als **Dimension** des Vektorraums bezeichnet. Schreibweise: $\dim(V)$. Ist sie endlich, so spricht man von einem **endlichdimensionalen Vektorraum**, ansonsten von einem **unendlichdimensionalen Vektorraum**.

Die Dimension eines Vektorraums muss nicht immer endlich sein. Im Vektorraum *aller* Polynome sind die Vektoren $p_j(x) = x^j$, $j \in \mathbb{N}_0$, linear unabhängig. Sie bilden eine Basis, denn jedes Polynom lässt sich als (endliche) Linearkombination dieser Basispolynome schreiben. Es handelt sich also um einen unendlichdimensionalen Vektorraum.

Wir werden vorerst nur endlichdimensionale Vektorräume betrachten. In diesem Fall gilt:

> **Satz 9.19** Für einen n-dimensionalen Vektorraum ist jede Menge von n linear unabhängigen Vektoren eine Basis. Umgekehrt hat jede Basis genau n Vektoren.
> Jede Menge von linear unabhängigen Vektoren kann durch Hinzunahme von weiteren Vektoren zu einer Basis ergänzt werden.

Insbesondere hat der Vektorraum $\mathbb{K}^n$ also die Dimension n, da die Standardbasis im $\mathbb{K}^n$ genau n Vektoren hat. Der $\mathbb{R}^2$ hat daher zum Beispiel Dimension 2 (d.h., Basis = 2 linear unabhängige Vektoren) und der $\mathbb{R}^3$ hat Dimension 3 (d.h., Basis = 3 linear unabhängige Vektoren), usw.

Beispiel 9.20 Basis des $\mathbb{R}^3$
Aus Beispiel 9.16 wissen wir, dass $\mathbf{a}_1 = (2, 0, 1)$, $\mathbf{a}_2 = (1, 2, 0)$, $\mathbf{a}_3 = (0, 0, 2)$ linear unabhängig sind, also eine Basis des $\mathbb{R}^3$ bilden. Bestimmen Sie die Koordinaten von $(1, -10, 4)$ bezüglich dieser Basis.

Lösung zu 9.20 Wir suchen die eindeutig bestimmten k_1, k_2, k_3 mit

$$k_1 \begin{pmatrix} 2 \\ 0 \\ 1 \end{pmatrix} + k_2 \begin{pmatrix} 1 \\ 2 \\ 0 \end{pmatrix} + k_3 \begin{pmatrix} 0 \\ 0 \\ 2 \end{pmatrix} = \begin{pmatrix} 1 \\ -10 \\ 4 \end{pmatrix}.$$

Aus den drei Gleichungen

$$2k_1 + k_2 = 1 \qquad 2k_2 = -10 \qquad k_1 + 2k_3 = 4$$

erhalten wir die gesuchten Koordinaten $k_1 = 3$, $k_2 = -5$ und $k_3 = \frac{1}{2}$. Probe:

$$3 \begin{pmatrix} 2 \\ 0 \\ 1 \end{pmatrix} - 5 \begin{pmatrix} 1 \\ 2 \\ 0 \end{pmatrix} + \frac{1}{2} \begin{pmatrix} 0 \\ 0 \\ 2 \end{pmatrix} = \begin{pmatrix} 1 \\ -10 \\ 4 \end{pmatrix}.$$ ∎

9.3 Teilräume

In diesem Abschnitt werden wir uns mit Vektorräumen beschäftigen, die in einem größeren Vektorraum liegen, mit so genannten *Teilräumen*. So bilden zum Beispiel alle Linearkombinationen der Vektoren $\mathbf{e}_1 = (1, 0, 0)$ und $\mathbf{e}_2 = (0, 1, 0)$ einen Teilraum des $\mathbb{R}^3$. Er besteht aus allen Vektoren der Form $(k_1, k_2, 0)$. Geometrisch veranschaulicht ist dieser Teilraum im $\mathbb{R}^3$ die Ebene, die von $\mathbf{e}_1$ und $\mathbf{e}_2$ „aufgespannt" wird (die (x, y)-Ebene).

Teilräume spielen in der Codierungstheorie eine wichtige Rolle. Ein linearer binärer Code C bestehend aus Wörtern der Länge 5 ist zum Beispiel ein Teilraum des $\mathbb{Z}_2^5$. Das bedeutet, dass C eine Teilmenge des $\mathbb{Z}_2^5$ ist mit der besonderen Eigenschaft, dass die Summe und das skalare Vielfache von zwei Codewörtern wieder ein Codewort bildet.

> **Definition 9.21** Gegeben sind beliebige Vektoren $a_1, \ldots, a_m$ aus V (gleichgültig, ob linear abhängig oder linear unabhängig). Die Menge aller Linearkombinationen von $a_1, \ldots, a_m$ heißt die **lineare Hülle** dieser Vektoren. Schreibweise:
>
> $$\mathrm{LH}\{a_1, \ldots, a_m\} = \{\sum_{j=1}^{m} k_j a_j \mid k_j \in \mathbb{K}\} \subseteq V$$

Die lineare Hülle von $a_1, \ldots, a_m$ besteht also aus allen Vektoren, die sich in der Form

$$k_1 a_1 + k_2 a_2 + \ldots + k_m a_m$$

schreiben lassen. $\mathrm{LH}\{a_1, \ldots, a_m\}$ ist eine Teilmenge von V. Sie ist gleich V genau dann, wenn $a_1, \ldots, a_m$ eine Basis von V enthält.

Beispiel 9.22 Lineare Hülle
a) Geben Sie die lineare Hülle von e_1 und e_2 im $\mathbb{R}^3$ an.
b) Geben Sie die lineare Hülle von e_1, e_2 und e_3 im $\mathbb{R}^3$ an.
c) Liegt der Vektor $(1, -6, 4)$ in der linearen Hülle von $a_1 = (2, 0, 1)$ und $a_2 = (1, 2, 0)$?

Lösung zu 9.22
a) $\mathrm{LH}\{e_1, e_2\} = \{k_1 e_1 + k_2 e_2 \mid k_1, k_2 \in \mathbb{R}\} = \{(k_1, k_2, 0) \mid k_1, k_2 \in \mathbb{R}\}$; die lineare Hülle besteht also aus allen Vektoren des $\mathbb{R}^3$, deren dritte Komponente gleich 0 ist.
b) Da e_1, e_2 und e_3 eine Basis des $\mathbb{R}^3$ bilden, ist die Menge alle Linearkombinationen von e_1, e_2 und e_3 gleich $\mathbb{R}^3$.
c) Gesucht sind $k_1, k_2 \in \mathbb{R}$ mit

$$k_1 \begin{pmatrix} 2 \\ 0 \\ 1 \end{pmatrix} + k_2 \begin{pmatrix} 1 \\ 2 \\ 0 \end{pmatrix} = \begin{pmatrix} 1 \\ -6 \\ 4 \end{pmatrix},$$

also

$$2k_1 + k_2 = 1 \qquad 2k_2 = -6 \qquad k_1 = 4.$$

Aus der zweiten und dritten Gleichung folgt $k_2 = -3$ und $k_1 = 4$. Das in die erste Gleichung eingesetzt liefert $2 \cdot 4 + (-3) = 5 \neq 1$, also einen Widerspruch. Damit lässt sich $(1, -6, 4)$ nicht als Linearkombination von $a_1 = (2, 0, 1)$ und $a_2 = (1, 2, 0)$ schreiben, liegt also nicht in der linearen Hülle von a_1 und a_2. ∎

In Beispiel 9.20 haben wir gezeigt, dass $a_1 = (2, 0, 1)$, $a_2 = (1, 2, 0)$ und $a_3 = (0, 0, 2)$ eine Basis des $\mathbb{R}^3$ bilden. Durch Linearkombinationen dieser Vektoren kann man also alle Vektoren des $\mathbb{R}^3$ erzeugen. Lassen wir, wie in Beispiel 9.22 c), den Vektor a_3 weg, so können wir eben nicht mehr *alle* Vektoren des $\mathbb{R}^3$ erzeugen, sondern nur noch jene, die in der linearen Hülle von a_1 und a_2 liegen.

Die lineare Hülle hat eine besondere Eigenschaft: Die Summe von zwei Vektoren aus einer linearen Hülle und auch das skalare Vielfache eines Vektors aus der linearen

Hülle liegt wieder in der linearen Hülle. Man nennt diese Eigenschaft **Abgeschlossenheit unter Vektoraddition und Multiplikation mit einem Skalar.**

Denn: Wenn $\mathbf{a}$ und $\mathbf{b}$ in LH$\{\mathbf{a}_1, \ldots, \mathbf{a}_m\}$, also $\mathbf{a} = k_1\mathbf{a}_1 + k_2\mathbf{a}_2 + \ldots + k_m\mathbf{a}_m$ und $\mathbf{b} = h_1\mathbf{a}_1 + h_2\mathbf{a}_2 + \ldots + h_m\mathbf{a}_m$, so gilt

$$\begin{aligned} \mathbf{a} + \mathbf{b} &= (k_1 + h_1)\mathbf{a}_1 + (k_2 + h_2)\mathbf{a}_2 + \ldots + (k_m + h_m)\mathbf{a}_m \\ k\mathbf{a} &= kk_1\mathbf{a}_1 + kk_2\mathbf{a}_2 + \ldots + kk_m\mathbf{a}_m, \end{aligned}$$

also auch Summe und skalares Vielfaches lassen sich als Linearkombination von $\mathbf{a}_1, \ldots, \mathbf{a}_m$ schreiben.

Nun noch ein wichtiger Begriff:

Definition 9.23 Eine Teilmenge $U \subseteq V$ eines Vektorraums V, die selbst ein Vektorraum im Sinn von Definition 9.8 ist, heißt **Teilraum** (oder **Untervektorraum**) von V.

Um zu überprüfen, ob eine Teilmenge U eines Vektorraums selbst ein Vektorraum ist, muss man aber nicht mühsam die Vektorraumeigenschaften aus Definition 9.8 nachweisen (die meisten erbt U ja als Teilmenge von V), sondern:

Satz 9.24 (Kriterium für einen Teilraum) $U \subseteq V$ ist genau dann ein Teilraum des Vektorraums V, wenn U abgeschlossen unter Vektoraddition und Multiplikation mit einem Skalar ist, d.h. wenn für alle $\mathbf{a}, \mathbf{b} \in U$ und alle $k \in \mathbb{K}$ gilt:

$$\begin{aligned} \mathbf{a}, \mathbf{b} \in U &\Rightarrow \mathbf{a} + \mathbf{b} \in U \\ \mathbf{a} \in U &\Rightarrow k\mathbf{a} \in U \end{aligned}$$

Insbesondere folgt daraus, dass ein Teilraum U den Nullvektor enthalten muss.

Denn mit $\mathbf{a} \in U$ muss für alle $k \in \mathbb{K}$ auch das Vielfache $k\mathbf{a} \in U$ sein, also muss insbesondere auch $0 \cdot \mathbf{a} = \mathbf{0}$ in U sein.

Da die lineare Hülle abgeschlossen bezüglich Addition und Multiplikation mit einem Skalar ist, gilt:

Satz 9.25 Die lineare Hülle $U = \text{LH}\{\mathbf{a}_1, \ldots, \mathbf{a}_m\} \subseteq V$ ist ein Teilraum von V. Man sagt auch, dass U von den Vektoren $\mathbf{a}_1, \ldots, \mathbf{a}_m$ **aufgespannt** wird.

Weitere Beispiele:

Beispiel 9.26 Teilraum
Handelt es sich um einen Teilraum des $\mathbb{R}^2$?
a) $U = \left\{ \begin{pmatrix} x \\ x \end{pmatrix} \mid x \in \mathbb{R} \right\}$ b) $U = \left\{ \begin{pmatrix} x \\ y \end{pmatrix} \mid x, y \in \mathbb{R} \text{ mit } x \geq 0 \right\}$

Lösung zu 9.26

a) U besteht aus allen Vektoren des $\mathbb{R}^2$, deren Koordinaten gleich sind. Addieren wir zwei Vektoren aus U, so erhalten wir

$$\begin{pmatrix} x \\ x \end{pmatrix} + \begin{pmatrix} y \\ y \end{pmatrix} = \begin{pmatrix} x+y \\ x+y \end{pmatrix},$$

es entsteht also wieder ein Vektor dieser Form. U ist daher abgeschlossen bezüglich Vektoraddition. Multiplizieren wir einen Vektor aus U mit einem Skalar,

$$k \begin{pmatrix} x \\ x \end{pmatrix} = \begin{pmatrix} kx \\ kx \end{pmatrix},$$

so entsteht ebenfalls wieder ein Vektor mit zwei gleiche Koordinaten. U ist also auch abgeschlossen bezüglich Multiplikation mit einem Skalar. Damit ist U ein Teilraum von $\mathbb{R}^2$. Geometrisch veranschaulicht: U ist die Gerade durch den Ursprung mit Steigung eins.

b) U besteht aus allen Vektoren des $\mathbb{R}^2$, deren x-Koordinate nichtnegativ ist. Addieren wir zwei Vektoren aus U,

$$\begin{pmatrix} x_1 \\ y_1 \end{pmatrix} + \begin{pmatrix} x_2 \\ y_2 \end{pmatrix} = \begin{pmatrix} x_1 + x_2 \\ y_1 + y_2 \end{pmatrix},$$

so ist wegen $x_1 \geq 0$ und $x_2 \geq 0$ auch $x_1 + x_2 \geq 0$, das Ergebnis also wieder in U. U ist also abgeschlossen bezüglich Vektoraddition. Multiplizieren wir aber einen Vektor aus U mit -1, so ändert sich das Vorzeichen der ersten Koordinate (falls diese nicht zufällig 0 ist), und das Ergebnis liegt nicht mehr in U; zum Beispiel ist

$$\begin{pmatrix} 1 \\ 0 \end{pmatrix} \in U, \text{ aber } (-1) \begin{pmatrix} 1 \\ 0 \end{pmatrix} = \begin{pmatrix} -1 \\ 0 \end{pmatrix} \notin U.$$

Somit ist U nicht abgeschlossen unter Multiplikation mit einem Skalar und damit kein Teilraum. Geometrisch veranschaulicht: U ist die rechte Halbebene im $\mathbb{R}^2$. (Für einen Teilraum würden wir die ganze Ebene brauchen.) ∎

Man kann zeigen, dass der Durchschnitt zweier Teilräume wieder ein Teilraum ist, die Vereinigung im Allgemeinen aber nicht (siehe Übungen).

Da ein Teilraum $U \subseteq V$ für sich genommen auch ein Vektorraum ist, hat U natürlich auch eine Dimension. Die Dimension von U kann höchstens gleich der Dimension von V sein. Beispiel: Im $\mathbb{R}^3$ kann es Teilräume der Dimension 0, 1, 2 oder 3 (das ist der $\mathbb{R}^3$ selbst) geben.

Satz 9.27 (Dimension und Basis eines Teilraums) Für jeden Teilraum U kann man m linear unabhängige Vektoren finden, die eine Basis für U bilden, für die also

$$LH\{a_1, \ldots, a_m\} = U$$

gilt. Die Anzahl dieser linear unabhängigen Vektoren, die U aufspannen, ist gleich der Dimension von U.

Wenn U als lineare Hülle von linear *abhängigen* Vektoren $a_1, \ldots, a_m$ angegeben wird, so kann ein Vektor davon als Linearkombination der übrigen geschrieben werden. Daher kann dieser Vektor zur Angabe von U gleich weglassen werden. Auf diese Weise können wir die Anzahl der Vektoren zur Beschreibung von U sukzessive reduzieren, bis nur noch linear unabhängige Vektoren, also eine Basis von U, übrig bleiben.

Beispiel 9.28 Dimension und Basis eines Teilraums
Gegeben ist der Teilraum $U = \mathrm{LH}\{\mathbf{a}_1, \mathbf{a}_2, \mathbf{a}_3\} \subseteq \mathbb{R}^3$ mit

$$\mathbf{a}_1 = \begin{pmatrix} 1 \\ 2 \\ 0 \end{pmatrix}, \quad \mathbf{a}_2 = \begin{pmatrix} 0 \\ 1 \\ 3 \end{pmatrix}, \quad \mathbf{a}_3 = \begin{pmatrix} 1 \\ 1 \\ -3 \end{pmatrix}.$$

a) Wie groß ist die Dimension von U? Geben Sie eine Basis von U an.
b) Liegt $(4, -1, 6)$ in U?   c) Liegt $(4, 10, 6)$ in U?

Lösung zu 9.28

a) Wir müssen zunächst feststellen, ob die Vektoren $\mathbf{a}_1, \mathbf{a}_2, \mathbf{a}_3$ linear abhängig oder unabhängig sind. Das Gleichungssystem $k_1\mathbf{a}_1 + k_2\mathbf{a}_2 + k_3\mathbf{a}_3 = \mathbf{0}$ lautet

$$k_1 + k_3 = 0, \quad 2k_1 + k_2 + k_3 = 0, \quad 3k_2 - 3k_3 = 0.$$

Aus der ersten und dritten Gleichung erhalten wir $k_1 = -k_3$ und $k_2 = k_3$. Wenn wir das in die zweite Gleichung einsetzen, so erhalten wir $0 = 0$. Die Vektoren sind also linear abhängig und wir können daher einen der Vektoren durch die übrigen ausdrücken: Wählen wir etwa $k_3 = 1$, so folgt $-\mathbf{a}_1 + \mathbf{a}_2 + \mathbf{a}_3 = \mathbf{0}$. Damit können wir zum Beispiel $\mathbf{a}_3$ als Linearkombination der anderen beiden Vektoren schreiben, der Vektor $\mathbf{a}_3$ ist also zur Angabe von U überflüssig. Somit ist U durch

$$U = \mathrm{LH}\{\mathbf{a}_1, \mathbf{a}_2\}$$

eindeutig bestimmt. Die verbleibenden Vektoren $\mathbf{a}_1$ und $\mathbf{a}_2$ sind nun aber linear unabhängig. Damit bilden sie eine Basis von U und die Dimension von U ist somit gleich 2.

b) Wir suchen k_1 und k_2, sodass

$$k_1 \begin{pmatrix} 1 \\ 2 \\ 0 \end{pmatrix} + k_2 \begin{pmatrix} 0 \\ 1 \\ 3 \end{pmatrix} = \begin{pmatrix} 4 \\ -1 \\ 6 \end{pmatrix}.$$

(Da $\mathbf{a}_1, \mathbf{a}_2$ eine Basis von U bilden, genügt es, eine Linearkombination dieser beiden Vektoren anzusetzen!) Es muss also

$$k_1 = 4, \quad 2k_1 + k_2 = -1, \quad 3k_2 = 6$$

sein. Wenn wir aus der ersten und dritten Gleichung $k_1 = 4$ und $k_2 = 2$ verwenden und in die zweite Gleichung einsetzen, so erhalten wir $2 \cdot 4 + 2 = 10 \neq -1$. Der Vektor $(4, -1, 6)$ kann also nicht als Linearkombination von $\mathbf{a}_1$ und $\mathbf{a}_2$ geschrieben werden und liegt daher nicht in U.

c) Analoge Vorgangsweise wie in b) zeigt, dass

$$k_1 \begin{pmatrix} 1 \\ 2 \\ 0 \end{pmatrix} + k_2 \begin{pmatrix} 0 \\ 1 \\ 3 \end{pmatrix} = \begin{pmatrix} 4 \\ 10 \\ 6 \end{pmatrix}$$

für $k_1 = 4$ und $k_2 = 2$ erfüllt ist. Also liegt der Vektor $(4, 10, 6)$ in U. ∎

Zum Abschluss noch eine geometrische Veranschaulichung der Teilräume des $\mathbb{R}^3$:

- Es gibt einen Teilraum der Dimension 0, nämlich $U = \{\mathbf{0}\}$ (das ist die lineare Hülle von $\mathbf{0}$). Dieser Teilraum besteht nur aus dem Ursprung.
- Für jeden Vektor $\mathbf{a} = (a_1, a_2, a_3) \neq 0$ ist LH$\{\mathbf{a}\}$ ein Teilraum der Dimension 1. Er besteht aus allen Punkten (Ortsvektoren) im $\mathbb{R}^3$ mit

$$\begin{pmatrix} x \\ y \\ z \end{pmatrix} = k \begin{pmatrix} a_1 \\ a_2 \\ a_3 \end{pmatrix}, \qquad k \in \mathbb{R}.$$

Geometrisch handelt es sich um eine Gerade durch den Ursprung. Der Vektor $\mathbf{a}$, der die Gerade aufspannt, heißt **Richtungsvektor** der Geraden. Achtung: Eine dazu parallele Gerade durch den Punkt $A = (x_A, y_A, z_A)$ (ungleich dem Ursprung) wird durch

$$\begin{pmatrix} x \\ y \\ z \end{pmatrix} = \begin{pmatrix} x_A \\ y_A \\ z_A \end{pmatrix} + k \begin{pmatrix} a_1 \\ a_2 \\ a_3 \end{pmatrix}, \qquad k \in \mathbb{R}$$

beschrieben. Diese Teilmenge des $\mathbb{R}^3$ bildet aber *keinen* Teilraum, da ja der Nullvektor (der Ursprung) nicht enthalten ist.

- Für zwei linear unabhängige Vektoren $\mathbf{a}, \mathbf{b}$ ist LH$\{\mathbf{a}, \mathbf{b}\}$ ein Teilraum der Dimension 2. Er besteht aus allen Punkten (Ortsvektoren) im $\mathbb{R}^3$ mit

$$\begin{pmatrix} x \\ y \\ z \end{pmatrix} = k_1 \begin{pmatrix} a_1 \\ a_2 \\ a_3 \end{pmatrix} + k_2 \begin{pmatrix} b_1 \\ b_2 \\ b_3 \end{pmatrix}, \qquad k \in \mathbb{R}.$$

Geometrisch handelt es sich um eine Ebene durch den Ursprung, die durch die beiden Vektoren $\mathbf{a}$ und $\mathbf{b}$ aufgespannt wird. Wieder bildet eine dazu parallele Ebene durch den Punkt $A = (x_A, y_A, z_A)$ (ungleich dem Ursprung),

$$\begin{pmatrix} x \\ y \\ z \end{pmatrix} = \begin{pmatrix} x_A \\ y_A \\ z_A \end{pmatrix} + k_1 \begin{pmatrix} a_1 \\ a_2 \\ a_3 \end{pmatrix} + k_2 \begin{pmatrix} b_1 \\ b_2 \\ b_3 \end{pmatrix}, \qquad k \in \mathbb{R},$$

keinen Teilraum, da ja der Nullvektor (der Ursprung) nicht in der Ebene enthalten ist.

- Wenn U durch drei linear unabhängige Vektoren aufgespannt wird, so ist $U = \mathbb{R}^3$.

Man bezeichnet diese Darstellung von Geraden bzw. Ebenen mithilfe von aufspannenden Vektoren auch als **Parameterdarstellung**, weil die Parameter k bzw. k_1 und k_2 enthalten sind.

9.4 Mit dem digitalen Rechenmeister

Vektoren

In Mathematica können Vektoren einfach mit geschwungenen Klammern eingegeben werden:

In[1]:= a = {1, 2, 0, −1}; b = {3, 0, 1, 2};

Wir erhalten dann zum Beispiel $3\mathbf{a} - \mathbf{b}$ mit

In[2]:= 3a − b

Out[2]= {0, 6, −1, −5}

Der Absolutbetrag wird mit

In[3]:= Norm[a]

Out[3]= $\sqrt{6}$

berechnet. In älteren Mathematica-Versionen (vor 5.0) ist dieser Befehl nicht vorhanden. Man kann dann alternativ auch $\sqrt{\mathbf{a}.\mathbf{a}}$ zur Berechnung des Betrags von $\mathbf{a}$ verwenden (dabei ist $\mathbf{a}.\mathbf{a}$ das Skalarprodukt zweier Vektoren, das wir in Kapitel 13 kennen lernen werden).

9.5 Kontrollfragen

Fragen zu Abschnitt 9.1: Vektoren

Erklären Sie folgende Begriffe: Vektor, Skalar, Vektoraddition, Multiplikation mit einem Skalar, Nullvektor, Gleichheit von Vektoren, Ortsvektor, Länge eines Vektors, Abstand zweier Punkte, Einheitsvektor, Vektorraum, reeller/komplexer Vektorraum.

1. Richtig oder falsch:
   a) Vektoren des $\mathbb{R}^n$ kann man als Zeile oder als Spalte schreiben.
   b) $(1, 4, 2, 3, 0, 0)$ ist ein Beispiel für einen Vektor im $\mathbb{R}^4$.
   c) Vektoren im $\mathbb{R}^2$ oder $\mathbb{R}^3$ können als Pfeile veranschaulicht werden.
2. Auf welcher Kurve liegen im $\mathbb{R}^2$ alle Punkte, deren Ortsvektoren denselben Betrag haben?
3. Welche Fläche wird im $\mathbb{R}^3$ durch $\|(x, y, z)\| = 4$ beschrieben?
4. Berechnen Sie den Abstand der Punkte A und B als Länge des Vektors $\overrightarrow{AB}$:
   a) $A = (-1, 1)$, $B = (2, 2)$ b) $A = (0, 0)$, $B = (3, 4)$
5. Richtig oder falsch?   a) $\mathbf{a} = \mathbf{b} \Rightarrow \|\mathbf{a}\| = \|\mathbf{b}\|$ b) $\|\mathbf{a}\| = \|\mathbf{b}\| \Rightarrow \mathbf{a} = \mathbf{b}$
6. Ist die Summe zweier Einheitsvektoren wieder ein Einheitsvektor?

Fragen zu Abschnitt 9.2: Lineare Unabhängigkeit und Basis

Erklären Sie folgende Begriffe: Linearkombination, triviale Lösung, linear (un)abhängig, Basis, Koordinaten bezüglich einer Basis, Standardbasis, Dimension.

1. Lässt sich $(-1, 2)$ als Linearkombination von $(1, 0)$ und $(0, 1)$ schreiben?
2. Bilden $(2, 1)$ und $(4, 2)$ eine Basis des $\mathbb{R}^2$?
3. Geben Sie die Koordinaten von $\mathbf{a} = (a_1, a_2) \in \mathbb{R}^2$ bezüglich der Standardbasis an.
4. Aus wie vielen Vektoren besteht eine Basis des $\mathbb{Z}_2^5$?
5. Sind die Vektoren $(3, 0, 2)$, $(5, 2, 0)$, $(7, -2, 1)$, $(8, 0, 0) \in \mathbb{R}^3$ linear unabhängig?
6. Bilden $\mathbf{a} = (1, 3, 0)$, $\mathbf{b} = (-2, 1, 0)$ und $\mathbf{c} = (1, -5, 0)$ eine Basis des $\mathbb{R}^3$?

Fragen zu Abschnitt 9.3: Teilräume

Erklären Sie folgende Begriffe: lineare Hülle, abgeschlossen bzgl. Addition und Multiplikation mit einem Skalar, Teilraum, Dimension eines Teilraums, Basis eines Teilraums, aufspannen.

1. Geben Sie die Parameterdarstellung der Geraden mit Richtungsvektor $\mathbf{a} = (2,1)$ an, die durch den Punkt $A = (4,3)$ geht. Handelt es sich um einen Teilraum?
2. Wo liegen alle Punkte dieser Menge (geben Sie eine geometrische Veranschaulichung):   a) $U = \{(x,y) \in \mathbb{R}^2 \mid x = 0\}$ b) $U = \{(x,y) \in \mathbb{R}^2 \mid x + y = 0\}$
3. Welche Menge ist ein Teilraum des $\mathbb{R}^2$? Geben Sie gegebenenfalls seine Dimension an und veranschaulichen Sie geometrisch:
   a) $\{(0,0)\}$ b) $\{(1,2)\}$ c) $\mathrm{LH}\{(1,2)\}$
   d) $\mathrm{LH}\{(1,2),(2,4)\}$ e) $\mathrm{LH}\{(1,2),(0,1)\}$
4. Wann gilt $\mathrm{LH}\{\mathbf{a},\mathbf{b},\mathbf{c}\} = \mathrm{LH}\{\mathbf{a},\mathbf{b}\}$?
5. Wann gilt $\mathrm{LH}\{\mathbf{a}_1,\mathbf{a}_2,\mathbf{a}_3,\mathbf{a}_4\} = \mathbb{R}^4$?

Lösungen zu den Kontrollfragen

Lösungen zu Abschnitt 9.1

1. a) richtig   b) falsch: $(1,4,2,3,0,0) \in \mathbb{R}^6$ c) richtig
2. auf einem Kreis: $\|(x,y)\| = \sqrt{x^2 + y^2} = r$ ($r \ldots$ Radius)
3. eine Kugel mit Radius 4
4. a) $\overrightarrow{AB} = (3,1)$, $\|\overrightarrow{AB}\| = \sqrt{10}$ b) $\overrightarrow{AB} = (3,4)$, $\|\overrightarrow{AB}\| = \sqrt{25} = 5$
5. a) richtig   b) falsch; z.B. ist $\|(1,0)\| = \|(0,1)\|$, aber $(1,0) \neq (0,1)$
6. nein; z.B.: $(1,0) + (0,1) = (1,1)$

Lösungen zu Abschnitt 9.2

1. Ja, denn $(1,0)$ und $(0,1)$ bilden eine Basis des $\mathbb{R}^2$.
2. Nein, da $(2,1)$ und $(4,2)$ linear abhängig sind (sind Vielfache voneinander).
3. a_1 und a_2
4. aus 5 linear unabhängigen Vektoren
5. Nein, denn im $\mathbb{R}^3$ können maximal 3 Vektoren linear unabhängig sein.
6. Nein, denn diese Vektoren sind linear abhängig. Das sieht man auf einen Blick: Alle Vektoren haben als dritte Koordinate den Wert 0, daher könnte man zum Beispiel den Vektor $(0,0,1) \in \mathbb{R}^3$ nicht als Linearkombination dieser Vektoren erhalten.

Lösungen zu Abschnitt 9.3

1. Parameterdarstellung der Geraden:

$$\begin{pmatrix} x \\ y \end{pmatrix} = \begin{pmatrix} 4 \\ 3 \end{pmatrix} + k \begin{pmatrix} 2 \\ 1 \end{pmatrix} \quad (k \in \mathbb{R})$$

Kein Teilraum, da die Gerade nicht durch den Ursprung geht.

2. a) U besteht aus allen Ortsvektoren (Punkten) mit x-Koordinate gleich 0. Also stellt U die Gerade dar, die gleich der y-Achse ist.

   b) U besteht aus allen Ortsvektoren (Punkten) mit $y = -x$. Es handelt sich also um die Gerade mit Steigung -1.

3. a) Teilraum; Dimension 0 (Ursprung)

   b) kein Teilraum (da der Nullvektor nicht enthalten ist, sieht man das gleich)

   c) Teilraum; Dimension 1; Gerade durch den Ursprung mit Richtungsvektor $(1, 2)$

   d) Teilraum; Dimension 1, denn $(1, 2), (2, 4)$ sind linear abhängig; Gerade durch den Ursprung mit Richtungsvektor $(1, 2)$ oder alternativ $(2, 4)$

   e) Teilraum mit Dimension 2, somit der ganze $\mathbb{R}^2$

4. Wenn sich $\mathbf{c}$ als Linearkombination von $\mathbf{a}$ und $\mathbf{b}$ schreiben lässt: $\mathbf{c} = k_1\mathbf{a} + k_2\mathbf{b}$.

5. Wenn $\mathbf{a}_1, \mathbf{a}_2, \mathbf{a}_3, \mathbf{a}_4$ eine Basis des $\mathbb{R}^4$ ist.

9.6 Übungen

Aufwärmübungen

1. Stellen Sie $\mathbf{a} = (3, 1)$ dar:

   a) als Ortsvektor $\overrightarrow{OP}$; wie lauten die Koordinaten von P?

   b) als Vektor $\overrightarrow{AB}$, wobei $A = (1, 2)$ (berechnen Sie die Koordinaten von B).

   c) als Vektor $\overrightarrow{CD}$, wobei $D = (0, 1)$ (berechnen Sie die Koordinaten von C).

2. Gegeben sind die Punkte A, B, C und D. Stellen $\overrightarrow{AB}$ und $\overrightarrow{CD}$ denselben Vektor dar?

   a) $A = (1, 1)$, $B = (3, 2)$, $C = (0, -1)$, $D = (2, 0)$

   b) $A = (4, 0)$, $B = (2, 1)$, $C = (2, 2)$, $D = (0, 1)$

3. Berechnen Sie für $\mathbf{a} = (2, 4, -3)$ und $\mathbf{b} = (-1, 5, 0)$:

   a) $\mathbf{a} + \mathbf{b}$ b) $2\mathbf{a}$ c) $-\mathbf{a}$ d) $\mathbf{a} + \frac{3}{5}\mathbf{b}$

4. Berechnen Sie $\|\mathbf{a}\|$ für   a) $\mathbf{a} = (4, 3)$ b) $\mathbf{a} = (4, 3, 0)$ c) $\mathbf{a} = (-2, 3, 0, 1)$

5. Berechnen Sie den Einheitsvektor in Richtung von

   a) $\mathbf{a} = (4, -2)$ b) $\mathbf{a} = (4, 0)$ c) $\mathbf{a} = (1, 0, 1, -2)$

6. Leiten Sie eine allgemeine Formel für den Mittelpunkt (x_M, y_M) der Strecke von einem Punkt $A = (x_A, y_A)$ zu einem Punkt $B = (x_B, y_B)$ her. Geben Sie konkret den Mittelpunkt von $A = (2, 1)$ und $B = (4, 3)$ an.

7. Gegeben sind $\mathbf{a} = (2, 0, 1)$, $\mathbf{b} = (1, 1, 0) \in \mathbb{R}^3$.

   a) Sind $\mathbf{a}$ und $\mathbf{b}$ linear unabhängig?

   b) Lässt sich $\mathbf{c} = (4, 2, 1)$ als Linearkombination von $\mathbf{a}$ und $\mathbf{b}$ darstellen?

8. Sind die Vektoren $\mathbf{a}$, $\mathbf{b}$ und $\mathbf{c}$ aus dem $\mathbb{R}^3$ linear abhängig oder linear unabhängig? Drücken Sie gegebenenfalls einen Vektor durch die übrigen aus:

   a) $\mathbf{a} = (1, 2, 3)$, $\mathbf{b} = (2, 1, 1)$, $\mathbf{c} = (-2, 2, 4)$

   b) $\mathbf{a} = (0, 0, 1)$, $\mathbf{b} = (2, 1, 0)$, $\mathbf{c} = (-2, 2, 0)$

9. Geben Sie die Gleichung der Ebene durch den Punkt $P = (1, 4, 3)$ an, die durch die Vektoren $\mathbf{a} = (1, -1, 0)$ und $\mathbf{b} = (1, 4, 0)$ aufgespannt wird. Liegt insbesondere der Punkt $Q = (2, 6, 1)$ in der Ebene? Stellt diese Ebene einen Teilraum dar?

10. Liegen die drei Punkte $A = (2, 4, 1)$, $B = (3, 0, -1)$ und $C = (-1, 16, 7)$ auf einer Geraden? Stellen Sie gegebenenfalls die Gleichung der Geraden auf.

Weiterführende Aufgaben

1. Gegeben sind die Punkte $A = (1, 1)$ und $B = (3, 2)$. Verlängern Sie die Strecke, die von A nach B geht, über B hinaus um n Längeneinheiten in Richtung von $\overrightarrow{AB}$. Welche Koordinaten hat der neue Endpunkt der Strecke?

2. Zeigen Sie, dass $\mathbf{a} = (1, 1, 0)$, $\mathbf{b} = (0, 0, 1)$ und $\mathbf{c} = (1, 0, 1)$ eine Basis des $\mathbb{R}^3$ bilden und geben Sie die Koordinaten des Vektors $(2, -1, 1)$ bezüglich der Basis an.

3. Beweisen Sie, dass der Durchschnitt zweier Teilräume wieder ein Teilraum ist, die Vereinigung aber im Allgemeinen nicht.

4. Wenn $\mathbf{a}$ und $\mathbf{b}$ linear unabhängig sind, sind dann auch $\mathbf{a} + \mathbf{b}$ und $\mathbf{a} - \mathbf{b}$ linear unabhängig?

5. Die Vektoren $(2, 1)$ und $(3, 5)$ bilden eine Basis des $\mathbb{R}^2$. Geben Sie die Koordinaten von (a_1, a_2) bezüglich dieser Basis an.

6. Überprüfen Sie, ob es sich um einen Teilraum des $\mathbb{R}^2$ handelt und geben Sie gegebenenfalls eine Basis an:
   a) $U = \{(x, y) \in \mathbb{R}^2 \mid x = 0\}$ b) $U = \{(x, y) \in \mathbb{R}^2 \mid x + y = 0\}$

7. Gegeben sind

$$\mathbf{a}_1 = \begin{pmatrix} 1 \\ 2 \\ 3 \end{pmatrix}, \mathbf{a}_2 = \begin{pmatrix} 0 \\ 4 \\ 5 \end{pmatrix}, \mathbf{a}_3 = \begin{pmatrix} 2 \\ 0 \\ 1 \end{pmatrix} \in \mathbb{R}^3 \text{ und } U = \mathrm{LH}\{\mathbf{a}_1, \mathbf{a}_2, \mathbf{a}_3\}.$$

   a) Geben Sie die Dimension von U an.
   b) Ist $\mathbf{a} = (-1, 2, 1) \in U$?
   c) Ist $\mathbf{b} = (3, 2, 4) \in U$?

8. Gegeben ist

$$C = \{(0, 0, 0, 0), (0, 0, 1, 1), (0, 1, 0, 1), (0, 1, 1, 0)\} \subseteq \mathbb{Z}_2^4.$$

   Bildet C einen Teilraum? Wenn ja, geben Sie eine Basis und die Dimension von C an.

9. Bilden die Vektoren

$$\mathbf{a}_1 = \begin{pmatrix} 1 \\ 1 \\ 1 \end{pmatrix}, \quad \mathbf{a}_2 = \begin{pmatrix} 1 \\ 1 \\ 0 \end{pmatrix}, \quad \mathbf{a}_3 = \begin{pmatrix} 1 \\ 0 \\ 1 \end{pmatrix} \in \mathbb{Z}_2^3$$

   eine Basis des $\mathbb{Z}_2^3$? Lässt sich $\mathbf{a} = (1, 0, 0)$ als Linearkombination dieser Vektoren schreiben? (Geben Sie diese Linearkombination gegebenenfalls an.)

10. Sei V der Vektorraum aller Polynome vom Grad ≤ 2. Sind die Polynome

$$1, x + 1, x^2 + x$$

   linear unabhängig?

11. Gegeben ist der Teilraum

$$U = \text{LH}\{\mathbf{a}, \mathbf{b}\} \subseteq \mathbb{C}^2 \quad \text{mit } \mathbf{a} = \begin{pmatrix} 1 \\ i \end{pmatrix}, \quad \mathbf{b} = \begin{pmatrix} -i \\ 1 \end{pmatrix}.$$

Wie groß ist die Dimension von U?

12. Beweisen Sie die „umgekehrte" Dreiecksungleichung:

$$\big| \|\mathbf{x}\| - \|\mathbf{y}\| \big| \leq \|\mathbf{x} - \mathbf{y}\|.$$

Tipp: $\|\mathbf{x}\| = \|(\mathbf{x} - \mathbf{y}) + \mathbf{y}\|$.

Lösungen zu den Aufwärmübungen

1. a) Ortsvektor $\overrightarrow{OP} = (3, 1)$, Punkt $P = (3, 1)$
   b) Koordinaten von $B = (x_B, y_B)$:

   $$\begin{pmatrix} 3 \\ 1 \end{pmatrix} = \overrightarrow{AB} = \begin{pmatrix} x_B - x_A \\ y_B - y_A \end{pmatrix} = \begin{pmatrix} x_B - 1 \\ y_B - 2 \end{pmatrix},$$

   also $3 = x_B - 1$, $1 = y_B - 2$ und damit $B = (4, 3)$.
   c) Koordinaten von $C = (x_C, y_C)$:

   $$\begin{pmatrix} 3 \\ 1 \end{pmatrix} = \overrightarrow{CD} = \begin{pmatrix} x_D - x_C \\ y_D - y_C \end{pmatrix} = \begin{pmatrix} 0 - x_C \\ 1 - y_C \end{pmatrix},$$

   also $3 = 0 - x_C$, $1 = 1 - y_C$ und damit $C = (-3, 0)$.

2. a) $\overrightarrow{AB} = \overrightarrow{CD} = \begin{pmatrix} 2 \\ 1 \end{pmatrix}$ b) $\overrightarrow{AB} = \begin{pmatrix} -2 \\ 1 \end{pmatrix}; \overrightarrow{CD} = \begin{pmatrix} -2 \\ -1 \end{pmatrix}$

3. a) $\mathbf{a} + \mathbf{b} = (1, 9, -3)$ b) $2\mathbf{a} = (4, 8, -6)$ c) $-\mathbf{a} = (-2, -4, 3)$

   d) $\mathbf{a} + \frac{3}{5}\mathbf{b} = \frac{1}{5} \begin{pmatrix} 10 \\ 20 \\ -15 \end{pmatrix} + \frac{1}{5} \begin{pmatrix} -3 \\ 15 \\ 0 \end{pmatrix} = \frac{1}{5} \begin{pmatrix} 7 \\ 35 \\ -15 \end{pmatrix}$

4. a) $\|\mathbf{a}\| = \sqrt{4^2 + 3^2} = 5$ b) $\|\mathbf{a}\| = \sqrt{4^2 + 3^2 + 0^2} = 5$ c) $\|\mathbf{a}\| = \sqrt{14}$

5. a) $\|\mathbf{a}\| = \sqrt{20}$; Einheitsvektor: $\mathbf{e} = \frac{1}{\sqrt{20}} \begin{pmatrix} 4 \\ -2 \end{pmatrix} = \frac{1}{2\sqrt{5}} \begin{pmatrix} 4 \\ -2 \end{pmatrix} = \frac{1}{\sqrt{5}} \begin{pmatrix} 2 \\ -1 \end{pmatrix}$

   b) $\|\mathbf{a}\| = 4$; Einheitsvektor $\mathbf{e} = \frac{1}{4} \begin{pmatrix} 4 \\ 0 \end{pmatrix} = \begin{pmatrix} 1 \\ 0 \end{pmatrix}$

   c) $\|\mathbf{a}\| = \sqrt{6}$; Einheitsvektor $\mathbf{e} = \frac{1}{\sqrt{6}}(1, 0, 1, -2)$

6. Es ist $\overrightarrow{OM} = \overrightarrow{OA} + \frac{1}{2}\overrightarrow{AB}$, d.h.

   $$\begin{pmatrix} x_M \\ y_M \end{pmatrix} = \begin{pmatrix} x_A \\ y_A \end{pmatrix} + \frac{1}{2} \begin{pmatrix} x_B - x_A \\ y_B - y_A \end{pmatrix} = \frac{1}{2} \begin{pmatrix} x_A + x_B \\ y_A + y_B \end{pmatrix}.$$

   Für die gegebenen Punkte ist daher $(x_M, y_M) = (3, 2)$.

7. a) Linear unabhängig, denn

   $$k_1 \begin{pmatrix} 2 \\ 0 \\ 1 \end{pmatrix} + k_2 \begin{pmatrix} 1 \\ 1 \\ 0 \end{pmatrix} = \begin{pmatrix} 0 \\ 0 \\ 0 \end{pmatrix}$$

hat nur die Lösung $k_1 = k_2 = 0$.

b) $\mathbf{a}$ und $\mathbf{b}$ sind zwar linear unabhängig, bilden aber keine Basis des $\mathbb{R}^3$. Daher ist von vornherein nicht klar, ob sich $\mathbf{c}$ als Linearkombination von $\mathbf{a}$ und $\mathbf{b}$ darstellen lässt. Probieren wir es aus:

$$\begin{pmatrix} 4 \\ 2 \\ 1 \end{pmatrix} = k_1 \begin{pmatrix} 2 \\ 0 \\ 1 \end{pmatrix} + k_2 \begin{pmatrix} 1 \\ 1 \\ 0 \end{pmatrix}$$

hat die Lösung $k_1 = 1$ und $k_2 = 2$, daher lautet die Antwort „ja". $\mathbf{c}$ liegt also im Teilraum, der von $\mathbf{a}$ und $\mathbf{b}$ aufgespannt wird.

8. a) Aus $k_1\mathbf{a} + k_2\mathbf{b} + k_3\mathbf{c} = 0$ folgt $k_2 = -k_1$, $k_3 = -\frac{1}{2}k_1$ und $k_1 \in \mathbb{R}$ beliebig wählbar. Die Vektoren sind also linear abhängig. Wählen wir z. B. $k_1 = 2$, dann folgt $k_2 = -2$, $k_3 = -1$. Damit lässt sich z. B. $\mathbf{c}$ als Linearkombination von $\mathbf{a}$ und $\mathbf{b}$ ausdrücken: $\mathbf{c} = 2\mathbf{a} - 2\mathbf{b}$.

b) Linear unabhängig, da $k_1\mathbf{a} + k_2\mathbf{b} + k_3\mathbf{c} = 0$ nur die triviale Lösung $k_1 = k_2 = k_3 = 0$ besitzt.

9. Die Gleichung der Ebene lautet

$$\begin{pmatrix} x \\ y \\ z \end{pmatrix} = \begin{pmatrix} 1 \\ 4 \\ 3 \end{pmatrix} + k \begin{pmatrix} 1 \\ -1 \\ 0 \end{pmatrix} + h \begin{pmatrix} 1 \\ 4 \\ 0 \end{pmatrix}, \qquad \text{mit } k, h \in \mathbb{R}.$$

Wenn $Q = (2, 6, 1)$ in der Ebene liegt, dann muss es ein k und ein h geben, sodass

$$\begin{pmatrix} 2 \\ 6 \\ 1 \end{pmatrix} = \begin{pmatrix} 1 \\ 4 \\ 3 \end{pmatrix} + k \begin{pmatrix} 1 \\ -1 \\ 0 \end{pmatrix} + h \begin{pmatrix} 1 \\ 4 \\ 0 \end{pmatrix}$$

ist. Die letzte dieser drei Gleichungen, $1 = 3 + 0k + 0h$ kann aber für keine Wahl von k und h erfüllt sein, daher liegt Q nicht in der Ebene. Die Ebene bildet keinen Teilraum, da sie nicht durch den Ursprung geht.

10. Das kann zum Beispiel herausgefunden werden, indem man überprüft, ob die Verbindungsvektoren der Punkte Vielfache voneinander sind: $\overrightarrow{AC} = k\overrightarrow{AB}$? Es gilt $\overrightarrow{AC} = (-3, 12, 6)$ und $\overrightarrow{AB} = (1, -4, -2)$, also $\overrightarrow{AC} = -3\overrightarrow{AB}$. Die Punkte liegen also auf einer Geraden. Die Gerade geht nicht durch den Ursprung, da die Ortsvektoren der Punkte nicht Vielfache voneinander sind. Die Geradengleichung lautet zum Beispiel: $(x, y, z) = \overrightarrow{OA} + k\overrightarrow{AC}$, $k \in \mathbb{R}$.

(Lösungen zu den weiterführenden Aufgaben finden Sie in Abschnitt B.9)

Matrizen und Lineare Abbildungen

10.1 Matrizen

In den meisten Programmiersprachen steht der Datentyp *array* (engl. für *Feld, Anordnung*) zur Verfügung. In einem *array* können mehrere gleichartige Elemente zusammengefasst werden, auf die mithilfe von Indizes zugegriffen wird. Hat jedes Element *einen* Index, so entspricht der *array* einem Vektor; wird jedes Element durch zwei Indizes angegeben, so führt uns das auf den mathematischen Begriff einer *Matrix*.

In der Codierungstheorie kann das Codieren und Decodieren eines linearen Codes mithilfe von Matrizen beschrieben werden. Die Elemente der Matrizen sind dort aus einem *endlichen Körper*. Deshalb betrachten wir wieder einen allgemeinen Vektorraum über einem Körper $\mathbb{K}$. Sie können sich aber jederzeit für den Körper $\mathbb{K} = \mathbb{R}$ und für den Vektorraum den $\mathbb{R}^n$ vorstellen.

Definition 10.1 Eine Anordnung von Skalaren $a_{ij} \in \mathbb{K}$ in m Zeilen und n Spalten der Form

$$
A = \begin{pmatrix} a_{11} & a_{12} & \cdots & a_{1n} \\ a_{21} & a_{22} & \cdots & a_{2n} \\ \vdots & \vdots & \ddots & \vdots \\ a_{m1} & a_{m2} & \cdots & a_{mn} \end{pmatrix}, \quad \text{kurz} \quad A = (a_{ij})_{i,j=1}^{m,n} \quad \text{bzw.} \quad A = (a_{ij}),
$$

wird $m \times n$-**Matrix** oder (m,n)-**Matrix** genannt (gesprochen: „m mal n-Matrix"). Man bezeichnet (m,n) als die **Dimension** der Matrix. Die Zahlen $a_{11}, a_{12}, \ldots, a_{mn}$ heißen die **Elemente** (oder **Koeffizienten**) der Matrix. Der erste Index, i, gibt die Zeilennummer an („Zeilenindex"), der zweite Index, j, bezeichnet die Nummer der Spalte („Spaltenindex"), in der das Element a_{ij} steht.

So ist zum Beispiel a_{12} das Element in der ersten Zeile und der zweiten Spalte der Matrix. Matrizen werden meist mit Großbuchstaben $A, B, \ldots$ und ihre Elemente mit Kleinbuchstaben $a_{ij}, b_{ij}, \ldots$ bezeichnet.

Beispiel 10.2 Matrizen
Gegeben sind die Matrizen mit reellen Elementen

$$
A = \begin{pmatrix} 3 & 2 \\ 5 & -1 \\ 0 & 7 \end{pmatrix}, \quad B = \begin{pmatrix} 1 & 4 \\ 0 & -3 \end{pmatrix}, \quad C = \begin{pmatrix} 7 & 5 & -2 \end{pmatrix}, \quad D = \begin{pmatrix} 6 \\ -3 \end{pmatrix}.
$$

a) Geben Sie die Dimension jeder Matrix an.

b) Geben Sie die Elemente a_{21} und a_{32} von A, sowie b_{12} von B an.

Lösung zu 10.2

a) Die Matrix A besteht aus 3 Zeilen und 2 Spalten und hat daher die Dimension $(3, 2)$; B ist eine $(2, 2)$-Matrix; C ist eine $(1, 3)$-Matrix und D eine $(2, 1)$-Matrix.

b) $a_{21} = 5$ (steht in der zweiten Zeile und ersten Spalte); $a_{32} = 7$; $b_{12} = 4$.   ∎

Eine (n, n)-Matrix, d.h. eine Matrix mit gleich vielen Zeilen wie Spalten, wird **quadratische Matrix** genannt. Bei einer quadratischen Matrix A heißen die Elemente $a_{11}, a_{22}, \ldots, a_{nn}$ die **Diagonalelemente** oder kurz die **(Haupt-)Diagonale**. Die Diagonalelemente von B in Beispiel 10.2 sind also $b_{11} = 1$ und $b_{22} = -3$.

Analog zur Situation bei Vektoren legt man fest, dass zwei Matrizen $A = (a_{ij})$ und $B = (b_{ij})$ **gleich** sind, genau dann, wenn sie dieselbe Dimension (n, m) haben und koordinatenweise übereinstimmen, d.h., wenn

$$a_{ij} = b_{ij} \quad \text{für alle} \quad i = 1, \ldots, n \text{ und } j = 1, \ldots, m.$$

Beispiel 10.3 Gleichheit von Matrizen

Wenn

$$A = \begin{pmatrix} x + y & y \\ z + x & w \end{pmatrix} \quad \text{und} \quad B = \begin{pmatrix} 3 & 1 \\ 5 & 0 \end{pmatrix},$$

so steht $A = B$ für die vier Gleichungen

$$x + y = 3, \quad y = 1, \quad z + x = 5, \quad w = 0.$$

In diesem Sinne ist

$$\begin{pmatrix} 2 \\ 4 \\ 5 \end{pmatrix} \neq (\,2 \quad 4 \quad 5\,),$$

weil in den beiden Matrizen zwar gleich viele und dieselben Elemente vorkommen, aber ihre Dimensionen verschieden sind: Die eine ist eine $(3, 1)$-Matrix, die andere eine $(1, 3)$-Matrix.

Wenn eine Matrix nur aus einer Zeile besteht, so wie C im Beispiel 10.2, dann nennt man sie auch einen **Zeilenvektor**. Analog nennt man eine Matrix, die nur aus einer Spalte besteht, wie D in Beispiel 10.2, einen **Spaltenvektor**. Ein Vektor (also ein n-Tupel) kann als Spezialfall einer Matrix betrachtet werden, und zwar wollen wir hier Vektoren mit $(n, 1)$-Matrizen, also Spaltenvektoren, identifizieren.

Dann kann zum Beispiel das 3-Tupel $(2, 4, 5)$ (wie schon in Kapitel 9) auch in der Form

$$\begin{pmatrix} 2 \\ 4 \\ 5 \end{pmatrix}$$

geschrieben werden, d.h. als $(3, 1)$-Matrix. Beachten Sie die Schreibweise $(2, 4, 5)$ mit Beistrichen für das 3-Tupel, im Unterschied zur $(1, 3)$-Matrix $(\,2 \quad 4 \quad 5\,)$.

Eine Matrix, deren Elemente alle gleich 0 sind, nennt man **Nullmatrix** und schreibt sie abkürzend als **0**. So ist zum Beispiel

$$\mathbf{0} = \begin{pmatrix} 0 & 0 & 0 \\ 0 & 0 & 0 \end{pmatrix}$$

die Nullmatrix der Dimension $(2, 3)$.

Wir können nun – wie bereits für Vektoren – Rechenoperationen für Matrizen einführen. Die **Summe** zweier (m, n)-Matrizen $A = (a_{ij})$ und $B = (b_{ij})$ ist die Matrix

$$A + B = \begin{pmatrix} a_{11} + b_{11} & a_{12} + b_{12} & \dots & a_{1n} + b_{1n} \\ a_{21} + b_{21} & a_{22} + b_{22} & \dots & a_{2n} + b_{2n} \\ \vdots & \vdots & \ddots & \vdots \\ a_{m1} + b_{m1} & a_{m2} + b_{m2} & \dots & a_{mn} + b_{mn} \end{pmatrix},$$

also wieder eine (m, n)-Matrix. Die **Multiplikation** einer (m, n)-Matrix A **mit einem Skalar** $k \in \mathbb{K}$ ist die Matrix

$$k \cdot A = \begin{pmatrix} k\,a_{11} & k\,a_{12} & \dots & k\,a_{1n} \\ k\,a_{21} & k\,a_{22} & \dots & k\,a_{2n} \\ \vdots & \vdots & \ddots & \vdots \\ k\,a_{m1} & k\,a_{m2} & \dots & k\,a_{mn} \end{pmatrix},$$

also ebenfalls eine (m, n)-Matrix. Bei $k \cdot A$ lässt man meist den Punkt weg und schreibt kA; weiters schreibt man anstelle von $(-1)A$ einfach $-A$. Sie können sich leicht davon überzeugen, dass die gleichen Rechenregeln wie für Vektoren erfüllt sind. Mit anderen Worten:

Satz 10.4 Die Menge aller (m, n)-Matrizen bildet einen Vektorraum (siehe Definition 9.8), d.h. es gilt:

$$\begin{aligned} A + B &= B + A & \text{Kommutativität} \\ A + (B + C) &= (A + B) + C & \text{Assoziativität} \\ A + \mathbf{0} &= A \\ A + (-A) &= \mathbf{0} \\ k(hA) &= (k\,h)A & \text{man kann daher einfach } k\,h\,A \text{ schreiben} \\ 1A &= A \\ k(A + B) &= kA + kB & \text{Distributivgesetze} \\ (k + h)A &= kA + hA \end{aligned}$$

Die Dimension dieses Vektorraums ist $m \cdot n$.

Als Basis für diesen Vektorraum können wir z. B. alle Matrizen, für die genau ein Koeffizient gleich 1 ist und alle anderen gleich 0 sind, wählen. Da es $m \cdot n$ Koeffizienten gibt, gibt es auch $m \cdot n$ Basisvektoren. Für 2×2-Matrizen bilden also die Matrizen

$$E_1 = \begin{pmatrix} 1 & 0 \\ 0 & 0 \end{pmatrix}, \quad E_2 = \begin{pmatrix} 0 & 1 \\ 0 & 0 \end{pmatrix}, \quad E_3 = \begin{pmatrix} 0 & 0 \\ 1 & 0 \end{pmatrix}, \quad E_4 = \begin{pmatrix} 0 & 0 \\ 0 & 1 \end{pmatrix}$$

eine Basis. Jede 2×2 - Matrix lässt sich also als Linearkombination von E_1, E_2, E_3 und E_4 darstellen. So ist etwa

$$\begin{pmatrix} 2 & 5 \\ -1 & 7 \end{pmatrix} = 2E_1 + 5E_2 - E_3 + 7E_4.$$

Man kann für die Matrizen sogar eine Norm definieren, den maximalen Streckungsfaktor

$$\|A\| = \max_{\mathbf{x} \neq 0} \frac{\|A\mathbf{x}\|}{\|\mathbf{x}\|}.$$

Das ist also das maximale Verhältnis zwischen der Länge eines Bildvektors $A\mathbf{x}$ und der Länge von $\mathbf{x}$.

Beispiel 10.5 (→CAS) Addition und Multiplikation mit einem Skalar
Gegeben sind die Matrizen

$$A = \begin{pmatrix} 1 & 3 & 2 \\ -1 & 4 & 5 \end{pmatrix}, \quad B = \begin{pmatrix} -2 & 4 & 0 \\ 6 & 2 & -8 \end{pmatrix}.$$

Berechnen Sie: a) $A + B$ b) $2A + 2B$ c) $2A + 5A$

Lösung zu 10.5
a) Es ist elementweise zu addieren:

$$A + B = \begin{pmatrix} 1 & 3 & 2 \\ -1 & 4 & 5 \end{pmatrix} + \begin{pmatrix} -2 & 4 & 0 \\ 6 & 2 & -8 \end{pmatrix} = \begin{pmatrix} -1 & 7 & 2 \\ 5 & 6 & -3 \end{pmatrix}$$

b) Nach dem Distributivgesetz $k(A + B) = kA + kB$ können wir 2 herausheben:

$$2A + 2B = 2(A + B) = 2\begin{pmatrix} -1 & 7 & 2 \\ 5 & 6 & -3 \end{pmatrix} = \begin{pmatrix} -2 & 14 & 4 \\ 10 & 12 & -6 \end{pmatrix}.$$

c) Nach dem Distributivgesetz $kA + hA = (k + h)A$ gilt

$$2A + 5A = 7A = \begin{pmatrix} 7 & 21 & 14 \\ -7 & 28 & 35 \end{pmatrix}.$$

Die Operation, die aus einem Spalten- einen Zeilenvektor macht (und umgekehrt) und die allgemein die Zeilen und Spalten einer Matrix vertauscht, nennt man *Transponieren*:

Definition 10.6 Die **Transponierte** A^T einer (m, n)-Matrix A ist jene (n, m)-Matrix, deren Spalten gleich den Zeilen von A, und deren Zeilen gleich den Spalten von A sind. Also:

$$(a_{ij})^T = (a_{ji})$$

Beispiel 10.7 (→CAS) Transponierte Matrix
Transponieren Sie die Matrizen aus Beispiel 10.2.

Lösung zu 10.7 Wir schreiben die erste Zeile von A als erste Spalte von A^T, die zweite Zeile von A wird die zweite Spalte von A^T, usw. A ist eine $(3, 2)$-Matrix, daher ist A^T ist eine $(2, 3)$-Matrix.

$$A^T = \begin{pmatrix} 3 & 5 & 0 \\ 2 & -1 & 7 \end{pmatrix}, \quad B^T = \begin{pmatrix} 1 & 0 \\ 4 & -3 \end{pmatrix}, \quad C^T = \begin{pmatrix} 7 \\ 5 \\ -2 \end{pmatrix}, \quad D^T = \begin{pmatrix} 6 & -3 \end{pmatrix}.$$

Eine Matrix A mit reellen Koeffizienten, die gleich ihrer transponierten Matrix ist, für die also $A = A^T$ gilt, heißt **symmetrische Matrix**. So ist zum Beispiel die Matrix

$$A = \begin{pmatrix} 1 & 0 & 3 \\ 0 & 2 & 5 \\ 3 & 5 & 4 \end{pmatrix}$$

symmetrisch. Für Matrizen mit komplexen Elementen, also $\mathbb{K} = \mathbb{C}$, definiert man noch die zu A **adjungierte Matrix** A^*: Sie entsteht, indem man A transponiert und jeden Koeffizienten zusätzlich komplex konjugiert:

$$(a_{ij})^* = (\overline{a_{ji}})$$

Eine Matrix mit komplexen Koeffizienten heißt symmetrisch, wenn $A = A^*$ ist.

Für das Transponieren gelten folgende Rechenregeln:

Satz 10.8 Für beliebige (m, n)-Matrizen A, B gilt:

$$\begin{aligned} (A + B)^T &= A^T + B^T \\ (kA)^T &= kA^T \\ (A^T)^T &= A \end{aligned}$$

Analoge Regeln gelten auch für die Adjungation (zu ändern ist nur die mittlere Regel: $(kA)^* = \overline{k}A^*$.

Im Folgenden eine Übersicht über einige spezielle quadratischen Matrizen, die häufig vorkommen:

- Eine **obere Dreiecksmatrix** ist eine quadratische Matrix, bei der alle Elemente unterhalb der Diagonalelemente gleich 0 sind, die also die Form

$$A = \begin{pmatrix} a_{11} & a_{12} & \dots & a_{1n} \\ 0 & a_{22} & \dots & a_{2n} \\ \vdots & \vdots & \ddots & \vdots \\ 0 & 0 & \dots & a_{nn} \end{pmatrix}$$

hat. Analog ist eine **untere Dreiecksmatrix** eine Matrix der Form:

$$A = \begin{pmatrix} a_{11} & 0 & \dots & 0 \\ a_{21} & a_{22} & \dots & 0 \\ \vdots & \vdots & \ddots & \vdots \\ a_{n1} & a_{n2} & \dots & a_{nn} \end{pmatrix}$$

- Eine quadratische Matrix, bei der alle Elemente außerhalb der Diagonalen gleich 0 sind, die also die Form

$$A = \begin{pmatrix} a_{11} & 0 & \dots & 0 \\ 0 & a_{22} & \dots & 0 \\ \vdots & \vdots & \ddots & \vdots \\ 0 & 0 & \dots & a_{nn} \end{pmatrix}$$

hat, heißt **Diagonalmatrix**. Man schreibt oft $A = \mathrm{diag}(a_{11}, a_{22}, \ldots, a_{nn})$.

- Eine spezielle Diagonalmatrix ist die (n, n)-**Einheitsmatrix**

$$\mathbb{I} = \begin{pmatrix} 1 & 0 & \ldots & 0 \\ 0 & 1 & \ldots & 0 \\ \vdots & \vdots & \ddots & \vdots \\ 0 & 0 & \ldots & 1 \end{pmatrix}.$$

Hier sind also alle Diagonalelemente gleich 1. Manchmal schreibt man anstelle von $\mathbb{I}$ auch $\mathbb{I}_n$ (wenn man die Dimension betonen möchte). Die Koeffizienten der Einheitsmatrix werden oft mit dem **Kronecker Delta** (benannt nach dem deutschen Mathematiker Leopold Kronecker, 1823–1891)

$$\delta_{jk} = \begin{cases} 0, & \text{falls } j \neq k \\ 1, & \text{falls } j = k \end{cases}$$

angegeben: $\mathbb{I} = (\delta_{jk})$.

Beispiel 10.9 Spezielle quadratische Matrizen
Gegeben sind

$$A = \begin{pmatrix} 2 & 3 & -4 \\ 0 & 1 & 5 \\ 0 & 0 & 8 \end{pmatrix}, B = \begin{pmatrix} 1 & 0 & 0 \\ 3 & 1 & 0 \\ 9 & -2 & 6 \end{pmatrix}, C = \begin{pmatrix} 2 & 0 & 0 \\ 0 & 5 & 0 \\ 0 & 0 & 3 \end{pmatrix}, \mathbb{I} = \begin{pmatrix} 1 & 0 \\ 0 & 1 \end{pmatrix}.$$

A ist eine obere, B ist eine untere Dreiecksmatrix, C ist eine Diagonalmatrix und $\mathbb{I}$ ist die $(2, 2)$-Einheitsmatrix.

10.2 Multiplikation von Matrizen

Wir haben nun, wie schon zuvor für Vektoren, eine Addition von Matrizen und eine Multiplikation einer Matrix mit einem Skalar eingeführt. Es erweist sich als nützlich, auch eine **Multiplikation von zwei Matrizen** zu definieren.

Definition 10.10 Das **Produkt** $A \cdot B$ der (m, n)-Matrix A mit der (n, r)-Matrix B ist die (m, r)-Matrix C mit den Koeffizienten

$$c_{ij} = \sum_{k=1}^{n} a_{ik} b_{kj} = a_{i1} b_{1j} + a_{i2} b_{2j} + \ldots + a_{in} b_{nj}.$$

Man schreibt meist kurz AB anstelle von $A \cdot B$.

Das Produkt AB ist also *nur dann* definiert, wenn die Anzahl der Spalten von A gleich der Anzahl der Zeilen von B ist.

Kurz gilt für die Dimensionen die Merkregel: „(m, n) mal (n, r) ergibt (m, r)".

Beispiel 10.11 (→CAS) Multiplikation von Matrizen
Gegeben sind die Matrizen

$$A = \begin{pmatrix} 4 & 2 & 0 \\ -1 & 3 & 5 \end{pmatrix}, \quad B = \begin{pmatrix} 2 & 1 \\ 3 & 7 \\ 1 & 0 \end{pmatrix}, \quad M = \begin{pmatrix} 7 & 1 \\ 2 & 5 \end{pmatrix}.$$

Berechnen Sie, falls definiert: a) AB b) BA c) MB d) B M

Lösung zu 10.11
a) Die Formel für die Matrixmultiplikation wird leicht angewendet, wenn wir folgendes Schema verwenden (**Falk-Schema**):

$$\begin{array}{rrr|rr} & & & 2 & 1 \\ & & & 3 & 7 \\ & & & 1 & 0 \\ \hline 4 & 2 & 0 & 14 & 18 \\ -1 & 3 & 5 & 12 & 20 \end{array}$$

Links steht die Matrix A, oben steht die Matrix B, in der Mitte entsteht die Matrix AB. Das Element $c_{11} = 14$ entsteht aus der ersten Zeile von A und der ersten Spalte von B:

$$c_{11} = a_{11}b_{11} + a_{12}b_{21} + a_{13}b_{31} = 4 \cdot 2 + 2 \cdot 3 + 0 \cdot 1 = 14.$$

Analog berechnen wir c_{12}, indem wir alle Elemente der *ersten* Zeile von A mit den entsprechenden Elementen der *zweiten* Spalte von B multiplizieren und dann diese Produkte aufsummieren, usw.

$$\begin{aligned} c_{12} &= 4 \cdot 1 + 2 \cdot 7 + 0 \cdot 0 = 18 \\ c_{21} &= (-1) \cdot 2 + 3 \cdot 3 + 5 \cdot 1 = 12 \\ c_{22} &= (-1) \cdot 1 + 3 \cdot 7 + 5 \cdot 0 = 20. \end{aligned}$$

Also

$$AB = \begin{pmatrix} 4 & 2 & 0 \\ -1 & 3 & 5 \end{pmatrix} \begin{pmatrix} 2 & 1 \\ 3 & 7 \\ 1 & 0 \end{pmatrix} = \begin{pmatrix} 14 & 18 \\ 12 & 20 \end{pmatrix}.$$

b) Wenn wir wieder das Falk-Schema zu Hilfe nehmen, ist nun die Matrix B links und die Matrix A oben anzuschreiben:

$$\begin{array}{rr|rrr} & & 4 & 2 & 0 \\ & & -1 & 3 & 5 \\ \hline 2 & 1 & 7 & 7 & 5 \\ 3 & 7 & 5 & 27 & 35 \\ 1 & 0 & 4 & 2 & 0 \end{array}$$

B ist eine $(3,2)$-Matrix, A eine $(2,3)$-Matrix, die Dimension von BA ist $(3,3)$.

c) Das Produkt MB ist *nicht definiert*, weil die Spaltenanzahl von M ungleich der Zeilenanzahl von B ist.

d) Das Produkt BM ist definiert:

$$BM = \begin{pmatrix} 2 & 1 \\ 3 & 7 \\ 1 & 0 \end{pmatrix} \begin{pmatrix} 7 & 1 \\ 2 & 5 \end{pmatrix} = \begin{pmatrix} 16 & 7 \\ 35 & 38 \\ 7 & 1 \end{pmatrix}.$$

Für die Multiplikation von Matrizen gelten folgende Rechenregeln:

Satz 10.12 Sind A, B, C Matrizen mit passender Dimension, und ist $k \in \mathbb{K}$ ein Skalar, dann gilt

$$\begin{aligned}
(kA)B &= k(AB) = A(kB) & \text{man schreibt daher einfach } kAB \\
A(BC) &= (AB)C & \text{Assoziativgesetz} \\
(A+B)C &= AC + BC & \text{Distributivgesetze} \\
A(B+C) &= AB + AC \\
(AB)^T &= B^T A^T
\end{aligned}$$

Achtung: Das *Kommutativgesetz* gilt nicht! Es ist also im Allgemeinen $AB \neq BA$ (wenn überhaupt beide Produkte definiert sind). Das haben wir bereits in Beispiel 10.11 c), d) bemerkt.

Insbesondere bilden die (n,n)-Matrizen einen Ring mit Eins $\mathbb{I}_n$ (Definition 3.28).

Eine nützliche Beziehung, die wir immer wieder verwenden werden, ist

$$A\mathbf{x} = x_1 \mathbf{a}_1 + \cdots + x_n \mathbf{a}_n,$$

wobei $\mathbf{a}_j$ die Spalten von A sind (Aufwärmübung 7).

Für eine *quadratische* Matrix A ist $A \cdot A$ oder $A \cdot A \cdot A$ usw. immer definiert. Man schreibt für diese Produkte abkürzend:

$$A^0 = \mathbb{I}, \quad A^1 = A, \quad A^2 = AA, \ldots \quad A^n = AA^{n-1}.$$

Satz 10.13 Das Produkt einer Matrix A mit beliebiger Dimension (m,n) mit der dimensionsmäßig passenden Einheitsmatrix $\mathbb{I}$ ist immer gleich der Matrix A:

$$A \cdot \mathbb{I}_n = \mathbb{I}_m \cdot A = A.$$

Beispiel: Berechnen Sie $A \cdot \mathbb{I}_3$ und $\mathbb{I}_2 \cdot A$ mit der Matrix A aus Beispiel 10.11.

Die (passende) Einheitsmatrix spielt also bei den Matrizen dieselbe Rolle wie die Eins in den reellen Zahlen: Denn $1 \cdot a = a \cdot 1 = a$ für jede reelle Zahl a.

Matrizen sind ein wertvolles Hilfsmittel, um Rechnungen kompakt und übersichtlich durchzuführen. So kann zum Beispiel ein **lineares Gleichungssystem** aus m Gleichungen mit n Unbekannten in der Form $A\mathbf{x} = \mathbf{b}$ geschrieben werden. Dabei enthält die (m,n)-Matrix A die Koeffizienten des Gleichungssystems, sie wird daher auch **Koeffizientenmatrix** genannt.

Beispiel 10.14 ($\rightarrow$CAS) Lineares Gleichungssystem

a) Gegeben sind

$$A = \begin{pmatrix} 5 & 3 \\ 2 & -1 \end{pmatrix}, \quad \mathbf{x} = \begin{pmatrix} x_1 \\ x_2 \end{pmatrix}, \quad \mathbf{b} = \begin{pmatrix} 2 \\ 3 \end{pmatrix}.$$

Schreiben Sie $A\mathbf{x} = \mathbf{b}$ in Form von zwei Gleichungen.

b) Schreiben Sie das lineare Gleichungssystem

$$\begin{aligned} 4x_1 - x_2 &= 7 \\ 2x_1 + 5x_2 &= 9 \end{aligned}$$

in der Form $A\mathbf{x} = \mathbf{b}$.

Lösung zu 10.14

a) Gegeben ist $A\mathbf{x} = \mathbf{b}$, d.h.

$$\begin{pmatrix} 5 & 3 \\ 2 & -1 \end{pmatrix} \begin{pmatrix} x_1 \\ x_2 \end{pmatrix} = \begin{pmatrix} 2 \\ 3 \end{pmatrix}.$$

Wenn wir die linke Seite ausmultiplizieren, so erhalten wir

$$\begin{pmatrix} 5x_1 + 3x_2 \\ 2x_1 - x_2 \end{pmatrix} = \begin{pmatrix} 2 \\ 3 \end{pmatrix},$$

und das entspricht den beiden Gleichungen

$$\begin{aligned} 5x_1 + 3x_2 &= 2 \\ 2x_1 - x_2 &= 3. \end{aligned}$$

b) Wir bilden die Koeffizientenmatrix A, indem wir die Koeffizienten von x_1 in die erste Spalte von A schreiben und die Koeffizienten von x_2 in die zweite Spalte von A. Das Gleichungssystem lautet nun in der Form $A\mathbf{x} = \mathbf{b}$:

$$\begin{pmatrix} 4 & -1 \\ 2 & 5 \end{pmatrix} \begin{pmatrix} x_1 \\ x_2 \end{pmatrix} = \begin{pmatrix} 7 \\ 9 \end{pmatrix}. \qquad \blacksquare$$

Wir haben bisher die Matrixmultiplikation besprochen. Gibt es auch eine „Division"?

Bei den reellen Zahlen bedeutet „durch a dividieren" nichts anderes, als „mit dem Kehrwert $\frac{1}{a}$" multiplizieren. Dabei stehen a und $\frac{1}{a}$ so zueinander, dass $a \cdot \frac{1}{a} = 1$ ist. Da die „Eins" bei den Matrizen die Einheitsmatrix ist, suchen wir also zu einer Matrix A eine Matrix „A^{-1}" mit der Eigenschaft, dass $AA^{-1} = A^{-1}A = \mathbb{I}$. Es stellt sich heraus, dass das nur für quadratische Matrizen, aber auch da nicht für alle, möglich ist.

Definition 10.15 Wenn es zu einer quadratischen Matrix A eine Matrix A^{-1} gibt mit

$$AA^{-1} = A^{-1}A = \mathbb{I},$$

dann heißt die Matrix A **invertierbar** oder **regulär** und die Matrix A^{-1} wird die zu A **inverse Matrix** oder kurz die **Inverse** genannt. Die Inverse von A hat dieselbe Dimension wie A und ist eindeutig bestimmt. Eine quadratische Matrix, die nicht invertierbar ist, heißt **singulär**.

Die Bezeichnung „Kehrwert" bzw. „Division durch A" und auch die Schreibweise $\frac{1}{A}$ ist bei Matrizen nicht üblich. Stattdessen spricht man von der „Inversen" bzw. „Multiplikation mit der Inversen" und schreibt A^{-1}.

„Eindeutig bestimmt" heißt: Wenn wir zu A eine Matrix B gefunden haben, die die Eigenschaft $AB = BA = \mathbb{I}$ erfüllt, dann ist B die einzige Matrix dieser Art. Wie kann man das sehen? Angenommen, es gibt zwei Matrizen B und C, sodass $BA = AB = \mathbb{I}$ und $CA = AC = \mathbb{I}$. Dann können wir sofort folgern, dass $B = C$ sein muss: Denn es ist ja $B = \mathbb{I}B = (CA)B = C(AB) = C\mathbb{I} = C$ (hier haben wir zuerst B mit der Einheitsmatrix multipliziert, dann die Einheitsmatrix als CA geschrieben, und zuletzt verwendet, dass auch $AB = \mathbb{I}$ ist).

Wir haben hier übrigens genau den Beweis dafür, dass das inverse Element einer Gruppe eindeutig ist, wiederholt. Wir hätten also auch einfach darauf verweisen können, dass die invertierbaren (n, n)-Matrizen eine Gruppe bilden und wären fertig gewesen (einer der Vorteile von Abstraktion;-).

Es folgt eine angenehme Eigenschaft:

Satz 10.16 Bei der Suche nach A^{-1} reicht es, eine Matrix B zu finden, die *eine* der beiden Beziehungen $AB = \mathbb{I}$ oder $BA = \mathbb{I}$ erfüllt. Die andere Beziehung folgt dann automatisch und somit auch, dass B die gesuchte inverse Matrix A^{-1} ist.

Beispiel 10.17 ($\to$CAS) Inverse Matrix
Ist die Matrix
$$A = \begin{pmatrix} 2 & 4 \\ -1 & 3 \end{pmatrix}$$
invertierbar?

Lösung zu 10.17 Wir suchen eine Matrix
$$B = \begin{pmatrix} b_{11} & b_{12} \\ b_{21} & b_{22} \end{pmatrix},$$

deren Koeffizienten die Bedingungen

$$AB = \begin{pmatrix} 2 & 4 \\ -1 & 3 \end{pmatrix} \begin{pmatrix} b_{11} & b_{12} \\ b_{21} & b_{22} \end{pmatrix} = \begin{pmatrix} 2b_{11} + 4b_{21} & 2b_{12} + 4b_{22} \\ -b_{11} + 3b_{21} & -b_{12} + 3b_{22} \end{pmatrix} = \begin{pmatrix} 1 & 0 \\ 0 & 1 \end{pmatrix}$$

erfüllen. Das sind vier Gleichungen für vier Unbekannte,

$$\begin{aligned} 2b_{11} + 4b_{21} = 1, && 2b_{12} + 4b_{22} = 0, \\ -b_{11} + 3b_{21} = 0, && -b_{12} + 3b_{22} = 1, \end{aligned}$$

deren Lösung gleich $b_{11} = \frac{3}{10}$, $b_{21} = \frac{1}{10}$, $b_{12} = -\frac{2}{5}$ und $b_{22} = \frac{1}{5}$ ist. Damit ist

$$B = \frac{1}{10} \begin{pmatrix} 3 & -4 \\ 1 & 2 \end{pmatrix}$$

eine Matrix mit $AB = \mathbb{I}$. Es folgt nun mit Satz 10.16 *automatisch*, dass auch $BA = \mathbb{I}$. Diese Überprüfung können Sie sich also ersparen und somit ist $B = A^{-1}$ die gesuchte inverse Matrix. Machen wir die Probe:

$$\begin{pmatrix} 2 & 4 \\ -1 & 3 \end{pmatrix} \frac{1}{10} \begin{pmatrix} 3 & -4 \\ 1 & 2 \end{pmatrix} = \frac{1}{10} \begin{pmatrix} 2 & 4 \\ -1 & 3 \end{pmatrix} \begin{pmatrix} 3 & -4 \\ 1 & 2 \end{pmatrix} = \frac{1}{10} \begin{pmatrix} 10 & 0 \\ 0 & 10 \end{pmatrix} = \mathbb{I}_2. \quad \blacksquare$$

Beachten Sie, dass nicht jede quadratische Matrix invertierbar ist. So gibt es zum Beispiel zu

$$A = \begin{pmatrix} 3 & 0 \\ 0 & 0 \end{pmatrix}$$

keine inverse Matrix, denn

$$\begin{pmatrix} 3 & 0 \\ 0 & 0 \end{pmatrix} \begin{pmatrix} b_{11} & b_{12} \\ b_{21} & b_{22} \end{pmatrix} = \begin{pmatrix} 1 & 0 \\ 0 & 1 \end{pmatrix}$$

hat keine Lösung! Ausmultiplizieren auf der linken Seite liefert nämlich

$$\begin{pmatrix} 3b_{11} & 3b_{12} \\ 0 & 0 \end{pmatrix} = \begin{pmatrix} 1 & 0 \\ 0 & 1 \end{pmatrix},$$

also den Widerspruch $0 = 1$ (rechts unten).

In Beispiel 10.17 mussten wir zur Berechnung von A^{-1} zwei Gleichungssysteme lösen. Das erste Gleichungssystem hatte auf der rechten Seite $(1,0)$ und hat uns die Elemente der ersten Spalte der inversen Matrix geliefert (b_{11} und b_{21}). Analog hatte das zweite Gleichungssystem $(0,1)$ auf der rechten Seite stehen und gab uns die Elemente der zweiten Spalte der inversen Matrix (b_{12} und b_{22}). Allgemein gilt:

Satz 10.18 Um die Inverse einer $n \times n$-Matrix A zu berechnen, müssen n Gleichungssysteme mit jeweils n Unbekannten gelöst werden. Die j-te Spalte von A^{-1} ist die Lösung $(b_{1j}, b_{2j}, ..., b_{nj})$ des Gleichungssystems

$$A \begin{pmatrix} b_{1j} \\ b_{2j} \\ \vdots \\ b_{nj} \end{pmatrix} = \mathbf{e}_j$$

wobei $\mathbf{e}_j$ der j-te Einheitsvektor ist, also $\mathbf{e}_1 = (1, 0, \ldots, 0)$, $\ldots$, $\mathbf{e}_n = (0, \ldots, 0, 1)$.

Wie man diese n Gleichungen effizient (und in einem Aufwaschen) löst, werden wir im Kapitel 11 sehen. Dort werden wir auch die *Determinante* kennen lernen, mit der man feststellen kann, ob eine Matrix invertierbar ist oder nicht.

Wozu kann man die inverse Matrix brauchen?

Wir haben uns überlegt, dass sie in der Welt der Matrizen das ist, was bei den reellen Zahlen ein Kehrwert ist. Den Kehrwert brauchen wir bei den reellen Zahlen zum Beispiel, um eine Gleichung zu lösen: $5x = 4$ lösen wir (wenn wir uns das in Zeitlupe ansehen), indem wir beide Seiten mit $\frac{1}{5}$ multiplizieren: $x = \frac{4}{5}$. Diese Idee übertragen wir nun auf ein Gleichungssystem $A\mathbf{x} = \mathbf{b}$:

Schreibt man ein Gleichungssystem, das aus gleich vielen Gleichungen wie Unbekannten besteht, in der Form

$$A\mathbf{x} = \mathbf{b},$$

und ist A invertierbar, so kann man beide Seiten des Gleichungssystems jeweils von links mit A^{-1} multiplizieren:

$$A^{-1}A\mathbf{x} = A^{-1}\mathbf{b}.$$

Da $A^{-1}A\mathbf{x} = \mathbb{I}\mathbf{x} = \mathbf{x}$ ist, ergibt das

$$\mathbf{x} = A^{-1}\mathbf{b}.$$

Links steht also die Lösung, die mithilfe des Matrixproduktes rechts leicht berechnet werden kann.

Damit haben wir eine Lösungsmethode für lineare Gleichungssysteme gefunden, die der Formel $x = a^{-1}b$ für reelle Zahlen entspricht. Aber Achtung: Zu einer reellen Zahl $a \neq 0$ gibt es *immer* einen Kehrwert a^{-1}. Somit ist also bei den reellen Zahlen *jede* Gleichung der Form $ax = b$ (mit $a \neq 0$) *eindeutig* lösbar. Bei den Matrizen hingegen gibt es außer der Nullmatrix noch eine Menge weiterer Matrizen, die nicht invertierbar sind! Die zugehörigen Gleichungssysteme $A\mathbf{x} = \mathbf{b}$ sind dann nicht (für beliebige rechte Seite $\mathbf{b}$) eindeutig lösbar. Mit Gleichungssystemen, deren Koeffizientenmatrizen nicht invertierbar sind, werden wir uns in Kapitel 11 beschäftigen.

Tolles Verfahren, werden Sie jetzt vielleicht denken: Um ein Gleichungssystem $A\mathbf{x} = \mathbf{b}$ zu lösen, müssen zuerst n andere gelöst werden, um A^{-1} zu berechnen (siehe Satz 10.18). Damit haben Sie auch vollkommen recht: Für ein *einzelnes* Gleichungssystem $A\mathbf{x} = \mathbf{b}$ lohnt sich der Aufwand nicht. Hat man aber *mehrere Gleichungssysteme* mit der *gleichen* Koeffizientenmatrix A und verschiedenen rechten Seiten,

$$A\mathbf{x}_1 = \mathbf{b}_1, \quad A\mathbf{x}_2 = \mathbf{b}_2, \dots$$

so kann sich die Berechnung der inversen Matrix schnell rentieren, um die Lösungen dann bequem durch einfache Matrixmultiplikation von A^{-1} mit der jeweiligen rechten Seite zu erhalten:

$$\mathbf{x}_1 = A^{-1}\mathbf{b}_1, \quad \mathbf{x}_2 = A^{-1}\mathbf{b}_2, \dots$$

Ein Beispiel dazu aus der Welt der Farben:

Beispiel 10.19 Im **RGB-Farbmodell** wird eine Farbe durch ein Tripel (r, g, b) dargestellt, wobei r für den Rotanteil, g für den Grünanteil und b für den Blauanteil der dargestellten Farbe steht. Beispiel: $(1, 0, 0)$ bedeutet „rot", $(0, 0, 1)$ „blau", $(1, 1, 0)$ „gelb" und $(1, 1, 1)$ weiß. Für Videosignale und für das Farbfernsehen wird (bei der NTSC-Farbcodierung) das so genannte **YIQ-Farbmodell** verwendet. Dabei wird ein RGB-Signal so codiert übertragen, dass die gleiche Empfangscodierung für Schwarz/Weiß- und für Farbbildschirme verwendet werden kann. Im YIQ-Modell enthält ein Tripel (y, i, q) eine Luminanzkomponente y und zwei Chrominanzkomponenten i und q. (Die Luminanzkomponente enthält alle Informationen, die ein Schwarz/Weiß-Bildschirm benötigt.) Die Umrechnung vom RGB- ins YIQ-Modell erfolgt mittels Matrixmultiplikation (hier einfachheitshalber auf 2 Nachkommastellen gerundet):

$$\begin{pmatrix} y \\ i \\ q \end{pmatrix} = A \begin{pmatrix} r \\ g \\ b \end{pmatrix}, \qquad \text{mit } A = \begin{pmatrix} 0.30 & 0.59 & 0.11 \\ 0.60 & -0.28 & -0.32 \\ 0.21 & -0.52 & 0.31 \end{pmatrix}.$$

Wenn nun umgekehrt Farben im YIQ-Modell gegeben sind, wie kann dann ins RGB-Modell umgerechnet werden?

Lösung zu 10.19 Die Umkehrung ($\rightarrow$CAS) erfolgt mithilfe der inversen Matrix A^{-1}:

$$\begin{pmatrix} r \\ g \\ b \end{pmatrix} = A^{-1} \begin{pmatrix} y \\ i \\ q \end{pmatrix}, \qquad \text{mit} \qquad A^{-1} = \begin{pmatrix} 1 & 0.95 & 0.62 \\ 1 & -0.28 & -0.64 \\ 1 & -1.11 & 1.73 \end{pmatrix}. \qquad \blacksquare$$

Die NTSC-Farbcodierung wird vor allem in den USA und in Japan verwendet und böse Zungen sprechen von „never twice the same color". Bei der Alternative, der PAL-Farbcodierung, wird das so genannte **YUV-Farbmodell** verwendet. Auch die Umrechnung von RGB auf YUV erfolgt mithilfe einer (invertierbaren) Matrix.

Zum Schluss noch ein paar nützliche Formeln für die inverse Matrix:

Satz 10.20 Das Produkt zweier Matrizen ist genau dann invertierbar, wenn beide Matrizen invertierbar sind und es gilt

$$(AB)^{-1} = B^{-1}A^{-1}.$$

(Beachten Sie, dass sich die Reihenfolge ändert!) Außerdem gilt für jede invertierbare Matrix A

$$\begin{aligned} (kA)^{-1} &= k^{-1}A^{-1}, \qquad k \in \mathbb{K}, \ k \neq 0, \\ (A^{-1})^T &= (A^T)^{-1}, \\ (A^{-1})^{-1} &= A. \end{aligned}$$

Wenn Sie sich also zum Beispiel bereits die Mühe gemacht haben, A^{-1} und B^{-1} zu berechnen, und auch noch $(AB)^{-1}$ brauchen, dann ist es weniger aufwändig, dieses Produkt in der Form $B^{-1}A^{-1}$ zu berechnen, als zuerst AB und dann die Inverse davon zu berechnen.

10.3 Lineare Abbildungen

Matrizen sind eng mit so genannten *linearen* Abbildungen verknüpft. Drehungen, Spiegelungen, Stauchungen und Streckungen sind Beispiele für lineare Abbildungen. Diese sind daher von zentraler Bedeutung in der Computergrafik.

Wir betrachten in diesem Abschnitt Abbildungen der Form

$$F : \mathbb{K}^n \to \mathbb{K}^m,$$

die also einen Vektor $\mathbf{x} \in \mathbb{K}^n$ auf einen Vektor $\mathbf{y} = F(\mathbf{x}) \in \mathbb{K}^m$ abbilden. Beispiele:

a) $\mathbb{K} = \mathbb{R}$, $n = m = 2$: Die Abbildung

$$F : \mathbb{R}^2 \to \mathbb{R}^2 \quad \text{mit } F(\mathbf{x}) = -\mathbf{x}$$

ordnet jedem Vektor $\mathbf{x} = (x_1, x_2) \in \mathbb{R}^2$ den am Koordinatenursprung gespiegelten Vektor $F(\mathbf{x}) = (-x_1, -x_2) \in \mathbb{R}^2$ zu. Zum Beispiel wird $\mathbf{x} = (4, -2)$ auf $F(\mathbf{x}) = (-4, 2)$ abgebildet.

b) $\mathbb{K} = \mathbb{R}$, $n = 3, m = 2$: Die Abbildung

$$F : \mathbb{R}^3 \to \mathbb{R}^2 \quad \text{mit } F(\begin{pmatrix} x_1 \\ x_2 \\ x_3 \end{pmatrix}) = \begin{pmatrix} x_1 \\ x_2 \end{pmatrix}$$

ordnet jedem Vektor $\mathbf{x} = (x_1, x_2, x_3) \in \mathbb{R}^3$ den Vektor $F(\mathbf{x}) = (x_1, x_2) \in \mathbb{R}^2$ zu. Zum Beispiel wird $\mathbf{x} = (2, 3, 7)$ auf $F(\mathbf{x}) = (2, 3)$ abgebildet.

Solche Abbildungen können eine spezielle Eigenschaft haben:

Definition 10.21 Sind V, W zwei Vektorräume (z. B. $V = \mathbb{K}^n$ und $W = \mathbb{K}^m$), dann heißt eine Abbildung $F : V \to W$ eine **lineare Abbildung** (oder auch **lineare Transformation**), wenn für alle Vektoren $\mathbf{a}, \mathbf{b} \in V$ und alle Skalare $k \in \mathbb{K}$ gilt:

$$\begin{aligned} F(\mathbf{a} + \mathbf{b}) &= F(\mathbf{a}) + F(\mathbf{b}), \\ F(k\,\mathbf{a}) &= k\,F(\mathbf{a}). \end{aligned}$$

Eine lineare Abbildung ist also mit Vektoraddition bzw. Multiplikation mit einem Skalar verträglich in dem Sinn, dass die Reihenfolge Abbilden – Addieren (bzw. Abbilden – Vielfaches bilden) vertauschbar ist.

Beispiel 10.22 Lineare Abbildung

a) Ist die *Spiegelung* am Ursprung, $F : \mathbb{R}^2 \to \mathbb{R}^2$, $F(\mathbf{x}) = -\mathbf{x}$, eine lineare Abbildung?

b) Ist die *Translation* $F : \mathbb{R}^2 \to \mathbb{R}^2$, $F(\mathbf{x}) = \mathbf{x} + \begin{pmatrix} 1 \\ 0 \end{pmatrix}$ eine lineare Abbildung?

Lösung zu 10.22

a) Wir überprüfen, ob $F(\mathbf{a} + \mathbf{b}) = F(\mathbf{a}) + F(\mathbf{b})$ und $F(k\mathbf{a}) = k\,F(\mathbf{a})$ für beliebige $\mathbf{a}, \mathbf{b} \in \mathbb{R}^2$ und $k \in \mathbb{R}$ gilt: $F(\mathbf{a} + \mathbf{b}) = -(\mathbf{a} + \mathbf{b}) = -\mathbf{a} - \mathbf{b}$; andererseits ist $F(\mathbf{a}) + F(\mathbf{b}) = -\mathbf{a} + (-\mathbf{b}) = -\mathbf{a} - \mathbf{b}$; also gilt $F(\mathbf{a} + \mathbf{b}) = F(\mathbf{a}) + F(\mathbf{b})$. Nun zur Multiplikation mit einem Skalar: Einerseits ist $F(k\mathbf{a}) = -(k\mathbf{a})$, andererseits $kF(\mathbf{a}) = k(-\mathbf{a})$, also $F(k\mathbf{a}) = k\,F(\mathbf{a})$. Die Spiegelung $F(\mathbf{x}) = -\mathbf{x}$ ist also eine lineare Abbildung.

Das heißt: Die Spiegelung der Summe von $\mathbf{a}$ und $\mathbf{b}$ (d.h. $F(\mathbf{a} + \mathbf{b})$) ist gleich der Summe der Spiegelungen (also $F(\mathbf{a}) + F(\mathbf{b})$). Das ist in Abbildung 10.1 dargestellt. Analog ist die Spiegelung des k-fachen von $\mathbf{a}$ (d.h. $F(k\mathbf{a})$), gleich dem k-fachen der Spiegelung (also $kF(\mathbf{a})$).

b) Es ist einerseits

$$F(\mathbf{a} + \mathbf{b}) = \mathbf{a} + \mathbf{b} + \begin{pmatrix} 1 \\ 0 \end{pmatrix}$$

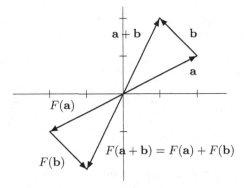

Abbildung 10.1. Spiegelung am Ursprung: $F(\mathbf{a} + \mathbf{b}) = F(\mathbf{a}) + F(\mathbf{b})$

und andererseits

$$F(\mathbf{a}) + F(\mathbf{b}) = (\mathbf{a} + \begin{pmatrix} 1 \\ 0 \end{pmatrix}) + (\mathbf{b} + \begin{pmatrix} 1 \\ 0 \end{pmatrix}) = \mathbf{a} + \mathbf{b} + 2 \begin{pmatrix} 1 \\ 0 \end{pmatrix}.$$

Damit ist $F(\mathbf{a} + \mathbf{b}) \neq F(\mathbf{a}) + F(\mathbf{b})$, also steht schon fest, dass F nicht linear ist. Auch die zweite Eigenschaft wäre nicht erfüllt, denn

$$F(k\mathbf{a}) = k\mathbf{a} + \begin{pmatrix} 1 \\ 0 \end{pmatrix} \neq k(\mathbf{a} + \begin{pmatrix} 1 \\ 0 \end{pmatrix}) = kF(\mathbf{a}).$$

Die Translation um den Vektor $\begin{pmatrix} 1 \\ 0 \end{pmatrix}$ ist also keine lineare Abbildung.   ∎

Zwischen Matrizen und linearen Abbildungen besteht nun folgender Zusammenhang:

Satz 10.23 Eine Abbildung $F : \mathbb{K}^n \to \mathbb{K}^m$ ist genau dann linear, wenn sie in der Form

$$F(\mathbf{x}) = A\mathbf{x}$$

mit einer (m, n)-Matrix A geschrieben werden kann. Das ist gleichbedeutend damit, dass die Abbildungsvorschrift die Form

$$F(\begin{pmatrix} x_1 \\ \vdots \\ x_n \end{pmatrix}) = \begin{pmatrix} a_{11}x_1 + a_{12}x_2 + \cdots + a_{1n}x_n \\ \vdots \\ a_{m1}x_1 + a_{m2}x_2 + \cdots + a_{mn}x_n \end{pmatrix}$$

hat. Die Matrix A einer linearen Abbildung ist eindeutig bestimmt. Es ist jene Matrix, deren Spalten gerade die Bilder der Standardbasisvektoren $\mathbf{e}_1, \ldots, \mathbf{e}_n$ sind, d.h.,

$$F(\begin{pmatrix} 1 \\ 0 \\ \vdots \\ 0 \end{pmatrix}), \ldots, F(\begin{pmatrix} 0 \\ \vdots \\ 0 \\ 1 \end{pmatrix})$$

bilden die Spalten der Matrix A.

Dass eine Abbildung mit der Vorschrift $F(\mathbf{x}) = A\mathbf{x}$ linear ist, folgt sofort aus den Rechengesetzen für die Matrixmultiplikation: $F(\mathbf{a} + \mathbf{b}) = A(\mathbf{a} + \mathbf{b}) = A\mathbf{a} + A\mathbf{b} = F(\mathbf{a}) + F(\mathbf{b})$, und $F(k\mathbf{a}) = A(k\mathbf{a}) = k(A\mathbf{a}) = kF(\mathbf{a})$.

Dass umgekehrt zu einer linearen Abbildung $F : \mathbb{K}^n \to \mathbb{K}^m$ tatsächlich die wie oben gebildete Matrix die gewünschte Abbildungsvorschrift durchführt, kann man folgendermaßen sehen: Jeder beliebige Vektor $\mathbf{x}$ kann ja als Linearkombination der Standardbasisvektoren geschrieben werden: $\mathbf{x} = x_1\mathbf{e}_1 + \ldots + x_n\mathbf{e}_n$. Das Bild dieses Vektors unter der linearen Abbildung ist daher $F(\mathbf{x}) = F(x_1\mathbf{e}_1 + \ldots + x_n\mathbf{e}_n)$; wegen der Linearität ist das gleich $x_1F(\mathbf{e}_1) + \ldots + x_nF(\mathbf{e}_n) = \left(F(\mathbf{e}_1) \quad \ldots \quad F(\mathbf{e}_n) \right)\mathbf{x} = A\mathbf{x}$ (wobei hier mit $A = \left(F(\mathbf{e}_1) \quad \ldots \quad F(\mathbf{e}_n) \right)$ jene Matrix gemeint ist, deren Spalten gleich den Vektoren $F(\mathbf{e}_1), \ldots, F(\mathbf{e}_n)$ sind.

Beispiel 10.24 Spiegelung mithilfe einer Matrix

Die Spiegelung $F : \mathbb{R}^2 \to \mathbb{R}^2$ mit $F(\mathbf{x}) = -\mathbf{x}$ ist nach Beispiel 10.22 eine lineare Abbildung. Geben Sie die zugehörige Matrix an.

Lösung zu 10.24 Wir brauchen nur die Bilder der Standardbasisvektoren des $\mathbb{R}^2$ zu ermitteln:

$$F\left(\begin{pmatrix} 1 \\ 0 \end{pmatrix}\right) = \begin{pmatrix} -1 \\ 0 \end{pmatrix} \text{ und } F\left(\begin{pmatrix} 0 \\ 1 \end{pmatrix}\right) = \begin{pmatrix} 0 \\ -1 \end{pmatrix}.$$

Daher ist

$$A = \begin{pmatrix} -1 & 0 \\ 0 & -1 \end{pmatrix}$$

die gesuchte Matrix. Mit ihrer Hilfe kann die Abbildungsvorschrift als

$$F(\mathbf{x}) = A\mathbf{x} = \begin{pmatrix} -1 & 0 \\ 0 & -1 \end{pmatrix}\begin{pmatrix} x_1 \\ x_2 \end{pmatrix} = \begin{pmatrix} -x_1 \\ -x_2 \end{pmatrix} = -\mathbf{x}$$

geschrieben werden.   ■

Gleich noch weitere Beispiele dazu:

Beispiel 10.25 Matrix einer linearen Abbildung

Ist die gegebene Abbildung linear? Wenn ja, schreiben Sie sie in der Form $F(\mathbf{x}) = A\mathbf{x}$.

a) $F : \mathbb{R}^3 \to \mathbb{R}^2$ mit

$$F\left(\begin{pmatrix} x_1 \\ x_2 \\ x_3 \end{pmatrix}\right) = \begin{pmatrix} x_1 \\ x_2 \end{pmatrix}.$$

b) $F : \mathbb{R}^2 \to \mathbb{R}^2$ mit

$$F\left(\begin{pmatrix} x_1 \\ x_2 \end{pmatrix}\right) = \begin{pmatrix} x_1 + 3 \\ x_1 + x_2 \end{pmatrix}.$$

Lösung zu 10.25

a) Die Abbildung ist linear, da sie die Form

$$F\left(\begin{pmatrix} x_1 \\ x_2 \\ x_3 \end{pmatrix}\right) = \begin{pmatrix} a_{11}x_1 + a_{12}x_2 + a_{13}x_3 \\ a_{21}x_1 + a_{22}x_2 + a_{23}x_3 \end{pmatrix}$$

hat. Die Matrix A erhalten wir, indem wir die Bilder der Standardbasis des $\mathbb{R}^3$ ermitteln:

$$F(\mathbf{e}_1) = F(\begin{pmatrix} 1 \\ 0 \\ 0 \end{pmatrix}) = \begin{pmatrix} 1 \\ 0 \end{pmatrix}, \ F(\mathbf{e}_2) = F(\begin{pmatrix} 0 \\ 1 \\ 0 \end{pmatrix}) = \begin{pmatrix} 0 \\ 1 \end{pmatrix}, \ F(\mathbf{e}_3) = F(\begin{pmatrix} 0 \\ 0 \\ 1 \end{pmatrix}) = \begin{pmatrix} 0 \\ 0 \end{pmatrix}.$$

Diese drei Vektoren bilden die Spalten von A, also

$$A = \begin{pmatrix} 1 & 0 & 0 \\ 0 & 1 & 0 \end{pmatrix}.$$

Probe: Überprüfen wir, ob wir mit A die gegebene Abbildung F erhalten:

$$A\mathbf{x} = \begin{pmatrix} 1 & 0 & 0 \\ 0 & 1 & 0 \end{pmatrix} \begin{pmatrix} x_1 \\ x_2 \\ x_3 \end{pmatrix} = \begin{pmatrix} x_1 \\ x_2 \end{pmatrix},$$

wie gewünscht.

b) Die Abbildung ist nicht linear, da sie nicht die Form

$$F(\begin{pmatrix} x_1 \\ x_2 \end{pmatrix}) = \begin{pmatrix} a_{11}x_1 + a_{12}x_2 \\ a_{21}x_1 + a_{22}x_2 \end{pmatrix}$$

hat. Was wäre, wenn wir trotzdem die Matrix aus den Bildern der Standardbasis bilden würden?

$$F(\mathbf{e}_1) = F(\begin{pmatrix} 1 \\ 0 \end{pmatrix}) = \begin{pmatrix} 4 \\ 1 \end{pmatrix} \ \text{und} \ F(\mathbf{e}_2) = F(\begin{pmatrix} 0 \\ 1 \end{pmatrix}) = \begin{pmatrix} 3 \\ 1 \end{pmatrix},$$

und damit

$$A = \begin{pmatrix} 4 & 3 \\ 1 & 1 \end{pmatrix}.$$

Mit diesem A erhalten wir eine lineare Abbildung,

$$A\mathbf{x} = \begin{pmatrix} 4 & 3 \\ 1 & 1 \end{pmatrix} \begin{pmatrix} x_1 \\ x_2 \end{pmatrix} = \begin{pmatrix} 4x_1 + 3x_2 \\ x_1 + x_2 \end{pmatrix},$$

aber diese Abbildung ist ungleich F! Damit ist nochmals gezeigt, dass F nicht linear ist. ∎

Eine Abbildung der Form $F(\mathbf{x}) = A\mathbf{x} + \mathbf{b}$ ist keine lineare Abbildung, sondern wird als **affine Abbildung** bezeichnet. Die meisten Eigenschaften von linearen Funktionen gelten aber auch für affine Funktionen, und deshalb werden in der Praxis oft auch affine Funktionen einfach als linear bezeichnet. In diesem Sinn wird eine Abbildung $F : \mathbb{R} \to \mathbb{R}$ mit $F(x) = ax + b$ (= Geradengleichung!) häufig als linear bezeichnet.

Wenn man bereit ist, eine weitere Koordinate in Kauf zu nehmen, so kann man affine Funktionen zu linearen Funktionen machen. Am Beispiel einer affinen Abbildung $F : \mathbb{R}^2 \to \mathbb{R}^2$, $F(\mathbf{x}) = A\mathbf{x} + \mathbf{b}$ erklärt: Für jeden Punkt $(x_1, x_2) \in \mathbb{R}^2$ bezeichnet man mit $(x_1, x_2, 1) \in \mathbb{R}^3$ seine **homogenen Koordinaten**. Dann hat die lineare Abbildung

$$\begin{pmatrix} a_{11} & a_{12} & b_1 \\ a_{21} & a_{22} & b_2 \\ 0 & 0 & 1 \end{pmatrix} \begin{pmatrix} x_1 \\ x_2 \\ 1 \end{pmatrix} = \begin{pmatrix} a_{11}x_1 + a_{12}x_2 + b_1 \\ a_{21}x_1 + a_{22}x_2 + b_2 \\ 1 \end{pmatrix}$$

auf die homogenen Koordinaten von $\mathbf{x}$ die gleiche Wirkung wie die affine Abbildung $F(\mathbf{x}) = A\mathbf{x} + \mathbf{b}$ auf $\mathbf{x}$.

Wie eingangs erwähnt können geometrische Operationen mithilfe von linearen Abbildungen durchgeführt werden:

Beispiel 10.26 Spiegelung und Streckung
Interpretieren Sie die zu folgenden Matrizen gehörenden linearen Abbildungen geometrisch:

$$A = \begin{pmatrix} -1 & 0 \\ 0 & 1 \end{pmatrix}, \quad B = \begin{pmatrix} 0 & 1 \\ 1 & 0 \end{pmatrix}, \quad C = \begin{pmatrix} 2 & 0 \\ 0 & 1 \end{pmatrix}.$$

Stellen Sie konkret die Bilder von $\mathbf{a} = (2, 1)$ graphisch dar.

Lösung zu 10.26 Gehen wir zunächst von einem allgemeinen Vektor $\mathbf{x} = (x_1, x_2)$ aus: Es ist

$$\begin{aligned} A\mathbf{x} &= \begin{pmatrix} -1 & 0 \\ 0 & 1 \end{pmatrix} \begin{pmatrix} x_1 \\ x_2 \end{pmatrix} = \begin{pmatrix} -x_1 \\ x_2 \end{pmatrix}, \quad B\mathbf{x} = \begin{pmatrix} 0 & 1 \\ 1 & 0 \end{pmatrix} \begin{pmatrix} x_1 \\ x_2 \end{pmatrix} = \begin{pmatrix} x_2 \\ x_1 \end{pmatrix}, \\ C\mathbf{x} &= \begin{pmatrix} 2 & 0 \\ 0 & 1 \end{pmatrix} \begin{pmatrix} x_1 \\ x_2 \end{pmatrix} = \begin{pmatrix} 2x_1 \\ x_2 \end{pmatrix}. \end{aligned}$$

Multiplikation eines Vektors $\mathbf{x}$ mit A ändert also das Vorzeichen der x_1-Koordinate, was einer Spiegelung an der x_2-Achse entspricht; Multiplikation mit B vertauscht die x_1 und x_2-Koordinate, was einer Spiegelung an der Geraden $x_2 = x_1$ entspricht; Multiplikation mit C verdoppelt die x_1-Koordinate, das entspricht einer Streckung um den Faktor 2 in x_1-Richtung. Setzen wir nun konkret für $\mathbf{x}$ den Ortsvektor $\mathbf{a}$ des Punktes $P = (2, 1)$ ein:

$$A\mathbf{a} = \begin{pmatrix} -2 \\ 1 \end{pmatrix}, \quad B\mathbf{a} = \begin{pmatrix} 1 \\ 2 \end{pmatrix}, \quad C\mathbf{a} = \begin{pmatrix} 4 \\ 1 \end{pmatrix}.$$

Abbildung 10.2 zeigt den Punkt P und die Punkte P_A, P_B bzw. P_C, auf die P durch die entsprechenden linearen Abbildungen abgebildet wird. ∎

Die Hintereinanderausführung von zwei linearen Abbildungen ist wieder linear:

Satz 10.27 Seien $F : \mathbb{K}^\ell \to \mathbb{K}^n$ und $G : \mathbb{K}^m \to \mathbb{K}^\ell$ lineare Abbildungen mit $F(\mathbf{y}) = A\mathbf{y}$ und $G(\mathbf{x}) = B\mathbf{x}$. Dann ist die **verkettete Abbildung** $F \circ G : \mathbb{K}^m \to \mathbb{K}^n$ wieder linear mit $(F \circ G)(\mathbf{x}) = AB\mathbf{x}$.

Beispiel 10.28 Hintereinanderausführung von linearen Abbildungen
Geben Sie die Matrix der linearen Abbildung an, die einen beliebigen Vektor zuerst in x_1-Richtung um den Faktor 2 streckt und das Ergebnis dann an der x_2-Achse spiegelt.

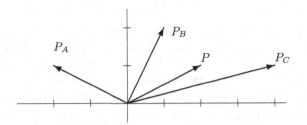

Abbildung 10.2. Spiegelung des Punktes P an der x_2-Achse bzw. an der Geraden $x_2 = x_1$ und Streckung in x_1-Richtung

Lösung zu 10.28 Beide Operationen in einem werden durch die lineare Abbildung $\mathbf{y} = C\mathbf{x}$ mit

$$C = \begin{pmatrix} -1 & 0 \\ 0 & 1 \end{pmatrix} \begin{pmatrix} 2 & 0 \\ 0 & 1 \end{pmatrix} = \begin{pmatrix} -2 & 0 \\ 0 & 1 \end{pmatrix}$$

erledigt.   ∎

Wie sieht es mit der Umkehrung einer linearen Abbildung aus?

Satz 10.29 Eine lineare Abbildung $\mathbf{y} = A\mathbf{x}$ ist **umkehrbar** genau dann, wenn A invertierbar ist. Die zugehörige Umkehrabbildung ist dann $\mathbf{x} = A^{-1}\mathbf{y}$, diese ist also ebenfalls linear.

Beispiel 10.30 Umkehrbare lineare Abbildung
Die Abbildung $\mathbf{y} = A\mathbf{x}$ mit

$$A = \begin{pmatrix} 2 & 0 \\ 0 & 1 \end{pmatrix}$$

ist umkehrbar (denn eine Streckung in x_1-Richtung um den Faktor 2 kann wieder eindeutig rückgängig gemacht werden). Geben Sie die Matrix der Umkehrabbildung an.

Lösung zu 10.30 Die inverse Matrix zu A ist

$$A^{-1} = \frac{1}{2} \begin{pmatrix} 1 & 0 \\ 0 & 2 \end{pmatrix}$$

Damit ist $F(\mathbf{x}) = A^{-1}\mathbf{x}$ die gesuchte Umkehrabbildung.   ∎

Nicht umkehrbar sind zum Beispiel die linearen Abbildungen

$$F : \mathbb{R}^3 \to \mathbb{R}^2, \quad \text{mit } F(\begin{pmatrix} x_1 \\ x_2 \\ x_3 \end{pmatrix}) = \begin{pmatrix} x_1 \\ x_2 \end{pmatrix}$$

und

$$G : \mathbb{R}^2 \to \mathbb{R}^2, \quad \text{mit } G(\begin{pmatrix} x_1 \\ x_2 \end{pmatrix}) = \begin{pmatrix} 2x_1 - 3x_2 \\ -4x_1 + 6x_2 \end{pmatrix}$$

Die zugehörigen Matrizen sind nämlich nicht invertierbar: Bei F ist das klar, denn die zugehörige Matrix ist nicht quadratisch. Warum die Matrix von G nicht invertierbar ist, werden wir etwas später mit einem Blick erkennen können (vorerst könnten Sie nur versuchen, eine inverse Matrix zu berechnen – Sie werden scheitern:-)

Eine wichtige Anwendung von linearen Abbildungen sind Drehungen:

In der Computergrafik steht man oft vor dem Problem, dass sich der Beobachter dreht, und sich somit die Perspektive eines betrachteten Objektes ändert. Die Aufgabe ist dann, das Bild des gedrehten Objektes zu berechnen. Wie erhalten wir die Koordinaten eines um den Winkel α gedrehten Ortsvektors?

Zunächst überlegen wir uns, dass eine Drehung eine lineare Abbildung ist, indem wir die Eigenschaften aus Definition 10.21 überprüfen. Es sei $F : \mathbb{R}^2 \to \mathbb{R}^2$ die Drehung eines Ortsvektors um den Winkel α um den Ursprung gegen den Uhrzeigersinn. Aus

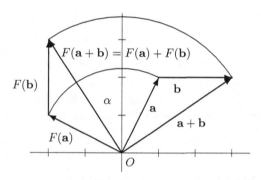

Abbildung 10.3. Drehung: $F(\mathbf{a} + \mathbf{b}) = F(\mathbf{a}) + F(\mathbf{b})$

Abbildung 10.3 sehen wir, dass es gleichgültig ist, ob wir zwei Vektoren $\mathbf{a}$ und $\mathbf{b}$ zuerst addieren und dann den Summenvektor drehen (also $F(\mathbf{a} + \mathbf{b})$ berechnen), oder ob wir zuerst die einzelnen Vektoren $\mathbf{a}$ bzw. $\mathbf{b}$ drehen und danach die Summe der gedrehten Vektoren ($F(\mathbf{a}) + F(\mathbf{b})$) berechnen: Es ist $F(\mathbf{a} + \mathbf{b}) = F(\mathbf{a}) + F(\mathbf{b})$. Ebenso ist es gleichgültig, ob wir einen Vektor $\mathbf{a}$ zuerst verlängern bzw. verkürzen und danach drehen, oder ob wir zuerst drehen und dann verlängern bzw. verkürzen; es ist $F(k\mathbf{a}) = kF(\mathbf{a})$.

Da eine Drehung also eine lineare Abbildung ist, lässt sie sich in der Form $F(\mathbf{x}) = A\mathbf{x}$ darstellen. Die Matrix A finden wir, indem wir die Bilder der Basisvektoren $\mathbf{e}_1$ und $\mathbf{e}_2$ ermitteln. Diese Bilder erhalten wir mithilfe der Abbildung 10.4:

$$F(\mathbf{e}_1) = \begin{pmatrix} \cos(\alpha) \\ \sin(\alpha) \end{pmatrix}, \quad F(\mathbf{e}_2) = \begin{pmatrix} -\sin(\alpha) \\ \cos(\alpha) \end{pmatrix}$$

Definition 10.31 Man bezeichnet die Matrix

$$A = \begin{pmatrix} \cos(\alpha) & -\sin(\alpha) \\ \sin(\alpha) & \cos(\alpha) \end{pmatrix}$$

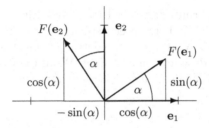

Abbildung 10.4. Drehung der Basisvektoren $\mathbf{e}_1$ und $\mathbf{e}_2$

---

als **Drehmatrix**. Die zugehörige lineare Abbildung $F : \mathbb{R}^2 \to \mathbb{R}^2$ dreht einen beliebigen Vektor $\mathbf{x} = (x_1, x_2)$ gegen den Uhrzeigersinn um die zur „Papierebene" senkrechte Drehachse durch den Ursprung:

$$F(\mathbf{x}) = A\mathbf{x} = \begin{pmatrix} \cos(\alpha) & -\sin(\alpha) \\ \sin(\alpha) & \cos(\alpha) \end{pmatrix} \begin{pmatrix} x_1 \\ x_2 \end{pmatrix} = \begin{pmatrix} x_1 \cos(\alpha) - x_2 \sin(\alpha) \\ x_1 \sin(\alpha) + x_2 \cos(\alpha) \end{pmatrix}.$$

Beispiel 10.32 Drehung
Berechnen Sie die Koordinaten des um $45°$ gegen den Uhrzeigersinn gedrehten Vektors $\mathbf{a} = (2, 1) \in \mathbb{R}^2$.

Lösung zu 10.32 Für $\alpha = 45° = \frac{\pi}{4}$ ist die Drehmatrix

$$A = \begin{pmatrix} \cos(\frac{\pi}{4}) & -\sin(\frac{\pi}{4}) \\ \sin(\frac{\pi}{4}) & \cos(\frac{\pi}{4}) \end{pmatrix} = \frac{1}{\sqrt{2}} \begin{pmatrix} 1 & -1 \\ 1 & 1 \end{pmatrix},$$

also sind die Koordinaten des gedrehten Vektors

$$A\mathbf{a} = \frac{1}{\sqrt{2}} \begin{pmatrix} 1 & -1 \\ 1 & 1 \end{pmatrix} \begin{pmatrix} 2 \\ 1 \end{pmatrix} = \frac{1}{\sqrt{2}} \begin{pmatrix} 1 \\ 3 \end{pmatrix} = \begin{pmatrix} 0.7 \\ 2.1 \end{pmatrix}.$$

∎

Analog wird im $\mathbb{R}^3$ eine Drehung um den Winkel α gegen den Uhrzeigersinn um die x, y, bzw. z-Achse beschrieben durch die folgenden Drehmatrizen:

$$A_x = \begin{pmatrix} 1 & 0 & 0 \\ 0 & \cos(\alpha) & -\sin(\alpha) \\ 0 & \sin(\alpha) & \cos(\alpha) \end{pmatrix}, \quad A_y = \begin{pmatrix} \cos(\alpha) & 0 & \sin(\alpha) \\ 0 & 1 & 0 \\ -\sin(\alpha) & 0 & \cos(\alpha) \end{pmatrix},$$

$$A_z = \begin{pmatrix} \cos(\alpha) & -\sin(\alpha) & 0 \\ \sin(\alpha) & \cos(\alpha) & 0 \\ 0 & 0 & 1 \end{pmatrix}.$$

10.3.1 Anwendung: Lineare Codes

Ein wichtiges Problem in der Telekommunikation bzw. Informatik ist die fehlerfreie Übertragung von Daten. Die Daten werden dabei als Folge von Nullen und Einsen in Blöcken von k Bit übermittelt. Jeder Block aus k Bit kann mathematisch als ein Vektor $\mathbf{x} = (x_1, \ldots, x_k) \in \mathbb{Z}_2^k$ betrachtet werden. Zur Erkennung von Übertragungsfehlern werden an diesen Vektor $n - k$ Kontrollbit angehängt und es entsteht ein Vektor $\mathbf{c} \in \mathbb{Z}_2^n$, der **Codewort** genannt wird. Wenn die Codewörter einen Vektorraum (Teilraum des $\mathbb{Z}_2^n$) bilden, so spricht man von einem **linearen Code** C. Da jeder Vektor $\mathbf{x} \in \mathbb{Z}_2^k$ als

$$\mathbf{x} = \sum_{j=1}^{k} x_j \mathbf{e}_j = x_1 \begin{pmatrix} 1 \\ 0 \\ \vdots \\ 0 \\ 0 \end{pmatrix} + \ldots + x_k \begin{pmatrix} 0 \\ \vdots \\ 0 \\ 0 \\ 1 \end{pmatrix}$$

ausgedrückt werden kann, kann jedes Codewort eines linearen Codes C in der Form

$$\mathbf{c} = x_1 \begin{pmatrix} 1 \\ 0 \\ \vdots \\ 0 \\ a_{1,1} \\ \vdots \\ a_{1,n-k} \end{pmatrix} + \ldots + x_k \begin{pmatrix} 0 \\ \vdots \\ 0 \\ 1 \\ a_{k,1} \\ \vdots \\ a_{k,n-k} \end{pmatrix}$$

geschrieben werden, wobei $a_{j,1}, \ldots, a_{j,n-k}$ die Kontrollbit des j-ten Einheitsvektors sind. Die um ihre Kontrollbit aufgestockten Einheitsvektoren schreibt man als Zeilen einer Matrix G, die **Generatormatrix** des linearen Codes heißt:

$$G = \begin{pmatrix} 1 & 0 & \cdots & 0 & a_{1,1} & \cdots & a_{1,n-k} \\ 0 & 1 & \cdots & 0 & a_{2,1} & \cdots & a_{2,n-k} \\ \vdots & \vdots & \ddots & \vdots & \vdots & \ddots & \vdots \\ 0 & 0 & \cdots & 1 & a_{k,1} & \cdots & a_{k,n-k} \end{pmatrix}$$

ist also eine (k, n)-Matrix. Jeder Vektor $\mathbf{x} \in \mathbb{Z}_2^k$ kann nun mithilfe der Generatormatrix codiert (d.h. auf sein Codewort abgebildet) werden:

$$\mathbf{c} = G^T \mathbf{x}.$$

Die Generatormatrix G ist von der Form

$$G = (\mathbb{I}_k \ A),$$

wobei A eine $k \times (n - k)$-Matrix ist. Beispiel:

$$G = \begin{pmatrix} 1 & 0 & 1 \\ 0 & 1 & 1 \end{pmatrix}, \qquad A = \begin{pmatrix} 1 \\ 1 \end{pmatrix}.$$

Zu jeder Generatormatrix G können wir nun eine so genannte **Kontrollmatrix**

$$H = (A^T \ \mathbb{I}_{n-k})$$

definieren. In unserem Beispiel ist

$$H = \begin{pmatrix} 1 & 1 & 1 \end{pmatrix}.$$

Eine kleine Rechnung zeigt, dass

$$H\,G^T = (A^T\ \mathbb{I}_{n-k}) \begin{pmatrix} \mathbb{I}_k \\ A^T \end{pmatrix} = A^T\mathbb{I}_k + \mathbb{I}_{n-k}A^T = A^T + A^T = \mathbf{0}$$

gilt (hier wurde verwendet, dass $x+x = 0$ in $\mathbb{Z}_2$ ist). Daraus folgt für jedes Codewort $\mathbf{c} \in C$, dass

$$H\mathbf{c} = HG^T\mathbf{x} = \mathbf{0}.$$

Umgekehrt kann man zeigen, dass auch jedes Wort, das von der Kontrollmatrix auf $\mathbf{0}$ abgebildet wird, ein Codewort ist. Man kann daher mithilfe der Kontrollmatrix leicht für ein Wort aus $\mathbb{Z}_2^n$ feststellen, ob es sich um ein Codewort handelt oder nicht.

Beispiel: Der Sender möchte das Wort $(0, 1)$ senden. Er codiert es mithilfe obiger Generatormatrix zu

$$\mathbf{c} = \begin{pmatrix} 1 & 0 \\ 0 & 1 \\ 1 & 1 \end{pmatrix} \begin{pmatrix} 0 \\ 1 \end{pmatrix} = \begin{pmatrix} 0 \\ 1 \\ 1 \end{pmatrix},$$

und übermittelt dem Empfänger das Codewort $\mathbf{c} = (0, 1, 1)$. Dieser erhält aber z.B. $\tilde{\mathbf{c}} = (1, 1, 1)$ (d.h., in der ersten Stelle ist ein Übertragungsfehler aufgetreten). Er überprüft das empfangene Wort mithilfe der Kontrollmatrix:

$$\begin{pmatrix} 1 & 1 & 1 \end{pmatrix} \begin{pmatrix} 1 \\ 1 \\ 1 \end{pmatrix} = 1 + 1 + 1 = 1 \neq 0.$$

Der Übertragungsfehler wird also vom Empfänger erkannt und er kann den Sender bitten, die Daten nochmals zu schicken.

Bei dieser Methode kann allerdings nicht jeder Übertragungsfehler erkannt werden. Wird ein Codewort $\mathbf{c}$ gesendet und ein *anderes Codewort* $\tilde{\mathbf{c}}$ empfangen, so wird der Fehler nicht erkannt, denn die Kontrollmatrix kann nur erkennen, ob es sich um ein Codewort handelt oder nicht. Indem man die Anzahl der Kontrollbit aber entsprechend groß wählt, kann die Wahrscheinlichkeit dafür, dass durch einen Übertragungsfehler ein Codewort in ein anderes umgewandelt wird, beliebig klein gemacht werden. Ist das empfangene Wort kein Codewort, so wird aber der Fehler immer erkannt.

Bei genügend vielen Kontrollbit ist es sogar möglich, nicht nur Fehler zu erkennen, sondern sogar zu *korrigieren*. Das ist zum Beispiel wichtig, wenn das Senden dem Speichern von Daten auf einer CD entspricht und das Empfangen dem Lesen der Daten von der CD. Bei einem kleinen Kratzer sollte in diesem Fall der Fehler korrigiert werden können.

In der Codierungstheorie werden üblicherweise die Wörter als Zeilenvektoren, und nicht, so wie hier, als Spaltenvektoren angeschrieben. Dann hat dementsprechend die Codierungsvorschrift mit der Generatormatrix die Form $\mathbf{c} = \mathbf{x}G$ bzw. wird die Überprüfung mittels Kontrollmatrix als $\mathbf{c}H^T = \mathbf{0}$ geschrieben.

10.4 Mit dem digitalen Rechenmeister

Matrizen

Matrizen werden in Mathematica als verschachtelte Listen eingegeben:

In[1]:= A = {{1, 3, 2}, {−1, 4, 5}}; B = {{−2, 4, 0}, {6, 2, −8}};

Manche Großbuchstaben (wie z. B. C, D oder N) sind in Mathematica bereits vordefiniert, und können daher nicht als Variablennamen verwendet werden. Summe und Multiplikation mit einem Skalar werden wie erwartet gebildet:

In[2]:= 2(A + B)

Out[2]= {{−2, 14, 4}, {10, 12, −6}}

Das können wir noch in die vertraute Matrixschreibweise bringen:

In[3]:= MatrixForm[%]

Out[3]//MatrixForm=
$$\begin{pmatrix} -2 & 14 & 4 \\ 10 & 12 & -6 \end{pmatrix}$$

Wir können sogar \$PrePrint = MatrixForm setzen, dann wird jedes Ergebnis automatisch in Matrixform dargestellt.

Matrizen können mithilfe einer Palette bereits in Matrixform eingegeben werden. Von der Palette wird dabei eine $(2, 2)$-Matrix als Schablone vorgegeben; mit den Tastenkombinationen „Ctrl" +„Enter" bzw. „Ctrl" + „," kann eine Zeile bzw. eine Spalte hinzugefügt werden. Alternativ können Sie eine Schablone mit der gewünschten Zeilen- und Spaltenanzahl auch mit der rechten Maustaste über das Menü „Create Table/Matrix/Palette" eingeben (engl.: Spalte = *column*, Zeile = *row*). Mit der Tabulatortaste kommen Sie in der Schablone von einem Platzhalter zum nächsten. Die Dimension einer Matrix kann mit dem Befehl Dimensions überprüft werden:

In[4]:= Dimensions[A]

Out[4]= {2, 3}

Die transponierte Matrix erhalten wir mit

In[5]:= Transpose[$\begin{pmatrix} 3 & 2 \\ 5 & -1 \\ 0 & 7 \end{pmatrix}$]//MatrixForm

Out[5]//MatrixForm=
$$\begin{pmatrix} 3 & 5 & 0 \\ 2 & -1 & 7 \end{pmatrix}$$

Die (n, n)-Einheitsmatrix wird mit IdentityMatrix[n] eingegeben:

In[6]:= IdentityMatrix[2]//MatrixForm

Out[6]//MatrixForm=
$$\begin{pmatrix} 1 & 0 \\ 0 & 1 \end{pmatrix}$$

Eine Diagonalmatrix diag$(a_1, \ldots, a_n)$ erhalten Sie mit DiagonalMatrix[{a₁, ..., aₙ}] und das Kronecker Delta δ_{jk} mit KroneckerDelta[j, k].

Multiplikation von Matrizen

Achtung: Das Matrixprodukt wird mit einem *Punkt* „." (und nicht mit dem üblichen Mal-Symbol „*" oder mit Leerzeichen) berechnet!

$$\text{In}[7] := \text{A} = \begin{pmatrix} 4 & 2 & 0 \\ -1 & 3 & 5 \end{pmatrix} ; \text{B} = \begin{pmatrix} 2 & 1 \\ 3 & 7 \\ 1 & 0 \end{pmatrix} ; \text{A.B}//\text{MatrixForm}$$

Out[7]//MatrixForm=
$$\begin{pmatrix} 14 & 18 \\ 12 & 20 \end{pmatrix}$$

Die Eingabe A * B (oder A B) würde als Resultat eine Matrix liefern, die durch *elementweises Ausmultiplizieren* von A und B entsteht. In diesem Sinn muss das Quadrat M^2 der Matrix

$$\text{In}[8] := \text{M} = \begin{pmatrix} 7 & 1 \\ 2 & 5 \end{pmatrix} ;$$

mit Punkt

In[9] := M.M//MatrixForm

Out[9]//MatrixForm=
$$\begin{pmatrix} 51 & 12 \\ 24 & 27 \end{pmatrix}$$

eingegeben werden. Im Gegensatz dazu wird

In[10] := M^2//MatrixForm

Out[10]//MatrixForm=
$$\begin{pmatrix} 49 & 1 \\ 4 & 25 \end{pmatrix}$$

von Mathematica wieder als M * M (elementweises Quadrieren) interpretiert. Höhere Potenzen können wir effizient mit MatrixPower[A,n] berechnen.

Achtung: Die Eingabe A = {{1, 2}, {3, 4}}//MatrixForm kann zu unerwarteten Ergebnissen führen, da MatrixForm *vor* der Zuweisung (=) angewendet wird. Um das zu vermeiden, verwenden Sie Klammern: (A = {{1, 2}, {3, 4}})//MatrixForm.

Eingabe von Gleichungen mit Matrizen

Lineare Gleichungen können in der Form $A\mathbf{x} = \mathbf{b}$ eingegeben werden:

In[11] := A = {{5, 3}, {2, −1}}; x = {x1, x2}; b = {2, 3};
         A.x == b
Out[11] = {5x1 + 3x2, 2x1 − x2} == {2, 3}

und gelöst werden

In[12] := Solve[%, {x1, x2}]
Out[12] = {{x1 → 1, x2 → −1}}

Inverse Matrix

Die inverse Matrix wird mit dem Befehl `Inverse` berechnet

`In[13]:= A = {{2,4},{−1,3}}; Inverse[A]//MatrixForm`

`Out[13]//MatrixForm=`

$$\begin{pmatrix} \frac{3}{10} & -\frac{2}{5} \\ \frac{1}{10} & \frac{1}{5} \end{pmatrix}$$

und Matrizen größerer Dimension sind für `Mathematica` kein Problem:

$$\texttt{In[14]:= Inverse[} \begin{pmatrix} 0.30 & 0.59 & 0.11 \\ 0.60 & -0.28 & -0.32 \\ 0.21 & -0.52 & 0.31 \end{pmatrix} \texttt{]//MatrixForm}$$

`Out[14]//MatrixForm=`

$$\begin{pmatrix} 1. & 0.948262 & 0.624013 \\ 1. & -0.276066 & -0.63981 \\ 1. & -1.10545 & 1.72986 \end{pmatrix}$$

10.5 Kontrollfragen

Fragen zu Abschnitt 10.1: Matrizen

Erklären Sie folgende Begriffe: Matrix, Dimension einer Matrix, quadratische Matrix, Diagonalelemente, Zeilenvektor, Spaltenvektor, Nullmatrix, Addition von Matrizen, Multiplikation einer Matrix mit einem Skalar, transponierte Matrix, symmetrische Matrix, adjungierte Matrix, Dreiecksmatrix, Diagonalmatrix, Einheitsmatrix.

1. Gegeben ist die Matrix

$$A = \begin{pmatrix} 1 & 3 & -2 \\ 4 & 0 & 7 \end{pmatrix}.$$

   a) Welche Dimension hat A?   b) Geben Sie a_{13}, a_{21} sowie a_{23} an.
   c) Welche Dimension hat A^T?
2. Richtig oder falsch:
   a) Eine $(3,1)$-Matrix heißt Spaltenvektor.
   b)

$$\begin{pmatrix} 1 & 2 & 3 \end{pmatrix} = \begin{pmatrix} 1 \\ 2 \\ 3 \end{pmatrix}$$

3. Richtig oder falsch:

$$\begin{pmatrix} 1 & 0 & 5 \\ 0 & 3 & -1 \\ 0 & 0 & 8 \end{pmatrix}$$

   ist eine obere Dreiecksmatrix.

4. Gegeben sind

$$A = \begin{pmatrix} 1 & 3 & -2 \\ 4 & 0 & 7 \end{pmatrix}, \quad B = \begin{pmatrix} 2 & 4 \\ -3 & -1 \\ 5 & 1 \end{pmatrix}, \quad C = \begin{pmatrix} 2 & 8 & 0 \end{pmatrix}, \quad D = \begin{pmatrix} 4 \\ 5 \\ 1 \end{pmatrix}.$$

Sind folgende Ausdrücke definiert? Geben Sie in diesem Fall die Dimension des Ergebnisses an:
a) $A + B$ b) $A + 5$ c) $2A + 2B^T$ d) $C + D$ e) $\frac{1}{2}C - D^T$

Fragen zu Abschnitt 10.2: Multiplikation von Matrizen

Erklären Sie folgende Begriffe: Multiplikation von Matrizen, Koeffizientenmatrix, inverse Matrix, invertierbar, regulär/singulär.

1. Richtig oder falsch?
   a) Wenn AB definiert ist, dann ist immer auch BA definiert.
   b) Für zwei quadratische Matrizen A und B ist immer $AB = BA$.
   c) Es ist niemals $AB = BA$.
2. Gegeben sind

$$A = \begin{pmatrix} 1 & 3 & -2 \\ 4 & 0 & 7 \end{pmatrix}, \quad B = \begin{pmatrix} 2 & 4 \\ -3 & -1 \\ 5 & 1 \end{pmatrix}, \quad C = \begin{pmatrix} 2 & 8 & 0 \end{pmatrix},$$

Sind folgende Ausdrücke definiert? Geben Sie in diesem Fall die Dimension des Ergebnisses an:
a) AB b) BA c) $A^T B$ d) AC e) AC^T f) CB
3. Gegeben ist

$$A = \begin{pmatrix} 5 & 1 \\ 4 & 2 \\ 5 & 2 \end{pmatrix},$$

wobei das Element a_{ij} den Preis (in Cent pro Stück) bei Anbieter i für die Apfelsorte j angibt. Wenn nun jemand 10 Stück Apfelsorte 1 und 20 Stück Apfelsorte 2 kaufen möchte, und diese Information in der Form $\mathbf{x} = (10, 20)$ schreibt, was bedeuten dann die Koordinaten von $\mathbf{y} = A\mathbf{x}$?
4. Richtig oder falsch:
   a) Jede quadratische Matrix ist invertierbar.
   b) A^{-1} bezeichnet jene Matrix, die $AA^{-1} = A^{-1}A = \mathbb{I}$ erfüllt.
   c) Wenn man zu einer Matrix A eine Matrix B findet, mit $AB = \mathbb{I}$, dann hat man mit B bereits die inverse Matrix gefunden. Man muss nicht mehr überprüfen, ob auch $BA = \mathbb{I}$ gilt.
5. Gegeben sind $A = \text{diag}(a_1, \ldots, a_n)$ und $B = \text{diag}(b_1, \ldots, b_n)$. Berechnen Sie
   a) AB b) A^{-1}
6. Unter welcher Bedingung ist eine $(2,3)$-Matrix invertierbar?
7. A und B seien $(2,2)$-Matrizen. Richtig oder falsch:
   a) $A^2 + 3A = A(A + 3\mathbb{I})$ b) $(A + B)(A - B) = A^2 - B^2$
8. Folgt aus $AB = AC$ und $A \neq \mathbf{0}$ immer auch $B = C$ (d.h., kann man bei der Matrixmultiplikation kürzen)?

Fragen zu Abschnitt 10.3: Lineare Abbildungen

Erklären Sie folgende Begriffe: lineare Abbildung, Matrix einer linearen Abbildung, affine Abbildung, Drehmatrix.

1. Kann jede lineare Abbildung $F : \mathbb{R}^n \to \mathbb{R}^m$ mithilfe einer Matrix A in der Form $F(\mathbf{x}) = A\mathbf{x}$ geschrieben werden?
2. Richtig oder falsch: Um eine lineare Abbildung anzugeben, genügt es, die Bilder der Standardbasisvektoren unter dieser Abbildung anzugeben.
3. Geben Sie eine geometrische Interpretation der linearen Transformation mit der Matrix:

$$\text{a)} \quad \begin{pmatrix} -1 & 0 \\ 0 & 1 \end{pmatrix} \qquad \text{b)} \quad \begin{pmatrix} 0 & 1 \\ 1 & 0 \end{pmatrix}$$

4. Richtig oder falsch: Die Umkehrabbildung von $F(\mathbf{x}) = AB\mathbf{x}$ ist gleich $F^{-1}(\mathbf{x}) = A^{-1}B^{-1}\mathbf{x}$.

Lösungen zu den Kontrollfragen

Lösungen zu Abschnitt 10.1

1. a) $(2,3)$ b) $a_{13} = -2, a_{21} = 4, a_{23} = 7$ c) $(3,2)$
2. a) richtig
   b) falsch, da zwei Matrizen nur dann gleich sind, wenn sie dieselbe Dimension haben; es handelt sich hier aber einmal um eine $(1,3)$-Matrix (Zeilenvektor) und einmal um eine $(3,1)$-Matrix (Spaltenvektor).
3. richtig; wesentlich ist, dass alle Elemente unter der Diagonale 0 sind (es können ohne weiteres auch Elemente oberhalb der Diagonale gleich 0 sein).
4. a) nicht definiert   b) nicht definiert   c) Dimension $(2,3)$
   d) nicht definiert   e) Dimension $(1,3)$

Lösungen zu Abschnitt 10.2

1. a) falsch; wenn A die Dimension (m,n) hat und B die Dimension (n,r), dann ist zwar AB definiert, für $m \neq r$ ist aber BA nicht definiert.
   b) falsch; versuchen Sie zum Beispiel $A = \begin{pmatrix} 1 & 2 \\ 3 & 0 \end{pmatrix}$ und $B = \begin{pmatrix} 0 & -1 \\ 1 & 3 \end{pmatrix}$.
   c) falsch; in Spezialfällen kann das sehr wohl zutreffen. Versuchen Sie zum Beispiel $A = \begin{pmatrix} 1 & 0 \\ 0 & 3 \end{pmatrix}$ und $B = \begin{pmatrix} 5 & 0 \\ 0 & 4 \end{pmatrix}$.
2. a) Dimension $(2,2)$ b) Dimension $(3,3)$ c) nicht definiert
   d) nicht definiert   e) Dimension $(2,1)$ f) Dimension $(1,2)$
3. Die Koordinaten von

$$\mathbf{y} = \begin{pmatrix} 5 & 1 \\ 4 & 2 \\ 5 & 2 \end{pmatrix} \begin{pmatrix} 10 \\ 20 \end{pmatrix} = \begin{pmatrix} 5 \cdot 10 + 1 \cdot 20 \\ 4 \cdot 10 + 2 \cdot 20 \\ 5 \cdot 10 + 2 \cdot 20 \end{pmatrix} = \begin{pmatrix} 70 \\ 80 \\ 90 \end{pmatrix}$$

geben die Kaufpreise für den gesamten Einkauf (10 Äpfel der Sorte 1 und 20 Äpfel der Sorte 2) bei Anbieter 1, 2 bzw. 3 an. Anbieter 1 ist also in diesem Fall am günstigsten.

4. a) falsch; zum Beispiel ist die Matrix $\begin{pmatrix} 0 & 3 \\ 0 & 0 \end{pmatrix}$ nicht invertierbar.

   b) richtig   c) richtig

5. a) $AB = \operatorname{diag}(a_1 b_1, \ldots, a_n b_n)$

   b) $A^{-1} = \operatorname{diag}(a_1^{-1}, \ldots, a_n^{-1})$, falls $a_j \neq 0$ für alle j

6. In keinem Fall; nur quadratische Matrizen können invertierbar sein.

7. a) richtig

   b) im Allgemeinen falsch; die Beziehung ist nur für Matrizen richtig, für die $AB = BA$ gilt.

8. Nein. Im Allgemeinen ist das nur möglich, wenn A invertierbar ist.

Lösungen zu Abschnitt 10.3

1. ja
2. richtig; denn diese Bilder sind ja gerade die Spalten der zugehörigen Matrix.
3. a) Das Vorzeichen der x_1-Koordinate wird geändert. Das entspricht geometrisch einer Spiegelung an der x_2-Achse.

   b) Die beiden Koordinaten werden vertauscht. Das entspricht einer Spiegelung an der Geraden $x_1 = x_2$.
4. falsch; die Umkehrabbildung ist $F^{-1}(\mathbf{x}) = B^{-1} A^{-1} \mathbf{x}$.

10.6 Übungen

Aufwärmübungen

1. Gegeben sind die Matrizen (mit reellen Elementen)

$$A = \begin{pmatrix} -1 & 7 \\ 0 & 4 \end{pmatrix}, \quad B = \begin{pmatrix} 2 & 3 \\ 1 & 5 \end{pmatrix}, \quad C = \begin{pmatrix} 2 & 3 & 0 \\ 1 & 4 & 3 \end{pmatrix}$$

   Berechnen Sie (wenn möglich) und verwenden Sie dabei Rechenregeln, um den Aufwand zu verkleinern:
   a) $A + B$ b) $A + 3\mathbb{I}_2$ c) $\frac{1}{2}B + \frac{3}{2}B$ d) $3A + 3B$
   e) AC f) CA g) $A\mathbb{I}_2$ h) $A^T + B^T$
   i) $2(B^T)$ j) $C^T A^T$ k) $A(2C)$

2. Vereinfachen Sie den Ausdruck $(AB)^T (B^T A)^{-1}$ unter der Annahme, dass A symmetrisch ist.

3. Schreiben Sie das Gleichungssystem $2x_1 + 3x_2 + x_3 = 4$, $5x_1 - x_2 + 3x_3 = 0$, $2x_1 - x_2 = 7$ in der Form $A\mathbf{x} = \mathbf{b}$.

4. Ist die folgende Abbildung linear? Geben Sie in diesem Fall die zugehörige Matrix A mit $F(\mathbf{x}) = A\mathbf{x}$ an:

$$\text{a) } F : \mathbb{R}^3 \to \mathbb{R}^2, \qquad F(\begin{pmatrix} x_1 \\ x_2 \\ x_3 \end{pmatrix}) = \begin{pmatrix} 3x_1 + x_2 \\ x_2 - x_3 \end{pmatrix}$$

$$\text{b) } F : \mathbb{R}^2 \to \mathbb{R}^2, \qquad F(\begin{pmatrix} x_1 \\ x_2 \end{pmatrix}) = \begin{pmatrix} x_1 + 5 \\ x_1 + x_2 \end{pmatrix}$$

5. Ist die Abbildung $F : \mathbb{R}^2 \to \mathbb{R}^2$ linear? Finden Sie die Antwort, indem Sie die Eigenschaften von linearen Abbildungen aus Definition 10.21 überprüfen:

$$\text{a) } F(\begin{pmatrix} x_1 \\ x_2 \end{pmatrix}) = \begin{pmatrix} x_1 \\ -x_2 \end{pmatrix} \qquad \text{b) } F(\begin{pmatrix} x_1 \\ x_2 \end{pmatrix}) = \begin{pmatrix} 1 \\ x_2 \end{pmatrix}$$

6. Berechnen Sie, wenn möglich, die inverse Matrix von

$$\text{a) } A = \begin{pmatrix} 5 & 3 \\ 2 & -1 \end{pmatrix} \qquad \text{b) } A = \begin{pmatrix} 1 & 3 \\ 2 & 6 \end{pmatrix}.$$

7. Zeigen Sie durch Ausmultiplizieren, dass „Matrix mal Spaltenvektor = Linearkombination der Spalten der Matrix mit den Elementen des Spaltenvektors als Koeffizienten", also dass:

$$\begin{pmatrix} a_{11} & a_{12} & a_{13} \\ a_{21} & a_{22} & a_{23} \\ a_{31} & a_{32} & a_{33} \end{pmatrix} \begin{pmatrix} x_1 \\ x_2 \\ x_3 \end{pmatrix} = x_1 \begin{pmatrix} a_{11} \\ a_{21} \\ a_{31} \end{pmatrix} + x_2 \begin{pmatrix} a_{12} \\ a_{22} \\ a_{32} \end{pmatrix} + x_3 \begin{pmatrix} a_{13} \\ a_{23} \\ a_{33} \end{pmatrix}.$$

8. Finden Sie durch Probieren
   a) eine 2×2-Matrix $A \neq \mathbf{0}$ mit der Eigenschaft, dass $A^2 = \mathbf{0}$.
   b) eine 2×2-Matrix $A \neq \mathbb{I}_2$ mit der Eigenschaft, dass $A^2 = \mathbb{I}_2$.

Weiterführende Aufgaben

1. Gegeben sind die Matrizen

$$A = \begin{pmatrix} 2 & 4 & -1 \\ 1 & 3 & 5 \\ 0 & -2 & 5 \end{pmatrix}, \quad B = \begin{pmatrix} 2 & 0 & 1 \\ 0 & 4 & -3 \end{pmatrix} \quad C = \begin{pmatrix} 2 & 0 & 1 \end{pmatrix}.$$

Berechnen Sie, falls definiert: AB, BA, AC, CA, BC, CB, A^2, B^2, C^2, AB^T, $B^T A$, BC^T, $C^T B$.

2. Gegeben sind die invertierbaren Matrizen

$$A = \begin{pmatrix} 2 & 4 \\ 1 & 3 \end{pmatrix}, \quad C = \begin{pmatrix} 2 & 0 \\ 0 & 4 \end{pmatrix}.$$

Berechnen Sie: A^{-1}, C^{-1}, $(2A)^{-1}$, $(A^T)^{-1}$, $(AC)^{-1}$. Verwenden Sie, wenn möglich, Rechenregeln, um den Aufwand zu verkleinern.

3. Lösen Sie die beiden Gleichungssysteme mithilfe der Inversen der Koeffizienten-matrix (siehe Aufgabe 2):

$$\begin{pmatrix} 2 & 4 \\ 1 & 3 \end{pmatrix} \begin{pmatrix} x \\ y \end{pmatrix} = \begin{pmatrix} 2 \\ 3 \end{pmatrix} \quad \text{und} \quad \begin{pmatrix} 2 & 4 \\ 1 & 3 \end{pmatrix} \begin{pmatrix} x \\ y \end{pmatrix} = \begin{pmatrix} 6 \\ 1 \end{pmatrix}$$

4. a) Sind die Matrizen (reelle Koeffizienten) linear unabhängig?

$$A_1 = \begin{pmatrix} 1 & 1 \\ 0 & 0 \end{pmatrix}, \quad A_2 = \begin{pmatrix} 0 & 0 \\ 1 & 0 \end{pmatrix}, \quad A_3 = \begin{pmatrix} 1 & 0 \\ 0 & 1 \end{pmatrix}, \quad A_4 = \begin{pmatrix} 1 & 0 \\ 0 & 0 \end{pmatrix}.$$

b) Kann

$$\begin{pmatrix} 2 & 3 \\ 4 & 0 \end{pmatrix}$$

als Linearkombination der Matrizen A_1, A_2, A_3, A_4 geschrieben werden?

5. **Markov-Prozess**: In einer Stadt gibt es 4000 verheiratete Männer und 1000 unverheiratete Männer. Angenommen, 20% der ledigen Männer heiraten jedes Jahr, und 10% der verheirateten Männer werden jährlich geschieden. Nehmen wir weiters an, dass die Gesamtanzahl der Männer gleich bleibt. Beschreiben Sie diese Situation in der Form

$$\begin{pmatrix} y_1 \\ y_2 \end{pmatrix} = A \begin{pmatrix} x_1 \\ x_2 \end{pmatrix},$$

wobei x_1 die Anzahl der verheirateten Männer und x_2 die Anzahl der ledigen Männer zu einem bestimmten Zeitpunkt ist, und y_1 bzw. y_2 die entsprechende Anzahl ein Jahr später. Berechnen Sie die Anzahl der verheirateten/ledigen Männer nach einem, zwei und drei Jahren. Was passiert nach zehn, zwanzig, dreißig Jahren? ($\rightarrow$CAS)

6. Ist die Abbildung linear? Begründen Sie und geben Sie ggf. die zugehörige Matrix an!
a) $F : \mathbb{R}^2 \to \mathbb{R}^3$ mit

$$F(\begin{pmatrix} x_1 \\ x_2 \end{pmatrix}) = \begin{pmatrix} x_1 \\ x_2 \\ x_1 + x_2 \end{pmatrix}$$

b) $F : \mathbb{R}^2 \to \mathbb{R}^3$ mit

$$F(\begin{pmatrix} x_1 \\ x_2 \end{pmatrix}) = \begin{pmatrix} x_1 \\ x_2 \\ x_1 \cdot x_2 \end{pmatrix}$$

c) $F : \mathbb{R}^2 \to \mathbb{R}^2$ mit

$$F(\begin{pmatrix} x_1 \\ x_2 \end{pmatrix}) = \begin{pmatrix} 2 \\ -x_2 \end{pmatrix}$$

7. Gegeben ist ein Quadrat mit den Eckpunkten $P = (0,0)$, $Q = (1,0)$, $R = (1,1)$, $S = (0,1)$.
a) Drehen Sie das Quadrat um 45° gegen den Uhrzeigersinn. (Tipp: Berechnen Sie dazu die Drehmatrix A der Drehung um 45° und berechnen Sie mit ihr die

Koordinaten der Eckpunkte P_1, Q_1, R_1, S_1 des gedrehten Quadrates.)

b) Strecken Sie das gedrehte Quadrat P_1, Q_1, R_1, S_1 nun in x_1-Richtung um den Faktor 2 (wieder mithilfe einer Matrix B).

c) Wenden Sie diese beiden Operationen nun in umgekehrter Reihenfolge auf das ursprüngliche Quadrat an P, Q, R, S. Ist das Endergebnis dasselbe?

d) Wie sieht die Matrix der Transformation aus, die zuerst dreht und dann streckt (also a) und b) in einem durchführt) bzw. der Transformation, die zuerst streckt und dann dreht?

8. Berechnen Sie das Produkt AB, wobei

$$A = \begin{pmatrix} \cos(\alpha) & -\sin(\alpha) \\ \sin(\alpha) & \cos(\alpha) \end{pmatrix}, \qquad B = \begin{pmatrix} \cos(\beta) & -\sin(\beta) \\ \sin(\beta) & \cos(\beta) \end{pmatrix}$$

die Drehmatrizen um den Winkel α bzw. β sind. Welche geometrische Interpretation hat AB? Tipp: Vereinfachen Sie mithilfe der Additionstheoreme für Sinus und Kosinus:

$$\begin{aligned} \cos(\alpha \pm \beta) &= \cos(\alpha)\cos(\beta) \mp \sin(\alpha)\sin(\beta) \\ \sin(\alpha \pm \beta) &= \sin(\alpha)\cos(\beta) \pm \cos(\alpha)\sin(\beta). \end{aligned}$$

9. Geben Sie die lineare Abbildung $F : \mathbb{R}^2 \to \mathbb{R}^2$ an, mit

$$F(\begin{pmatrix} 1 \\ 2 \end{pmatrix}) = \begin{pmatrix} -2 \\ 8 \end{pmatrix} \quad \text{und} \quad F(\begin{pmatrix} 3 \\ 1 \end{pmatrix}) = \begin{pmatrix} 9 \\ -1 \end{pmatrix}.$$

10. Auf dem Vektorraum der Polynome vom Grad ≤ 2 ist der Ableitungsoperator definiert durch

$$D(k_0 + k_1 x + k_2 x^2) = k_1 + 2k_2 x.$$

Zeigen Sie, dass D eine lineare Abbildung ist, indem Sie die Matrix von D in der Basis $p_0(x) = 1$, $p_1(x) = x$, $p_2(x) = x^2$ angeben.

11. **Inzidenzmatrix:** Matrizen können verwendet werden, um Verbindungen (zum Beispiel in elektrischen Netzwerken, in Straßennetzen, in Produktionsabläufen, usw.) zu beschreiben. Abbildung 10.5 zeigt ein elektrisches Netzwerk, das aus 4 Knoten und 5 Kanten besteht. Knoten und Kanten werden beliebig durchnummeriert. (Der Referenzknoten, der geerdet ist, wird dabei nicht mit einer

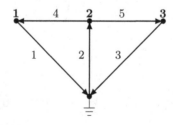

Abbildung 10.5. Elektrisches Netzwerk

Nummer versehen). Dann kann das Netzwerk durch seine so genannte Inzidenz-matrix beschrieben werden, deren Elemente gegeben sind durch:

$$a_{ik} = \begin{cases} +1, & \text{wenn von Knoten } i \text{ die Kante } k \text{ ausgeht} \\ -1, & \text{wenn in Knoten } i \text{ die Kante } k \text{ einmündet} \\ 0, & \text{wenn Knoten } i \text{ und Kante } k \text{ einander nicht berühren} \end{cases}$$

Geben Sie die Inzidenzmatrix des Netzwerks aus Abbildung 10.5 an.

Lösungen zu den Aufwärmübungen

1. a) $\begin{pmatrix} 1 & 10 \\ 1 & 9 \end{pmatrix}$ b) $\begin{pmatrix} 2 & 7 \\ 0 & 7 \end{pmatrix}$ c) $2B$ d) $3(A+B)$

   e) $\begin{pmatrix} 5 & 25 & 21 \\ 4 & 16 & 12 \end{pmatrix}$ f) nicht definiert   g) A h) $(A+B)^T$

   i) $(2B)^T$ j) $(AC)^T$ k) $2(AC)$

2. $(AB)^T(B^TA)^{-1} = B^TA^TA^{-1}(B^T)^{-1} = B^TAA^{-1}(B^T)^{-1} = B^T\mathbb{I}(B^T)^{-1} = B^T(B^T)^{-1} = \mathbb{I}$. Hier haben wir Satz 10.12 und Satz 10.20 verwendet, und dass $A = A^T$.

3.

$$\begin{pmatrix} 2 & 3 & 1 \\ 5 & -1 & 3 \\ 2 & -1 & 0 \end{pmatrix} \begin{pmatrix} x_1 \\ x_2 \\ x_3 \end{pmatrix} = \begin{pmatrix} 4 \\ 0 \\ 7 \end{pmatrix}.$$

4. a) linear, da sie die in Satz 10.23 angegebene Form hat; für $\mathbf{e}_1, \mathbf{e}_2, \mathbf{e}_3 \in \mathbb{R}^3$ folgt: $F(\mathbf{e}_1) = (3,0)$, $F(\mathbf{e}_2) = (1,1)$, $F(\mathbf{e}_3) = (0,-1)$, daher

$$A = \begin{pmatrix} 3 & 1 & 0 \\ 0 & 1 & -1 \end{pmatrix}.$$

   b) nicht linear, da sie nicht die in Satz 10.23 angegebene Form hat.

5. a) ja; denn für zwei beliebige Vektoren $\mathbf{a} = (a_1, a_2)$, $\mathbf{b} = (b_1, b_2)$ und eine belie-bige reelle Zahl k gilt:

$$\begin{aligned} F(\mathbf{a}+\mathbf{b}) &= F\left(\begin{pmatrix} a_1 + b_1 \\ a_2 + b_2 \end{pmatrix}\right) = \begin{pmatrix} a_1 + b_1 \\ -(a_2 + b_2) \end{pmatrix} = \begin{pmatrix} a_1 + b_1 \\ -a_2 - b_2 \end{pmatrix} \\ &= \begin{pmatrix} a_1 \\ -a_2 \end{pmatrix} + \begin{pmatrix} b_1 \\ -b_2 \end{pmatrix} = F(\mathbf{a}) + F(\mathbf{b}) \\ F(k\mathbf{a}) &= \begin{pmatrix} ka_1 \\ -(ka_2) \end{pmatrix} = k\begin{pmatrix} a_1 \\ -a_2 \end{pmatrix} = kF(\mathbf{a}) \end{aligned}$$

   b) nein, da bereits die Eigenschaft $F(\mathbf{a}+\mathbf{b}) = F(\mathbf{a}) + F(\mathbf{b})$ nicht erfüllt ist:

$$\begin{aligned} F(\mathbf{a}+\mathbf{b}) &= F\left(\begin{pmatrix} a_1 + b_1 \\ a_2 + b_2 \end{pmatrix}\right) = \begin{pmatrix} 1 \\ a_2 + b_2 \end{pmatrix} \\ F(\mathbf{a}) + F(\mathbf{b}) &= \begin{pmatrix} 1 \\ a_2 \end{pmatrix} + \begin{pmatrix} 1 \\ b_2 \end{pmatrix} = \begin{pmatrix} 2 \\ a_2 + b_2 \end{pmatrix} \end{aligned}$$

6. a) Aus

$$\begin{pmatrix} 5 & 3 \\ 2 & -1 \end{pmatrix} \begin{pmatrix} b_{11} & b_{12} \\ b_{21} & b_{22} \end{pmatrix} = \begin{pmatrix} 5b_{11} + 3b_{21} & 5b_{12} + 3b_{22} \\ 2b_{11} - b_{21} & 2b_{12} - b_{22} \end{pmatrix} = \begin{pmatrix} 1 & 0 \\ 0 & 1 \end{pmatrix}$$

folgt

$$A^{-1} = \frac{1}{11} \begin{pmatrix} 1 & 3 \\ 2 & -5 \end{pmatrix}.$$

b) A ist nicht invertierbar, denn die Gleichungen

$$\begin{pmatrix} 1 & 3 \\ 2 & 6 \end{pmatrix} \begin{pmatrix} b_{11} & b_{12} \\ b_{21} & b_{22} \end{pmatrix} = \begin{pmatrix} b_{11} + 3b_{21} & b_{12} + 3b_{22} \\ 2b_{11} + 6b_{21} & 2b_{12} + 6b_{22} \end{pmatrix} = \begin{pmatrix} 1 & 0 \\ 0 & 1 \end{pmatrix}$$

führen auf einen Widerspruch.

7.

$$\begin{pmatrix} a_{11} & a_{12} & a_{13} \\ a_{21} & a_{22} & a_{23} \\ a_{31} & a_{32} & a_{33} \end{pmatrix} \begin{pmatrix} x_1 \\ x_2 \\ x_3 \end{pmatrix} = \begin{pmatrix} a_{11}x_1 + a_{12}x_2 + a_{13}x_3 \\ a_{21}x_1 + a_{22}x_2 + a_{23}x_3 \\ a_{31}x_1 + a_{32}x_2 + a_{33}x_3 \end{pmatrix} =$$

$$= x_1 \begin{pmatrix} a_{11} \\ a_{21} \\ a_{31} \end{pmatrix} + x_2 \begin{pmatrix} a_{12} \\ a_{22} \\ a_{32} \end{pmatrix} + x_3 \begin{pmatrix} a_{13} \\ a_{23} \\ a_{33} \end{pmatrix}.$$

8. a) zum Beispiel $A = \begin{pmatrix} 0 & 1 \\ 0 & 0 \end{pmatrix}$;   b) zum Beispiel $A = \begin{pmatrix} -1 & 0 \\ 0 & -1 \end{pmatrix}$ oder $A = \begin{pmatrix} 0 & 1 \\ 1 & 0 \end{pmatrix}.$

(Lösungen zu den weiterführenden Aufgaben finden Sie in Abschnitt B.10)

11

Lineare Gleichungen

11.1 Der Gauß-Jordan-Algorithmus

Definition 11.1 Ein **lineares Gleichungssystem** aus m Gleichungen mit n Unbekannten $x_1, x_2, \ldots, x_n$ hat die Form

$$
\begin{aligned}
a_{11}x_1 + a_{12}x_2 + \cdots + a_{1n}x_n &= b_1 \\
a_{21}x_1 + a_{22}x_2 + \cdots + a_{2n}x_n &= b_2 \\
&\;\;\vdots \\
a_{m1}x_1 + a_{m2}x_2 + \cdots + a_{mn}x_n &= b_m
\end{aligned}
$$

Dabei sind die a_{ij} und b_i gegebene Zahlen eines beliebigen Körpers $\mathbb{K}$. Die a_{ij} heißen die **Koeffizienten** des Gleichungssystems. Sind alle b_i gleich null, so heißt das Gleichungssystem **homogen**, andernfalls **inhomogen**. Man spricht auch kurz von einem linearen (m, n)- (bzw. $m \times n$) Gleichungssystem über dem Körper $\mathbb{K}$.

Das Gleichungssystem zu lösen bedeutet, Zahlen $x_1, \ldots, x_n \in \mathbb{K}$ zu finden, die alle m Gleichungen erfüllen. Ein solches n-Tupel heißt **Lösung des Gleichungssystems**.

Wir werden im Folgenden, wenn nichts anderes gesagt wird, lineare Gleichungssysteme über dem Körper $\mathbb{R}$ (d.h., mit reellen Koeffizienten bzw. reellen Lösungen) betrachten. Gleichungssysteme mit Koeffizienten aus einem beliebigen anderen Körper $\mathbb{K}$ können aber völlig analog behandelt werden; wo es Unterschiede gibt, werden wir darauf hinweisen. Gleichungssysteme mit zugrunde liegendem Körper $\mathbb{Z}_2$ sind zum Beispiel von zentraler Bedeutung in der Codierungstheorie.

Beispiel 11.2 Lineares Gleichungssystem
Handelt es sich um ein lineares Gleichungssystem? Wenn ja, ist es homogen oder inhomogen?

a)
$$
\begin{aligned}
\sqrt{3}x + z &= 0 \\
2x + 3y - 5z &= 0 \\
4x - 9y &= 0
\end{aligned}
$$

b)
$$
\begin{aligned}
2x_1 + 3x_2 - 5x_3 + 4 &= 0 \\
3x_1 - 9x_2 + x_3 &= 0
\end{aligned}
$$

c)
$$
\begin{aligned}
x\,y + 2y &= 3 \\
3x - 9y &= 1
\end{aligned}
$$

Lösung zu 11.2

a) lineares Gleichungssystem, homogen

b) lineares Gleichungssystem, inhomogen (da $b_1 = -4 \neq 0$)

c) kein *lineares* Gleichungssystem   ∎

Wir haben schon in Kapitel 10 gesehen, dass ein lineares (m, n)-Gleichungssystem mithilfe von Matrizen geschrieben werden kann:

$$A\mathbf{x} = \mathbf{b}$$

Dabei heißt die (m, n)-Matrix $A = (a_{ij})$ die **Koeffizientenmatrix**, der Spaltenvektor $\mathbf{x} = (x_1, \ldots, x_n)$ enthält die Unbekannten, und $\mathbf{b} = (b_1, \ldots, b_m)$ heißt **inhomogener Vektor**. Die einzelnen Zeilen der Matrix A entsprechen also den einzelnen Gleichungen, die Spalten von A gehören zu den einzelnen Unbekannten. Das Gleichungssystem in Beispiel 11.2 b) lautet in dieser Schreibweise:

$$\begin{pmatrix} 2 & 3 & -5 \\ 3 & -9 & 1 \end{pmatrix} \begin{pmatrix} x_1 \\ x_2 \\ x_3 \end{pmatrix} = \begin{pmatrix} -4 \\ 0 \end{pmatrix}.$$

Wie viele Lösungen kann ein lineares Gleichungssystem haben? Sehen wir uns ein paar ganz einfache Gleichungssysteme an:

Beispiel 11.3 Lösung eines linearen Gleichungssystems
Finden Sie alle Lösungen von

a)
$$\begin{aligned} x + y &= 2 \\ x - y &= 0 \end{aligned}$$

b)
$$\begin{aligned} x + y &= 2 \\ x + y &= 0 \end{aligned}$$

c)
$$\begin{aligned} x + y &= 2 \\ 3x + 3y &= 6 \end{aligned}$$

Lösung zu 11.3

a) Aus der zweiten Gleichung folgt $y = x$, damit liefert die erste Gleichung $2x = 2$. Die einzige Lösung des Gleichungssystems ist also $x = 1$, $y = 1$.

b) Nun folgt aus der zweiten Gleichung $y = -x$; setzen wir das in die erste Gleichung ein, so folgt $0 = 2$, was ein Widerspruch ist. Dieses Gleichungssystem besitzt daher keine Lösung.

c) Aus der ersten Gleichung folgt $y = 2 - x$; dies in die zweite Gleichung eingesetzt gibt $3x + 3(2 - x) = 6$ bzw. $6 = 6$; damit haben wir beide Gleichungen „verwertet", aber nur eine Bedingung, nämlich $y = 2 - x$, erhalten. Wir können daher zum Beispiel x beliebig wählen, und *alle* Lösungen folgendermaßen angeben:

$$\begin{pmatrix} x \\ y \end{pmatrix} = \begin{pmatrix} t \\ 2 - t \end{pmatrix}, \text{ mit } t \in \mathbb{R}.$$
     ∎

Ein Gleichungssystem, das so wie das System in Beispiel 11.3 a) eine *einzige* Lösung besitzt, nennt man **eindeutig lösbar**. Wenn es keine Lösung besitzt, so wie das System in Beispiel 11.3 b), dann sagt man auch, das System ist **nicht lösbar**.

Allgemein gilt:

Satz 11.4 Ein *inhomogenes* lineares Gleichungssystem über $\mathbb{K} = \mathbb{R}$ (oder $\mathbb{K} = \mathbb{C}$) hat **keine, genau eine** oder **unendlich viele Lösungen.**

Die unendlich vielen Lösungen kommen dadurch zustande, dass eine oder mehrere Unbekannte frei gewählt werden können. Diese frei wählbaren Unbekannten heißen auch **Parameter** der Lösung. Da es in $\mathbb{R}$ unendlich viele Zahlen zur Wahl gibt, ergeben sich dementsprechend unendlich viele Lösungen.

Im Fall eines *endlichen* Körpers, z.B. $\mathbb{Z}_2$, ist die Situation anders: Es kann keine, genau eine, oder endlich viele Lösungen geben.

Warum es nur diese Möglichkeiten gibt, kann man sich geometrisch im reellen Fall für ein System von zwei Gleichungen in zwei Unbekannten veranschaulichen. Eine lineare Gleichung in zwei Unbekannten, zum Beispiel $x + y = 2$, stellt ja eine Gerade dar. Somit sind zwei Gleichungen in zwei Unbekannten die Gleichungen von zwei Geraden. Eine Lösung des Gleichungssystems ist ein Punkt (x, y), der auf beiden Geraden liegt.

Nun gibt es für die Lage von zwei Geraden in der Ebene nur drei Möglichkeiten: Sie können sich in genau einem Punkt schneiden (das Gleichungssystem hat dann eine eindeutige Lösung), sie können parallel sein (die Geraden haben keine gemeinsamen Punkte, das Gleichungssystem hat daher keine Lösung) oder sie können zusammenfallen (die Geraden haben unendlich viele gemeinsame Punkte, das Gleichungssystem hat unendlich viele Lösungen). Abbildung 11.1 zeigt die Geraden, die durch die Gleichungssysteme in Beispiel 11.3 gegeben sind.

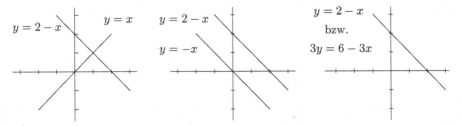

Abbildung 11.1. Zwei lineare Gleichungen in zwei Unbekannten entsprechen geometrisch zwei Geraden in der Ebene

Ein *homogenes* lineares Gleichungssystem hat immer zumindest eine Lösung, nämlich $x_1 = x_2 = \ldots = x_n = 0$. Man nennt diese Lösung die **triviale Lösung**.

Ein homogenes reelles System aus zwei Gleichungen in zwei Unbekannten stellt zwei Geraden dar, die beide durch den Ursprung gehen. Sie können sich entweder nur im Punkt $(0,0)$ schneiden oder überhaupt zusammenfallen.

Wir wissen also nun, welche Möglichkeiten es für die Anzahl der Lösungen eines linearen Gleichungssystems gibt. Meist können wir einem gegebenen Gleichungssystem $A\mathbf{x} = \mathbf{b}$ zu Beginn noch nicht ansehen, ob es Lösungen gibt. Wenn das Gleichungssystem nun aus wenigen Gleichungen mit wenigen Unbekannten besteht, dann können wir es ohne Probleme mit der Hand lösen. Ist aber die Anzahl der Gleichungen und der Unbekannten groß, so werden Umformungen zur Lösung des Systems schnell unübersichtlich, wenn man dabei nicht ganz systematisch vorgeht.

Ein Standard-Algorithmus zur Lösung eines linearen Gleichungssystems ist der **Gauß-Jordan-Algorithmus.**

Der Mathematiker Carl Friedrich Gauß (1777–1855) hat einen Algorithmus entwickelt, mit dem man ein lineares Gleichungssystem systematisch lösen kann. Dieses so genannt Gauß'sche Eliminationsverfahren wurde vom Mathematiker Wilhelm Jordan (1882–1899) erweitert.

Er bringt durch systematische Elimination (= Entfernung) von Unbekannten ein beliebiges lineares Gleichungssystem auf eine einfache Endform, von der man die Lösungen ablesen kann. Der Algorithmus verwendet dazu folgende Umformungen:

a) Vertauschen von zwei Gleichungen,
b) Multiplikation einer Gleichung mit einer Zahl ungleich 0,
c) Addition des Vielfachen einer Gleichung zu einer anderen Gleichung.

Alle diese Umformungen sind **Äquivalenzumformungen**, d.h. Umformungen, die die Lösungen des Gleichungssystems nicht verändern.

zu a) Es ist klar, dass es keinen Unterschied macht, in welcher Reihenfolge wir die Gleichungen anschreiben. Wenn wir – so wie es gleich geschehen wird – anstelle des Gleichungssystems nur noch eine Matrix anschreiben, dann bedeutet diese Umformung, dass man ohne weiteres zwei Zeilen der Matrix vertauschen kann.

zu b) Man darf eine Gleichung nur mit einer Zahl *ungleich* 0 multiplizieren, da bei einer Multiplikation mit 0 die Gleichung verschwinden würde und damit im Allgemeinen eine Bedingung an die Unbekannten verloren geht.

zu c) Das schließt auch (wenn das Vielfache gleich 1 oder −1 ist) den Fall ein, eine Gleichung zu einer anderen zu addieren oder zwei Gleichungen voneinander zu subtrahieren.

Sehen wir uns den Gauß-Jordan-Algorithmus gleich anhand eines Beispiels an. Wir gehen vom Gleichungssystem

$$\begin{aligned} x_1 - x_2 - x_3 &= 0 \\ -x_1 - 3x_3 &= -11 \\ 4x_1 - x_2 + 2x_3 &= 15 \end{aligned}$$

aus. Da ein Gleichungssystem $A\mathbf{x} = \mathbf{b}$ eindeutig durch seine Koeffizientenmatrix A und den inhomogenen Vektor $\mathbf{b}$ bestimmt ist, können wir die gesamte Information, die im Gleichungssystem steckt, in der so genannten **erweiterten Koeffizientenmatrix**

$$\left(\begin{array}{ccc|c} 1 & -1 & -1 & 0 \\ -1 & 0 & -3 & -11 \\ 4 & -1 & 2 & 15 \end{array} \right)$$

zusammenfassen. Sie wird kurz als $(A\,|\,\mathbf{b})$ geschrieben. In einer Zeile steht also die Information einer Gleichung. Jede Spalte gehört zu einer Unbekannten, in der letzten Spalte stehen die b_i.

Wenn wir die Lösungsmenge unseres Gleichungssystems nicht verändern wollen, dann sind, wie wir uns gerade überlegt haben, für die erweiterte Koeffizientenmatrix folgende **elementare Zeilenumformungen** erlaubt:

a) Vertauschen von zwei Zeilen,
b) Multiplikation einer Zeile mit einer Zahl (ungleich 0),
c) Addition des Vielfachen einer Zeile zu einer anderen Zeile.

Analog kann man auch **elementare Spaltenumformungen** definieren, die wir später noch verwenden werden.

Um zu sehen, wie Gleichungssystem und erweiterte Koeffizientenmatrix einander entsprechen, schreiben wir für die einzelnen Schritte beides nebeneinander:

- **Schritt 1: Elimination von x_1:** Wir verwenden Gleichung 1, um aus den übrigen Gleichungen die Unbekannte x_1 zu entfernen. Dabei passiert folgendes:
  – Gleichung 1 wird unverändert angeschrieben.
  – Zu Gleichung 2 addieren wir Gleichung 1.
  – Zu Gleichung 3 addieren wir das (-4)-fache der Gleichung 1.
  Das Ergebnis ist:

$$\begin{array}{rcl} x_1 - x_2 - x_3 &=& 0 \\ -x_2 - 4x_3 &=& -11 \\ 3x_2 + 6x_3 &=& 15 \end{array} \qquad \left(\begin{array}{ccc|c} 1 & -1 & -1 & 0 \\ 0 & -1 & -4 & -11 \\ 0 & 3 & 6 & 15 \end{array} \right)$$

Nun kommt x_1 nur mehr in der ersten Gleichung vor.
Bemerkung: Das gleiche Ergebnis erhalten wir, wenn wir die erste Gleichung nach x_1 auflösen und dann in den anderen beiden Gleichungen für x_1 das Ergebnis substituieren.

- **Schritt 2: Elimination von x_2:** Nun verwenden wir Gleichung 2, um aus den übrigen Gleichungen die Unbekannte x_2 zu eliminieren (würde x_2 in Gleichung 2 nicht vorkommen, dann müssten wir zwei Gleichungen vertauschen, sodass in der neuen zweiten Gleichung x_2 vorkommt):
  – Gleichung 2 wird mit (-1) multipliziert, damit der Koeffizient von x_2 gleich 1 ist. Die neue Gleichung 2, mit der wir ab nun weiterarbeiten, ist: $x_2 + 4x_3 = 11$.
  – Zu Gleichung 1 addieren wir (die neue) Gleichung 2.
  – Zu Gleichung 3 addieren wir das (-3)-fache der (neuen) Gleichung 2.
  Ergebnis:

$$\begin{array}{rcl} x_1 + 3x_3 &=& 11 \\ x_2 + 4x_3 &=& 11 \\ -6x_3 &=& -18 \end{array} \qquad \left(\begin{array}{ccc|c} 1 & 0 & 3 & 11 \\ 0 & 1 & 4 & 11 \\ 0 & 0 & -6 & -18 \end{array} \right)$$

Nun kommt x_2 nur noch in Gleichung 2 vor.

- **Schritt 3: Elimination von x_3:** Nun verwenden wir Gleichung 3, um aus den übrigen Gleichungen die Unbekannte x_3 zu eliminieren:
  – Wir dividieren zunächst Gleichung 3 durch (-6), damit der Koeffizient von x_3 gleich 1 ist.
  – Zu Gleichung 2 addieren wir das (-4)-fache der neuen Gleichung 3.
  – Zu Gleichung 1 addieren wir das (-3)-fache der neuen Gleichung 3:

$$\begin{array}{rcl} x_1 &=& 2 \\ x_2 &=& -1 \\ x_3 &=& 3 \end{array} \qquad \left(\begin{array}{ccc|c} 1 & 0 & 0 & 2 \\ 0 & 1 & 0 & -1 \\ 0 & 0 & 1 & 3 \end{array} \right)$$

Das ist die einfache Endform, von der wir die Lösung unmittelbar aus der letzten Spalte der Matrix ablesen können.

Im obigen Beispiel hatte das Gleichungssystem eine eindeutige Lösung. Wie sieht nun die einfache Endform aus, wenn das System keine bzw. unendlich viele Lösungen hat? Sehen wir uns auch das anhand von Beispielen an:

Beispiel 11.5 ($\rightarrow$CAS) Gauß-Jordan-Algorithmus

Lösen Sie die folgenden Gleichungssysteme mithilfe des Gauß-Jordan-Algorithmus.

a)

$$\begin{aligned}
x_1 - x_2 + 7x_3 &= 6 \\
-x_1 + 4x_2 - 13x_3 &= 3 \\
2x_1 + x_2 + 8x_3 &= 17
\end{aligned}$$

b)

$$\begin{aligned}
x_2 + 3x_3 &= 2 \\
x_1 + 2x_2 + 5x_3 &= 0 \\
2x_1 + 5x_2 + 13x_3 &= 2
\end{aligned}$$

c)

$$\begin{aligned}
x_1 + 2x_2 - x_3 &= 3 \\
2x_1 + 4x_2 - 2x_3 &= 6 \\
-3x_1 - 6x_2 + 3x_3 &= -9
\end{aligned}$$

Lösung zu 11.5

a) Wir wenden den Gauß-Jordan-Algorithmus auf die erweiterte Koeffizientenmatrix an und erhalten die Endform:

$$\left(\begin{array}{ccc|c}
1 & 0 & 5 & 0 \\
0 & 1 & -2 & 0 \\
0 & 0 & 0 & 1
\end{array} \right)$$

Wenn wir diese Endform wieder als Gleichungssystem anschreiben, so ergibt sich

$$\begin{aligned}
x_1 + 5x_3 &= 0 \\
x_2 - 2x_3 &= 0 \\
0 &= 1.
\end{aligned}$$

Die letzte Zeile bedeutet einen Widerspruch, also besitzt das Gleichungssystem keine Lösung.

Die Endform kann hier vom verwendeten Softwarepaket abhängen, denn viele Programme führen den Gauß-Jordan-Algorithmus nicht zu Ende, sobald sie auf einen Widerspruch stoßen.

b) Der Gauß-Jordan-Algorithmus liefert:

$$\left(\begin{array}{ccc|c}
1 & 0 & -1 & -4 \\
0 & 1 & 3 & 2 \\
0 & 0 & 0 & 0
\end{array} \right)$$

Als Gleichungssystem geschrieben:

$$\begin{aligned}
x_1 - x_3 &= -4 \\
x_2 + 3x_3 &= 2 \\
0 &= 0.
\end{aligned}$$

Eine der Gleichungen hat sich also auf $0 = 0$ reduziert, damit geben nur zwei Gleichungen Bedingungen für die 3 Unbekannten. Wir können daher eine Unbekannte, zum Beispiel x_3, frei wählen und die übrigen beiden aus den zwei Bedingungen berechnen: $(x_1, x_2, x_3) = (-4 + t, 2 - 3t, t)$, $t \in \mathbb{R}$.

Wenn Sie versuchen, dieses Gleichungssystem mit dem Gauß-Jordan-Algorithmus mit der Hand zu lösen, dann müssen Sie als Erstes die Reihenfolge der Gleichungen vertauschen, damit Sie eine erste Gleichung erhalten, bei der der Koeffizient von x_1 ungleich 0 ist.

c) Anwendung des Gauß-Jordan-Algorithmus ergibt die Endform:

$$\left(\begin{array}{ccc|c}
1 & 2 & -1 & 3 \\
0 & 0 & 0 & 0 \\
0 & 0 & 0 & 0
\end{array} \right),$$

bzw., als Gleichungssystem geschrieben:

$$x_1 + 2x_2 - x_3 = 3$$
$$0 = 0$$
$$0 = 0.$$

Nun reduzieren sich also zwei Gleichungen auf $0 = 0$, wir haben daher nur eine Bedingung an die drei Unbekannten. Wir können deswegen zwei Unbekannte frei wählen, zum Beispiel $x_2 = u \in \mathbb{R}$ beliebig, und $x_3 = v \in \mathbb{R}$ beliebig, daraus folgt $x_1 = 3 - 2u + v$. Die unendlich vielen Lösungen haben also die Form $(x_1, x_2, x_3) = (3 - 2u + v, u, v)$. ∎

Die Endform des Gauß-Jordan-Algorithmus wird als *(reduzierte) Zeilenstufenform* bezeichnet:

Definition 11.6 Eine Matrix ist in **Zeilenstufenform**, falls

- das erste (von links) nicht-verschwindende Element in jeder Zeile gleich eins ist und
- die führende Eins in jeder Zeile rechts von der führenden Eins in der Zeile darüber steht.

Sie ist in **reduzierter Zeilenstufenform**, falls zusätzlich

- über jeder führenden Eins Nullen stehen.

Zusammenfassend können wir also festhalten: Um ein Gleichungssystem mit erweiterter Koeffizientenmatrix

$$\begin{pmatrix} a_{11} & a_{12} & \cdots & a_{1n} & b_1 \\ a_{21} & a_{22} & \cdots & a_{2n} & b_2 \\ \vdots & \vdots & \vdots & \vdots & \vdots \\ a_{m1} & a_{m2} & \cdots & a_{mn} & b_m \end{pmatrix}$$

zu lösen, kann man es mithilfe des Gauß-Jordan-Algorithmus auf die Zeilenstufenform

$$\begin{pmatrix} 1 & \cdots & & \cdots & & \cdots & \cdots & \tilde{b}_1 \\ 0 & \cdots & 1 & \cdots & & \cdots & \cdots & \tilde{b}_2 \\ 0 & \cdots & & 1 & \cdots & \cdots & \cdots & \vdots \\ 0 & \cdots & & & \ddots & \ddots & \ddots & \vdots \\ 0 & \cdots & & & 1 & \cdots & \cdots & \tilde{b}_r \\ 0 & \cdots & & & & & & \tilde{b}_{r+1} \\ 0 & \cdots & & & & & & \vdots \\ 0 & \cdots & & & & & & \tilde{b}_m \end{pmatrix}$$

bringen. Dabei ist in jeder der ersten r Zeilen das erste nicht-verschwindende Element gleich eins und unterhalb sind alle Koeffizienten null. Achtung: Diese führende Eins muss nicht das Diagonalelement c_{ii} sein! Die Diagonalelemente $c_{22}, \ldots, c_{rr}$ können also durchaus null sein.

Möchte man das vermeiden, so muss man zusätzlich noch *Spalten* vertauschen. Darüber muss man aber genau Buch führen, da man am Ende wissen muss, welche Spalte zu welcher Variablen gehört! (Denn eine Spaltenvertauschung entspricht einer Variablenvertauschung.)

Die Zahl r nennt man den **Rang des Gleichungssystems**. Die ersten r Gleichungen enthalten also alle Bedingungen an die Unbekannten, die im Gleichungssystem stecken. Wie wir gesehen haben, gibt es drei mögliche Fälle:

Satz 11.7 Ein lineares Gleichungssystem mit Rang r ist

- unlösbar, wenn eine der Zahlen $\tilde{b}_{r+1}, \ldots, \tilde{b}_m$ ungleich 0 ist, denn dann enthält diese Gleichung einen Widerspruch.
- lösbar, wenn $\tilde{b}_{r+1} = \ldots = \tilde{b}_m = 0$ oder wenn diese letzten $m - r$ Zeilen gar nicht auftreten, also wenn $r = m$. Dann gilt:
  - Ist $r = n$ (d.h., es gibt gleich viele Bedingungen wie Unbekannte), dann gibt es eine eindeutige Lösung.
  - Ist $r < n$ (d.h., es sind weniger Bedingungen als Unbekannte), dann kann man $n - r$ Unbekannte frei wählen.

Beispiel 11.5 a): Rang $r = 2$, $\tilde{b}_3 \neq 0$, das System war daher unlösbar.
Beispiel auf Seite 316: Hier ist Rang $r = m = 3 =$ Anzahl der Unbekannten, daher eindeutig lösbar.
Beispiel 11.5 b): $r = 2$, $\tilde{b}_3 = 0$, daher lösbar mit $n - r = 3 - 2 = 1$ frei wählbaren Unbekannten.
Beispiel 11.5 c): $r = 1$, $\tilde{b}_2 = \tilde{b}_3 = 0$, daher lösbar mit $n - r = 3 - 1 = 2$ Parametern.

Wenn man also ein Gleichungssystem auf diese Endform gebracht hat, dann ist ersichtlich, wie viele Bedingungen tatsächlich an die Unbekannten gestellt werden und ob sie erfüllbar sind. Wenn sich insbesondere einige der Gleichungen auf $0 = 0$ reduziert haben, dann haben sie Information (Bedingungen) enthalten, die bereits in anderen Gleichungen stecken.

Nun können wir auch die Inverse einer Matrix systematisch und effizient berechnen: Erinnern Sie sich, dass wir für die Berechnung der Inversen einer (n, n)-Matrix A insgesamt n Gleichungssysteme lösen müssen, deren rechte Seiten die Einheitsvektoren $\mathbf{e}_1, \ldots, \mathbf{e}_n$ sind (siehe Satz 10.18). Die Lösungen ergeben gerade die Spalten von A^{-1}. Da jedes dieser Gleichungssysteme *dieselbe* Koeffizientenmatrix A hat, können wir die Gleichungssysteme auf folgende Weise *simultan* lösen: Wir bilden eine erweiterte Koeffizientenmatrix $(A \,|\, \mathbf{e}_1, \ldots, \mathbf{e}_n)$, bzw. kurz geschrieben: $(A \,|\, \mathbb{I})$. Diese bringen wir mithilfe des Gauß-Jordan-Algorithmus auf reduzierte Zeilenstufenform, die dann $(\mathbb{I} \,|\, A^{-1})$ lautet. Das heißt, wir brauchen die inverse Matrix nur noch auf der rechten Seite abzulesen.

Beispiel 11.8 Inverse Matrix mithilfe des Gauß-Jordan-Algorithmus
Berechnen Sie die Inverse von

$$A = \begin{pmatrix} 1 & -1 & 0 \\ 0 & 2 & -1 \\ 3 & 4 & 1 \end{pmatrix}$$

Lösung zu 11.8 Wir bringen die erweiterte Koeffizientenmatrix $(A \,|\, \mathbb{I})$ mithilfe des Gauß-Jordan-Algorithmus auf die Form $(\mathbb{I} \,|\, A^{-1})$:

$$
\begin{pmatrix}
1 & -1 & 0 & 1 & 0 & 0 \\
0 & 2 & -1 & 0 & 1 & 0 \\
3 & 4 & 1 & 0 & 0 & 1
\end{pmatrix}
\xrightarrow{Z_3^* = Z_3 - 3Z_1}
\begin{pmatrix}
1 & -1 & 0 & 1 & 0 & 0 \\
0 & 2 & -1 & 0 & 1 & 0 \\
0 & 7 & 1 & -3 & 0 & 1
\end{pmatrix}
$$

$$
\xrightarrow{Z_2^* = \frac{1}{2}Z_2}
\begin{pmatrix}
1 & -1 & 0 & 1 & 0 & 0 \\
0 & 1 & -\frac{1}{2} & 0 & \frac{1}{2} & 0 \\
0 & 7 & 1 & -3 & 0 & 1
\end{pmatrix}
\xrightarrow[Z_3^* = Z_3 - 7Z_2]{Z_1^* = Z_1 + Z_2}
\begin{pmatrix}
1 & 0 & -\frac{1}{2} & 1 & \frac{1}{2} & 0 \\
0 & 1 & -\frac{1}{2} & 0 & \frac{1}{2} & 0 \\
0 & 0 & \frac{9}{2} & -3 & -\frac{7}{2} & 1
\end{pmatrix}
$$

$$
\xrightarrow{Z_3^* = \frac{2}{9}Z_3}
\begin{pmatrix}
1 & 0 & -\frac{1}{2} & 1 & \frac{1}{2} & 0 \\
0 & 1 & -\frac{1}{2} & 0 & \frac{1}{2} & 0 \\
0 & 0 & 1 & -\frac{2}{3} & -\frac{7}{9} & \frac{2}{9}
\end{pmatrix}
\xrightarrow[Z_2^* = Z_2 + \frac{1}{2}Z_3]{Z_1^* = Z_1 + \frac{1}{2}Z_3}
\begin{pmatrix}
1 & 0 & 0 & \frac{2}{3} & \frac{1}{9} & \frac{1}{9} \\
0 & 1 & 0 & -\frac{1}{3} & \frac{1}{9} & \frac{1}{9} \\
0 & 0 & 1 & -\frac{2}{3} & -\frac{7}{9} & \frac{2}{9}
\end{pmatrix}
$$

(Zur Notation: Im ersten Schritt wurde z. B. die elementare Zeilenumformung „neue Zeile 3 = Zeile 3 - 3-mal Zeile 1" durchgeführt.) Somit ist

$$
A^{-1} = \frac{1}{9}
\begin{pmatrix}
6 & 1 & 1 \\
-3 & 1 & 1 \\
-6 & -7 & 2
\end{pmatrix}.
$$

■

11.1.1 Anwendung: Elektrische Netzwerke

Auch elektrische Netzwerke führen auf lineare Gleichungssysteme. Betrachten wir zum Beispiel die Parallelschaltung zweier Widerstände, die in Abbildung 11.2 dargestellt ist. Dann besagen die **Kirchhoff'schen Regeln**:

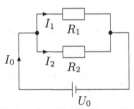

Abbildung 11.2. Elektrisches Netzwerk

- Die Summe aller Ströme, die in einen Knoten hineinführen, ist gleich der Summe aller Ströme, die aus dem Knoten herausführen.
- Die Summe aller Spannungsabfälle in einer Masche ist gleich der Summe aller Spannungsquellen.

Konkret bedeutet das für unser Netzwerk, dass in den linken Knoten der Strom I_0 hinein- und die Ströme I_1, I_2 herausfließen, also

$$
I_0 = I_1 + I_2.
$$

Die Richtung der Ströme kann dabei übrigens frei gewählt werden. Das Vorzeichen der Lösung sagt uns dann, ob unsere Wahl richtig war. Analog fließen in den rechten Knoten I_1, I_2 hinein und I_0 heraus, das liefert uns aber nichts Neues.

Nun zu den Maschen: Eine Masche ist zum Beispiel der Weg von der Spannungsquelle U_0 über den Widerstand R_1 zurück zur Spannungsquelle. Der Spannungsabfall an einem Widerstand ist nach dem **Ohm'schen Gesetz**

$$U = RI,$$

und wir erhalten damit für diese Masche

$$U_0 = R_1 I_1.$$

Analog für die Masche, bei der der Weg über den Widerstand R_2 führt:

$$U_0 = R_2 I_2.$$

Zuletzt gibt es noch die Masche von R_1 nach R_2 und wieder zurück nach R_1. Da es entlang dieses Weges keine Spannungsquellen gibt, ist dieser Anteil einfach gleich null. Außerdem wird bei dieser Masche der Weg über R_2 entgegen der Richtung von I_2 durchlaufen, was durch ein negatives Vorzeichen berücksichtigt werden muss:

$$0 = R_1 I_1 - R_2 I_2.$$

Diese Gleichung folgt aber auch aus Subtraktion der vorangegangenen beiden und ist somit überflüssig.

Insgesamt erhalten wir das lineare Gleichungssystem

$$
\begin{aligned}
I_0 &= I_1 + I_2 \\
U_0 &= R_1 I_1 \\
U_0 &= R_2 I_2
\end{aligned}
$$

Nehmen wir an, die Widerstände R_1, R_2 und die Spannung U_0 sind bekannt, so können wir nach den Strömen auflösen:

$$I_0 = \left(\frac{1}{R_1} + \frac{1}{R_2}\right)U_0, \quad I_1 = \frac{1}{R_1}U_0, \quad I_2 = \frac{1}{R_2}U_0.$$

Der Spannungsabfall an zwei parallel geschalteten Widerständen R_1, R_2 ist also gleich dem Spannungsabfall an einem fiktiven Widerstand

$$R_0 = \frac{1}{\frac{1}{R_1} + \frac{1}{R_2}} = \frac{R_1 R_2}{R_1 + R_2}.$$

Analog kann man natürlich auch kompliziertere Schaltkreise betrachten. Allerdings muss der Zusammenhang zwischen Spannung und Strom für jedes Bauteil linear sein (wie eben das Ohm'sche Gesetz für Widerstände). Bei einem Wechselstromkreis ist das auch für Spulen und Kondensatoren der Fall, wenn man Strom und Spannung mit komplexen Zahlen beschreibt. Bei komplizierteren Bauteilen (Dioden, Transistoren) ist der Zusammenhang allerdings nichtlinear und damit ist auch das zugehörige Gleichungssystem nichtlinear. Eine Lösung ist dann im Allgemeinen nur noch numerisch mithilfe von Näherungsverfahren möglich.

11.1.2 Anwendung: Input-Output-Analyse nach Leontjef

Lineare Gleichungen sind die Grundlage der Input-Output-Analyse in der Wirtschaft. Der Begründer der Input-Output-Analyse, der russische Wirtschaftswissenschaftler Wassily Leontjef (1905–1999), wurde für seine bahnbrechende Arbeit 1973 mit dem Nobelpreis ausgezeichnet.

Betrachten wir eine Wirtschaft, die einfachheitshalber nur aus drei Industriezweigen besteht: Kohle (Zweig 1), Stahl (Zweig 2) und Elektrizität (Zweig 3). Jeder dieser Zweige benötigt für seine Produktion Materialien der anderen Zweige. Angenommen, für den Abbau von Kohle im Wert von $1 \, €$ wird keine Kohle, aber eine Stahlmenge im Wert von $0.03 \, €$ und Elektrizität im Wert von $0.01 \, €$ benötigt. Analog braucht die Stahlindustrie für die Produktion von $1 \, €$ Stahl eine Kohlenmenge im Wert von $0.12 \, €$, Stahl im Wert von $0.02 \, €$ und Elektrizität im Wert von $0.09 \, €$; die Elektrizitätsindustrie benötigt für die Herstellung von $1 \, €$ Elektrizität $0.45 \, €$ Kohle, $0.20 \, €$ Stahl und $0.08 \, €$ Elektrizität. Diese Verflechtung zwischen den einzelnen Zweigen wird durch die so genannte **Produktionsmatrix**

$$A = \begin{pmatrix} a_{11} & a_{12} & a_{13} \\ a_{21} & a_{22} & a_{23} \\ a_{31} & a_{32} & a_{33} \end{pmatrix} = \begin{pmatrix} 0.00 & 0.12 & 0.45 \\ 0.03 & 0.02 & 0.20 \\ 0.01 & 0.09 & 0.08 \end{pmatrix}$$

beschrieben. Dabei gibt a_{ik} an, welchen Anteil seiner Produktion der Wirtschaftszweig Z_i dem Zweig Z_k zur Verfügung stellen muss, damit Z_k eine (Geld-)Einheit seines Produktes herstellen kann.

Nun gibt es noch externe Konsumenten, die ebenfalls einen Teil des Outputs der drei Industriezweige kaufen möchten. Diese externe Nachfrage ist gegeben durch

$$\mathbf{b} = \begin{pmatrix} b_1 \\ b_2 \\ b_3 \end{pmatrix},$$

wobei b_i den Wert der Produktionsmenge des Sektors i angibt (in Million €), die für den externen Verbrauch bereitgestellt werden muss. Wenn nun x_i den Wert der Gesamtproduktion von Sektor i darstellt (in Million €), dann besteht zwischen $\mathbf{x}$ und $\mathbf{b}$ die Beziehung

$$\mathbf{x} = A\mathbf{x} + \mathbf{b}$$

(Gesamtproduktion = Produktion für interne Nachfrage + Produktion für externe Nachfrage). Bei vorgegebener Produktionsmatrix und externer Nachfrage berechnet sich daher die nötige Produktionsmenge $\mathbf{x}$ nach

$$\mathbf{x} = (\mathbb{I} - A)^{-1}\mathbf{b}.$$

Man könnte natürlich auch das lineare Gleichungssystem $(\mathbb{I} - A)\mathbf{x} = \mathbf{b}$ lösen. Dazu muss man aber immer, wenn sich die externe Nachfrage $\mathbf{b}$ ändert, die ganze Berechnung neu durchführen. Wenn man davon ausgeht, dass die Produktionsmatrix A über längere Zeit konstant bleibt, dann ist es effizienter, einmal die so genannte **Leontjef-Inverse** $(\mathbb{I} - A)^{-1}$ zu berechnen.

Dabei stellen sich zwei Fragen: Wann ist die Matrix $\mathbb{I} - A$ invertierbar und wann sind alle Koeffizienten der Inversen nichtnegativ? Die letzte Bedingung ist wichtig, da sich für beliebigen Nachfragevektor $\mathbf{b}$ mit $b_j \geq 0$ auch ein Lösungsvektor $\mathbf{x}$ mit

$x_j \geq 0$ ergeben muss! Das ist aber genau dann der Fall, wenn alle Koeffizienten der inversen Matrix $(\mathbb{I} - A)^{-1}$ nichtnegativ sind.

Für eine Produktionsmatrix A müssen die Spaltensummen immer kleiner oder gleich 1 sein, denn die internen Kosten zur Herstellung einer Geldeinheit des Produktes i sind ja $a_{1i} + a_{2i} + a_{3i}$ und müssen kleiner 1 sein, da sonst die Herstellung unrentabel wäre.

Wir bezeichnen eine Matrix A mit nichtnegativen Koeffizienten $a_{ik} \geq 0$ als **Leontjef-Matrix**, falls alle Spaltensummen $\sum_{i=1}^{n} a_{ik}$, $1 \leq k \leq n$ kleiner oder gleich 1 sind. Dann gilt folgender

> **Satz 11.9** Ist A eine Leontjef-Matrix, bei der alle Spaltensummen **strikt** kleiner 1 sind, dann existiert die Leontjef-Inverse $(\mathbb{I} - A)^{-1}$, und alle Koeffizienten der Inversen sind nichtnegativ.

11.2 Rang, Kern, Bild

In diesem Abschnitt betrachten wir (m, n)-Matrizen über irgendeinem Körper $\mathbb{K}$ (stellen Sie sich ruhig wieder $\mathbb{K} = \mathbb{R}$ vor). Zunächst gleich eine Definition:

> **Definition 11.10** Der **Rang** einer Matrix A ist die Anzahl der linear unabhängigen Zeilen der Matrix. Schreibweise: $\mathrm{rang}(A)$.

Beispiel 11.11 Rang einer Matrix
Geben Sie den Rang der Matrix an:

$$A = \begin{pmatrix} 1 & 2 & 0 \\ 0 & 1 & 1 \\ 0 & 0 & 0 \end{pmatrix}$$

Lösung zu 11.11 Die drei Zeilen als Vektoren betrachtet sind linear abhängig, da jede Menge von Vektoren, die den Nullvektor enthält, linear abhängig ist. Wenn man den Nullvektor weglässt, so bleiben die beiden Zeilen $\begin{pmatrix} 1 & 2 & 0 \end{pmatrix}$ und $\begin{pmatrix} 0 & 1 & 1 \end{pmatrix}$ übrig, und die sind linear unabhängig. Daher ist $\mathrm{rang}(A) = 2$. ■

Folgende Eigenschaften sind nun sehr praktisch:

Satz 11.12

- Der Rang einer Matrix A ist gleich dem Rang der transponierten Matrix A^T. Mit anderen Worten: Die Anzahl der linear unabhängigen Zeilen einer Matrix ist gleich der Anzahl der linear unabhängigen Spalten („Zeilenrang = Spaltenrang").
- Elementare Zeilenumformungen (und analog elementare Spaltenumformungen) lassen den Rang einer Matrix unverändert.

Nun zurück zu linearen Gleichungssystemen: Wir sehen, dass der Rang r eines Gleichungssystems gerade die Anzahl der linear unabhängigen Zeilen der Koeffizientenmatrix der Zeilenstufenform ist. Durch elementare Zeilenumformungen wird diese Anzahl nicht verändert. Daher ist der Rang des Gleichungssystems auch gleich der Anzahl der linear unabhängigen Zeilen (bzw. Spalten) der *ursprünglichen* Koeffizientenmatrix A. Mit anderen Worten:

Satz 11.13 Der Rang eines linearen Gleichungssystems $A\mathbf{x} = \mathbf{b}$ ist gleich dem Rang der Koeffizientenmatrix A.

Es folgt (vergleiche Satz 11.7):

Satz 11.14 Ein Gleichungssystem ist genau dann lösbar, wenn der Rang der Koeffizientenmatrix gleich dem Rang der erweiterten Koeffizientenmatrix ist.

Denn: „Lösbar" bedeutet ja, dass es $x_1, \ldots, x_n$ gibt, sodass $\mathbf{b} = A\mathbf{x} = x_1\mathbf{a}_1 + \ldots + x_n\mathbf{a}_n$ ist (wobei $\mathbf{a}_1, \ldots, \mathbf{a}_n$ die Spalten von A bezeichnen). Das heißt aber, dass $\mathbf{b}$ sich als Linearkombination der Spalten von A schreiben lässt, dass also $\mathbf{b}$ und die Spalten von A linear abhängig sind. Mit anderen Worten: Der Rang (= die Anzahl der linear unabhängigen Spalten) ändert sich nicht, wenn man von der Koeffizientenmatrix A zur erweiterten Koeffizientenmatrix übergeht.

Als Nächstes wollen wir die Lösbarkeit von linearen Gleichungssystemen aus geometrischer Sicht betrachten. Wir wissen, dass ein lineares Gleichungssystem in der Form $A\mathbf{x} = \mathbf{b}$ geschrieben werden kann. Fassen wir $A\mathbf{x} = \mathbf{b}$ als lineare Abbildung auf, so können wir die Lösbarkeit auch wie folgt untersuchen:

Definition 11.15 Das **Bild** einer (m, n)-Matrix A ist definiert als

$$\text{Bild}(A) = \{A\mathbf{x} \mid \mathbf{x} \in \mathbb{K}^n\} \subseteq \mathbb{K}^m,$$

also die Menge aller Vektoren, die durch Anwendung von A auf alle $\mathbf{x} \in \mathbb{K}^n$ erreicht werden. Alternativ spricht man auch vom Bild der linearen Abbildung $F : \mathbb{K}^n \to \mathbb{K}^m$, $F(\mathbf{x}) = A\mathbf{x}$.

Damit es also eine Lösung gibt, muss $\mathbf{b} \in \text{Bild}(A)$ gelten. Wenn wir mit $\mathbf{a}_j$ die Spalten von A bezeichnen, so gilt

$$A\mathbf{x} = \sum_{j=1}^{n} x_j \mathbf{a}_j.$$

Das Bild von A ist also der Teilraum, der von den Spaltenvektoren von A aufgespannt wird. Insbesondere ist die Anzahl der linear unabhängigen Spaltenvektoren gleich der Dimension des Bildes. Diese Zahl haben wir als Rang der Matrix bezeichnet. Halten wir das fest:

Satz 11.16 Das Bild einer (m, n)-Matrix A ist der Teilraum des $\mathbb{K}^m$, der von den Spaltenvektoren von A aufgespannt wird. Die Dimension des Bildes ist daher gleich dem Rang der Matrix A,

$$\dim \mathrm{Bild}(A) = \mathrm{rang}(A).$$

Beispiel 11.17 ($\rightarrow$CAS) Bild einer Matrix
Berechnen Sie das Bild der reellen Matrix

$$A = \begin{pmatrix} 1 & 1 & 2 \\ 0 & 1 & 1 \\ 1 & 0 & 1 \end{pmatrix}.$$

Wie groß ist die Dimension des Bildes?

Lösung zu 11.17 Das Bild wird von den Spaltenvektoren von A aufgespannt, also

$$\mathrm{Bild}(A) = \mathrm{LH}\{ \begin{pmatrix} 1 \\ 0 \\ 1 \end{pmatrix}, \begin{pmatrix} 1 \\ 1 \\ 0 \end{pmatrix}, \begin{pmatrix} 2 \\ 1 \\ 1 \end{pmatrix} \} \in \mathbb{R}^3.$$

Offensichtlich sind die drei Spaltenvektoren nicht linear unabhängig, denn der dritte ist ja die Summe der ersten beiden. Deshalb ist der dritte überflüssig und wir können ihn weglassen:

$$\mathrm{Bild}(A) = \mathrm{LH}\{ \begin{pmatrix} 1 \\ 0 \\ 1 \end{pmatrix}, \begin{pmatrix} 1 \\ 1 \\ 0 \end{pmatrix} \}.$$

Die verbleibenden beiden Vektoren sind nun aber linear unabhängig, und damit ist das Bild von A die von diesen beiden Vektoren aufgespannte Ebene. Insbesondere ist die Dimension des Bildes (und damit auch der Rang der Matrix) gleich zwei. ∎

Das Bild der Matrix aus dem letzten Beispiel ist eine Ebene. Ein Punkt (x_1, x_2, x_3) liegt genau dann auf dieser Ebene, wenn $x_1 - x_2 - x_3 = 0$ ist (Normalform der Ebene – wie wir diese berechnen, werden wir noch lernen). Das zugehörige Gleichungssystem $A\mathbf{x} = \mathbf{b}$ ist genau dann lösbar, wenn $\mathbf{b}$ im Bild liegt, also wenn $b_1 - b_2 - b_3 = 0$. Wir haben also einen schnellen Test für die Lösbarkeit des Gleichungssystems gefunden!

Wann gibt es nun *zu jedem* $\mathbf{b} \in \mathbb{K}^m$ (mindestens) eine Lösung von $A\mathbf{x} = \mathbf{b}$? Genau dann, wenn die Abbildung A surjektiv, also $\mathrm{Bild}(A) = \mathbb{K}^m$ ist; wenn also der Rang der Matrix gleich m (= Anzahl der Gleichungen) ist.

Und wann ist diese Lösung eindeutig, oder äquivalent, wann ist die Abbildung A injektiv? Dazu müssen wir ein wenig ausholen.

Haben wir zwei Lösungen mit $A\mathbf{x} = \mathbf{b}$ und $A\mathbf{y} = \mathbf{b}$, so folgt aus der Linearität, dass

$$A(\mathbf{x} - \mathbf{y}) = A\mathbf{x} - A\mathbf{y} = \mathbf{b} - \mathbf{b} = \mathbf{0}.$$

Mit anderen Worten, die Differenz der beiden Lösungen ist eine Lösung des zugehörigen homogenen Gleichungssystems. Hat das homogene Gleichungssystem nur *eine* Lösung (nämlich $\mathbf{0}$), dann ist $\mathbf{x} - \mathbf{y} = \mathbf{0}$, und somit ist auch die Lösung des inhomogenen Gleichungssystems eindeutig: $\mathbf{x} = \mathbf{y}$. Ist das nicht der Fall, so kann man zu jeder Lösung des inhomogenen Gleichungssystems eine Lösung des homogenen Gleichungssystems addieren und erhält auf diese Weise alle möglichen Lösungen des inhomogenen Gleichungssystems.

Die Lösungsmenge des homogenen Gleichungssystems hat einen eigenen Namen:

Definition 11.18 Der **Kern** einer (m, n)-Matrix A ist definiert als

$$\mathrm{Kern}(A) = \{\mathbf{x} \mid A\mathbf{x} = \mathbf{0}\} \subseteq \mathbb{K}^n,$$

also die Menge aller Lösungen des homogenen Gleichungssystems $A\mathbf{x} = \mathbf{0}$. Alternativ spricht man auch vom Kern der linearen Abbildung $F : \mathbb{K}^n \to \mathbb{K}^m$, $F(\mathbf{x}) = A\mathbf{x}$. Der Kern besteht aus allen Vektoren $\mathbf{x}$, die von F auf $\mathbf{0}$ abgebildet werden.

Die Lösungen des homogenen Gleichungssystems bilden wieder einen Teilraum, da Addition und Multiplikation mit einem Skalar für Lösungen des homogenen Gleichungssystems wieder eine Lösung des homogenen Gleichungssystems ergibt:

Satz 11.19 Der Kern(A) einer (m, n)-Matrix A bildet einen Teilraum des $\mathbb{K}^n$.

Beispiel 11.20 ($\to$CAS) Kern einer Matrix
Berechnen Sie den Kern der Matrix

$$A = \begin{pmatrix} 1 & 1 & 2 \\ 0 & 1 & 1 \\ 1 & 0 & 1 \end{pmatrix}$$

und geben Sie die Dimension des Kerns an.

Lösung zu 11.20 Um den Kern zu bestimmen, müssen wir das homogene Gleichungssystem $A\mathbf{x} = \mathbf{0}$ lösen, also

$$\begin{aligned} x_1 + x_2 + 2x_3 &= 0 \\ x_2 + x_3 &= 0 \\ x_1 + x_3 &= 0. \end{aligned}$$

Nach Anwendung des Gauß-Jordan-Algorithmus erhalten wir

$$\begin{aligned} x_1 + x_3 &= 0 \\ x_2 + x_3 &= 0 \\ 0 &= 0. \end{aligned}$$

Wählen wir $x_3 = t \in \mathbb{R}$, so sehen wir, dass die Lösung von der Form $(x_1, x_2, x_3) = (-t, -t, t)$ ist. Der Kern ist also die Gerade, die vom Vektor $(-1, -1, 1)$ aufgespannt wird:

$$\text{Kern}(A) = \text{LH}\left\{ \begin{pmatrix} -1 \\ -1 \\ 1 \end{pmatrix} \right\}.$$

Die Dimension des Kerns ist somit 1.   ∎

Zusammenfassend halten wir fest:

Satz 11.21 Gegeben ist das (m, n)-Gleichungssystem $A\mathbf{x} = \mathbf{b}$.

- Für gegebenes $\mathbf{b} \in \mathbb{K}^m$ hat das Gleichungssystem genau dann *zumindest eine* Lösung, wenn $\mathbf{b} \in \text{Bild}(A)$.
- Hat man irgendeine Lösung $\mathbf{x}_0$ des inhomogenen Gleichungssystems gefunden, so erhält man alle anderen, indem man alle möglichen Lösungen des homogenen Gleichungssystems hinzuaddiert:

$$\mathbf{x} = \mathbf{x}_0 + \text{Kern}(A).$$

Insbesondere ist die Lösung $\mathbf{x}_0$ genau dann eindeutig, wenn der Kern nulldimensional ist: $\text{Kern}(A) = \{\mathbf{0}\}$.

Beispiel 11.22 Lösung eines inhomogenen Gleichungssystems
Geben Sie alle Lösungen von $A\mathbf{x} = \mathbf{b}$ an für

$$A = \begin{pmatrix} 1 & 1 & 2 \\ 0 & 1 & 1 \\ 1 & 0 & 1 \end{pmatrix} \quad \text{und} \quad \mathbf{b} = \begin{pmatrix} 2 \\ 1 \\ 1 \end{pmatrix}.$$

Lösung zu 11.22 Eine kleine Rechnung zeigt, dass der Vektor $\mathbf{b}$ im Bild von A liegt (vergleiche Beispiel 11.17):

$$\begin{pmatrix} 2 \\ 1 \\ 1 \end{pmatrix} = \begin{pmatrix} 1 \\ 0 \\ 1 \end{pmatrix} + \begin{pmatrix} 1 \\ 1 \\ 0 \end{pmatrix}.$$

Das Gleichungssystem ist also lösbar. Der Kern(A) ist nicht nulldimensional (siehe Beispiel 11.20), daher ist das Gleichungssystem nicht *eindeutig* lösbar. Suchen wir irgendeine Lösung, indem wir z. B. $x_1 = 0$ wählen. Dann folgt aus

$$\begin{aligned} x_1 + x_2 + 2x_3 &= 2 \\ x_2 + x_3 &= 1 \\ x_1 + x_3 &= 1, \end{aligned}$$

dass $x_3 = 1$ und $x_2 = 0$ ist. Damit haben wir mit $(x_1, x_2, x_3) = (0, 0, 1)$ eine Lösung des inhomogenen Gleichungssystems gefunden. *Alle* Lösungen erhalten wir, wenn wir dazu alle Lösungen des homogenen Gleichungssystems (d.h. alle Vektoren des Kerns von A) addieren:

$$\begin{pmatrix} x_1 \\ x_2 \\ x_3 \end{pmatrix} = \begin{pmatrix} 0 \\ 0 \\ 1 \end{pmatrix} + t \begin{pmatrix} -1 \\ -1 \\ 1 \end{pmatrix} \qquad t \in \mathbb{R}.$$

Geometrisch interpretiert: Die Lösungen des inhomogenen Gleichungssystems bilden eine Gerade, die durch den Punkt $(0,0,1)$ geht und den Richtungsvektor $(-1,-1,1)$ hat. ∎

Die Dimension des Bildes und des Kerns geben also wichtige Informationen über die Lösbarkeit eines Gleichungssystems. Es gibt sogar einen Zusammenhang zwischen den beiden, der es erlaubt, die eine Dimension aus der anderen zu berechnen. Es reicht also, wenn man eine Dimension, zum Beispiel den Rang, berechnet:

Satz 11.23 (Rangsatz) Für jede (m,n)-Matrix A gilt:

$$\dim \operatorname{Kern}(A) + \dim \operatorname{Bild}(A) = n.$$

Die Dimension des Kerns wird auch als **Defekt** der Matrix bezeichnet.

Um den Rangsatz zu verstehen, wählen wir linear unabhängige Vektoren $\mathbf{u}_1, \ldots, \mathbf{u}_\ell$, die den Kern unserer Matrix aufspannen (die Dimension des Kerns haben wir hier mit $\ell \leq n$ bezeichnet). Es ist möglich, diese Vektoren zu ergänzen, sodass $\mathbf{u}_1, \ldots, \mathbf{u}_n$ eine Basis des $\mathbb{K}^n$ ist (siehe Satz 9.19). Schreiben wir nun einen beliebigen Vektor als $\mathbf{x} = \sum_{j=1}^n k_j \mathbf{u}_j$, so gilt

$$A\mathbf{x} = \sum_{j=1}^n k_j A\mathbf{u}_j = \sum_{j=\ell+1}^n k_j \mathbf{v}_j, \text{ mit } \mathbf{v}_j = A\mathbf{u}_j,$$

da ja nach Konstruktion $A\mathbf{u}_j = 0$ für $1 \leq j \leq \ell$ gilt. Die Vektoren $\mathbf{v}_{\ell+1}, \ldots, \mathbf{v}_n$ sind aber linear unabhängig. Wären sie es nicht, so gäbe es eine Linearkombination mit $0 = \sum_{j=\ell+1}^n k_j \mathbf{v}_j = \sum_{j=\ell+1}^n k_j A\mathbf{u}_j = A\sum_{j=\ell+1}^n k_j \mathbf{u}_j$. Der Vektor $\sum_{j=\ell+1}^n k_j \mathbf{u}_j$ wäre also im Kern und könnte somit als Linearkombination von $\mathbf{u}_1, \ldots, \mathbf{u}_\ell$ geschrieben werden, was aber der linearen Unabhängigkeit von $\mathbf{u}_1, \ldots, \mathbf{u}_n$ widersprechen würde. Damit ist die Dimension des Bildes gleich $n - \ell$, und wir haben den behaupteten Zusammenhang.

11.3 Determinante

In der Praxis tritt der Fall, dass es gleich viele Gleichungen wie Unbekannte gibt, am häufigsten auf. Wir betrachten daher in diesem Abschnitt (n,n)-Gleichungssysteme

$$A\mathbf{x} = \mathbf{b}$$

über einem Körper $\mathbb{K}$. Die Koeffizientenmatrix A ist also eine quadratische Matrix. Wir haben schon in Kapitel 10 überlegt, dass ein (n,n)-Gleichungssystem genau dann eine *eindeutige* Lösung hat, wenn A invertierbar ist. Die Lösung ist dann

$$\mathbf{x} = A^{-1}\mathbf{b}.$$

Mithilfe der so genannten *Determinante* einer quadratischen Matrix A kann man feststellen, ob A invertierbar ist, wann es also eine eindeutige Lösung gibt.

Überlegen wir nochmal, wann das $(2,2)$ Gleichungssystem

$$a_{11}x_1 + a_{12}x_2 = b_1$$
$$a_{21}x_1 + a_{22}x_2 = b_2$$

eindeutig lösbar ist: Wenn man die erste Gleichung mit a_{22} multipliziert, die zweite mit $(-a_{12})$, und dann beide addiert, so erhält man $(a_{11}a_{22} - a_{21}a_{12})x_1 = a_{22}b_1 - a_{12}b_2$. Analog erhält man $(a_{11}a_{22} - a_{21}a_{12})x_2 = a_{11}b_2 - a_{21}b_1$. Diese beiden Gleichungen können genau dann nach x_1 bzw. x_2 aufgelöst werden, wenn die Zahl $a_{11}a_{22} - a_{21}a_{12}$ ungleich 0 ist (sonst würde man ja durch 0 dividieren).

Die Determinante einer $(2,2)$-Matrix A ist die Zahl

$$\det(A) = \begin{vmatrix} a_{11} & a_{12} \\ a_{21} & a_{22} \end{vmatrix} = a_{11}a_{22} - a_{21}a_{12} \in \mathbb{K}.$$

Die Determinante kann im $\mathbb{R}^2$ auch geometrisch als (orientierter) Flächeninhalt des von den Spaltenvektoren aufgespannten Parallelogramms interpretiert werden. Allgemein ist im $\mathbb{R}^n$ die Determinante $\det(A)$ der Faktor, um den sich Flächeninhalte unter der linearen Abbildung A ändern.

Die Determinante einer (n,n)-Matrix ist durch folgende Formel von Laplace (Pierre Simon Laplace, 1749–1827, französischer Mathematiker) definiert:

Definition 11.24 (Entwicklungssatz von Laplace) Die **Determinante** einer (n,n)-Matrix ist eine Zahl aus $\mathbb{K}$, die rekursiv berechnet wird:

$$\det(A) = a_{11},$$

wenn $n = 1$, und

$$\det(A) = a_{i1}(-1)^{i+1}\det(A^{i1}) + a_{i2}(-1)^{i+2}\det(A^{i2}) + \ldots + a_{in}(-1)^{i+n}\det(A^{in})$$

für $n > 1$, wobei A^{ij} jene $(n-1, n-1)$-Matrix ist, die aus A entsteht, wenn man die i-te Zeile und die j-te Spalte entfernt.

Man spricht von der „Entwicklung nach der i-ten Zeile". Analog kann man auch „nach der j-ten Spalte entwickeln", denn es gilt:

Satz 11.25 Die Determinante einer Matrix ist gleich der Determinante ihrer transponierten Matrix:
$$\det(A) = \det(A^T).$$

Dieser Entwicklungssatz für die Determinante sieht schlimmer aus, als er ist: Man sucht sich eine Zeile (oder Spalte), in der möglichst viele Elemente gleich 0 sind (denn dann ist weniger zu rechnen). Die Elemente werden der Reihe nach mit der entsprechenden Unterdeterminante multipliziert und mit alternierenden Vorzeichen gemäß

$$\begin{pmatrix} + & - & + & \cdots \\ - & + & - & \cdots \\ + & - & + & \cdots \\ \vdots & \vdots & \vdots & \ddots \end{pmatrix}$$

aufsummiert.

> **Beispiel 11.26 (→CAS) Determinante**
> Berechnen Sie die Determinante der folgenden Matrizen:
>
> $$a) \begin{pmatrix} 2 & 1 & 3 \\ 4 & 0 & 5 \\ 7 & 6 & 8 \end{pmatrix} \qquad b) \begin{pmatrix} 0 & 1 & 3 \\ 1 & 2 & 5 \\ 2 & 5 & 13 \end{pmatrix}$$

Lösung zu 11.26

a) Zeile $i = 2$ hat die meisten Nullen. Damit ist

$$\begin{aligned} \det(A) &= 4(-1)^{2+1}\det(A^{21}) + 5(-1)^{2+3}\det(A^{23}) \\ &= -4\begin{vmatrix} 1 & 3 \\ 6 & 8 \end{vmatrix} - 5\begin{vmatrix} 2 & 1 \\ 7 & 6 \end{vmatrix} = -4(8-18) - 5(12-7) = 40 - 25 = 15. \end{aligned}$$

b) Die Entwicklung nach der 1. Spalte ergibt:

$$\det(A) = 0\begin{vmatrix} 2 & 5 \\ 5 & 13 \end{vmatrix} - \begin{vmatrix} 1 & 3 \\ 5 & 13 \end{vmatrix} + 2\begin{vmatrix} 1 & 3 \\ 2 & 5 \end{vmatrix} = -(13-15) + 2(5-6) = 0. \qquad ∎$$

Wie schon angedeutet, gibt es folgenden Zusammenhang zwischen Determinante und Invertierbarkeit:

> **Satz 11.27** Eine (n,n)-Matrix A ist genau dann invertierbar, wenn $\det(A) \neq 0$. Insbesondere ist das Gleichungssystem $A\mathbf{x} = \mathbf{b}$ genau dann eindeutig lösbar, wenn $\det(A) \neq 0$, und die Lösung ist dann
>
> $$\mathbf{x} = A^{-1}\mathbf{b}.$$

> **Beispiel 11.28 Lösbarkeit eines Gleichungssystems**
> Bestimmen Sie jene Zahlen $\lambda \in \mathbb{R}$, für die das homogene Gleichungssystem $A\mathbf{x} = \mathbf{0}$, mit
>
> $$A = \begin{pmatrix} 1-\lambda & 2 \\ 2 & 1-\lambda \end{pmatrix},$$
>
> nicht-triviale Lösungen besitzt.

Lösung zu 11.28 Ist $\det(A) \neq 0$, so hat das homogene Gleichungssystem $A\mathbf{x} = \mathbf{0}$ genau eine Lösung, nämlich die triviale. Also müssen wir jene Zahlen λ finden, für die $\det(A) = 0$ gilt, denn dann gibt es auch nicht-triviale Lösungen. Die Determinante von A ist

$$\det(A) = (1-\lambda)^2 - 4 = \lambda^2 - 2\lambda - 3.$$

Setzen wir sie gleich 0 und lösen die quadratische Gleichung, so erhalten wir $\lambda_1 = -1$ und $\lambda_2 = 3$. $\qquad ∎$

Man kann sogar eine Formel für die inverse Matrix mithilfe der Determinante angeben: Die Matrix $\tilde{A}$ mit den Koeffizienten

$$\tilde{a}_{jk} = (-1)^{j+k} \det(A^{kj})$$

heißt die zu A **komplementäre Matrix**. Sie erfüllt

$$\tilde{A}A = A\tilde{A} = \det(A)\mathbb{I}.$$

Falls daher $\det(A) \neq 0$, so ist die inverse Matrix gleich

$$A^{-1} = \frac{1}{\det(A)} \tilde{A}.$$

Damit kann man eine kompakte Formel für die Lösung eines linearen Gleichungssystems $Ax = b$ angeben, die als **Cramer'sche Regel** bekannt ist (Gabriel Cramer, Schweizer Mathematiker, 1704–1752). Für praktische Berechnungen ist diese Methode aber ineffizient.

Die Determinante hat drei wichtige Eigenschaften, die sie eindeutig charakterisieren:

Satz 11.29 (Charakteristische Eigenschaften der Determinante) Es gilt:

a) $\det(\mathbb{I}) = 1$.

b) Die Determinante ist linear in jeder Spalte. D.h. es gilt
$$\det(\mathbf{a}_1, \ldots, \mathbf{a}_j + \mathbf{b}_j, \ldots, \mathbf{a}_n) = \det(\mathbf{a}_1, \ldots, \mathbf{a}_j, \ldots, \mathbf{a}_n) + \det(\mathbf{a}_1, \ldots, \mathbf{b}_j, \ldots, \mathbf{a}_n)$$
und
$$\det(\mathbf{a}_1, \ldots, k\mathbf{a}_j, \ldots, \mathbf{a}_n) = k \det(\mathbf{a}_1, \ldots, \mathbf{a}_j, \ldots, \mathbf{a}_n) \text{ für } k \in \mathbb{K}.$$

c) Die Determinante ist alternierend, d.h. bei Vertauschen zweier Spalten ändert sich das Vorzeichen der Determinante.

Wegen $\det(A^T) = \det(A)$ gelten die gleichen Eigenschaften auch, wenn man "Spalte" durch „Zeile" ersetzt.

Diese drei Eigenschaften können aus dem Entwicklungssatz von Laplace abgelesen werden.

Es folgen daraus weitere Eigenschaften:

- Wenn eine Spalte (Zeile) von A lauter Nullen enthält, so ist die Determinante gleich 0.
- Wenn zwei Spalten (Zeilen) von A gleich sind, so ist die Determinante gleich 0.
- Wenn zwei Spalten (Zeilen) von A linear abhängig sind, so ist die Determinante gleich 0.
- Multiplikation der (n, n)-Matrix A mit einem Skalar $k \in \mathbb{K}$ multipliziert die Determinante mit k^n:
$$\det(kA) = k^n \det(A).$$

Achtung: Es ist also $\det(kA) \neq k \det(A)$!

Warnung: Es ist im Allgemeinen $\det(A + B) \neq \det(A) + \det(B)$!

Die Eigenschaften aus Satz 11.29 können auch verwendet werden, um Determinanten schnell zu berechnen: Man bringt die Matrix mit elementaren Zeilenumformungen auf obere Dreiecksform (d.h. wendet den Gauß-Jordan-Algorithmus an, um die Zeilenstufenform zu erreichen, wobei die Diagonalelemente nicht auf 1 normiert werden müssen), und beachtet dabei:

a) Vertauschen von zwei Zeilen ändert das Vorzeichen der Determinante.

b) Multiplizieren *einer einzelnen* Zeile mit einer Zahl $k \in \mathbb{K}$ multipliziert die Determinante mit k.

c) Addition des Vielfachen einer Zeile zu einer anderen ändert die Determinante nicht.

(Wenn man die elementaren Zeilenumformungen a) oder b) anwendet, so muss man mitnotieren, dass sich die Determinante in diesem Schritt entsprechend ändert.) Sind wir dann bei einer Dreiecksmatrix angelangt, so können wir die Determinante leicht berechnen, denn:

> **Satz 11.30** Die Determinante einer Dreiecksmatrix ist das Produkt ihrer Diagonalelemente.

Das folgt aus dem Entwicklungssatz von Laplace mithilfe vollständiger Induktion.

Die Determinante der ursprünglichen Matrix erhalten wir nun aus der (leicht berechenbaren) Determinante der Dreiecksmatrix, indem wir zurückverfolgen, wie sich die Determinante bei den einzelnen elementaren Zeilenumformungen geändert hat.

> **Beispiel 11.31 Determinante mithilfe des Gauß-Jordan-Algorithmus**
> Berechnen Sie die Determinante von
> $$\begin{pmatrix} 2 & 1 & 3 \\ 4 & 0 & 5 \\ 7 & 6 & 8 \end{pmatrix}.$$

Lösung zu 11.31 Wir bringen die Matrix A mithilfe von elementaren Zeilenumformungen auf obere Dreiecksform:

$$\begin{pmatrix} 2 & 1 & 3 \\ 4 & 0 & 5 \\ 7 & 6 & 8 \end{pmatrix} \xrightarrow[Z_3^*=Z_3-\frac{7}{2}Z_1]{Z_2^*=Z_2-2Z_1} \begin{pmatrix} 2 & 1 & 3 \\ 0 & -2 & -1 \\ 0 & \frac{5}{2} & -\frac{5}{2} \end{pmatrix} \xrightarrow{Z_3^*=Z_3+\frac{5}{4}Z_2} \begin{pmatrix} 2 & 1 & 3 \\ 0 & -2 & -1 \\ 0 & 0 & -\frac{15}{4} \end{pmatrix}$$

Nach wenigen Schritten sind wir bei einer Dreiecksmatrix gelandet. Da unsere einzige elementare Zeilenumformung die Addition des Vielfachen einer Zeile zu einer anderen war, hat sich die Determinante dabei nicht geändert und wir können die Determinante von A direkt von der Dreiecksmatrix ablesen:

$$\det(A) = 2 \cdot (-2) \cdot (\frac{-15}{4}) = 15.$$

(Vergleichen Sie mit Beispiel 11.26). ∎

Zum Abschluss noch eine nützliche Regel für die Determinante des Produktes zweier Matrizen:

Satz 11.32 (Produktsatz)

$$\det(AB) = \det(A)\det(B).$$

Für invertierbare Matrizen folgt daraus

$$\det(A^{-1}) = \det(A)^{-1}.$$

11.4 Mit dem digitalen Rechenmeister

Gauß-Jordan-Algorithmus

Wir wissen bereits, dass in `Mathematica` der Befehl `Solve` zur Lösung eines Gleichungssystems zur Verfügung steht. Alternativ kann `Mathematica` ein Gleichungssystem auch auf die Endform des Gauß-Jordan-Algorithmus (reduzierte Zeilenstufenform) bringen. Wir geben dazu die erweiterte Koeffizientenmatrix ein, und verwenden dann die Anweisung `RowReduce`. Für das Beispiel auf Seite 316 ergibt sich dann:

$$\text{In[1]} := \ A = \begin{pmatrix} 1 & -1 & -1 & 0 \\ -1 & 0 & -3 & -11 \\ 4 & -1 & 2 & 15 \end{pmatrix};$$

```
In[2]:= RowReduce[A]//MatrixForm
Out[2]//MatrixForm=
```
$$\begin{pmatrix} 1 & 0 & 0 & 2 \\ 0 & 1 & 0 & -1 \\ 0 & 0 & 1 & 3 \end{pmatrix}.$$

Mit dem `Solve`-Befehl erhalten wir für das Gleichungssystem in Beispiel 11.5 b):

```
In[3]:= Solve[{y + 3z == 2, x + 2y + 5z == 0, 2x + 5y + 13z == 2}, {x, y, z}]
    Solve::svars:
        Equations may not give solutions for all ''solve'' variables.
Out[3]= {{x → -4 + z, 2 - 3z}}
```

Die Warnung weist nur darauf hin, dass das System nicht eindeutig lösbar ist und `Mathematica` daher hier für z keinen Zahlenwert angeben kann. Möchten Sie y anstelle von z als frei wählbaren Parameter haben, so schreiben Sie am Ende des Solve-Befehls die Liste der Unbekannten in der Reihenfolge $\{x, z, y\}$.

Rang, Kern, Bild

In `Mathematica` kann eine Basis für den Kern mit dem Befehl `NullSpace[A]` berechnet werden.

```
In[4]:= A = {{1, 1, 2}, {0, 1, 1}, {1, 0, 1}}; NullSpace[A]
```

`Out[4]=` $\{\{-1, -1, 1\}\}$

Eine Basis für das Bild von A kann zwar nicht direkt berechnet werden, aber es gibt einen Trick: Um die lineare Hülle der Spaltenvektoren nicht zu verändern, müssten wir statt elementarer Zeilenumformungen elementare Spaltenumformungen machen. Der Befehl `RowReduce` führt aber nur elementare Zeilenumformungen durch. Da aber Transponieren Zeilen und Spalten vertauscht, ist eine elementare Spaltenumformung von A gleich einer elementaren Zeilenumformung von A^T. Somit erhalten wir mit dem Befehl

`In[5]:= Transpose[RowReduce[Transpose[A]]]//MatrixForm`

`Out[5]//MatrixForm=`
$$\begin{pmatrix} 1 & 0 & 0 \\ 0 & 1 & 0 \\ 1 & -1 & 0 \end{pmatrix}$$

Vektoren, die das Bild aufspannen. Der letzte Vektor ist der Nullvektor und kann natürlich weggeworfen werden. Die beiden ersten Vektoren $(1, 0, 1)$ und $(0, 1, -1)$ sind linear unabhängig und bilden somit eine Basis für das Bild. Daher ist insbesondere die Dimension des Bildes (der Rang der Matrix) gleich 2. Das kann auch direkt mit

`In[6]:= MatrixRank[A]`

`Out[6]= 2`

berechnet werden (erst ab Version 5.0 verfügbar).

Determinante

Determinanten werden mit dem Befehl `Det` berechnet:

`In[7]:= A =` $\begin{pmatrix} 0 & 1 & 3 \\ 1 & 2 & 5 \\ 2 & 5 & 13 \end{pmatrix}$ `;Det[A]`

`Out[7]= 0`

11.5 Kontrollfragen

Fragen zu Abschnitt 11.1: Der Gauß-Jordan-Algorithmus

Erklären Sie folgende Begriffe: lineares Gleichungssystem, homogenes/inhomogenes Gleichungssystem, Lösung eines Gleichungssystems, triviale Lösung, Gauß-Algorithmus, erweiterte Koeffizientenmatrix, elementare Zeilen- und Spaltenumformungen, (reduzierte) Zeilenstufenform, Rang eines Gleichungssystems.

1. Welche Dimension hat die Koeffizientenmatrix eines linearen Gleichungssystems aus 2 Gleichungen und 3 Unbekannten?
2. Kann ein reelles lineares Gleichungssystem genau zwei Lösungen haben?

3. Warum hat ein *homogenes* lineares Gleichungssystem immer zumindest eine Lösung?

4. Richtig oder falsch: Ein lineares Gleichungssystem, das aus gleich vielen Gleichungen wie Unbekannten besteht, ist immer eindeutig lösbar.

Fragen zu Abschnitt 11.2: Rang, Kern, Bild

Erklären Sie folgende Begriffe: Rang einer Matrix, Bild, Kern, Defekt einer Matrix.

1. Gegeben sind folgende erweiterte Koeffizientenmatrizen in reduzierter Zeilenstufenform. Geben Sie den Rang der Koeffizientenmatrix und der erweiterten Koeffizientenmatrix an. Ist das System lösbar? Geben Sie in diesem Fall die Lösung an:

a) $\left(\begin{array}{cc|c} 1 & 0 & 3 \\ 0 & 1 & 4 \end{array} \right)$
   b) $\left(\begin{array}{cc|c} 1 & 0 & 3 \\ 0 & 1 & 4 \\ 0 & 0 & 0 \end{array} \right)$
   c) $\left(\begin{array}{ccc|c} 1 & 0 & -6 & 0 \\ 0 & 1 & 2 & 0 \\ 0 & 0 & 0 & 1 \end{array} \right)$

d) $\left(\begin{array}{ccc|c} 1 & 0 & -6 & 5 \\ 0 & 1 & 2 & -3 \\ 0 & 0 & 0 & 0 \end{array} \right)$
   e) $\left(\begin{array}{ccc|c} 1 & 0 & 0 & 7 \\ 0 & 1 & 0 & 3 \\ 0 & 0 & 1 & 0 \end{array} \right)$

2. Geben Sie den Kern folgender (n, n)-Matrizen an: a) $A = \mathbf{0}$ b) $A = \mathbb{I}$

3. Wenn der Rang einer $(3, 3)$-Matrix gleich 2 ist, was kann man dann über die Dimension des Kerns sagen?

4. Sei A eine (m, n)-Matrix. Das Gleichungssystem $A\mathbf{x} = \mathbf{b}$ ist eindeutig lösbar, falls: a) $\dim \text{Bild}(A) = 0$ b) $\dim \text{Bild}(A) = m$ c) $\dim \text{Bild}(A) = n$

5. Sei A eine (m, n)-Matrix. Falls $\dim \text{Kern}(A) = n$, was können Sie über A sagen?

Fragen zu Abschnitt 11.3: Determinante

Erklären Sie folgende Begriffe: Determinante, Entwicklungssatz von Laplace.

1. Geben Sie die Determinante für folgende Matrizen an:

a) $\left(\begin{array}{cc} 2 & 3 \\ 1 & 7 \end{array} \right)$
   b) $\left(\begin{array}{ccc} 1 & 0 & 0 \\ 0 & 1 & 0 \end{array} \right)$
   c) $\left(\begin{array}{ccc} 1 & 4 & 6 \\ 0 & 2 & 5 \\ 0 & 0 & 3 \end{array} \right)$

2. Richtig oder falsch: Das (n, n)-Gleichungssystem $A\mathbf{x} = \mathbf{b}$ ist genau dann eindeutig lösbar, wenn A invertierbar ist.

3. Die Determinante einer $(3, 3)$-Matrix A sei gleich 5. Geben Sie an (mithilfe von Rechenregeln):   a) $\det(2A)$ b) $\det(A^2)$ c) $\det(A^{-1})$ d) $\det(A^T)$

Lösungen zu den Kontrollfragen

Lösungen zu Abschnitt 11.1

1. $(2, 3)$
2. Nein; es kann entweder keine, eine oder unendlich viele Lösungen haben.
3. Es gibt für ein homogenes System immer zumindest die triviale Lösung.
4. Falsch. Es ist nur eindeutig lösbar, wenn der Rang des Gleichungssystems gleich der Anzahl der Unbekannten ist.

Lösungen zu Abschnitt 11.2

1. a) $\text{rang}(A) = \text{rang}(A|b) = 2$; eindeutig lösbar, Lösung: $x_1 = 3, x_2 = 4$
   b) $\text{rang}(A) = \text{rang}(A|b) = 2$; eindeutig lösbar, Lösung: $x_1 = 3, x_2 = 4$
   c) $\text{rang}(A) = 2 \neq \text{rang}(A|b) = 3$; nicht lösbar
   d) $\text{rang}(A) = \text{rang}(A|b) = 2$; lösbar, unendlich viele Lösungen der Form: $x_1 = 5 + 6x_3$, $x_2 = -3 - 2x_3$, x_3 ist frei wählbar.
   e) $\text{rang}(A) = \text{rang}(A|b) = 3$; eindeutig lösbar, Lösung: $x_1 = 7, x_2 = 3, x_3 = 0$
2. a) $\text{Kern}(\mathbf{0}) = \mathbb{R}^n$ b) $\text{Kern}(\mathbb{I}) = \{\mathbf{0}\}$
3. Die Dimension des Kerns ist $3 - 2 = 1$.
4. a) falsch   b) falsch (außer $n = m$)   c) richtig
5. Wenn der Kern n-dimensional ist, werden alle Vektoren auf den Nullvektor abgebildet. A ist also die Nullmatrix.

Lösungen zu Abschnitt 11.3

1. a) $2 \cdot 7 - 1 \cdot 3 = 11$
   b) Nicht möglich – die Determinante ist nur für quadratische Matrizen definiert!
   c) $1 \cdot 2 \cdot 3 = 6$ (Satz 11.30)
2. richtig
3. a) $2^3 \cdot 5 = 40$ b) $5^2 = 25$ c) $\frac{1}{5}$ d) 5

11.6 Übungen

Aufwärmübungen

1. Lösen Sie mit dem Gauß-Jordan-Algorithmus und geben Sie alle Lösungen an:

$$
\begin{aligned}
y - z &= -2 \\
x + 3y - z &= 3 \\
3x + 6y - z &= 10
\end{aligned}
$$

2. Lösen Sie mit dem Gauß-Jordan-Algorithmus und geben Sie alle Lösungen an:

$$\begin{aligned} v + y - 3z &= 0 \\ 2v + x + 3y - 3z &= 21 \\ x + 2y - z &= 10 \end{aligned}$$

3. Lösen Sie mit dem Gauß-Jordan-Algorithmus und geben Sie alle Lösungen an:

$$\begin{aligned} x - 3z &= 2 \\ 2x - y - 6z &= 8 \\ -x + 2y + 3z &= 6 \end{aligned}$$

4. Die allgemeine Lösung einer Rekursion sei $a_n = k_1 2^n + k_2 n 2^n + k_3 (-1)^n$. Bestimmen Sie k_1, k_2, k_3 so, dass die Anfangsbedingungen $a_0 = 4$, $a_1 = 7$, $a_2 = 21$ erfüllt sind.

5. Berechnen Sie die Determinante von A mit
   a) dem Laplace'schen Entwicklungssatz
   b) dem Gauß-Jordan-Algorithmus:

$$A = \begin{pmatrix} 1 & 0 & 4 \\ 2 & 1 & 3 \\ 0 & 1 & 2 \end{pmatrix}$$

6. Bestimmen Sie den Rang der Matrix:

a) $A = \begin{pmatrix} 3 & 1 & 1 \\ 0 & 2 & 4 \\ 0 & 0 & 5 \end{pmatrix}$ b) $B = \begin{pmatrix} 1 & 0 & 0 & 1 & 2 \\ 0 & 1 & 0 & 2 & 1 \\ 0 & 0 & 1 & 2 & 0 \end{pmatrix}$

c) $C = B^T$ d) $D = \begin{pmatrix} 1 & 0 & 2 \\ 0 & 1 & 1 \\ 0 & 2 & 2 \end{pmatrix}$ e) $E = \begin{pmatrix} 0 & 1 \\ 1 & 0 \\ 2 & 7 \end{pmatrix}$

Weiterführende Aufgaben

1. Lösen Sie mit dem Gauß-Jordan-Algorithmus und geben Sie alle Lösungen an:

$$\begin{aligned} x + 3z + t &= 15 \\ 3y + 7z - t &= 32 \\ -2x + y + 4z &= 23 \\ x + 5y - 3z - 4t &= -19 \end{aligned}$$

2. Lösen Sie mit dem Gauß-Jordan-Algorithmus und geben Sie alle Lösungen an:

$$\begin{aligned} y + 3z + 5t &= 13 \\ x - 2y + z - 13t &= -3 \\ -2x + 3y + 21t &= 8 \\ x + z - 3t &= 5 \end{aligned}$$

3. Lösen Sie mit dem Gauß-Jordan-Algorithmus und geben Sie alle Lösungen an:

$$\begin{aligned} v + 2x - y &= 3 \\ v - x + 3y - 10z &= 0 \\ v + 2y + x - 5z &= 2 \\ v + x - y - 2z &= 1 \end{aligned}$$

4. Berechnen Sie die inverse Matrix von

$$A = \begin{pmatrix} 1 & -1 & 0 \\ 0 & 1 & 1 \\ 1 & 1 & 0 \end{pmatrix}$$

mithilfe des Gauß-Jordan-Algorithmus, indem Sie $(A \mid \mathbb{I})$ auf die Form $(\mathbb{I} \mid A^{-1})$ bringen.

5. Lösen Sie folgendes Gleichungssystem über $\mathbb{Z}_2$:

$$\begin{aligned} x_1 + x_3 &= 0 \\ x_2 + x_3 &= 1 \\ x_1 + x_2 &= 1 \end{aligned}$$

6. Bestimmen Sie den Kern der Matrix

$$A = \begin{pmatrix} 1 & 1 & 0 \\ 0 & 1 & 1 \\ 1 & 1 & 0 \end{pmatrix}.$$

Wie groß ist die Dimension des Kerns?

7. Bestimmen Sie das Bild der Matrix

$$A = \begin{pmatrix} 1 & 1 & 0 \\ 0 & 1 & 1 \\ 1 & 1 & 0 \end{pmatrix}.$$

Wie groß ist der Rang von A?

8. Berechnen Sie die Determinante (Laplace'scher Entwicklungssatz bzw. mithilfe von Rechenregeln für Determinanten):

a) $A = \begin{pmatrix} -2 & 4 & 1 & 3 \\ 0 & 3 & 0 & 2 \\ 1 & 0 & 5 & 1 \\ 4 & 1 & 7 & 1 \end{pmatrix}$ b) A^T c) $B = \begin{pmatrix} -6 & 12 & 3 & 9 \\ 0 & 3 & 0 & 2 \\ 1 & 0 & 5 & 1 \\ 12 & 3 & 21 & 3 \end{pmatrix}$

d) $C = \begin{pmatrix} 1 & 0 & 5 & 1 \\ -2 & 4 & 1 & 3 \\ 4 & 1 & 7 & 1 \\ 0 & 3 & 0 & 2 \end{pmatrix}$ e) $2A$ f) $D = \begin{pmatrix} 1 & 0 & 5 & 1 \\ 0 & 4 & 11 & 5 \\ 4 & 1 & 7 & 1 \\ 0 & 3 & 0 & 2 \end{pmatrix}$

Hinweis zur einfachen Berechnung der Determinanten von B, C und D mithilfe von Satz 11.29: Matrix B entstand aus A, indem die erste und die vierte Zeile von A mit 3 multipliziert wurde; C und A haben dieselben Zeilen, nur in anderer Reihenfolge; D entstand aus C, indem zur zweiten Zeile das 2-fache der ersten Zeile addiert wurde.

9. Berechnen Sie die Determinante von

$$A = \begin{pmatrix} 1 & 2 & 3 \\ 2 & -3 & -1 \\ 1 & 4 & 6 \end{pmatrix}$$

mithilfe des Gauß-Jordan-Algorithmus.

10. Für welche $\lambda \in \mathbb{R}$ ist das folgende Gleichungssystem eindeutig lösbar?

$$
\begin{aligned}
\lambda\, x_1 + x_3 &= 0 \\
\lambda\, x_2 + x_3 &= 0 \\
x_1 + x_2 + \lambda\, x_3 &= 0
\end{aligned}
$$

11. **Input-Output-Analyse ($\to$CAS):** Betrachten wir eine Wirtschaft, die aus drei Industriezweigen besteht: Kohle (Zweig 1), Stahl (Zweig 2) und Elektrizität (Zweig 3). Die Produktionsmatrix sei

$$A = \begin{pmatrix} 0.00 & 0.12 & 0.45 \\ 0.03 & 0.02 & 0.20 \\ 0.01 & 0.09 & 0.08 \end{pmatrix}.$$

a) Berechnen Sie für eine externe Nachfrage $\mathbf{b} = (3, 2, 4)$ die notwendige Gesamtproduktion $\mathbf{x} = (\mathbb{I} - A)^{-1}\mathbf{b}$.

b) Wenn die externe Nachfrage nach Kohle sich verdoppelt, nach Stahl gleich bleibt und nach Elektrizität sich verdreifacht, wie viel sollten dann die drei Industriezweige produzieren?

Lösungen zu den Aufwärmübungen

1. $x = -1, y = 3, z = 5$
2. $v = 11 - t, x = 32 - 7t, y = -11 + 4t, z = t$
3. keine Lösung
4. Wir müssen das Gleichungssystem $k_1 + k_3 = 4$, $2k_1 + 2k_2 - k_3 = 7$, $4k_1 + 8k_2 + k_3 = 21$ lösen: $k_1 = 3$, $k_2 = 1$, $k_3 = 1$.
5. $\det(A) = 7$
6. a) Da die Matrix aus drei linear unabhängigen Spalten (Zeilen) besteht, ist rang$(A) = 3$.
   b) Der Rang kann maximal gleich 3 sein, da die Matrix nur drei Zeilen hat. Mit $(1, 0, 0)$, $(0, 1, 0)$, $(0, 0, 1)$ sind drei linear unabhängige Spalten gefunden und somit ist rang$(B) = 3$.
   c) rang$(C) = 3$, da der Rang einer Matrix gleich der Rang ihrer transponierten Matrix ist.
   d) Da die letzten beiden Zeilen der Matrix linear abhängig sind, ist der Rang sicher nicht 3. Mit $(1\ 0\ 2)$ und $(0\ 1\ 1)$ sind zwei linear unabhängige Zeilen vorhanden, daher ist rang$(D) = 2$.
   e) Der Rang kann wieder maximal gleich 2 sein, da die Matrix nur aus zwei Spalten besteht. Da die linear unabhängigen Zeilen $(0\ 1)$ und $(1\ 0)$ enthalten sind, ist rang$(E) = 2$.

(Lösungen zu den weiterführenden Aufgaben finden Sie in Abschnitt B.11)

12

Lineare Optimierung

12.1 Lineare Ungleichungen

In vielen Problemen der Praxis werden Lösungen gesucht, die bestimmten Einschränkungen genügen. Diese Einschränkungen können oft durch lineare *Ungleichungen* beschrieben werden.

Wir wollen uns zunächst eine lineare Ungleichung im $\mathbb{R}^2$ geometrisch veranschaulichen. Erinnern Sie sich daran, dass eine lineare *Gleichung* in zwei Variablen, $a_1 x_1 + a_2 x_2 = b$, die Punkte (x_1, x_2) einer Geraden im $\mathbb{R}^2$ beschreibt.

Eine **lineare Ungleichung**

$$a_1 x_1 + a_2 x_2 \geq b \qquad \text{mit } a_1, a_2, b \in \mathbb{R}$$

beschreibt geometrisch alle Punkte (x_1, x_2) des $\mathbb{R}^2$, die auf einer Seite der Geraden $a_1 x_1 + a_2 x_2 = b$ oder direkt auf ihr liegen.

> **Beispiel 12.1 Veranschaulichung einer linearen Ungleichung im $\mathbb{R}^2$**
> Stellen Sie die Punkte $(x_1, x_2) \in \mathbb{R}^2$, die $x_1 + 2x_2 \geq 4$ erfüllen, geometrisch dar.

Lösung zu 12.1 Formen wir die Ungleichung um: $x_2 \geq -\frac{1}{2}x_1 + 2$. Zu vorgegebenem x_1-Wert muss der zugehörige x_2-Wert eines Punktes (x_1, x_2) also entweder gleich oder größer als $-\frac{1}{2}x_1 + 2$ sein; d.h., der Punkt kann auf oder oberhalb der Geraden $x_2 = -\frac{1}{2}x_1 + 2$ liegen (siehe Abbildung 12.1). ■

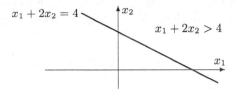

Abbildung 12.1. Die Punkte mit $x_1 + 2x_2 \geq 4$ liegen auf oder oberhalb der Geraden.

Analog stellt eine lineare Ungleichung $a_1 x_1 + a_2 x_2 + a_3 x_3 \geq b$ mit $a_1, a_2, a_3, b \in \mathbb{R}$ geometrisch alle jene Punkte im $\mathbb{R}^3$ dar, die auf einer Seite der Ebene $a_1 x_1 + a_2 x_2 + a_3 x_3 = b$ oder direkt auf ihr liegen.

Da aus $a \geq b$ durch Multiplikation mit -1 die Ungleichung $-a \leq -b$ wird, kann man jedes-System von Ungleichungen so schreiben, dass alle Ungleichungszeichen in dieselbe Richtung zeigen:

Definition 12.2 Ein **System von linearen Ungleichungen** mit Koeffizienten a_{ij} und b aus $\mathbb{R}$ hat die Form:

$$a_{11}x_1 + \cdots + a_{1n}x_n \geq b_1$$
$$\vdots$$
$$a_{m1}x_1 + \cdots + a_{mn}x_n \geq b_m$$

Ein Punkt $(x_1,\ldots,x_n) \in \mathbb{R}^n$, der alle Ungleichungen erfüllt, heißt **zulässiger Punkt**. Die Menge M aller zulässigen Punkte wird als **zulässiger Bereich** bezeichnet.

Ein zulässiger Punkt, bei dem in n Ungleichungen Gleichheit auftritt, sodass die Koeffizientenmatrix dieser n Gleichungen Rang n hat, heißt **Eckpunkt** von M.

Im Fall von zwei Variablen ist eine Ecke also der Schnittpunkt zweier Geraden, die nicht zusammenfallen dürfen.

Ecken gibt es also nur, wenn es mindestens so viele Ungleichungen wie Variable gibt ($m \geq n$). Da es maximal $\binom{m}{n}$ Möglichkeiten für die Auswahl der n Ungleichungen mit Gleichheit gibt, gibt es auch maximal $\binom{m}{n}$ Ecken.

Folgendes Beispiel führt auf ein System von linearen Ungleichungen:

Beispiel 12.3 Investmentfonds
Ein Investmentfonds hat ein Kapital von 20 Millionen Euro zur Verfügung, das auf staatliche Pfandbriefe, festverzinsliche Wertpapiere und Aktien verteilt werden soll. Dabei müssen folgende Einschränkungen erfüllt sein:
• Mindestens die Hälfte des Kapitals muss in staatlichen Pfandbriefen oder festverzinslichen Wertpapieren angelegt werden.
• Das Kapital, das in festverzinslichen Wertpapieren angelegt ist, darf höchstens doppelt so hoch sein, wie das Kapital, das in staatlichen Pfandbriefen angelegt ist.
Formulieren Sie diese Einschränkungen mithilfe von Ungleichungen.

Lösung zu 12.3 Bezeichnen wir mit x_1, x_2 und x_3 das Kapital, das in Pfandbriefen, festverzinslichen Wertpapieren bzw. Aktien angelegt wird. Es sollen die gesamten 20 Millionen Euro angelegt werden, das heißt

$$x_1 + x_2 + x_3 = 20.$$

Das bedeutet, dass wir eine der Unbekannten durch die übrigen ausdrücken können. Zum Beispiel $x_3 = 20 - x_1 - x_2$; offen sind nun also noch x_1 und x_2.

Da die x_i Geldbeträge bedeuten, sind hier natürlich nur Lösungen mit $x_i \geq 0$ von Interesse. Die Bedingung $x_3 \geq 0$ können wir wieder mithilfe von x_1 und x_2 formulieren, insgesamt gilt also:

$$x_1 \geq 0$$
$$x_2 \geq 0$$
$$20 - x_1 - x_2 \geq 0.$$

Nun wird verlangt, dass zumindest die Hälfte des Kapitals in Pfandbriefen oder festverzinslichen Wertpapieren angelegt werden soll, das heißt

$$x_1 + x_2 \geq 10.$$

Weiters wird eingeschränkt, dass der in festverzinslichen Wertpapieren angelegte Geldbetrag höchstens gleich dem doppelten Geldbetrag sein darf, der in Pfandbriefen angelegt ist, also

$$x_2 \leq 2x_1.$$

Der zulässige Bereich ist damit gegeben durch

$$M = \{(x_1, x_2) \mid x_1 \geq 0,\ x_2 \geq 0,\ x_1 + x_2 \leq 20,\ x_1 + x_2 \geq 10,\ x_2 \leq 2x_1\}.$$

Er ist begrenzt durch die Geraden $x_2 = 0$, $x_1 + x_2 = 20$, $x_1 + x_2 = 10$, $x_2 = 2x_1$ und in Abbildung 12.2 veranschaulicht (stark umrandeter Bereich). (Die Ungleichung $x_1 \geq 0$ ist automatisch erfüllt, wenn die anderen Ungleichungen erfüllt sind, sie ist also hier redundant). Die zugehörigen Werte von x_3 berechnen sich aus den zulässigen Punkten $(x_1, x_2) \in M$ durch $x_3 = 20 - x_1 - x_2$. ∎

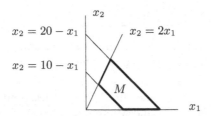

Abbildung 12.2. Der zulässige Bereich aus Beispiel 12.3.

Die Menge aus Abbildung 12.2 hat eine wichtige Eigenschaft:

Definition 12.4 Eine Menge $M \subseteq \mathbb{R}^n$ (oder $\mathbb{C}^n$) heißt **beschränkt**, wenn es eine Konstante C gibt mit

$$|\mathbf{x}| \leq C \quad \text{für alle } \mathbf{x} \in M.$$

Geometrische Veranschaulichung: Eine Menge $M \subseteq \mathbb{R}^2$ ist genau dann beschränkt, wenn es einen Kreis mit Radius C gibt, sodass alle Punkte von M innerhalb dieses Kreises liegen: $\sqrt{x_1^2 + x_2^2} \leq C$. Analoges gilt im $\mathbb{R}^3$ mit einer Kugel anstelle des Kreises.

Beispiel 12.5 Beschränkte und unbeschränkte Mengen
a) Die Menge $M = \{\mathbf{x} = (x_1, x_2) \in \mathbb{R}^2 \mid x_1 \geq 0, x_2 \geq 0\}$ ist unbeschränkt, da $|\mathbf{x}| = \sqrt{x_1^2 + x_2^2}$ beliebig groß werden kann.

b) Jeder von $\{0\}$ verschiedene Teilraum U von $\mathbb{R}^n$ ist unbeschränkt: Wir brauchen nur irgendeinen Vektor $\mathbf{x} \neq \mathbf{0} \in U$ nehmen, dann kann daraus durch Multiplikation mit einem geeigneten $k \in \mathbb{R}$ ein beliebig langes $k\,\mathbf{u} \in U$ erhalten werden.

c) Die Menge $M = \{\mathbf{x} = (x_1, x_2) \in \mathbb{R}^2 \mid 0 \leq x_1 \leq 2, 0 \leq x_2 \leq 3\}$ ist beschränkt, denn es gilt: $|\mathbf{x}| \leq \sqrt{2^2 + 3^2} = \sqrt{13}$ für alle $\mathbf{x} \in M$.

12.2 Lineare Optimierung

In der Praxis ist oft aus dem zulässigen Bereich eines Systems von Ungleichungen eine *optimale Lösung* auszuwählen in dem Sinn, dass eine bestimmte Größe ein Maximum (oder Minimum) annehmen soll.

Definition 12.6 Ein **lineares Optimierungsproblem (LOP)** ist die Aufgabe, aus dem zulässigen Bereich eines linearen Ungleichungssystems einen Punkt $(\tilde{x}_1, \ldots, \tilde{x}_n)$ zu finden, für den eine gegebene affine Funktion $f : \mathbb{R}^n \to \mathbb{R}$,

$$f(x_1, \ldots, x_n) = c_1 x_1 + c_2 x_2 + \ldots c_n x_n + d, \quad \text{mit} \quad d, c_1, \ldots, c_n \in \mathbb{R},$$

ihr Maximum oder ihr Minimum annimmt. Die Funktion f heißt **Zielfunktion** und ein solcher Punkt $(\tilde{x}_1, \ldots, \tilde{x}_n)$ wird **optimaler Punkt** oder **optimale Lösung** genannt.

Wie findet man nun das Maximum (oder Minimum) einer affinen Funktion in einem zulässigen Bereich eines linearen Ungleichungssystems? Dabei hilft der folgende

Satz 12.7 Der zulässige Bereich M eines LOP sei nichtleer und beschränkt. Dann nimmt die Zielfunktion ihr Maximum und Minimum an einem Eckpunkt von M an.

Warum das so ist, können wir uns folgendermaßen veranschaulichen: Gibt es nur eine Variable x, so hat die Zielfunktion die Form $f(x) = kx + d$, beschreibt also eine Gerade. Der zulässige Bereich sei das Intervall $[a, b]$ (= beschränkte Menge). Dann sehen wir sofort, dass der größte bzw. kleinste Funktionswert nur an den Randpunkten angenommen werden kann! Analog ist eine Funktion in zwei Variablen von der Form $f(x_1, x_2) = c_1 x_1 + c_2 x_2 + d$. Nun liegen die Punkte $(x_1, x_2, f(x_1, x_2))$ auf einer Ebene im $\mathbb{R}^3$. Da eine Ebene „eben" ist und keine Dellen hat, gibt es im Inneren keine lokalen Maxima oder Minima. Diese treten also am Rand des zulässigen Bereichs auf. Der Rand ist aber durch Geradenstücke gegeben. Werten wir f entlang eines Geradenstücks aus, so zeigt unsere Überlegung von zuvor, dass Maxima und Minima wieder am Rand, also an einer Ecke, auftreten.

Man braucht also f nur an den Eckpunkten des zulässigen Bereichs auszuwerten und aus diesen Funktionswerten das Maximum (Minimum) zu suchen. Einige Bemerkungen dazu:

• Das Maximum (bzw. Minimum) ist nicht immer eindeutig, sondern es kann an mehreren Punkten angenommen werden. Denken Sie etwa an den Extremfall einer konstanten Funktion $f(x) = d$, hier nimmt f an jedem Punkt ihr Maximum (= Minimum) an.

- Sucht man das Minimum von $f(x_1, \ldots, x_n)$, so ist das gleichbedeutend damit, das Maximum von $-f(x_1, \ldots, x_n)$ zu suchen.
- Wenn wir anstelle $\geq$ strikte Ungleichungen $>$ betrachten, dann gehören die Eckpunkte nicht mehr zum zulässigen Bereich, und damit im Allgemeinen auch nicht die Punkte, an denen das Maximum und Minimum angenommen wird.

Beispiel 12.8 ($\rightarrow$CAS) Lineare Optimierung
Für den Investmentfonds aus Beispiel 12.3 sei der zu erwartende Gewinn bei Investition in staatliche Pfandbriefe gleich 5%, in festverzinsliche Wertpapiere 6% und in Aktien 9%. Bei welcher Aufteilung (unter den oben gegebenen Einschränkungen) kann der zu erwartende Gewinn maximiert werden?

Lösung zu 12.8 Wenn wieder x_1, x_2 und x_3 das jeweilige Kapital bezeichnet, das in Pfandbriefen, festverzinslichen Wertpapieren bzw. Aktien angelegt wird, dann ist der Gewinn $f(x_1, x_2) = 0.05x_1 + 0.06x_2 + 0.09(20 - x_1 - x_2) = 1.8 - 0.04x_1 - 0.03x_2$. Aus der in der Lösung zu Beispiel 12.3 gegebenen Menge der zulässigen (x_1, x_2)-Werte ist nun jenes Paar zu finden, für das der Gewinn $f(x_1, x_2)$ maximal ist. Dazu brauchen wir aber nur die Funktionswerte in den vier Eckpunkten des zulässigen Bereichs (siehe Abbildung 12.2) zu untersuchen. Die Eckpunkte sind die Schnittpunkte der Geraden $x_2 = 0$, $20 - x_1 - x_2 = 0$, $x_1 + x_2 = 10$ und $x_2 = 2x_1$. Der Schnittpunkt von $x_1 + x_2 = 10$ und $-2x_1 + x_2 = 0$ ist zum Beispiel $(x_1, x_2) = (\frac{10}{3}, \frac{20}{3}) = (3.\overline{3}, 6.\overline{6})$, somit ist der zugehörige Gewinn $f(\frac{10}{3}, \frac{20}{3}) = 1.4\overline{6}$. Analog berechnet man die anderen Eckpunkten und die zugehörigen Funktionswerte und erhält:

(x_1, x_2)	$f(x_1, x_2)$
$(\frac{10}{3}, \frac{20}{3})$	$1.4\overline{6}$
$(\frac{20}{3}, \frac{40}{3})$	$1.1\overline{3}$
$(20, 0)$	1
$(10, 0)$	1.4

Daraus sehen wir, dass der maximale Gewinn von 1.47 Millionen Euro bei einer Aufteilung des Kapitals auf staatliche Pfandbriefe, festverzinsliche Wertpapiere bzw. Aktien gemäß $(x_1, x_2, x_3) = (\frac{10}{3}, \frac{20}{3}, 10)$ auftritt.   ∎

12.3 Der Simplex-Algorithmus

Bei höherdimensionalen Problemen (wenn es also mehr als zwei Unbekannte gibt) ist es in der Regel nicht mehr effektiv, alle möglichen Eckpunkte durchzuprobieren. Man verwendet dann einen Algorithmus, bei dem man sich bei der Suche nach dem Maximum so von einem Eckpunkt zum nächsten bewegt, dass der Wert von $f(x_1, \ldots, x_n)$ zunimmt. Das macht man so lange, bis der Funktionswert nicht mehr weiter wächst. Dieses Verfahren ist als **Simplex-Algorithmus** bekannt.

Wir wollen uns diesen Algorithmus zunächst am Beispiel 12.3 aus dem letzten Abschnitt veranschaulichen: Gesucht ist also das Maximum der Zielfunktion

$$f(x_1, x_2) = 180 - 4x_1 - 3x_2,$$

für $x_1, x_2 \geq 0$ und

$$
\begin{aligned}
x_1 + x_2 &\leq 20 \\
x_1 + x_2 &\geq 10 \\
x_2 &\leq 2x_1.
\end{aligned}
$$

(Wir haben f aus Beispiel 12.3 hier mit 100 multipliziert, um Kommazahlen zu vermeiden; dadurch ändert sich die Stelle des Maximums nicht.)

Da die Eckpunkte durch Schnittpunkte von je zwei Geraden, die den zulässigen Bereich begrenzen, gegeben sind, wandeln wir die Ungleichungen in Gleichungen um. Dazu addieren wir zu einer Ungleichung formal eine neue Variable und erhalten dadurch eine Gleichung. Aus

$$ x_1 + x_2 \leq 20 $$

wird auf diese Weise zum Beispiel

$$ x_1 + x_2 + x_3 = 20. $$

Der einzige Lebenszweck von x_3 ist, den Unterschied vom Ungleichungs- auf das Gleichheitszeichen zu schlucken! Insbesondere erfüllt ein Punkt (x_1, x_2) genau dann die ursprüngliche Ungleichung, wenn $x_3 \geq 0$ gilt; $x_3 = 0$ bedeutet, dass das Gleichheitszeichen gilt, der Punkt also genau auf der Geraden liegt. (Achtung: x_3 hat nichts mehr mit dem Kapital, das in Aktien angelegt wird, aus Beispiel 12.3 zu tun!)

Verfahren wir mit den anderen Ungleichungen analog, so erhalten wir folgendes System von Gleichungen

$$
\begin{aligned}
x_1 + x_2 + x_3 &= 20 \\
-x_1 - x_2 \quad\;\; + x_4 &= -10 \\
-2x_1 + x_2 \qquad\qquad + x_5 &= 0,
\end{aligned}
$$

das zusammen mit den Zusatzbedingungen

$$ x_1 \geq 0, \; x_2 \geq 0, \; \ldots, \; x_5 \geq 0 $$

den zulässigen Bereich definiert. Die neuen Variablen x_3, x_4, x_5 werden auch als **Schlupfvariablen** (engl. *slack variables*) bezeichnet.

Die Eckpunkte des zulässigen Bereichs M sind jene Lösungen des Gleichungssystems $(x_1, \ldots, x_5)$ mit $x_j \geq 0$, für die mindestens zwei Variablen verschwinden (wenn zwei Variable verschwinden, dann bedeutet das, dass sich zwei Gerade schneiden):

x_1	x_2	x_3	x_4	x_5
$\frac{10}{3}$	$\frac{20}{3}$	10	0	0
$\frac{20}{3}$	$\frac{40}{3}$	0	10	0
20	0	0	10	40
10	0	10	0	20

Ignorieren wir aber vorerst, dass wir die zulässigen Ecken schon kennen, und tun wir so, als ob wir frisch mit dem Simplex-Algorithmus beginnen.

Dazu schreiben wir nun unser Gleichungssystem, wie schon beim Gauß-Algorithmus, in Matrixform. Als letzte Zeile fügen wir die Zielfunktion $f(x_1, x_2) = 180 - 4x_1 - 3x_2$ als weitere Gleichung

$$x_6 = 180 - 4x_1 - 3x_2$$

hinzu. So erhalten wir das so genannte **Simplextableau**:

$$
\begin{array}{cccccc|c}
1 & 1 & 1 & 0 & 0 & 0 & 20 \\
-1 & -1 & 0 & 1 & 0 & 0 & -10 \\
-2 & 1 & 0 & 0 & 1 & 0 & 0 \\
\hline
4 & 3 & 0 & 0 & 0 & 1 & 180
\end{array}
$$

Nun müssen wir uns eine Startecke aussuchen. Dazu setzen wir zwei Variablen auf Null und lösen das Gleichungssystem nach den übrigen Variablen auf. Sind die Koordinaten x_1, x_2, x_3, x_4, x_5, die wir für diese Ecke erhalten, alle nichtnegativ, so liegt die Ecke im zulässigen Bereich und wir können loslegen. (x_6 ist vorerst unwesentlich, denn das ist der Wert der Zielfunktion an dieser Ecke.)

In vielen Fällen liegt der Ursprung $(x_1, x_2) = (0, 0)$ im zulässigen Bereich. Hier ist das leider nicht der Fall, da $(x_3, x_4, x_5) = (20, -10, 0)$ eine negative Komponente enthält.

Wählen wir also zum Beispiel $x_2 = x_4 = 0$ und berechnen die zugehörigen Variablen x_1, x_3, x_5, x_6: Wenn wir das Simplextableau betrachten, dann sehen wir, dass in den Spalten der Variablen x_3, x_5, x_6 bis auf eine Eins nur Nullen stehen. Auch die vierte Spalte ist von dieser Gestalt, $(0, 1, 0, 0)$. Das brauchen wir aber nicht, denn wir setzen ohnehin $x_4 = 0$. Bringen wir daher mithilfe von elementaren Zeilenumformungen die erste Spalte auf die Form $(0, 1, 0, 0)$:

$$
\begin{array}{cccccc|c}
0 & 0 & 1 & 1 & 0 & 0 & 10 \\
1 & 1 & 0 & -1 & 0 & 0 & 10 \\
0 & 3 & 0 & -2 & 1 & 0 & 20 \\
\hline
0 & -1 & 0 & 4 & 0 & 1 & 140
\end{array}
$$

Um diese Gestalt zu erreichen haben wir (wie beim Gauß-Jordan-Algorithmus) die zweite Zeile mit -1 multipliziert; danach die (neue) zweite Zeile von der ersten subtrahiert; dann das 2-fache der zweiten Zeile zur dritten addiert; zuletzt das 4-fache der zweiten Zeile von der vierten subtrahiert.

Nun können wir, wenn wir $x_2 = x_4 = 0$ setzen, aus dem Simplextableau bequem die Koordinaten $(x_3, x_1, x_5) = (10, 10, 20)$ aus der letzten Spalte (= hinter dem Strich) ablesen. Da alle Werte nichtnegativ sind, liegt die Ecke $(x_1, x_2, x_3, x_4, x_5) = (10, 0, 10, 0, 20)$ im zulässigen Bereich.

Wäre eine der Ecken-Koordinaten negativ gewesen, so wären die Ecke außerhalb des zulässigen Bereichs gewesen. Das hätte bedeutet, dass wir eine andere Ecke für den Start suchen müssen. Wir hätten also zwei andere Variable gleich null setzen und wieder analog vorgehen müssen.

Die letzte Zeile besagt, dass an unserer Startecke mit $x_2 = x_4 = 0$ der Wert der Zielfunktion $x_6 = 140$ ist.

(Das ist zwar kleiner als der Wert $x_6 = 180$, der an der Ecke mit $x_1 = x_2 = 0$ angenommen wird, aber dafür ist unsere Ecke jetzt auch im zulässigen Bereich;-)

Nun haben wir eine zulässige Startecke gefunden und können endlich mit der Optimierung beginnen! Wir suchen eine benachbarte Ecke im zulässigen Bereich, in der der Wert der Zielfunktion größer ist. Das heißt, wir wählen eine neue Variable, die verschwinden soll, und vergrößern dafür eine der beiden Variablen, die in der aktuellen Ecke gleich null ist (verkleinern dürfen wir sie nicht, weil wir dann den zulässigen Bereich verlassen würden). Welche der beiden Variablen, x_2 oder x_4, sollen wir nun vergrößern? Wenn wir x_4 vergrößern, so können wir aus der letzten Zeile, $x_6 = 140 + x_2 - 4x_4$, ablesen, dass sich der Wert der Zielfunktion in diesem Fall verkleinert! Das wollen wir aber ganz sicher nicht! Wenn wir aber x_2 vergrößern, dann vergrößert sich der Wert der Zielfunktion. Unsere Wahl fällt somit auf x_2.

Die nächste Frage ist, welche der Variablen x_1, x_3, x_5 wir gleich null setzen sollen. Dazu berechnen wir die Quotienten der Elemente in der letzten und zweiten Spalte des Simplextableaus,

$$\frac{10}{0} = \infty, \qquad \frac{10}{1} = 10, \qquad \frac{20}{3} = 6.\overline{6},$$

und wählen die Zeile, die zum kleinsten Quotienten gehört (tritt der kleinste Wert mehrfach auf, so können wir irgendeinen wählen). Wir wählen also die dritte Zeile, setzen also $x_5 = 0$.

Diese Wahl scheint auf den ersten Blick etwas mystisch. Man kann sich aber überlegen, dass sie gerade sicherstellt, dass die neue Ecke wieder im zulässigen Bereich liegt.

Um die Koordinaten der neuen Ecke mit $x_4 = x_5 = 0$ wieder bequem ablesen zu können, bringen wir nun mithilfe von elementaren Zeilenumformungen die zweite Spalte auf die Form $(0, 0, 1, 0)$ (so sieht derzeit die fünfte Spalte aus):

$$
\begin{array}{cccccc|c}
0 & 0 & 1 & 1 & 0 & 0 & 10 \\
1 & 0 & 0 & -\frac{1}{3} & -\frac{1}{3} & 0 & \frac{10}{3} \\
0 & 1 & 0 & -\frac{2}{3} & \frac{1}{3} & 0 & \frac{20}{3} \\
\hline
0 & 0 & 0 & \frac{10}{3} & \frac{1}{3} & 1 & \frac{440}{3}
\end{array}
$$

Die neue Ecke entspricht somit $x_4 = x_5 = 0$ sowie $(x_3, x_1, x_2) = (10, \frac{10}{3}, \frac{20}{3})$, und der Wert der Zielfunktion ist hier $x_6 = \frac{440}{3} = 146.\overline{6}$.

Nun haben wir aber das Problem, dass sowohl der Eintrag für x_4 in der letzten Zeile, $\frac{10}{3}$, als auch der Eintrag für x_5 in der letzten Zeile, $\frac{1}{3}$, positiv ist. Egal, welche dieser beiden Variable wir als Nächstes vergrößern würden, in jedem Fall würde sich der Wert der Zielfunktion nur noch verkleinern. Damit ist unser Algorithmus am Ende angelangt, und in der Tat haben wir das Maximum, das wir ja schon aus Beispiel 12.8 kennen, gefunden!

Übrigens, ist Ihnen aufgefallen, dass sich die vorletzte Spalte in allen Schritten nie verändert hat? Das ist kein Zufall, denn diese Spalte entspricht ja der Variablen x_6, die den Wert der Zielfunktion darstellt! Es ist daher üblich, sich Schreibarbeit zu sparen, und die Spalte einfach wegzulassen.

Fassen wir zusammen: Ein lineares Optimierungsproblem lässt sich (vorausgesetzt, die ursprünglichen Variablen erfüllen $x_j \geq 0$) durch Umformen und Einführen von Schlupfvariablen auf folgende *Normalform* bringen:

Definition 12.9 Ein LOP ist in **Normalform**, wenn die Funktion

$$f = c_1 x_1 + \cdots + c_n x_n + d \quad \text{mit} \quad d, c_1, \ldots, c_n \in \mathbb{R},$$

unter den m $(< n)$ Nebenbedingungen

$$
\begin{aligned}
a_{11} x_1 + a_{12} x_2 + \cdots + a_{1n} x_n &= b_1 \\
a_{21} x_1 + a_{22} x_2 + \cdots + a_{2n} x_n &= b_2 \\
&\vdots \\
a_{m1} x_1 + a_{m2} x_2 + \cdots + a_{mn} x_n &= b_m
\end{aligned}
$$

und

$$x_1 \geq 0, \cdots, x_n \geq 0$$

zu maximieren ist. Die Eckpunkte des zulässigen Bereichs sind genau die zulässigen Lösungen des Gleichungssystems, für die mindestens $n - m$ Variablen verschwinden.

Zur kompakten Schreibweise verwenden wir eine Tabelle:

Definition 12.10 Für ein LOP in Normalform heißt

a_{11}	a_{12}	$\cdots$	a_{1n}	b_1
a_{21}	a_{22}	$\cdots$	a_{2n}	b_2
$\vdots$	$\vdots$		$\vdots$	$\vdots$
a_{m1}	a_{m2}	$\cdots$	a_{mn}	b_m
$-c_1$	$-c_2$	$\cdots$	$-c_n$	d

das zugehörige **Simplextableau**.

Eine Ecke ist also durch das Verschwinden von zumindest $n - m$ Variablen $x_{j_1}, \ldots,$ $x_{j_{n-m}}$ charakterisiert. Das Simplextableau ist nach diesen Variablen **aufgelöst**, falls die übrigen Spalten (bis auf die Reihenfolge) die Spalten der (m, m)-Einheitsmatrix ergeben. Ist das Simplextableau nach einer Ecke (d.h., nach deren Variablen) aufgelöst, so ist die Ecke genau dann zulässig, wenn die Einträge der letzten Spalte b_1, $\ldots$, b_m alle nichtnegativ sind.

Simplex-Algorithmus:
Der Algorithmus findet das Maximum eines linearen Optimierungsproblems ausgehend von einer zulässigen Startecke.

1) Stelle das Simplextableau auf, wähle eine zulässige Startecke und löse das Simplextableau nach dieser Ecke auf.
2) Sind alle Einträge in der letzten Zeile (bis auf den in der letzten Spalte) nichtnegativ, dann STOP: Das Maximum ist gefunden.
3) Wahl der **Pivotspalte**: Wähle eine Spalte s $(1 \leq s \leq n)$ mit kleinstem negativen Element in der letzten Zeile.

4) Wahl der **Pivotzeile**: Für jeden positiven Eintrag in der Pivotspalte s bilde den Quotienten mit dem entsprechenden Element der letzten Spalte: $\frac{b_j}{a_{js}}$ ($1 \le j \le m$). (Sind alle Elemente der Pivotspalte negativ, so ist der zulässige Bereich unbeschränkt: STOP.) Wähle eine Zeile z mit minimalem Quotient. Das zugehörige Element a_{zs} ist das **Pivotelement**.

5) **Austauschschritt**: Räume durch elementare Zeilenumformungen die Pivotspalte aus, sodass in der Pivotzeile eine Eins und sonst überall Nullen stehen. Weiter bei Schritt 2).

Es kann theoretisch passieren, dass an einer zulässigen Ecke mehr als $n-m$ Variablen verschwinden. Man spricht dann von einer **ausgearteten Ecke**. In diesem Fall kann es notwendig sein, dass man mehr als zwei Variablen austauschen muss, um zu einer zulässigen Ecke mit größerem Wert der Zielfunktion zu kommen. Für die Praxis ist dieser Fall aber in der Regel vernachlässigbar.

Beispiel 12.11 ($\rightarrow$CAS) Simplex-Algorithmus
Minimieren Sie

$$f = 10 - 3x_1 - 4x_2$$

unter den Nebenbedingungen

$$x_1 \ge 0, \ x_2 \ge 0, \ x_1 + 2x_2 \le 20, \ -2x_1 - x_2 \ge -28.$$

Lösung zu 12.11 Wir führen zunächst Schlupfvariable x_3, x_4 ein und erhalten damit:

$$x_1 + 2x_2 + x_3 = 20$$
$$2x_1 + x_2 + x_4 = 28$$

Die Funktion f zu minimieren bedeutet die Funktion

$$\tilde{f} = -f = 3x_1 + 4x_2 - 10$$

zu maximieren. Somit lautet unser Simplextableau:

1	2	1	0	20
2	1	0	1	28
−3	−4	0	0	−10

Da die Einträge in der letzten Spalte über dem Trennstrich nichtnegativ sind, ist $x_1 = x_2 = 0$ eine zulässige Ecke (das Simplextableau ist ja schon nach dieser Ecke aufgelöst). Wegen $-4 < -3$ ist die zweite Spalte die Pivotspalte. Um die Pivotzeile zu erhalten, berechnen wir die Quotienten:

1	2	1	0	20	$\frac{20}{2} = 10$
2	1	0	1	28	$\frac{28}{1} = 28$
−3	−4	0	0	−10	

Somit ist die erste Zeile die gesuchte Pivotzeile und das Element a_{12} ist unser Pivotelement. Räumen wir die Pivotspalte aus, sodass an der Stelle des Pivotelements eine Eins entsteht und sonst Nullen:

$$\begin{array}{cccc|c} \frac{1}{2} & 1 & \frac{1}{2} & 0 & 10 \\ \frac{3}{2} & 0 & -\frac{1}{2} & 1 & 18 \\ \hline -1 & 0 & 2 & 0 & 30 \end{array}$$

Da wir noch einen negativen Wert, -1, in der letzten Zeile (vor dem Strich) haben, ist ein weiterer Schritt notwendig. Da es das einzige negative Element ist, ist die erste Spalte die Pivotspalte. Der kleinste Quotient ist 12 und damit ist die zweite Zeile die Pivotzeile:

$$\begin{array}{cccc|c} \frac{1}{2} & 1 & \frac{1}{2} & 0 & 10 \\ \boxed{\frac{3}{2}} & 0 & -\frac{1}{2} & 1 & 18 \\ \hline -1 & 0 & 2 & 0 & 30 \end{array} \qquad \begin{array}{l} \frac{10}{1/2} = 20 \\[4pt] \frac{18}{3/2} = 12 \end{array}$$

Wir müssen also die erste Spalte so ausräumen, dass an der Stelle a_{21} eine Eins und sonst Nullen entstehen:

$$\begin{array}{cccc|c} 0 & 1 & \frac{2}{3} & -\frac{1}{3} & 4 \\ 1 & 0 & -\frac{1}{3} & \frac{2}{3} & 12 \\ \hline 0 & 0 & \frac{5}{3} & \frac{2}{3} & 42 \end{array}$$

Nun gibt es in der letzten Zeile keine negativen Einträge mehr (vor dem Strich) und somit ist das Maximum 42 der Zielfunktion gefunden. Es tritt an der Stelle $x_1 = 12$, $x_2 = 4$ auf.

Damit hat unsere ursprüngliche Funktion ein Minimum von -42 am Punkt $(x_1, x_2) = (12, 4)$. ∎

In manchen Situationen kommen nur ganzzahlige Lösungen in Frage. Wenn man aber nicht gerade seinen Glückstag hat (oder nicht ein konstruiertes Beispiel aus einem Lehrbuch löst;-), dann wird der Simplex-Algorithmus keine ganzzahlige Lösung produzieren. In einfachen Fällen kann man die ganzzahligen Punkte in der Nähe der optimalen Lösung untersuchen (Achtung: Die optimale ganzzahlige Lösung muss nicht die sein, die am nächsten zur optimalen nichtganzzahligen Lösung liegt). Oft gibt es aber auch für diese Fälle eigene Algorithmen, die das ganzzahlige Optimum finden.

12.4 Mit dem digitalen Rechenmeister

Lineare Ungleichungen

Mit dem Befehl `RegionPlot` können Ungleichungen dargestellt werden. Der zulässige Bereich aus Beispiel 12.3 kann wie folgt veranschaulicht werden:

```
In[1]:= RegionPlot[x ≥ 0&&y ≥ 0&&x + y ≤ 20&&x + y ≥ 10&&y ≤
        2x, {x, 0, 20}, {y, 0, 20}]
```

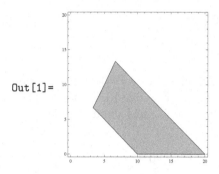

Out[1]=

Lineare Optimierung

Mit Mathematica kann die Lösung eines linearen Optimierungsproblems in der Form von Definition 12.2 bzw. Definition 12.6 mit dem Befehl LinearProgramming[c, A, b] gefunden werden. Im Argument des Befehls werden zuerst die Koeffizienten $c = (c_1, \ldots, c_n)$ der Zielfunktion f eingegeben (da die Konstante d für das Finden des Maximums unerheblich ist, wird sie weggelassen); danach die Koeffizientenmatrix $A = (a_{ij})$ aller Variablen, und zuletzt die zugehörigen rechten Seiten $b = (b_1, \ldots, b_m)$ der Ungleichungen. Es wird dabei immer das Minimum von f gesucht. Benötigt man das Maximum, so ist einfach f durch $-f$ zu ersetzen. Die Lösung von Beispiel 12.3 (wie zu Beginn des Abschnitts 12.3 formuliert) lautet damit:

In[2]:= LinearProgramming$[\{4, 3\}, \begin{pmatrix} -1 & -1 \\ 1 & 1 \\ 2 & -1 \end{pmatrix}, \{-20, 10, 0\}]$

Out[2]= $\{\frac{10}{3}, \frac{20}{3}\}$

Wir haben hier zuvor alle Ungleichungszeichen gemäß Definition 12.2 auf die Richtung $\geq$ gebracht und das Vorzeichen der Zielfunktion geändert, da wir ja das Maximum suchen. Beispiel 12.11 hat analog die Lösung:

In[3]:= LinearProgramming$[\{-3, -4\}, \begin{pmatrix} -1 & -2 \\ -2 & -1 \end{pmatrix}, \{-20, -28\}]$

Out[3]= $\{12, 4\}$

Wenn man zu faul ist, das Problem auf die Form von Definition 12.2 zu bringen, kann man auch die Befehle Maximize und Minimize verwenden. Beispiel 12.8 wird dann so gelöst:

In[4]:= Maximize$[1.8 - 0.04\,x1 - 0.03\,x2, x1 \geq 0\,\&\&\,x2 \geq 0\,\&\&\,20 - x1 - x2 \geq 0\,\&\&$
        $x1 + x2 \geq 10\,\&\&\,x2 \leq 2\,x1, \{x1, x2\}]$
Out[4]= $\{1.46667, \{x1 \to 3.33333, x2 \to 6.66667\}\}$

Dieser Befehl kann auch für nichtlineare Optimierungsprobleme verwendet werden. Allerdings ist dann meist nur noch eine numerische Lösung möglich.

12.5 Kontrollfragen

Fragen zu Abschnitt 12.1: Lineare Ungleichungen

Erklären Sie folgende Begriffe: lineare Ungleichung, zulässiger Punkt, zulässiger Bereich, Eckpunkt, beschränkte Menge.

1. Handelt es sich um eine lineare Ungleichung?
   a) $x + 5y - 3 \leq 0$ b) $x_1 \geq x_2$ c) $xy \leq 5$ d) $x - y^2 \leq 0$
2. Kann man lineare Ungleichungen auch über $\mathbb{C}$ behandeln?
3. Richtig oder falsch?
   a) Die Vereinigung von zwei beschränkten Mengen ist beschränkt.
   b) Der Durchschnitt von zwei beschränkten Mengen ist beschränkt.
4. Beschränkt oder unbeschränkt? a) $[0, \infty) \subseteq \mathbb{R}$ b) $\{(x,y) \mid |x+y| \leq 1\} \subseteq \mathbb{R}^2$

Fragen zu Abschnitt 12.2: Lineare Optimierung

Erklären Sie folgende Begriffe: lineares Optimierungsproblem, Zielfunktion, optimaler Punkt.

1. Gegeben sind folgende Funktionen f bzw. Einschränkungen für x_1 und x_2. Gesucht ist jeweils das Maximum von f. Handelt es sich um ein lineares Optimierungsproblem?

$$
\begin{array}{ll}
\text{a)} & \begin{aligned}
f(x_1, x_2) &= x_1 + x_2 - 3 \\
x_1 &\geq 0 \\
x_2 &\geq 0 \\
2x_1 + 3x_2 &\leq 12
\end{aligned}
\qquad
\text{b)} & \begin{aligned}
f(x_1, x_2) &= x_1 + x_2 - 3 \\
x_1 &\geq 0 \\
2x_1 + 3x_2 &\leq 12 \\
x_1 - x_2 &\leq 1
\end{aligned}
\\[2em]
\text{c)} & \begin{aligned}
f(x_1, x_2) &= x_1 - x_2 \\
x_1 &\geq 0 \\
x_2 &\geq 0 \\
-x_1 + 2x_2 &\leq 4 \\
x_1 + x_2 &\leq 8
\end{aligned}
\qquad
\text{d)} & \begin{aligned}
f(x_1, x_2) &= x_2 \cdot x_2 - 3 \\
x_1 &\geq 0 \\
x_2 &\geq 0 \\
2x_1 + 3x_2 &\leq 12
\end{aligned}
\end{array}
$$

2. Unter welcher Voraussetzung nimmt bei einem linearen Optimierungsproblem die Zielfunktion ihr Maximum oder Minimum an einem Eckpunkt an?

Fragen zu Abschnitt 12.3: Der Simplex-Algorithmus

Erklären Sie folgende Begriffe: Schlupfvariable, Normalform eines linearen Optimierungsproblems, Simplex-Algorithmus, Simplextableau, Pivotspalte, Pivotzeile, Pivotelement, Austauschschritt.

1. Kann ein lineares Optimierungsproblem immer auf Normalform gebracht werden?
2. Kann man mit dem Simplex-Algorithmus auch das Minimum von Funktionen finden?
3. Was macht man, wenn in einer Nebenbedingung das Ungleichungszeichen in die falsche Richtung zeigt?

Lösungen zu den Kontrollfragen

Lösungen zu Abschnitt 12.1

1. a) ja   b) ja
   c) nein, denn die Ungleichung kann nicht auf die Form $ax + by \leq c$ gebracht werden
   d) nein, denn die Ungleichung kann nicht auf die Form $ax + by \leq c$ gebracht werden
2. nein, denn $\mathbb{C}$ ist nicht geordnet (d.h., „$\leq$" ist in $\mathbb{C}$ nicht definiert)
3. a) richtig   b) richtig
4. a) unbeschränkt
   b) unbeschränkt (denn z. B. $(t, -t)$ ist für jedes $t \in \mathbb{R}$ in der Menge enthalten, dadurch lässt sich die Menge nicht durch einen Kreis begrenzen)

Lösungen zu Abschnitt 12.2

1. a) ja   b) ja   c) ja
   d) nein, weil die Zielfunktion nicht die Form $f(x_1, x_2) = c_1 x_1 + c_2 x_2 + d$ hat
2. Der zulässige Bereich muss beschränkt (und nichtleer) sein.

Lösungen zu Abschnitt 12.3

1. Ja, unter der Voraussetzung, dass die Variablen die Bedingung $x_j \geq 0$ erfüllen, kann das immer durch die Einführung von Schlupfvariablen erreicht werden.
2. Ja, das Minimum von f findet man, indem man nach dem Maximum von $-f$ sucht.
3. Man multipliziert die Ungleichung mit -1; dadurch dreht sich das Ungleichungszeichen um.

12.6 Übungen

Aufwärmübungen

1. Stellen Sie folgende Bereiche der (x, y)-Ebene graphisch dar:

   a) $x \geq 0$ b) $\quad y \geq 0$ c) $-3x + 2y \leq 0$
   $\quad\; y \geq 0$ $-x + 2y \leq 0$ $x + 2y \leq 16$
   $\quad\; x \leq 6$ $x + y \leq 9$ $x \leq 10$
   $\quad\; y \leq 4$ $y \geq 0$

   Welche Bereiche sind beschränkt?
2. Finden Sie das Maximum der Zielfunktion $f(x, y) = 2x - y$ für die Bereiche aus Aufwärmübung 1.
3. Lösen Sie die linearen Optimierungsprobleme aus den Kontrollfragen 1 a)-c).

4. Minimieren Sie $f = -3x_1 - 2x_2$ unter den Nebenbedingungen

$$x_1 \geq 0, \quad x_2 \geq 0, \quad x_1 + x_2 \leq 10, \quad 3x_1 + x_2 \leq 12$$

mit dem Simplex-Algorithmus.

Weiterführende Aufgaben

1. **Optimaler Produktionsplan:** Ein Autohersteller hat ein Montagewerk in Österreich und eines in Deutschland, beide können PKWs und LKWs montieren. Das Montagewerk in Österreich kann pro Tag höchstens 600 Fahrzeuge (also PKWs und LKWs zusammen) montieren, wobei Montagekosten von 1000 € pro PKW anfallen und 1600 € pro LKW. Das Werk in Deutschland kann pro Tag maximal 400 Fahrzeuge montieren, wobei Kosten von 800 € pro PKW und 1500 € pro LKW entstehen. Nun soll der Autohersteller innerhalb eines Tages 500 PKWs und 200 LKWs liefern. Wie viele PKWs/LKWs sollte er für diesen Auftrag jeweils in Österreich und Deutschland produzieren, sodass die Gesamt-Montagekosten minimal sind? (Tipp: Wenn Sie x=Anzahl der PKWs, die in Ö montiert werden, ansetzen, und y=Anzahl der LKWs, die in Ö montiert werden, dann ist $500 - x$=Anzahl der PKWs, die in D montiert werden, und $200 - y$ = Anzahl der LKWs, die in D montiert werden.)

2. **Optimaler Ressourceneinsatz:** Für Hilfslieferungen in Krisengebiete sollen Flugzeuge gekauft werden. Es stehen zwei Flugzeugtypen zur Auswahl: Typ A kann 350 Pakete transportieren und kostet 600 000 €. Flugzeugtyp B hat eine Transportkapazität von 200 Paketen und kostet 400 000 €. Für den Kauf steht ein maximales Budget von 2 800 000 € zur Verfügung. Es gibt insgesamt 6 Piloten, nur 4 davon können Typ A fliegen. Wie viele Flugzeuge sollen von jedem Typ gekauft werden, damit die Anzahl der Pakete, die gleichzeitig transportiert werden können, maximiert wird?

3. Ein Bauer bezieht zwei Futtermittel für seine Kühe: *Supergras*® zum Preis von 0.3 € und *Turboheu*® zum Preis von 0.4 € pro Kilo. Beide enthalten pro Kilo die folgende Menge Nährstoffeinheiten (NE) von zwei Nährstoffen N_1 und N_2:

	SG	TH
N_1	4	7
N_2	7	5

Finden Sie den billigsten Futtermittel-Mix mit dem Simplex-Algorithmus, wenn eine Kuh 11 NE von N_1 und 12 NE von N_2 benötigt. Ist der zulässige Bereich beschränkt? Was passiert, wenn Sie nach dem teuersten Mix suchen?

4. Eine Firma hat zwei Lager (L_1, L_2) und zwei Produktionsstätten (P_1, P_2). In Lager eins befinden sich 70 Tonnen (t) und in Lager zwei 80 t eines Rohstoffes. Produktionsstätte eins benötigt 40 t und Produktionsstätte zwei benötigt 60 t. Angenommen, die Transportkosten (in 100 Euro) von Lager L_j nach Produktionsstätte P_k sind gegeben durch:

	L_1	L_2
P_1	2	3
P_2	6	7

Wie groß sind die minimalen Transportkosten (Simplex-Algorithmus)?

Lösungen zu den Aufwärmübungen

1. a)   b)

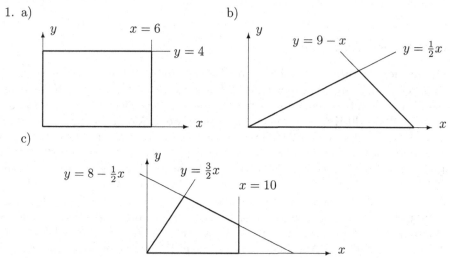

c)

Alle drei Bereiche sind beschränkt.

2. Wir berechnen alle Eckpunkte und werten die Zielfunktion dort aus:
   a) Eckpunkte sind $(0,0)$, $(6,0)$, $(6,4)$, $(0,4)$; f hat maximalen Wert 12 bei $(x,y) = (6,0)$.
   b) Eckpunkte sind $(0,0)$, $(9,0)$, $(6,3)$; Maximum 18 liegt bei $(x,y) = (9,0)$.
   c) Eckpunkte sind $(0,0)$, $(10,0)$, $(10,3)$, $(4,6)$; Maximum 20 bei $(x,y) = (10,0)$.

3. a) Das Maximum von f kann nur an den Schnittpunkten der drei Geraden $x_1 = 0$, $x_2 = 0$ und $2x_1 + 3x_2 = 12$ auftreten, die den zulässigen Bereich begrenzen. Diese Eckpunkte sind $(0,0)$, $(0,4)$ und $(6,0)$. Werten wir f an den Punkten aus: $f(0,0) = -3$, $f(0,4) = 1$, $f(6,0) = 3$. Der maximale Wert wird also für $x_1 = 6$ und $x_2 = 0$ angenommen.
   b) Die Funktionswerte an den Eckpunkten des zulässigen Bereichs sind: $f(0,4) = 1$, $f(0,-1) = -4$, $f(3,2) = 2$, der maximale Wert wird also für $(x_1, x_2) = (3,2)$ angenommen.
   c) Die Funktionswerte an den Eckpunkten des zulässigen Bereichs sind: $f(0,0) = 0$, $f(0,2) = -2$, $f(4,4) = 0$ und $f(8,0) = 8$, das Maximum wird also für $(x_1, x_2) = (8,0)$ angenommen.

4. Das Simplextableau lautet

$$
\begin{array}{cccc|c}
1 & 1 & 1 & 0 & 10 \\
\boxed{3} & 1 & 0 & 1 & 12 \\
\hline
-3 & -2 & 0 & 0 & 0
\end{array}
$$

und $x_1 = x_2 = 0$ ist eine zulässige Ecke, da die letzte Spalte (in den ersten beiden Zeilen) nur positive Einträge hat. Die erste Spalte ist die Pivotspalte (da -3 das kleinste Element in der letzten Zeile ist), und die zweite Zeile ist die Pivotspalte (da $\frac{12}{3} < \frac{10}{1}$). Damit ist das Element a_{21} das Pivotelement. Ausräumen der Pivotspalte ergibt:

$$
\begin{array}{c c c c | c}
0 & \boxed{\tfrac{2}{3}} & 1 & -\tfrac{1}{3} & 6 \\
1 & \tfrac{1}{3} & 0 & \tfrac{1}{3} & 4 \\
\hline
0 & -1 & 0 & 1 & 12
\end{array}
$$

Das neue Pivotelement ist a_{12}. Ausräumen der Pivotspalte liefert:

$$
\begin{array}{c c c c | c}
0 & 1 & \tfrac{3}{2} & -\tfrac{1}{2} & 9 \\
1 & 0 & -\tfrac{1}{2} & \tfrac{1}{2} & 1 \\
\hline
0 & 0 & \tfrac{3}{2} & \tfrac{1}{2} & 21
\end{array}
$$

Somit ist die Lösung $x_1 = 1$, $x_2 = 9$ und der minimale Funktionswert ist -21.

(Lösungen zu den weiterführenden Aufgaben finden Sie in Abschnitt B.12)

13

Skalarprodukt und Orthogonalität

13.1 Skalarprodukt und orthogonale Projektion

Wir haben bisher die Addition zweier Vektoren und die Multiplikation eines Vektors mit einem Skalar definiert. Wir wollen nun als Nächstes eine Multiplikation zweier Vektoren einführen, die viele praktische Anwendungen hat:

Das **Skalarprodukt** oder auch **innere Produkt** $\langle \mathbf{a}, \mathbf{b} \rangle$ zweier Vektoren $\mathbf{a} = (a_1, a_2, \ldots, a_n)$ und $\mathbf{b} = (b_1, b_2, \ldots, b_n)$ im $\mathbb{R}^n$ ist definiert als

$$\langle \mathbf{a}, \mathbf{b} \rangle = \mathbf{a}^T \mathbf{b} = \sum_{j=1}^{n} a_j b_j = a_1 b_1 + a_2 b_2 + \ldots + a_n b_n.$$

Das Ergebnis dieser Multiplikation ist also kein Vektor, sondern ein Skalar, daher auch der Name. Den Begriff eines Skalarprodukts gibt es nicht nur im $\mathbb{R}^n$, sondern er kann auch für allgemeine Vektorräume definiert werden:

Definition 13.1

- Ist V ein reeller Vektorraum, so nennt man eine Abbildung $\langle ., . \rangle : V \times V \to \mathbb{R}$ ein **Skalarprodukt**, falls sie für alle $\mathbf{a}, \mathbf{b} \in V$ und $k, h \in \mathbb{R}$ folgende Eigenschaften erfüllt:

$$
\begin{aligned}
\langle \mathbf{a}, \mathbf{a} \rangle &> 0, \quad \text{wenn } \mathbf{a} \neq \mathbf{0} \quad \text{(Positivität)} \\
\langle \mathbf{a}, \mathbf{b} \rangle &= \langle \mathbf{b}, \mathbf{a} \rangle \quad \text{(Symmetrie)} \\
\langle \mathbf{a}, k\mathbf{b} + h\mathbf{c} \rangle &= k\langle \mathbf{a}, \mathbf{b} \rangle + h\langle \mathbf{a}, \mathbf{c} \rangle \quad \text{(Linearität)}
\end{aligned}
$$

- Ist V ein komplexer Vektorraum, so nennt man eine Abbildung $\langle ., . \rangle : V \times V \to \mathbb{C}$ ein **Skalarprodukt**, falls sie für alle $\mathbf{a}, \mathbf{b} \in V$ und $k, h \in \mathbb{C}$ folgende Eigenschaften erfüllt:

$$
\begin{aligned}
\langle \mathbf{a}, \mathbf{a} \rangle &> 0, \quad \text{wenn } \mathbf{a} \neq \mathbf{0} \quad \text{(Positivität)} \\
\langle \mathbf{a}, \mathbf{b} \rangle &= \overline{\langle \mathbf{b}, \mathbf{a} \rangle} \quad \text{(Symmetrie)} \\
\langle \mathbf{a}, k\mathbf{b} + h\mathbf{c} \rangle &= k\langle \mathbf{a}, \mathbf{b} \rangle + h\langle \mathbf{a}, \mathbf{c} \rangle \quad \text{(Linearität)}
\end{aligned}
$$

Diese Eigenschaften sind im Fall des $\mathbb{R}^n$ für das eingangs definierte Skalarprodukt leicht zu überprüfen. Im komplexen Vektorraum $\mathbb{C}^n$ wird das Skalarprodukt durch

$$\langle \mathbf{a}, \mathbf{b} \rangle = (\overline{\mathbf{a}})^T \mathbf{b} = \sum_{j=1}^{n} \overline{a_j} b_j$$

definiert. In der Definition 13.1 ist nur die Linearität im 2. Argument angegeben. Aus der Eigenschaft der Symmetrie folgt im reellen Fall, dass das Skalarprodukt auch linear im ersten Argument ist, d.h.: $\langle k\mathbf{b} + h\mathbf{c}, \mathbf{a} \rangle = k\langle \mathbf{b}, \mathbf{a} \rangle + h\langle \mathbf{c}, \mathbf{a} \rangle$. Im komplexen Fall gilt allerdings keine Linearität im 1. Argument, sondern $\langle k\mathbf{b} + h\mathbf{c}, \mathbf{a} \rangle = \overline{k}\langle \mathbf{b}, \mathbf{a} \rangle + \overline{h}\langle \mathbf{c}, \mathbf{a} \rangle$.

> **Beispiel 13.2 ($\rightarrow$CAS) Skalarprodukt im $\mathbb{R}^n$**
> Gegeben sind die Vektoren $\mathbf{a} = (1, 2, 3)$ und $\mathbf{b} = (2, -4, 1)$ aus dem $\mathbb{R}^3$. Berechnen Sie: a) $\langle \mathbf{a}, \mathbf{b} \rangle$ b) $\langle \mathbf{a}, \mathbf{a} \rangle$ c) $\langle 2\mathbf{a}, \frac{1}{3}\mathbf{b} \rangle$ d) $\langle 2\mathbf{a} - \mathbf{b}, \mathbf{a} \rangle$

Lösung zu 13.2
a) $\langle \mathbf{a}, \mathbf{b} \rangle = 1 \cdot 2 + 2 \cdot (-4) + 3 \cdot 1 = -3$.
b) $\langle \mathbf{a}, \mathbf{a} \rangle = 1^2 + 2^2 + 3^2 = 14$.
c) Aufgrund der Linearität im ersten und zweiten Argument können wir die Faktoren herausziehen:

$$\langle 2\mathbf{a}, \frac{1}{3}\mathbf{b} \rangle = 2 \cdot \frac{1}{3}\langle \mathbf{a}, \mathbf{b} \rangle = -2.$$

d) Wieder können wir mithilfe der Linearität und der Symmetrie umformen:

$$\langle 2\mathbf{a} - \mathbf{b}, \mathbf{a} \rangle = \langle 2\mathbf{a}, \mathbf{a} \rangle + \langle -\mathbf{b}, \mathbf{a} \rangle = 2\langle \mathbf{a}, \mathbf{a} \rangle - \underbrace{\langle \mathbf{b}, \mathbf{a} \rangle}_{=\langle \mathbf{a}, \mathbf{b} \rangle} = 28 - (-3) = 31.$$

∎

Möchte man eine Matrix im Skalarprodukt von links nach rechts schieben, so ist folgende Formel nützlich:

Satz 13.3 Für beliebige reelle quadratische Matrizen gilt

$$\langle \mathbf{a}, A\mathbf{b} \rangle = \langle A^T\mathbf{a}, \mathbf{b} \rangle \quad \text{bzw.} \quad \langle A\mathbf{a}, \mathbf{b} \rangle = \langle \mathbf{a}, A^T\mathbf{b} \rangle.$$

Im komplexen Fall muss die transponierte Matrix durch die adjungierte Matrix $A^* = \overline{A^T}$ ersetzt werden.

Das folgt sofort aus den Rechenregeln für die Matrixmultiplikation: $\langle \mathbf{a}, A\mathbf{b} \rangle = \mathbf{a}^T A\mathbf{b} = (A^T\mathbf{a})^T\mathbf{b} = \langle A^T\mathbf{a}, \mathbf{b} \rangle$. Die zweite Formel folgt aus der ersten wegen $(A^T)^T = A$. Analog im komplexen Fall.

Eine Matrix ist also genau dann symmetrisch, wenn man sie im Skalarprodukt von links nach rechts schieben kann, ohne den Wert des Skalarprodukts zu verändern.

Die Länge eines Vektors $\mathbf{a} = (a_1, \dots, a_n)$ kann mithilfe des Skalarprodukts ausgedrückt werden:

$$\|\mathbf{a}\|^2 = \langle \mathbf{a}, \mathbf{a} \rangle = |a_1|^2 + \dots + |a_n|^2.$$

Für einen Einheitsvektor $\mathbf{e}$ gilt daher insbesondere immer $\langle \mathbf{e}, \mathbf{e} \rangle = 1$. Allgemein definiert man:

Definition 13.4 Ist V ein reeller (oder komplexer) Vektorraum mit einem Skalarprodukt $\langle .,. \rangle$, so ist die **Länge** oder **Norm** eines Vektors definiert durch

$$\|\mathbf{a}\|^2 = \langle \mathbf{a}, \mathbf{a} \rangle.$$

Von den Eigenschaften, die wir für eine Norm gefordert haben (Definition 9.10), ist nur die Dreiecksungleichung nicht leicht zu sehen. Wir werden darauf noch zurück kommen.

Was kann man sich unter dem Skalarprodukt vorstellen? Es sagt etwas über die Lage der beiden Vektoren relativ zueinander aus:

Satz 13.5 Für $\mathbf{a}, \mathbf{b} \in \mathbb{R}^n$ gilt:

$$\langle \mathbf{a}, \mathbf{b} \rangle = \|\mathbf{a}\| \|\mathbf{b}\| \cos(\varphi),$$

wobei $\varphi \in [0, \pi]$ der (kleinere) Winkel zwischen $\mathbf{a}$ und $\mathbf{b}$ in der von den beiden Vektoren aufgespannten Ebene ist.

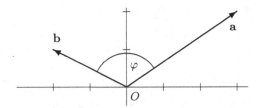

Abbildung 13.1. Winkel zwischen zwei Vektoren

Den Zusammenhang zwischen Winkel und Skalarprodukt im $\mathbb{R}^2$ kann man sich geometrisch überlegen. Betrachten wir dazu Abbildung 13.1. Ist α der Winkel zwischen $\mathbf{a}$ und der x-Achse, so kann $\mathbf{a}$ geschrieben werden als $\mathbf{a} = (\|\mathbf{a}\| \cos(\alpha), \|\mathbf{a}\| \sin(\alpha))$. Analog ist $\mathbf{b} = (\|\mathbf{b}\| \cos(\beta), \|\mathbf{b}\| \sin(\beta))$, wobei β wieder der Winkel zwischen $\mathbf{b}$ und der x-Achse ist. Der Winkel φ zwischen $\mathbf{a}$ und $\mathbf{b}$ ist in Abbildung 13.1 gleich $\varphi = \beta - \alpha$. Damit berechnen wir nun das Skalarprodukt $\langle \mathbf{a}, \mathbf{b} \rangle = \|\mathbf{a}\| \|\mathbf{b}\| \cos(\alpha) \cos(\beta) + \|\mathbf{a}\| \|\mathbf{b}\| \sin(\alpha) \sin(\beta) = \|\mathbf{a}\| \|\mathbf{b}\| \cos(\alpha - \beta)$, wobei im letzten Schritt das Additionstheorem $\cos(\alpha) \cos(\beta) + \sin(\alpha) \sin(\beta) = \cos(\alpha - \beta)$ (siehe Abschnitt „Trigonometrische Funktionen" in Band 2) für den Kosinus verwendet wurde.

Allgemein kann je nach Lage der Vektoren $\varphi = |\beta - \alpha|$ (falls $|\beta - \alpha| \leq \pi$) oder $\varphi = 2\pi - |\beta - \alpha|$ (falls $\pi \leq |\beta - \alpha| < 2\pi$) auftreten. Wegen $\cos(|\beta - \alpha|) = \cos(2\pi - |\beta - \alpha|) = \cos(\beta - \alpha)$ ist unser Ergebnis in allen Fällen richtig.

Beispiel 13.6 Winkel zwischen zwei Vektoren des $\mathbb{R}^2$
Berechnen Sie den Winkel zwischen
a) $\mathbf{a} = (3, 2)$ und $\mathbf{b} = (-2, 1)$ b) $\mathbf{a} = (1, 2)$ und $\mathbf{b} = (2, -1)$

Lösung zu 13.6
a) Es ist $\cos \varphi = \frac{\langle \mathbf{a}, \mathbf{b} \rangle}{\|\mathbf{a}\| \|\mathbf{b}\|} = \frac{3 \cdot (-2) + 2 \cdot 1}{\sqrt{13} \sqrt{5}} = -\frac{4}{\sqrt{65}}$ und somit $\varphi = \arccos(-\frac{4}{\sqrt{65}}) = 2.09$
(in Radiant) $\approx 120°$. Die Vektoren sind in Abbildung 13.1 dargestellt.

b) Da $\langle \mathbf{a}, \mathbf{b} \rangle = 0$, folgt $\cos \varphi = 0$ und damit $\varphi = \frac{\pi}{2} = 90°$. ∎

Im $\mathbb{R}^n$ schließen zwei Vektoren $\mathbf{a}$ und $\mathbf{b}$ genau dann einen rechten Winkel ein, wenn ihr Skalarprodukt $\langle \mathbf{a}, \mathbf{b} \rangle = 0$ ist (siehe auch letztes Beispiel). Allgemein definiert man:

Definition 13.7

- Zwei Vektoren $\mathbf{a}, \mathbf{b} \in V$ heißen **orthogonal**, wenn $\langle \mathbf{a}, \mathbf{b} \rangle = 0$ ist. Man schreibt dafür $\mathbf{a} \perp \mathbf{b}$.
- Zwei Vektoren $\mathbf{a}, \mathbf{b} \in V$ heißen **parallel**, wenn $\mathbf{a} = k\mathbf{b}$ oder $\mathbf{b} = k\mathbf{a}$ mit irgendeinem Skalar k.

Man sagt anstelle „orthogonal" auch, dass $\mathbf{a}$ und $\mathbf{b}$ **normal** oder **senkrecht** aufeinander stehen.

Wegen der Symmetrie des Skalarprodukts gilt $\langle \mathbf{a}, \mathbf{b} \rangle = 0$ genau dann, wenn $\langle \mathbf{b}, \mathbf{a} \rangle = 0$. Zwei Vektoren sind genau dann parallel, wenn sie linear abhängig sind.

Für zwei orthogonale Vektoren folgt nun der

Satz 13.8 (Pythagoras) Ist $\mathbf{a} \perp \mathbf{b}$, so folgt

$$\|\mathbf{a} + \mathbf{b}\|^2 = \|\mathbf{a}\|^2 + \|\mathbf{b}\|^2.$$

Um diesen Satz in die vertraute Form zu bringen, zeichnen Sie zwei orthogonale Vektoren $\mathbf{a}, \mathbf{b} \in \mathbb{R}^2$. Wenn Sie auch $\mathbf{a} + \mathbf{b}$ einzeichnen, so ergibt sich ein rechtwinkliges Dreieck.

Der Satz von Pythagoras kann leicht nachgerechnet werden: $\|\mathbf{a}+\mathbf{b}\|^2 = \langle \mathbf{a}+\mathbf{b}, \mathbf{a}+\mathbf{b} \rangle = \langle \mathbf{a}, \mathbf{a} \rangle + \langle \mathbf{a}, \mathbf{b} \rangle + \langle \mathbf{b}, \mathbf{a} \rangle + \langle \mathbf{b}, \mathbf{b} \rangle = \|\mathbf{a}\|^2 + \|\mathbf{b}\|^2$. (Zunächst wurde dabei die Länge durch ein Skalarprodukt ausgedrückt (siehe Definition 13.4), dann wurde die Eigenschaft der Linearität (Definition 13.1) des Skalarprodukts verwendet, zuletzt wieder das Skalarprodukt als Länge ausgedrückt.)

Wir kommen nun zum wichtigen Begriff der *orthogonalen Projektion* eines Vektors in eine vorgegebene Richtung: Ein beliebiger Vektor $\mathbf{a}$ kann in Bezug auf eine Richtung, die durch einen Einheitsvektor $\mathbf{e}$ bestimmt ist, in zwei Anteile (Komponenten) zerlegt werden: $\mathbf{a} = \mathbf{a}_{\parallel} + \mathbf{a}_{\perp}$, wobei die Komponente $\mathbf{a}_{\parallel} = \langle \mathbf{e}, \mathbf{a} \rangle \mathbf{e}$ parallel zu $\mathbf{e}$ ist (d.h. ein Vielfaches von $\mathbf{e}$ ist) und die Komponente $\mathbf{a}_{\perp} = \mathbf{a} - \langle \mathbf{e}, \mathbf{a} \rangle \mathbf{e}$ orthogonal zu $\mathbf{e}$ ist.

Dass $\mathbf{a}_{\perp}$ orthogonal zu $\mathbf{e}$ (und damit orthogonal zu $\mathbf{a}_{\parallel}$) ist, dass also $\langle \mathbf{e}, \mathbf{a}_{\perp} \rangle = 0$ gilt, kann man folgendermaßen nachrechnen (wieder mithilfe von Definitionen 13.1 und 13.4): $\langle \mathbf{e}, \mathbf{a}_{\perp} \rangle = \langle \mathbf{e}, \mathbf{a} \rangle - \langle \mathbf{e}, \langle \mathbf{e}, \mathbf{a} \rangle \mathbf{e} \rangle = \langle \mathbf{e}, \mathbf{a} \rangle - \langle \mathbf{e}, \mathbf{a} \rangle \langle \mathbf{e}, \mathbf{e} \rangle = 0$ (hier haben wir $\langle \mathbf{e}, \mathbf{e} \rangle = 1$ verwendet).

Das ist in Abbildung 13.2 für $\mathbf{a} \in \mathbb{R}^2$ veranschaulicht. Zusammenfassend gilt:

Satz 13.9 Sei $\mathbf{e}$ ein Einheitsvektor. Jeder Vektor $\mathbf{a} \in V$ kann bezüglich $\mathbf{e}$ in zwei zueinander orthogonale Komponenten zerlegt werden:

$$\mathbf{a} = \mathbf{a}_{\parallel} + \mathbf{a}_{\perp},$$

wobei

$$\mathbf{a}_{\parallel} = \langle \mathbf{e}, \mathbf{a} \rangle \mathbf{e}$$

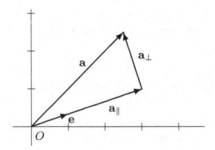

Abbildung 13.2. Orthogonale Projektion

die (**orthogonale**) **Projektion** von **a** in Richtung von **e** und

$$\mathbf{a}_\perp = \mathbf{a} - \langle \mathbf{e}, \mathbf{a} \rangle \mathbf{e}$$

das **orthogonale Komplement** von **a** in Richtung von **e** genannt wird.

Allgemein heißt die Menge aller Vektoren, die auf eine gegebene Menge $U \subseteq V$ orthogonal stehen, $U^\perp = \{\mathbf{a} \in V \mid \mathbf{a} \perp \mathbf{b} \text{ für alle } \mathbf{b} \in U\}$, das **orthogonale Komplement** von U. ($U^\perp$ ist immer ein Teilraum, sogar wenn U keiner ist). Im letzten Satz haben wir also $\mathbf{a}_\| \in \mathrm{LH}\{\mathbf{e}\}$ und $\mathbf{a}_\perp \in \mathrm{LH}\{\mathbf{e}\}^\perp$.

Beispiel 13.10 Orthogonale Projektion
Berechnen Sie die Komponenten von $\mathbf{a} = (1,3)$ parallel und orthogonal zu $\mathbf{e} = \frac{1}{\sqrt{2}}(1,1)$.

Lösung zu 13.10 Die Projektion $\mathbf{a}_\|$ in Richtung von $\mathbf{e}$ ist

$$\mathbf{a}_\| = \langle \mathbf{e}, \mathbf{a} \rangle \mathbf{e} = \langle \frac{1}{\sqrt{2}} \begin{pmatrix} 1 \\ 1 \end{pmatrix}, \begin{pmatrix} 1 \\ 3 \end{pmatrix} \rangle \mathbf{e} = \frac{4}{\sqrt{2}} \mathbf{e} = \begin{pmatrix} 2 \\ 2 \end{pmatrix}.$$

Daraus berechnen wir

$$\mathbf{a}_\perp = \mathbf{a} - \mathbf{a}_\| = \begin{pmatrix} 1 \\ 3 \end{pmatrix} - \begin{pmatrix} 2 \\ 2 \end{pmatrix} = \begin{pmatrix} -1 \\ 1 \end{pmatrix}.$$

∎

Mit dem Satz von Pythagoras folgt die Beziehung $\|\mathbf{a}\|^2 = \|\mathbf{a}_\|\|^2 + \|\mathbf{a}_\perp\|^2$ (siehe auch Abbildung 13.2) und deshalb insbesondere die Abschätzung

$$\|\mathbf{a}_\|\| \leq \|\mathbf{a}\|.$$

Das heißt, die Länge der orthogonalen Projektion $\mathbf{a}_\|$ ist kleiner oder gleich als die Länge von **a**. Das ist deshalb interessant, weil die orthogonale Projektion $\mathbf{a}_\|$ in der Praxis oft als Näherung für **a** verwendet wird – mehr dazu in Kürze.

Daraus können wir eine wichtige Abschätzung herleiten: Wenn wir einen Vektor **b** mithilfe des Einheitsvektors **e** in seine Richtung als $\mathbf{b} = \|\mathbf{b}\|\mathbf{e}$ schreiben, dann erhalten wir (wieder mithilfe der Linearität aus Definition 13.1): $|\langle \mathbf{a}, \mathbf{b} \rangle| = |\langle \mathbf{a}, \|\mathbf{b}\|\mathbf{e} \rangle| = \|\mathbf{b}\||\langle \mathbf{a}, \mathbf{e} \rangle| = \|\mathbf{b}\|\|\mathbf{a}_\|\| \leq \|\mathbf{b}\|\|\mathbf{a}\|$, also:

Satz 13.11 (Cauchy-Schwarz-Ungleichung) Für beliebige Vektoren $\mathbf{a}, \mathbf{b} \in V$ gilt

$$|\langle \mathbf{a}, \mathbf{b} \rangle| \leq \|\mathbf{a}\| \|\mathbf{b}\|$$

(mit Gleichheit genau dann, wenn $\mathbf{a}$ und $\mathbf{b}$ parallel sind).

Damit folgt auch leicht die Dreiecksungleichung (siehe Definition 13.4): $\|\mathbf{a} + \mathbf{b}\| \leq \|\mathbf{a}\| + \|\mathbf{b}\|$, denn $\|\mathbf{a} + \mathbf{b}\|^2 = \langle \mathbf{a} + \mathbf{b}, \mathbf{a} + \mathbf{b} \rangle = \langle \mathbf{a}, \mathbf{a} \rangle + \langle \mathbf{a}, \mathbf{b} \rangle + \langle \mathbf{b}, \mathbf{a} \rangle + \langle \mathbf{b}, \mathbf{b} \rangle = \|\mathbf{a}\|^2 + 2\langle \mathbf{a}, \mathbf{b} \rangle + \|\mathbf{b}\|^2 \leq \|\mathbf{a}\|^2 + 2\|\mathbf{a}\| \|\mathbf{b}\| + \|\mathbf{b}\|^2 = (\|\mathbf{a}\| + \|\mathbf{b}\|)^2$.

Diese Ungleichung wurde zuerst vom russischen Mathematiker Wiktor Jakowlewitsch Bunjakowski (1804–1889), einem Schüler des französischen Mathematikers Augustin Louis Cauchy (1789–1857), veröffentlicht. Fünfzig Jahre später wurde sie vom deutschen Mathematiker Hermann Amandus Schwarz (1843–1921) wiederentdeckt.

Die Bedeutung der orthogonalen Projektion begründet sich nun unter anderem in folgender Eigenschaft: Gegeben ist ein Vektor $\mathbf{a}$, der durch einen Vektor aus der linearen Hülle von $\mathbf{e}$ (also durch einen Vektor, der ein Vielfaches von $\mathbf{e}$ ist) angenähert werden soll. Unter allen diesen Vielfachen von $\mathbf{e}$ ist gerade die orthogonale Projektion $\mathbf{a}_\|$ die beste Approximation von $\mathbf{a}$. Genau meint man mit „der besten" Approximation:

Satz 13.12 Sei $\mathbf{e}$ ein normierter Vektor, d.h. $\|\mathbf{e}\| = 1$. Für jeden Vektor $\mathbf{x} \in \mathrm{LH}\{\mathbf{e}\}$ ist $\|\mathbf{a} - \mathbf{x}\| \geq \|\mathbf{a}_\perp\|$. Gleichheit gilt genau dann, wenn $\mathbf{x} = \mathbf{a}_\|$.

In Worten bedeutet dieser Satz: Für jeden Vektor $\mathbf{x}$ aus der linearen Hülle von $\mathbf{e}$ ist der Abstand zwischen $\mathbf{a}$ und $\mathbf{x}$ (das ist der „Fehler", wenn $\mathbf{a}$ durch $\mathbf{x}$ approximiert wird) größer oder gleich der Länge von $\mathbf{a}_\perp$. *Minimal* ist der Abstand für $\mathbf{x} = \mathbf{a}_\|$.

Geometrisch ist das im $\mathbb{R}^2$ nach einem Blick auf Abbildung 13.2 klar: Stellen Sie sich Vektoren $\mathbf{x}$ in Richtung von $\mathbf{e}$ vor, und den zugehörigen Abstand $\|\mathbf{a} - \mathbf{x}\|$. Wenn Sie $\mathbf{x} = \mathbf{a}_\|$ nehmen (wie in der Abbildung dargestellt), dann ist der Abstand gerade die Länge $\|\mathbf{a}_\perp\|$. In diesem Sinn ist in der „eindimensionalen Welt" der Geraden, die durch $\mathbf{e}$ aufgespannt wird, der Vektor $\mathbf{a}_\|$ die beste Approximation von $\mathbf{a}$.

Ein allgemeiner Beweis von Satz 13.12: Ist $k\,\mathbf{e}$ ein beliebiger Vektor auf der durch $\mathbf{e}$ aufgespannten Geraden, so ist das Quadrat des Abstands zu $\mathbf{a} = \mathbf{a}_\| + \mathbf{a}_\perp$ gegeben durch

$$\|\mathbf{a} - k\,\mathbf{e}\|^2 = \|(\mathbf{a}_\| - k\,\mathbf{e}) + \mathbf{a}_\perp\|^2 = \|\mathbf{a}_\| - k\,\mathbf{e}\|^2 + \|\mathbf{a}_\perp\|^2.$$

Das folgt mit dem Satz von Pythagoras, weil $(\mathbf{a}_\| - k\,\mathbf{e}) \perp \mathbf{a}_\perp$. Der Abstand ist minimal, wenn $k\,\mathbf{e} = \mathbf{a}_\|$.

Mehr zur Approximation wird im Abschnitt 13.2 folgen. Nun zu einer anderen Anwendung der orthogonalen Projektion:

Mithilfe der Zerlegung eines Vektors $\mathbf{a}$ in die beiden Komponenten $\mathbf{a}_\|$ und $\mathbf{a}_\perp$ können wir auch den Abstand einer Geraden vom Ursprung bestimmen.

Betrachten wir die Abbildung 13.3. Gegeben ist der Ortsvektor $\mathbf{a}$ irgendeines Punktes A auf der Geraden. Der Ortsvektor wird nun zerlegt in seine Projektion $\mathbf{a}_\|$ in Richtung $\mathbf{e}$ der Geraden, und in $\mathbf{a}_\perp$. Interessant ist, dass nicht nur für den konkreten gezeichneten Punkt A, sondern für den Ortsvektor $\mathbf{a}$ *jedes* beliebigen Punktes auf der Geraden die Komponente $\mathbf{a}_\perp$ gleich ist. Wegen Satz 13.12 ist die Länge $\|\mathbf{a}_\perp\|$ der (minimale) **Abstand der Geraden vom Ursprung**. Einen Vektor $\mathbf{n} \neq \mathbf{0}$, der

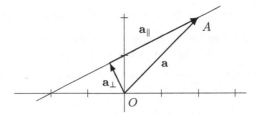

Abbildung 13.3. Abstand einer Geraden vom Ursprung

orthogonal zum Richtungsvektor **e** der Geraden ist, nennt man einen **Normalvektor der Geraden**.

Eine Gerade im $\mathbb{R}^2$ mit Richtungsvektor $\mathbf{e} = (e_1, e_2)$ hat die beiden Normalvektoren $\mathbf{n} = (e_2, -e_1)$ und $-\mathbf{n} = (-e_2, e_1)$. (Machen Sie die Probe mithilfe des Skalarprodukts.)

> **Beispiel 13.13 Abstand einer Geraden vom Ursprung**
> Gegeben ist die Gerade in Abbildung 13.3
>
> $$\begin{pmatrix} x \\ y \end{pmatrix} = \mathbf{a} + k\mathbf{e}, \qquad \text{mit} \qquad \mathbf{a} = \begin{pmatrix} 2 \\ 2 \end{pmatrix}, \quad \mathbf{e} = \frac{1}{\sqrt{5}} \begin{pmatrix} 2 \\ 1 \end{pmatrix},$$
>
> wobei **a** der Ortsvektor des Punktes $A = (2, 2)$ auf der Geraden ist. Berechnen Sie den Abstand der Geraden vom Ursprung.

Lösung zu 13.13 Der gesuchte Abstand ist die Länge $\|\mathbf{a}_\perp\|$. Es ist $\mathbf{a}_\perp = \mathbf{a} - \mathbf{a}_\|$, wir müssen also zuerst die Projektion $\mathbf{a}_\|$ berechnen:

$$\mathbf{a}_\| = \langle \mathbf{e}, \mathbf{a} \rangle \mathbf{e} = \frac{1}{\sqrt{5}}(4 + 2)\, \mathbf{e} = \frac{6}{5} \begin{pmatrix} 2 \\ 1 \end{pmatrix},$$

und damit ist

$$\mathbf{a}_\perp = \mathbf{a} - \mathbf{a}_\| = \frac{1}{5} \begin{pmatrix} 10 \\ 10 \end{pmatrix} - \frac{1}{5} \begin{pmatrix} 12 \\ 6 \end{pmatrix} = \frac{1}{5} \begin{pmatrix} -2 \\ 4 \end{pmatrix}.$$

Die gesuchte Länge von $\mathbf{a}_\perp$ ist daher

$$\|\mathbf{a}_\perp\| = \sqrt{\frac{4 + 16}{25}} = \frac{2}{\sqrt{5}}.$$

∎

Die Gerade im Beispiel 13.13 war in *Parameterform* gegeben (also durch einen Richtungsvektor **e** und einen Punkt **a** auf der Geraden). Alternativ kann man eine Gerade in *Normalform* angeben:

> **Definition 13.14** Ist $\mathbf{n} = (n_1, n_2)$ ein Vektor und $\mathbf{a} = (a_1, a_2)$ ein Punkt, so stellt
>
> $$n_1 x + n_2 y = c \qquad \text{mit} \quad c = a_1 n_1 + a_2 n_2$$
>
> eine Gerade durch den Punkt **a** mit **Normalvektor n** dar. Wenn der Normalvektor die Länge 1 hat, so spricht man von der **(Hesse'schen) Normalform** der Geraden. In dieser Normalform ist $|c|$ der **Abstand der Geraden vom Ursprung**.

Sie ist nach dem deutschen Mathematiker Ludwig Otto Hesse (1811–1874) benannt.

Ein Vorteil der Normalform ist also, dass der *Abstand* der Geraden vom Ursprung leicht an der rechten Seite abgelesen werden kann.

Idee dahinter: Betrachten wir nochmals die Gerade aus Beispiel 13.13. Sie hat den Normalvektor $\mathbf{a}_\perp$. Der zugehörige Einheits-Normalvektor ist

$$\mathbf{n} = \frac{\mathbf{a}_\perp}{\|\mathbf{a}_\perp\|} = \frac{1}{\sqrt{5}} \begin{pmatrix} -1 \\ 2 \end{pmatrix}.$$

Als Normalvektor ist er orthogonal zum Richtungsvektor $\mathbf{e}$ der Geraden, d.h. $\langle \mathbf{n}, \mathbf{e} \rangle = 0$. Damit gilt für alle Punkte $(x, y) = \mathbf{a} + k\mathbf{e}$ auf der Geraden (bilde von beiden Seiten dieser Parameterdarstellung das Skalarprodukt mit $\mathbf{n}$):

$$\langle \mathbf{n}, \begin{pmatrix} x \\ y \end{pmatrix} \rangle = \langle \mathbf{n}, \mathbf{a} + k\mathbf{e} \rangle.$$

Die linke Seite davon ist gleich

$$\langle \mathbf{n}, \begin{pmatrix} x \\ y \end{pmatrix} \rangle = n_1 x + n_2 y = \frac{1}{\sqrt{5}}(-x + 2y).$$

Die rechte Seite ergibt

$$\langle \mathbf{n}, \mathbf{a} + k\mathbf{e} \rangle = \langle \mathbf{n}, \mathbf{a} \rangle = n_1 a_1 + n_2 a_2 = \frac{2}{\sqrt{5}}.$$

(Hier haben wir zuerst die Linearität und dann $\langle \mathbf{n}, \mathbf{e} \rangle = 0$ verwendet.) Wenn wir die beiden Seiten gleichsetzen, dann haben wir die Gerade in der Form

$$\frac{1}{\sqrt{5}}(-x + 2y) = \frac{2}{\sqrt{5}}$$

dargestellt. Das ist gerade die Hesse'sche Normalform der Geraden. Rechts steht der Abstand der Geraden vom Ursprung.

> **Beispiel 13.15 Normalform einer Geraden, Abstand vom Ursprung**
> Gegeben ist die Gerade $y = 3x + 4$.
> a) Geben Sie einen Normalvektor der Geraden an.
> b) Geben Sie die Gerade in Normalform an. Welchen Abstand hat die Gerade vom Ursprung?

Lösung zu 13.15

a) Wir formen die Gleichung der Geraden um auf $3x - y = -4$, und haben sie damit in der Form $n_1 x + n_2 y = -4$, von der wir

$$\mathbf{n} = \begin{pmatrix} n_1 \\ n_2 \end{pmatrix} = \begin{pmatrix} 3 \\ -1 \end{pmatrix}$$

als Normalvektor ablesen. Der zweite Normalvektor zeigt gerade in die entgegengesetzte Richtung, ist also $(-3, 1)$.

b) Der zu $\mathbf{n} = (3, -1)$ gehörige Einheits-Normalvektor ist $\frac{1}{\sqrt{10}}(3, -1)$. Damit ist die Normalform der Geraden

$$\frac{1}{\sqrt{10}}(3x - y) = \frac{-4}{\sqrt{10}}$$

und der Abstand vom Ursprung ist gleich

$$\left| -\frac{4}{\sqrt{10}} \right| = \frac{4}{\sqrt{10}}.$$

Analog kann eine Ebene im $\mathbb{R}^3$ durch einen Normalvektor und einen Punkt eindeutig angegeben werden:

Definition 13.16 Ist $\mathbf{n} = (n_1, n_2, n_3)$ ein Vektor im $\mathbb{R}^3$ und $\mathbf{a} = (a_1, a_2, a_3)$ ein Punkt, so stellt

$$xn_1 + yn_2 + zn_3 = c \quad \text{mit} \quad c = a_1 n_1 + a_2 n_2 + a_3 n_3$$

die Ebene durch den Punkt $\mathbf{a}$ mit **Normalvektor** $\mathbf{n}$ dar. Wenn der Normalvektor die Länge 1 hat, so spricht man von der **(Hesse'schen) Normalform** der Ebene. In dieser Normalform ist $|c|$ der **Abstand der Ebene vom Ursprung**.

Wir haben bisher nicht den Fall einer Geraden im $\mathbb{R}^3$ betrachtet. Das liegt daran, dass es dazu keine Normalform (d.h., parameterfreie Form) in Form einer einzigen Gleichung gibt! Um sie in parameterfreier Form anzugeben, gibt man zwei Ebenen in Normalform an, die die gegebene Gerade als Schnittgerade haben.

Einen Normalvektor einer Ebene im $\mathbb{R}^3$ erhalten wir mithilfe des so genannten *Kreuzproduktes*:

Definition 13.17 Das **Kreuzprodukt** zweier Vektoren $\mathbf{a}$ und $\mathbf{b}$ im $\mathbb{R}^3$ ist definiert als

$$\mathbf{a} \times \mathbf{b} = \begin{pmatrix} a_2 b_3 - a_3 b_2 \\ -(a_1 b_3 - a_3 b_1) \\ a_1 b_2 - a_2 b_1 \end{pmatrix}, \quad \text{wobei} \quad \mathbf{a} = \begin{pmatrix} a_1 \\ a_2 \\ a_3 \end{pmatrix}, \mathbf{b} = \begin{pmatrix} b_1 \\ b_2 \\ b_3 \end{pmatrix} \in \mathbb{R}^3.$$

Wenn $\mathbf{a}$ und $\mathbf{b}$ linear unabhängig sind (d.h. nicht parallel), so ist das Kreuzprodukt ein Vektor, der sowohl auf $\mathbf{a}$ als auch auf $\mathbf{b}$ orthogonal steht.

Es wird manchmal auch als äußeres Produkt bezeichnet und dann als $\mathbf{a} \wedge \mathbf{b}$ geschrieben.

Das Kreuzprodukt ist nur im $\mathbb{R}^3$ definiert und hat folgende Eigenschaften:

Satz 13.18 Für $\mathbf{a}, \mathbf{b} \in \mathbb{R}^3$ und $k, h \in \mathbb{R}$ gilt:

$$\begin{aligned} \mathbf{a} \times \mathbf{b} &= -\mathbf{b} \times \mathbf{a} \\ (k\mathbf{a}) \times \mathbf{b} &= \mathbf{a} \times (k\mathbf{b}) = k(\mathbf{a} \times \mathbf{b}) \\ (k\mathbf{a} + h\mathbf{b}) \times \mathbf{c} &= k\mathbf{a} \times \mathbf{c} + h\mathbf{b} \times \mathbf{c} \\ \mathbf{a} \times (k\mathbf{b} + h\mathbf{c}) &= k\mathbf{a} \times \mathbf{b} + h\mathbf{a} \times \mathbf{c} \quad \text{(Distributivgesetze)} \end{aligned}$$

Weiters ist

$$\|\mathbf{a} \times \mathbf{b}\| = \|\mathbf{a}\| \|\mathbf{b}\| |\sin(\varphi)|,$$

wobei φ der Winkel zwischen $\mathbf{a}$ und $\mathbf{b}$ ist.

Von diesen Eigenschaften können wir uns durch Nachrechnen überzeugen. Für die letzte Eigenschaft muss man zeigen, dass $\|\mathbf{a} \times \mathbf{b}\|^2 + |\langle \mathbf{a}, \mathbf{b} \rangle|^2 = \|\mathbf{a}\|^2 \|\mathbf{b}\|^2$, dann folgt die angegebene Beziehung wegen $\langle \mathbf{a}, \mathbf{b} \rangle = \|\mathbf{a}\| \|\mathbf{b}\| \cos(\varphi)$ und $\sin^2(\varphi) + \cos^2(\varphi) = 1$. Anschaulich entspricht $\|\mathbf{a} \times \mathbf{b}\|$ der Fläche des von $\mathbf{a}$ und $\mathbf{b}$ aufgespannten Parallelogramms.

Achtung: Das Kreuzprodukt ist nicht assoziativ. Es erfüllt aber die **Jacobi-Identität**

$$\mathbf{a} \times (\mathbf{b} \times \mathbf{c}) + \mathbf{b} \times (\mathbf{c} \times \mathbf{a}) + \mathbf{c} \times (\mathbf{a} \times \mathbf{b}) = 0$$

und die **Graßmann-Identität**

$$\mathbf{a} \times (\mathbf{b} \times \mathbf{c}) = (\mathbf{a} \cdot \mathbf{c})\mathbf{b} - (\mathbf{a} \cdot \mathbf{b})\mathbf{c}.$$

Carl Gustav Jacob Jacobi (1804–1851) war einer der bedeutendsten deutschen Mathematiker des 19. Jahrhunderts. Hermann Günther Graßmann (1809–1877) war ein deutscher Mathematiker und gilt als einer der Begründer der Vektor- und Tensorrechnung.

Sind also $\mathbf{a}$ und $\mathbf{b}$ zwei (linear unabhängige) Vektoren, die die Ebene aufspannen, so kann ein Normalvektor der Ebene mit

$$\mathbf{n} = \mathbf{a} \times \mathbf{b}$$

berechnet werden. Wegen $\mathbf{a} \times \mathbf{b} = -\mathbf{b} \times \mathbf{a}$ erhalten wir durch Vertauschung der Reihenfolge von $\mathbf{a}$ und $\mathbf{b}$ den in die entgegengesetzte Richtung zeigenden Normalvektor.

Beispiel 13.19 ($\rightarrow$CAS) Kreuzprodukt
Berechnen Sie das Kreuzprodukt von $\mathbf{a} = (1, 2, 0)$ und $\mathbf{b} = (3, 4, 5)$. Zeigen Sie, dass $\mathbf{a} \times \mathbf{b}$ normal auf $\mathbf{a}$ und auf $\mathbf{b}$ steht.

Lösung zu 13.19 Das Kreuzprodukt ist

$$\mathbf{a} \times \mathbf{b} = \begin{pmatrix} 1 \\ 2 \\ 0 \end{pmatrix} \times \begin{pmatrix} 3 \\ 4 \\ 5 \end{pmatrix} = \begin{pmatrix} 2 \cdot 5 - 0 \cdot 4 \\ -(1 \cdot 5 - 0 \cdot 3) \\ 1 \cdot 4 - 2 \cdot 3 \end{pmatrix} = \begin{pmatrix} 10 \\ -5 \\ -2 \end{pmatrix}.$$

Um zu überprüfen, ob $\mathbf{a} \times \mathbf{b}$ normal auf $\mathbf{a}$ und auf $\mathbf{b}$ steht, berechnen wir einfach die entsprechenden Skalarprodukte:

$$\langle \begin{pmatrix} 10 \\ -5 \\ -2 \end{pmatrix}, \begin{pmatrix} 1 \\ 2 \\ 0 \end{pmatrix} \rangle = 10 - 10 = 0, \qquad \langle \begin{pmatrix} 10 \\ -5 \\ -2 \end{pmatrix}, \begin{pmatrix} 3 \\ 4 \\ 5 \end{pmatrix} \rangle = 30 - 20 - 10 = 0.$$

Der Winkel zwischen zwei Geraden ist der Winkel zwischen zwei Richtungsvektoren. Analog wird der Winkel zwischen einer Ebene und einer Geraden als der Winkel zwischen dem Richtungsvektor der Geraden und einem Normalvektor der Ebene definiert. Der Winkel zwischen zwei Ebenen ist der Winkel zwischen zwei Normalvektoren.

Da es immer zwei Möglichkeiten für die Richtung eines Vektors gibt, $\mathbf{a}$ und $-\mathbf{a}$, gibt es auch zwei Möglichkeiten für diese Winkel: φ und $\pi - \varphi$. Man nimmt üblicherweise den kleineren Winkel.

Zuletzt wollen wir noch das eben Überlegte allgemein für den $\mathbb{R}^n$ formulieren:

Definition 13.20 Ist $\mathbf{n}$ ein Einheitsvektor im $\mathbb{R}^n$, so heißt

$$\langle \mathbf{x}, \mathbf{n} \rangle = x_1 n_1 + \cdots + x_n n_n = c$$

die Normalform der **Hyperebene** (Ebene, falls $n = 3$ bzw. Gerade, falls $n = 2$) mit Normalvektor $\mathbf{n}$. Der Betrag $|c|$ ist der Abstand der Hyperebene vom Ursprung.

13.1.1 Anwendung: Matched-Filter und Vektorraum-basierte Informationssuche

Die Idee der Bestapproximation in einem Vektorraum kann man z. B. auch bei der Dokumentsuche verwenden. Nehmen wir an, wir wollen eine Suchmaschine schreiben, die auf Webprogrammierung spezialisiert ist. Sie durchsucht Webseiten nur nach einigen wenigen vorgegebenen Stichworten, z. B.,

Einführung, Schnellkurs, Referenz, HTML, XML, PHP, Java,

und erstellt für jedes Dokument einen Vektor, dessen j-te Komponente angibt, ob und wo das Dokument das j-te Stichwort enthält. Zum Beispiel: 3...Stichwort kommt im Titel vor, 2...Stichwort ist im Dokument hervorgehoben (Fettdruck, Überschrift, etc.), 1...Stichwort kommt im Text vor, 0...Stichwort kommt nicht vor. Die Vektoren einiger Webseiten könnten dann wie folgt aussehen:

$$
\begin{aligned}
\mathbf{a}_1 &= (3,0,0,3,2,0,1) \\
\mathbf{a}_2 &= (0,0,3,1,0,3,2) \\
\mathbf{a}_3 &= (0,3,0,0,0,0,3) \\
&\vdots
\end{aligned}
$$

Sucht nun ein Benutzer nach den Stichworten „HTML Referenz", so ordnen wir dieser Anfrage den Suchvektor

$$\mathbf{q} = (0,0,1,1,0,0,0)$$

zu und berechnen die Winkel zwischen den Dokumentvektoren und dem Suchvektor:

$$\cos(\varphi_j) = \frac{\langle \mathbf{a}_j, \mathbf{q} \rangle}{\|\mathbf{a}_j\|\,\|\mathbf{q}\|}, \qquad j = 1, \ldots, 7.$$

Die Übereinstimmung ist umso besser, je näher der Winkel φ_j bei 0 liegt, also je größer $\cos(\varphi_j)$ ist (für $\varphi = 0$ wären die Vektoren ja parallel).

Das ist aber nur der Gipfel des Eisbergs. Die gleiche Idee kann man natürlich in einem beliebigen Vektorraum verwenden, um nach der besten Übereinstimmung zwischen einem Suchvektor $\mathbf{q}$ und gegebenen Vektoren $\mathbf{a}_j$ zu suchen. Da die Cauchy-Schwarz-Ungleichung in einem beliebigen Vektorraum mit Skalarprodukt gilt, und Gleichheit genau bei parallelen Vektoren eintritt, brauchen wir nur nach dem Maximum von

$$\frac{|\langle \mathbf{a}_j, \mathbf{q} \rangle|}{\|\mathbf{a}_j\|\,\|\mathbf{q}\|}$$

zu suchen. Zum Beispiel kann man auf dem Vektorraum der reellen Funktionen ein Skalarprodukt mithilfe des Integrals erklären und diese Idee verwenden, um in einem Audiosignal nach einem bestimmten Teilstück zu suchen. Oder wir können damit ein vorgegebenes Objekt in einem Bild suchen. Dieses Verfahren ist als **Matched-Filter** bekannt.

13.1.2 Anwendung: Lineare Klassifikation

Hyperebenen können auch zur Klassifizierung von Daten verwendet werden. Nehmen wir an, wir sollen ein Programm schreiben, das aufgrund von Gesamtgewicht g und Höchstgeschwindigkeit h eines Fahrzeuges dieses als PKW oder LKW klassifiziert. Ein Beispieldatensatz ist in Abbildung 13.4 abgebildet (PKW als weiße und LKW als

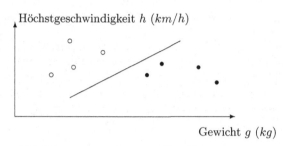

Abbildung 13.4. Lineare Klassifizierung

schwarze Punkte). Aus der Abbildung ist ersichtlich, dass sich PKW und LKW durch eine Gerade trennen lassen. Wir können zur Klassifizierung also z. B. die Gerade $-20h + g = 500$ verwenden. Dazu berechnen wir

$$K(g, h) = 20h - g + 500$$

und entscheiden, dass es sich um einen PKW handelt, falls $K > 0$, und um einen LKW, falls $K < 0$. Sind zum Beispiel Gewicht $g = 2000$ und Höchstgeschwindigkeit $h = 250$ gegeben, so erhalten wir

$$K(2000, 250) = 3500$$

und entscheiden uns daher für einen PKW. Natürlich kann eine so einfache Regel auch Fehler machen. Die Wahrscheinlichkeit dafür kann man verringern, indem man weitere Merkmale hinzunimmt (Hubraum, Leistung, etc.). Bei n Merkmalen entspricht jeder Datensatz einem Vektor im $\mathbb{R}^n$ und wir können versuchen, die Klassifikation, analog wie in unserem einfachen Beispiel, durch eine Hyperebene in Normalform vorzunehmen.

Es kann übrigens passieren, dass sich Datensätze nicht durch eine Hyperebene trennen lassen. In diesem Fall gibt es die Möglichkeit, mehrere Ebenen zu verwenden (**stückweise lineare Klassifizierung**).

Für das Auffinden einer geeigneten Ebene gibt es eine Reihe von Algorithmen. Man kann sogar versuchen, die Parameter der Ebene an einer Reihe von Trainingsdaten zu testen und dadurch laufend zu verbessern. Man spricht dann von einem **neuronalen Netz**.

13.1.3 Anwendung: Ray-Tracing

Geraden und Ebenen sind fundamentale Zutaten in der 3D-Computergrafik. Bilder werden dabei mittels **Ray-Tracing** Algorithmen erstellt. Lichtwellen werden zu diesem Zweck als Strahlen idealisiert und durch Geraden dargestellt. Die Objekte der

3D-Welt werden in der Regel durch Polyeder dargestellt, also durch Ebenen begrenzt. Das Computerbild erhält man nun, indem man die Lichtstrahlen (=Geraden) mit den Objekten (=Ebenen) schneidet. Dabei ist natürlich der Abstand wichtig, um festzustellen, ob eine Begrenzungsfläche von einer anderen verdeckt wird. Möchte man auch Reflexion und Brechung von Strahlen berücksichtigen, so benötigt man noch den Winkel, unter dem der Lichtstrahl auf eine Ebene trifft. Die Gesetze der Physik legen dann fest, unter welchem Winkel der reflektierte (bzw. gebrochene) Lichtstrahl die Ebene verlässt.

Betrachten wir folgendes Beispiel: Ein Lichtstrahl trifft auf eine Wasseroberfläche. Strahl und Oberfläche werden durch eine Gerade bzw. Ebene beschrieben:

$$\begin{pmatrix} x \\ y \\ z \end{pmatrix} = h\mathbf{e}, \quad \text{bzw.} \quad \begin{pmatrix} x \\ y \\ z \end{pmatrix} = k_1\mathbf{e}_1 + k_2\mathbf{e}_2,$$

wobei $\mathbf{e} = \frac{1}{\sqrt{2}}(1,0,-1)$, $\mathbf{e}_1 = (1,0,0)$ und $\mathbf{e}_2 = (0,1,0)$. Gesucht ist eine Formel für den Einheitsvektor $\mathbf{e}_R$ in Richtung des reflektierten und für den Einheitsvektor $\mathbf{e}_B$ in Richtung des gebrochenen Lichtstrahls und konkret $\mathbf{e}_R$ und $\mathbf{e}_B$ für den angegebenen Lichtstrahl $\mathbf{e}$ (siehe Abbildung 13.5).

Reflektierter und gebrochener Strahl liegen in der durch $\mathbf{e}$ und $\mathbf{n}$ aufgespannten Ebene, können also als Linearkombination dieser beiden Vektoren geschrieben werden ($\mathbf{e}_R$ und $\mathbf{e}_B$ werden gleich auf die Länge 1 normiert angesetzt, daher ist dann nur noch *ein* Koeffizient k_R bzw. k_B der Linearkombination zu bestimmen):

$$\mathbf{e}_R = \frac{\mathbf{e} + k_R\mathbf{n}}{\sqrt{1 + 2k_R\langle \mathbf{e}, \mathbf{n} \rangle + k_R^2}}, \quad \mathbf{e}_B = \frac{\mathbf{e} + k_B\mathbf{n}}{\sqrt{1 + 2k_B\langle \mathbf{e}, \mathbf{n} \rangle + k_B^2}}.$$

Dabei ist $\mathbf{n}$ ein Normalvektor der Ebene. Die gesuchten Koeffizienten k_R und k_B erhält man mithilfe des Reflektions- bzw. Brechungsgesetzes

$$\cos(\varphi_R) = -\cos(\varphi) \quad \text{bzw.} \quad \sin(\varphi_B) = n_B \sin(\varphi),$$

wobei $n_B = 1.33$ der Brechungsindex von Wasser ist und φ, φ_R bzw. φ_B die Winkel zwischen $\mathbf{n}$ und $\mathbf{e}$, $\mathbf{e}_R$ bzw. $\mathbf{e}_B$ sind (wie in Abbildung 13.5 eingezeichnet).

Den Normalvektor $\mathbf{n}$ der Ebene erhalten wir mithilfe des Kreuzproduktes

$$\mathbf{n} = \mathbf{e}_1 \times \mathbf{e}_2 = (0,0,1) = \mathbf{e}_3.$$

Um den reflektierten Strahl $\mathbf{e}_R$ zu berechnen, benötigen wir k_R. Dazu verwenden wir die Beziehung $\cos(\varphi_R) = -\cos(\varphi)$, die nichts anderes als

$$\langle \mathbf{e}_R, \mathbf{n} \rangle = -\langle \mathbf{e}, \mathbf{n} \rangle$$

bedeutet. Setzen wir hier für $\mathbf{e}_R$ unseren Ansatz ein (und vereinfachen ein wenig, indem wir das Skalarprodukt $\langle \mathbf{e}_R, \mathbf{n} \rangle$ auswerten), dann erhalten wir

$$\frac{\langle \mathbf{e}, \mathbf{n} \rangle + k_R}{\sqrt{1 + 2k_R\langle \mathbf{e}, \mathbf{n} \rangle + k_R^2}} = -\langle \mathbf{e}, \mathbf{n} \rangle.$$

Multiplizieren wir beide Seiten mit dem Wurzelausdruck und quadrieren beide Seiten, so erhalten wir eine quadratische Gleichung für k_R,

$$((\mathbf{e}, \mathbf{n}) + k_R)^2 = ((\mathbf{e}, \mathbf{n}))^2 (1 + 2k_R\langle\mathbf{e}, \mathbf{n}\rangle + k_R^2),$$

die wir am besten mit dem Computer lösen. Wir erhalten die beiden Lösungen $k_R = 0$ und $k_R = -2\langle\mathbf{e}, \mathbf{n}\rangle$. Durch das Quadrieren haben wir Information verloren, nun müssen wir überlegen, welche der beiden Lösungen für k_R die richtige ist. Die Lösung $k_R = 0$ würde $\mathbf{e}_R = \mathbf{e}$ bedeuten, und daher muss $k_R = -2\langle\mathbf{e}, \mathbf{n}\rangle$ die richtige Lösung sein. Setzen wir das für k_R in den Ansatz für $\mathbf{e}_R$ ein, dann erhalten wir für den Einheitsvektor in Richtung des reflektierten Strahls

$$\mathbf{e}_R = \mathbf{e} + k_R\mathbf{n}, \qquad \text{mit} \quad k_R = -2\langle\mathbf{e}, \mathbf{n}\rangle.$$

Für unsere konkreten Vektoren $\mathbf{e}$ und $\mathbf{n}$ erhalten wir $k_R = \sqrt{2} = 1.41$ und

$$\mathbf{e}_R = \frac{1}{\sqrt{2}}\begin{pmatrix} 1 \\ 0 \\ 1 \end{pmatrix} = \begin{pmatrix} 0.71 \\ 0 \\ 0.71 \end{pmatrix}.$$

Analog berechnet man $\mathbf{e}_B$: Die Gleichung $\sin(\varphi_B) = n_B \sin(\varphi)$ bedeutet (wenn wir Kosinus durch Sinus ausdrücken) $1 - \cos^2(\varphi_B) = n_B^2(1 - \cos^2(\varphi))$ und wieder mithilfe eines Skalarprodukts geschrieben,

$$1 - (\langle\mathbf{e}_B, \mathbf{n}\rangle)^2 = n_B^2(1 - \langle\mathbf{e}, \mathbf{n}\rangle^2).$$

Setzen wie hier nun analog wie oben den Ansatz für $\mathbf{e}_B$ ein, dann erhalten wir wieder eine quadratische Gleichung für k_B, die mit dem Computer leicht gelöst werden kann: $k_B = -\langle\mathbf{e}, \mathbf{n}\rangle \pm n_B^{-1}\sqrt{1 - n_B^2(1 - \langle\mathbf{e}, \mathbf{n}\rangle^2)}$. Weil für den Spezialfall $n_B = 1$ (keine Brechung) der gebrochene Strahl gleich dem einfallenden Strahl sein muss, und weil $-\langle\mathbf{e}, \mathbf{n}\rangle$ in unserem Beispiel positiv ist, ist die Lösung mit dem Minuszeichen die richtige, also $k_B = -\langle\mathbf{e}, \mathbf{n}\rangle - n_B^{-1}\sqrt{1 - n_B^2(1 - \langle\mathbf{e}, \mathbf{n}\rangle^2)}$. Wenn wir das wieder mit dem Computer in den Ansatz für $\mathbf{e}_B$ einsetzen und vereinfachen, dann erhalten wir für den Einheitsvektor in die Richtung des gebrochenen Strahls

$$\mathbf{e}_B = n_B(\mathbf{e} + k_B\mathbf{n}), \qquad \text{mit} \quad k_B = -\langle\mathbf{e}, \mathbf{n}\rangle - \frac{\sqrt{1 - n_B^2(1 - \langle\mathbf{e}, \mathbf{n}\rangle^2)}}{n_B}.$$

Wenn wir wieder unsere konkrete Vektoren $\mathbf{e}$ und $\mathbf{n}$ einsetzen, dann erhalten wir $k_B = 0.45$ und $\mathbf{e}_B = (0.94, 0, -0.34)$.

13.2 Orthogonalentwicklungen

Eine Orthogonalzerlegung $\mathbf{a} = \mathbf{a}_{\parallel} + \mathbf{a}_{\perp}$ kann man nicht nur bezüglich eines Vektors $\mathbf{e}$ (der eine Gerade aufspannt), sondern auch bezüglich mehrerer Vektoren $\mathbf{u}_1, \ldots, \mathbf{u}_m$ durchführen. (Diese spannen einen Teilraum auf; z. B. im Fall von zwei linear unabhängigen Vektoren $\mathbf{u}_1, \mathbf{u}_2$ eine Ebene.) Analog zum letzten Abschnitt fragt man wieder nach der besten Approximation von $\mathbf{a}$ in dem durch $\mathbf{u}_1, \ldots, \mathbf{u}_m$ aufgespannten Teilraum.

Die Überlegungen in diesem Kapitel gelten für einen beliebigen Vektorraum V. Wir werden später nochmals bei den Fourierreihen darauf zurückkommen. Stellen Sie sich aber, damit es anschaulicher wird, zum Beispiel $V = \mathbb{R}^n$ bzw. noch konkreter $V = \mathbb{R}^3$ vor:

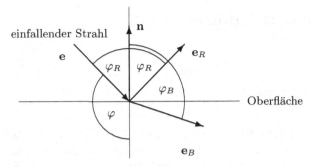

Abbildung 13.5. Brechung eines Lichtstrahls

Definition 13.21 Die Vektoren $\mathbf{u}_1, \ldots \mathbf{u}_m \in V$ werden als **Orthonormalsystem** bezeichnet, falls sie die Länge 1 haben und paarweise orthogonal sind, wenn also

$$\langle \mathbf{u}_j, \mathbf{u}_k \rangle = \delta_{jk}, \quad \text{wobei} \quad \delta_{jk} = \begin{cases} 0, & \text{falls } j \neq k \\ 1, & \text{falls } j = k \end{cases}$$

gilt.

Es folgt automatisch, dass die Vektoren in einem Orthonormalsystem linear unabhängig sind.

Warum? Wenn $\mathbf{a} \in V$ als Linearkombination des Orthonormalsystems geschrieben werden soll, $\mathbf{a} = \sum_{j=1}^m k_j \mathbf{u}_j$, so sind die Koeffizienten der Linearkombination gleich $k_\ell = \langle \mathbf{u}_\ell, \mathbf{a} \rangle$. (Denn aus der Linearität des Skalarprodukts und der Definition eines Orthonormalsystems folgt $\langle \mathbf{u}_\ell, \mathbf{a} \rangle = \langle \mathbf{u}_\ell, \sum_{j=1}^m k_j \mathbf{u}_j \rangle = \sum_{j=1}^m k_j \langle \mathbf{u}_\ell, \mathbf{u}_j \rangle = k_\ell$.) Setzen wir also insbesondere den Nullvektor als Linearkombination an, $\mathbf{a} = \mathbf{0}$, so sind die Koeffizienten $k_\ell = \langle \mathbf{u}_\ell, \mathbf{0} \rangle = 0$, es gibt also nur die triviale Lösung. Damit sind die Vektoren des Orthonormalsystems linear unabhängig.

In einem n-dimensionalen Vektorraum V bildet jedes Orthonormalsystem aus n Vektoren (da die Vektoren linear unabhängig sind) eine Basis von V. Man spricht in diesem Fall von einer **Orthonormalbasis**. Die Standardbasis $\mathbf{e}_1, \ldots, \mathbf{e}_n$ ist zum Beispiel eine Orthonormalbasis.

Aus unseren Überlegungen folgt:

Satz 13.22 (Orthogonalentwicklung) Ist $\mathbf{u}_1, \ldots, \mathbf{u}_n \in V$ eine Orthonormalbasis, so lässt sich jeder Vektor $\mathbf{a} \in V$ als

$$\mathbf{a} = \sum_{j=1}^n \langle \mathbf{u}_j, \mathbf{a} \rangle \mathbf{u}_j$$

schreiben.

Erinnern Sie sich daran, dass die Entwicklungskoeffizienten von $\mathbf{a}$ im Fall einer „gewöhnlichen" Basis von V durch Lösung eines linearen Gleichungssystems bestimmt werden mussten. Im Fall einer Orthonormalbasis sind die Entwicklungskoeffizienten nun schnell mithilfe des Skalarprodukts berechnet!

Beispiel 13.23 Orthonormalbasis

Zeigen Sie, dass

$$\mathbf{u}_1 = \frac{1}{\sqrt{2}}\begin{pmatrix} 1 \\ 1 \end{pmatrix}, \qquad \mathbf{u}_2 = \frac{1}{\sqrt{2}}\begin{pmatrix} -1 \\ 1 \end{pmatrix}$$

eine Orthonormalbasis des $\mathbb{R}^2$ bilden und berechnen Sie die Orthogonalentwicklung von $\mathbf{a} = (1,3)$.

Lösung zu 13.23 Wir berechnen zunächst die folgenden Skalarprodukte: $\langle \mathbf{u}_1, \mathbf{u}_2 \rangle = 0$, $\langle \mathbf{u}_1, \mathbf{u}_1 \rangle = \langle \mathbf{u}_2, \mathbf{u}_2 \rangle = 1$. Also bilden $\mathbf{u}_1, \mathbf{u}_2$ ein Orthonormalsystem, und da es 2 Vektoren sind, handelt es sich um eine Orthonormalbasis des $\mathbb{R}^2$. Die Entwicklungskoeffizienten von $\mathbf{a}$ bezüglich dieser Orthonormalbasis lauten

$$\langle \mathbf{u}_1, \mathbf{a} \rangle = \frac{1}{\sqrt{2}}(1+3) = 2\sqrt{2}, \qquad \langle \mathbf{u}_2, \mathbf{a} \rangle = \frac{1}{\sqrt{2}}(-1+3) = \sqrt{2},$$

und somit (siehe Abbildung 13.6)

$$\mathbf{a} = 2\sqrt{2}\,\mathbf{u}_1 + \sqrt{2}\,\mathbf{u}_2.$$

Probe: Setzen Sie $\mathbf{u}_1, \mathbf{u}_2$ ein und prüfen Sie nach, ob wir tatsächlich durch diese Linearkombination $\mathbf{a}$ erhalten! ∎

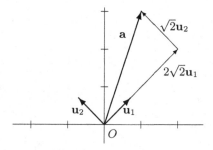

Abbildung 13.6. Orthogonalentwicklung: $\mathbf{a} = 2\sqrt{2}\mathbf{u}_1 + \sqrt{2}\mathbf{u}_2$

Wenn das Orthonormalsystem in einem n-dimensionalen Vektorraum V aus $m < n$ Vektoren besteht, so spannt es nicht ganz V, sondern nur einen Teilraum von V auf.

Zum Beispiel spannt ein Orthonormalsystem aus zwei Vektoren nicht den ganzen $\mathbb{R}^3$, sondern nur eine Ebene auf.

Wieder können wir in diesem Fall, analog wie im Abschnitt 13.1, einen Vektor $\mathbf{a} \in V$ in zwei Komponenten zerlegen: eine Komponente, die im Teilraum liegt, und eine, die orthogonal zum Teilraum ist.

Satz 13.24 Gegeben ist ein Orthonormalsystem $\mathbf{u}_1, \ldots, \mathbf{u}_m$. Jeder Vektor $\mathbf{a} \in V$ lässt sich in der Form $\mathbf{a} = \mathbf{a}_\parallel + \mathbf{a}_\perp$ schreiben, wobei

$$\mathbf{a}_\parallel = \sum_{j=1}^{m} \langle \mathbf{u}_j, \mathbf{a} \rangle \mathbf{u}_j$$

in $LH\{\mathbf{u}_1, \ldots, \mathbf{u}_m\}$ liegt, und

$$\mathbf{a}_\perp = \mathbf{a} - \mathbf{a}_\|$$

orthogonal zu jedem Vektor in $LH\{\mathbf{u}_1, \ldots, \mathbf{u}_m\}$ ist. Der Vektor $\mathbf{a}_\|$ heißt die **(ortho-gonale) Projektion** von $\mathbf{a}$ auf $LH\{\mathbf{u}_1, \ldots, \mathbf{u}_m\}$.

Dass $\mathbf{a}_\perp$ orthogonal zu jedem der Vektoren $\mathbf{u}_1, \ldots, \mathbf{u}_m$ ist, können wir direkt nachrechnen:

$$\langle \mathbf{a}_\perp, \mathbf{u}_\ell \rangle = \langle \mathbf{a} - \mathbf{a}_\|, \mathbf{u}_\ell \rangle = \langle \mathbf{a}, \mathbf{u}_\ell \rangle - \sum_{j=1}^{m} \langle \mathbf{u}_j, \mathbf{a} \rangle \langle \mathbf{u}_j, \mathbf{u}_\ell \rangle = \langle \mathbf{a}, \mathbf{u}_\ell \rangle - \langle \mathbf{u}_\ell, \mathbf{a} \rangle = 0.$$

Damit ist $\mathbf{a}_\perp$ auch orthogonal zu jeder Linearkombination des Orthonormalsystems, d. h. $\mathbf{a}_\perp \in LH\{\mathbf{u}_1, \ldots, \mathbf{u}_m\}^\perp$, insbesondere also auch zu $\mathbf{a}_\|$.

Anschaulich im $\mathbb{R}^3$ erklärt: Gegeben ist ein Vektor $\mathbf{a}$ und das Orthonormalsystem $\mathbf{u}_1, \mathbf{u}_2$, das die Ebene $U = LH\{\mathbf{u}_1, \mathbf{u}_2\}$ aufspannt. Dann können wir den Vektor in $\mathbf{a} = \mathbf{a}_\| + \mathbf{a}_\perp$ zerlegen, wobei die Komponente $\mathbf{a}_\|$ in der Ebene liegt ($\mathbf{a}_\|$ ist eine Linearkombination von $\mathbf{u}_1, \mathbf{u}_2$) und $\mathbf{a}_\perp$ senkrecht auf die Ebene steht.

Beispiel 13.25 Orthogonale Projektion

Berechnen Sie die orthogonale Projektion $\mathbf{a}_\|$ von $\mathbf{a} = (3, -1, 4) \in \mathbb{R}^3$ auf die Ebene, die vom Orthonormalsystem

$$\mathbf{u}_1 = \frac{1}{\sqrt{2}} \begin{pmatrix} 1 \\ 0 \\ 1 \end{pmatrix}, \quad \mathbf{u}_2 = \frac{1}{\sqrt{6}} \begin{pmatrix} 1 \\ -2 \\ -1 \end{pmatrix}$$

aufgespannt wird, sowie $\mathbf{a}_\perp$.

Lösung zu 13.25 Mit obiger Formel erhalten wir

$$\mathbf{a}_\| = \langle \mathbf{u}_1, \mathbf{a} \rangle \mathbf{u}_1 + \langle \mathbf{u}_2, \mathbf{a} \rangle \mathbf{u}_2 = \frac{7}{\sqrt{2}} \mathbf{u}_1 + \frac{1}{\sqrt{6}} \mathbf{u}_2 = \frac{1}{3} \begin{pmatrix} 11 \\ -1 \\ 10 \end{pmatrix}.$$

Damit berechnen wir

$$\mathbf{a}_\perp = \mathbf{a} - \mathbf{a}_\| = \frac{2}{3} \begin{pmatrix} -1 \\ -1 \\ 1 \end{pmatrix}.$$

Machen Sie die Probe, indem Sie überprüfen, ob dieser Vektor orthogonal zu $\mathbf{u}_1$ und $\mathbf{u}_2$ ist! ∎

Bevor wir zur Frage kommen, wozu man die Projektion auf einen Teilraum braucht, überlegen wir uns, wie wir denn so ein Orthonormalsystem finden (das wir zur Berechnung der Projektion brauchen). Es gibt ein systematisches Verfahren, mit dem man aus *beliebigen linear unabhängigen* Vektoren $\mathbf{a}_1, \ldots, \mathbf{a}_m$ ein Orthonormalsystem erzeugen kann: Den ersten Vektor des Orthonormalsystems, $\mathbf{u}_1$, erhalten wir durch Normierung von $\mathbf{a}_1$:

$$\mathbf{u}_1 = \frac{\mathbf{a}_1}{\|\mathbf{a}_1\|}.$$

Insbesondere ist die lineare Hülle des neu erhaltenen Vektors $\mathbf{u}_1$ gleich der des ursprünglichen Vektors $\mathbf{a}_1$, d.h. es gilt $LH\{\mathbf{a}_1\} = LH\{\mathbf{u}_1\}$. Den zweiten Vektor des Orthonormalsystems, $\mathbf{u}_2$, erhalten wir, indem wir die orthogonale Komponente von $\mathbf{a}_2$ bezüglich $\mathbf{u}_1$ bilden, $\mathbf{a}_2 - \langle \mathbf{u}_1, \mathbf{a}_2 \rangle \mathbf{u}_1$, und diese wieder auf eins normieren:

$$\mathbf{u}_2 = \frac{\mathbf{a}_2 - \langle \mathbf{u}_1, \mathbf{a}_2 \rangle \mathbf{u}_1}{\|\mathbf{a}_2 - \langle \mathbf{u}_1, \mathbf{a}_2 \rangle \mathbf{u}_1\|}.$$

Wiederum bleibt die lineare Hülle gleich: $LH\{\mathbf{a}_1, \mathbf{a}_2\} = LH\{\mathbf{u}_1, \mathbf{u}_2\}$. Das setzen wir

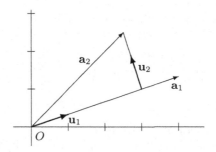

Abbildung 13.7. Gram-Schmidt-Verfahren

so lange fort, bis alle Vektoren aufgebraucht sind. Am Ende haben wir orthonormale Vektoren $\mathbf{u}_1, \ldots, \mathbf{u}_m$ erhalten, die denselben Raum aufspannen wie die ursprünglichen Vektoren.

Dieses Verfahren ist nach dem dänischen Mathematiker Jorgen Pedersen Gram (1850–1916) und dem deutschen Mathematiker Erhard Schmidt (1876–1959) benannt.

Satz 13.26 (Gram-Schmidt-Verfahren) Sind $\mathbf{a}_1, \ldots, \mathbf{a}_m \in V$ linear unabhängige Vektoren, so bilden die Vektoren

$$\mathbf{u}_k = \frac{\mathbf{a}_k - \sum_{j=1}^{k-1} \langle \mathbf{u}_j, \mathbf{a}_k \rangle \mathbf{u}_j}{\|\mathbf{a}_k - \sum_{j=1}^{k-1} \langle \mathbf{u}_j, \mathbf{a}_k \rangle \mathbf{u}_j\|}, \quad 1 \leq k \leq m,$$

ein Orthonormalsystem mit gleicher linearer Hülle:

$$LH\{\mathbf{a}_1, \ldots, \mathbf{a}_m\} = LH\{\mathbf{u}_1, \ldots, \mathbf{u}_m\}.$$

Die lineare Unabhängigkeit muss nicht extra überprüft werden. Falls die Vektoren $\mathbf{a}_j$ nicht linear unabhängig sind, so wird irgendwann $\mathbf{a}_k - \sum_{j=1}^{k-1} \langle \mathbf{u}_j, \mathbf{a}_k \rangle \mathbf{u}_j$ verschwinden. In diesem Fall kann man einfach $\mathbf{a}_k$ wegwerfen (denn $\mathbf{a}_k$ ist bereits in $LH\{\mathbf{a}_1, \ldots, \mathbf{a}_{k-1}\} = LH\{\mathbf{u}_1, \ldots, \mathbf{u}_{k-1}\}$ enthalten) und mit $\mathbf{a}_{k+1}$ weitermachen. Das Gram-Schmidt-Verfahren eignet sich also auch um „linear überflüssige" Vektoren loszuwerden (z. B. zur Bestimmung der Dimension eines Unterraums).

Beispiel 13.27 (→CAS) Gram-Schmidt-Verfahren
Orthonormalisieren Sie die Vektoren

$$\mathbf{a}_1 = \begin{pmatrix} 1 \\ 0 \\ 1 \end{pmatrix}, \qquad \mathbf{a}_2 = \begin{pmatrix} 0 \\ 1 \\ 1 \end{pmatrix}, \qquad \mathbf{a}_3 = \begin{pmatrix} 1 \\ 2 \\ 4 \end{pmatrix}$$

des $\mathbb{R}^3$.

Lösung zu 13.27 Für $\mathbf{u}_1$ brauchen wir nur $\mathbf{a}_1$ zu normieren:

$$\mathbf{u}_1 = \frac{1}{\|\mathbf{a}_1\|}\mathbf{a}_1 = \frac{1}{\sqrt{2}}\begin{pmatrix} 1 \\ 0 \\ 1 \end{pmatrix}.$$

Um $\mathbf{u}_2$ zu erhalten, subtrahieren wir vom Vektor $\mathbf{a}_2$ zunächst dessen orthogonale Projektion in Richtung von $\mathbf{u}_1$,

$$\mathbf{a}_2 - \langle \mathbf{u}_1, \mathbf{a}_2 \rangle \mathbf{u}_1 = \begin{pmatrix} 0 \\ 1 \\ 1 \end{pmatrix} - \frac{1}{2}\begin{pmatrix} 1 \\ 0 \\ 1 \end{pmatrix} = \frac{1}{2}\begin{pmatrix} -1 \\ 2 \\ 1 \end{pmatrix},$$

und normieren dann:

$$\mathbf{u}_2 = \frac{1}{\sqrt{6}}\begin{pmatrix} -1 \\ 2 \\ 1 \end{pmatrix}.$$

Analog für $\mathbf{u}_3$: Wir subtrahieren von $\mathbf{a}_3$ dessen orthogonale Projektion auf die Ebene, die von $\mathbf{u}_1, \mathbf{u}_2$ aufgespannt wird,

$$\mathbf{a}_3 - \langle \mathbf{u}_2, \mathbf{a}_3 \rangle \mathbf{u}_2 - \langle \mathbf{u}_1, \mathbf{a}_3 \rangle \mathbf{u}_1 = \begin{pmatrix} 1 \\ 2 \\ 4 \end{pmatrix} - \frac{7}{6}\begin{pmatrix} -1 \\ 2 \\ 1 \end{pmatrix} - \frac{5}{2}\begin{pmatrix} 1 \\ 0 \\ 1 \end{pmatrix} = \frac{1}{3}\begin{pmatrix} -1 \\ -1 \\ 1 \end{pmatrix},$$

und normieren:

$$\mathbf{u}_3 = \frac{1}{\sqrt{3}}\begin{pmatrix} -1 \\ -1 \\ 1 \end{pmatrix}. \qquad \blacksquare$$

Wir wissen nun, wie die Projektion auf einen Teilraum definiert ist, und wie wir aus einer „gewöhnlichen" Basis des Teilraums eine Orthonormalbasis berechnen können. Wo aber braucht man das?

In der Praxis hat man es oft mit dem Problem zu tun, dass $\mathbf{a}$ die *ideale* Lösung wäre, aus technischen Gründen aber nur Vektoren in einem Teilraum U zulässig sind. In diesem Fall sucht man (analog wie in Abschnitt 13.1) jenen Vektor aus dem Teilraum, für den der Abstand zu $\mathbf{a}$ (also der Fehler) minimal ist.

Dazu wählt man Vektoren $\mathbf{a}_1, \dots, \mathbf{a}_m$, die U aufspannen und berechnet mit Gram-Schmidt ein Orthonormalsystem $\mathbf{u}_1, \dots, \mathbf{u}_m$, das U aufspannt. Die gesuchte beste Näherung ist dann die Projektion von $\mathbf{a}$ auf $U = \mathrm{LH}\{\mathbf{a}_1, \dots, \mathbf{a}_m\} = \mathrm{LH}\{\mathbf{u}_1, \dots, \mathbf{u}_m\}$:

Satz 13.28 Sei $\mathbf{u}_1, \ldots, \mathbf{u}_m \in V$ ein Orthonormalsystem. Dann gilt für jeden Vektor $\mathbf{x} \in \mathrm{LH}\{\mathbf{u}_1, \ldots, \mathbf{u}_m\}$, dass $\|\mathbf{a} - \mathbf{x}\| \geq \|\mathbf{a}_\perp\|$, mit Gleichheit genau für $\mathbf{x} = \mathbf{a}_\parallel$.

Im $\mathbb{R}^3$ veranschaulicht: Gesucht ist jener Vektor in einer von zwei linear unabhängigen Vektoren $\mathbf{a}_1$ und $\mathbf{a}_2$ aufgespannten Ebene, der möglichst nahe an einem gegebenen Vektor $\mathbf{a} \in \mathbb{R}^3$ liegt. Geometrisch ist uns klar, dass die beste Approximation genau jener Vektor aus der Ebene ist, für den die Differenz zu $\mathbf{a}$ (= der Fehler, der bei der Approximation gemacht wird) orthogonal auf die Ebene steht. Die beste Näherung ist also die Projektion $\mathbf{a}_\parallel$. Wir finden sie, indem wir mit dem Gram-Schmidt-Verfahren aus den Vektoren $\mathbf{a}_1$ und $\mathbf{a}_2$ ein Orthonormalsystem erzeugen, und dann die Projektion $\mathbf{a}_\parallel$ auf die Ebene berechnen.

Im Fall $n > 3$ können wir uns nicht mehr veranschaulichen, warum gerade unsere Projektion den minimalen Fehler liefert. Dazu ist ein analytisches Argument notwendig, das ohne eine geometrische Vorstellung auskommt: Ist $\mathbf{x} = \sum_{j=1}^{m} k_j \mathbf{u}_j$ irgendeine Linearkombination, so gilt nach dem Satz von Pythagoras $\|\mathbf{a} - \mathbf{x}\|^2 = \|\mathbf{a}_\parallel + \mathbf{a}_\perp - \mathbf{x}\|^2 = \|\mathbf{a}_\parallel - \mathbf{x}\|^2 + \|\mathbf{a}_\perp\|^2$. Der Abstand wird also genau dann minimal, wenn wir $\mathbf{x} = \mathbf{a}_\parallel$ wählen.

Unsere Überlegungen waren motiviert von unserer Vorstellung im $\mathbb{R}^3$. Alles, was wir verwendet haben, waren aber immer nur die drei Eigenschaften aus Definition 13.1 (Positivität, Symmetrie und Linearität) für das Skalarprodukt. Auf den ersten Blick scheint das nur unnötig abstrakt und kompliziert. Interessant wird das Ganze aber, wenn man beginnt, die mathematische Struktur des $\mathbb{R}^3$ mit seinem Skalarprodukt auch in anderen Objekten zu erkennen! In diesem Sinn ist zum Beispiel die Zerlegung des Tones einer schwingenden Saite in seine Grund- und Oberschwingungen nichts anderes als eine Orthogonalentwicklung. Hat man das erkannt, so lassen sich plötzlich komplizierte Probleme mithilfe geometrischer Anschauung lösen, die zuvor unlösbar erschienen sind.

13.3 Orthogonale Transformationen

Wir betrachten in diesem Abschnitt einfachheitshalber nur reelle Matrizen. Der komplexe Fall kann analog behandelt werden (man muss nur die transponierte Matrix überall durch die adjungierte Matrix ersetzen).

Definition 13.29 Sei U eine (reelle) quadratische Matrix. Wenn ihre transponierte Matrix gleich ihrer inversen Matrix ist,

$$U^T = U^{-1},$$

so wird U **orthogonale Matrix** genannt. Die zugehörige lineare Abbildung $F :$ $V \to V$, $F(\mathbf{x}) = U\mathbf{x}$, wird als **orthogonale Transformation** bezeichnet.

Im Fall eines komplexen Vektorraums lautet die Bedingung $U^* = U^{-1}$. Ist U reell, so ist $U^* = U^T$ und wir erhalten obige Bedingung als Spezialfall.

Orthogonale Transformationen haben die wichtige Eigenschaft, dass sie das Skalarprodukt erhalten:

Satz 13.30 Sei U eine orthogonale Matrix und $\mathbf{a}, \mathbf{b}$ beliebige Vektoren aus V. Dann gilt:
$$\langle U\mathbf{a}, U\mathbf{b}\rangle = \langle \mathbf{a}, \mathbf{b}\rangle.$$

Denn: $\langle U\mathbf{a}, U\mathbf{b}\rangle = \langle \mathbf{a}, U^T U\mathbf{b}\rangle = \langle \mathbf{a}, \mathbf{b}\rangle$ (Satz 13.3).

Orthogonale Transformationen erhalten damit auch Längen und Winkel, da diese ja über das Skalarprodukt definiert werden. Diese Eigenschaft charakterisiert orthogonale Transformationen sogar eindeutig. Beispiel: Drehungen und Spiegelungen sind orthogonalen Transformationen, da sie Längen und Winkel nicht verändern.

Auch die Umkehrfunktion einer orthogonalen Transformation, $F^{-1}(\mathbf{x}) = U^{-1}\mathbf{x} = U^T\mathbf{x}$ ist wieder orthogonal, denn:

Satz 13.31 Eine Matrix U ist genau dann orthogonal, wenn U^T orthogonal ist.

Das folgt aus der Regel $(U^T)^{-1} = (U^{-1})^T$.

Orthogonale Matrizen sind eng mit Orthonormalbasen verknüpft:

Satz 13.32 Eine Matrix U ist genau dann orthogonal, wenn ihre Spaltenvektoren (und damit auch ihre Zeilenvektoren) eine Orthonormalbasis bilden.

Denn: Sei $\mathbf{u}_1, \ldots, \mathbf{u}_n$ eine Orthonormalbasis und U die Matrix, deren Spalten gleich diesen Vektoren sind. Da beim Matrixprodukt $C = AB$ das Element c_{ij} gleich dem Skalarprodukt der i-ten Zeile von A mit der j-ten Spalte von B ist, gilt für einen beliebigen Vektor $\mathbf{x}$, dass $U^T\mathbf{x} = (\langle\mathbf{u}_1, \mathbf{x}\rangle, \ldots, \langle\mathbf{u}_n, \mathbf{x}\rangle)$. Wählen wir speziell $\mathbf{x} = \mathbf{u}_j$ und lassen j von 1 bis n laufen, so erhalten wir genau die Spalten der Einheitsmatrix: $U^T U = \mathbb{I}_n$. Damit ist $U^T = U^{-1}$, die Matrix ist also orthogonal.

Daraus folgt eine praktische Tatsache: Wenn $\mathbf{u}_1, \ldots, \mathbf{u}_n$ eine Orthonormalbasis ist, und U die Matrix, die gerade diese Vektoren als Spalten hat, so können wir die Entwicklungskoeffizienten eines beliebigen Vektors $\mathbf{x}$ bezüglich der Orthonormalbasis einfach berechnen, indem wir U^T auf $\mathbf{x}$ anwenden:

$$U^T\mathbf{x} = \begin{pmatrix} \langle\mathbf{u}_1, \mathbf{x}\rangle \\ \vdots \\ \langle\mathbf{u}_n, \mathbf{x}\rangle \end{pmatrix}.$$

Eine für die Praxis besonders wichtige orthogonale Matrix C ist durch

$$c_{jk} = \sqrt{\frac{2 - \delta_{1k}}{n}} \cos\left(\frac{(2j-1)(k-1)\pi}{2n}\right), \quad \text{mit} \quad \delta_{jk} = \begin{cases} 1, & \text{für } j = k \\ 0, & \text{für } j \neq k \end{cases}$$

gegeben. Sie ist als **diskrete Kosinustransformation** (DCT) bekannt. Zu jedem Vektor $\mathbf{x}$ bestimmt man den Bildvektor

$$\mathbf{y} = C^T\mathbf{x}.$$

Er enthält gerade die Entwicklungskoeffizienten bezüglich der Orthonormalbasis, die durch die Spalten von C gebildet wird. Aus dem Bildvektor $\mathbf{y}$ kann der Originalvektor jederzeit mit

$$\mathbf{x} = C\mathbf{y}$$

zurückerhalten werden. Bei praktischen Anwendungen ist $\mathbf{x} = (x_1, \ldots, x_n)$ zum Beispiel ein Vektor von Signalwerten. Bezeichnen wir den zugehörigen Bildvektor (Koeffizientenvektor) mit $\mathbf{y} = (y_1, \ldots, y_n)$. Mit anderen Worten, $\mathbf{x} = y_1\mathbf{c}_1 + \ldots + y_n\mathbf{c}_n$ ist die Orthogonalentwicklung von $\mathbf{x}$ bezüglich der Orthonormalbasis $\mathbf{c}_1, \ldots, \mathbf{c}_n$, die durch die Spalten von C definiert ist. Die Projektion von $\mathbf{x}$ auf den Teilraum, der durch die ersten $m < n$ Basisvektoren aufgespannt wird, gibt eine Approximation des Originalvektors, die für viele Fälle ausreichend ist: $\mathbf{x} \approx y_1\mathbf{c}_1 + \ldots + y_m\mathbf{c}_m$. Diese Approximation wird eindeutig durch die m Entwicklungskoeffizienten $y_1, \ldots, y_m$ charakterisiert.

Man ersetzt in diesem Sinn die n Komponenten des Originalvektors durch m Entwicklungskoeffizienten, und erreicht dadurch eine Datenreduktion. Dies ist die Grundidee des JPEG-Verfahrens. Dabei gehen Daten verloren – die JPEG-Kompression ist also *nicht* verlustfrei.

Die DCT ist deshalb dafür besonders geeignet, weil in den ersten Koeffizienten bereits die wichtigsten Informationen enthalten sind. Die höheren Koeffizienten enthalten genauere Details. Je mehr Koeffizienten man weglässt, umso unschärfer wirkt das Bild.

Beispiel 13.33 Diskrete Kosinustransformation

Zeigen Sie, dass die diskrete Kosinustransformation für $n = 2$ mit zugehöriger Matrix

$$C = \frac{1}{\sqrt{2}} \begin{pmatrix} 1 & 1 \\ 1 & -1 \end{pmatrix}$$

eine orthogonale Transformation ist. Berechnen Sie weiters die Koeffizienten der Orthogonalentwicklung von $\mathbf{a} = (3, 5)$ bezüglich der Spalten von C (= Orthonormalbasis).

Lösung zu 13.33 Es gilt

$$CC^T = \frac{1}{2} \begin{pmatrix} 1 & 1 \\ 1 & -1 \end{pmatrix} \begin{pmatrix} 1 & 1 \\ 1 & -1 \end{pmatrix} = \begin{pmatrix} 1 & 0 \\ 0 & 1 \end{pmatrix},$$

und somit handelt es sich um eine orthogonale Transformation. Alternativ hätten wir auch nachweisen können, dass die Spaltenvektoren eine Orthonormalbasis bilden. Die Koeffizienten von $\mathbf{a} = (3, 5)$ erhalten wir mittels

$$C^T\mathbf{a} = \frac{1}{\sqrt{2}} \begin{pmatrix} 1 & 1 \\ 1 & -1 \end{pmatrix} \begin{pmatrix} 3 \\ 5 \end{pmatrix} = \frac{1}{\sqrt{2}} \begin{pmatrix} 8 \\ -2 \end{pmatrix}.$$

Machen Sie die Probe, indem Sie überprüfen, ob $\frac{8}{\sqrt{2}}\mathbf{c}_1 - \frac{2}{\sqrt{2}}\mathbf{c}_2 = \mathbf{a}$ ist, wobei $\mathbf{c}_1, \mathbf{c}_2$ die Spalten von C sind! ∎

Folgende Eigenschaften von orthogonalen Matrizen sind oft nützlich:

Satz 13.34

- Für eine orthogonale Matrix U gilt $|\det(U)| = 1$.
- Das Produkt zweier orthogonaler Matrizen ist wieder orthogonal.

Die erste Eigenschaft folgt aus $\det(U)^2 = \det(U)\det(U^T) = \det(UU^T) = 1$, die zweite Eigenschaft gilt wegen $(UV)^{-1} = V^{-1}U^{-1} = V^T U^T = (UV)^T$.

Zum Abschluss wollen wir noch auf den Fall eingehen, in dem wir zu wenige Vektoren haben, also ein Orthonormalsystem und keine Orthonormalbasis. Sei also $\mathbf{u}_1, \ldots, \mathbf{u}_m$ ein Orthonormalsystem und schreiben wir diese Vektoren als Spaltenvektoren in eine (n, m)-Matrix

$$Q = (\mathbf{u}_1\, \mathbf{u}_2\, \cdots\, \mathbf{u}_m).$$

Analog wie zuvor erhalten wir in diesem Fall $Q^T Q = \mathbb{I}_m$.

Definition 13.35 Eine (n, m)-Matrix Q heißt **spaltenorthogonal**, falls ihre Spalten ein Orthonormalsystem bilden, falls also

$$Q^T Q = \mathbb{I}_m.$$

Aber Achtung: Ändern wir die Reihenfolge, so erhalten wir nun nicht mehr die Einheitsmatrix: $QQ^T \neq \mathbb{I}_n$! Die Zeilen von Q sind also aufgrund der fehlenden $n - m$ Komponenten nicht mehr orthogonal! Was ist nun aber QQ^T? Eine Rechnung zeigt

$$QQ^T\mathbf{a} = Q \begin{pmatrix} \langle \mathbf{u}_1, \mathbf{a} \rangle \\ \vdots \\ \langle \mathbf{u}_m, \mathbf{a} \rangle \end{pmatrix} = \sum_{j=1}^{m} \langle \mathbf{u}_j, \mathbf{a} \rangle \mathbf{u}_j = \mathbf{a}_\parallel.$$

Damit ist QQ^T der *orthogonale Projektor* auf den von $\mathbf{u}_1, \ldots, \mathbf{u}_m$ aufgespannten Teilraum. Allgemein definiert man:

Definition 13.36 Eine symmetrische Matrix P mit der Eigenschaft $P^2 = P$ heißt **orthogonaler Projektor**.

Das QQ^T diese Eigenschaften hat, ist schnell überprüft. Symmetrie $P^T = P$: $(QQ^T)^T = (Q^T)^T Q^T = QQ^T$; und $P^2 = P$: $(QQ^T)^2 = QQ^T QQ^T = Q\mathbb{I}_m Q^T = QQ^T$. Allgemein ist sogar jeder orthogonale Projektor P von der Form QQ^T. Wir brauchen nur ein Orthonormalsystem, das das Bild von P aufspannt, suchen (z. B. die Spaltenvektoren von P mit Gram-Schmidt orthonormalisieren), und schon haben wir Q.

Mit P ist auch $\mathbb{I} - P$ ein Projektor (überprüfen Sie das!) und wir können jeden Vektor in zwei Komponenten zerlegen:

$$\mathbf{a} = \mathbf{a}_\parallel + \mathbf{a}_\perp, \qquad \text{mit} \quad \mathbf{a}_\parallel = P\mathbf{a}, \quad \mathbf{a}_\perp = (\mathbb{I} - P)\mathbf{a}.$$

Dabei sind $\mathbf{a}_\parallel \in \text{Bild}(P)$ und $\mathbf{a}_\perp \in \text{Bild}(\mathbb{I} - P)$ orthogonal, da $\langle \mathbf{a}_\parallel, \mathbf{a}_\perp \rangle = \langle P\mathbf{a}, (\mathbb{I} - P)\mathbf{a} \rangle = \langle \mathbf{a}, P(\mathbb{I} - P)\mathbf{a} \rangle = \langle \mathbf{a}, (P - P^2)\mathbf{a} \rangle = 0$.

Beispiel 13.37 Lösen Sie Beispiel 13.25 mit dem zugehörigen orthogonalen Projektor.

Lösung zu 13.37 Unsere spaltenorthogonale Matrix ist

$$Q = \frac{1}{\sqrt{6}} \begin{pmatrix} \sqrt{3} & 1 \\ 0 & -2 \\ \sqrt{3} & -1 \end{pmatrix}$$

und der Projektor ist

$$QQ^T = \frac{1}{3} \begin{pmatrix} 2 & -1 & 1 \\ -1 & 2 & 1 \\ 1 & 1 & 2 \end{pmatrix}.$$

Damit erhalten wir

$$\mathbf{a}_\| = QQ^T \mathbf{a} = \frac{1}{3} \begin{pmatrix} 2 & -1 & 1 \\ -1 & 2 & 1 \\ 1 & 1 & 2 \end{pmatrix} \begin{pmatrix} 3 \\ -1 \\ 4 \end{pmatrix} = \frac{1}{3} \begin{pmatrix} 11 \\ -1 \\ 10 \end{pmatrix}$$

und

$$\mathbf{a}_\perp = (\mathbb{I}_3 - QQ^T)\mathbf{a} = \frac{1}{3} \begin{pmatrix} 1 & 1 & -1 \\ 1 & 1 & 1 \\ -1 & -1 & 1 \end{pmatrix} \begin{pmatrix} 3 \\ -1 \\ 4 \end{pmatrix} = \frac{2}{3} \begin{pmatrix} -1 \\ -1 \\ 1 \end{pmatrix}.$$

Überprüfen Sie zur Übung $Q^T Q = \mathbb{I}_2$. ∎

13.3.1 Anwendung: Lösung von Gleichungssystemen mit QR-Zerlegung

Nun noch eine kleine Anwendung von spaltenorthogonalen Matrizen. Angenommen, wir wollen das lineare Gleichungssystem

$$A\mathbf{x} = \mathbf{b}$$

lösen. Wir wissen, dass unser System genau dann lösbar ist, wenn $\mathbf{b} \in \text{Bild}(A)$. Was aber, wenn $\mathbf{b} \notin \text{Bild}(A)$ und wir trotzdem unbedingt eine *Lösung* brauchen, auch wenn wir dafür einen kleinen Fehler in Kauf nehmen müssen? Können wir einen Vektor $\mathbf{x}$ finden, für den der Fehler $\|A\mathbf{x} - \mathbf{b}\|$ minimal wird?

Der Trick dazu ist, den Vektor $\mathbf{b}$ in zwei Komponenten zu zerlegen: $\mathbf{b}_\| \in \text{Bild}(A)$ und $\mathbf{b}_\perp$ orthogonal zum $\text{Bild}(A)$. Denn dann gilt nach Pythagoras

$$\|A\mathbf{x} - \mathbf{b}\|^2 = \|A\mathbf{x} - \mathbf{b}_\|\|^2 + \|\mathbf{b}_\perp\|^2.$$

Der zweite Term ist konstant (unabhängig von $\mathbf{x}$), den müssen wir in Kauf nehmen, wie er ist. Den ersten können wir aber zum Verschwinden bringen, indem wir das Gleichungssystem $A\mathbf{x} - \mathbf{b}_\|$ lösen (denn das ist wegen $\mathbf{b}_\| \in \text{Bild}(A)$ lösbar). Damit erhalten wir eine Näherungslösung $\mathbf{x}$, für die der Fehler minimal (und zwar genau $\|\mathbf{b}_\perp\|$) wird.

Wie wir die Zerlegung machen, wissen wir auch schon: Spaltenvektoren von A mit Gram-Schmidt orthonormalisieren und den zugehörigen Projektor QQ^T bilden.

Da QQ^T auf das Bild von A projiziert, bleiben Vektoren im Bild von A unter QQ^T unverändert, und es gilt $QQ^T A = A$. Damit erhalten wir

$$A\mathbf{x} - \mathbf{b}_\| = QQ^T A\mathbf{x} - QQ^T\mathbf{b} = Q(R\mathbf{x} - Q^T\mathbf{b}),$$

mit

$$R = Q^T A = \begin{pmatrix} \langle \mathbf{u}_1, \mathbf{a}_1 \rangle & \cdots & \langle \mathbf{u}_1, \mathbf{a}_m \rangle \\ \vdots & & \vdots \\ \langle \mathbf{u}_r, \mathbf{a}_1 \rangle & \cdots & \langle \mathbf{u}_r, \mathbf{a}_m \rangle \end{pmatrix}.$$

Die Vektoren $\mathbf{a}_1, \ldots, \mathbf{a}_m$ sind die Spaltenvektoren von A und r ist der Rang von A (also $r \leq m$ mit Gleichheit, falls $\mathbf{a}_1, \ldots, \mathbf{a}_m$ linear unabhängig sind). Wurde das Orthonormalsystem $\mathbf{u}_1, \ldots, \mathbf{u}_r$ mit Gram-Schmidt aus $\mathbf{a}_1, \ldots, \mathbf{a}_m$ erzeugt, so kann $\mathbf{a}_k$ als Linearkombination der Vektoren $\mathbf{u}_j$ mit $j \leq k$ geschrieben werden (die restlichen $\mathbf{u}_j$ mit $j > k$ werden nicht gebraucht). Deshalb gilt $\langle \mathbf{u}_j, \mathbf{a}_k \rangle = 0$ für $j > k$. Bei R handelt es sich also um eine obere Dreiecksmatrix:

$$R = \begin{pmatrix} \langle \mathbf{u}_1, \mathbf{a}_1 \rangle & \langle \mathbf{u}_1, \mathbf{a}_2 \rangle & \cdots & \langle \mathbf{u}_1, \mathbf{a}_m \rangle \\ 0 & \langle \mathbf{u}_2, \mathbf{a}_2 \rangle & \cdots & \langle \mathbf{u}_2, \mathbf{a}_m \rangle \\ \vdots & \ddots & \ddots & \vdots \\ 0 & \cdots & 0 & \langle \mathbf{u}_r, \mathbf{a}_m \rangle \end{pmatrix}.$$

Satz 13.38 (QR-Zerlegung) Jede Matrix A kann als Produkt einer spaltenorthogonalen Matrix Q und einer oberen Dreiecksmatrix R geschrieben werden.

Das folgt ja aus $A = QQ^T A = QR$ mit $R = Q^T A$.

Sind die Spalten von A linear unabhängig ($r = m$), so sind die Diagonalelemente von R alle von null verschieden. In diesem Fall ist R invertierbar (die Determinante einer Dreiecksmatrix ist ja das Produkt der Diagonalelemente) und wir können das Gleichungssystem $R\mathbf{x} = Q^T\mathbf{b}$ leicht lösen (da es in oberer Dreiecksform ist, brauchen wir es nur von unten aufzulösen).

Diese Verfahren funktioniert natürlich auch, falls das Gleichungssystem lösbar ist;-)

13.4 Mit dem digitalen Rechenmeister

Skalarprodukt

Das Skalarprodukt wird mit einem Punkt berechnet:

```
In[1]:= a = {1, 2, 3}; b = {2, -4, 1}; a.b
Out[1]= -3
```

Die Länge eines Vektors können wir also auch mit

```
In[2]:= √a.a
Out[2]= √14
```

erhalten.

Kreuzprodukt

Das Kreuzprodukt kann mithilfe des Befehls Cross[a, b] berechnet werden:

In[3] := Cross[{1, 2, 0}, {3, 4, 5}]

Out[3] = {10, −5, −2}

Gram-Schmidt-Verfahren

Das Gram-Schmidt-Verfahren kann mit folgendem Befehl durchgeführt werden:

In[4] := Orthogonalize[{{1, 0, 1}, {0, 1, 1}, {1, 2, 4}}]

Out[4] = $\{\{\frac{1}{\sqrt{2}}, 0, \frac{1}{\sqrt{2}}\}, \{-\frac{1}{\sqrt{6}}, \sqrt{\frac{2}{3}}, \frac{1}{\sqrt{6}}\}, \{-\frac{1}{\sqrt{3}}, -\frac{1}{\sqrt{3}}, \frac{1}{\sqrt{3}}\}\}$

13.5 Kontrollfragen

Fragen zu Abschnitt 13.1: Skalarprodukt und orthogonale Projektion

Erklären Sie folgende Begriffe: Skalarprodukt, Norm, Dreiecksungleichung, orthogonal, parallel, orthogonale Projektion, Normalvektor, Cauchy-Schwarz-Ungleichung, Normalform, Kreuzprodukt.

1. Richtig oder falsch?
   a) $\langle \mathbf{a}, \mathbf{b} + \mathbf{c} \rangle = \langle \mathbf{b}, \mathbf{a} \rangle + \langle \mathbf{c}, \mathbf{a} \rangle$ b) $\langle \mathbf{a}, \mathbf{b} \rangle = -\langle \mathbf{b}, \mathbf{a} \rangle$
2. Sind die Vektoren $\mathbf{a}$ und $\mathbf{b}$ parallel oder orthogonal?
   a) $\mathbf{a} = (1, 1)$, $\mathbf{b} = (-1, -1)$ b) $\mathbf{a} = (1, 1)$, $\mathbf{b} = (-1, 1)$
   c) $\mathbf{a} = (-1, 1)$, $\mathbf{b} = (1, -1)$
3. Richtig oder falsch? Im $\mathbb{R}^2$ und $\mathbb{R}^3$ gilt (wobei $0 \le \varphi \le \pi$ der Winkel zwischen $\mathbf{a}$ und $\mathbf{b}$ ist):   a) $\langle \mathbf{a}, \mathbf{b} \rangle = \|\mathbf{a}\| \|\mathbf{b}\| \sin(\varphi)$ b) $\langle \mathbf{a}, \mathbf{b} \rangle = \|\mathbf{a}\| \|\mathbf{b}\| \cos(\varphi)$
4. Schließen die Vektoren $(4, -2, 7)$ und $(5, 3, -2)$ einen rechten Winkel ein?
5. Wenn wir $\mathbf{a}$ in eine Komponente $\mathbf{a}_\|$ parallel und eine Komponente $\mathbf{a}_\perp$ orthogonal zu $\mathbf{e}$ zerlegen, dann gilt:
   a) $\langle \mathbf{a}, \mathbf{a}_\perp \rangle = 0$ b) $\langle \mathbf{a}_\|, \mathbf{a}_\perp \rangle = 0$ c) $\langle \mathbf{e}, \mathbf{a}_\perp \rangle = 0$
6. Vereinfachen Sie: a) $\mathbf{a} \times \mathbf{b} + \mathbf{b} \times \mathbf{a}$ b) $\mathbf{a} \times (\mathbf{a} + \mathbf{b})$

Fragen zu Abschnitt 13.2: Orthogonalentwicklungen

Erklären Sie folgende Begriffe: Orthonormalsystem, Orthonormalbasis, Orthogonalentwicklung, Gram-Schmidt-Verfahren.

1. Richtig oder falsch? Die Vektoren in einem Orthonormalsystem sind
   a) immer linear unabhängig   b) immer normiert   c) immer eine Basis
2. Bilden die Vektoren

$$\mathbf{u}_1 = \frac{1}{\sqrt{2}} \begin{pmatrix} 1 \\ 1 \end{pmatrix}, \qquad \mathbf{u}_2 = \frac{1}{\sqrt{2}} \begin{pmatrix} 1 \\ -1 \end{pmatrix}$$

eine Orthonormalbasis?

3. Wie kann man zu einer Menge linear unabhängiger Vektoren ein Orthonormal-system mit der gleichen linearen Hülle finden?

Fragen zu Abschnitt 13.3: Orthogonale Transformationen

Erklären Sie folgende Begriffe: orthogonale Matrix, orthogonale Transformation, diskrete Kosinustransformation, Projektor.

1. Richtig oder falsch? Für eine reelle orthogonale Matrix U gilt
   a) $U + U^T = \mathbb{I}$ b) $UU^{-1} = \mathbb{I}$ c) $UU^T = \mathbb{I}$ d) $\det(U) = 1$
2. Richtig oder falsch?
   a) Jede orthogonale Matrix ist symmetrisch.
   b) Der Rang einer orthogonalen (n, n)-Matrix ist immer n.
   c) Sind U und V orthogonal, so ist auch UV^T orthogonal.
3. Handelt es sich um Projektionen?
   a) $P = \mathbb{I}$ b) $P = \mathbf{0}$ c) $P = \begin{pmatrix} 1 & 1 \\ 0 & 0 \end{pmatrix}$

Lösungen zu den Kontrollfragen

Lösungen zu Abschnitt 13.1

1. a) richtig   b) falsch; das Skalarprodukt ist kommutativ (symmetrisch).
2. a) parallel   b) orthogonal   c) parallel
3. a) falsch   b) richtig
4. Ja, da $\langle \mathbf{a}, \mathbf{b} \rangle = 0$ ist.
5. a) falsch (außer $\mathbf{a}$ und $\mathbf{e}$ sind parallel)   b) richtig   c) richtig
6. a) $\mathbf{0}$ b) $\mathbf{a} \times \mathbf{b}$

Lösungen zu Abschnitt 13.2

1. a) richtig   b) richtig   c) falsch
2. Ja, denn sie sind normiert und orthogonal.
3. mit dem Gram-Schmidt Verfahren

Lösungen zu Abschnitt 13.3

1. a) falsch   b) richtig; das gilt sogar für jede invertierbare Matrix.
   c) richtig   d) falsch; auch $\det(U) = -1$ ist möglich.
2. a) falsch   b) richtig, da jede orthogonale Matrix invertierbar ist.
   c) richtig, da V^T und das Produkt zweier orthogonaler Matrizen orthogonal sind.
3. a) ja   b) ja   c) nein (es ist zwar $P^2 = P$, aber $P^T \neq P$)

13.6 Übungen

Aufwärmübungen

1. Berechnen Sie den Schnittwinkel (jenen zwischen 0 und $\frac{\pi}{2}$) der beiden Geraden

$$\begin{pmatrix} x \\ y \end{pmatrix} = \begin{pmatrix} 2 \\ 1 \end{pmatrix} + k \begin{pmatrix} 1 \\ 1 \end{pmatrix} \quad \text{und} \quad \begin{pmatrix} x \\ y \end{pmatrix} = \begin{pmatrix} 2 \\ 4 \end{pmatrix} + h \begin{pmatrix} 2 \\ -1 \end{pmatrix}.$$

2. Gegeben ist die Gerade $y = 2x + 3$.
   a) Geben Sie einen Vektor an, der normal auf die Gerade steht.
   b) Geben Sie die Normalform der Geraden an.
   c) Wie groß ist der Abstand der Geraden vom Ursprung?
3. Gegeben ist die Ebene $2x + 3y - z = 5$.
   a) Geben Sie einen Normalvektor der Ebene an.
   b) Geben Sie die Normalform der Ebene an.
   c) Wie groß ist der Abstand der Ebene vom Ursprung?
4. Geben Sie einen Vektor an, der normal auf die von $\mathbf{a} = (1, 2, -3)$ und $\mathbf{b} = (4, 0, 1)$ aufgespannte Ebene ist.
5. Zerlegen Sie den Vektor $\mathbf{a} = (2, 4) \in \mathbb{R}^2$ in eine Komponente in Richtung von $\mathbf{b}$ und in eine Komponente senkrecht dazu: a) $\mathbf{b} = (4, 3)$ b) $\mathbf{b} = (-1, 1)$
6. Wie könnte der Abstand der beiden parallelen Geraden $g : x - 2y = 4$ und $h : y = \frac{1}{2}x + 1$ voneinander bestimmt werden? Wie groß ist dieser Abstand?
7. Wie könnte man den Abstand des Punktes $P = (2, 4)$ von der Geraden $g : y = \frac{1}{2}x + 1$ bestimmen? Wie groß ist dieser Abstand?
8. Vereinfachen Sie: $(\mathbf{a} + \mathbf{b}) \times (\mathbf{a} + \mathbf{c}) + (\mathbf{a} - \mathbf{c}) \times (\mathbf{a} + \mathbf{b})$
9. Orthonormalisieren Sie mit dem Gram-Schmidt-Verfahren:

$$\mathbf{a}_1 = \begin{pmatrix} 1 \\ 1 \end{pmatrix}, \quad \mathbf{a}_2 = \begin{pmatrix} 1 \\ 3 \end{pmatrix}.$$

Weiterführende Aufgaben

1. Schreiben Sie $\mathbf{a} = (2, 3)$ in der Form $\mathbf{a} = \mathbf{a}_\parallel + \mathbf{a}_\perp$, wobei $\mathbf{a}_\parallel$ die orthogonale Projektion von $\mathbf{a}$ in die Richtung von $(4, 3)$ ist. Veranschaulichen Sie auch graphisch.
2. Bestimmen Sie den Abstand der Geraden

$$\begin{pmatrix} x \\ y \end{pmatrix} = \begin{pmatrix} -2 \\ 4 \end{pmatrix} + k \begin{pmatrix} -2 \\ 1 \end{pmatrix} \in \mathbb{R}^2 \quad \text{mit } k \in \mathbb{R}$$

vom Ursprung. Wie lautet die Gleichung der dazu parallelen Geraden durch den Ursprung (in Normalform)?
3. Geben Sie die Gleichungen der Ebenen an, die parallel zur Ebene durch die Punkte $A = (0, 1, 4)$, $B = (0, -1, 3)$ und $C = (4, 2, -3)$ liegen, und die den Abstand $\frac{1}{2}$ vom Ursprung haben (der Ursprung liegt zwischen den beiden Ebenen).

4. Zeigen Sie die Gültigkeit der **Parallelogrammgleichung**: $\|\mathbf{a}+\mathbf{b}\|^2 + \|\mathbf{a}-\mathbf{b}\|^2 = 2(\|\mathbf{a}\|^2 + \|\mathbf{b}\|^2)$.

5. Ist durch $s(\mathbf{x}, \mathbf{y}) = x_1 y_1 + x_1 y_2 + x_2 y_1 + x_2 y_2$ ein Skalarprodukt auf $\mathbb{R}^2$ definiert?

6. Liegen folgende Vektoren in der von $\mathbf{a}_1 = (1, 0, 1)$ und $\mathbf{a}_2 = (2, 1, 0)$ aufgespannten Ebene?   a) $\mathbf{b} = (1, 2, 3)$ b) $\mathbf{b} = (1, 1, 0)$ c) $\mathbf{b} = (-1, -1, 1)$.

7. Zeigen Sie: $\|\mathbf{a} \times \mathbf{b}\|^2 + |\langle \mathbf{a}, \mathbf{b} \rangle|^2 = \|\mathbf{a}\|^2 \|\mathbf{b}\|^2$ für $\mathbf{a}, \mathbf{b}, \mathbf{c} \in \mathbb{R}^3$.

8. **Spatprodukt:** Zeigen Sie, dass $\langle \mathbf{a}, \mathbf{b} \times \mathbf{c} \rangle = \det(\mathbf{a}\,\mathbf{b}\,\mathbf{c})$ für $\mathbf{a}, \mathbf{b}, \mathbf{c} \in \mathbb{R}^3$.

9. Orthonormalisieren Sie mit Gram-Schmidt:

$$\mathbf{a}_1 = \begin{pmatrix} 1 \\ 0 \\ 1 \end{pmatrix}, \quad \mathbf{a}_2 = \begin{pmatrix} 1 \\ 1 \\ 0 \end{pmatrix}, \quad \mathbf{a}_3 = \begin{pmatrix} 0 \\ 0 \\ 1 \end{pmatrix}$$

10. Das Gleichungssystem

$$A\mathbf{x} = \mathbf{b} \quad \text{mit} \quad A = \begin{pmatrix} 1 & 2 \\ 1 & 2 \end{pmatrix}, \quad \mathbf{b} = \begin{pmatrix} 1 \\ 3 \end{pmatrix}$$

ist nicht lösbar. Finden Sie einen Vektor $\mathbf{x}$, für den der Fehler $\|A\mathbf{x} - \mathbf{b}\|$ minimal ist. Ist $\mathbf{x}$ eindeutig? (Tipp: Zerlegen Sie $\mathbf{b}$ in eine Komponente parallel und orthogonal zu Bild(A).)

11. Zeigen Sie, dass die Basisvektoren der diskreten Kosinustransformation (für $n = 3$)

$$\mathbf{u}_1 = \frac{1}{\sqrt{3}} \begin{pmatrix} 1 \\ 1 \\ 1 \end{pmatrix}, \quad \mathbf{u}_2 = \frac{1}{\sqrt{2}} \begin{pmatrix} 1 \\ 0 \\ -1 \end{pmatrix}, \quad \mathbf{u}_3 = \frac{1}{\sqrt{6}} \begin{pmatrix} 1 \\ -2 \\ 1 \end{pmatrix}.$$

eine Orthonormalbasis bilden. Entwickeln Sie den Vektor $\mathbf{a} = (2, 3, 3)$. Wie groß ist der Fehler, wenn man nur die ersten beiden Koeffizienten berücksichtigt?

12. **Householdertransformation:** Zeigen Sie, dass die Matrix $U = \mathbb{I} - 2\mathbf{u}\mathbf{u}^T$, wobei $\mathbf{u}$ ein Einheitsvektor im $\mathbb{R}^n$ ist, folgende Eigenschaften hat:
   a) $U^T = U$ und $U^2 = \mathbb{I}$ (d.h. U ist symmetrisch und orthogonal)
   b) $U\mathbf{u} = -\mathbf{u}$
   c) $U\mathbf{x} = \mathbf{x}$, falls $\mathbf{x} \perp \mathbf{u}$

Alston Householder, 1904–1993, amerikanischer Mathematiker; die Householdertransformation wird zur effektiven numerischen QR-Zerlegung verwendet.

Lösungen zu den Aufwärmübungen

1. Der Schnittwinkel zwischen zwei Geraden ist der Winkel zwischen den Richtungsvektoren der Geraden (hier ist der kleinere der beiden möglichen Winkel gesucht, d.h. jener zwischen 0 und $\frac{\pi}{2}$). Für den Winkel φ zwischen $\mathbf{a} = (1, 1)$ und $\mathbf{b} = (2, -1)$ gilt

$$\cos(\varphi) = \frac{\langle \mathbf{a}, \mathbf{b} \rangle}{\|\mathbf{a}\| \|\mathbf{b}\|} = \frac{1}{\sqrt{10}},$$

also $\varphi = 1.24905$ (Radiant) $\approx 72°$.

2. a) Die Geradengleichung lautet umgeformt $2x - y = -3$, daher ist $(2, -1)$ ein Normalvektor der Geraden.

   b) Da $\mathbf{n} = \frac{1}{\sqrt{5}}(2, -1)$ ein Einheits-Normalvektor ist, lautet die Normalform der Geraden $\frac{1}{\sqrt{5}}(2x - y) = -\frac{3}{\sqrt{5}}$.

   c) Der Abstand der Geraden vom Ursprung ist $|c| = |-\frac{3}{\sqrt{5}}| = \frac{3}{\sqrt{5}}$.

3. a) Ein Normalvektor ist $(2, 3, -1)$.

   b) Ein Einheits-Normalvektor ist $\mathbf{n} = \frac{1}{\sqrt{14}}(2, 3, -1)$, die Normalform ist daher
   $\frac{1}{\sqrt{14}}(2x + 3y - z) = \frac{5}{\sqrt{14}}$.

   c) Der Abstand der Ebene vom Ursprung ist $|\frac{5}{\sqrt{14}}| = \frac{5}{\sqrt{14}}$.

4. $\mathbf{a} \times \mathbf{b} = (2, -13, -8)$ oder $\mathbf{b} \times \mathbf{a} = (-2, 13, 8)$

5. Die Komponente parallel zu $\mathbf{b}$ ist $\mathbf{a}_\parallel = \langle \mathbf{a}, \mathbf{e} \rangle \mathbf{e}$, wobei $\mathbf{e}$ der Einheitsvektor in Richtung von $\mathbf{b}$ ist. Die Komponente orthogonal zu $\mathbf{a}$ ist dann $\mathbf{a}_\perp = \mathbf{a} - \mathbf{a}_\parallel$:

   a) Zunächst berechnen wir den Einheitsvektor $\mathbf{e} = \frac{1}{\|\mathbf{b}\|}\mathbf{b} = \frac{1}{5}(4, 3)$; damit folgt

$$\mathbf{a}_\parallel = \langle \mathbf{a}, \mathbf{e} \rangle \mathbf{e} = \frac{1}{5}(2 \cdot 4 + 4 \cdot 3)\mathbf{e} = \frac{4}{5}\begin{pmatrix} 4 \\ 3 \end{pmatrix}$$

$$\mathbf{a}_\perp = \mathbf{a} - \mathbf{a}_\parallel = \begin{pmatrix} 2 \\ 4 \end{pmatrix} - \frac{4}{5}\begin{pmatrix} 4 \\ 3 \end{pmatrix} = \frac{2}{5}\begin{pmatrix} -3 \\ 4 \end{pmatrix}$$

   b) Der Einheitsvektor ist $\mathbf{e} = \frac{1}{\|\mathbf{b}\|}\mathbf{b} = \frac{1}{\sqrt{2}}(-1, 1)$, und damit

$$\mathbf{a}_\parallel = \langle \mathbf{a}, \mathbf{e} \rangle \mathbf{e} = \frac{-2+4}{\sqrt{2}}\frac{1}{\sqrt{2}}\begin{pmatrix} -1 \\ 1 \end{pmatrix} = \begin{pmatrix} -1 \\ 1 \end{pmatrix}$$

$$\mathbf{a}_\perp = \mathbf{a} - \mathbf{a}_\parallel = \begin{pmatrix} 2 \\ 4 \end{pmatrix} - \begin{pmatrix} -1 \\ 1 \end{pmatrix} = \begin{pmatrix} 3 \\ 3 \end{pmatrix}.$$

6. Wir bringen beide Geraden auf Normalform: $g : \frac{1}{\sqrt{5}}(x - 2y) = \frac{4}{\sqrt{5}}$ und $h : \frac{1}{\sqrt{5}}(x - 2y) = -\frac{2}{\sqrt{5}}$. Da die rechten Seiten verschiedene Vorzeichen haben, liegen die Geraden auf verschiedenen Seiten des Ursprungs. Daher ist der Abstand $\frac{4}{\sqrt{5}} + \frac{2}{\sqrt{5}} = \frac{6}{\sqrt{5}}$.

7. Der Abstand zwischen P und der Geraden g kann zum Beispiel berechnet werden, indem man den Abstand zwischen g und der dazu parallelen Geraden durch P berechnet: Die Normalform von g ist $\frac{1}{\sqrt{5}}(x - 2y) = -\frac{2}{\sqrt{5}}$. Die Gerade parallel zu g durch P hat die Form $h : \frac{1}{\sqrt{5}}(x - 2y) = c$. Wir erhalten $c = -\frac{6}{\sqrt{5}}$, indem wir P einsetzen. Da die beiden Geraden auf derselben Seite des Ursprungs liegen (gleiche Vorzeichen auf den rechten Seiten), ist der gesuchte Abstand $\frac{6}{\sqrt{5}} - \frac{2}{\sqrt{5}} = \frac{4}{\sqrt{5}}$.

8. $(\mathbf{a} + \mathbf{b}) \times (\mathbf{a} + \mathbf{c}) + (\mathbf{a} - \mathbf{c}) \times (\mathbf{a} + \mathbf{b}) = (\mathbf{a} + \mathbf{b}) \times (\mathbf{a} + \mathbf{c}) - (\mathbf{a} + \mathbf{b}) \times (\mathbf{a} - \mathbf{c}) = (\mathbf{a} + \mathbf{b}) \times (\mathbf{a} + \mathbf{c} - \mathbf{a} + \mathbf{c}) = 2(\mathbf{a} + \mathbf{b}) \times \mathbf{c}$

9. Zunächst normieren wir $\mathbf{a}_1$: $\mathbf{u}_1 = \frac{1}{\sqrt{2}}(1, 1)$. Nun berechnen wir

$$\mathbf{a}_2 - \langle \mathbf{u}_1, \mathbf{a}_2 \rangle \mathbf{u}_1 = \begin{pmatrix} 1 \\ 3 \end{pmatrix} - 2\begin{pmatrix} 1 \\ 1 \end{pmatrix} = \begin{pmatrix} -1 \\ 1 \end{pmatrix}$$

und normieren wieder $\mathbf{u}_2 = \frac{1}{\sqrt{2}}(-1, 1)$.

(Lösungen zu den weiterführenden Aufgaben finden Sie in Abschnitt B.13)

14

Eigenwerte und Eigenvektoren

14.1 Koordinatentransformationen

Wir haben eine Menge von n linear unabhängigen Vektoren $\mathbf{u}_1, \ldots, \mathbf{u}_n \in \mathbb{R}^n$ (oder $\mathbb{C}^n$) als Basis bezeichnet, da sich jeder Vektor $\mathbf{x} \in \mathbb{R}^n$ als Linearkombination

$$\mathbf{x} = \sum_{j=1}^{n} y_j \mathbf{u}_j$$

schreiben lässt. Betrachten wir diese Basisvektoren als fix gegeben, so kann der Vektor $\mathbf{x}$ sowohl durch seine **Koordinaten** $x_1, \ldots, x_n$ bezüglich der Standardbasis $\mathbf{e}_1, \ldots, \mathbf{e}_n$, wie auch durch seine Koordinaten $y_1, \ldots, y_n$ bezüglich der neuen Basis $\mathbf{u}_1, \ldots, \mathbf{u}_n$ beschrieben werden. Wenn wir die Basisvektoren $\mathbf{u}_j$ als Spalten einer Matrix

$$U = (\mathbf{u}_1 \, \mathbf{u}_2 \, \ldots \, \mathbf{u}_n)$$

auffassen, dann können wir damit leicht zwischen den verschiedenen Koordinaten hin und her rechnen:

$$\mathbf{x} = U\mathbf{y}, \qquad \mathbf{y} = U^{-1}\mathbf{x}.$$

Insbesondere ist der Zusammenhang zwischen den Basisvektoren durch

$$\mathbf{u}_j = U\mathbf{e}_j, \qquad j = 1, \ldots, n$$

gegeben, d.h., die Matrix U ist die Matrix jener lineare Abbildung, die die alte Basis $\mathbf{e}_1, \ldots, \mathbf{e}_n$ in die neue Basis $\mathbf{u}_1, \ldots, \mathbf{u}_n$ überführt. Diese lineare Abbildung bzw. die zugehörige Matrix U wird **Basistransformation** oder **Koordinatentransformation** genannt.

Gehen wir zum Beispiel von einem dreidimensionalen Modell einer virtuellen Welt aus, in der sich der Beobachter um 45 Grad um die x_3-Achse dreht. Diese Drehung des Beobachters entspricht einer Drehung des Koordinatensystems, d.h., der Basisvektoren. Gesucht ist nun die Beschreibung der Welt, d.h., die Koordinaten der verschiedenen Objekte, bezüglich der neuen Basisvektoren:

Beispiel 14.1 Drehung des Beobachters

Das Koordinatensystem (d.h. der Beobachter) dreht sich um $\frac{\pi}{4}$ gegen den Uhrzeigersinn um die x_3-Achse. Berechnen Sie die neuen Koordinaten des Punktes, der im ursprünglichen Koordinatensystem durch $\mathbf{x} = (1, 3, 4)$ dargestellt wird.

Lösung zu 14.1 Bei der gegebenen Drehung des Koordinatensystems sind die neuen Basisvektoren

$$\mathbf{u}_1 = \begin{pmatrix} \cos(\frac{\pi}{4}) \\ \sin(\frac{\pi}{4}) \\ 0 \end{pmatrix}, \quad \mathbf{u}_2 = \begin{pmatrix} -\sin(\frac{\pi}{4}) \\ \cos(\frac{\pi}{4}) \\ 0 \end{pmatrix}, \quad \mathbf{u}_3 = \begin{pmatrix} 0 \\ 0 \\ 1 \end{pmatrix}.$$

Die zugehörige Matrix U ist die Drehmatrix um $\frac{\pi}{4}$:

$$U = \begin{pmatrix} \cos(\frac{\pi}{4}) & -\sin(\frac{\pi}{4}) & 0 \\ \sin(\frac{\pi}{4}) & \cos(\frac{\pi}{4}) & 0 \\ 0 & 0 & 1 \end{pmatrix} = \begin{pmatrix} \frac{1}{\sqrt{2}} & -\frac{1}{\sqrt{2}} & 0 \\ \frac{1}{\sqrt{2}} & \frac{1}{\sqrt{2}} & 0 \\ 0 & 0 & 1 \end{pmatrix}.$$

Die inverse Matrix ist schnell gefunden, denn sie entspricht einer Drehung um $-\frac{\pi}{4}$. Die Koordinaten des Punktes bezüglich der neuen Basis sind somit

$$\mathbf{y} = U^{-1}\mathbf{x} = \begin{pmatrix} \frac{1}{\sqrt{2}} & \frac{1}{\sqrt{2}} & 0 \\ -\frac{1}{\sqrt{2}} & \frac{1}{\sqrt{2}} & 0 \\ 0 & 0 & 1 \end{pmatrix} \begin{pmatrix} 1 \\ 3 \\ 4 \end{pmatrix} = \begin{pmatrix} \frac{4}{\sqrt{2}} \\ \frac{1}{\sqrt{2}} \\ 4 \end{pmatrix} = \begin{pmatrix} 2\sqrt{2} \\ \sqrt{2} \\ 4 \end{pmatrix}.$$

Mit anderen Worten:

$$\mathbf{x} = 2\sqrt{2}\mathbf{u}_1 + \sqrt{2}\mathbf{u}_2 + 4\mathbf{u}_3.$$

Die Situation ist in Abbildung 14.1 dargestellt. Es ist (einfachheitshalber) nur die x_1, x_2-Ebene dargestellt, was aber kein Problem ist, da der dritte Basisvektor und somit die x_3-Komponente bei dieser Drehung unverändert bleibt. ∎

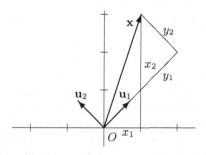

Abbildung 14.1. Basistransformation

Stellen wir uns als Nächstes vor, dass der Punkt $\mathbf{x}$ an der Ebene $x_1 - x_2 = 0$ gespiegelt wird. Das Ergebnis ist der gespiegelte Vektor $\mathbf{x}' = A\mathbf{x}$, wobei A die Matrix ist, die diese Spiegelung bewirkt. Wenn wir diesen Übergang von $\mathbf{x}$ auf den Vektor $\mathbf{x}'$

bezüglich der *neuen* Koordinaten beschreiben sollen, dann müssen wir so vorgehen:
$\mathbf{y}' = U^{-1}\mathbf{x}' = U^{-1}A\mathbf{x} = U^{-1}AU\mathbf{y} = B\mathbf{y}$. Die neue Matrix

$$B = U^{-1}AU$$

beschreibt also denselben Sachverhalt (hier die Spiegelung eines Punktes) wie die
Matrix A, nur von einem anderen Blickwinkel aus (d.h., bezüglich des neuen Koordinatensystems).

Beispiel 14.2 Spiegelung aus Sicht des gedrehten Beobachters
Die Matrix
$$A = \begin{pmatrix} 0 & 1 & 0 \\ 1 & 0 & 0 \\ 0 & 0 & 1 \end{pmatrix}$$

beschreibt eine Spiegelung an der Ebene $x_1 - x_2 = 0$ bezüglich des Koordinatensystems $\mathbf{e}_1, \mathbf{e}_2, \mathbf{e}_3$. Finden Sie die Matrix B, die diese Abbildung bezüglich des
gedrehten Koordinatensystems aus Beispiel 14.1 beschreibt. Spiegeln Sie konkret
den Vektor $\mathbf{x} = (1, 3, 4)$, und geben Sie die Koordinaten des gespiegelten Vektors
sowohl bezüglich der alten als auch der neuen Basis an.

Lösung zu 14.2 Wir brauchen nur

$$B = U^{-1}AU = \begin{pmatrix} \frac{1}{\sqrt{2}} & \frac{1}{\sqrt{2}} & 0 \\ -\frac{1}{\sqrt{2}} & \frac{1}{\sqrt{2}} & 0 \\ 0 & 0 & 1 \end{pmatrix} \begin{pmatrix} 0 & 1 & 0 \\ 1 & 0 & 0 \\ 0 & 0 & 1 \end{pmatrix} \begin{pmatrix} \frac{1}{\sqrt{2}} & -\frac{1}{\sqrt{2}} & 0 \\ \frac{1}{\sqrt{2}} & \frac{1}{\sqrt{2}} & 0 \\ 0 & 0 & 1 \end{pmatrix} = \begin{pmatrix} 1 & 0 & 0 \\ 0 & -1 & 0 \\ 0 & 0 & 1 \end{pmatrix}$$

zu berechnen. Beschreiben wir die Spiegelung des gegebenen Vektors bezüglich der
alten Koordinaten: Aus $\mathbf{x} = (1, 3, 4)$ wird $\mathbf{x}' = A\mathbf{x} = (3, 1, 4)$. Bezüglich der neuen Koordinaten wird sie so beschrieben: Aus $\mathbf{y} = (2\sqrt{2}, \sqrt{2}, 4)$ wird $\mathbf{y}' = B\mathbf{y} = (2\sqrt{2}, -\sqrt{2}, 4)$. Mit anderen Worten:

$$3\mathbf{e}_1 + \mathbf{e}_2 + 4\mathbf{e}_3 = 2\sqrt{2}\mathbf{u}_1 - \sqrt{2}\mathbf{u}_2 + 4\mathbf{u}_3.$$

Abbildung 14.2 veranschaulicht die Situation.   ∎

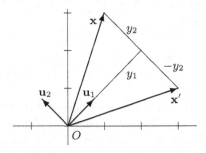

Abbildung 14.2. Spiegelung in verschiedenen Koordinaten

Definition 14.3 Zwei (n, n)-Matrizen A und B, für die

$$B = U^{-1}AU$$

mit irgendeiner invertierbaren Matrix U gilt, werden als **ähnliche Matrizen** bezeichnet.

Es handelt sich dabei um eine Äquivalenzrelation.

14.2 Eigenwerte und Eigenvektoren

In Beispiel 14.2 haben wir gesehen, dass bei Übergang zu einer anderen Basis die transformierte Matrix eine einfachere Gestalt annehmen kann. So wurde in Beispiel 14.2 aus der Matrix A die Diagonalmatrix B. Da Diagonalmatrizen leichter zu handhaben sind, wäre es natürlich wünschenswert, wenn man zu jeder Matrix A eine Transformation U finden kann, sodass $U^{-1}AU$ eine Diagonalmatrix ist, d.h.,

$$U^{-1}AU = \begin{pmatrix} \lambda_1 & & \\ & \ddots & \\ & & \lambda_n \end{pmatrix}.$$

Versuchen wir herauszufinden, welche Eigenschaften U und $\lambda_1, \ldots, \lambda_n$ erfüllen müssen, damit das funktioniert. Multiplizieren wir beide Seiten von links mit U, so erhalten wir daraus

$$A(\mathbf{u}_1\, \mathbf{u}_2\, \ldots\, \mathbf{u}_n) = (A\mathbf{u}_1\, A\mathbf{u}_2\, \ldots\, A\mathbf{u}_n) = (\lambda_1\mathbf{u}_1\, \lambda_2\mathbf{u}_2\, \ldots\, \lambda_n\mathbf{u}_n).$$

Also muss

$$A\mathbf{u}_j = \lambda_j\mathbf{u}_j, \qquad 1 \leq j \leq n,$$

gelten.

Definition 14.4 Erfüllt eine *komplexe* Zahl $\lambda \in \mathbb{C}$ die Gleichung

$$A\mathbf{u} = \lambda\mathbf{u},$$

mit einem von $\mathbf{0}$ verschiedenen Vektor $\mathbf{u} \in \mathbb{C}^n$, so heißt λ **Eigenwert** und $\mathbf{u}$ ein zugehöriger **Eigenvektor** von A.

Warum wir plötzlich auch für reelle Matrizen komplexe Eigenwerte betrachten liegt daran, dass reelle Matrizen nicht immer genügend reelle Eigenwerte besitzen. Die zugehörigen Eigenvektoren sind dann natürlich auch komplex.

Die Eigenwerte einer Matrix sind der entscheidende Schlüssel zu vielen Problemen! Bevor wir aber näher auf diese Probleme eingehen können, müssen wir uns zuerst überlegen, wie man die Eigenwerte und Eigenvektoren findet.

Machen wir das gleich anhand eines Beispiels und betrachten die Matrix

$$A = \begin{pmatrix} 1 & 1 \\ 1 & 1 \end{pmatrix}.$$

Die Gleichung zur Bestimmung der Eigenwerte lautet $A\mathbf{u} = \lambda\mathbf{u}$. Wenn wir alles auf eine Seite der Gleichung bringen, $A\mathbf{u} - \lambda\mathbf{u} = \mathbf{0}$, und dann $\mathbf{u}$ herausheben, so erhalten wir

$$(A - \lambda\mathbb{I})\mathbf{u} = \mathbf{0},$$

also das lineare Gleichungssystem

$$(1 - \lambda)u_1 + u_2 = 0$$
$$u_1 + (1 - \lambda)u_2 = 0,$$

das wir zur Berechnung von u_1, u_2 lösen müssen. Falls die Matrix $A - \lambda\mathbb{I}$ invertierbar ist, so gibt es nur die triviale Lösung $\mathbf{u} = (A - \lambda\mathbb{I})^{-1}\mathbf{0} = \mathbf{0}$. Den Nullvektor haben wir aber gerade in der Definition 14.4 als Eigenvektor ausgeschlossen! So ein Eigenvektor wäre ja auch vollkommen unbrauchbar als Basisvektor für unsere Transformationsmatrix U, denn der Nullvektor ist nicht linear unabhängig. Unser Gleichungssystem muss also, damit es Eigenvektoren gibt, außer der trivialen Lösung $\mathbf{u} = \mathbf{0}$ noch weitere Lösungen besitzen. Mit anderen Worten, es *darf nicht eindeutig lösbar* sein. Wir wissen, dass das der Fall ist, wenn die Determinante der Koeffizientenmatrix des Gleichungssystems gleich null ist, wenn also

$$\det(A - \lambda\mathbb{I}) = 0.$$

Definition 14.5 Sei A eine (n, n)-Matrix. Dann ist

$$\chi_A(\lambda) = \det(A - \lambda\mathbb{I})$$

ein Polynom vom Grad n mit höchstem Koeffizient $(-1)^n$. Es wird das **charakteristische Polynom** von A genannt. Die Nullstellen des charakteristischen Polynoms sind die Eigenwerte von A.

Das charakteristische Polynom wird in der Literatur meist mit χ, dem griechischen Buchstaben „chi", bezeichnet. Manchmal wird es auch als $\det(\lambda\mathbb{I} - A)$ definiert. Das macht keinen Unterschied für die Berechnung der Eigenwerte, denn ob wir das Gleichungssystem $A\mathbf{u} = \lambda\mathbf{u}$ in der Form $A\mathbf{u} - \lambda\mathbf{u} = \mathbf{0}$ oder $\lambda\mathbf{u} - A\mathbf{u} = \mathbf{0}$ schreiben, ist egal.

Wir gehen also zur Berechnung von Eigenwerten und Eigenvektoren folgendermaßen vor:

- Berechne das charakteristische Polynom der Matrix A:

$$\det(A - \lambda\mathbb{I}).$$

- Die Eigenwerte von A sind die Nullstellen des charakteristischen Polynoms, bestimme also die Lösungen von

$$\det(A - \lambda\mathbb{I}) = 0.$$

- Löse für jeden Eigenwert λ_j das zugehörige lineare Gleichungssystem

$$(A - \lambda_j\mathbb{I})\mathbf{u} = \mathbf{0},$$

um die zugehörigen Eigenvektoren zu berechnen. Natürlich ist auch jedes (vom Nullvektor verschiedene) Vielfache eines Eigenvektors wieder ein Eigenvektor. Deshalb wird die Länge eines Eigenvektors oft auf eins normiert; das ist aber nicht unbedingt notwendig.

Beispiel 14.6 ($\rightarrow$CAS) Eigenwerte und Eigenvektoren
Berechnen Sie die Eigenwerte und (normierten) Eigenvektoren folgender Matrizen:

$$\text{a) } A = \begin{pmatrix} 1 & 1 \\ 1 & 1 \end{pmatrix} \quad \text{b) } A = \begin{pmatrix} 1 & 0 \\ 0 & 1 \end{pmatrix} \quad \text{c) } A = \begin{pmatrix} 1 & 1 \\ 0 & 1 \end{pmatrix} \quad \text{d) } A = \begin{pmatrix} 0 & -1 \\ 1 & 0 \end{pmatrix}$$

Lösung zu 14.6
a) Das charakteristische Polynom,

$$\det(A - \lambda\mathbb{I}) = \lambda^2 - 2\lambda,$$

hat die Nullstellen

$$\lambda_1 = 0, \qquad \lambda_2 = 2.$$

Das sind die Eigenwerte der Matrix A. Nun lösen wir für jeden Eigenwert das zugehörige lineare Gleichungssystem: $(A - \lambda_1\mathbb{I})\mathbf{u} = \mathbf{0}$ bedeutet für $\lambda_1 = 0$

$$(1 - 0)u_1 + u_2 = 0$$
$$u_1 + (1 - 0)u_2 = 0.$$

Die Lösung ist $u_1 = -u_2$, wobei u_2 frei wählbar ist. Also haben alle Eigenvektoren zu $\lambda_1 = 0$ die Form

$$\begin{pmatrix} t \\ -t \end{pmatrix} \quad \text{mit beliebigem } t \in \mathbb{R}.$$

Eigentlich könnten wir hier $t \in \mathbb{C}$ zulassen. Da der zugehörige Eigenwert aber reell ist, wollen wir uns auf Eigenvektoren aus $\mathbb{R}^2$ beschränken.

Normierung liefert $t = \frac{1}{\sqrt{2}}$, wir erhalten also zum Eigenwert $\lambda_1 = 0$ den normierten Eigenvektor

$$\mathbf{u}_1 = \frac{1}{\sqrt{2}} \begin{pmatrix} 1 \\ -1 \end{pmatrix}.$$

Analoge Rechnung für $\lambda_2 = 2$ liefert das Gleichungssystem

$$(1 - 2)u_1 + u_2 = 0$$
$$u_1 + (1 - 2)u_2 = 0,$$

und daraus den normierten Eigenvektor

$$\mathbf{u}_2 = \frac{1}{\sqrt{2}} \begin{pmatrix} 1 \\ 1 \end{pmatrix}.$$

b) Nun ist das charakteristische Polynom

$$(1 - \lambda)^2,$$

es gibt daher nur eine doppelte Nullstelle $\lambda_1 = \lambda_2 = 1$. Lösen wir das zugehörige Gleichungssystem, $0 = 0$, $0 = 0$, so sehen wir, dass die Eigenvektoren keinerlei

Einschränkungen unterworfen sind. Es ist also jeder Vektor (natürlich mit Ausnahme des Nullvektors) ein Eigenvektor! Wir können also einfach zwei linear unabhängige Vektoren wählen, z. B.

$$\mathbf{u}_1 = \begin{pmatrix} 1 \\ 0 \end{pmatrix}, \qquad \mathbf{u}_2 = \begin{pmatrix} 0 \\ 1 \end{pmatrix}.$$

c) Wieder ist das charakteristische Polynom

$$(1 - \lambda)^2,$$

und es gibt nur eine doppelte Nullstelle $\lambda_1 = \lambda_2 = 1$. Das zugehörige Gleichungssystem lautet $u_2 = 0$, $0 = 0$, und somit gibt es nur einen linear unabhängigen normierten Eigenvektor

$$\mathbf{u}_1 = \begin{pmatrix} 1 \\ 0 \end{pmatrix}.$$

d) Nun lautet das charakteristische Polynom

$$\lambda^2 + 1,$$

und es gibt keine reellen Nullstellen. Dafür gibt es aber zwei komplexe Nullstellen $\lambda_1 = i$ und $\lambda_2 = -i$. Für den ersten Eigenwert lautet das Gleichungssystem $-iu_1 - u_2 = 0$, $u_1 - iu_2 = 0$. Damit sind alle Vektoren der Form

$$t \begin{pmatrix} i \\ 1 \end{pmatrix} \quad \text{mit } t \in \mathbb{C}$$

Eigenvektoren zum Eigenwert $\lambda_1 = i$. Normierung liefert den Eigenvektor

$$\mathbf{u}_1 = \frac{1}{\sqrt{2}} \begin{pmatrix} i \\ 1 \end{pmatrix}.$$

Das Gleichungssystem für den zweiten Eigenwert lautet $iu_1 - u_2 = 0$, $u_1 + iu_2 = 0$, und der zugehörige normierte Eigenvektor ist

$$\mathbf{u}_2 = \frac{1}{\sqrt{2}} \begin{pmatrix} -i \\ 1 \end{pmatrix}. \qquad \blacksquare$$

Wie viele Eigenwerte bzw. zugehörige Eigenvektoren hat eine (n, n)-Matrix A? Nun, wir können das charakteristische Polynom in der Form

$$\det(A - \lambda \mathbb{I}) = (\lambda_1 - \lambda)(\lambda_2 - \lambda) \cdots (\lambda_n - \lambda)$$

schreiben, wobei λ_j die komplexen Nullstellen, also die Eigenwerte von A sind (vergleiche Abschnitt „Polynome und rationale Funktionen" in Band 2). Die Nullstellen $\lambda_1, \ldots, \lambda_n$ sind nicht notwendigerweise verschieden. Mit anderen Worten, A hat maximal n verschiedene Eigenwerte. Die *Vielfachheit* der Nullstelle λ_j (also die Anzahl der Male, die sie in der Faktorisierung des charakteristischen Polynoms auftritt) heißt die **algebraische Vielfachheit des Eigenwerts** λ_j.

Wie sieht es mit den Eigenvektoren aus?

Satz 14.7 Die Eigenvektoren zu einem Eigenwert λ_j bilden einen Teilraum, den **Eigenraum** $\text{Kern}(A - \lambda_j \mathbb{I})$ zu diesem Eigenwert. Die Dimension des Eigenraums, $\dim(\text{Kern}(A - \lambda_j \mathbb{I}))$, wird als die **geometrische Vielfachheit des Eigenwerts** λ_j bezeichnet. Die geometrische Vielfachheit ist also die Anzahl an linear unabhängigen Eigenvektoren zum Eigenwert λ_j.

Insbesondere folgt daraus, dass eine Linearkombination von Eigenvektoren zum Eigenwert λ_j wieder ein Eigenvektor zu diesem Eigenwert ist.

Beispiel 14.8 Algebraische und geometrische Vielfachheit
Bestimmen Sie die algebraische und geometrische Vielfachheit der Eigenwerte der Matrizen aus Beispiel 14.6.

Lösung zu 14.8
a) $\lambda_1 = 0$ und $\lambda_2 = 2$ haben jeweils algebraische Vielfachheit 1 (da sie verschieden sind) und geometrische Vielfachheit 1 (da es zu jedem Eigenwert einen linear unabhängigen Eigenvektor gibt).
b) Da $\lambda_1 = \lambda_2 = 1$, ist die algebraische Vielfachheit des Eigenwerts $\lambda = 1$ gleich 2. Die geometrische Vielfachheit dieses Eigenwerts ist 2, da es zwei linear unabhängige Eigenvektoren dazu gibt. Der Eigenraum zum Eigenwert $\lambda = 1$ ist also zweidimensional.
c) Wieder ist die algebraische Vielfachheit des Eigenwerts $\lambda = 1$ gleich 2, die geometrische Vielfachheit ist aber nun 1, weil es nur einen linear unabhängigen Eigenvektor zu $\lambda = 1$ gibt.
d) Die Eigenwerte $\lambda_1 = i$ und $\lambda_2 = -i$ haben jeweils algebraische und geometrische Vielfachheit 1. ∎

Die Eigenwerte einer Matrix erfüllen weiters folgende Beziehungen:

Satz 14.9 Sei A eine (n, n)-Matrix. Dann gilt:

- Das Produkt aller Eigenwerte (entsprechend ihrer Vielfachheit gezählt) von A ist gleich der Determinante von A:

$$\det(A) = \lambda_1 \lambda_2 \cdots \lambda_n.$$

- Die Summe aller Eigenwerte (entsprechend ihrer Vielfachheit gezählt) von A ist gleich der Summe der Diagonalelemente, der so genannten **Spur** von A (engl. *trace*):

$$\text{tr}(A) = \sum_{j=1}^{n} a_{jj} = \sum_{j=1}^{n} \lambda_j.$$

Die erste Eigenschaft folgt, wenn wir das charakteristische Polynom $\det(A - \lambda \mathbb{I}) = (\lambda_1 - \lambda)(\lambda_2 - \lambda) \cdots (\lambda_n - \lambda)$ betrachten und $\lambda = 0$ setzen. Für die zweite Eigenschaft muss man mit dem Entwicklungssatz von Laplace und Induktion den zweithöchsten Koeffizienten von $\chi_A(\lambda)$ berechnen:

$$\chi_A(\lambda) = (-1)^n \lambda^n + (-1)^{n-1} \mathrm{tr}(A) \lambda^{n-1} + \ldots + \det(A)$$
$$= (-1)^n \lambda^n + (-1)^{n-1} (\sum_{j=1}^{n} \lambda_j) \lambda^{n-1} + \ldots + \prod_{j=1}^{n} \lambda_j.$$

Nun wieder zurück zu unserem Problem, dass wir zu einer gegebenen Matrix A eine Matrix U suchen, sodass $U^{-1}AU$ eine Diagonalmatrix ist. Wenn das möglich ist, so nennen wir A **diagonalisierbar**.

Unsere Idee ist, die Spalten der Matrix U mit den Eigenvektoren von A zu bilden. Die Frage ist, ob es wohl genügend linear unabhängige Eigenvektoren gibt, sodass U eine invertierbare Matrix ist? Was die lineare Unabhängigkeit betrifft, so kann man folgendes zeigen:

Satz 14.10 Die Eigenvektoren zu verschiedenen Eigenwerten sind linear unabhängig.

Man kann weiters zeigen, dass für jeden Eigenwert die geometrische Vielfachheit kleiner oder gleich als seine algebraische Vielfachheit ist. Zu jedem Eigenwert gibt es also mindestens einen, höchstens aber so viele linear unabhängige Eigenvektoren, wie es der algebraischen Vielfachheit entspricht. Nun ist die Summe der algebraischen Vielfachheiten gleich n. Daher gibt es n linear unabhängige Eigenvektoren genau dann, wenn es zu jedem Eigenwert so viele linear unabhängige Eigenvektoren gibt, wie seiner algebraischen Vielfachheit entspricht:

Satz 14.11 Eine Matrix A ist genau dann diagonalisierbar, wenn für jeden Eigenwert von A die algebraische Vielfachheit gleich seiner geometrischen Vielfachheit ist. Dann ist
$$U^{-1}AU = \mathrm{diag}(\lambda_1, \ldots, \lambda_n),$$
wobei die Matrix U gerade die Eigenvektoren von A als Spalten hat und die $\lambda_1, \ldots, \lambda_n$ die Eigenwerte von A sind.

Zur Bildung der Transformationsmatrix U ist es nicht notwendig, die Eigenvektoren auf 1 zu normieren. Der konstante Faktor wird bei der Transformation automatisch durch die inverse Matrix U^{-1} berücksichtigt. Die Reihenfolge der Eigenwerte spielt ebenfalls keine Rolle und entspricht der Reihenfolge der Eigenwerte in der Diagonalmatrix.

Falls bei einer reellen Matrix komplexe Eigenwerte auftreten, und man mit einer komplexen Diagonalmatrix nichts anfangen kann, so kann man Real- und Imaginärteil der komplexen Eigenvektoren für U verwenden. Man erhält dann zwar keine Diagonalmatrix, aber doch eine, die nur Einträge in der Hauptdiagonale und in den Diagonalen direkt darüber bzw. darunter hat (tridiagonale Matrix). Sowohl Eigenwerte als auch Eigenvektoren treten, falls A reell ist, in konjugiert komplexen Paaren auf, da aus $A\mathbf{u} = \lambda\mathbf{u}$ durch komplexe Konjugation $A\bar{\mathbf{u}} = \bar{\lambda}\bar{\mathbf{u}}$ folgt.

Beispiel 14.12 Diagonalisierbare Matrizen
Diagonalisieren Sie (wenn möglich) die Matrizen aus Beispiel 14.6.

Lösung zu 14.12
a) Es gibt zwei linear unabhängige Eigenvektoren (da die algebraische Vielfachheit jedes Eigenwerts gleich seiner geometrischen Vielfachheit ist). Schreiben wir sie als Spalten einer Matrix U, und bestimmen die dazu inverse Matrix U^{-1}:

$$U = (\mathbf{u}_1\ \mathbf{u}_2) = \frac{1}{\sqrt{2}} \begin{pmatrix} 1 & 1 \\ -1 & 1 \end{pmatrix}, \qquad U^{-1} = \frac{1}{\sqrt{2}} \begin{pmatrix} 1 & -1 \\ 1 & 1 \end{pmatrix}.$$

Damit lässt sich

$$U^{-1}AU = \begin{pmatrix} 0 & 0 \\ 0 & 2 \end{pmatrix}$$

überprüfen: Durch Transformation mit U erhalten wir tatsächlich aus A eine Diagonalmatrix, deren Diagonalelemente gerade die Eigenwerte von A sind.

b) Wieder gibt es zwei linear unabhängige Eigenvektoren, z. B.

$$\mathbf{u}_1 = \begin{pmatrix} 1 \\ 0 \end{pmatrix}, \qquad \mathbf{u}_2 = \begin{pmatrix} 0 \\ 1 \end{pmatrix}.$$

Klar, da die gegebene Matrix A schon Diagonalform hat, können wir die Einheitsmatrix als Transformationsmatrix U nehmen.

c) Es gibt zum Eigenwert $\lambda = 1$ (der die algebraische Vielfachheit 2 hat) nur einen linear unabhängigen Eigenvektor (d.h., die geometrischen Vielfachheit ist 1). Für die Transformationsmatrix U würden wir aber zwei linear unabhängige Spalten brauchen! Die Matrix A ist deshalb *nicht diagonalisierbar*.

d) Da die algebraische Vielfachheit jedes Eigenwerts gleich seiner geometrischen Vielfachheit ist, ist A diagonalisierbar: Wir bilden aus den zwei linear unabhängigen Eigenvektoren $\mathbf{u}_1 = (i, 1)$ und $\mathbf{u}_2 = (-i, 1)$ die Matrix U und berechnen U^{-1}:

$$U = (\mathbf{u}_1\ \mathbf{u}_2) = \begin{pmatrix} i & -i \\ 1 & 1 \end{pmatrix}, \qquad U^{-1} = \frac{1}{2} \begin{pmatrix} -i & 1 \\ i & 1 \end{pmatrix}.$$

Damit ist

$$U^{-1}AU = \begin{pmatrix} i & 0 \\ 0 & -i \end{pmatrix}. \qquad \blacksquare$$

Ist eine Matrix nicht diagonalisierbar, so kann man sie zumindest auf obere Dreiecksform bringen (**Jordan'sche Normalform**, nach dem französischen Mathematiker Camille Jordan, 1838 - 1922), sodass in der Diagonale die Eigenwerte stehen. Die Elemente direkt oberhalb der Diagonale sind entweder 0 oder 1, und alle anderen Elemente sind 0. Dazu muss man für jeden Eigenwert λ_j, für den die geometrische Vielfachheit g_j kleiner als die algebraische a_j ist, aus dem **verallgemeinerten Eigenraum** Kern$((A - \lambda_j \mathbb{I})^{a_j})$ geeignete Vektoren bestimmen, bis man insgesamt n (linear unabhängige) verallgemeinerte Eigenvektoren beisammen hat.

Ähnliche Matrizen haben einige Gemeinsamkeiten:

Satz 14.13 Ähnliche Matrizen haben gleiche charakteristische Polynome und damit gleiche Eigenwerte und gleiche Determinanten.

Warum? Ist $B = U^{-1}AU$, so folgt $\det(B - \lambda\mathbb{I}) = \det(U^{-1}AU - \lambda U^{-1}\mathbb{I}U) = \det(U^{-1}(A - \lambda\mathbb{I})U) = \det(U^{-1})\det(A - \lambda\mathbb{I})\det(U) = \det(A - \lambda\mathbb{I})$.

Analoges gilt für die Transponierte von A:

Satz 14.14 Eine Matrix A und ihre Transponierte A^T haben gleiche charakteristische Polynome und damit gleiche Eigenwerte.

Denn $\det(A^T - \lambda \mathbb{I}) = \det(A^T - (\lambda \mathbb{I})^T) = \det((A - \lambda \mathbb{I})^T) = \det(A - \lambda \mathbb{I})$. Im letzten Schritt haben wir verwendet, dass wir wissen, dass eine Matrix dieselbe Determinante wie ihre transponierte Matrix hat.

Sehen wir uns ein weiteres Anwendungsbeispiel an.

> **Beispiel 14.15 Markov-Prozess**
> Ein Geschäft mit zwei Filialen verleiht tageweise Fahrräder. 60% der Fahrräder, die in der ersten Filiale ausgeliehen werden, werden dort auch zurückgegeben, der Rest in der anderen Filiale. 70% der Fahrräder, die in der zweiten Filiale ausgeliehen werden, werden auch dort zurückgegeben; der Rest wiederum in der anderen Filiale.
> Ist es möglich, die Fahrräder so auf beide Filialen zu verteilen, dass in jeder Filiale an jedem Morgen genau die gleiche Anzahl von Fahrrädern steht? Wenn man die Fahrräder irgendwie auf beide Filialen verteilt, was passiert dann im Laufe der Zeit?

Lösung zu 14.15 Bezeichnen wir die Anzahl der Fahrräder in den beiden Filialen am n-ten Tag mit $x_1(n)$ und $x_2(n)$, so gilt nach Voraussetzung für $\mathbf{x}(n) = (\mathbf{x}_1(n), \mathbf{x}_2(n))$, dass

$$\mathbf{x}(n+1) = A\mathbf{x}(n), \qquad \text{mit} \qquad A = \begin{pmatrix} 0.6 & 0.3 \\ 0.4 & 0.7 \end{pmatrix}.$$

Für die gewünschte Verteilung $\mathbf{x}$, bei der die morgendliche Anzahl der Fahrräder in den beiden Filialen jeden Tag gleich ist, muss

$$\mathbf{x} = A\mathbf{x}$$

gelten, sie muss also ein Eigenvektor zum Eigenwert eins sein. Setzen wir das charakteristische Polynom gleich null,

$$\lambda^2 - 1.3\lambda + 0.3 = 0,$$

so folgen die Eigenwerte $\lambda_1 = 1$ und $\lambda_2 = 0.3$. Die zugehörigen Eigenvektoren lauten

$$\mathbf{u}_1 = k_1 \begin{pmatrix} 3 \\ 4 \end{pmatrix}, \qquad \mathbf{u}_2 = k_2 \begin{pmatrix} 1 \\ -1 \end{pmatrix} \qquad \text{mit } k_1, k_2 \in \mathbb{R}.$$

Die gesuchte Verteilung ist der Eigenvektor zum Eigenwert $\lambda_1 = 1$,

$$\mathbf{x} = \frac{1}{7} \begin{pmatrix} 3 \\ 4 \end{pmatrix} = \begin{pmatrix} 0.43 \\ 0.57 \end{pmatrix},$$

(die Länge des Eigenvektors wurde hier so gewählt, dass $x_1 + x_2 = 1$ ist). In der ersten Filiale sollten an einem Morgen also 43% und in der zweiten 57% der Fahrräder sein, dann wird sich an dieser Verteilung auch in Zukunft nichts mehr ändern.

Wie sieht es nun mit dem Verhalten im Lauf der Zeit aus? Ist irgendeine Verteilung $\mathbf{x}(0)$ am Anfang gegeben, so ist die Verteilung nach n Tagen

$$\mathbf{x}(n) = A^n \mathbf{x}(0).$$

Das ist zwar eine nette Formel, die man mit dem Computer für jedes n auswerten kann, aber was im Lauf der Zeit passiert, ist daraus nicht ablesbar! Gehen wir zur Basis aus Eigenvektoren über,

$$\mathbf{x}(0) = U\mathbf{y} = y_1\mathbf{u}_1 + y_2\mathbf{u}_2,$$

so erhalten wir nach n Tagen

$$\mathbf{x}(n) = A^n\mathbf{x}(0) = y_1 A^n\mathbf{u}_1 + y_2 A^n\mathbf{u}_2 = y_1\lambda_1^n\mathbf{u}_1 + y_2\lambda_2^n\mathbf{u}_2 = y_1\mathbf{u}_1 + y_2(0.3)^n\mathbf{u}_2.$$

Die Komponente in $\mathbf{u}_2$-Richtung nimmt also exponentiell ab, daher konvergiert die Verteilung gegen die Gleichgewichtsverteilung $y_1\mathbf{u}_1$. Mit anderen Worten, vollkommen unabhängig davon, mit welcher Verteilung man startet, wird sich im Lauf der Zeit diese Gleichgewichtsverteilung einstellen. ∎

Allgemein zeigt letztes Beispiel unter anderem, dass A^k ($k \in \mathbb{N}$) für eine diagonalisierbare Matrix leicht mittels

$$A^k = U \begin{pmatrix} \lambda_1^k & & \\ & \ddots & \\ & & \lambda_n^k \end{pmatrix} U^{-1}$$

berechnet werden kann.

Denn für $A = UBU^{-1}$ gilt: $A^k = A \cdot A \cdots A = (UBU^{-1})(UBU^{-1})\cdots(UBU^{-1}) = UB(U^{-1}U)B$ $\cdots(U^{-1}U)BU^{-1} = UB^kU^{-1}$.

Hier erweist es sich auch für reelle Matrizen als sinnvoll, komplexe Eigenwerte zuzulassen! Denn auch wenn die Bestandteile in $U\operatorname{diag}(\lambda_1^k, \ldots, \lambda_n^k)U^{-1}$ komplex sind: Das Endergebnis ist A^k und damit reell.

Das Fahrradproblem ist ein Beispiel für einen **Markov-Prozess** (benannt nach dem russischen Mathematiker Andrej Andrejewitsch Markov, 1856–1922). Das ist ein stochastischer Prozess, bei dem die Wahrscheinlichkeit, einen bestimmten Zustand zu erreichen, *nur* vom vorhergehenden Zustand abhängt. Ein Markov-Prozess kann mithilfe einer Matrix beschrieben werden: Wenn A die Matrix ist, die den Übergang von einem Zustand in den darauf folgenden beschreibt, und $\mathbf{x}$ der Anfangszustand, dann ist $\mathbf{y} = A^n\mathbf{x}$ der Zustand nach n Schritten.

Die charakteristische Eigenschaft der Matrix A ist dabei, dass alle Koeffizienten nichtnegativ und die Spaltensummen immer gleich eins sind. Eine Matrix mit dieser Eigenschaft wird auch als **Markov-Matrix** oder **stochastische Matrix** bezeichnet.

> **Satz 14.16** Eine Markov-Matrix hat immer den Eigenwert eins und es gibt dazu immer einen Eigenvektor, dessen Komponenten alle nichtnegativ sind.

Dass A immer den Eigenwert eins hat, ist leicht zu sehen: Die transponierte Matrix A^T hat Zeilensummen eins, und deshalb ist $A^T\mathbf{e} = \mathbf{e}$, das heißt, $\mathbf{e} = (1, 1, \ldots, 1)$ ist ein Eigenvektor zum Eigenwert eins. Damit hat auch A den Eigenwert eins, denn A und A^T haben die gleichen Eigenwerte.

Eine beliebige Anfangsverteilung muss aber nicht immer gegen einen Gleichgewichtszustand konvergieren, sie könnte auch hin und her springen, wie zum Beispiel bei

$$A = \begin{pmatrix} 0 & 1 \\ 1 & 0 \end{pmatrix}.$$

(Diese Matrix hat die Eigenwerte 1 und -1.) Wann ist die Konvergenz gegen einen Gleichgewichtszustand gegeben?

Satz 14.17 Sei A eine Markov-Matrix. Dann sind alle Eigenwerte vom Betrag kleiner gleich eins. Gibt es außer eins keinen Eigenwert mit Betrag gleich eins, so konvergiert für einen beliebigen Anfangszustand $\mathbf{x}(0)$ die Folge von Vektoren $\mathbf{x}(n) = A^n \mathbf{x}(0)$ gegen einen Gleichgewichtszustand (der vom Anfangszustand abhängen kann).

Diese Situation war zum Beispiel beim Fahrradproblem gegeben.

Man kann zeigen, dass die Bedingung aus Satz 14.17 zum Beispiel erfüllt ist, falls alle Diagonalelemente der Matrix A positiv sind. Sind sogar alle Koeffizienten von A positiv, so ist der Gleichgewichtszustand eindeutig.

Übrigens, auch lineare Rekursionen lassen sich als Eigenwertproblem behandeln, wenn man sie etwas umformuliert. Zum Beispiel können wir die Fibonacci-Rekursion

$$x_{n+1} = x_n + x_{n-1}$$

als

$$\mathbf{x}(n+1) = A\mathbf{x}(n)$$

schreiben, wenn wir

$$\mathbf{x}(n) = \begin{pmatrix} x_n \\ x_{n-1} \end{pmatrix} \quad \text{und} \quad A = \begin{pmatrix} 1 & 1 \\ 1 & 0 \end{pmatrix}$$

setzen. (Natürlich ist A im Allgemeinen keine Markov-Matrix mehr.)

14.2.1 Anwendung: Bewertung von Webseiten mit *PageRank*

Markov-Prozesse werden auch bei der Suchmaschine Google verwendet. Die Idee dahinter wollen wir uns etwas genauer ansehen.

Wir haben eine Anzahl von n Seiten, die miteinander verlinkt sind, gegeben. Die Links werden durch eine Matrix L_{ij} beschrieben:

$$L_{ij} = \begin{cases} 1, & \text{falls ein Link von Seite } i \text{ zur Seite } j \text{ besteht} \\ 0, & \text{sonst} \end{cases}$$

Üblicherweise zählt man Links einer Seite auf sich selbst nicht und setzt L_{ii} in jedem Fall null.

Aufgabe einer guten Suchmaschine ist, nicht nur Seiten, die ein bestimmtes Stichwort enthalten, zu finden, sondern auch die Treffer zu sortieren. Dazu ist es notwendig, alle Seiten zu bewerten und jeder Seite ein Gewicht x_j zuzuordnen. Für ein sinnvolles Gewicht kann man jeden Link auf eine Seite als „Stimme" für diese Seite ansehen. Im einfachsten Fall zählt man also die Anzahl der Seiten, die auf die i-te Seite verlinken, und definiert

$$x_i = \sum_{j=1}^{n} L_{ji}$$

als deren Gewicht. Ein Nachteil dabei ist, dass die Stimme einer Seite mit vielen Links genauso viel zählt, wie die Stimme einer Seite mit wenigen ausgesuchten Links. Deshalb verfeinern wir unsere Gewichts-Definition und geben jeder Seite nur eine Stimme, die sie gleichmäßig auf alle Seiten, auf die sie verlinkt, „verteilt":

$$x_i = \sum_{j=1}^{n} \frac{1}{n_j} L_{ji}, \qquad \text{mit} \qquad n_j = \sum_{i=1}^{n} L_{ji},$$

wobei n_j also die Anzahl der Links auf der j-ten Seite ist.

Sollte eine Seite nicht von ihrem Stimmrecht Gebrauch machen, sollte also $n_j = 0$ sein, so ist der Term $\frac{1}{n_j} L_{ji}$ durch 0 zu ersetzen.

Das ist schon besser, aber immer noch nicht optimal. Der Betreiber einer Seite könnte einfach eine große Anzahl von weiteren Seiten erstellen, deren einziger Zweck es ist, auf seine eigentliche Seite zu verlinken, um deren Bewertung zu erhöhen. Insbesondere würden große Websites mit vielen untereinander verlinkten Seiten automatisch besser bewertet als kleinere Websites. Wir müssen also nochmals nachbessern, indem wir nicht jeder Seite genau eine Stimme geben, sondern genau so viel Stimmrecht, wie es ihrem *Gewicht* entspricht

$$x_i = \sum_{j=1}^{n} \frac{1}{n_j} L_{ji} x_j.$$

Hoppla, werden Sie sich jetzt vielleicht denken, da drehen wir uns aber im Kreis: Auf der rechten Seite kommen wieder die Gewichte x_j vor, die wir ja gerade ausrechnen möchten! Stimmt, wir haben eben eine Gleichung

$$\mathbf{x} = A\mathbf{x} \qquad \text{mit} \qquad A_{ij} = \frac{1}{n_j} L_{ji}$$

für die gesuchten Gewichte $\mathbf{x}$ bekommen. Nach Konstruktion ist A eine Markov-Matrix und die gesuchten Gewichte ergeben einen Gleichgewichtszustand.

Im Fall $n_j = 0$ (Seite ohne Links) haben wir wieder das Problem, dass die j-te Spalte von A gleich null ist, obwohl die Spaltensummen einer Markov-Matrix gleich eins sein müssen. Diese Seite hat aber keinen Einfluss auf die Gewichte der anderen Seiten und wir können daher diese Seite einfach entfernen. Ihr Gewicht kann dann später leicht aus den Gewichten der übrigen Seiten berechnet werden.

Um die gesuchten Gewichte zu erhalten, müssen wir also einen Eigenvektor von A zum Eigenwert eins finden, also das lineare Gleichungssystem $(A - \mathbb{I})\mathbf{x} = 0$ lösen. Theoretisch ist das kein Problem, aber bei der Anzahl der Seiten im Internet sind mit dieser Aufgabe auch die derzeit schnellsten Computer überfordert. Was also tun? Muss unsere schöne Idee mangels praktischer Durchführbarkeit in den Papierkorb wandern? Nein! Bei einem Markov-Prozess kann man den Gleichgewichtszustand ja näherungsweise durch die Iteration

$$\mathbf{x}(k + 1) = A\mathbf{x}(k)$$

eines Anfangszustands $\mathbf{x}(0)$ erhalten. Diese Iteration kann (vergleichsweise) schnell berechnet werden, da die meisten Koeffizienten von A ja null sind (denn eine Seite verlinkt nur auf einen Bruchteil aller anderen Seiten im Internet). Man kann dadurch zu einer, für unsere Zwecke vollkommen ausreichenden, Näherung für den Gleichgewichtszustand gelangen.

Man kann sich die Iteration auch wie eine Anzahl von Zufallssurfern vorstellen. Der Vektor $\mathbf{x}(k)$ gibt an, wie viele Surfer sich im k-ten Schritt auf jeder einzelnen Seite befinden. In jedem Schritt sucht sich jeder Surfer zufällig einen Link auf seiner aktuellen Seite aus und wechselt auf diese nächste Seite. Im Lauf der Zeit stellt sich dabei eine Gleichgewichtsverteilung der Surfer ein. Der Prozentsatz der Surfer pro Seite entspricht dann dem Gewicht der Seite.

Wir sind somit fast am Ziel angelangt, nur eine einzige kleine Hürde ist noch zu nehmen: Wir haben ja im letzten Abschnitt gelernt, dass die Iteration eines Markov-Prozesses nicht immer konvergiert. Wenn zwei Seiten nur auf die jeweils andere verlinken, so springt die Iteration immer hin und her.

Ein Zufallssurfer, der in diese Falle tappt, wäre also gefangen und auf ewig dazu verdammt, zwischen diesen beiden Seiten hin und her zu wechseln.

Deshalb führen wir noch einen Dämpfungsfaktor $\alpha \in (0, 1)$ ein und legen fest, dass nur der Anteil α jedes Gewichtes über die Bewertung durch andere Seiten, und der verbleibende Anteil $1 - \alpha$ des Gewichtes fix (d.h. unabhängig von der Bewertung durch andere Seiten) erhalten wird.

Im Bild der Zufallssurfer bedeutet das, dass nur der Bruchteil α aller Zufallssurfer aus den Links der aktuellen Seite wählt, und der Rest $1 - \alpha$ sich zufällig irgendeine neue Seite aussucht.

Wir haben festgelegt, dass jede Seite im Durchschnitt Gewicht eins hat, also

$$\sum_{j=1}^{n} x_j = n.$$

Eine Seite mit Gewicht größer eins ist also überdurchschnittlich gut, eine Seite mit Gewicht kleiner eins unterdurchschnittlich gut bewertet. Mit dem Dämpfungsfaktor α erhalten wir nun folgendes modifizierte Gleichungssystem für die Gewichte:

$$\mathbf{x} = (1 - \alpha)\mathbf{e} + \alpha A \mathbf{x},$$

wobei $\mathbf{e} = (1, 1, \ldots, 1)$. In der Praxis wird ein Wert um $\alpha = 0.85$ verwendet. Das bedeutet, dass jede Seite ein Grundgewicht von 0.15 erhält, den Rest ihres Gewichtes erhält sie über die Bewertung durch andere Seiten.

Die Lösung dieses Gleichungssystems ist

$$\mathbf{x} = (1 - \alpha)(\mathbb{I} - \alpha A)^{-1} \mathbf{e}.$$

Da ein exakte Lösung, wie schon erwähnt, zu aufwändig ist, bestimmen wir sie mittels Iteration:

$$\mathbf{x}(k + 1) = (1 - \alpha)\mathbf{e} + \alpha A \mathbf{x}(k).$$

Zwei Fragen sind noch zu klären. Erstens müssen wir sicherstellen, dass die Matrix $\mathbb{I} - \alpha A$ invertierbar ist (denn nur dann hat das Gleichungssystem eine eindeutige Lösung): Die Eigenwerte von A sind vom Betrag kleiner gleich eins. Also sind die Eigenwerte von αA kleiner gleich $\alpha < 1$ (denn die Eigenwerte von αA erhält man, wenn man die Eigenwerte von A mit α multipliziert). Somit ist eins kein Eigenwert von αA und damit ist $\mathbb{I} - \alpha A$ invertierbar (wäre eins ein Eigenwert von αA, so wäre $\det(\mathbb{I} - \alpha A) = 0$).

Zweitens müssen wir überlegen, dass die Iteration konvergiert: Berechnen wir dazu den Zustand nach k Schritten,

$$\mathbf{x}(k) = (1 - \alpha) \sum_{j=0}^{k-1} \alpha^j A^j \mathbf{e} + \alpha^k A^k \mathbf{x}(0).$$

Für die Markov-Matrix A bleiben die Vektoren $A^k\mathbf{x}(0)$ beschränkt (sie konvergieren gegen einen Gleichgewichtszustand oder springen hin und her) und der Faktor α^k bewirkt, dass $\alpha^k \|A^k\mathbf{x}(0)\| \to 0$ konvergiert. Das Gleiche gilt für die Vektoren $A^j\mathbf{e}$ und aus der Konvergenz der geometrischen Reihe $\sum_{j=0}^\infty \alpha^j$ folgt (mit dem Majorantenkriterium) die Konvergenz der Reihe $\sum_{j=0}^\infty \alpha^j A^j \mathbf{e}$. Somit konvergiert die Iteration.

Dieser Algorithmus zur Webseitenbewertung bildet das Herzstück von Google und ist als PageRank (http://www-db.stanford.edu/~Ebackrub/google.html) bekannt.

14.3 Eigenwerte symmetrischer Matrizen

Im letzten Abschnitt haben wir gesehen, dass Eigenwerte im Allgemeinen auch komplex sein können, und dass es unter Umständen nicht genügend linear unabhängige Eigenvektoren gibt, um eine Matrix zu diagonalisieren. In der Praxis hat man es jedoch oft mit *symmetrischen Matrizen* zu tun, also Matrizen mit $A = A^T$ (bzw. im Fall komplexer Matrizen $A = A^*$), die folgende angenehme Eigenschaften haben:

Satz 14.18 Die Eigenwerte einer symmetrischen Matrix sind reell und die Eigenvektoren zu verschiedenen Eigenwerten sind orthogonal.

Zuerst zur Eigenschaft, dass die Eigenwerte reell sind: Wir gehen von der Beziehung $\langle A\mathbf{x}, \mathbf{y}\rangle = \langle \mathbf{x}, A\mathbf{y}\rangle$ aus, die für symmetrische Matrizen und komplexes Skalarprodukt gilt (siehe Satz 13.3): Wenn $A\mathbf{u} = \lambda\mathbf{u}$ gilt, so erhalten wir $\lambda\langle \mathbf{u}, \mathbf{u}\rangle = \langle \mathbf{u}, \lambda\mathbf{u}\rangle = \langle \mathbf{u}, A\mathbf{u}\rangle = \langle A\mathbf{u}, \mathbf{u}\rangle = \langle \lambda\mathbf{u}, \mathbf{u}\rangle = \overline{\lambda}\langle \mathbf{u}, \mathbf{u}\rangle$. Da für $\mathbf{u} \neq \mathbf{0}$ (das gilt ja per Definition für Eigenvektoren) $\langle \mathbf{u}, \mathbf{u}\rangle = \|\mathbf{u}\|^2 > 0$ ist, können wir auf beiden Seiten kürzen und erhalten $\lambda = \overline{\lambda}$. Also sind die Eigenvektoren reell.

Um die zweite Eigenschaft zu sehen, gehen wir analog vor: Aus $A\mathbf{u}_1 = \lambda_1\mathbf{u}_1$ und $A\mathbf{u}_2 = \lambda_2\mathbf{u}_2$ folgt $\lambda_1\langle \mathbf{u}_1, \mathbf{u}_2\rangle = \langle \lambda_1\mathbf{u}_1, \mathbf{u}_2\rangle = \langle A\mathbf{u}_1, \mathbf{u}_2\rangle = \langle \mathbf{u}_1, A\mathbf{u}_2\rangle = \langle \mathbf{u}_1, \lambda_2\mathbf{u}_2\rangle = \lambda_2\langle \mathbf{u}_1, \mathbf{u}_2\rangle$. Es gilt also $(\lambda_1 - \lambda_2)\langle \mathbf{u}_1, \mathbf{u}_2\rangle = 0$ und ist $\lambda_1 \neq \lambda_2$, so muss $\langle \mathbf{u}_1, \mathbf{u}_2\rangle = 0$ gelten.

Es gilt sogar noch mehr, denn man kann folgendes zeigen:

Satz 14.19 Jede symmetrische Matrix ist diagonalisierbar und die Eigenvektoren können so gewählt werden, dass sie eine Orthonormalbasis bilden.

Wie erhält man nun eine Orthonormalbasis aus Eigenvektoren? Nach Satz 14.18 sind Eigenvektoren zu verschiedenen Eigenwerten automatisch orthogonal; es genügt also, sie zu normieren. Linear unabhängige Eigenvektoren zum gleichen Eigenwert sind zwar nicht automatisch orthogonal, wir können sie aber jederzeit mit dem Gram-Schmidt-Verfahren orthonormalisieren (denn Linearkombinationen von Eigenvektoren zum gleichen Eigenwert sind ja wieder Eigenvektoren zu diesem Eigenwert).

Beispiel 14.20 Hauptachsentransformation
Gegeben ist die quadratische Kurve

$$\langle \mathbf{x}, A\mathbf{x}\rangle = 4, \quad \text{mit} \quad A = \begin{pmatrix} 3 & 1 \\ 1 & 3 \end{pmatrix} \text{ und } \mathbf{x} \in \mathbb{R}^2.$$

Beschreiben Sie die Kurve bezüglich der Orthonormalbasis, die durch die Eigenvektoren von A gegeben ist.

Lösung zu 14.20 Mit

$$\langle \mathbf{x}, A\mathbf{x} \rangle = \mathbf{x}^T A \mathbf{x} = (x_1 \; x_2) \begin{pmatrix} 3 & 1 \\ 1 & 3 \end{pmatrix} \begin{pmatrix} x_1 \\ x_2 \end{pmatrix} = 3x_1^2 + 2x_1 x_2 + 3x_2^2$$

erhalten wir die Kurvengleichung in der Form

$$3x_1^2 + 2x_1 x_2 + 3x_2^2 = 4.$$

Wir berechnen die Eigenwerte von A, $\lambda_1 = 2$ und $\lambda_2 = 4$, und die zugehörigen Eigenvektoren,

$$\mathbf{u}_1 = \frac{1}{\sqrt{2}} \begin{pmatrix} 1 \\ -1 \end{pmatrix} \quad \text{und} \quad \mathbf{u}_2 = \frac{1}{\sqrt{2}} \begin{pmatrix} 1 \\ 1 \end{pmatrix}.$$

Diese bilden eine Orthonormalbasis des $\mathbb{R}^2$. Die neuen Koordinaten eines Punktes bezüglich dieser Basis lauten

$$\mathbf{y} = U^{-1}\mathbf{x} \quad \text{mit} \quad U = \frac{1}{\sqrt{2}} \begin{pmatrix} 1 & 1 \\ -1 & 1 \end{pmatrix} \quad \text{bzw.} \quad U^{-1} = \frac{1}{\sqrt{2}} \begin{pmatrix} 1 & -1 \\ 1 & 1 \end{pmatrix}.$$

(Die inverse Matrix von U haben wir rasch erhalten, denn U ist ja orthogonal, d.h., $U^{-1} = U^T$.) Mit $\mathbf{x} = U\mathbf{y}$ folgt für die linke Seite der Kurvengleichung:

$$\langle \mathbf{x}, A\mathbf{x} \rangle = \mathbf{x}^T A \mathbf{x} = (U\mathbf{y})^T A (U\mathbf{y}) = \mathbf{y}^T U^T A U \mathbf{y} = \mathbf{y}^T U^{-1} A U \mathbf{y} = \langle \mathbf{y}, U^{-1} A U \mathbf{y} \rangle.$$

Dabei ist U gerade die Transformation, die A diagonalisiert:

$$U^{-1} A U = \begin{pmatrix} 2 & 0 \\ 0 & 4 \end{pmatrix}.$$

Damit lautet die Kurve in den neuen Koordinaten $\langle \mathbf{y}, U^{-1} A U \mathbf{y} \rangle = 4$, bzw. ausmultipliziert

$$2y_1^2 + 4y_2^2 = 4.$$

Die Kurve ist also eine Ellipse, deren Hauptachsen in die Richtung der Eigenvektoren von A zeigen. Durch Drehung des Koordinatensystems auf die Hauptachsen konnten wir also die Gleichung der Ellipse auf diese einfache Form (**Normalform einer Ellipse**) bringen (siehe Abbildung 14.3). ∎

Der im letzten Beispiel aufgetretene Ausdruck

$$\langle \mathbf{x}, A\mathbf{x} \rangle = \mathbf{x}^T A \mathbf{x} = a_{11}x_1^2 + 2a_{12}x_1 x_2 + a_{22}x_2^2$$

heißt **quadratische Form** der Matrix A. Wir können jede quadratische Kurve (**Kegelschnitt**)

$$ax_1^2 + 2bx_1 x_2 + cx_2^2 + 2dx_1 + 2ex_2 + f = 0$$

mit $\delta = ac - b^2 \neq 0$ mithilfe der quadratischen Form einer symmetrischen Matrix A schreiben, indem wir unseren Koordinatenursprung etwas verschieben:

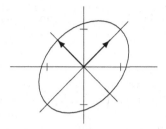

Abbildung 14.3. Ellipse mit Hauptachsen

$$ay_1^2 + 2by_1y_2 + cy_2^2 + \frac{\Delta}{\delta} = 0$$

mit

$$y_1 = x_1 - \frac{cd - be}{\delta}, \qquad y_2 = x_2 - \frac{ae - bd}{\delta}, \quad \Delta = cd^2 - 2bde + ae^2 + \delta f.$$

Hier können wir $\frac{\Delta}{\delta} \leq 0$ voraussetzen (indem wir, falls notwendig, die Gleichung mit -1 multiplizieren). Sind beide Eigenwerte von A positiv, so handelt es sich um eine Ellipse (diese schrumpft auf den Ursprung, falls $\Delta = 0$); ist ein Eigenwert positiv und der andere negativ, so handelt es sich um eine Hyperbel (bzw. zwei Geraden durch den Ursprung, falls $\Delta = 0$).

Sind beide Eigenwerte negativ, so gibt es keine (reelle) Lösung der Gleichung. Im Fall $\delta = 0$ handelt es sich um ein Parabel, falls $\Delta \neq 0$.

In der Praxis sind quadratische Formen, die immer positiv (bzw. negativ) sind, von besonderer Bedeutung:

Definition 14.21 Eine symmetrische (n, n)-Matrix A heißt

- **positiv definit**, falls

$$\langle \mathbf{x}, A\mathbf{x} \rangle > 0 \quad \text{für alle } \mathbf{x} \neq \mathbf{0}, \ \mathbf{x} \in \mathbb{R}^n, \text{ und}$$

- **negativ definit**, falls

$$\langle \mathbf{x}, A\mathbf{x} \rangle < 0 \quad \text{für alle } \mathbf{x} \neq \mathbf{0}, \ \mathbf{x} \in \mathbb{R}^n.$$

Eine Matrix A ist offensichtlich genau dann negativ definit, wenn $-A$ positiv definit ist (und umgekehrt). Man kann leicht erkennen, wann eine Matrix positiv (negativ) definit ist:

Satz 14.22 Eine symmetrische Matrix A ist genau dann positiv (negativ) definit, wenn alle Eigenwerte von A positiv (negativ) sind.

Das ist gar nicht schwer zu verstehen: Entwickeln wir $\mathbf{x}$ bezüglich einer Orthonormalbasis aus Eigenvektoren, $\mathbf{x} = U\mathbf{y}$, so gilt $\langle \mathbf{x}, A\mathbf{x} \rangle = \sum_j \lambda_j y_j^2$, wobei λ_j die Eigenwerte von A sind. Dieser Ausdruck ist genau dann für alle $\mathbf{x} \neq \mathbf{0}$ positiv (negativ), falls alle λ_j positiv (negativ) sind.

Es gibt sogar einen noch einfacheren Test, bei dem man nur Determinanten ausrechnen muss:

Satz 14.23 Eine symmetrische (n, n)-Matrix A ist genau dann positiv definit, wenn alle Determinanten

$$\det(a_{jk})_{j,k=1}^{m} \quad \text{für} \quad 1 \leq m \leq n$$

positiv sind.

Es muss also

$$\det(a_{11}) = a_{11} > 0, \quad \begin{vmatrix} a_{11} & a_{12} \\ a_{21} & a_{22} \end{vmatrix} > 0, \quad \dots, \quad \begin{vmatrix} a_{11} & \cdots & a_{1n} \\ \vdots & & \vdots \\ a_{n1} & \cdots & a_{nn} \end{vmatrix} = \det(A) > 0$$

gelten. Speziell für eine $(2, 2)$-Matrix reicht es, $a_{11} > 0$ und $\det(A) > 0$ zu überprüfen.

14.3.1 Anwendung: Die diskrete Kosinustransformation

Zum Abschluss können wir nun zeigen, dass die diskrete Kosinustransformation aus Abschnitt 13.3 orthogonal ist. Die dort angegebene Orthonormalbasis besteht aus den Eigenvektoren einer symmetrischen Matrix. Wie man sie berechnet, wollen wir in diesem Abschnitt überlegen.

Betrachten wir die folgende symmetrische (n, n)-Matrix:

$$A = \frac{1}{2} \begin{pmatrix} 0 & 1 & & & & \\ 1 & 0 & 1 & & & \\ & 1 & 0 & 1 & & \\ & & \ddots & \ddots & \ddots & \\ & & & 1 & 0 & 1 \\ & & & & 1 & 0 \end{pmatrix}$$

Alle Einträge in der Hauptdiagonale sind 0, die in der Diagonale oberhalb und unterhalb der Hauptdiagonale sind $\frac{1}{2}$, und alle weiteren sind ebenfalls 0 (**tridiagonale Matrix**). Wir möchten nun die Eigenwerte und Eigenvektoren dieser Matrix bestimmen. Das charakteristische Polynom zu berechnen erscheint auf den ersten Blick aussichtslos. Deshalb betrachten wir einmal die Eigenwertgleichung,

$$A\mathbf{u} = \lambda\mathbf{u},$$

und ignorieren zunächst die Tatsache, dass wir die Eigenwerte noch nicht kennen. Jede Zeile entspricht einer Gleichung der Form

$$\frac{1}{2}u_{k+1} + \frac{1}{2}u_{k-1} = \lambda u_k,$$

mit den Ausnahmen $k = 1$ und $k = n$, wo die Terme $\frac{1}{2}u_0$ bzw. $\frac{1}{2}u_{n+1}$ fehlen. Diese Koordinaten gibt es im Eigenvektor nicht (er besteht nur aus n Koordinaten). Wir können sie aber formal hinzufügen und gleich null setzen. Dann entspricht jedem Eigenvektor genau eine Lösung obiger Rekursion, die zusätzlich die *Randbedingungen*

$$u_0 = u_{n+1} = 0,$$

erfüllt.

Lösen wir also die Rekursion (siehe dazu Satz 8.18): Der Ansatz $u_k = \mu^k$ liefert die charakteristische Gleichung

$$\mu^2 - 2\lambda\mu + 1 = 0,$$

mit den Nullstellen

$$\mu_1 = \lambda + \sqrt{\lambda^2 - 1}, \qquad \mu_2 = \lambda - \sqrt{\lambda^2 - 1}.$$

Für $|\lambda| \leq 1$ sind beide Nullstellen konjugiert komplex:

$$\mu_1 = \cos(\varphi) + i\sin(\varphi) \quad \text{und} \quad \mu_2 = \cos(\varphi) - i\sin(\varphi),$$

für ein $\varphi \in [0, 2\pi)$.

Wir haben hier verwendet, dass der Betrag r von μ_1 bzw. μ_2 gleich 1 ist. Das gilt wegen: $r^2 = |\mu_1|^2 = \mu_1\overline{\mu_1} = \mu_1\mu_2 = \lambda^2 - (\sqrt{\lambda^2 - 1})^2 = 1$.

Die Lösung der Rekursion ist damit

$$u_k = h_1\cos(k\,\varphi) + h_2\sin(k\,\varphi).$$

Aus der ersten Randbedingung $u_0 = 0$ folgt

$$u_k = h_2\sin(k\,\varphi).$$

Die zweite Randbedingung lautet

$$u_{n+1} = h_2\sin((n+1)\varphi) = 0.$$

Die Sinusfunktion hat ihre Nullstellen bei allen ganzzahligen Vielfachen von π, daher muss $(n+1)\varphi = \ell\pi$ mit $\ell \in \mathbb{Z}$ gelten. Die zulässigen Werte von φ sind also

$$\varphi_\ell = \frac{\ell\pi}{n+1}, \qquad \ell \in \mathbb{Z},$$

und der zugehörige Eigenvektor ist

$$\mathbf{u}_\ell = h_2\begin{pmatrix} \sin(\varphi_\ell) \\ \sin(2\,\varphi_\ell) \\ \vdots \\ \sin(n\,\varphi_\ell) \end{pmatrix}.$$

Aus $\mu_1 = \lambda + \sqrt{\lambda^2 - 1}$ und $\mu_2 = \lambda - \sqrt{\lambda^2 - 1}$ folgt $\lambda = \frac{\mu_1 + \mu_2}{2}$, und damit sind $\lambda_\ell = \cos(\varphi_\ell)$ die Eigenwerte. Da die n Eigenwerte

$$\lambda_\ell = \cos(\frac{\ell\,\pi}{n+1}), \qquad 1 \leq \ell \leq n,$$

verschieden sind (der Kosinus ist zwischen 0 und π ja monoton fallend), haben wir mit $\mathbf{u}_\ell$, $1 \leq \ell \leq n$, auch eine Basis von Eigenvektoren gefunden.

Mithilfe der Periodizität des Sinus $(\sin(\varphi + \pi) = -\sin(\varphi))$ kann man auch $\mathbf{u}_{\ell+n+1} = -\mathbf{u}_{n+1-\ell}$ zeigen, und daher liefern alle weiteren $\ell \in \mathbb{Z}$ tatsächlich keine neuen Eigenvektoren. Insbesondere sind $\mathbf{u}_0 = \mathbf{u}_{n+1} = \mathbf{0}$ unbrauchbar.

Da wir damit alle n Eigenwerte gefunden haben, braucht der Fall $|\lambda| > 1$ nicht mehr untersucht zu werden. Bestimmen wir noch h_2 so, dass die Eigenvektoren auf eins normiert sind:

$$\mathbf{u}_\ell = \sqrt{\frac{2}{n+1}} \begin{pmatrix} \sin(\varphi_\ell) \\ \sin(2\,\varphi_\ell) \\ \vdots \\ \sin(n\,\varphi_\ell) \end{pmatrix}.$$

Nun bilden sie eine Orthonormalbasis.

Um die Normierung zu verstehen, müssen wir zeigen, dass $\sum_{k=1}^{n} \sin^2(\frac{k\ell\pi}{n+1}) = \frac{n+1}{2}$ gilt. Nehmen wir dazu eine Abkürzung durch die komplexe Ebene und betrachten folgende geometrische Summe:

$$\sum_{k=0}^{n} e^{i\frac{2k\ell\pi}{n+1}} = \frac{1 - e^{i\ell2\pi}}{1 - e^{i\frac{\ell2\pi}{n+1}}}.$$

Wegen $e^{i\ell2\pi} = 1$ (das folgt aus der Formel von Euler, $e^{ix} = \cos(x) + i\sin(x)$,) ist diese Summe gleich 0. Es müssen also sowohl der Realteil als auch der Imaginärteil der Summe gleich 0 sein. Mit der Formel von Euler erhalten wir $e^{i\frac{2k\ell\pi}{n+1}} = (\cos(\frac{k\ell\pi}{n+1}) + i\sin(\frac{k\ell\pi}{n+1}))^2$, daher ist der Realteil

$$\sum_{k=0}^{n} \cos^2(\frac{k\ell\pi}{n+1}) - \sin^2(\frac{k\ell\pi}{n+1}) = 0.$$

Andererseits gilt wegen $\cos^2(x) + \sin^2(x) = 1$, dass

$$\sum_{k=0}^{n} \cos^2(\frac{k\ell\pi}{n+1}) + \sin^2(\frac{k\ell\pi}{n+1}) = n+1$$

(hier wurde einfach $(n+1)$-mal die Eins summiert). Wenn wir die letzten beiden Formeln voneinander subtrahieren, so erhalten wir wie gewünscht:

$$\sum_{k=1}^{n} \sin^2(\frac{k\ell\pi}{n+1}) = \frac{n+1}{2}.$$

Sicher liegt Ihnen jetzt die Frage auf der Zunge, was das alles mit der Kosinustransformation zu tun hat: In der Formel für die Eigenvektoren steht ein Sinus, von einem Kosinus ist weit und breit nichts zu sehen!? Richtig, die wirkliche Kosinustransformation erhält man, wenn man anstelle von A die Matrix

$$B = \frac{1}{2} \begin{pmatrix} 1 & 1 & & & & & \\ 1 & 0 & 1 & & & & \\ & 1 & 0 & 1 & & & \\ & & \ddots & \ddots & \ddots & & \\ & & & 1 & 0 & 1 \\ & & & & 1 & 1 \end{pmatrix}$$

betrachtet. Sie unterscheidet sich von A dadurch, dass $b_{11} = b_{nn} = 1$ ist. Das macht die Rechnung nur etwas komplizierter (man muss mit den Randbedingungen $u_0 = u_1$ und $u_n = u_{n+1}$ rechnen), ändert aber nichts an der prinzipiellen Idee.

Der Vorteil der Matrix B für die Bildverarbeitung ist, dass $\mathbf{e} = (1, 1, \ldots, 1)$ ein Eigenvektor ist, d.h. $B\mathbf{e} = \mathbf{e}$. (Vergleiche auch Abschnitt 13.3). Hat man ein Bild mit konstanter Farbe, so kann die ganze Information im Koeffizienten dieses ersten Eigenvektors unterbringen.

14.4 Mit dem digitalen Rechenmeister

Eigenwerte und Eigenvektoren

In Mathematica können die Befehle Eigenvalues und Eigenvectors zur Berechnung von Eigenwerten und Eigenvektoren verwendet werden:

In[1]:= A $= \begin{pmatrix} 0 & -1 \\ 1 & 0 \end{pmatrix}$;Eigenvalues[A]

Out[1]= $\{-i, i\}$

In[2]:= Eigenvectors[A]

Out[2]= $\{\{-i, 1\}, \{i, 1\}\}$

Implizite Kurven

Implizit gegebene Kurven, wie die Ellipse $3x_1^2 + 2x_1x_2 + 3x_2^2 = 4$, kann man mit folgendem Befehl zeichnen:

In[3]:= ContourPlot[$\{x == y, x == -y, 3x^2 + 2xy + 3y^2 == 4\}, \{x, -1.5, 1.5\}$,
$\{y, -1.5, 1.5\}$]

Out[3]=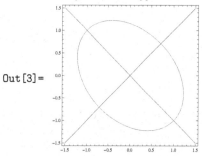

14.5 Kontrollfragen

Fragen zu Abschnitt 14.1: Koordinatentransformationen

Erklären Sie folgende Begriffe: Koordinaten bezüglich einer Basis, Koordinatentransformation, ähnliche Matrizen.

1. Bei einer Koordinatentransformation U geht eine Matrix A über in
   a) $B = U^T A U$ b) $B = U^{-1} A U$ c) $B = U^{-1} A$?
2. Welche Matrizen sind ähnlich zur Einheitsmatrix?

Fragen zu Abschnitt 14.2: Eigenwerte und Eigenvektoren

Erklären Sie folgende Begriffe: Eigenwert, Eigenvektor, charakteristisches Polynom, algebraische/geometrische Vielfachheit, Spur, diagonalisierbar, Markov-Matrix.

1. Richtig oder falsch?
   a) Die Eigenwerte einer reellen Matrix sind immer reell.
   b) Eine (n, n)-Matrix hat höchstens n Eigenwerte.
   c) Die Eigenvektoren zu einem Eigenwert bilden einen Teilraum.
   d) Eine (n, n)-Matrix hat genau n linear unabhängige Eigenvektoren.
2. Was sind die Eigenwerte von
$$\begin{pmatrix} 2 & 0 \\ 0 & 1 \end{pmatrix}?$$

3. Berechnen Sie A^8 von
$$A = \begin{pmatrix} 1 & 0 \\ 0 & 2 \end{pmatrix}.$$

4. Richtig oder falsch: Ähnliche Matrizen haben die gleichen Eigenwerte.
5. Richtig oder falsch: Eine Markov-Matrix hat nur 1 als Eigenwert.

Fragen zu Abschnitt 14.3: Eigenwerte symmetrischer Matrizen

Erklären Sie folgende Begriffe: symmetrische Matrix, Hauptachsentransformation, quadratische Form, positiv/negativ definit.

1. Richtig oder falsch?
   a) Die Eigenvektoren einer symmetrischen Matrix bilden immer eine Orthonormalbasis.
   b) Nicht jede symmetrische Matrix ist diagonalisierbar.
2. Richtig oder falsch: Die imaginäre Einheit i ist Eigenwert von
$$\begin{pmatrix} 1 & 2 & 3 \\ 2 & 3 & 4 \\ 3 & 4 & 5 \end{pmatrix}.$$

3. Sei A eine symmetrische $(2, 2)$-Matrix mit zwei gleichen Eigenwerten. Geben Sie alle Matrizen an, die zu A ähnlich sind.
4. Für welche $k \in \mathbb{R}$ ist $k\mathbb{I}$ positiv definit?

Lösungen zu den Kontrollfragen

Lösungen zu Abschnitt 14.1

1. b) $B = U^{-1}AU$
2. Wegen $U^{-1}\mathbb{I}U = U^{-1}U = \mathbb{I}$ ist die Einheitsmatrix nur zu sich selbst ähnlich.

Lösungen zu Abschnitt 14.2

1. a) falsch
   b) richtig; es sind maximal n verschiedene Eigenwerte (bzw. genau n Eigenwerte, wenn man sie entsprechend ihrer Vielfachheit zählt).
   c) richtig
   d) falsch; das gilt nur, wenn die Matrix diagonalisierbar ist.
2. 2 und 1
3.

$$A^8 = \begin{pmatrix} 1^8 & 0 \\ 0 & 2^8 \end{pmatrix} = \begin{pmatrix} 1 & 0 \\ 0 & 256 \end{pmatrix}$$

4. richtig
5. falsch; alle Eigenwerte sind vom Betrag kleiner gleich 1 und zumindest ein Eigenwert ist 1.

Lösungen zu Abschnitt 14.3

1. a) Nicht von vornherein, sie können aber immer so gewählt werden.
   b) falsch
2. falsch; symmetrische Matrizen haben nur reelle Eigenwerte.
3. Aus $U^{-1}AU = \lambda \mathbb{I}$ folgt $A = \lambda U \mathbb{I} U^{-1} = \lambda \mathbb{I}$.
4. $k > 0$

14.6 Übungen

Aufwärmübungen

1. Geben Sie das charakteristische Polynom von

$$A = \begin{pmatrix} 1 & 4 \\ 0 & 1 \end{pmatrix}$$

an.

2. Berechnen Sie die Eigenwerte und normierte Eigenvektoren folgender Matrizen:

$$\text{a) } A = \begin{pmatrix} 3 & -1 \\ -1 & 3 \end{pmatrix} \qquad \text{b) } A = \begin{pmatrix} 2 & 1 \\ 0 & 2 \end{pmatrix}$$

Geben Sie zu jedem Eigenwert seine algebraische und seine geometrische Vielfachheit an. Ist die Matrix diagonalisierbar?

3. Wie hängen die Eigenwerte und Eigenvektoren von A und $A + \mathbb{I}$ zusammen?
4. Wie hängen die Eigenwerte und Eigenvektoren von A und kA zusammen?
5. Wie hängen die Eigenwerte und Eigenvektoren von A und A^2 zusammen?

Weiterführende Aufgaben

1. Zeigen Sie, dass die Ähnlichkeit von Matrizen eine Äquivalenzrelation ist.
2. Berechnen Sie die Eigenwerte und Eigenvektoren der Matrix

$$A = \begin{pmatrix} 1 & -1 \\ 1 & 1 \end{pmatrix}.$$

   Ist die Matrix diagonalisierbar?
3. Geben Sie eine Matrix an, die die Eigenwerte 4 und -6 und die Eigenvektoren $\mathbf{u}_1 = (1,3)$ und $\mathbf{u}_2 = (-3,1)$ hat.
4. Sei $A = (a_{jk})$ eine beliebige $(2,2)$-Matrix mit Eigenwerten λ_1, λ_2. Zeigen Sie: $a_{11} + a_{22} = \lambda_1 + \lambda_2$ und $(a_{11} - a_{22})^2 + 4a_{12}a_{21} = (\lambda_1 - \lambda_2)^2$.
5. Berechnen Sie A^8 (ohne Computer) für

$$A = \begin{pmatrix} 1 & -1 \\ -1 & 1 \end{pmatrix}.$$

6. Stellen Sie die Kurve $5x_1^2 + 4x_1x_2 + 2x_2^2 = 1$ in Normalform dar (Hauptachsentransformation). Um welche Kurve handelt es sich?
7. Stellen Sie die Kurve $-5x_1^2 + 6x_1x_2 + 3x_2^2 = 1$ in Normalform dar (Hauptachsentransformation). Um welche Kurve handelt es sich?
8. Berechnen Sie die Eigenwerte und Eigenvektoren von

$$A = \begin{pmatrix} 2 & 1 & 0 \\ 1 & 1 & 1 \\ 0 & 1 & 2 \end{pmatrix}.$$

9. Sei A eine quadratische Matrix. Zeigen Sie, dass $A^T A$ symmetrisch ist und für die zugehörige quadratische Form $\langle \mathbf{x}, A^T A\mathbf{x} \rangle \geq 0$ gilt. (Die Eigenwerte λ_j von $A^T A$ sind somit nichtnegativ. Man nennt $\sqrt{\lambda_j}$ **Singulärwerte** von A.)
10. Zeigen Sie, dass die Spur folgende Eigenschaften hat:

$$\begin{aligned} \text{tr}(A + B) &= \text{tr}(A) + \text{tr}(B) \\ \text{tr}(kA) &= k\,\text{tr}(A) \\ \text{tr}(A^T) &= \text{tr}(A) \\ \text{tr}(AB) &= \text{tr}(BA) \end{aligned}$$

Verwenden sie das um zu zeigen, dass für quadratische Matrizen durch

$$\text{tr}(AB^T)$$

ein Skalarprodukt gegeben ist. Die zugehörige Norm $\|A\|^2 = \text{tr}(AA^T) = \sum_{j=1}^{n} \sum_{k=1}^{n} |a_{jk}|^2$ wird als **Hilbert-Schmidt Norm** bezeichnet.

Lösungen zu den Aufwärmübungen

1. $\det(A - \lambda\mathbb{I}) = (1 - \lambda)^2$

2. a) Die Nullstellen des charakteristischen Polynoms $(3 - \lambda)^2 - 1$ sind die Eigenwerte: 2, 4. Das Gleichungssystem zum Eigenvektor 2 lautet: $u_1 - u_2 = 0$, $-u_1 + u_2 = 0$; damit haben die zugehörigen Eigenvektoren die Form $t(1,1)$ mit $t \in \mathbb{R}$; ein normierter Eigenvektor zum Eigenwert 2 ist also $\frac{1}{\sqrt{2}}(1,1)$. Analog haben alle Eigenvektoren zum Eigenwert 4 die Form $t(1,-1)$ mit $t \in \mathbb{R}$, und ein normierter Eigenvektor ist $\frac{1}{\sqrt{2}}(1,-1)$. Beide Eigenwerte haben die algebraische Vielfachheit 1 und ebenso die geometrische Vielfachheit 1. Daher ist die Matrix diagonalisierbar.

   b) Das charakteristische Polynom $(2 - \lambda)^2$ hat eine Nullstelle der Vielfachheit 2, daher hat die Matrix einen Eigenwert mit algebraischer Vielfachheit 2. Das zugehörige Gleichungssystem $u_2 = 0$, $0 = 0$ liefert einen eindimensionalen Eigenraum: Alle Eigenvektoren haben die Form $t(1,0)$ mit $t \in \mathbb{R}$. Ein normierter Eigenvektor ist $(1,0)$. Die geometrische Vielfachheit des Eigenwerts ist 1 (ungleich der algebraischen Vielfachheit), daher ist die Matrix nicht diagonalisierbar.

3. Die Eigenwerte von $A+\mathbb{I}$ sind um eins größer; denn aus $A\mathbf{u} = \lambda\mathbf{u}$ folgt $(A+\mathbb{I})\mathbf{u} = A\mathbf{u} + \mathbf{u} = (\lambda + 1)\mathbf{u}$. Die Eigenvektoren ändern sich nicht.

4. Die Eigenwerte von kA sind die Eigenwerte von A mit k multipliziert; denn Multiplikation der Eigenwertgleichung $A\mathbf{u} = \lambda\mathbf{u}$ mit k ergibt $(kA)\mathbf{u} = (k\lambda)\mathbf{u}$. Die Eigenvektoren ändern sich nicht.

5. Die Eigenwerte von A^2 sind die Quadrate der Eigenwerte von A. Denn aus $A\mathbf{u} = \lambda\mathbf{u}$ folgt $A^2\mathbf{u} = A(A\mathbf{u}) = A(\lambda\mathbf{u}) = \lambda A\mathbf{u} = \lambda^2\mathbf{u}$. Jeder Eigenvektor von A ist auch ein Eigenvektor von A^2. Umgekehrt folgt aus $A^2\mathbf{u} = \alpha\mathbf{u}$, dass $(A^2 - \alpha\mathbb{I})\mathbf{u} = (A + \sqrt{\alpha}\mathbb{I})(A - \sqrt{\alpha}\mathbb{I})\mathbf{u} = \mathbf{0}$. Also ist entweder $(A - \sqrt{\alpha}\mathbb{I})\mathbf{u} = \mathbf{0}$ und damit $\sqrt{\alpha}$ ein Eigenwert von A oder $(A + \sqrt{\alpha}\mathbb{I})\mathbf{v} = \mathbf{0}$ mit $\mathbf{v} = (A - \sqrt{\alpha}\mathbb{I})\mathbf{u}$ und damit $-\sqrt{\alpha}$ ein Eigenwert von A. In letzterem Fall ist $\mathbf{u}$ kein Eigenvektor von A. Also kann A^2 mehr Eigenvektoren als A haben.

(Lösungen zu den weiterführenden Aufgaben finden Sie in Abschnitt B.14)

15

Grundlagen der Graphentheorie

15.1 Grundbegriffe

Graphen werden in vielen Anwendungsgebieten, wie zum Beispiel Informations- und Kommunikationstechnologien, Routenplanung oder Projektplanung eingesetzt. Sie helfen bei der Beantwortung von Fragen wie: Auf welchem Weg können Nachrichten im Internet möglichst effizient vom Sender zum Empfänger geleitet werden? Wo sollen neue Straßen gebaut werden, um den Verkehrsfluss zu verbessern oder um Wegstrecken zu minimieren? Welche Fahrtroute ist optimal, um möglichst schnell von einem Startort zu einem Zielort zu gelangen? In welcher Reihenfolge soll ein Roboter Löcher in Platinen bohren, sodass er möglichst wenig Zeit pro Platine braucht? Die zunehmende Bedeutung der Graphen kommt vor allem daher, dass sehr komplexe Probleme modelliert und mithilfe von Algorithmen gelöst werden können, die in der Graphentheorie entwickelt wurden.

Stellen Sie sich ein Straßennetz vor, das die Orte a, b, c, d miteinander verbindet. Es gibt fünf Straßen: zwischen a und b, zwischen a und c, zwischen a und d, zwischen b und c sowie zwischen b und d. Kurz kann man die Straßen durch die Orte angeben, die sie verbinden: $\{a, b\}$, $\{a, c\}$, $\{a, d\}$, $\{b, c\}$, $\{b, d\}$.

Mengenklammern bieten sich deswegen an, weil es bei Mengen ja nicht auf die Reihenfolge der Schreibweise ankommt: $\{a, b\} = \{b, a\}$ = Straße zwischen a und b = Straße zwischen b und a.

Abbildung 15.1 zeigt eine bildliche Darstellung der Situation. Die Orte sind dabei durch Punkte („Knoten") dargestellt, die Straßen durch Linien („Kanten"):

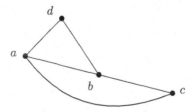

Abbildung 15.1. Graph mit vier Knoten und fünf Kanten

Das Straßennetz ist ein typisches Beispiel für einen Graphen:

Definition 15.1 Ein **Graph** $G(V, E)$ besteht aus einer endlichen Menge V von **Knoten** (engl. *vertex*) und einer Menge E von **Kanten** (engl. *edge*) $\{a, b\}$ mit $a, b \in V$, $a \neq b$.

Eine Kante $\{a, b\}$ verbindet also immer zwei Knoten a, b. Diese beiden Knoten heißen die **Endknoten** der Kante. Da die Mengenklammern umständlich anzuschreiben sind, schreibt man meist kurz ab (= dasselbe wie ba) anstelle von $\{a, b\}$. Knoten werden manchmal auch **Ecken** genannt. Ein Graph $H(V', E')$ mit $V' \subseteq V$ und $E' \subseteq E$ heißt **Teilgraph** von G. Ein Teilgraph entsteht also, wenn man Knoten oder Kanten eines gegebenen Graphen entfernt. Ein Teilgraph des Graphen aus Abbildung 15.1 ist in Abbildung 15.2 dargestellt.

Abbildung 15.2. Teilgraph des Graphen aus Abbildung 15.1

Bei der Modellierung von Flugnetzen, Straßennetzen, U-Bahn-Netzen stellen die Knoten des Graphen die Orte (bzw. Stationen) dar und die Kanten die Verkehrsverbindungen. In der Telekommunikation sind z. B. Knoten die Teilnehmer des Nachrichtennetzes, und Kanten die Nachrichtenverbindungen. Allgemein können die Knoten z. B. Personen, Objekte, Aufgaben, usw. sein und die Kanten geben Beziehungen zwischen den Knoten an.

Beispiel 15.2 Graph
Stellen Sie den Graphen G mit den Knoten $V = \{a, b, c, d\}$ und den Kanten $E = \{ab, ac, ad, bc, bd\}$ graphisch dar.

Lösung zu 15.2 Die vier Knoten werden als irgendwie angeordnete Punkte gezeichnet, danach die fünf Kanten als verbindende Linien (gerade/gekrümmte/überkreuzte Linien – egal): Die Kante ab verbindet die Knoten a und b usw. Abbildung 15.3 zeigt eine mögliche Darstellung des gegebenen Graphen. Aber auch Abbildung 15.1 stellt diesen Graphen dar! ∎

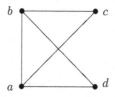

Abbildung 15.3. Eine Darstellung des Graphen aus Beispiel 15.2

Zwei Kanten können sich also auch kreuzen. Beachten Sie aber, dass der Kreuzungspunkt der Kanten bd und ac in Abbildung 15.3 nicht automatisch ein Knoten ist! Um dieses Missverständnis zu vermeiden, zeichnet man Kanten oft so, dass sie sich nicht kreuzen. Das ist aber gar nicht immer möglich. Jene Graphen, für die eine graphische Darstellung ohne kreuzende Kanten möglich ist, nennt man **planar**. Der Graph aus Beispiel 15.2 ist demnach ein planarer Graph.

Betrachten Sie nun die Abbildung 15.4: Hier liegen zwischen a und b drei Kanten vor, so genannte **Mehrfachkanten**. Das sind zwei oder mehr Kanten mit denselben Endknoten. Weiters gibt es bei c eine **Schlinge**. Das ist eine Kante, die einen Knoten mit sich selbst verbindet. Nach unserer Definition 15.1 sind Mehrfachkanten oder Schlingen *nicht möglich*. Manchmal braucht man diese aber doch und spricht dann von einem **Multigraphen**. Beispiel: Zwischen zwei Städten gibt es mehr als eine Straße (= Mehrfachkante); oder es gibt einen Rundweg (= Schlinge).

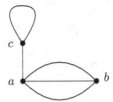

Abbildung 15.4. Mehrfachkanten zwischen a und b, Schlinge bei c

Nun einige Begriffe, die immer wieder vorkommen:

- Wenn zwei Knoten durch eine Kante verbunden sind, so heißen sie **adjazent** oder **benachbart**. Beispiel: Die Knoten a und c in Abbildung 15.3 sind benachbart; hingegen sind die Knoten d und c keine **Nachbarn**.
- Wenn zwei Kanten einen gemeinsamen Endknoten haben (also „aneinander grenzen"), so heißen sie **inzident**. Die Kanten ab und bc in Abbildung 15.3 sind inzident, nicht aber die Kanten ad und bc.
- Auch eine Kante und einen Knoten nennt man **inzident**, wenn der Knoten ein Endknoten der Kante ist. Die Kante ab ist inzident mit dem Knoten a (und auch mit b).
- Der **Grad** $\deg(a)$ eines Knotens a ist die Anzahl der Kanten, die inzident mit dem Knoten sind. Das ist also die Anzahl der Kanten, die vom Knoten „ausgehen". In Abbildung 15.3 ist zum Beispiel $\deg(a) = 3$, $\deg(c) = 2$ (engl.: Grad = *degree*).
- Ein Knoten heißt **isoliert**, wenn sein Grad gleich 0 ist (d.h., wenn von ihm keine Kante ausgeht).

Zwischen Knotengraden und Kantenanzahl gibt es folgenden Zusammenhang:

Satz 15.3 Sei $G(V, E)$ ein beliebiger Graph. Dann ist die Summe über alle Grade der Knoten gleich 2-mal die Anzahl der Kanten, d.h.:

$$\sum_{a \in V} \deg(a) = 2|E|.$$

Das gilt auch für Multigraphen, wenn man für jede Schlinge +2 zum Grad des Knotens zählt.

Warum? – Jede Kante hat zwei Endknoten. Daher trägt jede Kante zweimal zur Summe der Grade bei.

Beispiel: Für den Graphen in Abbildung 15.3 ist die Summe der Grade der Knoten gleich $2 + 2 + 3 + 3 = 10$, und es gibt 5 Kanten.

Es folgt eine weitere Eigenschaft jedes (Multi-)Graphen:

Satz 15.4 In jedem Graphen ist die Anzahl der Knoten mit *ungeradem* Grad gerade.

Es gibt also in einem Graphen entweder keine Knoten mit ungeradem Grad, oder 2, 4, 6, usw. Knoten mit ungeradem Grad.

Warum? Wir wissen, dass 2-mal Anzahl der Kanten = Summe über alle Grade = Summe S_g der geraden Grade + Summe S_u der ungeraden Grade (z. B. beim Graphen in Abbildung 15.3: $10 = (2 + 2) + (3 + 3) = S_g + S_u$.) Behauptung: S_u besteht für jeden Graphen aus einer geraden Anzahl von Summanden. Beweis: S_g ist sicher gerade, denn die Summe von geraden Zahlen ist immer gerade (denn man kann den Faktor 2 herausheben). Dann muss aber auch S_u gerade sein, denn das ist ja die Differenz von zwei geraden Zahlen (2-mal Anzahl der Kanten minus S_g), und die ist immer gerade. Wenn aber die Summe S_u eine gerade Zahl ist, dann muss sie eine gerade Anzahl von Summanden haben.

Beispiel 15.5 Grad
a) Geben Sie die Grade aller Knoten in Abbildung 15.5 an.
b) Überzeugen Sie sich davon, dass 2· Anzahl der Kanten = Summe der Grade.
c) Wie viele Knoten mit ungeradem Grad gibt es?

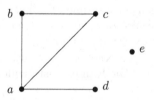

Abbildung 15.5. Graph aus Beispiel 15.5

Lösung zu 15.5
a) $\deg(d) = 1$, $\deg(b) = \deg(c) = 2$, $\deg(a) = 3$, $\deg(e) = 0$, d.h., e ist isoliert.
b) $2 \cdot 4 = 1 + 2 + 2 + 3 + 0$
c) Es gibt 2 (= gerade Zahl) Knoten mit ungeradem Grad.   ∎

Wir haben gesehen, dass es verschiedene bildliche Darstellungen eines Graphen gibt. Zwei Graphen sind gleich, wenn sie dieselben Knoten und dieselben Kanten haben. Nun sind aber Knotennamen oft zufällig gewählt. Wie erkennt man, ob zwei Graphen „abgesehen von der Benennung ihrer Knoten gleich" sind? Betrachten Sie dazu die Graphen in Abbildung 15.6. Sie sind nicht gleich, da die Knoten verschieden heißen,

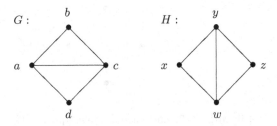

Abbildung 15.6. Graph G und Graph H sind äquivalent.

sie haben aber dieselbe „Struktur".

Definition 15.6 Seien $G(V, E)$ und $H(V', E')$ zwei Graphen. Wenn es ein bijektive Abbildung $f : V \to V'$ gibt, sodass $ab \in E$ ist, genau dann, wenn $f(a)f(b) \in E'$ ist, dann nennen wir die Graphen **äquivalent** (oder **isomorph**).

Das heißt, es gibt eine „eins-zu-eins" Abbildung f, die jeden Knoten a von G auf einen Knoten $f(a)$ von H abbildet, sodass ab eine Kante von G ist genau dann, wenn $f(a)f(b)$ eine Kante von H ist. Die Abbildung f benennt in diesem Sinn die Knoten um. Wenn man im obigen Beispiel den Knoten von G folgendermaßen die Knoten von H zuordnet:

$$\begin{array}{c|cccc} Knoten & a & b & c & d \\ \hline f(Knoten) & y & z & w & x \end{array},$$

dann heißen die Kanten ab, ac, ad, bc, cd von G nach der Umbenennung yz, yw, yx, zw, wx. Das sind aber genau die Kanten von H! Durch die Umbenennung konnte also G in H übergeführt werden, daher sind die Graphen G und H äquivalent.

Um zu überprüfen, ob zwei Graphen G und H äquivalent sind, stellt man am besten zuerst fest, ob beide Graphen dieselbe Anzahl von Knoten und Kanten haben, und ob es in beiden Graphen dieselbe Anzahl von Knoten mit Grad 0, 1, 2, usw. gibt. Ist das nicht so, dann sind die Graphen sicher nicht äquivalent. Andernfalls versucht man, eine bijektive Abbildung der Knoten von G auf die Knoten von H zu finden, die benachbarte Knoten auf benachbarte, und nichtbenachbarte Knoten auf nichtbenachbarte Knoten abbildet. Gelingt das, dann sind die Graphen äquivalent.

Beispiel 15.7 Äquivalente Graphen
Sind die Graphen äquivalent?
a) G und H in Abbildung 15.7   b) G und S in Abbildung 15.7
c) G und H in Abbildung 15.8

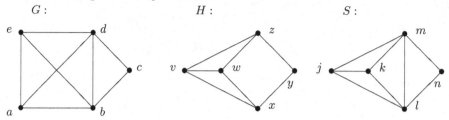

Abbildung 15.7. Sind die Graphen äquivalent?

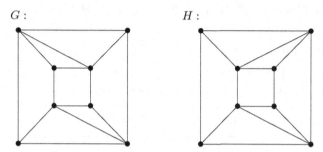

Abbildung 15.8. Sind diese Graphen äquivalent?

Lösung zu 15.7

a) Sowohl G als auch H haben 5 Knoten. Jedoch hat G 8 Kanten, während H nur 7 Kanten hat. Daher sind die Graphen nicht äquivalent.

b) Sowohl G als auch S haben 5 Knoten und 8 Kanten, und in beiden Graphen kommen die Grade $2, 3, 3, 4, 4$ vor. Versuchen wir also eine passende bijektive Abbildung der Knoten von G auf die Knoten von S zu finden: Da es in beiden Graphen nur einen Knoten mit Grad 2 gibt, ist klar, dass eine solche Abbildung diese beiden Knoten miteinander identifizieren muss. Weiters muss die Abbildung Knoten vom Grad 3 auf Knoten mit Grad 3 abbilden, und Knoten vom Grad 4 auf Knoten mit Grad 4. Versuchen wir also:

$$\begin{array}{c|ccccc} Knoten & a & b & c & d & e \\ \hline f(Knoten) & j & l & n & m & k \end{array},$$

dann heißen die Kanten ab, ad, ae, bc, bd, be, cd, de von G nach der Umbenennung jl, jm, jk, ln, lm, lk, nm, mk. Genau diese Kanten hat auch S. Durch diese Umbenennung wurde also G in S übergeführt, daher sind die Graphen G und S äquivalent.

c) Beide Graphen haben 8 Knoten und 14 Kanten. Die Gradfolgen sind jeweils $4, 4, 4, 4, 3, 3, 3, 3$. Aber: Bei G sind keine Knoten vom Grad 3 benachbart, bei H aber schon. Die Graphen sind daher nicht äquivalent. ∎

Straßennetze mit Einbahnstraßen, Abfolgen von einzelnen Prozessen, „Flüsse" in Transportsystemen, usw. können mithilfe von Graphen beschrieben werden, wenn die Kanten mit Richtungen versehen werden:

Definition 15.8 Ein **gerichteter Graph** oder **Digraph** (engl: *directed graph*) ist ein Graph, in dem jede Kante eine Richtung besitzt, also durch ein geordnetes Paar dargestellt wird.

Abbildung 15.9 zeigt einen Digraphen mit den Knoten a, b, c, d und den gerichteten Kanten (a, b), (b, a), (b, c), (a, c), und (a, d). Die Kante, die vom Knoten a zum Knoten b geht, wird nun durch das geordnete Paar (a, b) bezeichnet. Dabei wird a der **Anfangsknoten** und b der **Endknoten** genannt. Wieder lassen wir aus Schreibfaulheit die Klammern weg und schreiben für die Kante (a, b) kurz ab, müssen aber beachten, dass nun die Kante ab ungleich der Kante ba ist (verbinden zwar dieselben Knoten, zeigen aber in entgegengesetzte Richtungen)!

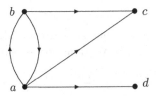

Abbildung 15.9. Digraph

15.2 Darstellung von Graphen am Computer

Wenn es darum geht, einen Graphen im Computer zu verarbeiten, so sind Mengen dazu nicht gerade gut geeignet. Was ist eine geeignete Datenstruktur? Eine Möglichkeit ist die Verwendung von Matrizen.

Definition 15.9 Die Knoten eines Graphen $G(V, E)$ seien durchnummeriert, $V = \{1, \ldots, n\}$. Dann ist die **Adjazenzmatrix** $A = (a_{jk})$ des Graphen gegeben durch

$$a_{jk} = \begin{cases} 1, & \text{wenn } \{j, k\} \in E \\ 0, & \text{sonst} \end{cases}$$

Die Matrixelemente sind also entweder 1 („Kante vorhanden") oder 0 („Kante nicht vorhanden"). Eine Adjazenzmatrix ist quadratisch und symmetrisch (d.h., $a_{jk} = a_{kj}$ = die Kante zwischen j und k). Außerdem sind sämtliche Diagonalelemente $a_{jj} = 0$ (da wir keine Schlingen haben).

Sind die Adjazenzmatrizen zweier Graphen gleich, so sind die Graphen natürlich äquivalent. Umgekehrt können aber äquivalente Graphen durchaus verschiedene Adjazenzmatrizen haben. Denn die Adjazenzmatrix ändert sich im Allgemeinen, wenn man die Knoten umnummeriert.

Die Summe der Elemente einer Spalte (bzw. einer Zeile) ist gleich dem Grad des betreffenden Knotens

$$\sum_{j=1}^{n} a_{jk} = \sum_{j=1}^{n} a_{kj} = \deg(k).$$

Beispiel 15.10 (→CAS) Adjazenzmatrix
a) Geben Sie die Adjazenzmatrix des Graphen aus Abbildung 15.3 an.
b) Stellen Sie den Graphen mit der Adjazenzmatrix

$$A = \begin{pmatrix} 0 & 1 & 0 & 1 & 1 \\ 1 & 0 & 1 & 1 & 0 \\ 0 & 1 & 0 & 1 & 0 \\ 1 & 1 & 1 & 0 & 0 \\ 1 & 0 & 0 & 0 & 0 \end{pmatrix}$$

graphisch dar.

Lösung zu 15.10
a) Wir nummerieren die Knoten (beliebig) durch, z. B. wie in Abbildung 15.10 a).
Nun ist es hilfreich, eine Tabelle wie folgt zu machen:

Knoten/Knoten	1	2	3	4
1	0	1	1	1
2	1	0	1	1
3	1	1	0	0
4	1	1	0	0

Die Adjazenzmatrix ist also

$$A = \begin{pmatrix} 0 & 1 & 1 & 1 \\ 1 & 0 & 1 & 1 \\ 1 & 1 & 0 & 0 \\ 1 & 1 & 0 & 0 \end{pmatrix}$$

Wenn Sie die Knoten anders nummerieren, so erhalten Sie eine andere Adjazenzmatrix.
b) Der Graph ist in Abbildung 15.10 b) dargestellt.

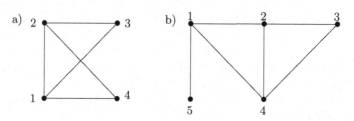

Abbildung 15.10. Die Graphen aus Beispiel 15.10

Neben der Adjazenzmatrix wird auch die so genannte **Inzidenzmatrix** verwendet. Sie beschreibt einen Graphen, indem sie angibt, welche Knoten mit welchen Kanten inzident sind. Sie ist eine (n, q)-Matrix, wobei n = Anzahl der Knoten und q = Anzahl der Kanten des Graphen (siehe Übungen).

Analog kann die Adjazenzmatrix für *gerichtete* Graphen definiert werden:

Definition 15.11 Die Knoten eines gerichteten Graphen $G(V, E)$ seien durchnummeriert, $V = \{1, \ldots, n\}$. Dann ist die **Adjazenzmatrix** $A = (a_{jk})$ **des gerichteten Graphen** gegeben durch

$$a_{jk} = \begin{cases} 1, & \text{wenn } (j, k) \in E \\ 0, & \text{sonst} \end{cases}$$

Der Eintrag $a_{12} = 1$ bedeutet daher zum Beispiel, dass es eine gerichtete Kante von 1 nach 2 gibt. Die Adjazenzmatrix eines gerichteten Graphen ist im Allgemeinen nicht mehr symmetrisch (denn wenn von 2 eine Kante nach 3 geht, so muss nicht notwendigerweise auch eine Kante von 3 nach 2 gehen).

Beispiel 15.12 Adjazenzmatrix eines gerichteten Graphen
Geben Sie die Adjazenzmatrix des gerichteten Graphen in Abbildung 15.9 an.

Lösung zu 15.12 Wieder nummerieren wir die Knoten beliebig, z. B. wie in Abbildung 15.11:

von Knoten/nach Knoten	1	2	3	4
1	0	1	1	1
2	0	0	0	0
3	0	0	0	0
4	1	0	1	0

Die Matrix lautet daher:

$$A = \begin{pmatrix} 0 & 1 & 1 & 1 \\ 0 & 0 & 0 & 0 \\ 0 & 0 & 0 & 0 \\ 1 & 0 & 1 & 0 \end{pmatrix}$$

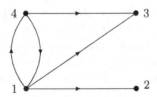

Abbildung 15.11. Digraph zu Beispiel 15.12

Eine andere Möglichkeit, um Graphen am Computer darzustellen, sind Listen. Die **Nachbarschaftsliste** gibt für jeden Knoten die benachbarten Knoten an. Für den Graphen in Abbildung 15.10 a) lautet sie zum Beispiel:

Knoten	benachbarte Knoten
1	2, 3, 4
2	1, 3, 4
3	1, 2
4	1, 2

Die Anzahl der Einträge ist gleich zweimal der Anzahl der Kanten. Wenn der Graph nur wenige Kanten enthält, dann sind Listen für die Abspeicherung viel effizienter als Matrizen (denn eine Matrix hat immer eine fixe Anzahl von Komponenten, und das ist ineffizient, wenn ein überwiegender Anteil davon gleich 0 ist).

15.3 Wege und Kreise

Betrachten wir nun das Straßennetz in Abbildung 15.12. Die Knoten stellen Orte

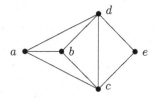

Abbildung 15.12. Kantenzug, Weg, Kreis

dar, die Kanten sind Straßen zwischen den Orten. Um von Ort a zum Ort e zu kommen, gibt es verschiedene Möglichkeiten: Zum Beispiel kann man einen Umweg fahren und nacheinander die Straßen ad, dc, cb, bd, de verwenden.

Definition 15.13 Eine Folge $ab, bc, cd, \ldots$ von inzidenten Kanten nennt man einen **Kantenzug**.

Kurzschreibweise für einen Kantenzug: Man gibt nur die Knoten an, die nacheinander durchlaufen werden, also hier a, d, c, b, d, e. Man sieht auf einen Blick, dass der Knoten (= Ort) d zweimal besucht wurde. Wenn man wieder an den Ausgangsknoten zurückkehrt, so spricht man von einem **geschlossenen Kantenzug**. Die Anzahl der durchlaufenen Kanten bezeichnen wir als **Länge** des Kantenzuges.

Definition 15.14 Ein Kantenzug, bei dem alle vorkommenden Knoten verschieden sind, wird ein **Weg** genannt. Ein geschlossener Kantenzug, mit mehr als zwei Knoten, bei dem alle vorkommenden Knoten bis auf den letzten verschieden sind, heißt **Kreis**.

Bei einem Kreis sind also alle vorkommenden Knoten verschieden, nur am Ende
kehrt man wieder an den Ausgangsknoten zurück (dieser wird als einziger Knoten
zweimal besucht).

Für viele Probleme wäre es eine einfache Lösung alle möglichen Wege durchzuprobieren. Leider sind solche Algorithmen für die Praxis unbrauchbar, da sie von der
Ordnung $O(n!)$ sind, wobei n die Anzahl der Knoten ist.

Um das zu verstehen, müssen wir uns überlegen, wieviele Wege es im schlimmsten Fall geben kann:
In einem Graphen mit n Knoten kann ein nicht-geschlossener Weg maximal die Länge $n-1$ haben.
Es gibt also nur endlich viele Wege. Allerdings kann es im schlimmsten Fall $\frac{n!}{(n-m)!2}$ Wege der Länge
$m-1$ geben (die Anzahl der Möglichkeiten, die m Knoten des Weges aus allen n Knoten auszuwählen
(Permutationen), geteilt durch 2, da die Durchlaufrichtung keine Rolle spielt). Insgesamt gibt es
also $\sum_{m=1}^{n-1} \frac{n!}{(n-m)!2} = \frac{n!}{2} \sum_{m=1}^{n-1} \frac{1}{m!}$ Wege.

> ## Beispiel 15.15 Kantenzug, Weg, Kreis
> Sehen Sie auf Abbildung 15.13. Handelt es sich um einen (geschlossenen) Kanten-
> zug/Weg/Kreis? Geben Sie gegebenenfalls auch die Länge des Kantenzuges an.
> a) b, g, f, b b) a, b, c, b, f c) a, b, c, b, f, e, a d) a, b, c, g, f
> e) a, b, c, g, f, e, a

Lösung zu 15.15
a) Kein Kantenzug, da die Knoten b und g nicht benachbart sind.
b) Kantenzug, aber kein Weg, da der Knoten b zweimal besucht wird; Länge ist 4.
c) Geschlossener Kantenzug der Länge 6.
d) Weg, da jeder Knoten dieses Kantenzuges nur einmal besucht wird; Länge ist 4.
e) Kreis (= geschlossener Weg) der Länge 6.   ∎

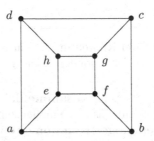

Abbildung 15.13. Kantenzug, Weg, Kreis

Was man unter einem „Weg" versteht, ist in verschiedenen Büchern leider nicht einheitlich. Daher
ist es am besten, wenn Sie wissen, dass es im Prinzip drei Möglichkeiten für die Eigenschaften
von Kantenzügen gibt (die in verschiedenen Büchern verschiedene Namen – wie Kantenfolge, Pfad,
Weg, einfacher Weg, Spaziergang, usw. – haben):
(1) keine Einschränkung an die durchlaufenen Kanten des Kantenzuges (d.h., seine Kanten und
Knoten dürfen auch mehrmals durchlaufen werden)
(2) alle im Kantenzug vorkommenden *Kanten sind verschieden* (Knoten dürfen aber mehrfach vorkommen)
(3) alle im Kantenzug vorkommenden *Knoten sind verschieden* (woraus folgt, dass auch alle vorkommenden Kanten verschieden sind)

Ob ein Kantenzug von einem Knoten i zu einem Knoten k existiert, kann mithilfe der Potenzen der Adjazenzmatrix festgestellt werden. Nach Definition des Matrixproduktes sind ja die Koeffizienten von A^2 durch

$$a_{ik}^{(2)} = \sum_{j=1}^{n} a_{ij} a_{jk}$$

gegeben. Diese Summe zählt aber genau die Anzahl der Kantenzüge der Länge 2 von i nach k, denn $a_{ij} a_{jk}$ ist genau dann eins, wenn der Kantenzug i, j, k existiert.

Beispiel 15.16 Potenzen der Adjazenzmatrix
Für die Adjazenzmatrix des Graphen aus Abbildung 15.10 a) gilt:

$$A^2 = \begin{pmatrix} 3 & 2 & 1 & 1 \\ 2 & 3 & 1 & 1 \\ 1 & 1 & 2 & 2 \\ 1 & 1 & 2 & 2 \end{pmatrix}$$

Wegen $a_{12}^{(2)} = a_{11}a_{12} + a_{12}a_{22} + a_{13}a_{32} + a_{14}a_{42} = 0 \cdot 1 + 1 \cdot 0 + 1 \cdot 1 + 1 \cdot 1 = 0 + 0 + 1 + 1 = 2$ gibt es zum Beispiel zwei Kantenzüge der Länge 2 von Knoten 1 nach Knoten 2: 1, 3, 2 und 1, 4, 2. Die Diagonalelemente sind übrigens genau die Knotengrade – warum?

Allgemein folgt daraus mit Induktion:

Satz 15.17 Sei G ein Graph mit Adjazenzmatrix A. Der Koeffizient $a_{ik}^{(m)}$ von A^m gibt die Anzahl der Kantenzüge der Länge m von Knoten i zu Knoten k an. Insbesondere gilt $a_{kk}^{(2)} = \deg(k)$.

Der Fall, in dem zwischen je zwei Knoten immer ein Kantenzug (und damit insbesondere auch ein Weg) existiert, ist besonders wichtig:

Definition 15.18 Ein Graph G heißt **zusammenhängend**, wenn es zwischen je zwei Knoten aus G einen Weg gibt. Ein maximaler zusammenhängender Teilgraph von G heißt eine **(Zusammenhangs-)Komponente** von G.

Ein gerichteter Graph heißt zusammenhängend, wenn der zugehörige (ungerichtete) Graph diese Eigenschaft hat.

Nicht zusammenhängend ist zum Beispiel der Graph mit den Knoten a, b, c, d, e und den Kanten ab, cd, de, ec. Er ist in Abbildung 15.14 dargestellt. Es gibt hier z. B. keinen Weg von b nach d. Dieser Graph besteht aus zwei Komponenten, also aus zwei „zusammenhängenden Teilen".

Ob zwei Knoten durch einen Weg verbunden sind, oder nicht, definiert eine Äquivalenzrelation auf der Menge der Knoten: a äquivalent zu b genau dann, wenn a und b durch einen Weg verbunden sind. Die Zusammenhangskomponenten sind genau die Äquivalenzklassen.

Zusammenhang ist in der Praxis oft sehr wichtig. Sind die Knoten Kommunikationsknoten und die Kanten Kommunikationsleitungen, so bedeutet Zusammenhang,

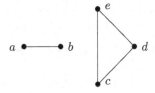

Abbildung 15.14. Nicht zusammenhängender Graph: Er besteht aus 2 Komponenten.

dass jeder Knoten mit allen anderen Knoten kommunizieren kann. Meist möchte man darüber hinaus, dass bei Ausfall irgendeiner Leitung (also Wegfall einer beliebigen Kante) der Zusammenhang erhalten bleibt. Ist diese Eigenschaft gegeben, so spricht man von einem **mehrfach zusammenhängenden Graphen**.

In den USA hat es im Jahr 1965 im gesamten Nordosten einen verheerenden Stromausfall gegeben, nur weil eine einzige Übertragungsleitung in einem der großen Kraftwerke an den Niagarafällen ausgefallen und in der Folge das gesamte Stromnetz der Region wegen Überlastung zusammengebrochen ist. Um 17:30, mitten zur Stoßzeit, ist in New York und sechs weiteren Millionenstädten die gesamte Energieversorgung für 13 Stunden zusammengebrochen. Hunderttausende Menschen sind stundenlang in der Dunkelheit in U-Bahnen und Lifts festgesessen, und Präsident Johnson musste sich von seiner Ranch in Texas aus persönlich einschalten.

Den Zusammenhang eines Graphen kann man leicht mit folgendem Algorithmus testen:

Breadth-First-Algorithmus (Breitensuche):
Der Algorithmus markiert, ausgehend von einem beliebigen Anfangsknoten, dessen Zusammenhangskomponente.

1) Markiere einen beliebigen Startknoten.
2) Für jeden im vorherigen Schritt markierten Knoten: Markiere alle noch nicht markierten benachbarten Knoten. Wurde kein neuer Knoten markiert, dann STOP. Ansonsten wiederhole 2).

Der Algorithmus durchsucht die Knoten der Breite nach (engl. *breadth* = Breite).

Dass heißt, für jeden Knoten werden im nächsten Schritt alle Nachbarn bearbeitet. Erst allmählich entfernt man sich vom Startknoten. Im Gegensatz dazu verfolgt man bei der **Tiefensuche** (**Depth-First-Algorithmus**) einen Weg, bis man irgendwo ansteht, bevor man zurück geht und den nächsten Weg probiert.

Sind am Ende, nach maximal $|E|$ (= Anzahl der Kanten) Schritten, alle Knoten markiert, so ist der Graph zusammenhängend.

Ausgehend vom Startknoten markiert der Algorithmus im k-ten Schritt genau jene Knoten, die vom Startknoten durch einen Weg der Länge k, aber durch keinen kürzeren, erreichbar sind.

Warum? Es ist klar, dass im ersten Schritt genau jene Knoten markiert werden, für die ein Weg der Länge eins existiert. Wir können also Induktion versuchen. Wird ein Knoten im $(k+1)$-ten Schritt markiert, so brauchen wir höchstens die k Schritte zu einem im k-ten Schritt markierten Knoten plus einen weiteren. Also höchstens $k+1$. Weniger können es aber auch nicht sein, sonst wäre der Knoten schon vorher markiert worden. Wir markieren also keine *falschen* Knoten. Vergessen wir aber auch keine? Sei nun c ein Knoten mit einem kürzesten Weg $a, \cdots, b, c$ der Länge $k + 1$. Dann ist $a, \cdots, b$ ein kürzester Weg der Länge k nach b und b wurde daher im k-ten Schritt markiert. Somit wird c im $k + 1$-ten Schritt markiert. Es wird also auch kein Knoten vergessen.

Dieser Algorithmus liefert auch ein *notwendiges* Kriterium für den Zusammenhang eines Graphen:

Satz 15.19 Ein zusammenhängender Graph mit n Knoten muss zumindest $n - 1$ Kanten haben.

Wenn ein Graph also weniger als $n - 1$ Kanten hat, dann ist er sicher nicht zusammenhängend.

Denn: Ist der Graph zusammenhängend, so markiert unser Algorithmus nach dem Startknoten alle weiteren $n - 1$ Knoten. Da man zu jedem Knoten nur über eine Kante kommt, muss es zumindest $n - 1$ Kanten geben. (Da man nicht mehr zurückgeht, d.h. keine markierten Knoten nochmals besucht, wird auch keine Kante doppelt gezählt.)

Ein *hinreichendes* Kriterium für den Zusammenhang eines Graphen ist zum Beispiel:

Satz 15.20 Ein Graph mit mehr als $\frac{(n-1)(n-2)}{2}$ Kanten ist zusammenhängend.

Ist ein Graph nicht zusammenhängend, so können wir ihn in zwei Teile zerlegen, die nicht verbunden sind. Ist m bzw. $n - m$ die Anzahl der Knoten der beiden Teile, so kann der erste höchstens $\binom{m}{2}$ und der zweite höchstens $\binom{n-m}{2}$ Kanten enthalten. Da zwischen den beiden Teilen keine Kanten existieren, hat unser Graph höchstens $\binom{m}{2} + \binom{n-m}{2} = \frac{n(n-1)}{2} - m(n-m)$ Kanten. Diese Anzahl wird maximal, wenn $m = 1$ bzw. $m = n - 1$ ist und in beiden Fällen gibt es $\frac{n(n-1)}{2} - (n-1) = \frac{(n-1)(n-2)}{2}$ Kanten. Ein nicht-zusammenhängender Graph hat also höchstens $\frac{(n-1)(n-2)}{2}$ Kanten. Hat ein Graph mehr Kanten, so muss er zusammenhängend sein.

Beispiel 15.21 (→CAS) Breadth-First-Algorithmus
Testen Sie den Graphen aus Abbildung 15.14 mithilfe des Breadth-First-Algorithmus auf Zusammenhang.

Lösung zu 15.21 Unser Graph hat 5 Knoten und 4 Kanten, könnte also zusammenhängend sein. Wählen wir zum Beispiel als Startknoten a, so können wir im ersten Schritt nur b erreichen. Der neu gewählte Knoten b hat aber keine benachbarten Knoten, die noch nicht markiert sind, und damit stoppt unser Algorithmus hier. Die Zusammenhangskomponente von a ist also $\{a, b\}$, was natürlich auch unmittelbar aus der Abbildung ersichtlich ist.   ∎

Ob ein Graph G zusammenhängend ist, kann auch von den Potenzen der Adjazenzmatrix abgelesen werden: Betrachten wir die Matrix $\mathbb{I}_n + A + A^2 + \cdots A^{n-1}$, so ist G genau dann zusammenhängend, wenn alle Koeffizienten dieser Matrix positiv sind (d.h., kein Eintrag 0 ist). Denn ist der jk-Koeffizient positiv, dann muss mindestens einer der Koeffizienten $a_{jk}^{(m)}$, $1 \leq m \leq n - 1$ positiv sein, und damit existiert ein Kantenzug der Länge m von j nach k.

Betrachten wir nun folgendes Problem: Ein Schneepflug muss ein Straßensystem räumen: Die Kanten sind die Straßen, die Knoten bedeuten Straßenkreuzungen. Der Fahrer des Schneepfluges überlegt, ob es eine Möglichkeit für eine optimale Tour gibt. Er möchte *jede* Straße *genau einmal* entlang fahren und am Ende wieder im Ausgangspunkt zurück sein. Er sucht einen so genannten (geschlossenen) *Euler-Zug* im Graphen:

Definition 15.22 Ein **Euler-Zug** ist ein geschlossener Kantenzug, der *jede* Kante des Graphen *genau einmal* enthält.

Dabei können Knoten – hier im Beispiel Straßenkreuzungen – ohne weiteres mehrfach passiert werden.

Der Name kommt vom Schweizer Mathematiker Leonhard Euler, der das **Königsberger Brücken-problem** gelöst und damit in gewissem Sinn die Graphentheorie begründet hat. Königsberg ist eine Stadt in Russland, durch die der Fluss Pregel fließt, über den sieben Brücken gehen. Es wird erzählt, dass die Einwohner von Königsberg bei ihren sonntäglichen Spaziergängen versucht haben, jede Brücke genau einmal zu überqueren und dann wieder an den Ausgangspunkt zurückzukehren. Das ist aber keinem gelungen. Die Brücken können durch einen Multigraphen wie in Abbildung 15.15 dargestellt werden.

Abbildung 15.15. Die sieben Brücken (= Kanten) von Königsberg, die die vier Stadtteile (= Knoten) miteinander verbinden

Euler hat sich 1736 dieses Problems angenommen und gezeigt, dass es nur auf den Grad der Knoten ankommt:

Satz 15.23 Ein zusammenhängender (Multi-)Graph besitzt genau dann einen Euler-Zug, wenn alle Knoten geraden Grad haben.

Ein Graph, der diese Eigenschaft hat, heißt **Euler-Graph**.

Warum kommt es für einen Euler-Zug auf den Grad der Knoten an? Eine anschauliche Überlegung dazu ist: Wenn ein Knoten zum Beispiel Grad 1 hätte, dann würde nur eine Kante zu diesem Knoten führen. Es wäre also nicht möglich, diesen Knoten über eine *neue* Kante wieder zu verlassen (um wieder an den Anfangsknoten zurückzukehren). Man braucht daher für jede Kante, die in einen Knoten hineinführt, immer eine zweite, die wieder herausführt. Nun wissen wir also, dass es zum Problem der Königsberger keine Lösung gibt (denn die Knoten haben ungeraden Grad).

Für den Schneepflugfahrer gibt es also eine Lösung, denn alle Knoten in Abbildung 15.16 haben geraden Grad. Wie finden wir nun aber die gesuchte optimale Tour? Der folgende **Algorithmus von Fleury** konstruiert einen Euler-Zug:

Algorithmus von Fleury:
Der Algorithmus konstruiert, ausgehend von einem beliebigen Startknoten, einen Euler-Zug (falls vorhanden).

---

1) Starte in einem beliebigen Knoten.
2) Wähle einen benachbarten Knoten und entferne die dabei durchlaufene Kante
   [entfernen = „schneeräumen"]. Entferne auch den Anfangsknoten, falls dieser nun isoliert ist. Der dadurch übrig bleibende Restgraph muss dabei zusammenhängend bleiben. Ist das nicht möglich, dann FEHLER „Kein Euler-Graph". Ist der Restgraph leer, dann STOP „Euler-Zug gefunden". Ansonsten wiederhole 2).

Die entfernten Kanten ergeben dann in der Reihenfolge ihrer Entfernung einen Euler-Zug.

Nun können wir dem Schneepflugfahrer helfen:

Beispiel 15.24 (→CAS) Euler-Zug: Algorithmus von Fleury
Finden Sie einen Euler-Zug im Graphen aus Abbildung 15.16.

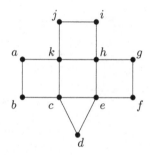

Abbildung 15.16. Euler-Zug oder das Problem des Schneepfluges

Lösung zu 15.24 Wir starten beim Knoten a (siehe Abbildung 15.16). Es gibt zwei mögliche inzidente Kanten: ab und ak. Für jede ist der Restgraph zusammenhängend. Wir können also eine davon aussuchen, entfernen wir z. B. ab. Von b weg gibt es nur eine einzige inzidente Kante bc, die wird entfernt. Ebenso entfernen wir den nun isolierten Knoten b. Der Restgraph ist zusammenhängend. Von c weg gibt es drei inzidente Kanten, für jede bleibt der Restgraph zusammenhängend. Wir können daher wieder irgendeine davon entfernen, z. B. cd. Dann gehen wir weiter: de, ef, fg, gh, he, ec, ck. In k müssen wir aufpassen: Wir dürfen hier nicht die Kante ka entfernen, denn dann würde der Restgraph in die beiden Komponenten $\{a\}$ und $\{k, h, i, j\}$ zerfallen. Wir würden dann in a sitzen und nicht mehr in die andere Komponente gelangen. Also wählen wir eine der anderen Möglichkeiten, z. B. kh, dann weiter hi, ij, jk, ka. Fertig. Zusammenfassend lautet der Euler-Zug: a, b, c, d, e, f, g, h, e, c, k, h, i, j, k, a.

Ein Euler-Zug ist im Allgemeinen nicht eindeutig: Eine andere Möglichkeit wäre hier z. B. a, b, c, d, e, f, g, h, i, j, k, h, e, c, k, a.   ∎

Ein anderes Problem, das aber weitaus schwieriger zu behandeln ist als das Finden eines Euler-Zuges, ist in Abbildung 15.17 dargestellt. Die Knoten sind Postkästen,

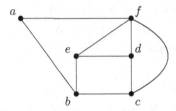

Abbildung 15.17. Hamilton-Kreis oder das Problem des Postboten

die Kanten stellen Straßen dar, die zu den Postkästen führen. Ein Postbote startet bei der Post in a, und muss nun alle Kästen leeren. Gibt es einen geschlossenen Kantenzug im Graphen, sodass er bei jedem Postkasten (= Knoten) genau einmal vorbeikommt?

Definition 15.25 Ein Kreis, der *jeden* Knoten (genau einmal) enthält, heißt **Hamilton-Kreis**.

Er ist nach dem irischen Mathematiker William Rowan Hamilton (1805–1865) benannt. Hamilton hat im Jahr 1859 das Gesellschaftsspiel „Icosian" erfunden (benannt nach dem griechischen Wort *eikosi* für „zwanzig"), bei dem ein Hamilton-Kreis (damals natürlich noch nicht so benannt) durch einen Graphen mit 20 Knoten zu finden war. Die Spielanleitung war ziemlich kompliziert, und das wird wohl ein Grund gewesen sein, warum das Spiel ein Ladenhüter war.

Für Abbildung 15.17 können wir durch „Hinsehen" den Hamilton-Kreis a, b, e, d, c, f, a finden.

Leider kann man kein einfaches notwendiges und hinreichendes Kriterium dafür angeben, wann ein Graph einen Hamilton-Kreis besitzt. Sicher gibt es einen Hamilton-Kreis, wenn der Graph eine bestimmte Mindestanzahl von Kanten besitzt:

Satz 15.26 Wenn ein Graph mit n Knoten mindestens $\frac{1}{2}(n-1)(n-2)+2$ Kanten hat, dann besitzt er einen Hamilton-Kreis.

Das ist aber nur eine *hinreichende* Bedingung, d.h.: Wenn sie erfüllt ist, dann gibt es einen Hamilton-Kreis. Die Bedingung ist aber nicht *notwendig*. Das heißt, es gibt auch Graphen, die diese Bedingung nicht erfüllen, und trotzdem einen Hamilton-Kreis enthalten (so wie der Graph in Abbildung 15.17). Und mehr noch: Es gibt auch keine effizienten Lösungsalgorithmen für das Auffinden eines Hamilton-Kreises. (Durchprobieren aller möglichen Knotenpermutationen funktioniert natürlich immer, die Rechenzeit steigt aber exponentiell mit der Größe des Problems.)

15.4 Mit dem digitalen Rechenmeister

Darstellung von Graphen

Graphen können mit dem Befehl `AdjacencyGraph[A]` eingegeben werden. Dabei ist A die Adjazenzmatrix und P eine Liste der gewünschten Koordinaten der Knoten im $\mathbb{R}^2$. Nun können wir den Graphen aus Beispiel 15.10 darstellen

```
In[1]:= A = {{0, 1, 0, 1, 1}, {1, 0, 1, 1, 0}, {0, 1, 0, 1, 0}, {1, 1, 1, 0, 0}, {1, 0, 0, 0, 0}}
        gr = AdjacencyGraph[A];
```

Out[2]=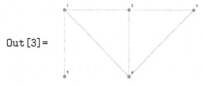

Mathematica wählt dabei die Koordinaten der Knoten automatisch. Man kann sie aber auch über die Option `VertexCoordinates` angeben. Die Knoten können mit der Option `VertexLabels` bezeichnet werden und die Option `ImagePadding` stellt sicher, dass die Namen am Rand des Bildes nicht abgeschnitten werden.

```
In[3]:= AdjacencyGraph[A, VertexCoordinates → {{0, 1}, {1, 1}, {2, 1}, {1, 0},
        {0, 0}}, VertexLabels → "Name", ImagePadding → 10];
```

Out[3]=

Zusammenhang

Mit dem Befehl

```
In[4]:= ConnectedGraphQ[gr]
Out[4]= True
```

können wir auf Zusammenhang testen.

Euler-Zug

In Mathematica könnten wir Beispiel 15.24 wie folgt lösen:

```
In[5]:= gr = AdjacencyGraph[{
        {0, 1, 0, 0, 0, 0, 0, 0, 0, 0, 1}, {1, 0, 1, 0, 0, 0, 0, 0, 0, 0, 0},
        {0, 1, 0, 1, 1, 0, 0, 0, 0, 0, 1}, {0, 0, 1, 0, 1, 0, 0, 0, 0, 0, 0},
        {0, 0, 1, 1, 0, 1, 0, 1, 0, 0, 0}, {0, 0, 0, 0, 1, 0, 1, 0, 0, 0, 0},
        {0, 0, 0, 0, 0, 1, 0, 1, 0, 0, 0}, {0, 0, 0, 0, 1, 0, 1, 0, 1, 0, 1},
        {0, 0, 0, 0, 0, 0, 0, 1, 0, 1, 0}, {0, 0, 0, 0, 0, 0, 0, 0, 1, 0, 1},
        {1, 0, 1, 0, 0, 0, 0, 1, 0, 1, 0}}];
```

```
In[6]:= EulerianCycle[gr]
Out[6]= {{1 •→• 11, 11 •→• 10, 10 •→• 9, 9 •→• 8, 8 •→• 7, 7 •→• 6, 6 •→• 5,
        5 •→• 8, 8 •→• 11, 11 •→• 3, 3 •→• 5, 5 •→• 4, 4 •→• 3, 3 •→• 2, 2 •→• 1}}
```

Mathematica gibt uns einen Euler-Zug mit Start im Knoten 1 ($=a$) aus. (Die Knoten sind entsprechend der Adjazenzmatrix, über die der Graph in Mathematica eingegeben wurde, durchnummeriert.)

Hamilton-Kreis

Einen Hamilton-Kreis für Beispiel 15.24 erhalten wir mit

In[7]:= FindHamiltonianCycle[gr]

Out[7]= {{1 •—• 2, 2 •—• 3, 3 •—• 4, 4 •—• 5, 5 •—• 6, 6 •—• 7, 7 •—• 8, 8 •—• 9,
9 •—• 10, 10 •—• 11, 11 •—• 1}}

15.5 Kontrollfragen

Fragen zu Abschnitt 15.1: Grundbegriffe

Erklären Sie folgende Begriffe: Graph, Teilgraph, Mehrfachkante, Schlinge, Multigraph, adjazent, Nachbar, inzident, Grad, isolierter Knoten, äquivalente Graphen, Digraph.

1. Geben Sie für den Graphen aus Abbildung 15.18 an:
   a) alle zu f benachbarten Knoten   b) alle zu bc inzidenten Kanten
   c) alle zu c inzidenten Kanten

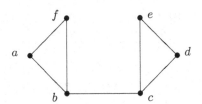

Abbildung 15.18. Adjazent, inzident, ...?

2. Geben Sie für den Graphen aus Abbildung 15.18 die Grade aller Knoten an. Gibt es auch isolierte Knoten?
3. Wie hängen die Grade der Knoten und die Anzahl der Kanten in einem Graphen zusammen?
4. Gibt es einen Graphen mit
   a) 5 Kanten und lauter Knoten mit Grad 3?
   b) 6 Kanten und lauter Knoten mit Grad 3?
   Wie viele Knoten hat er in diesem Fall?
5. Gibt es einen Graphen mit den Knotengraden $1, 2, 2, 4$?
6. Welche Graphen sind äquivalent? (Hinsehen genügt!)

Fragen zu Abschnitt 15.2: Darstellung von Graphen am Computer

Erklären Sie folgende Begriffe: Adjazenzmatrix, Nachbarschaftsliste.

1. Welche Eigenschaften hat die Adjazenzmatrix eines a) ungerichteten bzw. b) gerichteten Graphen?
2. Ist die Matrix

$$A = \begin{pmatrix} 0 & 1 & 0 & 0 \\ 1 & 0 & 1 & 0 \\ 0 & 1 & 0 & 1 \\ 1 & 0 & 1 & 0 \end{pmatrix}$$

Adjazenzmatrix eines ungerichteten Graphen?

Fragen zu Abschnitt 15.3: Wege und Kreise

Erklären Sie folgende Begriffe: Kantenzug, Weg, Kreis, zusammenhängender Graph, Zusammenhangskomponente, Breitensuche, Euler-Zug, Euler-Graph, Algorithmus von Fleury, Hamilton-Kreis.

1. Betrachten Sie den Graphen in Abbildung 15.19. Stellen Sie fest, ob es sich um einen Kantenzug, Weg oder Kreis handelt. Geben Sie gegebenenfalls dessen Länge an.
   a) a, e, c, d, e, b b) a, b, e, a c) a, b, c, d
   d) a, b, a, d, e e) a, b, c, a f) a, e, c, d, e, b, a

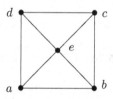

Abbildung 15.19. Graph zu Kontrollfrage 15.3.1

2. Nennen Sie einen Algorithmus, mit dem man prüfen kann, ob ein Graph zusammenhängend ist.
3. Nennen Sie eine notwendige Bedingung dafür, dass ein Graph zusammenhängend ist.
4. Geben Sie ein notwendiges und hinreichendes Kriterium dafür an, dass ein zusammenhängender Graph einen Euler-Zug besitzt.
5. Gibt es im Graphen mit der Adjazenzmatrix

$$A = \begin{pmatrix} 0 & 1 & 1 & 1 \\ 1 & 0 & 1 & 0 \\ 1 & 1 & 0 & 1 \\ 1 & 0 & 1 & 0 \end{pmatrix}$$

einen Euler-Zug?

6. Gibt es einen effizienten (nicht-exponentiellen) Algorithmus, mit dem festgestellt werden kann, ob ein Graph einen Hamilton-Kreis besitzt?

Lösungen zu den Kontrollfragen

Lösungen zu Abschnitt 15.1

1. a) a, b b) ba, bf, cd, ce c) cb, cd, ce
2. $\deg(a) = \deg(d) = \deg(e) = \deg(f) = 2$, $\deg(b) = \deg(c) = 3$. Es gibt keine isolierten Knoten.
3. Summe über alle Grade = 2-mal Anzahl der Kanten
4. a) Nein, denn $2 \cdot 5 = 3 \cdot x$ hat keine Lösung mit ganzzahligem x (x...Anzahl der Knoten).
   b) $2 \cdot 6 = 3 \cdot x$ hat die ganzzahlige Lösung $x = 4$.
5. Nein, denn die Anzahl der Knoten mit ungeradem Grad muss gerade sein.
6. Alle drei Graphen sind äquivalent.

Lösungen zu Abschnitt 15.2

1. a) quadratisch, Elemente sind 0 oder 1, symmetrisch
   b) quadratisch, Elemente sind 0 oder 1
2. Nein, da sie nicht symmetrisch ist.

Lösungen zu Abschnitt 15.3

1. a) Kantenzug, aber kein Weg, Länge 5
   b) Kreis, Länge 3
   c) Weg, Länge 3
   d) Kantenzug, aber kein Weg, Länge 4
   e) kein Kantenzug
   f) geschlossener Kantenzug, aber kein Kreis, Länge 6
2. Breitensuche
3. Bei n Knoten müssen zumindest $n - 1$ Kanten vorhanden sein.
4. Ein zusammenhängender Graph besitzt einen Euler-Zug, wenn alle Knoten geraden Grad haben.
5. Nein, denn der erste Knoten hat ungeraden Grad (in der ersten Zeile bzw. Spalte stehen drei 1).
6. nein

15.6 Übungen

Aufwärmübungen

1. Person 1 kann Job a und Job c durchführen, Person 2 kann Job d durchführen, und Person 3 kann die Jobs a, b und c durchführen. Stellen Sie diese Situation mithilfe eines Graphen dar.
2. a) Zeichnen Sie den Graphen mit den Knoten a, b, c, d, e und den Kanten ab, bc, ac, ad, ce.
   b) Bestimmen Sie die Grade der Knoten für den Graphen. Bleibt der Graph zusammenhängend, egal, welche Kante man entfernt?
3. Zeichnen Sie den gerichteten Graphen mit den Knoten a, b, c, d, e und den Kanten ac, bc, bd, cb, cd, de.
4. Wie viele (nicht-äquivalente) Graphen gibt es mit 3 Knoten? Geben Sie sie an.
5. Welche der drei Graphen sind äquivalent?

$G:$ $H:$ $S:$

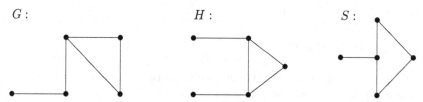

6. Geben Sie die Adjazenzmatrix des folgenden Graphen an:

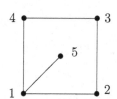

7. Zeichnen Sie den gerichteten Graphen, der durch folgende Adjazenzmatrix gegeben ist:

$$A = \begin{pmatrix} 0 & 0 & 0 & 1 & 0 \\ 1 & 0 & 1 & 0 & 0 \\ 0 & 0 & 0 & 1 & 0 \\ 0 & 1 & 0 & 0 & 0 \\ 1 & 0 & 0 & 0 & 0 \end{pmatrix}$$

8. Geben Sie die Nachbarschaftsliste des folgenden Graphen an:

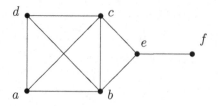

9. Zeichnen Sie den Graphen mit folgender Nachbarschaftsliste:

Knoten	benachbarte Knoten
Rom	Wien, Madrid
Wien	Rom, Chicago
Madrid	Rom, London
London	Madrid, Chicago
Chicago	Wien, London

10. Eine Müllabfuhr muss entlang jeder Straße eines Straßennetzes Mülltonnen leeren. In welchem der beiden Straßennetze in der folgenden Abbildung a), b) (Kanten = Straßen, Knoten = Straßenkreuzungen) gibt es eine optimale Tour, sodass die Müllabfuhr, beginnend bei a, jede Straße nur einmal entlangfährt, und am Ende wieder nach a zurückkehrt? Wenn ja, finden Sie eine solche Tour (mit Algorithmus). Gibt es eine solche optimale Tour mit Start bei c?

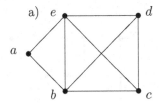
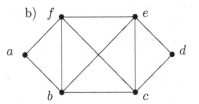

Weiterführende Aufgaben

1. Welche der Graphen G, H und S sind äquivalent:

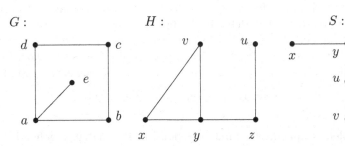

2. Die folgende Abbildung zeigt ein Flugnetz, bei dem je zwei Städte (Knoten) durch eine Fluglinie verbunden sind. Man nennt diesen Graphen vollständig, da er alle möglichen Kanten enthält, und bezeichnet ihn mit K_6. Allgemein ist ein **vollständiger Graph** K_n ein Graph mit n Knoten, bei dem je zwei Knoten durch Kanten verbunden sind. Wie viele Kanten enthält K_n? Geben Sie eine Formel dafür an.

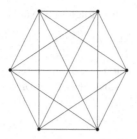

3. Ein Zeitungsausträger muss entlang jeder Straße eines Straßennetzes Zeitungen
   verteilen. Betrachten Sie die Straßennetze in der folgenden Abbildung a) und b)
   (Kanten = Straßen, Knoten = Straßenkreuzungen). Gibt es eine optimale Tour,
   sodass der Zeitungsausträger, beginnend bei sich zuhause (Knoten a), jede Straße
   nur einmal entlang radeln muss, und am Ende wieder in a zurückgekehrt ist?
   Wenn ja, finden Sie eine solche Tour (mithilfe eines Algorithmus!).

   $a)$ $b)$

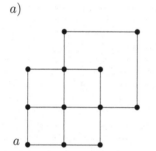   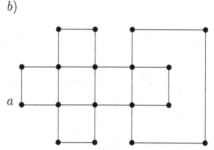

4. Versuchen Sie in der letzten Abbildung a) einen *offenen* Euler-Zug zu finden.
   Das ist ein Kantenzug mit lauter verschiedenen Kanten, der nicht geschlossen
   ist (also Start- und Zielknoten sind verschieden.) Ein solcher existiert, wenn es
   genau zwei Knoten mit ungeradem Grad gibt.

5. Die **Inzidenzmatrix** $B = (b_{ik})$ beschreibt einen (ungerichteten) Graphen, indem sie angibt, welche Knoten mit welchen Kanten inzident sind. Dazu werden
   die Knoten und die Kanten beliebig nummeriert. Die Matrixelemente sind

   $$b_{ik} = \begin{cases} 1, & \text{wenn Knoten } i \text{ und Kante } k \text{ inzident sind} \\ 0, & \text{sonst} \end{cases}$$

   Zeichnen Sie den Graphen, der durch folgende Inzidenzmatrix gegeben ist:

   $$B = \begin{pmatrix} 1 & 1 & 1 & 0 & 0 \\ 1 & 0 & 0 & 1 & 1 \\ 0 & 1 & 0 & 1 & 0 \\ 0 & 0 & 1 & 0 & 1 \end{pmatrix}$$

6. Die Inzidenzmatrix $B = (b_{ik})$ für einen gerichteten Graphen ist definiert durch

   $$b_{ik} = \begin{cases} +1, & \text{wenn von Knoten } i \text{ die Kante } k \text{ ausgeht} \\ -1, & \text{wenn in Knoten } i \text{ die Kante } k \text{ einmündet} \\ 0\,, & \text{wenn Knoten } i \text{ und Kante } k \text{ nicht inzident sind} \end{cases}$$

   Geben Sie die Inzidenzmatrix des folgenden Graphen an:

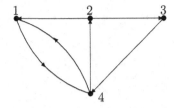

7. Ein planarer zusammenhängender Graph zerlegt die Ebene in

$$f = m - n + 2 \qquad \textbf{(Formel von Euler)}$$

Flächen, wobei m die Anzahl der Kanten und n die Anzahl der Knoten bedeutet. (Auch die Fläche außerhalb des Graphen wird mitgezählt).
a) Überprüfen Sie diese Formel für den vollständigen Graphen K_4 (siehe Übungsaufgabe 2).
b) Zeigen Sie, dass K_5 nicht planar ist.

Lösungen zu den Aufwärmübungen

1. Die Zuordnung Personen - Jobs ist:

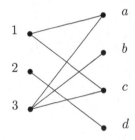

2. a)

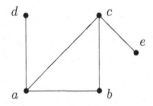

b) $\deg(a) = \deg(c) = 3$, $\deg(b) = 2$, $\deg(d) = \deg(e) = 1$. Wenn man ad oder ce entfernt, ist der Restgraph nicht mehr zusammenhängend.
3. Der Digraph sieht zum Beispiel so aus:

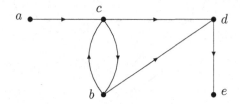

4. vier:

5. Alle haben dieselbe Knoten- und Kantenanzahl, aber H hat zwei Knoten mit
   Grad 1, während G und S jeweils nur einen Knoten mit Grad 1 haben. Daher
   scheidet H aus. S und G haben dieselben Gradfolgen 1, 2, 2, 2, 3. Aber auch S
   und G sind nicht äquivalent, denn in G hat der Knoten mit Grad 3 drei Nachbarn
   mit Grad 2, in S hat der Knoten mit Grad 3 aber Nachbarn mit Graden 1, 2, 2.

6.
$$A = \begin{pmatrix} 0 & 1 & 0 & 1 & 1 \\ 1 & 0 & 1 & 0 & 0 \\ 0 & 1 & 0 & 1 & 0 \\ 1 & 0 & 1 & 0 & 0 \\ 1 & 0 & 0 & 0 & 0 \end{pmatrix}$$

7. Der Graph sieht zum Beispiel so aus:

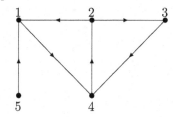

8.

Knoten	benachbarte Knoten
a	b, c, d
b	a, c, d, e
c	a, b, d, e
d	a, b, c
e	b, c, f
f	e

9. Zum Beispiel:

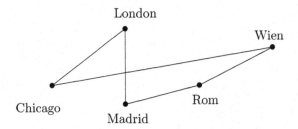

10. Gesucht ist ein Euler-Zug. Im Straßennetz a) gibt es keinen Euler-Zug, da es Knoten mit ungeradem Grad gibt. Im Straßennetz b) gibt es einen Euler-Zug, z. B. a, b, c, d, e, c, f, e, b, f, a (Algorithmus von Fleury). Es gibt einen Euler-Zug für jeden beliebigen Startknoten. Für Start bei c durchläuft man z. B. c, d, e, c, f, e, b, f, a, b, c.

(Lösungen zu den weiterführenden Aufgaben finden Sie in Abschnitt B.15)

16

Bäume und kürzeste Wege

16.1 Bäume

Bäume gehören zu den wichtigsten Typen von Graphen. Sie sind grundlegende Bausteine für alle Graphen. Darüber hinaus sind sie gut geeignet zur Darstellung von Strukturen bzw. Abläufen (z. B. Suchen, Sortieren).

> **Definition 16.1** Ein **Baum** (engl. *tree*) ist ein Graph, der zusammenhängend ist und keine Kreise enthält. Ein Graph, der nicht zusammenhängend ist, dessen Komponenten aber Bäume sind, heißt **Wald**.

Beispiel 16.2 Baum
Welche Graphen aus Abbildung 16.1 sind Bäume?

a)   b)   c)   d)

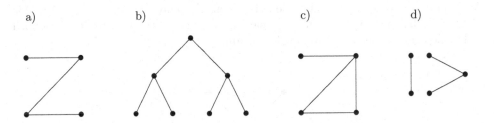

Abbildung 16.1. Handelt es sich um einen Baum?

Lösung zu 16.2
a) Baum, denn der Graph ist zusammenhängend und enthält keine Kreise.
b) Baum
c) Kein Baum, denn der Graph enthält einen Kreis.
d) Kein Baum, denn der Graph ist nicht zusammenhängend; er ist aber ein Wald, da beide Komponenten Bäume sind.∎

Der Baum in Abbildung 16.1 a) hat vier Knoten und drei Kanten. Würde man (irgend)eine Kante entfernen, so wäre der entstehende Restgraph nicht mehr zusammenhängend. Wenn man andererseits (irgend)eine weitere Kante hinzufügt, wie z. B. in Abbildung 16.1 c), so entsteht ein Kreis. Ein Baum enthält also gerade so viele wie notwendige und so wenige wie mögliche Kanten, um zusammenhängend zu sein. Etwas allgemeiner formuliert:

Satz 16.3 Ein zusammenhängender Graph G mit n Knoten ist genau dann ein Baum, wenn er eine (und damit alle) der folgenden Eigenschaften hat:

a) G hat genau $n - 1$ Kanten.
b) Entfernt man (irgend)eine Kante, so ist der Restgraph nicht mehr zusammenhängend.
c) Zwischen je zwei Knoten gibt es genau einen Weg.

Diese Eigenschaften sind also jede für sich notwendig und hinreichend dafür, dass ein zusammenhängender Graph mit n Knoten ein Baum ist.

Dieser Satz kann z. B. bewiesen werden, indem man „im Kreis" schließt, also zeigt, dass für einen zusammenhängenden Graphen gilt: „Baum" ⇒ a) ⇒ b) ⇒ c) ⇒ „Baum". Hier der Beweis:
„Baum" ⇒ a): Setzen wir einen Baum mit n Knoten voraus. Zu zeigen: Er hat (genau) $n-1$ Kanten. Der Breadth-First-Algorithmus aus Abschnitt 15.3 liefert einen zusammenhängenden Teilgraphen mit $n - 1$ Kanten. Gäbe es auch nur eine weitere Kante zwischen zwei Knoten, so würde die Verbindung dieser Knoten im Teilgraphen zusammen mit der weiteren Kante einen Kreis ergeben. Daher muss es genau $n - 1$ Kanten geben.
a) ⇒ b): Gilt, denn nach Satz 15.19 sind für den Zusammenhang mindestens $n-1$ Kanten notwendig.
b) ⇒ c): Aus dem Zusammenhang folgt, dass es mindestens einen Weg zwischen zwei Knoten gibt. Gäbe es nun mehr als einen Weg, so könnten wir aus einem der Wege eine Kante entfernen, ohne den Zusammenhang zu zerstören, das ist aber ein Widerspruch zur Voraussetzung b). Also gibt es genau einen Weg zwischen zwei Knoten.
c) ⇒ „Baum": Da es genau einen Weg zwischen je zwei Knoten gibt, kann es keine Kreise geben.

Betrachten wir nun das Kommunikationsnetz G mit Schaltelementen (Knoten) und Verbindungen (Kanten) zwischen den einzelnen Elementen in Abbildung 16.2. Wie sieht ein Schaltplan aus, der nur so viele Kanten wie notwendig enthält, dass noch jedes Element mit jedem kommunizieren kann?

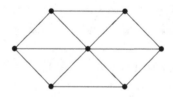

Abbildung 16.2. Kommunikationsnetz

Kreise kann dieser gesuchte Teilgraph nicht enthalten (dann gäbe es überflüssige Kanten), und zusammenhängend muss er auch sein, damit jeder Knoten mit jedem kommunizieren kann. Das sind aber gerade die beiden Eigenschaften, die einen Baum ausmachen.

Wir suchen also einen Baum, der alle n Knoten von G enthält. Ein solches „Gerüst" nennt man einen *aufspannenden Baum* von G.

Definition 16.4 Sei G ein zusammenhängender Graph mit n Knoten. Ein Teilgraph, der ein Baum ist und alle n Knoten von G enthält, heißt **aufspannender Baum** von G.

Der Graph in Abbildung 16.1 a) ist zum Beispiel ein aufspannender Baum des Graphen in Abbildung 16.1 c).

Wie finden wir einen aufspannenden Baum? Eine Möglichkeit ist, Schritt für Schritt aus jedem Kreis eine Kante zu entfernen, solange, bis nur noch $n-1$ Kanten übrig sind. Dann ist wegen Satz 16.3 a) ein (aufspannender) Baum konstruiert.

Eine andere, effizientere Möglichkeit ist der Breadth-First-Algorithmus aus Abschnitt 15.3: Er liefert uns gerade einen zusammenhängenden Teilgraphen mit $n-1$ Kanten, und damit einen aufspannenden Baum.

Diese Methode ist effizienter, denn wir müssen nicht in jedem Schritt überprüfen, ob ein Kreis im Graphen vorhanden ist.

Beispiel 16.5 Aufspannender Baum
Finden Sie einen aufspannenden Baum für das Kommunikationsnetz in Abbildung 16.2.

Lösung zu 16.5 Wir entfernen nach und nach Kanten aus Kreisen, bis genau 6 Kanten übrig sind. Eine bessere Alternative ist, wie gesagt, der Breadth-First-Algorithmus. Wenn wir mit dem mittleren Knoten beginnen, sind wir sogar nach einem Schritt fertig. Abbildung 16.3 zeigt zwei aufspannende Bäume. ∎

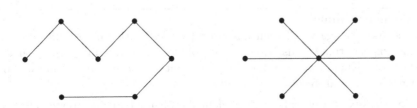

Abbildung 16.3. Aufspannende Bäume

Als Nächstes wollen wir Bäume zur Speicherung von Daten anwenden.

Betrachten wir zunächst den Baum in Abbildung 16.4 a). Wenn ein Baum einen ausgezeichneten Knoten w besitzt, von dem alle anderen Knoten „abstammen", so wie hier Knoten 4, dann nennt man ihn **Wurzelbaum** und der ausgezeichnete Knoten heißt **Wurzel**. Man liest einen Wurzelbaum von der Wurzel weg, also in unserem Beispiel „von oben nach unten". Daher kommen auch die folgenden Bezeichnungen:

- Wenn $w, \dots, x, \dots, y$ der (nach Satz 16.3 eindeutige) Weg von w nach y ist, so heißt x ein **Vorgänger** von y bzw. y ein **Nachfolger** von x. Zum Beispiel ist in Abbildung 16.4 a) der Knoten 10 ein Nachfolger von 6.

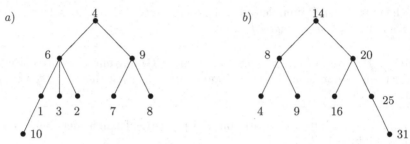

Abbildung 16.4. Wurzelbäume

- Einen *benachbarten* Vorgänger/Nachfolger nennen wir **unmittelbaren Vorgänger/Nachfolger**. Im obigen Wurzelbaum ist 6 unmittelbarer Vorgänger von 2 und 1, 2, 3 sind die unmittelbaren Nachfolger von 6.
- Die Knoten ohne Nachfolger heißen **Endknoten** oder **Blätter**. Sie haben insbesondere Grad 1. In unserem Beispiel sind daher die Knoten 10, 3, 2, 7 und 8 Blätter.
- Unter der **Länge des Wurzelbaumes** verstehen wir die Länge des längsten Weges von der Wurzel zu einem Knoten. Der Wurzelbaum in Abbildung 16.4 a) hat daher die Länge 3.

Wenn jeder Knoten höchstens zwei unmittelbare Nachfolger hat, so spricht man von einem **binären Baum**. Der Baum in Abbildung 16.4 a) ist kein binärer Baum, wohl aber der Baum in Abbildung 16.4 b). Zu jedem Knoten x kann es (muss es aber nicht) einen linken und einen rechten unmittelbaren Nachfolger x_L bzw. x_R geben. Der Baum, der in x_L (bzw. x_R) verwurzelt ist, heißt **linker (rechter) Unterbaum** von x.

Binäre Bäume bieten sich als effiziente Datenstrukturen an:

Suchbaumalgorithmus

Gegeben ist eine Menge von Daten mit einer (totalen) strikten Ordnung $<$. Die Daten sind folgendermaßen als Knoten eines binären Wurzelbaumes gespeichert: Für einen festen Knoten y liegen alle Knoten x mit $x < y$ im linken Unterbaum, und alle x mit $x > y$ im rechten Unterbaum von y.

a) **Suche eines Knotens** x: Ist x gleich dem aktuellen Knoten y, dann STOP („x gefunden"). Ansonsten suche im entsprechenden Unterbaum (links für $x < y$ und rechts für $x > y$) weiter. Falls der zugehörige Unterbaum leer ist, dann STOP („x nicht gefunden").

b) **Einfügen eines Knotens** x: Suche nach x. Falls x nicht gefunden wird, ordne x als unmittelbaren (linken bzw. rechten) Nachfolger jenes Knotens ein, bei dem die Suche abgebrochen wurde. Falls x gefunden wird, STOP („x bereits vorhanden").

c) **Löschen eines Knotens** x: Suche nach x. Je nachdem, wie viele unmittelbare Nachfolger x hat, sind drei Fälle zu unterscheiden: (1) Ist x ein Blatt, so entferne x. (2) Gibt es nur einen Unterbaum, der in x verwurzelt ist, so ersetze x durch diesen Unterbaum. (3) Gibt es zwei Unterbäume, so suche zunächst das (im Sinn der Ordnung $<$) kleinste Element y im rechten Unterbaum von

x (gehe dazu im rechten Unterbaum so lange nach links, bis es keinen linken unmittelbaren Nachfolger mehr gibt). Das so gefundene y ist entweder ein Blatt oder es hat genau einen unmittelbaren Nachfolger. Lösche y (gemäß (1) bzw. (2)) und ersetze x durch y.

Beispiel 16.6 Binärer Suchbaum

Abbildung 16.4 b) stellt einen binären Suchbaum für die natürlichen Zahlen $14, 8, 20, 4, 16, 9, 25, 31$ dar. Alle Zahlen kleiner 14 liegen im linken Unterbaum von 14, alle Zahlen größer 14 liegen im rechten Unterbaum von 14. Analoges gilt für jede andere Zahl.

Sucht man nach einer Zahl, so muss man im schlimmsten Fall (wenn man nach 31 sucht bzw. nach einer Zahl, die nicht gespeichert ist), 4 Vergleiche durchführen.

Allgemein gilt:

Satz 16.7 Die maximale Anzahl an Vergleichen, die der Suchbaumalgorithmus bei der Suche in einem binären Wurzelbaum der Länge ℓ durchführen muss, ist $\ell + 1$.

Die Länge ℓ des Suchbaumes ist also gerade entscheidend für den Aufwand bei der Suche. Die Laufzeit des Suchbaumalgorithmus ist von der Ordnung $O(\ell)$ und man kann zeigen, dass dies auch für das Einfügen und Löschen von Daten gilt. Um daher das Suchen, Einfügen bzw. Löschen möglichst effizient durchführen zu können, sollte ein Suchbaum mit möglichst geringer Länge verwendet werden.

Wie erzeugen wir aber einen Suchbaum möglichst geringer Länge? Wir starten am besten mit einem „leeren" Baum und fügen die Elemente gemäß dem oben unter b) beschriebenen Algorithmus ein. Achtung: Der entstehende Suchbaum (und insbesondere seine Länge) hängt davon ab, in welcher Reihenfolge die Daten eingefügt werden. Im Extremfall, dass im obigen Beispiel die Daten in der Reihenfolge $4, 8, 9, 14, 16, 20, 25, 31$ in den Suchbaum eingefügt werden, erhalten wir den Suchbaum in Abbildung 16.5. Jeder Knoten hat genau einen rechten unmittelbaren Nach-

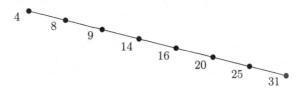

Abbildung 16.5. Suchbaum der Länge 7

folger und der entstehende Suchbaum hat die Länge 7 im Vergleich zur Länge 3 des Suchbaumes aus Abbildung 16.4 b).

Eine möglichst geringe Länge des Suchbaumes erzielen wir mit einem Verfahren, das **Divide and Conquer** genannt wird: Wir ordnen zunächst die Daten, und beginnen dann mit einem Element aus der Mitte der Liste als Wurzel w (oben z. B. mit 14 oder 16). Aus den übrigen Daten der Liste, die kleiner (bzw. größer) als die

Wurzel sind, nehmen wir danach wieder ein Element aus der Mitte, und ordnen es als linken (bzw. rechten) unmittelbaren Nachfolger von w in den Suchbaum ein, usw.

Im obigen Beispiel also: Die Elemente kleiner als 14 sind 4, 8, 9; die größer als 14 sind 16, 20, 25, 31. Aus beiden Listen wird ein Element aus der Mitte als unmittelbarer Nachfolger von 14 in den Suchbaum eingefügt, also 8 und z. B. 20, usw.

Es folgt:

Satz 16.8 In einem binären Wurzelbaum der Länge ℓ können maximal

$$n = \sum_{k=0}^{\ell} 2^k = 2^{\ell+1} - 1$$

Daten gespeichert werden. Somit ist der Suchaufwand bei günstiger Anordnung von n Datensätzen $O(\log_2(n))$.

Hier haben wir die Formel für die geometrische Summe verwendet.

Diese Überlegung setzt voraus, dass alle Daten, die abgespeichert werden, mit *gleicher* Häufigkeit abgefragt (gesucht) werden.

Sind die Abfragehäufigkeiten der Daten unterschiedlich, dann ist ein Suchbaum günstiger, in dem Daten mit *großer* Häufigkeit möglichst *nahe* bei der Wurzel, und Daten mit geringer Häufigkeit weiter weg von der Wurzel gespeichert werden. Der **Algorithmus von Huffman**, auf den wir an dieser Stelle nicht näher eingehen, konstruiert dann einen optimalen Suchbaum in dem Sinn, dass die durchschnittliche Anzahl der notwendigen Vergleiche bei der Suche minimal ist.

Auch zur Verarbeitung mathematischer (oder logischer) Ausdrücke sind Wurzelbäume hervorragend geeignet. Sie entsprechen der **Präfix-Notation**, bei der die Operatoren immer vor den Argumenten und nicht, wie sonst üblich, dazwischen (**Infix-Notation**) geschrieben werden. Zum Beispiel lautet $\sin(x + 1)$ in Präfix-Notation $\sin(+(x, 1))$ (wir haben hier zur besseren Übersicht noch Klammern verwendet, diese sind aber nicht notwendig) und der zugehörige Baum ist in Abbildung 16.6 dargestellt. Alle modernen Programme wandeln Ausdrücke zunächst in diese (oder zumindest ähnliche) Form um. Einige Programmiersprachen verwenden sogar direkt

Abbildung 16.6. Der mathematische Ausdruck $\sin(x + 1)$ als Wurzelbaum

die Präfix-Notation. Unter anderem auch **LISP**, in dem die meisten Computeralgebrasysteme, wie z. B. Maple, Mathematica, Maxima oder Reduce, ursprünglich entwickelt wurden.

Analog kann man die Operatoren auch nach den Argumenten schreiben, das ist dann die **Postfix** oder **Reversed Polish Notation (RPN)**, die in manchen Taschenrechnern verwendet wird. Sie macht es möglich, auch auf einfachen Taschenrechnern komplizierte Ausdrücke auszuwerten: Da bei Verwendung der RPN der Ausdruck von links nach rechts abgearbeitet wird, können die Argumente einfach auf einen LIFO (last-in, first-out) Stapel gelegt werden. Jeder Operator kann dann sofort auf die obersten Argumente im Stapel angewendet und das Ergebnis zurück auf den Stapel gelegt werden.

16.2 Das Problem des Handlungsreisenden

Wenn man die Kanten eines Graphen „bewertet", indem man sie mit einem Gewicht versieht, dann kann eine Reihe interessanter Optimierungsprobleme gelöst werden. Das Gewicht einer Kante kann dabei verschiedene Bedeutungen haben: z.B. eine Länge (wenn die Kanten Straßenverbindungen oder zu verlegende Leitungen darstellen) oder Kosten jeglicher Art (Geldbeträge, Energieaufwand, Zeitspannen, usw.). In diesem und den folgenden Abschnitten werden wir es hauptsächlich mit gewichteten Graphen und zugehörigen Optimierungsproblemen zu tun haben.

Definition 16.9 Ein Graph, bei dem jeder Kante $\{a, b\}$ ein **Gewicht** $w(a, b) \geq 0$ zugeordnet ist, heißt **gewichteter Graph**.

Im Computer kann das Gewicht der Kante ij als Koeffizient a_{ij} der Adjazenzmatrix abgespeichert werden.

Ein gewichteter Graph begegnet uns zunächst bei einem der berühmtesten algorithmischen Probleme, dem **Traveling Salesman Problem** (**TSP**, Problem des Handlungsreisenden): Ein Handlungsreisender hat eine Liste von Städten, in denen er Kunden besuchen muss. Je zwei Städte sind durch eine Fluglinie verbunden. Der Vertreter möchte nun in einer Stadt starten, eine Rundtour durch alle Städte auf der Liste machen, und dann wieder in die Ausgangsstadt zurückkehren. Dabei soll jede Stadt nur genau einmal besucht werden, und die Tour soll insgesamt so sein, dass die Gesamt-Flugkosten minimal sind. Wie wird dieses Problem modelliert? Zunächst folgende Definition:

Definition 16.10 Ein Graph, bei dem es zwischen je zwei Knoten eine Kante gibt, heißt **vollständiger Graph**. Ein vollständiger Graph mit n Knoten hat also $\binom{n}{2}$ Kanten. Er wird mit K_n bezeichnet.

Nun zur Modellierung des TSP: Wir stellen die n Städte durch Knoten dar, die Fluglinien durch Kanten. Da je zwei Städte durch eine Fluglinie verbunden sind, handelt es sich um den vollständigen Graphen K_n. Die Kosten der Flugverbindung ij zwischen Stadt i und Stadt j werden durch das Gewicht $w(i, j) \geq 0$ beschrieben. Eine Rundreise durch die Städte, bei der jede Stadt genau einmal besucht wird, ist ein Hamilton-Kreis. Da alle möglichen Kanten im Graphen vorhanden sind, gibt es Hamilton-Kreise (siehe Satz 15.26). Jede Permutation der Knoten ist ein Hamilton-Kreis. Es gibt daher $n!$ Hamilton-Kreise, oder, wenn die Ausgangsstadt vorgegeben ist, $(n-1)!$ Hamilton-Kreise. Gesucht ist nun einer mit minimalen Gesamtkosten, d.h., eine Permutation $\pi(1), \ldots, \pi(n)$ der Knoten $1, \ldots, n$, mit **minimalem Gesamtgewicht**

$$\sum_{i=1}^{n} w(\pi(i), \pi(i+1)),$$

wobei $\pi(n+1) = \pi(1)$ gesetzt wird.

Erinnern Sie sich daran, dass jede Permutation $\pi(1), \ldots, \pi(n)$ der n Knoten (= Anordnung der n Knoten) als bijektive Abbildung $\pi : V \mapsto V$ der Knotenmenge V in sich selbst aufgefasst werden kann.

Beispiel 16.11 (→CAS) Traveling Salesman Problem
Geben Sie eine billigste Rundreise für die vier Städte in Abbildung 16.7 an.

Lösung zu 16.11 Die Flugkosten von Stadt 1 nach Stadt 2 sind hier z. B. $w(1, 2) = 5$. Es gibt insgesamt 4! mögliche Rundreisen, nämlich jede Permutation der Knoten. Wenn man die Ausgangsstadt vorgibt (z. B. Start in 1), dann gibt es $3! = 6$ Rundreisen: $1, 2, 3, 4, 1$, oder $1, 2, 4, 3, 1$ usw. Wir finden durch Vergleich der Kosten dieser 6 Rundreisen heraus, dass hier $1, 3, 4, 2, 1$ mit den Kosten von $w(1, 3) + w(3, 4) + w(4, 2) + w(2, 1) = 11$ die billigste Rundreise ist. ∎

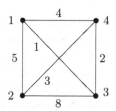

Abbildung 16.7. TSP: Gesucht ist eine billigste Rundreise.

Für den „kleinen" Graphen dieses Beispiels können alle $3! = 6$ Rundreisen mit Ausgangsstadt 1 ohne Probleme durchprobiert werden. Jedoch steigt der Aufwand für das Durchprobieren „explosiv" mit wachsender Städteanzahl n. Bei 10 Städten gibt es bereits $9! = 362880$ verschiedene Rundreisen! Diese Methode des Vergleichs aller Rundreisen ist also für großes n praktisch nicht durchführbar. Für das TSP gibt es bis heute keinen „guten" Algorithmus, d.h., einen mit **polynomialer Laufzeit** in n. Es ist eine offene und zentrale Frage der Theorie der Algorithmen, ob es einen effizienten Algorithmus für das TSP überhaupt gibt.

Da der Aufwand zur Berechnung der optimalen Lösung in der Praxis oft zu hoch ist, verwendet man **heuristische Verfahren**. Sie liefern im Allgemeinen keine optimalen, aber meist gute Lösungen in „vernünftiger" Zeit.

16.2.1 Ausblick: Die Komplexitätsklassen P und NP

Die Frage, ob es für das TSP einen Algorithmus mit polynomialer Laufzeit gibt, ist ein zentrales Problem in der Komplexitätstheorie, da das TSP ein so genanntes *NP-vollständiges* Problem ist:

In der Komplexitätstheorie teilt man **Entscheidungsprobleme**, d.h. Probleme, die als Ergebnis eine Ja/Nein-Entscheidung haben, in verschiedene Klassen ein. Grob gesagt enthält die **Komplexitätsklasse** P (für polynomial) alle Entscheidungsprobleme, die in polynomialer Zeit gelöst werden können und die **Komplexitätsklasse** NP (für nichtdeterministisch polynomial) alle Entscheidungsprobleme, für die eine Lösung zumindest in polynomialer Zeit verifiziert werden kann.

Das TSP ist zwar kein Entscheidungsproblem, aber es gibt ein zugehöriges Entscheidungsproblem: Gibt es eine Rundreise mit einem Gesamtgewicht, das kleiner als ein vorgegebener Wert w_0 ist? Dieses Entscheidungsproblem ist auf jeden Fall einfacher, aber auch dafür gibt es keinen guten Algorithmus. Es ist aber zumindest in NP, da für eine vorgegebene Rundreise in polynomialer Zeit verifiziert werden kann, ob ihr Gesamtgewicht kleiner w_0 ist. Ob das TSP-Entscheidungsproblem sogar in P liegt, ist bis heute ungeklärt.

Etwas genauer ist P die Klasse aller Entscheidungsprobleme, die in polynomialer Zeit von einer **Turingmaschine** (das ist einfach ein theoretisches Modell eines konventionellen Computers) lösbar sind. Die Komplexitätsklasse NP enthält alle Entscheidungsprobleme, die in polynomialer Zeit von einer **nichtdeterministischen Turingmaschine** (ein Modell eines Computers, das beliebig viele Wege gleichzeitig verfolgen kann und in der Praxis nicht realisierbar ist) lösbar sind. Ein Entscheidungsproblem, das von einer Turingmaschine in polynomialer Zeit verifiziert werden kann, kann von einer nichtdeterministischen Turingmaschine in polynomialer Zeit gelöst werden, da diese alle Lösungskandidaten gleichzeitig testen kann.

Es gilt also $P \subseteq NP$ und das große ungelöste Problem in der Komplexitätstheorie ist die Frage, ob sogar $P \overset{?}{=} NP$ gilt.

Es ist eines der Millennium-Probleme des *Clay Mathematics Institute*, das für die Lösung eine Million Dollar auf Ihr Konto überweisen würde.

Von besonderer Bedeutung für die Beantwortung der Frage $P \overset{?}{=} NP$ sind die so genannten NP-**vollständigen** Probleme. Das sind jene Probleme in NP, für die gilt, dass *jedes* andere Problem in NP in polynomialer Laufzeit auf dieses zurückgeführt werden kann. Wenn Sie also zeigen können, dass das TSP-Entscheidungsproblem (oder irgendein anderes NP-vollständiges Problem) in P liegt, so haben sie das auf einen Schlag für alle Entscheidungsprobleme in NP gezeigt, also $P = NP$ nachgewiesen.

16.3 Minimale aufspannende Bäume

Wir haben in Abschnitt 16.1 gesehen, dass es in einem Graphen meist mehrere Möglichkeiten für aufspannende Bäume gibt. Neue Fragestellungen können betrachtet werden, wenn die Kanten des Graphen *gewichtet* sind:

Betrachten Sie das Kommunikationsnetz in Abbildung 16.8, in dem die Gewichte an den Kanten die Kosten angeben, die für diese Verbindung anfallen. Die Herstellung der Verbindung zwischen zwei Knoten a und b kostet also $w(a, b)$. Wie kann man daraus einen Schaltplan konstruieren, in dem jedes Element mit jedem kommunizieren kann, und für den die Gesamtkosten minimal sind? Gesucht ist ein so genannter *minimaler aufspannender Baum*:

Definition 16.12 Ein **minimaler aufspannender Baum** T in einem gewichteten Graphen G ist ein aufspannender Baum mit minimalem Gesamtgewicht

$$\sum_{\{a,b\}\in E(T)} w(a,b),$$

wobei $E(T)$ die Kantenmenge des Baumes T und $w(a,b)$ das Gewicht der Kante $\{a,b\}$ bezeichnet.

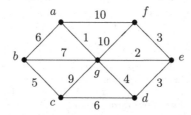

Abbildung 16.8. Wie sieht ein Schaltplan mit minimalen Verbindungskosten aus?

Um einen *minimalen* aufspannenden Baum in einem Graphen mit n Knoten zu finden, gibt eine nahe liegende und einfache Möglichkeit – wir dürfen uns immer nur mit dem Besten zufrieden geben: Wir beginnen mit einer Kante geringsten Gewichtes, danach wählen wir unter den verbleibenden eine weitere Kante mit minimalem Gewicht, usw., wobei man nur Acht geben muss, dass kein Kreis entsteht. Wenn wir insgesamt $n-1$ Kanten gewählt haben, dann ist ein aufspannender Baum konstruiert.

Warum ist das schon ein Baum? Nach Konstruktion ergeben die n Knoten mit den gewählten $n-1$ Kanten einen kreisfreien Teilgraphen. Aber ist dieser auch zusammenhängend? Wenn er es nicht wäre, so könnten wir weitere Kanten hinzufügen (die Komponenten verbinden, sodass keine Kreise entstehen), bis der Teilgraph zusammenhängend ist. Dann hätten wir aber einen Baum mit n Knoten und mehr als $n-1$ Kanten, was ein Widerspruch ist.

Da nur die Kanten mit kleinstem Gewicht gewählt werden, muss auf diese Weise ein minimaler aufspannender Baum entstehen. Dieser Algorithmus ist nach seinem Erfinder, dem amerikanischen Mathematiker Joseph Bernard Kruskal (geb. 1929) benannt:

Algorithmus von Kruskal:
Gegeben ist ein zusammenhängender Graph G mit n Knoten. Der Algorithmus konstruiert einen minimalen aufspannenden Baum.

---

1) Ordne alle Kanten ihrem Gewicht nach. Beginne mit dem Teilgraphen, der nur aus den n Knoten von G besteht, und füge eine Kante mit minimalem Gewicht hinzu (= die erste Kante aus der Liste der geordneten Kanten).

2) Wähle die nächste Kante $\{a, b\}$ aus der Liste der geordneten Kanten und füge sie zum bisherigen Graphen hinzu, falls die Komponenten von a und b verschieden sind (diese Bedingung stellt sicher, dass durch Hinzunahme von $\{a, b\}$ zu den bereits gewählten Kanten kein Kreis entsteht).

3) Wiederhole Schritt 2) solange, bis $n - 1$ Kanten gewählt sind (sie ergeben einen minimalen aufspannenden Baum).

Die Komponenten von a und b müssen natürlich nicht in jedem Schritt neu bestimmt werden: Zu Beginn besteht die Komponente jedes Knotens nur aus dem Knoten selbst. In jedem Schritt, in dem eine Kante $\{a, b\}$ hinzugefügt wird, müssen dann nur noch die entsprechenden Komponenten von a und b vereinigt werden. Dann kann man zeigen, dass der Algorithmus von Kruskal (bei geeigneter Datenstruktur für die Mengenoperationen) von der Ordnung $O(|E| \log |E|)$ ist, wobei $|E|$ die Kantenanzahl bedeutet.

Allgemein heißt ein Algorithmus, der Schritt für Schritt immer die aktuell „beste" Wahl trifft, **Greedy**-**Algorithmus** (engl. *greedy* = gierig).

Beispiel 16.13 (→CAS) Algorithmus von Kruskal

Finden Sie einen minimalen aufspannenden Baum für den Graphen in Abbildung 16.8. Wie hoch sind die Gesamtkosten?

Lösung zu 16.13

1) Zunächst ordnen wir die Kanten ihrem Gewicht nach (in aufsteigender Reihenfolge): ag, eg, ef, de, dg, bc, cd, ab, bg, cg, gf, af. Nun fügen wir zu den Knoten als erste Kante ag hinzu.

2) Die nächste Kante in der Liste ist eg. Da die Komponenten von e und g verschieden sind, $\{e\} \neq \{a, g\}$, fügen wir eg zum bisherigen Graphen hinzu.

3) In der Kantenliste weitergehend fügen wir ef und de hinzu. Dann müssen wir dg überspringen, da die Komponenten von d und g gleich sind (d.h., es würde durch Hinzufügen von dg ein Kreis entstehen). Weiter geht es mit bc und cd. Nun haben wir $6 = 7 - 1$ Kanten, somit ist der minimale aufspannende Baum fertig: ag, eg, ef, de, bc, cd (siehe Abbildung 16.9). Die Gesamtkosten sind $1 + 2 + 3 + 3 + 5 + 6 = 20$. Lassen Sie sich nicht dadurch beirren, dass die gewählten Kanten nicht schon von Beginn an einen zusammenhängenden Graphen bilden. Spätestens, wenn Sie $n - 1$ Kanten gewählt haben, ist der Teilgraph zusammenhängend.   ∎

Gibt es immer genau einen minimalen aufspannenden Baum? Nein, es gibt im Allgemeinen mehrere Möglichkeiten. Denn es kann mehrere Kanten mit demselben (gerade kleinsten) Gewicht geben, und dann ist die Wahl im Zuge des Algorithmus nicht eindeutig. So ist im letzten Beispiel etwa auch ag, eg, ef, de, bc, ab ein minimaler aufspannender Baum. Die Gesamtkosten von 20 sind aber dieselben!

Nimmt man übrigens immer eine Kante mit *maximalem* Gewicht, so erhält man einen aufspannenden Baum mit maximalem Gesamtgewicht (könnte z. B. einen Gesamtumsatz bedeuten).

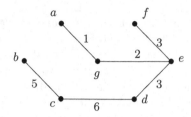

Abbildung 16.9. Minimaler aufspannender Baum

Eine Alternative zum Algorithmus von Kruskal ist der **Algorithmus von Prim** (nach seinem Erfinder R.C. Prim benannt). Er ergibt in jedem Schritt bereits einen Baum, und im letzten Schritt einen aufspannenden (minimalen) Baum. Außerdem entfällt das Sortieren zu Beginn. Der Algorithmus ist von der Ordnung $O(n^2)$, wobei n die Anzahl der Knoten bedeutet.

16.4 Kürzeste Wege

Sie haben den Stadtplan in Abbildung 16.10 vor sich (Kanten = Straßen, Knoten = Straßenkreuzungen) und befinden sich an der Stelle s. Die Gewichte an den Kanten

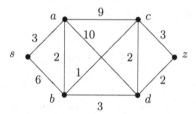

Abbildung 16.10. Straßennetz: Welcher ist der kürzeste Weg von s nach z?

geben die Länge der jeweiligen Straße an. Sie möchten nun nach z gelangen. Dafür gibt es mehrere Möglichkeiten, Sie suchen aber einen *kürzesten* Weg.

Definition 16.14 Die **Länge eines Weges** W in einem gewichteten Graphen ist die Summe der Gewichte der Kanten, die entlang von W durchlaufen werden:

$$\sum_{\{a,b\}\in E(W)} w(a,b),$$

wobei $E(W)$ die Kantenmenge des Weges W bezeichnet. Ein **kürzester Weg** von einem Knoten s zu einem Knoten z ist ein Weg mit minimaler Länge.

Im Spezialfall $w(k) = 1$ für alle Kanten k (also ungewichteter Graph) ist die Länge des Weges gerade die Anzahl der durchlaufenen Kanten (wie auch in Abschnitt 15.3 definiert). Ein kürzester Weg von einem Knoten s zum Knoten z ist dann ein Weg, der die Mindestanzahl von Kanten durchläuft.

Zum Beispiel hat im obigen Straßennetz der Weg, der die Knoten s, a, d, z durchläuft, die Länge 15. Der Weg, der die Knoten s, a, b, c, z durchläuft, hat die Länge 9, ist also kürzer. Ist das nun schon der kürzeste Weg von s nach z? Der **Algorithmus von Dijkstra** beantwortet diese Frage, und nicht nur das: Er gibt vom Startknoten s gleich den kürzesten Weg zu *jedem* anderen Knoten des Graphen an!

Der Algorithmus ist nach seinem Erfinder, dem niederländischen Mathematiker und Informatiker Edsger Wybe Dijkstra (1930–2002), benannt.

Der Algorithmus konstruiert, ausgehend vom Startknoten s, einen aufspannenden Baum. Dabei wird in jedem Schritt eine kürzeste Verlängerung des bisherigen Teilbaumes gesucht. Es handelt sich also wieder um einen *Greedy*-Algorithmus. Konkret werden dazu in jedem Schritt Markierungen (Label) verteilt. Jeder Knoten k erhält entweder

- einen permanenten Label L_k (= Länge des kürzesten Weges von s nach k)
  oder
- einen temporären Label T_k (= Abschätzung nach oben für den kürzesten Weg von s nach k)

Der temporäre Label T_k verbessert sich von Schritt zu Schritt (oder bleibt gleich) und wird – sobald er minimal ist – in einen permanenten Label umgewandelt.

Algorithmus von Dijkstra:

Gegeben ist ein zusammenhängender Graph mit Knoten $1, 2, \ldots, n$ und Kanten ij mit Gewichten $w(i, j) > 0$.

Der Algorithmus bestimmt die Längen L_j der kürzesten Wege von 1 nach j für alle Knoten $j = 2, 3, \ldots, n$ und einen aufspannenden Baum mit diesen kürzesten Wegen.

1) Knoten 1 erhält den permanenten Label $L_1 = 0$.
   Alle anderen Knoten ($j = 2, \ldots, n$) erhalten als temporäre Label $T_j = \infty$.
   Wähle den Knoten $k = 1$.

2) Update der temporären Labels:
   Für jeden zu k benachbarten temporär markierten Knoten j: Bestimme $L_k + w(k, j)$ (= Länge des Weges von 1 nach j über den soeben permanent markierten Knoten k). Ist $L_k + w(k, j)$ kleiner als der bisherige temporäre Label T_j, so wird er der neue temporäre Label: $T_j = L_k + w(k, j)$ und wir notieren k als Vorgänger von j: $V_j = k$.

3) Fixierung eines permanenten Labels:
   Wähle einen Knoten k unter den temporär markierten Knoten, dessen temporärer Label T_k minimal ist. Dieser Knoten erhält den permanenten Label $L_k = T_k$ (damit ist der kürzeste Weg von 1 nach k ermittelt).
   STOP, wenn alle Knoten permanent markiert sind (mithilfe der Vorgänger kann nun der Weg rekonstruiert werden), ansonsten wiederhole Schritt 2.

Warum funktioniert der Algorithmus von Dijkstra? Angenommen, für den im j-ten Schritt permanent markierten Knoten j_0 wurde nicht der kürzeste Weg gefunden (das sei der erste falsch permanent markierte Knoten), es gibt also einen kürzeren Weg. Dieser Weg kann nicht nur aus permanent markierten Knoten bestehen, denn sonst wäre L_{j_0} beim Markieren des vorletzten Knotens im kürzesten Weg auf die richtige Länge gesetzt worden. Es gibt in diesem Weg also einen temporär markierten Knoten und das Teilstück bis zum ersten temporär markierten Knoten ist kürzer als L_{j_0}. Somit hätte dieser Knoten einen kleineren temporären Label, was nicht möglich ist.

Beispiel 16.15 ($\rightarrow$CAS) Algorithmus von Dijkstra

Finden Sie einen kürzesten Weg vom Knoten 1 zu allen anderen Knoten für den Graphen in Abbildung 16.11.

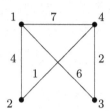

Abbildung 16.11. Gesucht ist der kürzeste Weg von 1 zu allen anderen Knoten.

Lösung zu 16.15

Schritt 1) $L_1 = 0$ und $T_2 = T_3 = T_4 = \infty$.

Schritt 2) Nun werden die temporären Labels aktualisiert (= die jeweiligen Entfernungen vom Knoten 1), und Knoten 1 wird für jeden Knoten als Vorgänger notiert:

$$T_2 = 4,\ T_3 = 6,\ T_4 = 7, \qquad V_2 = 1,\ V_3 = 1,\ V_4 = 1.$$

Schritt 3) Der kleinste temporäre Label ist $T_2 = 4$ und somit wird dieser Knoten permanent markiert: $L_2 = 4$. Damit führt der kürzeste Weg von 1 nach 2 direkt über die Kante $\{1, 2\}$.

Schritt 2) Der einzige zu 2 benachbarte temporär markierte Knoten ist 4 und es ist $L_2 + w(2, 4) = 5 < 7 = T_4$. (D.h., der Weg über 2 nach 4 ist kürzer als der direkte Weg von 1 nach 4.) Daher wird 2 der neue Vorgänger von 4. Die aktualisierten Labels lauten damit:

$$L_2 = 4,\ T_3 = 6,\ T_4 = 5, \qquad V_2 = 1,\ V_3 = 1,\ V_4 = 2.$$

Schritt 3) Der neue kleinste temporäre Label ist $T_4 = 5$ und wir setzen daher $L_4 = 5$. Der kürzeste Weg nach 4 ist damit festgelegt.

Schritt 2) Der letzte temporär markierte Knoten 3 ist zwar von 4 erreichbar, aber wegen $L_4 + w(4, 3) = 7 > 6 = T_3$ ist der Weg über 4 länger. Daher ändern sich T_3 und V_3 nicht:

$$L_2 = 4,\ T_3 = 6,\ L_4 = 5, \qquad V_2 = 1,\ V_3 = 1,\ V_4 = 2.$$

Schritt 3) Nun ist nur noch Knoten 3 übrig und unser Endergebnis lautet somit:

$$L_2 = 4,\ L_3 = 6,\ L_4 = 5, \qquad V_2 = 1,\ V_3 = 1,\ V_4 = 2.$$

Abbildung 16.12 zeigt (fett gezeichnet) den konstruierten Baum. Von 1 ausgehend, kommt man entlang dieses Baumes auf kürzestem Weg zu jedem anderen Knoten des Graphen. ∎

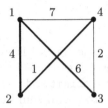

Abbildung 16.12. Ergebnis des Algorithmus von Dijkstra

Im letzten Beispiel hätten wir die Lösung natürlich auch schon durch Hinsehen finden können. Es sollte aber vor allem die Idee und die Vorgangsweise des Dijkstra-Algorithmus veranschaulichen. Für „größere" Graphen (z. B. weltweite Kommunikationsnetzwerke, die aus Tausenden von Knoten und Kanten bestehen) sind effiziente Algorithmen notwendig, denn Lösungen durch Hinsehen sind dann nicht mehr möglich.

Der Algorithmus von Dijkstra ist von der Ordnung $O(n^2)$, wobei n die Knotenanzahl des Graphen bedeutet.

16.4.1 Anwendung: Routing im Internet

Der Algorithmus von Dijkstra ist ein zentraler Bestandteil des Internet. Das Internet besteht aus einer großen Ansammlung von lokalen Netzwerken (LAN). Innerhalb eines LAN können zwei Rechner direkt miteinander kommunizieren. Wollen zwei Rechner aus verschiedenen LANs miteinander kommunizieren, so schicken sie ihre Daten an einen speziellen Rechner in ihrem Netzwerk, den **Router**. Die Aufgabe des Routers ist es, die Daten auf dem kürzesten Weg zum Router des Netzwerkes des Empfängers zu schicken.

Dazu geht ein Router wie folgt vor: Er kennt alle Router, zu denen er eine direkte Verbindung hat. Weiters kennt er die zeitliche Entfernung zu diesen nächsten Nachbarn (die durch Testpakete ermittelt werden kann). Das ist nur ein kleiner Teil des Gesamtgraphen, aber indem jeder Router diese Informationen mit seinen nächsten Nachbarn austauscht, erhält er mit der Zeit Informationen über den gesamten Graphen. Das geschieht laufend, da sich die Zeiten bei starker Belastung ändern oder einzelne Leitungen ganz ausfallen könnten. Nach jeder Änderung verwendet ein Router den Algorithmus von Dijkstra um den kürzesten Weg zu allen Routern zu berechnen.

Tatsächlich ist die Sache noch etwas komplizierter, da es beim oben beschriebenen Verfahren zu lange dauert, bis Änderungen von einem Ende des Internet zum anderen kommen. Deshalb wird ein Netzwerk in kleinere Teile zerlegt (Areas), die über ein Netz von Backbone-Routern miteinander verbunden sind. Geht ein Paket in einen anderen Teil, so bestimmt ein Router nur den kürzesten Weg zum nächsten

Backbone-Router. Von dort wird dann über das Backbone zum Backbone-Router im Teil des Empfängers geroutet und von dort geht es dann weiter zum Empfänger.

16.5 Mit dem digitalen Rechenmeister

Gewichtete Graphen

Gewichtete Graphen können analog wie ungewichtete Graphen mit dem Befehl `WeightedAdjacencyGraph` eingegeben werden. Dabei müssen nicht-vorhandene Kanten durch ein Gewicht ∞ (Eingabe als `Infinite` oder über die Palette) gekennzeichnet werden. Der Graph in Abbildung 16.8 wird zum Beispiel so eingegeben:

```
In[1]:= A = {{∞, 6, ∞, ∞, ∞, 10, 1},
          {6, ∞, 5, ∞, ∞, ∞, 7}, {∞, 5, ∞, 6, ∞, ∞, 9},
          {∞, ∞, 6, ∞, 3, ∞, 4}, {∞, ∞, ∞, 3, ∞, 3, 2},
          {10, ∞, ∞, ∞, 3, ∞, 10}, {1, 7, 9, 4, 2, 10, ∞}};
        gr = WeightedAdjacencyGraph[A, VertexLabels → "Name",
          ImagePadding → 5, EdgeLabels → "EdgeWeight"];
```

Mit der Option `EdgeLabels` wird bei der Darstellung das Gewicht neben jede Kante geschrieben.

Traveling Salesman Problem

Eine billigste Rundreise in einem Graphen erhalten wir mit

```
In[2]:= ts    =    FindShortestTour[Range[Length[A]], DistanceFunction    →
          (A[[#1, #2]]&)]
Out[2]= {34, {1, 2, 3, 4, 5, 6, 7}}
```

Die Ausgabe enthält die Länge zusammen mit der Rundreise in Form einer Liste der durchlaufenen Knoten. Um das Ergebnis zu veranschaulichen, können wir den gefundenen Weg mit folgendem Befehl hervorheben:

```
In[3]:= HighlightGraph[gr, PathGraph[Append[ts[[2]], ts[[2, 1]]]]]
```

Out[3]=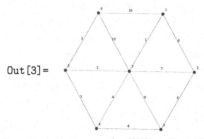

Der Befehl `Append[ts[[2]], ts[[2, 1]]]` extrahiert die Knotenliste und fügt den ersten Knoten nochmals am Ende dazu (um den Weg zu schließen) und der Befehl `PathGraph` macht aus der Knotenliste den zugehörigen Graphen, der diese Knoten verbindet.

Den vollständige Graphen K_n bekommen Sie übrigens mit `CompleteGraph[n]`.

Minimale aufspannende Bäume

Mathematica implementiert keinen Algorithmus für minimal aufspannende Bäume, aber das können wir leicht selbst beheben:

```
In[4]:= Kruskal[g_Graph] :=
          Module[{el, i = 2, n = VertexCount[g], mst, cmst, mstn, cmstn},
            el = Sort[EdgeList[g],
              PropertyValue[{g, #1}, EdgeWeight] <
                PropertyValue[{g, #2}, EdgeWeight]&];
            mst = Graph[VertexList[g], {el[[1]]}]; cmst = n - 1;
            While[i <= n&&cmst ≠ 1,
              mstn = GraphUnion[mst, Graph[{el[[i]]}]];
              cmstn = Length[ConnectedComponents[mstn]];
              If[cmstn < cmst, mst = mstn; cmst = cmstn];
              i + +];
            mst
          ]
```

Für unser Beispiel 16.13 erhalten wir damit:

```
In[5]:= mst = Kruskal[gr]; HighlightGraph[gr, mst]
```

Out[5]=

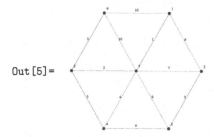

Kürzeste Wege

Mit Mathematica kann der kürzeste Weg zwischen zwei Knoten i, j mit dem Befehl ShortestPath[$graph, i, j$] berechnet werden. Für Beispiel 16.15 geben wir ein:

```
In[6]:= gr = WeightedAdjacencyGraph[{{∞, 4, 6, 7}, {4, ∞, ∞, 1}, {6, ∞, ∞, 2},
          {7, 1, 2, ∞}}];
        FindShortestPath[gr, 1, 4]
Out[7]= {1, 2, 4}
```

Das Ergebnis können wir natürlich wieder mit HighlightGraph[gr, PathGraph[%]] veranschaulichen.

16.6 Kontrollfragen

Fragen zu Abschnitt 16.1: Bäume

Erklären Sie folgende Begriffe: Baum, Wald, aufspannender Baum, Wurzelbaum, Vorgänger, Nachfolger, Blatt, Länge eines Wurzelbaumes, linker/rechter Unterbaum, binärer Suchbaum, Suchbaumalgorithmus für das Suchen/Einfügen/Löschen.

1. Geben Sie drei notwendige und hinreichende Kriterien dafür an, dass ein zusammenhängender Graph ein Baum ist.
2. Richtig oder falsch: Ein Graph mit 7 Knoten und 6 Kanten muss ein Baum sein.
3. Nennen Sie einen Algorithmus, mit dem man in einem zusammenhängenden Graphen einen aufspannenden Baum finden kann.
4. Richtig oder falsch: Es gibt zu jedem zusammenhängenden Graphen genau einen aufspannenden Baum.
5. Bestimmen Sie zum Baum in Abbildung 16.13:
   a) alle Blätter   b) alle Nachfolger von b
   c) alle unmittelbaren Nachfolger von b d) die Länge des Wurzelbaumes
   Handelt es sich um einen binären Baum? Warum?

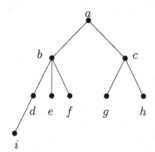

Abbildung 16.13. Baum zu Übungsaufgabe 16.6

6. Welche Voraussetzung müssen Daten erfüllen, damit ihre Speicherung in einem Suchbaum möglich ist?
7. Wie groß ist die Anzahl von Vergleichen, die man im schlimmsten Fall bei der Suche in einem binären Suchbaum der Länge 10 durchführen muss?
8. Was ist bei n Datensätzen die minimale Länge eines binären Suchbaums?
9. Wie viele Daten können maximal in einem binären Suchbaum der Länge 7 untergebracht werden?

Fragen zu Abschnitt 16.2: Das Problem des Handlungsreisenden

Erklären Sie folgende Begriffe: gewichteter Graph, vollständiger Graph, TSP, heuristisches Verfahren.

1. Wie viele Kanten hat ein vollständiger Graph mit 6 Knoten?
2. Wie viele Permutationen von 6 Knoten gibt es?

3. Wie viele mögliche Hamilton-Kreise gibt es (bei vorgegebenem Startknoten) in einem vollständigen Graphen mit 6 Knoten?

4. Gibt es für das TSP einen Algorithmus mit polynomialer Laufzeit?

Fragen zu Abschnitt 16.3: Minimale aufspannende Bäume

Erklären Sie folgende Begriffe: minimaler aufspannender Baum, Algorithmus von Kruskal, *Greedy*-Algorithmus.

1. Ist ein minimaler aufspannender Baum eindeutig bestimmt?

2. Was versteht man unter einem maximalen aufspannenden Baum?

Fragen zu Abschnitt 16.4: Kürzeste Wege

Erklären Sie folgende Begriffe: Länge eines Weges in einem gewichteten Graphen, kürzester Weg zwischen zwei Knoten, Algorithmus von Dijkstra

1. Richtig oder falsch: Der Algorithmus von Dijkstra konstruiert einen aufspannenden Baum. Dieser hängt im Allgemeinen vom Startknoten ab.

2. Wozu dient beim Algorithmus von Dijkstra die Dokumentation der Vorgänger?

3. Was bedeutet beim Algorithmus von Dijkstra ein permanenter Label von 4 bei einem Knoten?

4. Was bedeutet beim Algorithmus von Dijkstra ein temporärer Label von 4 bei einem Knoten?

Lösungen zu den Kontrollfragen

Lösungen zu Abschnitt 16.1

1. a) G hat $n - 1$ Kanten (n ... Knotenanzahl).
   b) Entfernt man eine beliebige Kante, so wird der Zusammenhang zerstört.
   c) Zwischen je zwei Knoten gibt es genau einen Weg.

2. Das reicht noch nicht aus; auch Zusammenhang muss gegeben sein.

3. Breadth-First-Algorithmus

4. Falsch; es kann mehrere aufspannende Bäume geben.

5. a) i, e, f, g, h b) i, d, e, f c) d, e, f d) 3
   Es ist kein binärer Baum, da b drei unmittelbare Nachfolger hat.

6. Es muss in der Menge der Daten eine totale strikte Ordnung geben.

7. 11 (Länge des Suchbaums + 1)

8. Die minimale Länge bei n Datensätzen ist $\lceil \log_2(n + 1) \rceil - 1$ mit $\lceil x \rceil = \min\{n \in \mathbb{Z} \,|\, n \geq x\}$. Für $n = 10$ ist die minimale Länge zum Beispiel 3.

9. $n = 2^8 - 1$

Lösungen zu Abschnitt 16.2

1. $\binom{6}{2} = 15$
2. 6!
3. 5!
4. Wenn Sie diese Frage mit „ja" oder „nein" beantworten können, dann bekommen Sie wahrscheinlich ein Ehrendoktorat von Harvard :-) Man konnte noch nicht beweisen, dass es einen/keinen solchen Algorithmus gibt. Bisher hat man jedenfalls noch keinen gefunden.

Lösungen zu Abschnitt 16.3

1. Nein, es kann mehrere geben.
2. Das ist ein aufspannender Baum, für den die Summe der Kantengewichte maximal ist.

Lösungen zu Abschnitt 16.4

1. richtig
2. Mithilfe der Vorgänger kann der Weg rekonstruiert werden.
3. Dass die minimale Entfernung des Knotens zum Startknoten gleich 4 ist.
4. Dass die minimale Entfernung des Knotens zum Startknoten kleiner oder gleich 4 ist.

16.7 Übungen

Aufwärmübungen

1. Stellen Sie alle (nicht-äquivalenten) Bäume mit einem, zwei, drei, vier oder fünf Knoten graphisch dar.
2. Konstruieren Sie einen binären Suchbaum möglichst geringer Länge für die Zahlen $1, 4, 6, 8, 13, 17, 23, 28, 31, 35$.
3. Finden Sie einen aufspannenden Baum des folgenden Graphen. Wie viele Kanten hat er jedenfalls? Welchen Algorithmus können Sie verwenden?

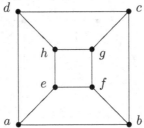

4. Finden Sie (mit einem Algorithmus) verschiedene minimale aufspannende Bäume für den folgenden Graphen. Wie groß ist das minimale Gewicht?

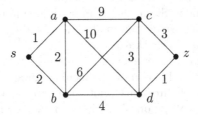

5. Bestimmen Sie mit einem Algorithmus den kürzesten Weg von s zu jedem anderen Knoten für den folgenden Graphen:

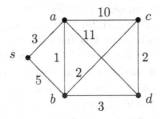

6. Finden Sie ein Beispiel für einen Graphen mit drei Knoten, bei dem die Algorithmen von Kruskal und Dijkstra verschiedene aufspannende Bäume liefern.

Weiterführende Aufgaben

1. a) Konstruieren Sie einen binären Suchbaum T möglichst geringer Länge für die Zeichenketten $ab, ae, bs, ce, df, dh, gh, kk, nr, pe, ra, st$ mit der lexikographischen Ordnung.
   b) Fügen Sie in T den String rb ein.
   c) Löschen Sie aus T den String nr.
   Verwenden Sie für b) und c) den Suchbaumalgorithmus.
2. Gegeben ist das Glasfasernetz einer Telefongesellschaft A in Abbildung 16.14 (Knoten = Schaltstellen, Kanten = Leitungen). Firma B möchte Leitungen mie-

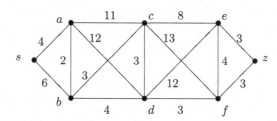

Abbildung 16.14. Glasfasernetz: Gesucht sind minimale Mietkosten.

ten, aber nur so viele, dass alle Schaltstellen des Netzwerkes auf irgendeinem Weg verbunden sind. Finden Sie mithilfe eines Algorithmus ein Netz mit minimalen Mietkosten. Wie hoch ist die minimale Miete? Gibt es genau ein oder mehr als ein Netz mit minimalen Mietkosten?
3. Sie befinden sich im Straßennetz in Abbildung 16.14 an der Stelle s mit Ziel z (Kanten = Straßen, Knoten = Straßenkreuzungen). Da Sie sich unterwegs verfahren könnten, soll Ihr Travelpilot sofort von jedem neuen Ausgangspunkt wieder den kürzesten Weg zum Ziel wissen, ohne diesen jedes Mal von neuem zu berechnen. Wie kann mit einem Mal der kürzeste Weg *von jedem Knoten nach* z berechnet werden (mit einem Algorithmus)? Finden Sie diesen Weg.
4. Ein Roboter soll in eine Platine Löcher für elektrische Bauteile bohren. Dabei sollen möglichst wenige Umwege gemacht werden (damit möglichst wenig Zeit pro Platine gebraucht wird), und der Roboter soll am Ende wieder in seine Ausgangsposition zurückkehren. Die Platine und die zu bohrenden Löcher können durch einen gewichteten vollständigen Graphen modelliert werden: Die Löcher entsprechen den Knoten und zwischen je zwei Knoten gibt es eine Kante (da der Roboter beliebig gesteuert werden kann). Die Kantengewichte stellen den Abstand zwischen zwei Löchern dar.
   a) Wie viele mögliche Routen gibt es für eine einfache Platine mit 6 Löchern a, b, c, d, e, f und Start bei Loch a?
   b) Die Entfernungen der Löcher voneinander sind in der folgenden Tabelle gegeben (in mm):

	a	b	c	d	e	f
a	–	15	7	17	27	33
b	15	–	17	7	14	23
c	7	17	–	15	27	30
d	17	7	15	–	12	17
e	27	14	27	12	–	12
f	33	23	30	17	12	–

Ein einfaches heuristisches Verfahren ist das folgende **Nächster Nachbar (NN)-Verfahren:**
Gegeben ist ein vollständiger gewichteter Graph mit den Knoten $V = \{1, \ldots, n\}$ und den Gewichten $w(i, j)$.
Schritt 1) Wähle einen beliebigen Startknoten i_1.
Schritt 2) Sei der Weg $i_1, \ldots, i_m$ konstruiert. Suche einen Knoten k unter den übrigen Knoten $V' = V \backslash \{i_1, \ldots, i_m\}$ mit minimaler Entfernung $w(i_m, k) = \min\{w(i_m, j) \mid j \in V'\}$ von i_m. Setze $i_{m+1} = k$.
Wenden Sie das NN-Verfahren einmal mit Start in a und einmal mit Start in d an. Welche Weglängen ergeben sich insgesamt für den Roboter?

5. Betrachten Sie das TSP für 6 Städte, deren Entfernungen in folgender Tabelle angegeben sind (Rheinlandproblem nach M. Grötschel):

	A	B	D	F	K	W
Aachen	–	91	80	259	70	121
Bonn	91	–	77	175	27	84
Düsseldorf	80	77	–	232	47	29
Frankfurt	259	175	232	–	189	236
Köln	70	27	47	189	–	55
Wuppertal	121	84	29	236	55	–

Wenden Sie das NN-Verfahren einmal mit Start in F und einmal mit Start in K an. Welche Weglängen ergeben sich?

6. Berücksichtigt man für eine möglichst gute Lösung des TSP die nächsten Nachbarn an *beiden* Enden des schon konstruierten Weges, so erhält man das **Doppelter Nächster Nachbar (DNN)-Verfahren:**
Schritt 1) Wähle einen beliebigen Startknoten i_1.
Schritt 2) Sei der Weg $i_1, \ldots, i_m$ bereits konstruiert. Suche unter den übrigen Knoten $V' = V \backslash \{i_1, \ldots, i_m\}$ einen Knoten k mit minimaler Entfernung $w(i_1, k) = \min\{w(i_1, j) \mid j \in V'\}$ von i_1, sowie einen Knoten $h \in V'$ mit minimaler Entfernung $w(i_m, h) = \min\{w(i_m, j) \mid j \in V'\}$ von i_m. Wenn $w(i_1, k) \leq w(i_m, h)$ ist, hänge k an i_1 an, ansonsten h an i_m.
Wenden Sie das DNN-Verfahren für das Problem aus Übungsaufgabe 5 an, wieder einmal mit Start in F und einmal mit Start in K. Welche Weglängen ergeben sich nun?

Die DNN-Heuristik liefert im Allgemeinen eine bessere Tour als das NN-Verfahren. Im ungünstigen Fall (weite Wege am Ende) können aber beide Verfahren beliebig schlechte Ergebnisse liefern.

7. Eine globale Methode zur Konstruktion einer möglichst guten Lösung des TSP ist die **Minimum Spanning Tree Heuristik (MST)**. Die Überlegung dabei ist, dass aus der optimalen Tour (= Hamilton-Kreis mit minimalem Gewicht)

ein aufspannender Baum entsteht, wenn man eine Kante weglässt. MST besteht aus drei Schritten:

Schritt 1) Konstruiere einen minimalen aufspannenden Baum T_1 (Kruskal).

Schritt 2) Verdopple alle Kanten in T_1. Das ergibt einen Multigraphen T_2. Finde einen Euler-Zug C in diesem Graphen T_2.

Schritt 3) Konstruiere einen Hamilton-Kreis in C: Gehe dazu den Euler-Zug entlang und überspringe dabei bereits durchlaufene Knoten (das Abkürzen durch „Springen" ist möglich, da es sich um einen vollständigen Graphen handelt. Dazu muss man also gegebenenfalls den Euler-Zug verlassen).

Die MST-Heuristik liefert eine Traveling-Salesman-Tour, die höchstens doppelt so lang ist wie die kürzeste.

Beispiel: Für das TSP in Abbildung 16.15 links ergeben sich der minimale aufspannende Baum in 1), der Multigraph in 2), darin der Eulerzug ac, ca, ab, bd, db, ba, und daraus der Hamilton-Kreis ac, cb, bd, da in 3) (Überspringen der Kanten ca, ab durch Abkürzung cb bzw. Überspringen von db, ba durch Abkürzung da.) Der Hamilton-Kreis a, c, b, d ist hier sogar die optimale Rundreise.

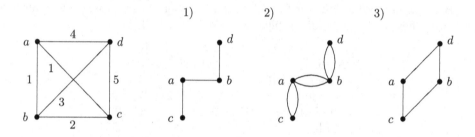

Abbildung 16.15. MST-Heuristik

Wenden Sie die MST-Heuristik auf das Problem aus Übungsaufgabe 5 an. Welche Weglänge ergibt sich nun?

Lösungen zu den Aufwärmübungen

1. Es ergeben sich: 1 Baum mit einem Knoten, 1 mit zwei Knoten, 1 mit drei Knoten, 2 mit vier Knoten und 3 mit fünf Knoten.
2. Zum Beispiel:

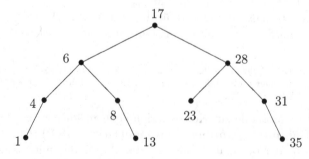

3. Der aufspannende Baum hat genau 7 Kanten. Breitensuche ausgehend von b: Erster Schritt: (Nachbarn von b) ba, bc, bf. Zweiter Schritt: (Nachbarn von a) ad, ae, (Nachbarn von c) cg, (Nachbarn von f) $-$. Dritter Schritt: (Nachbarn von d) dh (nun sind alle Knoten besucht).

4. Der Algorithmus von Kruskal liefert zum Beispiel sa, ab, bd, dc, dz, oder auch sa, sb, bd, dc, dz. Das Gesamtgewicht ist immer 11.

5. Schritt 1) Markiere den Startknoten s permanent mit $L_s = 0$. Die übrigen Knoten werden temporär markiert: $T_a = T_b = T_c = T_d = \infty$. Wähle den Knoten s.
   Schritt 2) Alle zu s benachbarten, temporär markierten Knoten sind a, b:
   - bestimme $L_s + w(s, a) = 0 + 3 = 3 < \infty$; daher ist der neue temporäre Label von a gleich $T_a = 3$, und der Vorgänger von a ist $V_a = s$.
   - bestimme $L_s + w(s, b) = 0 + 5 = 5 < \infty$; daher ist $T_b = 5$ und $V_b = s$.
   Temporär markiert: $T_a = 3, T_b = 5$, $T_c = T_d = \infty$ mit Vorgängern $V_a = V_b = s$.
   Schritt 3) Knoten a hat den kleinsten temporären Label. Daher wird a permanent markiert: $L_a = 3$ und $V_a = s$.
   Schritt 2) Alle zu a benachbarten, temporär markierten Knoten sind b, c, d:
   - bestimme $L_a + w(a, b) = 3 + 1 = 4 < 5$; (das heißt, dass der Weg von b über a nach s kürzer ist als der direkte Weg von b nach s). Daher ist $T_b = 4$ und $V_b = a$.
   - bestimme $L_a + w(a, c) = 3 + 10 = 13 < \infty$; daher ist $T_c = 13$ und $V_c = a$.
   - bestimme $L_a + w(a, d) = 3 + 11 = 14 < \infty$; daher ist $T_d = 14$ und $V_d = a$.
   Temporär markiert: $T_b = 4$, $T_c = 13, T_d = 14$ mit Vorgängern $V_b = V_c = V_d = a$.
   Schritt 3) Knoten b hat den kleinsten temporären Label. Daher folgt $L_b = 4$ und $V_b = a$.
   Schritt 2) Alle zu b benachbarten, temporär markierten Knoten sind c, d:
   - bestimme $L_b + w(b, c) = 4 + 2 = 6 < 13$; daher ist $T_c = 6$ und $V_c = b$.
   - bestimme $L_b + w(b, d) = 4 + 3 = 7 < 14$; daher ist $T_d = 7$ und $V_d = b$.
   Temporär markiert: $T_c = 6, T_d = 7$ mit Vorgängern $V_c = V_d = b$.
   Schritt 3) Knoten c hat den kleinsten temporären Label. Daher ist $L_c = 6$ und $V_c = b$.
   Schritt 2) Zu c benachbart und temporär markiert ist nur d:
   - bestimme $L_c + w(c, d) = 6 + 2 = 8 > 7$; daher bleibt $T_d = 7$ und $V_d = b$.
   Temporär markiert: $T_d = 7$ mit Vorgänger $V_d = b$.
   Schritt 3) Knoten d hat den kleinsten temporären Label, daher folgt $L_d = 7$ und $V_d = b$.
   STOP: Alle Knoten sind permanent markiert.
   Rekonstruiere den vom Algorithmus konstruierten Baum mithilfe der Vorgänger: bd, bc, ab, sa. Der Weg von jedem Knoten nach s entlang dieses Baumes ist der kürzestmögliche Weg. Der permanente Label eines Knotens gibt jeweils die Länge dieses kürzesten Weges an.

6. Zum Beispiel: ab hat Gewicht 2, bc Gewicht 5, ac Gewicht 6 und Start von Dijkstra bei a.

(Lösungen zu den weiterführenden Aufgaben finden Sie in Abschnitt B.16)

Flüsse in Netzwerken und Matchings

17.1 Netzwerke

Graphen werden oft zur Modellierung von Transportproblemen verwendet. Transportiert wird zum Beispiel Wasser oder Öl in einem Leitungsnetz. Allgemeiner können wir aber auch von einem Fluss von Information, Emails, Anrufen durch ein Kommunikationsnetz, von Menschen im öffentlichen Verkehrsnetz, von PKWs oder Warenlieferungen durch ein Straßennetz, usw. sprechen.

Stellen wir uns ein Wasserleitungsnetz vor: Quellen, Verbraucher und Pumpstationen können durch die Knoten eines Graphen, verbindende Rohre durch die Kanten dargestellt werden. Da Wasser nur in eine Richtung durch ein Rohr fließen kann, verwenden wir *gerichtete* Kanten. Weiters besitzt ein Leitungsrohr eine bestimmte Kapazität, kann also pro Zeiteinheit nur eine bestimmte maximale Menge an Wasser befördern. Diese Tatsache berücksichtigen wir durch *Gewichte* an den Kanten.

Bei einem Straßennetz könnten wir zum Beispiel auf diese Weise Einbahnstraßen modellieren, die eine bestimmte Transportkapazität (Maximalanzahl von PKWs pro Stunde) besitzen.

Definition 17.1 Ein **Netzwerk** ist ein zusammenhängender gerichteter Graph, in dem jede Kante (i,j) mit einem Gewicht $c_{ij} > 0$, genannt **Kapazität**, versehen ist, und in dem es zwei (verschiedene) ausgezeichnete Knoten gibt: die **Quelle** q und die **Senke** s.

Betrachten wir nun das Wasserleitungsnetz in Abbildung 17.1. Das Wasser kommt von der Quelle q und fließt über das Leitungsnetz zur Senke s (z.B. ein Wasserreservoir). Jede Kante stellt einen Rohrabschnitt dar, und die Knoten (außer Quelle und Senke) sind die Verbindungsstellen zwischen den einzelnen Rohrabschnitten. Hier fließt das Wasser nur durch, d.h., es kommt an diesen inneren Knoten weder Wasser in das Netz hinzu, noch wird hier Wasser entnommen. Das Gewicht an einer Kante gibt an, welche Menge Wasser pro Stunde entlang dieses Rohrabschnitts transportiert werden kann.

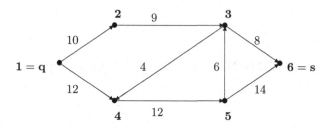

Abbildung 17.1. Netzwerk

Definition 17.2 Wir nennen f_{ij} einen **(zulässigen) Fluss**, falls:

- Der Fluss f_{ij} entlang einer Kante (i, j) ist eine nichtnegative Zahl und überschreitet die Kapazität der Kante nicht: $0 \leq f_{ij} \leq c_{ij}$.
- **Kirchhoff'sches Gesetz**: An jedem Knoten, der nicht die Quelle oder die Senke ist, gilt: Fluss in den Knoten = Fluss aus dem Knoten.

Wir wollen von einem **inneren Knoten** sprechen, wenn er weder Quelle noch Senke ist. Der Nettofluss (= Betrag „Fluss hinaus minus Fluss hinein") an inneren Knoten ist also gleich 0. An Quelle und Senke ist dagegen der Nettofluss ungleich 0: Aus der Quelle heraus fließt netto ein Fluss, nennen wir ihn f. Da an den inneren Knoten weder etwas entnommen wird noch etwas hinzukommt, ist f auch der Fluss, der netto in die Senke hineinfließt. Man nennt f den **(Gesamt-)Fluss durch das Netzwerk**. Das ist in unserem Beispiel die Wassermenge, die pro Stunde durch das Netz von der Quelle zur Senke transportiert wird.

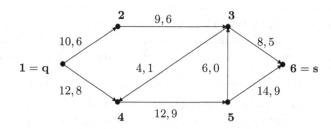

Abbildung 17.2. Durch das Netzwerk fließt ein Gesamtfluss 14.

In Abbildung 17.2 haben wir nun an jede Kante zur Kapazität (erste Zahl) einen zulässigen Fluss (zweite Zahl) hinzugefügt. Zum Beispiel hat die Kante $(1, 4)$ eine Kapazität von 12 Einheiten (z. B. Liter pro Stunde), und es fließt ein Fluss von 8 Einheiten durch. Die Summe aller Flüsse *in* den Knoten 4 hinein ist gleich der Summe aller Flüsse *aus* dem Knoten 4 heraus: $8 + 1 = 9$. Der Gesamtfluss durch das Netzwerk = Nettofluss an der Quelle = Nettofluss an der Senke = 14.

Nun ist man daran interessiert, möglichst viel Wasser durch das Netz zu transportieren. Mit anderen Worten, der Gesamtfluss von der Quelle zur Senke soll so groß wie möglich sein. Im Wassernetz in Abbildung 17.2 könnten von der Kapazität her $10 + 12 = 22$ Einheiten aus der Quelle herausfließen, ebenso könnten 22 Einheiten in die Senke hineinfließen. Aber ist auch „innerhalb" des Netzwerkes die Kapazität für den Transport von 22 Einheiten gegeben? Um diese Frage zu beantworten und gleich eine Möglichkeit zu finden, den Fluss durch das Netzwerk zu *maximieren*, müssen wir etwas ausholen.

Definition 17.3 Ein **ungerichteter Weg** in einem gerichteten Graphen ist ein Weg, bei dem Kanten in ihrer Richtung oder auch entgegen ihrer Richtung durchlaufen werden. Wird die Kante entlang des Weges in ihrer Richtung durchlaufen, so heißt sie **Vorwärtskante** des Weges, ansonsten **Rückwärtskante** des Weges.

Beispiel 17.4 Ungerichteter Weg
Finden Sie ungerichtete Wege von der Quelle zur Senke durch das Netzwerk in Abbildung 17.1 und stellen Sie für jede der durchlaufenen Kanten fest, ob es sich um eine Vorwärts- oder um eine Rückwärtskante handelt.

Lösung zu 17.4   Es gibt mehrere ungerichtete Wege von der Quelle zur Senke, hier nur einige Beispiele: Ein ungerichteter Weg ist $1, 4, 3, 6$. Dabei wird die Kante $(1, 4)$ ($=$ gerichtete Kante von 1 nach 4) in ihrer Richtung durchlaufen, sie ist daher eine Vorwärtskante des Weges. Die Kante $(3, 4)$ wird entgegen ihrer Richtung durchlaufen, sie ist daher eine Rückwärtskante des Weges. Die Kante $(3, 6)$ ist wieder eine Vorwärtskante.

Ein anderes Beispiel ist der ungerichtete Weg $1, 2, 3, 5, 6$. Er enthält eine Rückwärtskante $(5, 3)$, sonst lauter Vorwärtskanten.

Wieder ein anderes Beispiel ist $1, 4, 5, 3, 6$, dieser ungerichtete Weg enthält nur Vorwärtskanten. Beachten Sie, dass für diesen ungerichteten Weg $(5, 3)$ nun eine Vorwärtskante ist! ∎

Unser Ziel ist nun, einen (ungerichteten) Weg von der Quelle zur Senke zu finden, dessen sämtliche Kanten nicht ausgelastet sind. Über diese Kanten kann zusätzlicher Fluss befördert werden:

Definition 17.5 Ein **zunehmender Weg** in einem Netzwerk ist ein ungerichteter Weg von der Quelle zur Senke, bei dem

- *keine Vorwärtskante* voll ausgelastet ist, d.h. für ihren Fluss gilt $f_{ij} < c_{ij}$ und
- durch *alle Rückwärtskanten* ein Fluss existiert, d.h. für sie gilt $f_{ij} > 0$.

Beispiel 17.6 Zunehmender Weg
Finden Sie in Abbildung 17.2 zunehmende Wege.

Lösung zu 17.6   Wieder gibt es mehrere Möglichkeiten. Ein zunehmender Weg ist zum Beispiel $1, 4, 5, 3, 6$: Er besteht nur aus Vorwärtskanten, die alle nicht ausgelastet sind. Hingegen ist $1, 2, 3, 5, 6$ kein zunehmender Weg, da durch die Rückwärtskante $(5, 3)$ kein Fluss existiert! Dafür ist aber zum Beispiel $1, 4, 3, 6$ wieder ein zunehmender Weg usw. ∎

Satz 17.7 Der Fluss entlang eines zunehmenden Weges kann um Δ Einheiten vergrößert werden, indem man

- den Fluss entlang seiner *Vorwärtskanten* um Δ *vergrößert*
  und
- den Fluss entlang seiner *Rückwärtskanten* um Δ *verkleinert.*

Die größtmögliche Zunahme Δ entlang des Weges ist das Minimum der Zahlen

$$\Delta_{ij} = \begin{cases} c_{ij} - f_{ij}, & \text{für jede Vorwärtskante} \\ f_{ij}, & \text{für jede Rückwärtskante} \end{cases}$$

für alle Kanten (i, j) des Weges.

Beispiel 17.8 Vergrößerung des Flusses
Vergrößern Sie den Fluss durch das Netzwerk in Abbildung 17.2 mithilfe von zunehmenden Wegen.

Lösung zu 17.8 Wir beginnen z. B. mit dem zunehmenden Weg $1, 4, 3, 6$: Für die Vorwärtskante $(1, 4)$ ist die Differenz zwischen Fluss und Kapazität gleich $\Delta_{14} = 12 - 8 = 4$. Der Fluss entlang der Rückwärtskante $(3, 4)$ ist $\Delta_{34} = 1$, und die Differenz zwischen Fluss und Kapazität entlang der Vorwärtskante $(3, 6)$ ist $\Delta_{36} = 8 - 5 = 3$. Der Fluss kann also entlang dieses Weges um $\Delta = 1$ (= kleinste der Zahlen Δ_{14}, Δ_{34} und Δ_{36}) vergrößert werden. Es ergibt sich damit ein neuer Gesamtfluss von 15 Einheiten, wie in Abbildung 17.3 a) dargestellt.

Nun machen wir bei Abbildung 17.3 a) weiter. Ein weiterer zunehmender Weg ist $1, 4, 5, 6$. Entlang dieses Weges gibt es nur Vorwärtskanten, und die Differenzen „Kapazität minus Fluss" sind 3, 3, 5. Der Fluss kann also um $\Delta = 3$ vergrößert werden, womit der Gesamtfluss nun auf 18 Einheiten zunimmt, wie in Abbildung 17.3 b) gezeigt.

Können wir in Abbildung 17.3 b) noch einen zunehmenden Weg finden? Ja, auch $1, 2, 3, 6$ besteht aus lauter unausgelasteten Vorwärtskanten. Der Fluss entlang dieses Weges kann um $\Delta = 2$ vergrößert werden. Damit haben wir einen Gesamtfluss von 20 Einheiten (Abbildung 17.4). ∎

Wir können nun mit freiem Auge feststellen, dass es in Abbildung 17.4 keinen zunehmenden Weg mehr gibt. Kann der Fluss durch das Netzwerk trotzdem noch weiter vergrößert werden? Nein, damit ist der maximale Fluss erreicht, wie der folgende Satz sagt:

Satz 17.9 Der maximale Fluss ist genau dann erreicht, wenn es keinen zunehmenden Weg mehr von der Quelle zur Senke gibt.

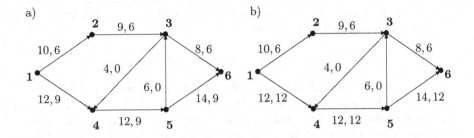

Abbildung 17.3. Vergrößerung des Flusses

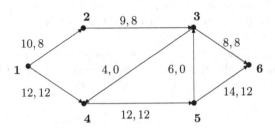

Abbildung 17.4. Maximaler Fluss

In einem kleinen Netzwerk, so wie im letzten Beispiel, kann man zunehmende Wege durch „scharfes Hinsehen" finden. Auch kann man so feststellen, wann es keinen zunehmenden Weg mehr gibt, wann also der maximale Fluss erreicht ist. Für die in den praktischen Anwendungen auftretenden Graphen brauchen wir aber eine systematische Vorgangsweise. Der Algorithmus von **Ford-Fulkerson** konstruiert schrittweise zunehmende Wege und vergrößert den Fluss bis zum Maximum:

Algorithmus von Ford-Fulkerson
Gegeben ist ein Netzwerk. Der Algorithmus konstruiert einen maximalen Fluss durch das Netzwerk.

1) Ordne jeder Kante einen Anfangsfluss f_{ij} zu (zum Beispiel 0 für alle Kanten) und berechne den Gesamtfluss f durch das Netzwerk.
2) Markiere die Quelle q (als Ausgangsknoten des zunehmenden Weges). Alle anderen Knoten sind unmarkiert.
3) **Scannen:** Wähle einen markierten Knoten i mit der ältesten Markierung, der noch nicht gescannt wurde. Scanne diesen Knoten wie folgt:
   Betrachte jeden zum Knoten i benachbarten *unmarkierten* Knoten j:
   - Wenn die Kante von i nach j gerichtet ist und $f_{ij} < c_{ij}$ (also unausgelastete Vorwärtskante), so berechne die mögliche Flusszunahme entlang dieser Kante $\Delta_{ij} = c_{ij} - f_{ij}$ und berechne damit

$$\Delta_j = \begin{cases} \Delta_{ij} & , \quad \text{falls } i = q \text{ (also die Quelle)} \\ \min(\Delta_i, \Delta_{ij}), & \text{sonst} \end{cases}$$

   und markiere den Knoten j mit einem „Vorwärtslabel" (i^+, Δ_j).

- Wenn die Kante von j nach i gerichtet ist und $f_{ij} > 0$ (Rückwärtskante mit Fluss ungleich 0), so berechne

$$\Delta_j = \min(\Delta_i, f_{ij})$$

und markiere den Knoten j mit einem „Rückwärtslabel" (i^-, Δ_j). (Anschauliche Bedeutung von Δ_j: Das ist für jeden neu markierten Knoten j die maximal mögliche Flusszunahme entlang des bis dahin konstruierten zunehmenden Weges.) Wenn es keinen solchen zu i benachbarten Knoten j gibt, dann STOP: „f ist der maximale Fluss".

4) Wiederhole Schritt 3, bis die Senke s erreicht ist (und der zugehörige Wert Δ_s berechnet). (Dann wurde ein zunehmender Weg von der Quelle zur Senke konstruiert). Wenn die Senke nicht erreicht werden kann, dann STOP: „f ist der maximale Fluss".

5) **Backtracking**: Rekonstruiere den zunehmenden Weg mithilfe der Knotenmarkierungen, ausgehend von der Senke. Vergrößere den Fluss entlang des zunehmenden Weges um Δ_s. Der neue Gesamtfluss ist $f + \Delta_s$. Beginne wieder bei Schritt 2).

Das ist eine nach Edmonds und Karp verbesserte Version, die (durch die Wahl des ältesten markierten Knoten in Schritt 2) immer einen *kürzestmöglichen* zunehmenden Weg konstruiert.

Sehen wir uns den Algorithmus am besten anhand unseres Beispiels an. Lassen Sie sich nicht abschrecken, die Lösung ist nur so lang, weil es mehrere Durchläufe gibt. Es ist im Wesentlichen immer dasselbe, denken wir es aber einmal von Beginn bis Ende durch:

Beispiel 17.10 ($\rightarrow$CAS) Algorithmus von Ford-Fulkerson
Bestimmen Sie mithilfe dieses Algorithmus den maximalen Fluss für das Netzwerk in Abbildung 17.2.

Lösung zu 17.10
Schritt 1) Ein Anfangs-Gesamtfluss $f = 14$ ist gegeben.
Schritt 2) Quelle q wird markiert (= Ausgangsknoten jedes zunehmenden Weges). Alle anderen Knoten sind unmarkiert.
Schritt 3) Quelle ist als einziger Knoten markiert, wird daher gescannt, also $i = q$. Benachbarte unmarkierte Knoten sind: $j = 2, 4$.
Knoten 2: Kante $(q, 2)$ ist unausgelastete Vorwärtskante mit $\Delta_{q2} = 10 - 6 = 4$. Da $i = q$, ist $\Delta_2 = \Delta_{q2} = 4$. Markiere Knoten 2 mit $(q^+, 4)$.
Knoten 4: $(q, 4)$ ist unausgelastete Vorwärtskante mit $\Delta_{q4} = 12 - 8 = 4$; $\Delta_4 = \Delta_{q4} = 4$. Markiere Knoten 4 mit $(q^+, 4)$.
Gescannt sind: q. Markiert sind: $2, 4$.
Wieder Schritt 3) Der älteste ungescannte, markierte Knoten ist 2. Er wird daher nun gescannt, also $i = 2$. Benachbarte unmarkierte Knoten: $j = 3$.
Knoten 3: Kante $(2, 3)$ ist unausgelastete Vorwärtskante mit $\Delta_{23} = 9 - 6 = 3$. Vergleiche mit der bisher entlang des Weges $q, 2$ möglichen Flusszunahme Δ_2 und nimm das kleinere davon als Δ_3: also $\Delta_3 = \min(\Delta_2, \Delta_{23}) = \min(4, 3) = 3$. Markiere Knoten 3 mit $(2^+, 3)$.

Gescannt sind: $q, 2$. Markiert sind: $4, 3$.

Wieder Schritt 3) Der älteste ungescannte, markierte Knoten ist 4. Er wird daher nun gescannt, also $i = 4$. Benachbarte unmarkierte Knoten: $j = 5$.

Knoten 5: Kante $(4, 5)$ ist unausgelastete Vorwärtskante mit $\Delta_{45} = 12 - 9 = 3$. Vergleiche mit Δ_4 und nimm das kleinere davon als Δ_5: also $\Delta_5 = \min(\Delta_4, \Delta_{45}) = \min(4, 3) = 3$. Markiere Knoten 5 mit $(4^+, 3)$.

Gescannt sind: $q, 2, 4$. Markiert sind: $3, 5$.

Wieder Schritt 3) Der älteste ungescannte, markierte Knoten ist 3. Er wird daher nun gescannt, also $i = 3$. Benachbarte unmarkierte Knoten: $j = s$ (Senke).

Knoten s: Kante $(3, s)$ ist unausgelastete Vorwärtskante mit $\Delta_{3s} = 8 - 5 = 3$. Vergleiche mit Δ_3 und nimm das kleinere davon als Δ_s: also $\Delta_s = \min(\Delta_3, \Delta_{3,s}) = \min(3, 3) = 3$. Markiere Knoten s mit $(3^+, 3)$.

Die Senke s ist erreicht.

Schritt 5) Der zunehmende Weg ist $q, 2, 3, s$, mit der maximal möglichen Flusszunahme $\Delta_s = 3$. Vergrößere den Fluss um $\Delta_s = 3$ entlang dieses Weges. Neuer Gesamtfluss ist damit $f = 14 + 3 = 17$, siehe auch Abbildung 17.5, von der wir nun weitergehen.

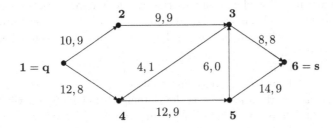

Abbildung 17.5. Neuer Gesamtfluss 17 nach Konstruktion des zunehmenden Weges $q, 2, 3, s$

Es geht weiter bei Schritt 2), nun etwas knapper beschrieben: Quelle q wird markiert und gescannt. Zunächst markieren wir Knoten 2 mit $(q^+, 1)$, dann Knoten 4 mit $(q^+, 4)$. Gescannt sind: q. Markiert sind: $2, 4$.

Wieder Schritt 3) Der älteste ungescannte, markierte Knoten ist 2, wird daher nun gescannt: Da Kante $(2, 3)$ eine *ausgelastete* Vorwärtskante ist, kann hier kein zunehmender Weg weiterkonstruiert werden; Knoten 3 bleibt daher unmarkiert. Gescannt sind: $q, 2$. Markiert sind: 4.

Wieder Schritt 3) Der einzige ungescannte, markierte Knoten ist 4, wird daher nun gescannt: Knoten 3 wird zunächst mit $(4^-, 1)$ (Rückwärtskante) markiert, danach Knoten 5 mit $(4^+, 3)$. Gescannt sind: $q, 2, 4$. Markiert sind: $3, 5$.

Wieder Schritt 3) Der älteste ungescannte, markierte Knoten ist 3. Er wird daher gescannt: Da Kante $(3, s)$ eine *ausgelastete* Vorwärtskante ist, kann hier kein zunehmender Weg weiterkonstruiert werden; Knoten s bleibt daher unmarkiert.

Gescannt sind: $q, 2, 4, 3$. Markiert sind: 5.

Wieder Schritt 3) Der einzige ungescannte, markierte Knoten ist 5, wird daher nun gescannt: Es wird Knoten s mit $(5^+, 3)$ markiert.

Die Senke s ist erreicht.

Schritt 5) Der zunehmende Weg ist $q, 4, 5, s$, mit der maximal möglichen Flusszunahme $\Delta_s = 3$. Vergrößere den Fluss um $\Delta_s = 3$ entlang dieses Weges. Neuer Gesamtfluss ist damit $f = 17 + 3 = 20$, wie auch in Abbildung 17.6 gezeigt.

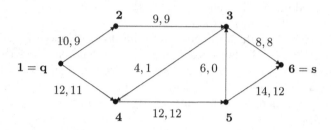

Abbildung 17.6. Neuer Gesamtfluss 20 nach Konstruktion des zunehmenden Weges $q, 4, 5, s$

Wieder zu Schritt 2) Quelle q wird markiert, alle anderen Knoten sind unmarkiert.

Schritt 3) Quelle ist als einziger Knoten markiert, wird daher gescannt:

Knoten 2 wird zunächst mit $(q^+, 1)$ markiert, danach Knoten 4 mit $(q^+, 1)$. Gescannt sind: q; markiert sind: $2, 4$.

Nun nur noch kurz in Worten: Von Knoten 2 kommen wir nicht mehr weiter nach Knoten 3, da die Kante $(2, 3)$ ausgelastet ist. Durch Scannen von 2 kann daher kein Weg weiterkonstruiert werden. Aus demselben Grund kommen wir von Knoten 4 nicht mehr zur Knoten 5, sondern nur zur Knoten 3 (Rückwärtskante). Der Weg kann von q bis 3 konstruiert werden, also $q, 4, 3$, aber dann ist es endgültig vorbei, da die Kante von 3 zur Senke s ausgelastet ist und durch die Rückwärtskante $(5, 3)$ kein Fluss existiert. Es kann daher kein zunehmender Weg mehr konstruiert werden, daher stoppt der Algorithmus in Schritt 4) und gibt $f = 20$ als maximalen Fluss aus.   ∎

Das wäre geschafft. Nun noch ein Blick auf unser Modell. In der Praxis gibt es im Allgemeinen mehr als *eine* Quelle bzw. Senke. Auch kann es durchaus vorkommen, dass ein *Knoten* nur eine begrenzte Kapazität hat. Kein Problem. Auch diese Situationen können leicht durch unser Modell dargestellt werden:

- **System mit mehreren Quellen (bzw. Senken):** Gibt es zwei Quellen q_1 und q_2, so fügt man einfach einen neuen fiktiven Knoten q hinzu, von dem Kanten mit unendlich großer Kapazität zu q_1 und q_2 führen. Der Knoten q ist dann die einzige Quelle des Netzwerkes. Analog geht man vor, wenn es mehr als eine Senke gibt.

- **Kapazitätseinschränkung eines inneren Knotens:** Wenn der Knoten x höchstens c Einheiten weiterleiten kann, dann ersetzt man ihn durch zwei Knoten, x_1 und x_2, die man durch eine Kante der Kapazität c verbindet. Alle Kanten, die zuvor in x hineingeführt haben, führen nun in x_1 hinein, alle Kanten, die zuvor aus x hinausgeführt haben, führen nun aus x_2 heraus.

- **Kapazitätseinschränkung von Quelle (bzw. Senke)**: Wenn die Quelle nur einen bestimmten Fluss c in das System einbringen kann, so fügen wir einen fiktiven Knoten q' hinzu, von dem eine Kante mit Kapazität c zur Quelle führt. Analoges macht man, wenn die Senke nur einen bestimmten Fluss aufnehmen kann.

Das führt uns auch gleich auf eine weitere Anwendung von Netzwerkmodellen.

Denken Sie zum Beispiel an eine Fabrik (Quelle), die Waren produziert, die zu einem Abnehmer (Senke) transportiert werden. Die Waren werden über ein Straßennetz transportiert. Dabei gibt es Zwischenstopps zum Rasten bzw. Auftanken, es werden dort aber keine Waren zu- oder abgeladen (innere Knoten). Die Anzahl der Güter, die pro Tag über eine bestimmte Strecke transportiert werden können, ist beschränkt (Kapazitäten an den Kanten). Die Fabrik kann nur eine bestimmte Menge an Gütern pro Tag produzieren, und der Abnehmer benötigt andererseits eine bestimmte Mindestmenge an Waren pro Tag (Kapazitäten von Quelle und Senke). Das Netzwerk wird in diesem Zusammenhang ein **Angebot-Nachfrage-Netzwerk** genannt.

Die Frage ist nun: Produziert die Fabrik (mindestens) so viel, dass sie der Nachfrage des Abnehmers nachkommen kann (**Angebot-Nachfrage-Problem**)? Um sie zu beantworten, müssen wir nur den maximalen Gesamtfluss bestimmen. Er gibt die maximale Nachfrage an, die bewältigt werden kann.

17.2 Matchings

In diesem Abschnitt wollen wir uns mit Zuordnungsproblemen (z. B. Arbeiter – Jobs, Daten – Speicherplatz, Lehrer – Unterrichtsstunden) beschäftigen. Sie werden durch so genannte *bipartite* Graphen modelliert:

Definition 17.11 Ein Graph $G(V,E)$ heißt **bipartit**, wenn die Knotenmenge V die Vereinigung von zwei disjunkten Mengen S und T ist, sodass jede Kante aus E einen Endknoten in S und einen Endknoten in T hat. Schreibweise: $G = G(S \cup T, E)$.

Man kann sich das so vorstellen: Bei einem bipartiten Graphen ist jeder Knoten entweder rot oder blau gefärbt. Die blauen Knoten gehören zur Menge S, die roten zur Menge T. Jede vorhandene Kante hat einen blauen und einen roten Endknoten.

Beispiel 17.12 Bipartiter Graph
Stellen Sie die folgenden Graphen mit den Knoten $V = S \cup T$ und den Kanten E graphisch dar. Sind sie bipartit?
a) $S = \{a,b,c,d\}$, $T = \{1,2,3\}$; $E = \{a1, b1, b3, c2\}$
b) $S = \{a,b\}$, $T = \{c\}$; $E = \{ab, ac, bc\}$

Lösung zu 17.12
Abbildung 17.7 zeigt die Graphen.
a) Die beiden Mengen S und T sind disjunkt (kein Knoten liegt sowohl in S als auch in T). Jede vorhandene Kante hat den einen Endknoten in S und den anderen

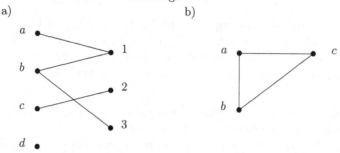

Abbildung 17.7. Bipartite Graphen?

Endknoten in T. Der Graph ist also bipartit.

b) Kein bipartiter Graph, denn die Kante ab hat beide Endknoten in der Menge S.

Es wäre hier übrigens auch nicht möglich, die Knoten in zwei andere Mengen S und T aufzuteilen: Denn angenommen, a gehört zu S. Dann muss jeder zu a benachbarte Knoten (hier also c) zu T gehören, und daher muss weiter jeder zu c benachbarte Knoten wieder in S liegen, also b. Zuletzt muss jeder zu b benachbarte Knoten wieder in T liegen. Das ist für a aber nicht möglich. Also könnten keine Mengen S und T gefunden werden, sodass der Graph bipartit wird. ∎

Der Graph in Abbildung 17.7 a) stellt nun z. B. folgende Situation dar: Die Knoten a, b, c, d sind Personen und die Knoten $1, 2, 3$ sind Jobs. Wenn eine Person für einen Job qualifiziert ist, dann wird das durch eine verbindende Kante dargestellt. Nun möchte man die Jobs unter den Personen aufteilen. Dabei soll kein Arbeiter mehr als einen Job durchführen (b also nur entweder 1 oder 3), und umgekehrt soll ein Job nicht von mehr als einem Arbeiter erledigt werden (1 also entweder von a oder von b). Mit anderen Worten: Gesucht sind passende Paare (Arbeiter, Job). Dafür gibt es im Englischen den Begriff *to match* = „ein zusammenpassendes Paar bilden":

> **Definition 17.13** Ein **Matching** M in einem bipartiten Graphen $G(V, E)$ ist eine Menge von Kanten aus E, die paarweise nicht inzident sind. Keine zwei verschiedenen Kanten von M haben also einen gemeinsame Endknoten.

Beispiel 17.14 Matching
In welchem Fall ist M für den bipartiten Graphen in Beispiel 17.12 ein Matching? Stellen Sie M graphisch dar.
a) $M = \{a1, c2\}$ b) $M = \{a1, b1, c2\}$

Lösung zu 17.14
Abbildung 17.8 veranschaulicht die Kanten von M (jeweils fett gezeichnet).
a) M ist ein Matching, denn die Kanten $a1, c2$ haben keinen gemeinsamen Endknoten.
b) M ist kein Matching, denn die Kanten $a1$ und $b1$ haben den gemeinsamen Endknoten 1 (Arbeiter a und b würden hier denselben Job ausführen). ∎

Ist ein Knoten Endknoten einer Kante eines Matchings M, so heißt er **gepaarter Knoten** (oder **saturierter** Knoten) von M, andernfalls **ungepaarter Knoten**

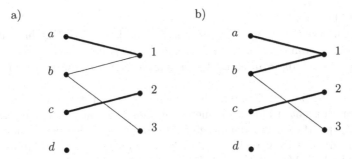

Abbildung 17.8. Handelt es sich um ein Matching?

(bzw. **unsaturierter** Knoten). In Beispiel 17.14 a) ist z. B. Arbeiter b ungepaart. Er könnte hier noch Job 3, der ebenso ungepaart ist, zugeteilt bekommen. Kann es hier *mehr* als drei passende Paare geben? Nein, denn es gibt ja nur drei Jobs.

> **Definition 17.15** Ein Matching M in einem Graphen G heißt **maximal** oder **gesättigt**, wenn kein anderes Matching in G mit mehr Kanten existiert. Ein maximales Matching hat also maximale Kantenanzahl.

Mit $M = \{a1, b3, c2\}$ ist in Beispiel 17.14 a) ein maximales Matching erreicht. Oft gibt es in einem bipartiten Graphen *mehrere* Möglichkeiten für ein maximales Matching.

Beispiel 17.16 Maximales Matching
Gegeben sind die bipartiten Graphen $G(S \cup T, E)$ in Abbildung 17.9. Bilden die fett gezeichneten Kanten ein maximales Matching? Wenn ja, gäbe es noch andere Möglichkeiten für ein maximales Matching? Wenn nein, versuchen Sie ein maximales Matching zu finden.

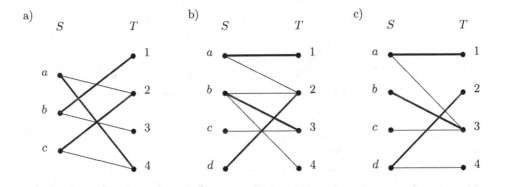

Abbildung 17.9. Handelt es sich um ein maximales Matching?

Lösung zu 17.16

a) Es stehen von S her drei Knoten zur Auswahl. Da das Matching bereits drei Kanten hat, kann es nicht mehr passende Paare geben, es ist also ein maximales Matching. Auch die Kanten $a2, b3, c4$ würden hier z. B. ein maximales Matching bilden.

b) Das Matching hat drei Kanten. Prinzipiell gibt es vier Knoten in S und vier in T, in dieser Hinsicht stünde also einem weiteren Paar nichts im Weg. Der Knoten c ist ungepaart, bei der derzeitigen Zuordnung gibt es aber keinen passenden Partner (denn 3 ist vergeben). Man kann aber ein anderes Matching mit vier Paaren bilden: $M = \{a1, b4, c3, d2\}$. Da ein Matching hier nicht mehr als vier Kanten enthalten kann, haben wir damit ein maximales Matching gefunden. Insbesondere bildet das gegebene Matching mit drei Kanten kein maximales Matching.

c) Wie in b) ist c ungepaart, nun aber ist 3 auch für b der einzig mögliche Partner. Die Anzahl der Paare kann daher nicht vergrößert werden, es handelt sich daher um ein maximales Matching. Ein anderes maximales Matching wäre z. B. $M = \{a1, c3, d4\}$. ∎

Natürlich ist man in der Regel an einem maximalen Matching interessiert, denn es sollen ja z. B. möglichst viele Arbeitssuchende einen passenden Job finden. Im Beispiel 17.16 war es nun schon gar nicht mehr so leicht zu sehen, ob bereits ein maximales Matching erreicht ist. Wir machen uns nun auf die Suche nach einem systematischen Verfahren, um ein maximales Matching zu konstruieren. Die Idee dazu ist einfach:

Betrachten Sie Abbildung 17.10 a): Das Matching $M = \{a2, b4\}$ ist fett eingezeichnet. Wenn man den Weg 1, a, 2, b, 4 durchläuft (also die Kanten $1a$, $\underline{a2}$, $2b$,

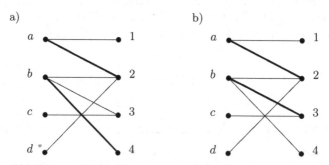

Abbildung 17.10. Alternierender Weg, Verbesserungsweg

$\underline{b4}$), dann wird abwechselnd eine Kante aus dem Matching und eine Kante, die nicht aus dem Matching ist, verwendet.

Definition 17.17 Ein Weg in einem bipartiten Graphen $G(V, E)$, der abwechselnd Kanten aus einem Matching M und Kanten aus $E \backslash M$ enthält, wird **alternierender Weg** des Matchings genannt.

In Abbildung 17.10 b) ist zum Beispiel 1, a, 2, b, 3, c ein alternierender Weg. Er hat aber noch eine Eigenschaft, die uns besonders interessiert: Der Weg beginnt und endet in einem ungepaarten Knoten.

Definition 17.18 Ein alternierender Weg eines Matchings M, der in einem ungepaarten Knoten beginnt und in einem ungepaarten Knoten endet, heißt **Verbesserungsweg** (oder **erweiternder** Weg) von M.

Nun die Idee: Ein Verbesserungsweg des Matchings M enthält genau eine Kante aus $E\setminus M$ mehr als aus M. Wenn man daher die Kanten des Verbesserungsweges, die im Matching enthalten sind, aus dem Matching entfernt, und an deren Stelle die übrigen Kanten des Verbesserungsweges zum Matching hinzufügt, dann enthält dieses neue Matching eine Kante mehr als das ursprüngliche Matching. Durch sukzessive Verbesserung eines Anfangsmatchings lässt sich auf diese Weise ein maximales Matching gewinnen, wie der folgende Satz sagt:

Satz 17.19 Ein Matching M in einem bipartiten Graphen G ist genau dann maximal, wenn es in G keinen Verbesserungsweg mehr bezüglich M gibt.

Beispiel 17.20 ($\rightarrow$CAS) Maximales Matching
Finden Sie in Abbildung 17.10 b) mithilfe von Verbesserungswegen ein maximales Matching.

Lösung zu 17.20 Wir beginnen mit dem Matching $M = \{a2, b3\}$. Die Kanten $E\setminus M = \{a1, b2, b4, c3, d2\}$ des Graphen liegen nicht im Matching. Wir kennen bereits einen Verbesserungsweg $1a$, $\underline{a2}$, $2b$, $\underline{b3}$, $3c$. (Zur Erinnerung: $a1 = 1a$ sind zwei Schreibweisen für ein- und dieselbe Kante). Das verbesserte Matching ist daher $M_1 = \{a1, b2, c3\}$, es enthält eine Kante mehr als M (siehe Abbildung 17.11 a)). Nun liegen die Kanten $E\setminus M_1 = \{2a, 3b, 4b, 2d\}$ nicht im Matching. Versuchen wir nun systematisch einen weiteren Verbesserungsweg zu finden. Wir müssen mit einem ungepaarten Knoten beginnen und dann abwechselnd passende Kanten in $E\setminus M_1$ und M_1 suchen. Beginnen wir z. B. mit dem ungepaarten Knoten 4, so können wir zunächst nur entlang der Kanten $4b$, $\underline{b2}$ einen alternierenden Weg weiter verfolgen. Dann gibt es aber zwei Möglichkeiten: Wir gehen weiter über $2a$, $\underline{a1}$ oder über $2d$, dann ist jeweils Ende. Aber nur die zweite Möglichkeit endet in einem ungepaarten Knoten, liefert also einen Verbesserungsweg: $4b$, $\underline{b2}$, $2d$. Wir nehmen daher $b2$ aus dem bisherigen Matching M_1 und fügen stattdessen $4b$ und $2d$ ein. Es entsteht daraus das neue Matching $M_2 = \{a1, b4, c3, d2\}$ (siehe Abbildung 17.11 b)). Da es nun keine ungepaarten Knoten mehr gibt, handelt es sich um ein maximales Matching. ∎

Man kann also ein maximales Matching konstruieren, indem man, wie im letzten Beispiel gezeigt, ausgehend von ungepaarten Knoten systematisch Verbesserungswege sucht.

Es gibt aber noch eine andere Methode, um ein maximales Matching zu konstruieren: Man kann das Problem auf ein Netzwerk-Problem zurückführen. Dazu gehen wir folgendermaßen vor: Gegeben ist der bipartite Graph $G(S \cup T, E)$, in dem ein maximales Matching gesucht ist.

a)   b)

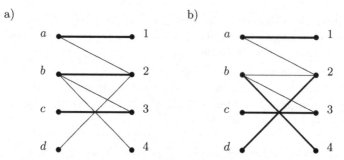

Abbildung 17.11. Konstruktion eines maximalen Matchings

- Wir bilden einen gerichteten Graphen, indem wir jede Kante $xy \in E$ mit einer Richtung von $x \in S$ nach $y \in T$ versehen. Bezeichnen wir diese Menge gerichteter Kanten mit E''.
- Wir fügen zwei neue Knoten q, s zum Graphen hinzu: $V' = S \cup T \cup \{q, s\}$. q wird die Quelle, s die Senke.
- Wir ziehen von der Quelle q eine gerichtete Kante zu jedem Knoten aus S, und von jedem Knoten aus T eine gerichtete Kante zur Senke s. Es entsteht dadurch die Kantenmenge $E' = E'' \cup \{qx \mid x \in S\} \cup \{ys \mid y \in T\}$.
- Jede Kante des entstandenen gerichteten Graphen wird mit der Kapazität 1 versehen.

Damit können wir einem bipartiten Graphen $G(S \cup T, E)$ ein Netzwerk $G'(V', E')$ zuordnen, wie in Abbildung 17.12 dargestellt:

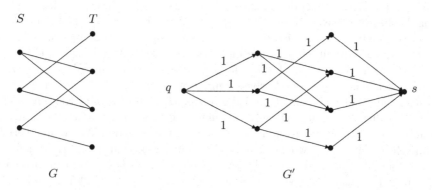

Abbildung 17.12. Bipartiter Graph G und zugehöriges Netzwerk G'

Was bringt uns das? Zunächst gilt:

Satz 17.21 Sei G ein bipartiter Graph und G' das zugehörige Netzwerk. Dann definiert jeder ganzzahlige Fluss in G' auf folgende Weise ein Matching in G: Fluss 1 entlang einer Kante bedeutet, dass die Kante im Matching ist, Fluss 0 heißt, dass sie nicht im Matching ist. Umgekehrt definiert jedes Matching in G auf diese Weise einen ganzzahligen Fluss in G'.

„Ganzzahlig" bedeutet wegen der Kantenkapazitäten 1, dass der Fluss f_{ij} entlang einer Kante nur 0 oder 1 sein kann.

Warum bildet die so gebildete Kantenmenge M ein Matching? Nun, in jeden Knoten $x \in S$ kann von der Quelle der Fluss 0 oder 1 hineinfließen. Ist dieser Fluss von q nach x gleich 0, so müssen auch alle von x wegführenden Kanten den Fluss 0 haben (wegen des Kirchhoff'schen Gesetzes). Ist der Fluss von q nach x gleich 1, dann muss von x genau eine Kante mit Fluss 1 weggehen, alle anderen von x weggehenden Kante müssen Fluss 0 haben. Unterm Strich kann also von jedem Knoten $x \in S$ höchstens eine Kante mit Fluss 1 wegführen und nach analoger Überlegung kann zu jedem $y \in T$ höchstens eine Kante mit Fluss 1 hinführen. Somit ist jedes $x \in S$ Endknoten von höchstens einer Kante aus M, ebenso ist jedes $y \in T$ Endknoten von höchstens einer Kante aus M. Das sind aber genau die Eigenschaften, die ein Matching ausmachen. Jeder ganzzahlige Fluss definiert damit ein Matching. Umgekehrt definiert natürlich auch jedes Matching auf diese Weise einen (ganzzahligen) Fluss.

Nun der entscheidende Punkt: Was ist der Gesamtfluss f im Netzwerk? – Nichts anderes als die Anzahl der Kanten im Matching. Somit folgt:

> **Satz 17.22** Sei G ein bipartiter Graph, dann gilt: Ein Matching ist genau dann maximal, wenn der ganzzahlige Fluss im zugehörigen Netzwerk G' maximal ist.

Wir müssen also nur den bipartiten Graphen in ein Netzwerk verwandeln, mit dem Algorithmus von Ford-Fulkersen (Start mit einem ganzzahligen Fluss) einen maximalen Fluss finden, und schon haben wir auch ein maximales Matching!

Ford-Fulkerson liefert einen ganzzahligen Fluss, wenn wir bei einem solchen beginnen, denn der Fluss bleibt dann ja in jedem Schritt ganzzahlig.

17.3 Mit dem digitalen Rechenmeister

Netzwerke

Definieren wir zunächst den Graphen aus Abbildung 17.1:

```
In[1]:= A = {{∞, 10, ∞, 12, ∞, ∞}, {∞, ∞, 9, ∞, ∞, ∞}, {∞, ∞, ∞, 4, ∞, 8},
            {∞, ∞, ∞, ∞, 12, ∞}, {∞, ∞, 6, ∞, ∞, 14}, {∞, ∞, ∞, ∞, ∞, ∞}};
        v = {{-1, 0}, {-0.5, 0.86}, {0.5, 0.86},
            {-0.5, -0.86}, {0.5, -0.86}, {1, 0}};
        gr = WeightedAdjacencyGraph[A, VertexCoordinates → v,
            ImagePadding → 5, GraphStyle → "SmallNetwork",
            EdgeLabels → "EdgeWeight"];
```

Mit der Option Type → Directed teilen wir Mathematica mit, dass es sich um einen gerichteten Graphen handelt. Nun kann Beispiel 17.10 mit

```
In[3]:= mf = FindMaximumFlow[gr, 1, 6, "OptimumFlowData",
            EdgeCapacity → EdgeWeight];
```

gelöst werden. Mit

```
In[4]:= mf["FlowValue"]

Out[4]= 20
```

erhalten wir den maximalen Fluss und mit `mf["FlowGraph"]` den zugehörigen Graphen. In diesem können wir die Kantenbezeichnungen auf die Angabe von „Kapazität, Fluss" erweitern:

```
In[5]:= SetProperty[mf["FlowGraph"],{EdgeLabels →
           (# → Row[{PropertyValue[{gr, #},EdgeWeight],",",mf[#]}]&/@
           EdgeList[gr])}]
```

Out[5]=
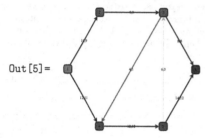

Matchings

Geben wir zunächst den bipartiten Graphen aus Beispiel 17.20 ein:

```
In[6]:= gr = Graph[{1 → 5, 1 → 6, 2 → 6, 2 → 7, 2 → 8, 3 → 7, 4 → 6},
           VertexCoordinates → {{0, 3}, {2, 3}, {2, 1}, {0, 2}, {2, 2}, {2, 0},
           {0, 1}, {0, 0}},VertexLabels → "Name",ImagePadding → 10];
```

Hier haben wir zur Abwechslung den Graphen als eine Liste von gerichteten Kanten angegeben (die Knotenliste wird automatisch aus den Kanten generiert). Nun kann mit dem Befehl `MaximalBipartiteMatching` aus dem Paket `GraphUtilities` ein maximales Matching gefunden werden:

```
In[7]:= Needs["GraphUtilities`"];
        MaximalBipartiteMatching[gr]
Out[8]= {{1, 5}, {4, 6}, {3, 7}, {2, 8}}
```

Veranschaulichen können wir es mit

```
In[9]:= HighlightGraph[gr, Graph[%/.{a_, b_} → (a → b)]]
```

Out[9]=

17.4 Kontrollfragen

Fragen zu Abschnitt 17.1: Netzwerke

Erklären Sie folgende Begriffe: Netzwerk, Kapazität, Quelle, Senke, zulässiger Fluss, Kirchhoff'sches Gesetz, Gesamtfluss, ungerichteter Weg, Vorwärtskante, Rückwärtskante, zunehmender Weg, Algorithmus von Ford-Fulkerson, Angebot-Nachfrage Problem.

1. Welche Eigenschaften hat ein zulässiger Fluss in einem Netzwerk?
2. Richtig oder falsch? Der Gesamtfluss durch ein Netzwerk ist gleich der Summe über alle Flüsse entlang der Kanten des Netzwerkes.
3. Betrachten Sie die Netzwerke in den folgenden Abbildungen a) und b). Handelt es sich um zulässige Flüsse? Bestimmen Sie in diesem Fall den Gesamtfluss durch das Netzwerk.

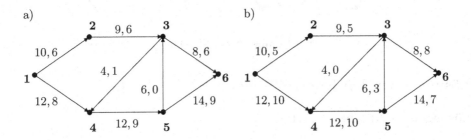

4. Kann eine Kante für einen ungerichteten Weg Vorwärtskante sein, und für einen anderen ungerichteten Weg Rückwärtskante?
5. Warum sind zunehmende Wege für Netzwerke interessant?
6. Was geben Sie beim Algorithmus von Ford-Fulkerson vor? Was gibt der Algorithmus aus?
7. Wie kann eine Situation modelliert werden, in der
   a) es mehr als eine Quelle oder Senke gibt?
   b) Knoten nur eine bestimmte Kapazität befördern können?

Fragen zu Abschnitt 17.2: Matchings

Erklären Sie folgende Begriffe: bipartiter Graph, Matching, maximales Matching, gepaarter/ungepaarter Knoten, alternierender Weg, Verbesserungsweg.

1. Ist G mit den folgenden Knoten $V = S \cup T$ und Kanten E ein bipartiter Graph?
   a) $S = \{a, c\}$, $T = \{b, d\}$, $E = \{ab, bc, cd, ad, ac\}$
   b) $S = \{a, c, e\}$, $T = \{b, d, f\}$, $E = \{ab, bc, cd, de, ef, af, ad, cf\}$
2. Bilden die fett gezeichneten Kanten in Abbildung 17.13 ein Matching? Wenn ja, ist es ein maximales Matching?
3. Richtig oder falsch: Wenn es keinen Verbesserungsweg mehr gibt, dann ist ein Matching maximal.
4. Welcher Zusammenhang besteht zwischen Matchings in bipartiten Graphen und zwischen Flüssen in Netzwerken?
5. Nennen Sie einen Algorithmus, mit dem ein maximales Matching in einem bipartiten Graphen gefunden werden kann.

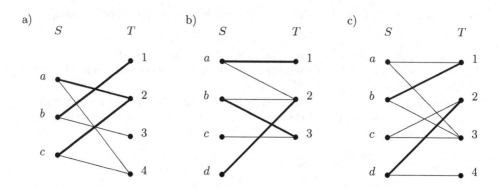

Abbildung 17.13. Matching?

Lösungen zu den Kontrollfragen

Lösungen zu Abschnitt 17.1

1. Der Fluss entlang einer Kante ist nichtnegativ und kleiner oder gleich als die Kapazität der Kante, und für jeden Knoten, der nicht Quelle oder Senke ist, gilt: Der Nettofluss am Knoten ist 0 (Kirchhoff'sches Gesetz).
2. Falsch; Gesamtfluss = Nettofluss an der Quelle = Nettofluss an der Senke.
3. a) Kein zulässiger Fluss, denn der Nettofluss am Knoten 3 ist nicht 0 (in Knoten 3 fließt 6 hinein und $1 + 6 = 7$ heraus).
   b) Ja, zulässiger Fluss. Denn die Flüsse an den Kanten sind nichtnegativ, übersteigen die jeweilige Kapazität nicht, und an jedem Knoten ungleich Quelle oder Senke ist das Kirchhoff'sche Gesetz erfüllt. Der Gesamtfluss durch das Netzwerk ist 15 (= Nettofluss an Quelle = Nettofluss an Senke).
4. ja
5. Entlang der Kanten eines zunehmenden Weges kann der Fluss durch das Netzwerk vergrößert werden. Gibt es keinen zunehmenden Weg mehr, dann ist der maximale Fluss erreicht.
6. Gegeben ist ein Netzwerk mit (irgend)einem Gesamtfluss (auch 0). Der Algorithmus findet sukzessive zunehmende Wege und konstruiert mit ihrer Hilfe einen maximalen Gesamtfluss.
7. Mithilfe von fiktiven Knoten:
   a) Eine fiktive Quelle wird eingeführt, von der Kanten mit unendlich großer Kapazität zu den realen Quellen gehen; bzw. wird eine fiktive Senke eingeführt, in die Kanten mit unendlich großer Kapazität von den realen Senken führen.
   b) Anstelle des Knotens werden zwei fiktive Knoten gesetzt, die durch eine Kante mit dieser eingeschränkten Kapazität verbunden sind.

Lösungen zu Abschnitt 17.2

1. a) Nicht bipartit, da die Kante ac beide Endknoten in S hat.
   b) Bipartit, da jede Kante einen Endknoten aus S und einen aus T hat.

2. a) Kein Matching, da der Knoten 2 gemeinsamer Endknoten von zwei Kanten aus M ist.

b) Matching, und bereits maximal, denn: Es sind keine weiteren Paare möglich, da die Menge T keine ungepaarten Knoten mehr hat.

c) Matching, aber noch nicht maximal, da es Verbesserungswege gibt.

3. richtig

4. Jeder bipartite Graph kann in ein Netzwerk verwandelt werden. Das Problem, ein maximales Matching zu finden, entspricht dann dem Problem, den Fluss zu maximieren.

5. Algorithmus von Ford-Fulkerson (zuvor Übersetzung des Problems in das zugehörige Netzwerk-Problem).

17.5 Übungen

Aufwärmübungen

1. Finden Sie alle ungerichteten Wege von der Quelle zur Senke durch das Netzwerk in Abbildung 17.1 und stellen Sie für jede der durchlaufenen Kanten fest, ob es sich um eine Vorwärts- oder um eine Rückwärtskante handelt.

2. Betrachten Sie das folgende Netzwerk:

a) Gibt es einen zulässigen Fluss mit $u = 4$? Warum?

b) Bestimmen Sie die möglichen Werte für x, y, z und u, sodass ein zulässiger Fluss von q nach s entsteht. Bestimmen Sie den Gesamtfluss.

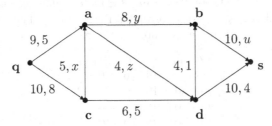

3. Gegeben ist das Netzwerk in Abbildung 17.14.

a) Finden Sie (durch Hinsehen) alle ungerichteten Wege von q nach s. Geben Sie Beispiele für Vorwärts- und Rückwärtskanten.

b) Wie groß ist der Gesamtfluss? Warum ist er nicht maximal?

4. Vergrößern Sie den Gesamtfluss durch das Netzwerk in der folgenden Abbildung mithilfe von zunehmenden Wegen bis zu seinem Maximum (ohne Algorithmus):

5. Finden Sie mithilfe von Verbesserungswegen ein maximales Matching für den Graphen in Abbildung 17.13 c).

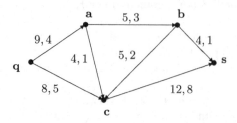

Abbildung 17.14. Wie groß ist der Gesamtfluss?

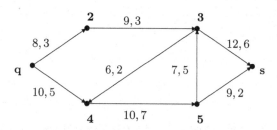

Weiterführende Aufgaben

1. Eine Pipeline pumpt Rohöl von einer Quelle q zu einer Endstation s. Das Öl wird durch ein Netzwerk mit fünf Zwischenstationen $p_1, \ldots, p_5$ gepumpt. Die Maximalmenge an Öl (Einheit: 10^3 Barrel pro Tag), die in den einzelnen Abschnitten des Netzwerkes fließen kann, ist in folgender Tabelle angegeben (Adjazenzmatrix, wobei die Einträge die Kantengewichte bedeuten):

	q	p_1	p_2	p_3	p_4	p_5	s
q	0	7	14	6	0	0	0
p_1	0	0	10	0	8	0	0
p_2	0	0	0	0	0	7	9
p_3	0	0	0	0	0	4	0
p_4	0	0	0	0	0	0	12
p_5	0	0	0	0	0	0	11
s	0	0	0	0	0	0	0

a) Stellen Sie das Netzwerk graphisch dar und geben Sie (irgend)einen zulässigen Fluss durch das Netzwerk an.

b) An das Netzwerk wird nun eine neue Quelle r angeschlossen. Von ihr werden Pipelines zu den Pumpen p_3 und p_5 errichtet, die eine Kapazität von 4 Einheiten bzw. 7 Einheiten besitzen. Wie ändert sich der Graph dadurch? Wie können die beiden Quellen als eine einzige Quelle modelliert werden?

c) Angenommen, die Pumpe p_2 hat begrenzte Kapazität: Sie kann maximal 12 Einheiten weiterleiten. Wie kann das modelliert werden, sodass nach wie vor ein Netzwerk (wie in Definition 17.1) gegeben ist?

2. Finden Sie den maximalen Fluss im Netzwerk aus Abbildung 17.14 mit dem Algorithmus von Ford-Fulkerson. Welche Kapazitäten könnten verringert werden, ohne dass sich der maximale Fluss ändert?

3. Wie oft müsste man den Fluss in der folgenden Abbildung entlang zunehmender Wege vergrößern, um auf den maximalen Gesamtfluss zu kommen, wenn man wie abgebildet mit dem Gesamtfluss $f = 0$ startet, und abwechselnd die zunehmenden Wege q, a, b, s und q, b, a, s verwendet? Trifft der Ford-Fulkerson-Algorithmus hier diese schlechte Wahl?

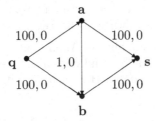

4. Ein Unternehmen, das Kuckucksuhren herstellt, hat zwei Fabriken a und b und zwei Händler c und d. Die produzierten Waren werden, wie in der folgenden Abbildung dargestellt, über ein Straßennetz von den Fabriken zu den Händlern transportiert (Kantengewicht = Kapazität des jeweiligen Straßenstückes in der Einheit 1000 Stück pro Woche). Fabrik a kann 6000 Kuckucksuhren pro Woche produzieren, b kann 8000 Stück pro Woche produzieren. Händler c braucht 7000 und Händler d braucht 4000 Kuckucksuhren pro Woche.

a) Kann die Nachfrage gedeckt werden?

b) Angenommen, die Nachfrage von d vergrößert sich auf 7000 Stück. Kann die Nachfrage dann gedeckt werden?

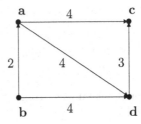

5. Vier Typen von Chemikalien sollen mit vier LKWs transportiert werden. Von jeder Chemikalie gibt es drei Behälter. Aus Sicherheitsgründen darf ein LKW nicht mehr als einen Behälter jeder Chemikalie transportieren. Die LKWs können 4, 2, 4 bzw. 3 Behälter transportieren. Wie kann dieses Problem mithilfe eines Netzwerkes modelliert werden? (Es genügt, den Graphen zu skizzieren und den prinzipiellen Lösungsweg zu erklären, eine konkrete Lösung ist mit der Hand zu aufwändig.)

6. Das Institut für Angewandte Mathematik möchte im Wintersemester sechs Vorlesungen anbieten. Jedes der sieben Institutsmitglieder B, C, E, F, H, O, P ist

bereit, bestimmte Vorlesungen zu halten, wie in folgender Tabelle dargestellt. Ist es möglich, die Professoren so einzuteilen, dass keiner mehr als einen Kurs halten muss?

Professor	Vorlesung
B	Analysis, Numerik
C	Analysis
E	Analysis, Lineare Algebra
F	Analysis
H	Lineare Algebra, Zahlentheorie
O	Lineare Algebra, Diskrete Mathematik, Numerik
P	Graphentheorie, Numerik

7. Finden Sie ein maximales Matching zu Abbildung 17.10 b), indem Sie den Graphen in ein Netzwerk umwandeln und den maximalen Fluss ermitteln (mithilfe von zunehmenden Wegen durch Hinsehen genügt; vergleichen Sie auch Beispiel 17.20).

Lösungen zu den Aufwärmübungen

1. Alle ungerichteten Wege von Quelle zu Senke sind: $1, 2, 3, 6$ (nur Vorwärtskanten); $1, 2, 3, 5, 6$ (eine Rückwärtskante $(5, 3)$, sonst lauter V.); $1, 4, 3, 6$ (eine R. $(3, 4)$, sonst lauter V.); $1, 4, 3, 5, 6$ (zwei R. $(3, 4)$, $(5, 3)$, sonst V.); $1, 4, 5, 6$ (nur V.); $1, 4, 5, 3, 6$ (nur V.); $1, 2, 3, 4, 5, 6$ (nur V.)

2. a) Nein, für den gegebenen Fluss muss $u = 9$ sein (da der Nettofluss an der Quelle gleich 13 ist).
   b) Wir stellen für jeden Knoten eine Gleichung für den Nettofluss $F(Knoten)$ auf: An Quelle und Senke ist er gleich, an den inneren Knoten muss er 0 sein. Aus diesen Bedingungen folgen die Werte von x, y, z, u:

$$F(q) \;=\; 5 + 8 = 13$$
$$F(s) \;=\; u + 4 = 13$$
$$F(b) \;=\; y + 1 - u = 0$$
$$F(c) \;=\; 8 - x - 5 = 0$$
$$F(d) \;=\; 5 + z - 1 - 4 = 0$$

Lösung dieses linearen Gleichungssystems: $x = 3, y = 8, z = 0, u = 9$. Der Gesamtfluss ist daher 13.

3. a) q, a, b, s (nur Vorwärtskanten); q, a, b, c, s; q, a, c, s; q, a, c, b, s (hier ist bc eine Rückwärtskante); q, c, s; q, c, b, s; q, c, a, b, s
   b) Der Gesamtfluss ist 9. Er ist nicht maximal, weil es zunehmende Wege gibt.

4. Wir verwenden sukzessive zunehmende Wege, als ersten z. B. $q, 4, 5, s$: Hier gibt es nur Vorwärtskanten, und die Differenzen zwischen Kapazität und Fluss sind $\Delta_{q4} = 5$, $\Delta_{45} = 3$, bzw. $\Delta_{5s} = 5$. Die kleinste davon ist die maximal mögliche Flusszunahme entlang dieses Weges, also $\Delta = 3$. Die neuen Flüsse sind daher $f_{q4} = 5 + 3 = 8$, $f_{45} = 7 + 3 = 10$, $f_{5s} = 2 + 3 = 5$.
   Als nächsten zunehmenden Weg wählen wir z. B. $q, 4, 3, s$: Hier sind $\Delta_{q4} = 2$, $\Delta_{43} = 2$ (= Fluss durch diese Kante, da Rückwärtskante!), bzw. $\Delta_{3s} = 6$. Daraus folgt die Flusszunahme $\Delta = 2$ entlang dieses Weges.

Weiters ergeben sich entlang des zunehmenden Weges $q, 2, 3, s$ die Flusszunahme $\Delta = 4$ und entlang des zunehmenden Weges $q, 2, 3, 5, s$ die Flusszunahme $\Delta = 1$. Nun gibt es keinen zunehmenden Weg mehr, der Gesamtfluss 18 ist maximal.

5. Das gegebene Matching ist $M = \{b1, d2\}$. Ein Verbesserungsweg ist z. B. $4d, d2, 2c$. Wir nehmen daher $d2$ aus dem Matching und fügen stattdessen $4d$ und $2c$ hinzu: $M_1 = \{b1, 4d, 2c\}$. Zum ungepaarten Knoten 3 gibt es noch den Verbesserungsweg $3b, b1, 1a$. Damit erhalten wir das Matching $M_2 = \{3b, 1a, 4d, 2c\}$, das nun maximal ist, da es keinen Verbesserungsweg mehr gibt.

(Lösungen zu den weiterführenden Aufgaben finden Sie in Abschnitt B.17)

A

Einführung in Mathematica

Ein Teil der Funktionalität von Mathematica ist auch über die Webseite http://www.wolframalpha.com frei verfügbar.

A.1 Erste Schritte

Mathematica ist ein umfassendes Programmpaket, das sowohl symbolisch als auch numerisch rechnen kann. Im einfachsten Fall kann es wie ein Taschenrechner verwendet werden. Geben wir zum Beispiel $3+5$ ein und drücken danach die ENTER-Taste beim Ziffernblock (oder alternativ auch SHIFT+RETURN):

```
In[1]:=  3 + 5
Out[1]=  8
```

Ein Strichpunkt am Ende einer Anweisung unterdrückt die Ausgabe. Sie können mehrere Anweisungen auf einmal eingeben, indem Sie diese durch Strichpunkte trennen:

```
In[2]:=  x = 5; 3 * x
Out[2]=  15
```

Das Multiplikationszeichen $*$ muss nicht geschrieben werden, ein Leerzeichen genügt. Vergessen Sie aber auf dieses Leerzeichen nicht – das kann nämlich einen großen Unterschied machen, wie das folgende Beispiel zeigt:

```
In[3]:=  xy + x y
Out[3]=  xy + 5y
```

xy ohne Leerzeichen wird also als Variable mit zwei Zeichen aufgefasst. Auch Groß-/Kleinschreibung wird von Mathematica unterschieden:

```
In[4]:=  X + x
Out[4]=  5 + X
```

Sie haben bereits gesehen, dass jede Eingabe und jede Ausgabe mit einer Nummer versehen werden. Sie können auf den jeweiligen Ausdruck jederzeit zurückgreifen:

In[5]:= Out[1]/2

Out[5]= 4

Die *unmittelbar vorhergehende* Ausgabe erhalten Sie mit einem Prozentzeichen:

In[6]:= % + 3

Out[6]= 7

Momentan ist x mit dem Wert 5 belegt:

In[7]:= 1/(1 − x) + 1/(1 + x)

$$\text{Out[7]}= \ -\frac{1}{12}$$

Mit Clear können Sie diese Belegung löschen:

In[8]:= Clear[x]

Nun ist x wieder unbestimmt:

In[9]:= 1/(1 − x) + 1/(1 + x)

$$\text{Out[9]}= \ \frac{1}{1-x} + \frac{1}{1+x}$$

Zur Vereinfachung eines Ausdrucks können Sie den Befehl Simplify verwenden. Vereinfachen wir beispielsweise die letzte Ausgabe:

In[10]:= Simplify[%]

$$\text{Out[10]}= \ -\frac{2}{-1+x^2}$$

Für hartnäckige Fälle steht auch noch die umfangreichere Variante FullSimplify zur Verfügung.

Vielleicht ist Ihnen aufgefallen, dass Mathematica Ausdrücke in einer gut lesbaren Form ausgibt, also beispielsweise eine Potenz in der Form x^2 anstelle von x^2. Auch wir können Brüche, Potenzen usw. entweder mit den üblichen Symbolen /, ^ usw. eingeben, oder wir können die entsprechenden Symbole mit der Maus aus einer Palette auswählen. So kann etwa der Bruch

In[11]:= (x + 1)/x^2;

mit der Maus über die Palette Basic Math Assistant (zu finden im Menüpunkt Palettes) auch in der Form

$$\text{In[12]}:= \ \frac{x+1}{x^2};$$

eingegeben werden. Der Strichpunkt am Ende der Eingabe bewirkt, dass die Ausgabe unterdrückt wird (der Ausdruck wird aber natürlich ausgewertet und auf das Ergebnis kann mit % oder Out[] zugegriffen werden).

Hilfe zu Mathematica-Befehlen finden Sie im Menü unter Help → Dokumentation Center oder mit dem Befehl ?Befehl, z.B.:

In[13]:= ?Sin

       Sin[z] gives the sine of z. ≫

Übung: Versuchen Sie, die Bezeichnung für die Zahl π in `Mathematica` herauszufinden.

A.2 Funktionen

`Mathematica` kennt eine Vielzahl von mathematischen Funktionen. Diese Funktionen beginnen immer mit einem *Großbuchstaben*. Die Argumente werden in *eckigen* Klammern angegeben. Einige der eingebauten Funktionen sind:

`Sqrt[x]`	Wurzelfunktion $\sqrt{x}$
`Exp[x]`	Exponentialfunktion e^x
`Log[x]`	(Natürlicher) Logarithmus $\ln(x)$
`Log[a,x]`	Logarithmus $\log_a(x)$
`Sin[x]`, `Cos[x]`	Sinus- und Kosinusfunktion
`Abs[x]`	Absolutbetrag $|x|$

Zum Beispiel können wir die Wurzel aus 4 berechnen:

`In[14]:= Sqrt[4]`

`Out[14]= 2`

Wenn wir aber etwa `Sin[1]` eingeben, so erhalten wir:

`In[15]:= Sin[1]`

`Out[15]= Sin[1]`

Das ist vermutlich nicht das Ergebnis, das Sie erwartet haben! `Mathematica` wertet den Ausdruck hier *symbolisch* (und nicht numerisch) aus. Und da es für `Sin[1]` symbolisch keinen einfacheren Wert gibt, wird er unverändert ausgegeben (so, wie man ja auch π schreibt anstelle von $3.141\ldots$). Wir weisen `Mathematica` an *numerisch* zu rechnen, indem wir das Argument mit einem Komma versehen (in `Mathematica` wird das Komma als Punkt eingegeben):

`In[16]:= Sin[1.]`

`Out[16]= 0.841471`

Eine zweite Möglichkeit ist die Verwendung des Befehls `N[ ]`. Lassen wir uns zum Beispiel damit einen numerischen Wert für π ausgeben:

`In[17]:= N[Pi]`

`Out[17]= 3.14159`

oder für die Eulersche Zahl:

`In[18]:= N[E]`

`Out[18]= 2.71828`

Natürlich können wir auch eigene Funktionen definieren:

`In[19]:= f[x_] := x`^{2}` + Sin[x] + a`

Der Unterstrich in x_ teilt Mathematica mit, dass x in diesem Ausdruck die unabhängige Variable ist. Die Verwendung von := weist Mathematica an, die rechte Seite *jedes Mal neu auszuwerten*, wenn f aufgerufen wird. Daher haben wir hier auch kein Out[...] bekommen. Nun kann die neue Funktion f wie jede eingebaute Funktion verwendet werden (solange, bis Sie Mathematica beenden):

In[20]:= f[2]

Out[20]= 4 + a + Sin[2]

In[21]:= f[x]

Out[21]= a + x² + Sin[x]

In[22]:= x = 3; f[x]

Out[22]= 9 + a + Sin[3]

Achtung: Man kann Funktionen auch nur mit einem = anstelle eines := definieren. Dann wird die rechte Seite *zuerst* ausgewertet (mit allen aktuellen Belegungen, ergibt also hier z. B. mit x=3 den Wert a + 9 + Sin[3]). Dieser Wert wird dann (ein für alle Mal) als Funktionswert zugewiesen:

In[23]:= g[x_] = x² + Sin[x] + a

Out[23]= 9 + a + Sin[3]

g ist damit eine *konstante* Funktion, d.h., wir erhalten immer denselben Funktionswert, unabhängig vom Argument:

In[24]:= g[2]

Out[24]= 9 + a + Sin[3]

Zusammenfassend gibt es also zwei Möglichkeiten: Funktionen von vornherein mit := definieren oder vor der Definition mit = sicherstellen, dass die unabhängige Variable nicht mit einem Wert belegt ist, also

In[25]:= Clear[x]; g[x_] = x² + Sin[x] + a

Out[25]= a + x² + Sin[x]

In[26]:= g[2]

Out[26]= 4 + a + Sin[2]

Mit Plot können Funktionen leicht gezeichnet werden:

Plot[f[x], {x, xmin, xmax}]   zeichnet f als Funktion von x im Intervall von xmin bis xmax

Zeichnen wir zum Beispiel die Funktion Sin[x] im Intervall von 0 bis 2π:

In[27]:= Plot[Sin[x], {x, 0, 2π}]

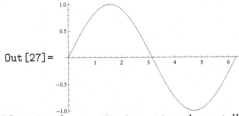

Meist ist der von Mathematica dargestellte Ausschnitt der y-Achse passend. Man kann ihn aber auch selbst mit PlotRange festlegen. Wählen wir zum Beispiel für Log[x] das y-Intervall von -4 bis 4:

In[28]:= Plot[Log[x], {x, 0, 10}, PlotRange $\to$ {-4, 4}]

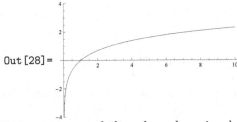

Mathematica enthält neben den eingebauten Funktionen auch eine Reihe von Standard-Zusatzpaketen (Algebra, Graphik, diskrete und numerische Mathematik, Zahlentheorie, Statistik, ...), die viele zusätzliche Funktionen bereithalten. Bei Bedarf wird das entsprechende Zusatzpaket geladen:

<<dir'	initialisiert alle Pakete aus dem Verzeichnis dir
<<dir'package'	liest das Paket package aus dem genannten Verzeichnis ein

Alternativ können Pakete auch mit Needs["dir'"] bzw. Needs["dir'package'"] geladen werden. (Achtung auf die Verwendung der richtigen Anführungszeichen!)

Übung: Zeichnen Sie die Funktion $y = \frac{1}{x-1}$ im x-Intervall von 0 bis 2 und im y-Intervall von -20 bis 20.

A.3 Gleichungen

Eine Gleichung wird in Mathematica mit einem doppelten Gleichheitszeichen eingegeben

In[29]:= Sin[x]^2 + Cos[x]^2 == 1

Out[29]= Sin[x]^2 + Cos[x]^2 == 1

Mit Simplify kann man versuchen die Gleichheit zu überprüfen:

In[30]:= Simplify[%]

Out[30]= True

Unsere Gleichung ist also richtig (True bzw. False sind die englischen Wörter für wahr bzw. falsch).

Die quadratische Gleichung

In[31]:= gleichung = $(x^2 - 2x - 4 == 0)$;

kann mit dem Befehl Solve gelöst werden:

In[32]:= loesung = Solve[gleichung, x]
Out[32]= $\{\{x \to 1 - \sqrt{5}\}, \{x \to 1 + \sqrt{5}\}\}$

Mathematica liefert dabei die Lösung in Form von so genannten **Ersetzungsregeln** x→ wert. Der Vorteil dabei ist, dass dadurch x nicht automatisch mit wert belegt wird, man aber trotzdem leicht mit der Lösung weiterrechnen kann. Zum Beispiel können wir die beiden Lösungen in unsere Gleichung einsetzen und mit Simplify die Probe machen:

In[33]:= Simplify[$x^2 - 2x - 4$ /. loesung]
Out[33]= $\{0, 0\}$

Mit dem **Ersetzungsoperator** /. wird durch ausdruck /. x → wert überall in ausdruck die Variable x durch wert ersetzt.

Falls es, wie in unserem Fall, mehrere Lösungen gibt, so kann man auf eine einzelne Lösung mit dem Befehl

In[34]:= loesung[[1]]
Out[34]= $\{x \to 1 - \sqrt{5}\}$

zugreifen. Allgemein wird in Mathematica ein Ausdruck der Form

In[35]:= $\{a, b, c, d, e\}$;

als **Liste** bezeichnet. Man kann auf den n-ten Teil einer Liste list mit list[[n]] zugreifen:

In[36]:= %[[3]]
Out[36]= c

Zusammenfassend gilt:

Solve[a == b, x]	löst die Gleichung a==b mit x als Unbekannte
ausdruck /. loesung	setzt loesung in ausdruck ein
loesung[[n]]	gibt den n-ten Eintrag der Liste loesung aus

Mathematica kann natürlich auch Systeme aus mehreren Gleichungen mit einer oder mehreren Variablen lösen, wie zum Beispiel:

In[37]:= Solve[$\{x + y == a, x - y == 0\}, \{x, y\}$]
Out[37]= $\{\{x \to \frac{a}{2}, y \to \frac{a}{2}\}\}$

Übung: Lösen Sie die quadratische Gleichung $x^2 - x - 12 = 0$.

A.4 Programme

`Mathematica` ist nicht nur ein Mathematikprogramm, sondern auch eine vollwertige Programmiersprache. Insbesondere stehen die üblichen Kontrollstrukturen und Schleifen zur Verfügung:

`If[test, befehl1, befehl2]`	Ist test wahr, so wird `befehl1` ausgewertet, ansonsten `befehl2` (`befehl2` ist optional)
`Do[befehl, {j, jmin, jmax, dj}]`	führt `befehl` mit j=jmin,jmin+dj,...,jmax aus
`For[start, test, inkrement, befehl]`	führt einmal `start` und dann solange `befehl` und `inkrement` aus, bis `test` falsch ist
`While[test, befehl]`	führt `befehl` aus, solange `test` wahr ist

(Das Inkrement `dj` in der Do-Schleife ist optional mit Defaultwert `dj=1`). Beispiel: Der Befehl `PrimeQ` überprüft, ob eine Zahl nur durch sich selbst oder eins teilbar, also eine Primzahl (siehe Abschnitt 2.6) ist:

`In[38]:= PrimeQ[7]`

`Out[38]= True`

Mit diesem Befehl und einer Do-Schleife können wir eine Liste von Primzahlen kleiner gleich einer vorgegebenen Zahl erzeugen. Lassen wir uns zum Beispiel alle Primzahlen kleiner gleich 10 ausgeben:

```
In[39]:= Do[
         If[PrimeQ[n], Print[n]],
         {n, 1, 10}];
```

```
2
3
5
7
```

Mit dem Befehl `Module` können mehrere Befehle übersichtlich zusammengefasst werden:

`Module[{var1=wert1, ...}, befehle]`	führt die `befehle` mit lokalen Werten für die aufgelisteten Variablen aus

Die einzelnen Befehle werden durch Strichpunkte getrennt. Das Ergebnis des letzten Befehls wird als Ergebnis des Blocks zurückgegeben.

Zum Beispiel können wir eine Funktion definieren, die die erste Primzahl ausgibt, die größer oder gleich einer vorgegebene Zahl ist:

```
In[40] := FindPrime[n_] := Module[{p = n},
              While[!PrimeQ[p], p++];
              p]
```

Dabei wird zuerst p mit n initialisiert. Dann wird p solange um eins erhöht (p++ ist äquivalent zu p=p+1), wie der Primzahltest fehlschlägt (das Rufzeichen negiert den Test: aus wahr wird falsch und aus falsch wahr; hier wird also p um 1 erhöht, solange PrimeQ[p] falsch ist). Am Ende wird der gefundene Wert von p ausgegeben.

```
In[41] := FindPrime[1000]
Out[41] = 1009
```

Übung: Verbessern Sie FindPrime, indem Sie berücksichtigen, dass Primzahlen (mit der Ausnahme von 2) immer ungerade sind (mit EvenQ[n] bzw. OddQ[n] können Sie testen, ob eine Zahl gerade oder ungerade ist).

B

Lösungen zu den weiterführenden Aufgaben

B.1 Logik und Mengen

1. a) Für alle $x \in A$ gilt: $x \geq 5$. b) Es gibt einen Pinguin, der nicht gerne schwimmt.
   c) Das Auto ist nicht blau oder wurde im Jahr 2005 oder später zugelassen.
   d) $(x \notin A)$ und $(x \notin B)$
2. a) richtig   b) falsch (die Augen können dann offen oder geschlossen sein)
   c) falsch (ich kann dann wach sein oder schlafen)
3. Es gibt hier jemanden, der nicht Deutsch und nicht Englisch spricht.
4. Die Wahrheitstabelle ergibt, dass nur B als Mörder in Frage kommt. Logisch gleichwertig ist die Formel $(V \wedge S) \vee (N \wedge F)$ (Das sieht man durch Vergleich der Wahrheitstabellen für alle 16 Kombinationen der Eingangsvariablen S, F, V, N).
5. a) $A \cup U$ b) $K \backslash (A \cup U) = \overline{A} \cap \overline{U}$ c) $K \backslash (A \cup U \cup G) = \overline{A} \cap \overline{U} \cap \overline{G}$ d) $A \cap \overline{U}$
6. a) $A \cap B$ b) B
7. a) b b) 1   c) $\overline{b}$
8. Verneinung beider Seiten der DNF und Anwendung der de Morgan'schen Regeln liefert die KNF für die Verneinung von f und damit auch für f (da f für eine beliebige Funktion steht). Man erhält die KNF auch, wenn man das Dualitätsprinzip auf die DNF anwendet und dabei alle Nullen (auch im Funktionsargument!) durch Einsen ersetzt und umgekehrt.
9. $c_1 = a + \overline{b}$, $c_2 = \overline{a} \cdot \overline{b}$, $c_3 = 1$, $c_4 = a$, $c_5 = \overline{b}$, $c_6 = \overline{a} + b$ und $c_7 = a + \overline{b}$
10. $\mathrm{if}(t, a, b) = t \cdot a + \overline{t} \cdot b$
11. Die Regeln können leicht durch eine Wahrheitstabelle mit den drei Zeilen $a < b$, $a = b$ und $a > b$ und den Spalten $a \vee b$, $\overline{a \vee b}$ usw. nachgewiesen werden.

B.2 Zahlenmengen und Zahlensysteme

1. a) ja   b) ja
2. Tipp: Gehen Sie analog wie für $\sqrt{2}$ vor.
3. –
4. –
5. –
6. –

7. Hinweis: $n(n+1)$ ist immer eine gerade Zahl, es lässt sich also 2 herausheben.

8. a) $(51.25)_{10}$ b) $(101100111.\overline{0011})_2$ c) $(21422)_8$ d) $(43981)_{10}$

9. exakt: $x = 2d = 205117922$, $y = 2c = 83739041$
   abgerundet: $x = d = 102558961$ und $y = c = 41869520.5$
   aufgerundet: $ad - bc = 0$, also keine Lösung

B.3 Elementare Begriffe der Zahlentheorie

1. –
2. –
3. $x = 1, y = 2$.
4. Ja.
5. Nein, denn das Assoziativgesetz gilt nicht.
6. $x = 12$ und $y = 8$.
7. 3
8. Bei der Wahl $m_1 = 97$, $m_2 = 98$ und $m_3 = 99$ folgen für $203 + 125$ bzw. $203 \cdot 125$ die Darstellungen $(37, 34, 31)$ bzw. $(58, 91, 31)$.
9. –
10. –
11. Durch Probieren: $x = 3$ und $x = 7$.
12. $52, 9, 17, 52$

B.4 Polynomringe und endliche Körper

1. $7x^5 + 4x^3 + x^2 + 2 = (\frac{7}{3}x^2 - \frac{2}{9})(3x^3 + 2x) + (x^2 + \frac{4}{9}x + 2)$
2. $x^2 + 2x - 3$
3. a) nicht kongruent   b) kongruent
4. Der Rest ist in beiden Fällen $x^2 + 1$.
5. kein Körper
6. $x^4 + x^2 + 1$
7. $2x^4 + 2x^3 + x^2 + x + 2$
8. $x^3 + x + 1$ und $x^3 + x^2 + 1$ sind irreduzibel. Die übrigen sechs Polynome sind reduzibel. Tipp: Die Nullstellen eines reduziblen Polynoms helfen bei der Suche nach den irreduziblen Faktoren.
9. $m(x) = x^3 + x + 1$ oder $m(x) = x^3 + x^2 + 1$
10. irreduzibel
11. a) 1101   b) 1111

B.5 Relationen und Funktionen

1.

	reflexiv	symm.	antisymm.	asymmetrisch	transitiv
$<$	nein	nein	ja	ja	ja
$>$	nein	nein	ja	ja	ja
$\leq$	ja	nein	ja	nein	ja
$\geq$	ja	nein	ja	nein	ja
$=$	ja	ja	ja	nein	ja
$\neq$	nein	ja	nein	nein	nein

2. –

3. nein

4. nein; $y = \sqrt{4 - x^2}$ und $y = -\sqrt{4 - x^2}$

5. streng monoton fallend für $(-\infty, 0]$ und streng monoton wachsend für $[0, \infty)$; beschränkt

6. a) nicht surjektiv   b) surjektiv   c) nicht surjektiv   d) nicht surjektiv

7. a) nein   b) ja   c) ja   d) ja

8. $[0, \infty)$ oder $(-\infty, 0]$

9. –

10. –

B.6 Folgen und Reihen

1. a) ∞ b) $-\infty$ c) $\frac{4}{7}$

2. a) ∞ b) $-\infty$ c) 0

3. $K_{n+1} = K_n + K_{n-1}$; divergent

4. Für negativen Startwert a_1 konvergiert die Folge gegen $-\sqrt{x}$.

5. Verwenden Sie den gleichen Trick wie für die Teilsummen der geometrischen Reihe.

6. $\frac{1423}{330}$

7. a) konvergent   b) konvergent für alle $x \in \mathbb{R}$

8. 1

B.7 Kombinatorik

1. a) 308915776   b) 165765600   c) 712882560   d) 685464000

2. a) 1024   b) 120   c) 56   d) 1013

3. $\frac{11!}{4!4!2!}$ oder $\binom{11}{4}\binom{7}{4}\binom{3}{2}\binom{1}{1} = 34650$

4. Ziehung mit Zurücklegen ohne Beachtung der Reihenfolge ergibt 28 Tragkörbe.

5. Ziehung mit Zurücklegen ohne Beachtung der Reihenfolge ergibt 126 Würfe.

6. a) 2^{2^n} b) 3^{2^n}

7. –

8. a) Anzahl der Host-IDs:
   Klasse A: $2^{24}-2 = 16\,777\,214$ Klasse B: $2^{16}-2 = 65\,534$ Klasse C: $2^8-2 = 254$
   b) Anzahl der Net-IDs:
   Klasse A: $2^7 = 128$ Klasse B: $2^{14} = 16\,384$ Klasse C: $2^{21} = 2\,097\,152$
   c) Anzahl der IP-Adressen: $2^7\cdot(2^{24}-2)+2^{14}\cdot(2^{16}-2)+2^{21}\cdot(2^8-2) = 3\,753\,869\,056$
9. $25 \cdot 23 \cdots 3 \cdot 1$ Möglichkeiten. Faktor ca. $5.1 \cdot 10^{13}$.

B.8 Rekursionen und Wachstum von Algorithmen

1. $a_n = (-2) \cdot 3^n + 3 \cdot 2^n$
2. $a_n = 3^n(1+n)$
3. $a_n = 2^{n+1} \sin(\frac{n\pi}{2})$
4. a) ja   b) nein   c) nein   d) ja
5. $f_n = \frac{1}{\sqrt{5}} \left(\frac{1+\sqrt{5}}{2}\right)^n - \frac{1}{\sqrt{5}} \left(\frac{1-\sqrt{5}}{2}\right)^n$
6. Tipp: Machen Sie für die spezielle Lösung den Ansatz $i_n = dn+e$ und bestimmen Sie d und e über Koeffizientenvergleich.
   a) $a_n = -2^n + 3n + 2$ b) $a_n = 3n + 2$
7. $a_n = 2^n + 5n\,2^n + 3^{n+2}$
8. –
9. Tipp: Da die homogene Rekursion konstante Koeffizienten hat, ist mit s_n auch die verschobene Folge s_{n-k} eine Lösung.
10. a) $b = 1$ b) $b = 2$ c) $b = 2$ d) $b = 1$
11. a) $b = 1$ b) $b = 2$ c) $b = 2$ d) $b = 1$
12. richtig

B.9 Vektorräume

1. $(x_C, y_C) = (3,2) + n\frac{1}{\sqrt{5}}(2,1)$
2. linear unabhängig, daher Basis; Koordinaten $k_1 = -1$, $k_2 = -2$, $k_3 = 3$
3. Aus $\mathbf{a}, \mathbf{b} \in U_1 \cap U_2$ folgt sofort $\mathbf{a} + \mathbf{b} \in U_1 \cap U_2$ und $k\mathbf{a} \in U_1 \cap U_2$. Für $U_1 = \mathrm{LH}\{(1,0)\}$ und $U_2 = \mathrm{LH}\{(0,1)\}$ gilt $(1,0) + (0,1) = (1,1) \notin U_1 \cup U_2$.
4. ja
5. $(a_1, a_2) = k_1(2,1) + k_2(3,5)$ für $k_1 = \frac{1}{7}(5a_1 - 3a_2)$ und $k_2 = -\frac{1}{7}(\mathbf{a}_1 - 2\mathbf{a}_2)$.
6. a) Teilraum; eine Basis ist zum Beispiel $(0,1)$
   b) Teilraum; eine Basis ist zum Beispiel $(1,-1)$
7. a) $\dim(U) = 2$ b) $\mathbf{a} \notin U$ c) $\mathbf{b} \in U$
8. C ist ein Teilraum, da C abgeschlossen bezüglich Addition und Multiplikation mit einem Skalar ist. Die Dimension von C ist 2, eine Basis ist zum Beispiel $(0,0,1,1)$ und $(0,1,0,1)$.
9. Basis; $\mathbf{a} = \mathbf{a}_1 + \mathbf{a}_2 + \mathbf{a}_3$
10. ja
11. $\dim(U) = 1$
12. –

B.10 Matrizen und Lineare Abbildungen

1. Nicht definiert sind AB, AC, BC, CB, B^2, C^2, $B^T A$ und $C^T B$.
2. –
3. $x = -3, y = 2$ bzw. $x = 7, y = -2$
4. a) ja   b) ja
5. (y_1, y_2) ist gleich $(3800, 1200)$, $(3660, 1340)$ bzw. $(3562, 1438)$ nach einem, zwei bzw. drei Jahren. Die Verteilung konvergiert gegen die fixe Verteilung $(3333, 1667)$ (gerundet).
6. a) linear   b) nicht linear   c) nicht linear
7. Das Endergebnis hängt von der Reihenfolge der linearen Abbildungen ab, denn $AB \neq BA$.
8. Drehmatrix um den Winkel $\alpha + \beta$
9. $F(\mathbf{x}) = A\mathbf{x}$ mit $A = \begin{pmatrix} 4 & -3 \\ -2 & 5 \end{pmatrix}$.
10. –
11. –

B.11 Lineare Gleichungen

1. $x = -2, y = 3, z = 4, t = 5$
2. $x = 2 + 3t$, $y = 4 - 5t$, $z = 3$, t beliebig
3. nicht lösbar
4. –
5. $x_1 = t$, $x_2 = 1 + t$, $x_3 = t$ mit $t = 0, 1$
6. $\dim((\text{Kern}(A)) = 1$
7. $\dim(\text{Bild}(A)) = 2$
8. $\det(A) = 30$
9. -7
10. $\lambda \notin \{0, \pm\sqrt{2}\}$
11. a) $\mathbf{x} = (5.50374, 3.17215, 4.71797)$ b) $\mathbf{x} = (12.7895, 5.22699, 13.6938)$

B.12 Lineare Optimierung

1. Minimale Kosten $(740\,000 \,€)$ ergeben sich bei Montage von 100 PKWs und 200 LKWs in Österreich und 400 PKWs in Deutschland.
2. Beim Kauf von 4 Flugzeugen vom Typ A und von 1 Flugzeug vom Typ B wird die Anzahl der gleichzeitig transportierbaren Pakete maximiert (1600 Pakete).
3. Der zulässige Bereich ist zwar unbeschränkt, der Simplex-Algorithmus liefert aber trotzdem den billigsten Mix 1 kg SG und 1 kg TH (zum Preis von $0.7\,€$). Einen teuersten Mix gibt es nicht (warum?).
4. Minimale Kosten von $47\,000 \,€$ ergeben sich bei Transport von 40 t von L_1 nach P_1, 30 t von L_1 nach P_2, 0 t von L_2 nach P_1 und 30 t von L_2 nach P_2.

B.13 Skalarprodukt und Orthogonalität

1. $\mathbf{a}_\parallel = \frac{17}{25}(4,3)$, $\mathbf{a}_\perp = \frac{1}{25}(-18,24)$
2. $\frac{6}{\sqrt{5}}$; $\frac{1}{\sqrt{5}}(x+2y) = 0$
3. $\frac{1}{\sqrt{305}}(15x - 4y + 8z) = \pm\frac{1}{2}$
4. –
5. ja
6. a) nein   b) nein   c) ja
7. –
8. –
9. $\mathbf{u}_1 = \frac{1}{\sqrt{2}}(1,0,1)$, $\mathbf{u}_2 = \frac{1}{\sqrt{6}}(1,2,-1)$, $\mathbf{u}_3 = \frac{1}{\sqrt{3}}(-1,1,1)$
10. $\mathbf{x} = (2t+2, -t)$, $t \in \mathbb{R}$
11. Der Fehler ist $\frac{1}{\sqrt{6}}$.
12. –

B.14 Eigenwerte und Eigenvektoren

1. –
2. Die Eigenwerte sind konjugiert komplex $\lambda_{1,2} = 1 \pm i$ und die zugehörigen (normierten) Eigenvektoren lauten $\mathbf{u}_{1,2} = \frac{1}{\sqrt{2}}(\pm i, 1)$.
3. $A = \begin{pmatrix} -5 & 3 \\ 3 & 3 \end{pmatrix}$.
4. Tipp: Schreiben Sie die Eigenwerte $\lambda_{1,2}$ als die Nullstellen des charakteristischen Polynoms an (Lösung einer quadratischen Gleichung).
5. $A^8 = \begin{pmatrix} 128 & -128 \\ -128 & 128 \end{pmatrix}$
6. Normalform: $6y_1^2 + y_2^2 = 1$. Tipp: Stellen Sie die Kurve in der Form $\mathbf{x}^T A \mathbf{x}$ dar und wählen Sie A so, dass sie symmetrisch wird.
7. Normalform: $4y_1^2 - 6y_2^2 = 1$
8. Die Eigenwerte sind 3, 2, 0 und die zugehörigen (normierten) Eigenvektoren $\mathbf{u}_1 = \frac{1}{\sqrt{3}}(1,1,1)$, $\mathbf{u}_2 = \frac{1}{\sqrt{2}}(1,0,-1)$, $\mathbf{u}_3 = \frac{1}{\sqrt{6}}(1,-2,1)$.
9. –
10. –

B.15 Grundlagen der Graphentheorie

1. G und S sind äquivalent
2. K_n enthält $\binom{n}{2}$ Kanten
3. a) kein Eulerzug möglich   b) Eulerzug möglich
4. Tipp: Starten Sie im ersten und enden Sie im zweiten ungeraden Knoten.
5. –
6. –
7. Hinweis: In einem beliebigen Graphen hat jede Fläche mindestens 3 Kanten und jede Kante gehört zu 2 Flächen.

B.16 Bäume und kürzeste Wege

1. –
2. minimale Miete: 21
3. Der Dijkstra-Algorithmus mit Start in z liefert den aufspannenden Baum mit den Kanten ze, zf, fd, dc, db, ba, bs.
4. a) 5! mögliche Routen
   b) Start des NN-Verfahrens in a ergibt die Rundreise a, c, d, b, e, f, a mit Weglänge 88. Start des NN-Verfahrens in d ergibt die Rundreise d, b, e, f, c, a, d mit Weglänge 87. Das Optimum ist übrigens a, b, e, f, d, c, a mit Weglänge 80 (mit `Mathematica` berechnet).
5. Start des NN-Verfahrens in F ergibt die Rundreise F, B, K, D, W, A, F mit Weglänge 658. Start des NN-Verfahrens in K ergibt die Rundreise K, B, D, W, A, F, K mit Weglänge 702.
6. a) Start des DNN-Verfahrens in F ergibt dieselbe Rundreise wie das NN-Verfahren bei Start in F.
   b) Start des DNN-Verfahrens in K ergibt die Rundreise F, W, D, K, B, A, F; Weglänge: 689.
   (Das Optimum ist F, B, K, A, D, W, F mit Weglänge 617.)
7. 1) minimaler aufspannender Baum: BK, DW, DK, AK, BF;
   2) Euler-Zug (z. B.): F, B, K, D, W, D, K, A, K, B, F;
   3) Hamilton-Kreis (Start der Konstruktion bei F im obigen Euler-Kreis): F, B, K, D, W, A, F (gleicher Hamilton-Kreis wie mit NN bzw. DNN mit Start der Konstruktion in F).

B.17 Flüsse in Netzwerken und Matchings

1. –
2. Es ergibt sich ein maximaler Gesamtfluss 16. Die Kapazitäten entlang der Kanten qa, ac, bc könnten auf 8, 3 bzw. 1 verringert werden.
3. 200 mal; der Algorithmus trifft diese Wahl nicht (warum?).
4. a) Ford-Fulkerson liefert den maximalen Gesamtfluss 11, bei dem beide zu s führenden Kanten voll ausgelastet sind. Also kann die Nachfrage gedeckt werden.
   b) Ford-Fulkerson liefert nun den maximalen Gesamtfluss 12. Die Kanten zu s sind nicht voll ausgelastet, daher kann die Nachfrage nicht mehr gedeckt werden.
5. –
6. maximales Matching: $\{CA, BN, EL, HZ, OD, PG\}$ (Anfangsbuchstaben stehen für Professoren bzw. Vorlesungstitel)
7. –

Literatur

Mathematische Vorkenntnisse

1. A. Adams et al., *Mathematik zum Studieneinstieg*, 5. Auflage, Springer, Berlin, 2008.
2. K. Fritzsche, *Mathematik für Einsteiger*, 4. Auflage, Spektrum, Heidelberg, 2007.
3. A. Kemnitz, *Mathematik zum Studienbeginn*, 10. Auflage, Vieweg, Braunschweig, 2011.
4. M. Knorrenschild, *Vorkurs Mathematik*, 3. Auflage, Carl Hanser, München, 2009.
5. W. Purkert, *Brückenkurs Mathematik für Wirtschaftswissenschaftler*, 7. Auflage, Teubner, Stuttgart, 2011.
6. P. Stingl, *Einstieg in die Mathematik für Fachhochschulen*, 4. Auflage, Carl Hanser, München, 2009.
7. W. Timischl und G. Kaiser, *Ingenieur-Mathematik I-IV*, E. Dorner, Wien, 1997–2012.

Mathematik für Informatiker

8. M. Brill, *Mathematik für Informatiker*, 2. Auflage, Carl Hanser, München, 2005.
9. W. Dörfler und W. Peschek, *Einführung in die Mathematik für Informatiker*, Carl Hanser, München, 1988.
10. D. Hachenberger, *Mathematik für Informatiker*, 2. Auflage, München, Pearson, 2008.
11. P. Hartmann, *Mathematik für Informatiker*, 5. Auflage, Vieweg, Braunschweig, 2012.
12. B. Kreußler und G. Pfister, *Mathematik für Informatiker*, Springer, Berlin, 2009.
13. M. Oberguggenberger und A. Ostermann, *Analysis für Informatiker*, 2. Auflage, Springer, Berlin, 2009.
14. W. Struckmann und D. Wätjen, *Mathematik für Informatiker*, Elsevier, München, 2007.

Mathematik für Technik oder Wirtschaft

15. T. Ellinger et al., *Operations Research*, 6. Auflage, Springer, Berlin, 2003.
16. E. Kreyszig, *Advanced Engineering Mathematics*, 10th edition, John Wiley, New York, 2011.
17. P. Stingl, *Mathematik für Fachhochschulen: Technik und Informatik*, 8. Auflage, Carl Hanser, München, 2009.
18. P. Stingl, *Operations Research*, Fachbuchverlag Leipzig, München, 2003.

19. K. Sydsæter und P. Hammond, *Mathematik für Wirtschaftswissenschaftler*, 3. Auflage, Pearson, München, 2008.
20. J. Tietze, *Einführung in die angewandte Wirtschaftsmathematik*, 16. Auflage, Vieweg, Braunschweig, 2011.

Diskrete Mathematik und Lineare Algebra – einführend

21. A. Beutelspacher und M.-A. Zschiegner, *Diskrete Mathematik für Einsteiger*, 4. Auflage, Vieweg, Braunschweig, 2011.
22. R. Garnier und J. Taylor, *Discrete Mathematics for New Technology*, 2nd edition, IOP Publishing, Bristol, 2001.
23. K.H. Rosen, *Discrete Mathematics and its Applications*, 7th edition, McGraw-Hill, Boston, 2012.
24. G. Strang, *Lineare Algebra*, Springer, Berlin, 2003.
25. P. Tittmann, *Graphentheorie*, 2. Auflage, Fachbuchverlag Leipzig, München, 2011.

Diskrete Mathematik und Lineare Algebra – weiterführend

26. M. Aigner, *Diskrete Mathematik*, 6. Auflage Vieweg, Braunschweig, 2006.
27. R. Diestel, *Graph Theory*, 4th edition, Springer, New York, 2012.
28. R.L. Graham, D. Knuth und O. Patashnik, *Concrete Mathematics: A Foundation for Computer Science*, 11th printing, Addison Wesley, 2002.
29. J.L. Gross und J. Yellen, *Handbook of Graph Theory*, CRC Press, 2003.
30. J.L. Gross und J. Yellen, *Graph Theory and its Applications*, 2nd edition, CRC Press, 2005.
31. T. Ihringer, *Diskrete Mathematik*, Teubner, Stuttgart, 1994.
32. K. Jänich, *Lineare Algebra*, 11. Auflage, Springer, Berlin, 2010.
33. A. Steger, *Diskrete Strukturen 1*, 2. Auflage, Springer, Berlin, 2007.

Kryptographie und Codierungstheorie

34. J. Buchmann, *Einführung in die Kryptographie*, 5. Auflage, Springer, Berlin, 2010.
35. G.A. Jones und J.M. Jones, *Information and Coding Theory*, Springer, London, 2000.
36. S. Roman, *Introduction to Coding and Information Theory*, Springer, New York, 1997.
37. B. Schneier, *Angewandte Kryptographie*, Addison-Wesley, München, 1996.
38. A.S. Tanenbaum, *Computernetzwerke*, 5. Auflage, Pearson, München, 2012.

Populärwissenschaftliches

39. E. Behrends, M. Aigner (Eds.), *Alles Mathematik – von Pythagoras zum CD-Player*, 3. Auflage, Vieweg, 2009.
40. D. Guedj, *Das Theorem des Papageis*, Bastei Lübbe, Bergisch Gladbach, 1999.
41. D. Harel, *Das Affenpuzzle und weitere bad news aus der Computerwelt*, Springer, Berlin, 2002.
42. D. Kehlmann, *Die Vermessung der Welt*, Rowohlt, 2008.
43. S. Singh, *Fermats letzter Satz*, Carl Hanser, München, 1998.
44. S. Singh, *Geheime Botschaften*, Carl Hanser, München, 1999.

Ressourcen im Internet

45. F. Embacher und P. Oberhuemer, mathe online, http://www.mathe-online.at/
46. E.W. Weisstein et al., *MathWorld – A Wolfram Web Resource*, http://mathworld.wolfram.com/

47. Wikipedia Mathematik, http://de.wikipedia.org/wiki/Mathematik
48. *Wolfram|Alpha: Computational Knowledge Engine*,
    http://www.wolframalpha.com

Verzeichnis der Symbole

$\forall$ ... All-Quantor, 5

$\exists$ ... Existenz-Quantor, 5

$\wedge$ ... logisches UND, 2

$\vee$ ... logisches ODER, 3

xor   ... logisches eXklusives ODER, 3

$|A|$ ... Mächtigkeit einer Menge, 11

$A \cap B$ ... Durchschnitt von Mengen, 12

$A \cup B$ ... Vereinigung von Mengen, 13

$A \backslash B$ ... Differenz von Mengen, 14

$\overline{A}$ ... Komplement einer Menge, 14

$A \times B$ ... kartesisches Produkt, 15

$\emptyset$ ... leere Menge, 11

$\in$ ... Element von, 10

$\subseteq$ ... Teilmenge, 11

$|x|$ ... Absolutbetrag, 41

$\lfloor x \rfloor$ ... Abrundungsfunktion, 43

$\lceil x \rceil$ ... Aufrundungsfunktion, 43

$f \circ g$ ... Hintereinanderausführung, 159

(a, b) ... offenes Intervall, 41

$(a, b]$ ... halboffenes Intervall, 41

$[a, b)$ ... halboffenes Intervall, 41

$[a, b]$ ... abgeschlossenes Intervall, 41

$n!$ ... Fakultät, 48

$\binom{n}{k}$ ... Binomialkoeffizient, 210

A^{-1} ... inverse Matrix, 287

A^T ... transponierte Matrix, 282

A^* ... adjungierte Matrix, 283

$\|\mathbf{a}\|$ ... Norm (Länge), 260

$\langle \mathbf{a}, \mathbf{b} \rangle$ ... Skalarprodukt, 359

$\mathbf{a} \perp \mathbf{b}$ ... orthogonale Vektoren, 362

$\mathbf{a} \times \mathbf{b}$ ... Kreuzprodukt, 367

$\mathbf{a}_\|$ ... orthogonale Projektion, 362

$\mathbf{a}_\perp$ ... orthogonales Komplement, 362

$\overline{z}$ ... zu z konjugiert komplexe Zahl, 45

arccos	... Arcuskosinus, 166
arcsin	... Arcussinus, 166
Bild	... Bild einer Matrix, 325
$\mathbb{C}$	... Menge der komplexen Zahlen, 44
$C(n,k)$	... Anzahl von Kombinationen, 209
cos	... Kosinus, 166
$\cosh(x)$	$= \frac{1}{2}(e^x + e^{-x})$ Kosinus hyperbolicus
$\cot(x)$	$= \frac{\cos(x)}{\sin(x)}$ Kotangens
det	... Determinante, 330
diag	... Diagonalmatrix, 284
div	... ganzzahliger Anteil der Division, 59
e	... Euler'sche Zahl, 187
$\exp(x)$	$= e^x$ Exponentialfunktion, 164
ggT	... größter gemeinsamer Teiler, 59
i	$= \sqrt{-1}$ imaginäre Einheit, 44
Im	... Imaginärteil, 44
inf	... Infimum, 42
$\mathbb{I}_n$	... Einheitsmatrix, 284
$\mathbb{K}$	... Körper, 89
$\mathbb{K}[x]$	... Polynomring über $\mathbb{K}$, 91
Kern	... Kern einer Matrix, 327
lim	... Grenzwert, 180
LH{...}	... lineare Hülle, 267
$\log_a$	... Logarithmus zur Basis a, 164
ln	$= \log_e$ natürlicher Logarithmus, 164
max	... Maximum, 43
min	... Minimum, 43
mod	... Rest modulo, 59, 75
$\mathbb{N}$	$= \{1, 2, \dots\}$ natürliche Zahlen, 35
$\mathbb{N}_0$	$= \mathbb{N} \cup \{0\} = \{0, 1, 2, \dots\}$
$o(f)$	... Landausymbol, 240
$O(f)$	... Landausymbol, 240
$\prod$	... Produktzeichen, 48
$P(n,k)$	... Anzahl von Permutationen, 208
$\varphi(n)$	... Euler'sche φ-Funktion, 104
$\mathbb{R}$	... Menge der reellen Zahlen, 39
rang	... Rang einer Matrix, 320, 324
Re	... Realteil, 44
sign	... Vorzeichenfunktion, 158
sin	... Sinus, 166
$\sinh(x)$	$= \frac{1}{2}(e^x - e^{-x})$ Sinus hyperbolicus
$\sum$	... Summenzeichen, 46
sup	... Supremum, 396
$\tan(x)$	$= \frac{\sin(x)}{\cos(x)}$ Tangens
tr	... Spur einer Matrix, 325
$\mathbb{Z}$	$= \{\dots, -2, -1, 0, 1, 2, \dots\}$ ganze Zahlen, 36
$\mathbb{Z}_m$	$= \mathbb{Z} \bmod m$, 81
$\mathbb{Z}_m^*$	$= \{n \in \mathbb{Z}_m \mid ggT(n, m) = 1\}$, 87
$\mathbb{Z}_p[x]_{m(x)}$	... Restklassenring, 124

Index